现代有机反应

氧化反应
Oxidation

胡跃飞　林国强　主编

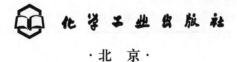

化学工业出版社

·北　京·

本书根据"经典性与新颖性并存"的原则，精选了 10 种氧化反应。详细介绍了每一种反应的历史背景、反应机理、应用范围和限制，注重近年来的研究新进展，并精选了在天然产物全合成中的应用以及 5 个代表性反应实例；参考文献涵盖了较权威的和新的文献，有助于读者对各反应有全方位的认知。

本书适合作为有机化学及相关专业的本科生、研究生的教学参考书及有机合成工作者的工具书。

图书在版编目 (CIP) 数据

氧化反应/胡跃飞，林国强主编. —北京：化学工业出版社，2008.12（2023.8 重印）
（现代有机反应：第一卷）
ISBN 978-7-122-03855-5

Ⅰ.氧…　Ⅱ.①胡…②林…　Ⅲ.氧化-有机化学-化学反应
Ⅳ.0621.25

中国版本图书馆 CIP 数据核字（2008）第 158443 号

责任编辑：李晓红　　　　　　　　　　　　　　装帧设计：尹琳琳
责任校对：宋　玮

出版发行：化学工业出版社（北京市东城区青年湖南街 13 号　邮政编码 100011）
印　　装：北京虎彩文化传播有限公司
720mm×1000mm　1/16　印张 26　字数 514 千字　2023 年 8 月北京第 1 版第 2 次印刷

购书咨询：010-64518888　　　　　　　　　　售后服务：010-64518899
网　　址：http://www.cip.com.cn
凡购买本书，如有缺损质量问题，本社销售中心负责调换。

定　　价：138.00 元

序 一

翻开手中的《现代有机反应》，就很自然地联想到 John Wiley & Sons 出版的著名丛书 "Organic Reactions"。它是我们那个时代经常翻阅的一套著作，是极有用的有机反应工具书。而手中的这套书仿佛是中文版的 "Organic Reactions"，让我感到亲切和欣慰，像遇见了一位久违的老友。

《现代有机反应》全套 5 卷，每卷收集 10 个反应，除了着重介绍各种反应的历史背景、适用范围和应用实例，还凸显了它们在天然产物合成中发挥的重要作用。有几个命名反应虽然经典，但增加了新的内容，因此赋予了新的生命。每一个反应的介绍虽然只有短短数十页，却管中窥豹，可谓是该书的特色。

《现代有机反应》是在中国首次出版的关于有机反应的大型丛书。可以这么说，该书的编撰者是将他们在有机化学科研与教学中的心得进行了回顾与展望。书中收录了 5000 多个反应式和 8000 余篇文献，为读者提供了直观的、大量的和准确的科学信息。

《现代有机反应》是生命、材料、制药、食品以及石油等相关领域工作者的良师益友，我愿意推荐它。同时，我还希望编撰者继续努力，早日完成其余反应的编撰工作，以飨读者。

此致

周维善

中国科学院院士
中国科学院上海有机化学研究所
2008 年 11 月 26 日

序 二

美国的 "*Organic Reactions*" 丛书自 1942 年以来已经出版了七十多卷，现在已经成为有机合成工作者不可缺少的参考书。十多年后，前苏联也开始出版类似的丛书。我国自上世纪 80 年代后，研究生教育发展很快，从事有机合成工作的研究人员越来越多，为了他们工作的方便，迫切需要编写我们自己的 "有机反应" 工具书。因此，"现代有机反应" 丛书的出版是非常及时的。

本丛书根据最新的文献资料从制备的观点来讨论有机反应，使读者对反应的历史背景、反应机理、应用范围和限制、实验条件的选择等有较全面的了解，能够更好地利用文献资料解决自己遇到的问题。在 "*Organic Reactions*" 丛书中，有些常用的反应是几十年前编写的，缺少最新的资料。因此，本书在一定程度上可以弥补其不足。

本丛书对反应的选择非常讲究，每章的篇幅恰到好处。因此，除了在科研工作中有需要时查阅外，还可以作为研究生用的有机合成教材。例如：从 "科里氧化反应" 一章中，读者可以了解到有机化学家如何从常用的无机试剂三氧化铬创造出多种多样的、能满足特殊有机合成要求的新试剂。并从中学习他们的思想和方法，培养自己的创新能力。因此，我特别希望本丛书能够在有机专业研究生的学习和研究中发挥自己的作用。

胡宏纹

中国科学院院士
南京大学
2008 年 11 月 16 日

前 言

　　许多重要的有机反应被赞誉为有机合成化学发展路途中的里程碑,因为它们的发现、建立、拓展和完善带动着有机化学概念上的飞跃、理论上的建树、方法上的创新和应用上的突破。正如我们熟知的 Grignard 反应 (1912)、Diels-Alder 反应 (1950)、Wittig 反应 (1979) 和烯烃复分解反应 (2005) 等,就是因为对有机化学的突出贡献而先后获得了诺贝尔化学奖的殊荣。

　　有机反应的专著和工具书很多,从简洁的人名反应到系统而详细的大全巨著。其中,"*Organic Reactions*" (John Wiley & Sons, Inc.) 堪称是经典之作。它自 1942 年开始出版以来,到现在已经有 73 卷问世。而 1991 年出版的"*Comprehensive Organic Synthesis*" (B. M. Trost 主编) 是一套九卷的大型工具书,以 10,400 页的版面几乎将当代已知的重要有机反应涵盖殆尽。此外,各种国际期刊也经常刊登关于有机反应的综述文章。这些文献资料浩如烟海,是一笔非常宝贵的财富。在国内,随着有机化学研究和各种相关化学工业的飞速发展,全面了解和掌握有机反应的需求与日俱增。在此契机下,编写一套有特色的《现代有机反应》丛书,对各种有机反应进行系统地介绍是一种适时而出的举措。

　　根据经典与现代并存的理念,我们从数百种有机反应中率先挑选出 50 个具有代表性的反应。将它们按反应类型分为 5 卷,每卷包括 10 种反应。本丛书的编写方式注重完整性和系统性,以有限的篇幅概述了每种反应的历史背景、反应机理和应用范围。本丛书的写作风格强调各反应在有机合成中的应用,除了为每一个反应提供 5 个代表性的实例外,还增加了它们在天然产物合成中的巧妙应用。

　　本丛书前 5 卷共有 2210 页,5771个精心制作的图片和反应式,8142 条权威和新颖的参考文献。我们衷心地希望所有这些努力能够帮助读者快捷而准确地对各个反应产生全方位的认识,力求能够满足读者在不同层次上的特别需求。从第一卷的封面上我们可以看到一幅美丽的图片:一簇簇成熟的蒲公英种子在空中飞舞着播向大地。其实,这亦是我们内心的写照,我们祈望本丛书如同是吹起蒲公英种子飞舞的那一缕煦风。

　　本丛书原策划出版 10 卷或 100 种反应,当前先启动一半,剩余部分将按计划陆续完成。目前已将第 6 卷的内容确定为还原反应。在现有的 5 卷出版后，我们也希望得到广大读者的反馈意见，您的不吝赐教是我们后续编撰的动力。

本丛书的编撰工作汇聚了来自国内外 19 所高校和企业的 39 位专家学者的努力和智慧。在这里，我们首先要感谢所有的作者，正是大家的辛勤工作才保证了本书的顺利出版，更得益于各位的渊博知识才使得本书更显丰富多彩。尤其要感谢王歆燕博士，她身兼本书的作者和主编秘书双重角色，不仅完成了繁重的写作和烦琐的联络事务，还完成了本书全部图片和反应式的制作工作。这些工作看似平凡简单，但却是本书如期出版不可或缺的一个环节。本书的编撰工作还被列为"北京市有机化学重点学科"建设项目，并得到学科建设经费 (XK100030514) 的资助，在此一并表示感谢。

最后，值此机会谨祝周维善先生和胡宏纹先生身体健康！

胡跃飞
清华大学化学系教授

林国强
中国科学院院士
中国科学院上海有机化学研究所研究员

目　录

拜耳-维利格氧化反应

(Baeyer-Villiger Oxidation)

王歆燕

1　历史背景简述

Baeyer-Villiger 氧化反应[1] (简称 B-V 反应) 是有机合成中常用的氧化反应之一，由德国化学家 Adolf von Baeyer 和瑞士化学家 Victor Villiger 于 1899 年发现[2]。

Baeyer (1835-1917) 于 1853 年进入柏林大学主修数学和物理。出于对化学的热爱，两年后他来到海德堡大学先后跟随 Bunsen 和 Kekulé 学习化学。1858 年，年仅 23 岁的 Baeyer 获得了博士学位，并于 1860 年成为柏林 Gewerbe-Akademie 学院的有机化学讲师。1866 年，在 Hofmann 的推荐下，Baeyer 进入柏林大学担任高级讲师职务，1871 年在新成立的斯特拉斯堡大学担任教授，1873 年进入慕尼黑大学接替著名化学家李比希的职位。

Baeyer 是一位非常勤奋的科学家，他最大的乐趣就是在实验室工作。曾经有人嫉妒他所取得的众多成就，而他只是冷淡地回应道："我做的实验比你多"。Baeyer 也是一位诙谐的化学家，他有一个出名的有趣习惯：每当见到新颖的化合物时，他总是脱下帽子行礼，以此表达赞赏倾慕之情。Baeyer 的一生在化学领域做出了多项突出贡献，例如：他于 1864 年用尿素和丙二酸合成出一种新化合物，并以女友 Barbara 的名字命名为巴比妥酸 (Barbituric Acid)；1899 年发现了 B-V 反应；1905 年因为在染料和氢化芳香族化合物方面的工作获得诺贝尔化学奖。除 B-V 反应外，以 Baeyer 命名的化学反应和理论还包括 Baeyer-Drewson 靛蓝合成法、Baeyer 环张力理论以及 Baeyer 烯烃鉴定法等。

Villiger (1868-1934) 于 1868 年生于瑞士，毕业于日内瓦大学。1893 年起作为 Baeyer 的助手与其共事长达 11 年，1904 年转入巴斯夫公司从事噻嗪和噁嗪染料的研究工作。

1899 年，Baeyer 和 Villiger 在对萜烯衍生物分子中的环酮结构进行氧化开环时发现：将薄荷酮、葛缕薄荷酮或者樟脑与过硫酸氢钾在室温混合，没有生成预期的开环产物，而是得到相应的内酯，这即是 Baeyer-Villiger 氧化反应最早的例子 (式 1)。次年，他们又报道使用有机过氧酸 (例如：过氧苯甲酸) 也可以发生类似的反应[3]。

在其后的 50 多年中，人们对于该反应的机理提出过各种假设。其中以下三个假设中间体最具代表性 (式 2)：(1) Baeyer[3]和 Villiger 提出的过氧化酮 **1** 中间体；(2) Doering[4]和 Speers 提出的羰基氧化物 **2** 中间体；(3) Criegee[5]提

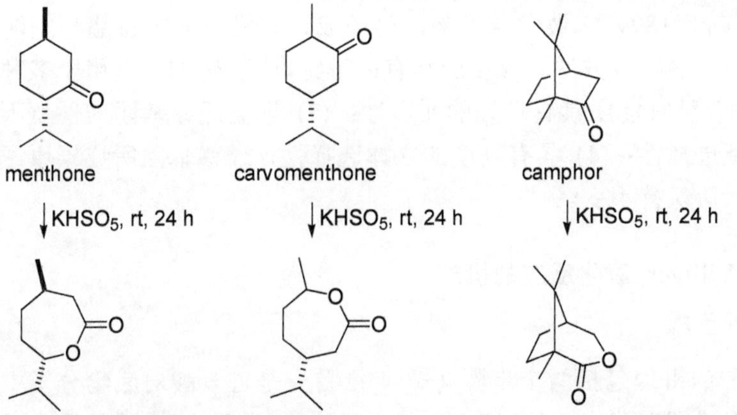

出的过氧酸对酮的亲核进攻产物 **3** 中间体。由于缺乏直接的证据，上述假设的正确性一直无法得到证实。直到 1953 年，Doering[6] 和 Dorfman 采用 ^{18}O 同位素标记法证明该反应是按照 Criegee 提出的机理进行的。因此，反应中间体 **3** 又被称为 "Criegee 中间体"。2002 年，Berkessel[7]等人在对环己酮进行氧化时发现，B-V 反应有时也会以二聚过氧化物 **4** 为中间体进行。

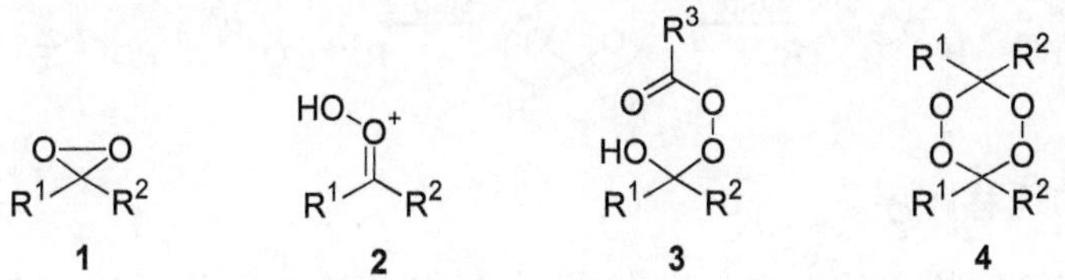

100 多年来，B-V 反应在天然产物、药物中间体及高分子材料单体合成等方面得到了广泛的应用。自 1994 年 Strukul[8]小组和 Bolm[9]小组首次将手性金属配合物用作催化剂进行不对称 B-V 反应后，该反应在不对称合成领域也发挥了越来越重要的作用。

2   Baeyer-Villiger 氧化反应的定义和机理

2.1 Baeyer-Villiger 氧化反应的定义

在过氧试剂的存在下，醛和酮被氧化生成酯或内酯的反应被称为 Baeyer-Villiger 氧化反应 (式 3)。由于在反应过程中伴随着一个基团从碳原子向氧原子的迁移，所以又被称为 Baeyer- Villiger 重排反应[10]。

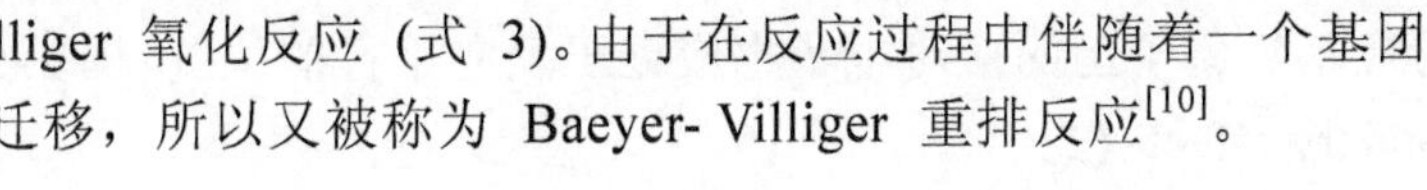

B-V 反应自 1899 年被发现以来，已经成为有机合成中将醛和酮转变成为酯或内酯化合物的经典方法。该反应具有以下特点[1d,1i]：(1) 适用于多种羰基化合物；(2) 对多种官能团具有良好的兼容性；(3) 根据迁移基团的性质不同可预测反应的区域选择性；(4) 具有高度的立体选择性，迁移基团所连碳原子的绝对构型在反应前后保持不变。

2.2　Baeyer-Villiger 氧化反应的机理

2.2.1　反应的步骤

B-V 反应的机理包括两个步骤 (式 4)：首先是过氧酸对底物分子中羰基的亲核进攻，形成四取代中间体 (Criegee 中间体)；然后，R^m 基团发生迁移，中间体重排生成相应的酯和酸。其中，后一步骤是整个反应的速率决定步骤[11]。对于大多数底物而言，两个步骤的活化能基本相同。因此，通常情况下，在反应中使用催化剂可以同时促进上述两个步骤的进行[12]。

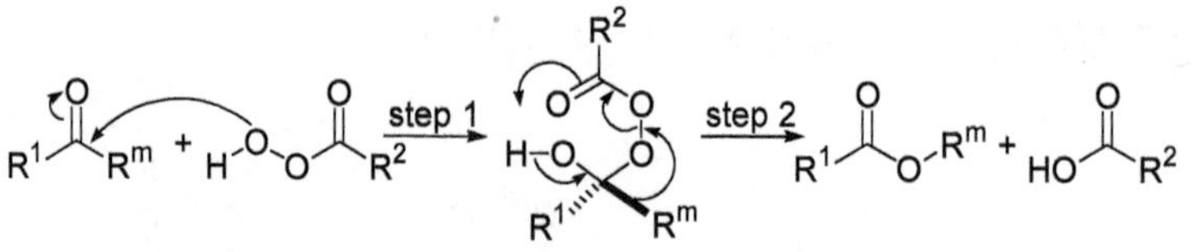

$$\text{(4)}$$

2.2.2　基团的迁移顺序

如果没有特殊的立体电子效应存在，与羰基相连基团的迁移顺序主要由基团自身的迁移能力所决定。根据 B-V 反应的机理可知，能够稳定正电荷的基团优先发生迁移。因此，富电子基团以及大位阻基团优先迁移。通常情况下烃基的迁移顺序为：叔烷基 > 环己基 > 仲烷基 ≈ 苄基 > 苯基 > 伯烷基 > 环戊基 ≈ 环丙基 > 甲基[13,14]。对于 α-位连有含氧基团的碳原子，其迁移顺序为苄氧基 > 甲氧基 > 缩醛氧基 >> 酰氧基 ≈ 甲基[15]。由于甲基是最难迁移的基团，几乎所有甲基酮化合物的 B-V 反应都是生成乙酸酯产物。

Criegee 中间体中存在的立体电子效应在很大程度上会影响基团固有的迁移顺序。当这些因素与基团固有的迁移顺序相矛盾时，该迁移顺序将被改变。Criegee 中间体重排必须遵循如下两个规则[16]：(1) 迁移基团 R^m 与离去基团的氧-氧键必须处于反向平行的位置，即第一立体电子效应 (Primary effect)；(2) 迁移基团 R^m 与羟基氧原子上的孤对电子也应处于反向平行的位置，即第二立体电子效应 (Secondary effect) (式 5)。

1980 年，Noyori[17] 以刚性双环化合物进行 B-V 反应生成的中间体 5 为模型证明了第二立体电子效应的存在。如式 6 所示：羟基的氢原子与取代基 R 之

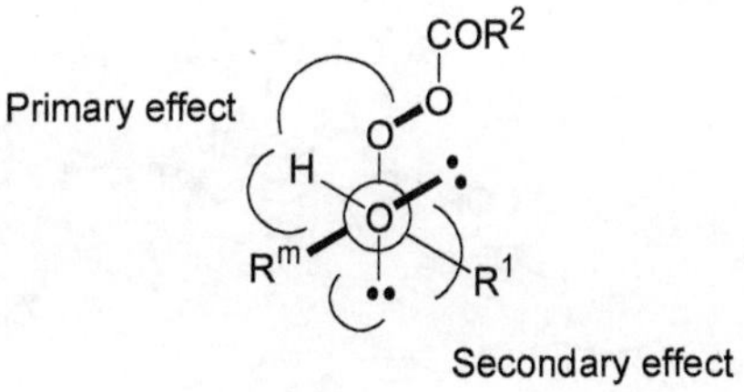

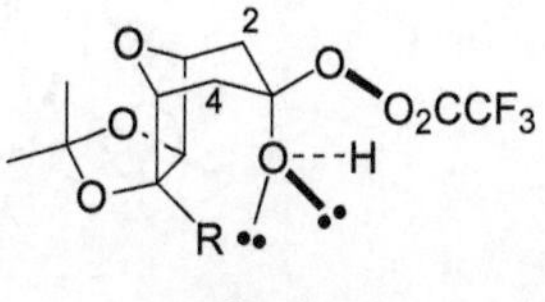

(5)

(6)

间存在的非键排斥作用限制了 C4 的迁移，导致与羟基氧原子上的孤对电子处于反向平行位置的 C2 优先迁移。

然而，长期以来人们一直没有找到第一立体电子效应存在的直接证据。虽然 Chandrasekhar[18] 早在 1987 年就已经通过实验得到了间接的证据，遗憾的是他无法分离出反应的中间体。直到 2000 年，Crudden[19] 以顺式和反式 4-叔丁基-2-氟环己酮 6 为底物进行的 B-V 反应才真正证明了第一立体电子效应对基团迁移顺序的影响。如式 7 所示：当氟取代基位于轴向位置时，由于立体电子因素与基团固有迁移顺序不矛盾，富电子的亚甲基优先迁移，正常产物 7_{ax} 占优势。而当氟取代基位于平伏位置时，如果亚甲基与氧-氧键处于反向平行位置，氟原子与过氧酸酯基之间存在不利的偶极作用，影响重排过程的进行。因此，氧-氧键会发生旋转以减小该偶极作用。此时，CHF 基团由于处在氧-氧键的反向平行位置，被"强制"迁移，导致非正常产物 8_{eq} 占优势 (式 8)。

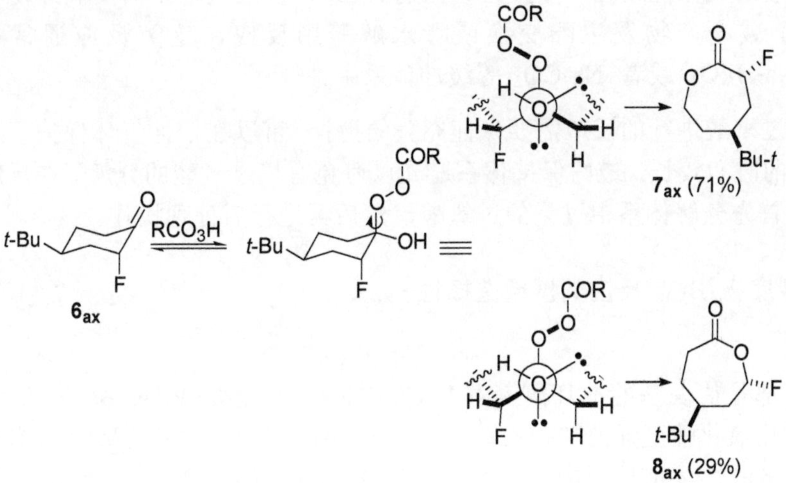

(7)

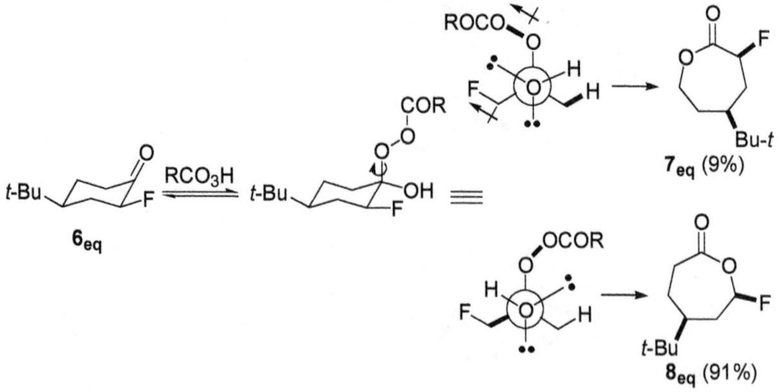

$$(8)$$

3 Baeyer-Villiger 氧化反应的条件综述

3.1 常用的有机过氧酸

很多种类的有机过氧酸都可以用于 B-V 反应。对于一个具体的反应，可以根据底物的结构性质以及过氧酸的氧化能力进行选择。常见有机过氧酸的氧化能力顺序为：三氟过氧乙酸 (TFPAA) > 单过氧马来酸 (PMA) > 单过氧邻苯二甲酸 (MPAA) > 3,5-二硝基过氧苯甲酸 > 对硝基过氧苯甲酸 (p-MPBA) > 间氯过氧苯甲酸 (m-CPBA) ≈ 过氧甲酸 > 过氧苯甲酸 (PBA) > 过氧乙酸 (PAA)。其中最常用的是 90% 的 TFPAA 和 85% 的 m-CPBA。使用弱过氧酸 (例如：PAA) 为氧化剂，通常可以使 B-V 反应具有更高的区域选择性[20]。

有机过氧酸的氧化性较强，以其为氧化剂的 B-V 反应大多不需要额外使用催化剂。为了减少产物发生酯交换或者水解等副反应，这类反应通常在 CH_3CO_2Na、Na_2HPO_4 或者 Na_2CO_3 等缓冲体系中进行。

使用有机过氧酸进行的反应需要保证充分的搅拌，可以在惰性气体保护下进行。如果反应的时间较长，最好保持体系避光以避免有机过氧酸的分解。在反应结束后，必须首先分解体系中过量的过氧酸，然后再进行后处理操作。

3.2 不同类型底物 B-V 反应的区域选择性

3.2.1 非环酮

羰基两侧都是伯烷基的非环酮 (RCH_2COCH_2R) 不能被 PBA 和 PAA 氧化[21]，需要使用氧化性更强的 TFPAA[22]、双(三甲基硅基)单过氧硫酸[23]或者过硫酸钾的硫酸溶液[24]才能使反应得以进行 (式 9 和式 10)。

$$\text{（结构式）} \xrightarrow[\text{reflux, 0.5 h}]{\substack{\text{THPAA, Na}_2\text{HPO}_4\text{, CH}_2\text{Cl}_2 \\ 81\%}} \text{（结构式）} \tag{9}$$

$$\text{（结构式）} \xrightarrow[\text{reflux, 0.5 h}]{\substack{\text{THPAA, Na}_2\text{HPO}_4\text{, CH}_2\text{Cl}_2 \\ 84\%}} \text{（结构式）} \tag{10}$$

在羰基的 α-位连有醚、醇、胺或者酰胺官能团有助于该碳原子的迁移[25]，使用中等强度的 m-CPBA 即可完成这类化合物的 B-V 反应 (式 11)。

$$\text{EtO} \cdots \text{OEt} \xrightarrow[\text{70\%\sim80\%}]{m\text{-CPBA, CHCl}_3\text{, rt}} \text{EtO} \cdots \text{O} \cdots \text{OEt} \tag{11}$$

由于甲基不易迁移，人们将甲基酮的 B-V 反应作为在碳链上减少二节碳的有效方法[26]。甲基酮原料比较容易获得，因此该方法在有机合成中被广泛应用。如式 12 所示[27]：使用 m-CPBA 对化合物 9 进行氧化可以得到抗肿瘤药物 Taxol 全合成的中间体 10。如式 13 所示[27]：m-CPBA 对化合物 11 的氧化产物 12 是合成 PPAR-α 和 PPAR-δ 受体双重激动剂的重要中间体[28]。

$$\underset{\textbf{9}}{\text{（结构式）}} \xrightarrow[93\%]{m\text{-CPBA, CH}_2\text{Cl}_2\text{, rt, 72 h}} \underset{\textbf{10}}{\text{（结构式）}} \tag{12}$$

Taxol

$$\underset{\textbf{11}}{\text{（结构式）}} \xrightarrow[\text{CH}_2\text{Cl}_2\text{, reflux, 24 h}]{\substack{m\text{-CPBA, 10\% TsOH} \\ 82\%}} \underset{\textbf{12}}{\text{（结构式）}} \tag{13}$$

PPAR-α/δ agonist

与甲基的迁移性相反，叔丁基在反应中常被用作优先迁移基团[29]。如式 14 所示[28g]：甲基酮 13 的反应产物为环丁酰胺发生迁移生成的产物 14。而将甲基换成叔丁基后，反应产物为叔丁基发生迁移的产物 **16**[30](式 15)。又如式 16 所示[31]：β-羟基叔丁酮化合物 **17** 经 B-V 氧化也得到叔丁基发生迁移的产物 **18**。

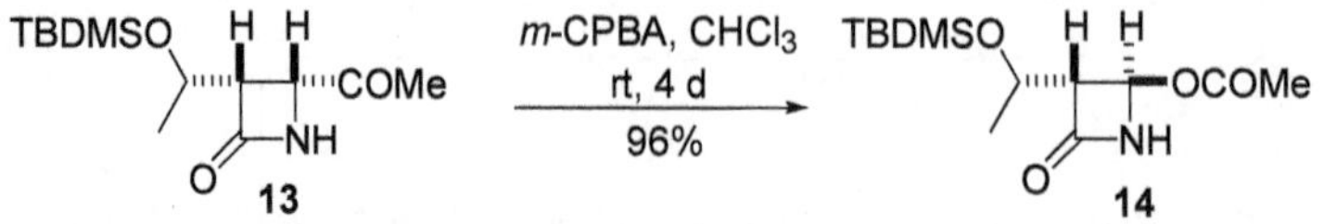

$$\text{(14)}$$

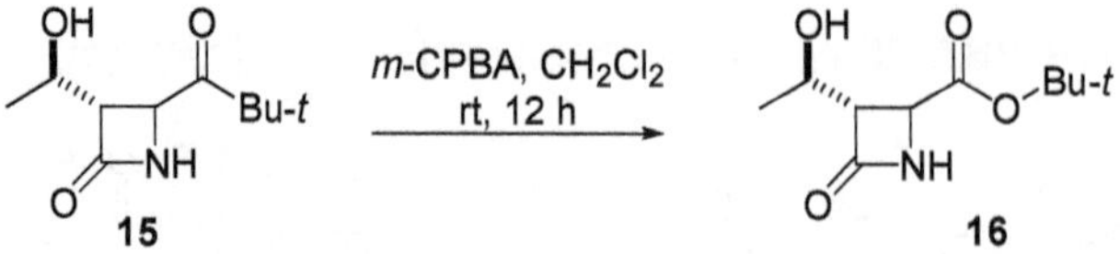

$$\text{(15)}$$

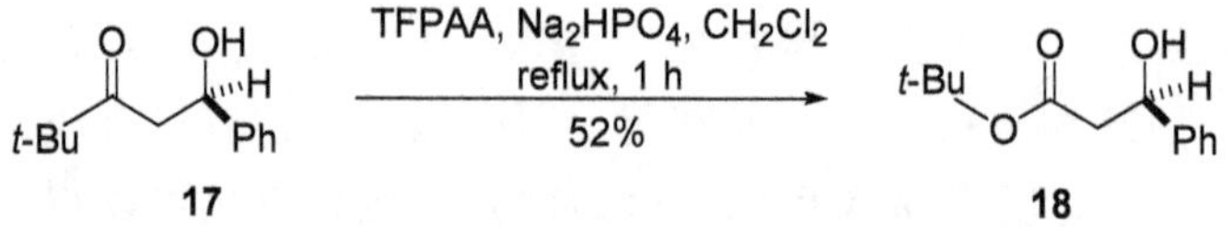

$$\text{(16)}$$

在羰基的 β-位连有硅取代基可以提高基团的迁移能力。如式 17 所示[32]：化合物 **19** 中带有三甲基硅基的伯烷基甚至比仲烷基优先发生迁移。

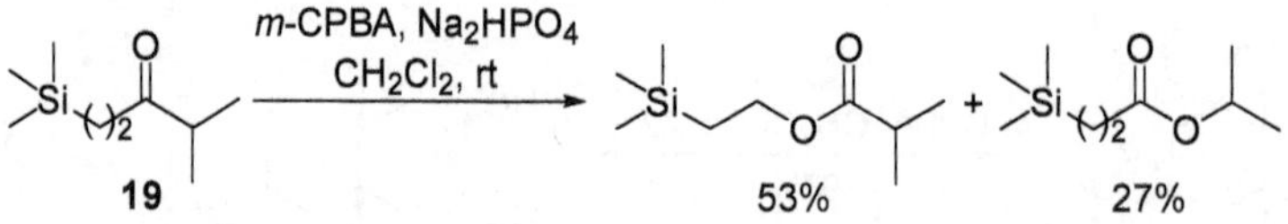

$$\text{(17)}$$

在芳基烷基酮的 B-V 反应中，基团的迁移顺序是由芳基上所带官能团、烷基的结构以及反应所用的氧化剂和反应条件共同决定的。一般情况下，芳基的迁移能力介于仲烷基和伯烷基之间。如式 18 所示：化合物 **20** 的反应产物为乙酸苯酯，然后经过水解得到取代苯酚 **21**[33]。在式 19 中[34]，化合物 **22** 中的吲哚基团是一个迁移性相对甲基更弱的基团。但是，由于 Cl 原子的取代进一步降低了甲基的迁移能力，因此该反应以 88% 的产率得到产物 **23**。如果芳基上带有推电子基团，可以明显地增加芳基的迁移能力。如式 20 所示[35]：由于 p-MeO 的推电子效应增大了苯环的迁移能力，所以苯环优先于仲烷基发生迁移。

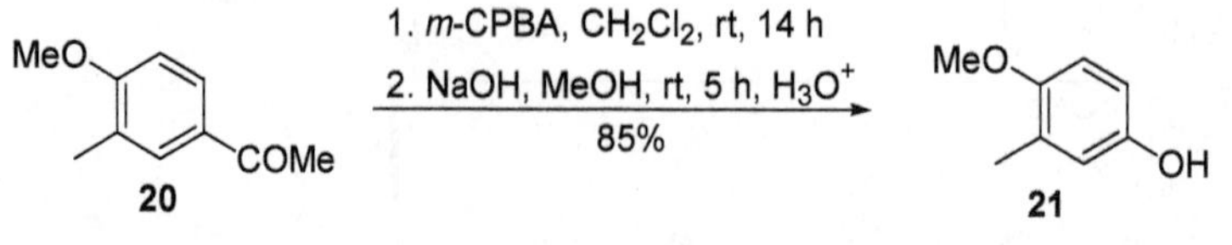

$$\text{(18)}$$

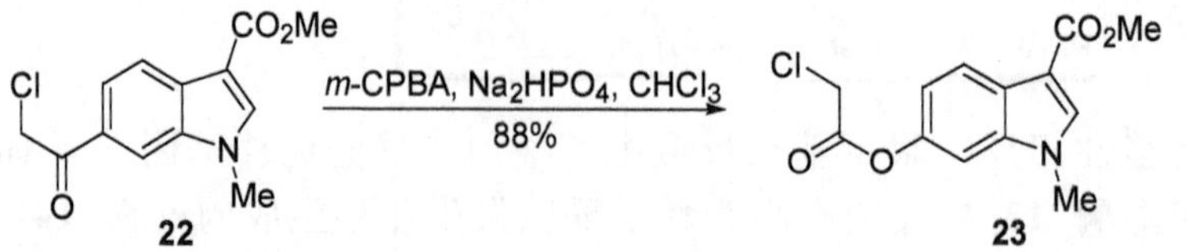

$$\text{(19)}$$

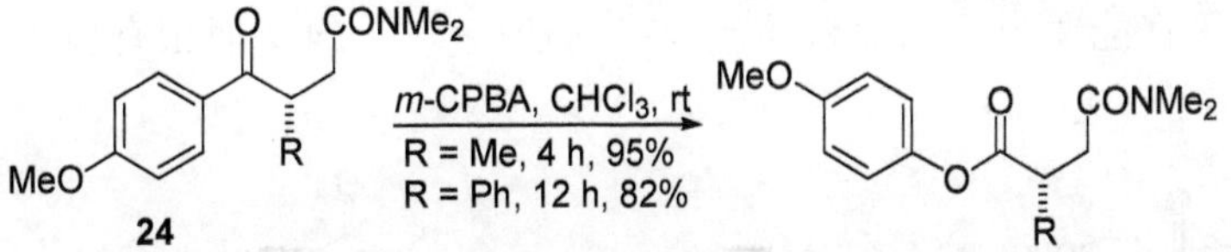

(20)

在二芳基酮的 B-V 反应中，芳基上取代基的推电子能力越强越有利于迁移。其中对位取代苯基的迁移顺序大致为：p-MeO-Ph > p-Me-Ph > Ph > p-Cl-Ph > p-Br-Ph > p-O$_2$N-Ph[36,37]。邻位取代苯基由于空间位阻过大导致过氧酸不能对羰基进行亲核进攻，因此一般不能发生迁移。

3.2.2 简单环酮

环酮的 B-V 反应是合成环内酯的一种有效方法。由于迁移基团所连碳原子的绝对构型在反应前后保持不变，因此环酮的立体选择性 B-V 反应具有重要的合成价值。如式 21 所示：用 m-CPBA 对化合物 25 进行 B-V 反应，几乎以定量产率得到环内酯 26[38]。在 Integerrimine 的全合成中，化合物 27 在 m-CPBA 的氧化下，区域选择性和立体选择性地得到主要中间体 Integerrinecic Acid 28[39]（式 22）。

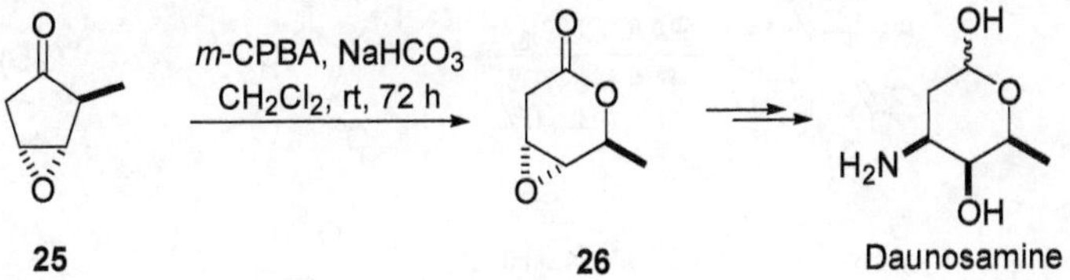

(21)

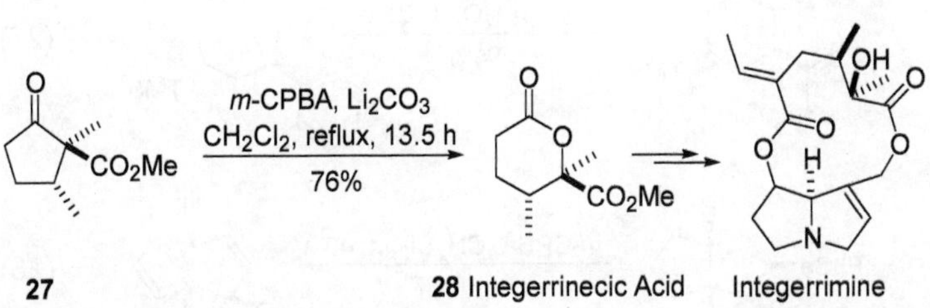

(22)

在羰基 α-碳原子上带有取代基越多，该碳原子越容易迁移[40]。例如：化合物 29 被 m-CPBA 氧化生成 85% 的单一产物 30[41]（式 23）。α-苯基[42]、苄基[43]和烯丙基[44]取代均有利于迁移。

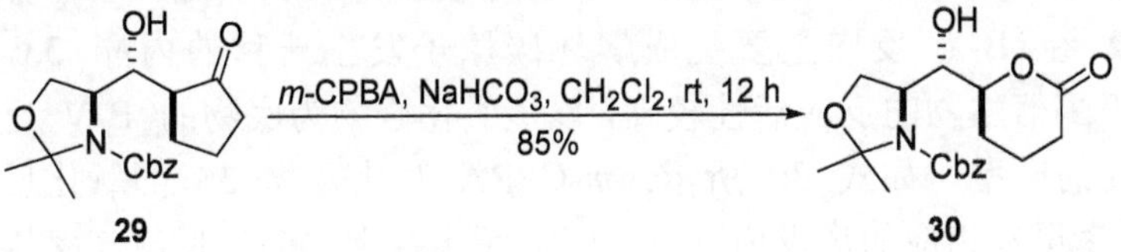

(23)

在羰基的 α-碳原子上带有醚基[45]、乙酰氧基[46]、三甲基硅氧基[47]和邻苯二甲酰亚胺基[48]等官能团也可以促进该碳原子的迁移 (式 24)，而带有卤素取代基则通常阻碍迁移[49](式 25)。

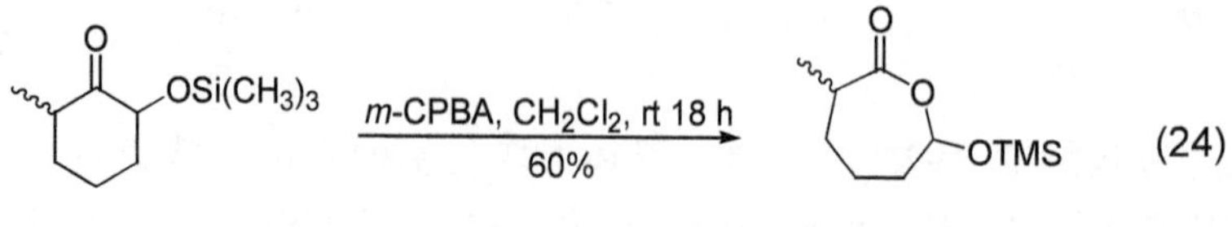

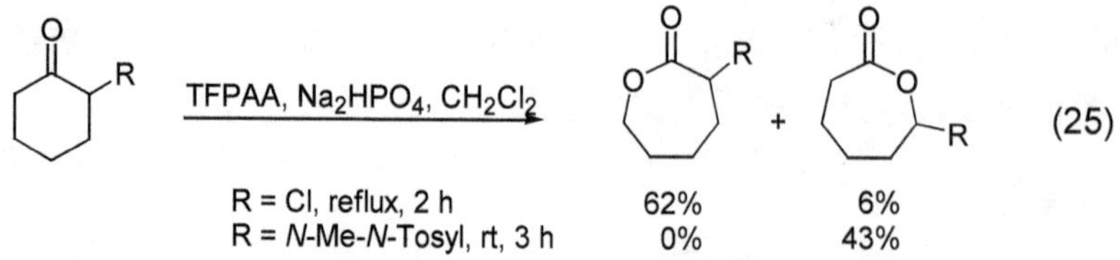

$$ (24) $$

R = Cl, reflux, 2 h   62%   6%
R = N-Me-N-Tosyl, rt, 3 h   0%   43%

$$ (25) $$

增加羰基 α-碳原子的位阻不利于反应，当位阻过大时反应甚至完全不能发生。例如：当化合物 **31** 中 R 为甲基时，使用较弱的过氧酸 PAA 即可进行反应。而当 R 为大位阻的叔丁基时，该反应不能发生[50](式 26)。在羰基的 β-位带有三甲基硅基[51]或者含硒取代基[52]时，也能够促进相邻 α-位碳原子的迁移 (式 27 和式 28)。

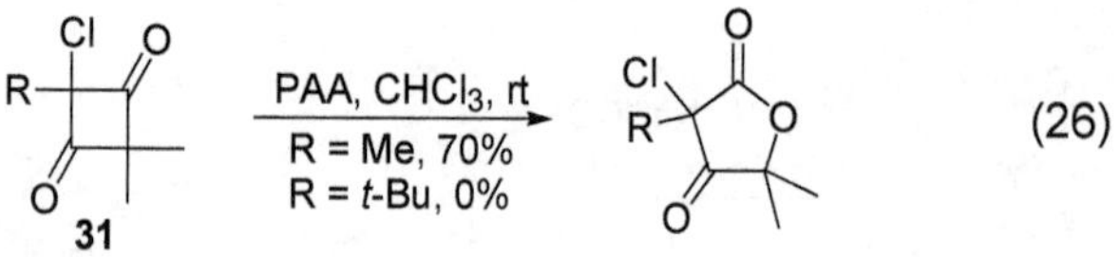

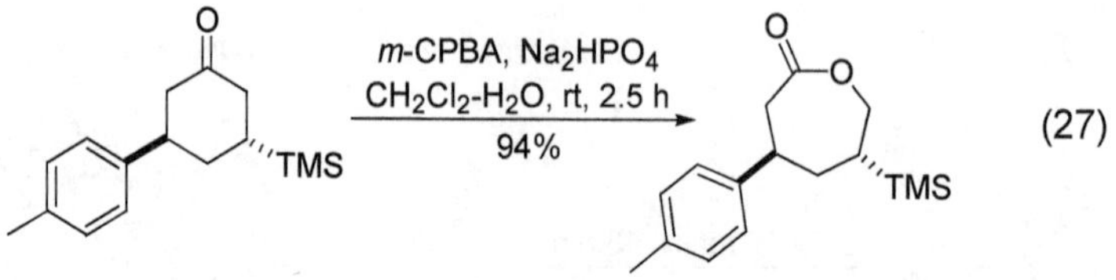

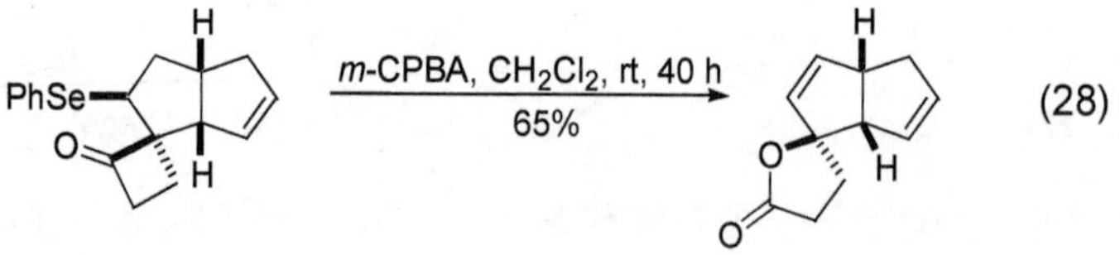

PAA, CHCl₃, rt
R = Me, 70%
R = t-Bu, 0%

$$ (26) $$

m-CPBA, Na₂HPO₄
CH₂Cl₂-H₂O, rt, 2.5 h
94%

$$ (27) $$

m-CPBA, CH₂Cl₂, rt, 40 h
65%

$$ (28) $$

3.2.3 螺环酮

在螺环酮的 B-V 反应中，通常是螺环碳原子优先迁移。例如：α-位带有螺环的环戊酮 **32** 经 B-V 反应主要生成螺环碳原子发生迁移的内酯 **33**[53](式 29)。由于螺环丁酮衍生物的反应活性较高，以该类化合物为底物的 B-V 反应一般都能得到很高的产率。如式 30 所示：m-CPBA 对化合物 **35** 的氧化反应，以 >93% 的产率得到相应的环戊内酯产物[54]，而化合物 **36** 的反应产率接近定量[55](式 31)。

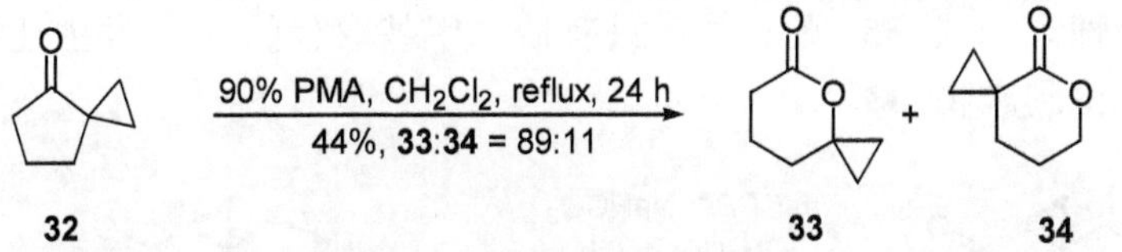

$$(29)$$

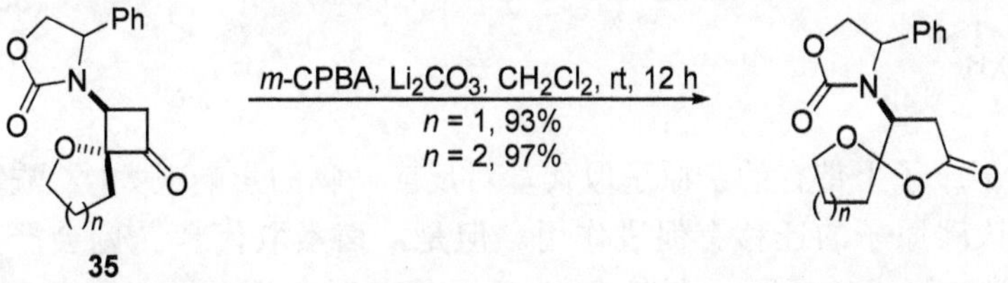

$$(30)$$

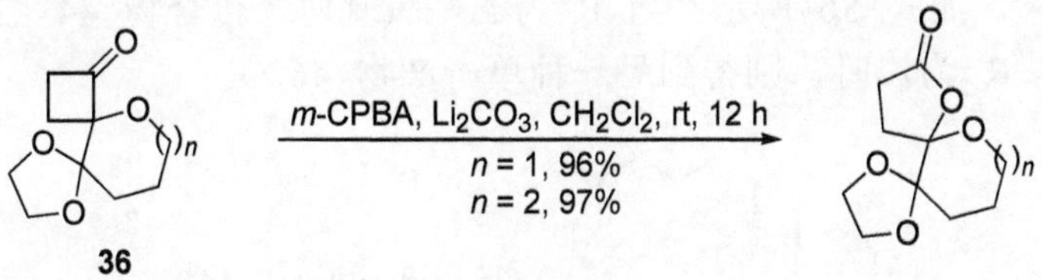

$$(31)$$

3.2.4 稠环酮

对于含环丁酮结构的稠环酮，在 B-V 反应中通常是桥头碳原子优先迁移[56] (式 32)。但是，如果在非桥头 α-碳原子上带有邻苯二甲酰亚胺基或甲氧基时，该碳原子将优先于桥头碳迁移。如式 33 所示[48]：在 m-CPBA 的存在下，化合物 **37** 被氧化主要生成产物 **38**。特别是当 R 为 NMeTs 时，**38** 是 B-V 反应的唯一产物。

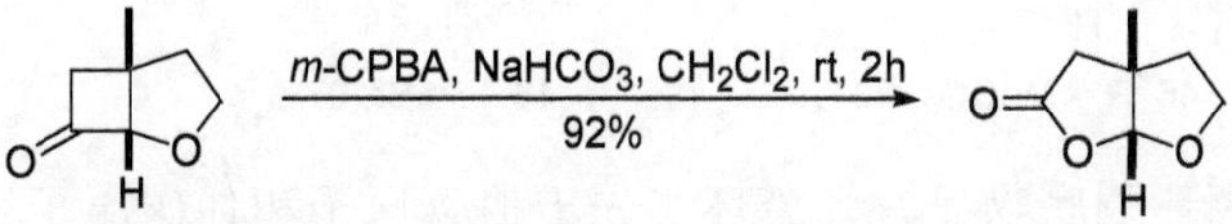

$$(32)$$

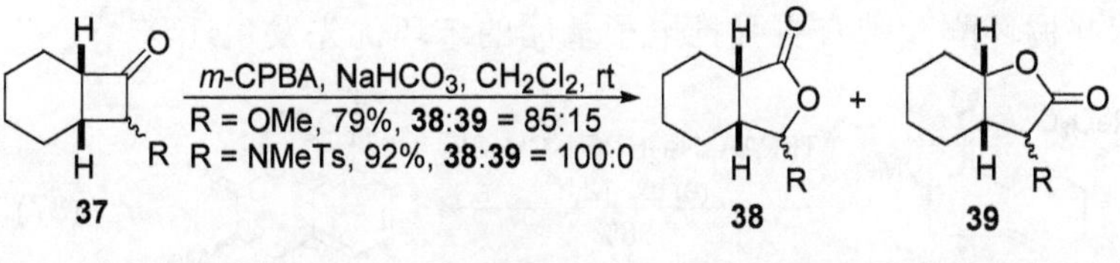

$$(33)$$

对于其它稠环酮而言，一般是取代基较多的碳原子优先发生迁移。如式 34 所示[57]：化合物 **40** 中丙基取代的碳原子发生迁移生成产物 **41**。化合物 **42** 的分子结构中虽然在 C3 位和 C8 位都带有羰基，但在 m-CPBA 作用下表现出高

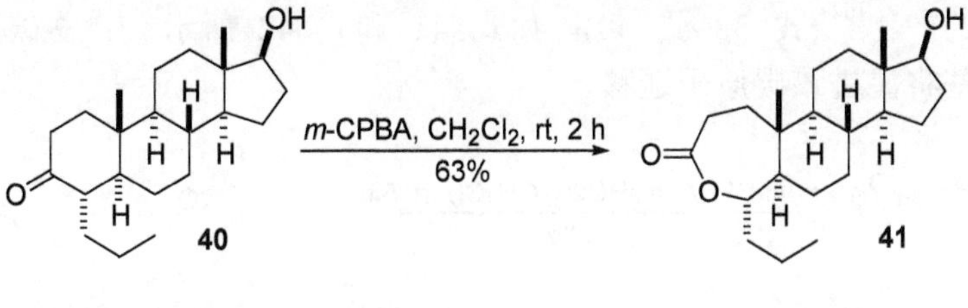

$$(34)$$

度的区域选择性。如式 35 所示[58]：只有偕二甲基取代的 C4 发生迁移，以几乎定量的产率得到产物 **43**。

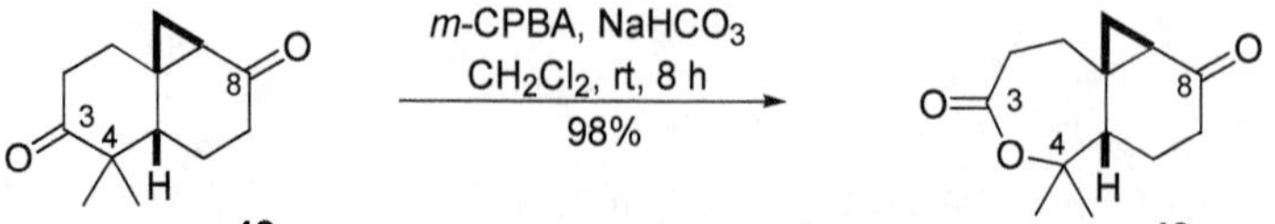

$$m\text{-CPBA, NaHCO}_3 \\ \text{CH}_2\text{Cl}_2, \text{rt, 8 h} \\ 98\% \tag{35}$$

羰基的 α-碳原子上带有的杂原子取代基对反应产物的影响很大，乙酰氧基[59]或者环醚[60]对该碳原子的迁移有促进作用。但是，卤素取代基[61]则会严重阻碍该碳原子的迁移。如式 36 所示：当 R 为乙酰氧基时，化合物 **44** 生成单一的产物 **45**；而当 R 为溴时，则得到另一种单一产物 **46**。

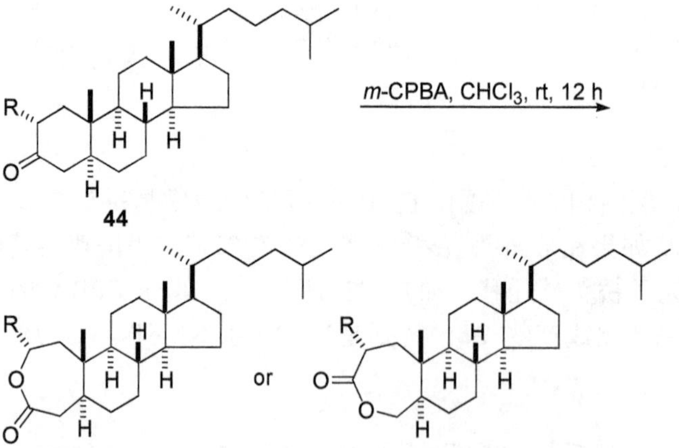

$$m\text{-CPBA, CHCl}_3, \text{rt, 12 h}$$

45 R = MeCO₂, 93% or **46** R = Br, 97%

$$\tag{36}$$

对于苯并稠环酮底物而言，芳环优先于伯碳原子和仲碳原子发生迁移[62]（式 37）。对于双苯并稠环酮，带有更强推电子基团的苯环优先发生迁移[63]。

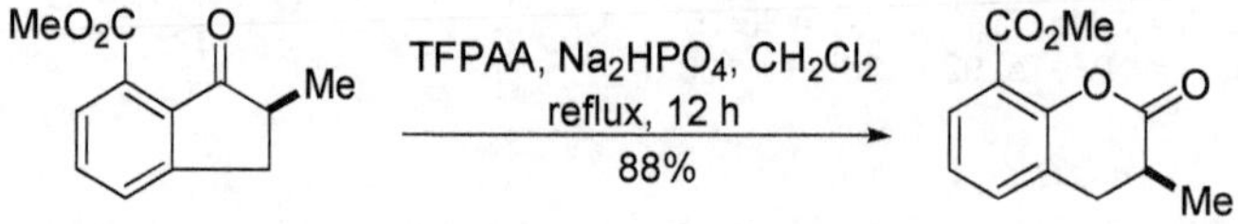

$$\text{TFPAA, Na}_2\text{HPO}_4, \text{CH}_2\text{Cl}_2 \\ \text{reflux, 12 h} \\ 88\% \tag{37}$$

3.2.5　桥环酮

在没有立体电子效应影响的情况下，羰基与桥头碳相连的桥环酮主要得到桥头碳原子迁移的产物[64]（式 38~式 40）。如式 41 和式 42 所示[65]：α-碳原子上带有环醚取代基将促进该碳原子迁移。

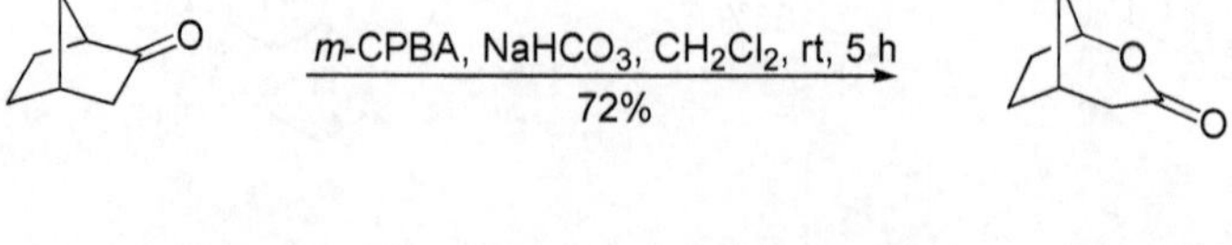

$$m\text{-CPBA, NaHCO}_3, \text{CH}_2\text{Cl}_2, \text{rt, 5 h} \\ 72\% \tag{38}$$

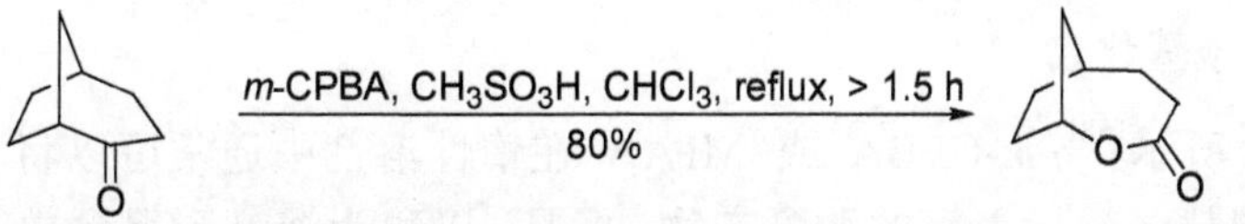

$$\text{(39)} \quad \textit{m-CPBA, CH}_3\text{SO}_3\text{H, CHCl}_3, \text{reflux, > 1.5 h} \quad 80\%$$

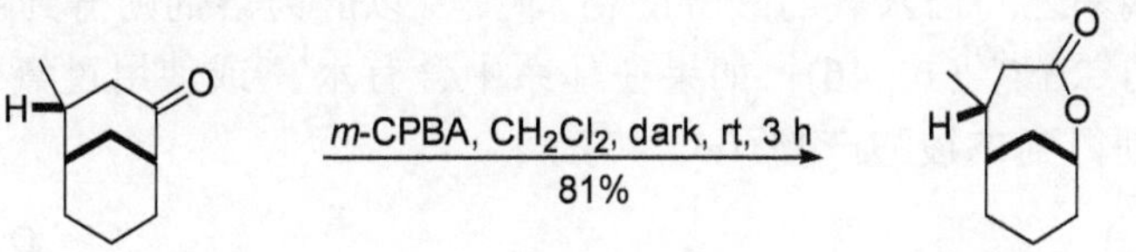

$$\text{(40)} \quad \textit{m-CPBA, CH}_2\text{Cl}_2, \text{dark, rt, 3 h} \quad 81\%$$

$$\text{(41)} \quad \textit{m-CPBA, NaHCO}_3, \text{CHCl}_3, 8\ ^{\circ}\text{C, 8 h} \quad 86\%$$

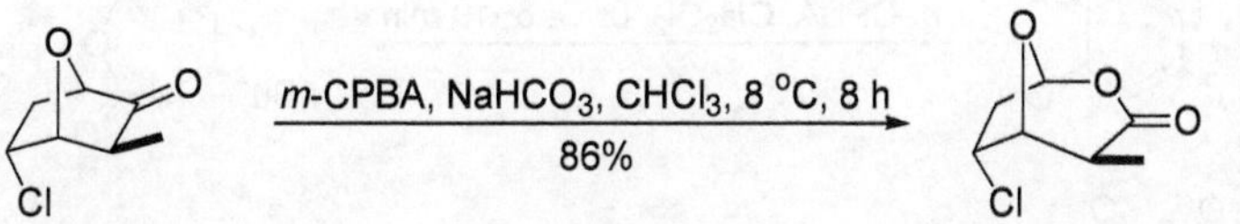

$$\text{(42)} \quad \text{TFPAA, Na}_2\text{HPO}_4, \text{CH}_2\text{Cl}_2 \quad 80\%$$

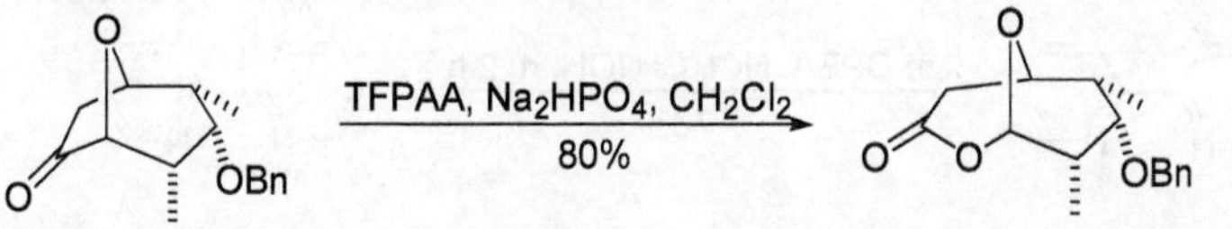

　　由于桥环酮具有刚性结构，立体电子效应对基团迁移顺序的影响特别明显。羰基的位置以及各个碳原子上所带的取代基都可能对羰基两侧基团的迁移造成影响，主要产物的结构是各种因素综合作用的结果。如式 43 所示[66]：过氧酸通常是从降冰片酮 **47** 空间位阻较小的 *exo*-面进攻羰基。但是，由于降冰片酮衍生物 **48** 的 *exo*-面存在的多个甲基造成过大的空间位阻，所以导致过氧酸只能从 *endo*-面进攻羰基。如式 44 所示[67]：**48** 所需的反应时间也比 **47** 长很多。

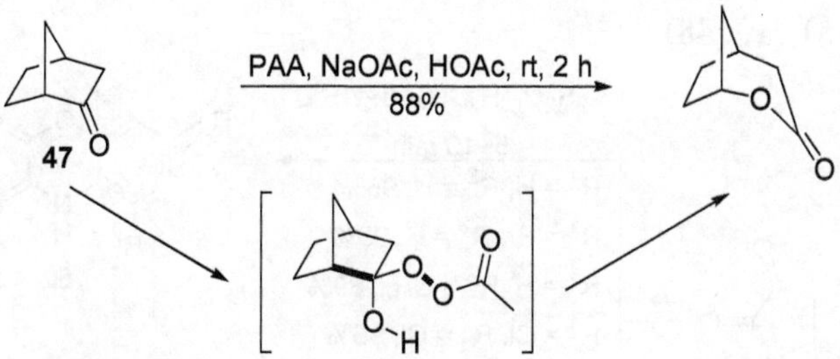

$$\text{(43)} \quad \text{PAA, NaOAc, HOAc, rt, 2 h} \quad 88\%$$

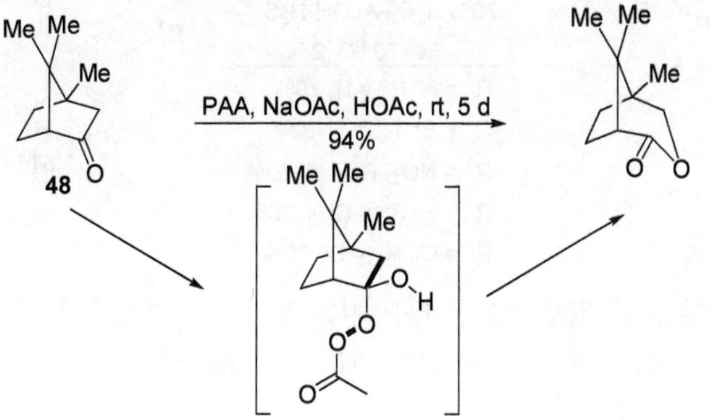

$$\text{(44)} \quad \text{PAA, NaOAc, HOAc, rt, 5 d} \quad 94\%$$

3.2.6 1,2-二羰基化合物

如式 45 所示[68]: m-CPBA 或 MPAA 在惰性溶剂中通常可以将 1,2-二酮氧化成在两个羰基之间插入氧的酸酐产物。但是，以醇为溶剂则得到羰基之间 C-C 键断裂生成的二酯[69](式 46)。如果在体系中含有水[70]或使用过氧化氢水溶液为氧化剂[71]，则得到二羧酸产物 (式 47)。

$$
\xrightarrow[64\%]{m\text{-CPBA, CH}_2\text{Cl}_2,\ 0\ ^{\circ}\text{C, 5}\sim\text{10 min}} \tag{45}
$$

$$
\xrightarrow[70\%]{m\text{-CPBA, HCl, CH}_3\text{OH, rt, 2 h}} \tag{46}
$$

$$
\xrightarrow[94\%]{30\%\ \text{H}_2\text{O}_2,\ \text{NaOH, rt, 42 h}} \tag{47}
$$

有趣地观察到[72]: 无论苯环上带有何种取代基，α-酮酰胺 **49** 在 B-V 反应中的区域选择性都是由氧化剂决定。使用 $K_2S_2O_8$-H_2SO_4 体系时，生成苯环发生迁移的产物 **50**。而使用 30% H_2O_2-AcOH-H_2SO_4 体系时，则生成氧原子插入羰基之间的产物 **51** (式 48)。

$$
\begin{array}{c}
\xrightarrow[5\sim10\ \text{min}]{K_2S_2O_8\text{-}H_2SO_4,\ 0\sim10\ ^{\circ}C} \\[4pt]
R^1 = H,\ R^2 = H,\ 95\% \\
R^1 = Br,\ R^2 = H,\ 95\% \\
R^1 = H,\ R^2 = CH_3,\ 89\% \\
R^1 = Cl,\ R^2 = Cl,\ 95\% \\[8pt]
\xrightarrow[60\sim70\ ^{\circ}C,\ 2\ h]{30\%\ H_2O_2\text{-AcOH-}H_2SO_4} \\[4pt]
R^1 = H,\ R^2 = H,\ 79\% \\
R^1 = Br,\ R^2 = H,\ 83\% \\
R^1 = NO_2,\ R^2 = H,\ 80\% \\
R^1 = H,\ R^2 = CH_3,\ 75\% \\
R^1 = Cl,\ R^2 = Cl,\ 90\%
\end{array} \tag{48}
$$

49　　　　**50**　　　　**51**

在四氢呋喃基-α-酮酯 **52** 的反应中，靠近环上氧原子的羰基优先迁移生成产物 **53**[73](式 49)。苯甲酰基膦酸酯 **54** 与 α-酮酯类似，其氧化物为苯甲酰基磷酸酯 **55**[74](式 50)。

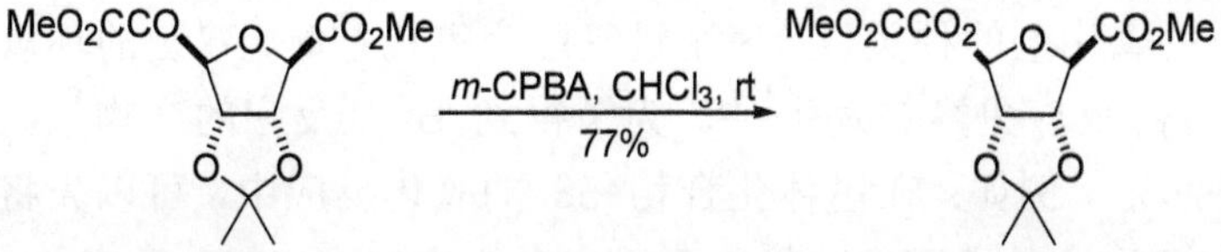

$$\text{52} \xrightarrow{\substack{\textit{m}\text{-CPBA, CHCl}_3\text{, rt} \\ 77\%}} \text{53} \tag{49}$$

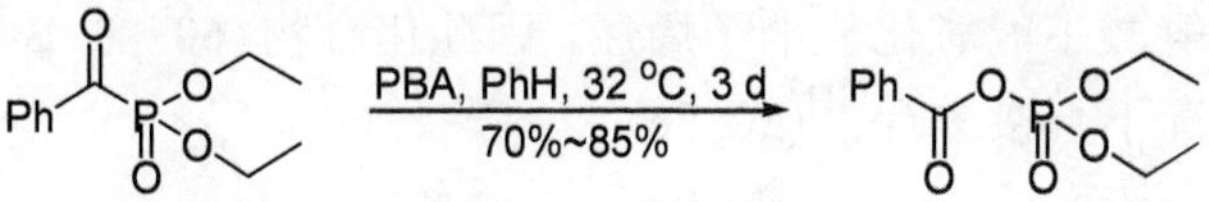

$$\text{54} \xrightarrow{\substack{\text{PBA, PhH, 32 }^{o}\text{C, 3 d} \\ 70\%\sim85\%}} \text{55} \tag{50}$$

3.2.7　醛

苯甲醛和邻甲氧基苯甲醛或对甲氧基苯甲醛在过氧酸的氧化下生成相应的甲酸酯[75]。例如：在抗肿瘤药物丝裂霉素的合成中，$\textit{m}$-CPBA 可以将化合物 **56** 氧化成甲酸酯中间体 **57**[76](式 51)。但是，邻羟基苯甲醛或对羟基苯甲醛在过氧酸存在下主要生成苯醌类化合物[77](式 52)。

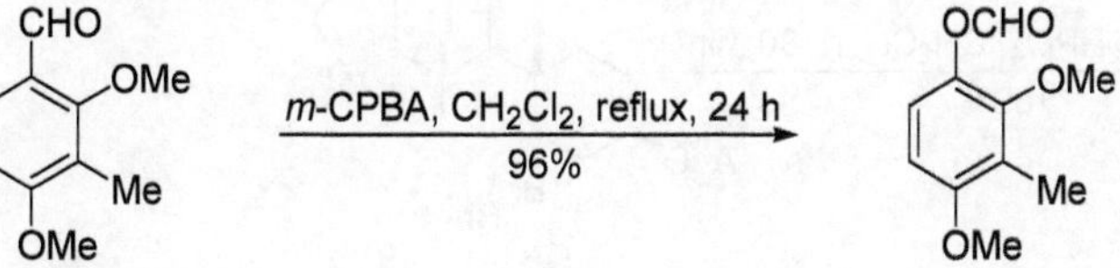

$$\text{56} \xrightarrow{\substack{\textit{m}\text{-CPBA, CH}_2\text{Cl}_2\text{, reflux, 24 h} \\ 96\%}} \text{57} \tag{51}$$

$$\xrightarrow{\substack{\text{KHSO}_5\text{, CHCl}_3\text{, H}_2\text{O, H}_2\text{SO}_4\text{, rt, 8 h} \\ 83\%}} \tag{52}$$

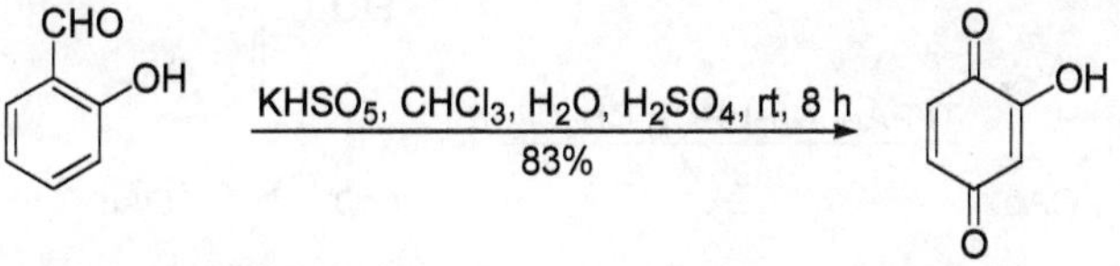

在 PAA 或者 $\textit{m}$-CPBA 的存在下，与伯烷基相连的醛被氧化的主要产物是羧酸。如果 α-位为苄基碳或者仲烷基碳，则会生成部分甲酸酯产物[78](式 53)。α-位有氧原子官能团取代的醛有利于生成甲酸酯[60b](式 54)。

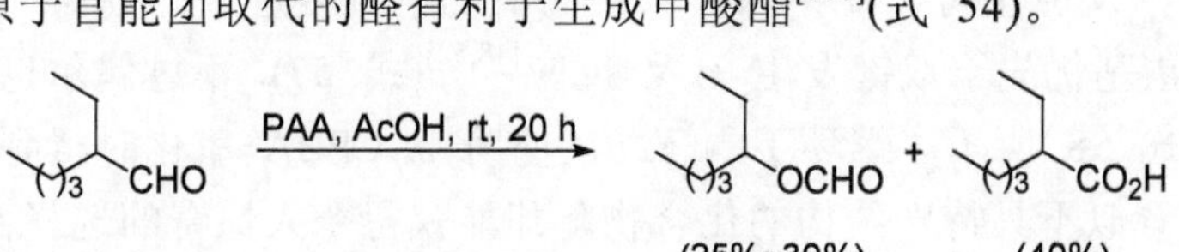

$$\xrightarrow{\text{PAA, AcOH, rt, 20 h}} \text{OCHO} \;(25\%\sim30\%) + \text{CO}_2\text{H} \;(40\%) \tag{53}$$

$$\xrightarrow{\substack{\textit{m}\text{-CPBA, CH}_2\text{Cl}_2\text{, 12 }^{o}\text{C, 24 h} \\ 85\%}} \tag{54}$$

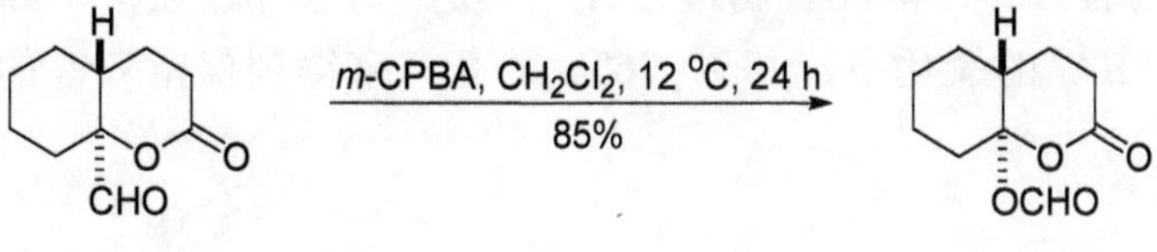

3.3　B-V 反应的化学选择性

3.3.1　非共轭烯酮和烯醛

非共轭烯酮和烯醛究竟进行何种氧化反应，需要取决于双键和羰基的相对反应活性以及所用氧化剂的种类。当使用过氧酸为氧化剂时，双键的环氧化反应通常比羰基的 B-V 反应更容易发生[79]。为了得到 B-V 反应的产物，一般需要首先将双键保护起来。例如：在甾体化合物 **58** 的氧化反应中，可以先将双键转化为二溴化物。然后，在 TFPAA 作用下以定量产率得到 B-V 反应的产物 **59**[80]（式 55）。由于过氧酸不能氧化缺电子烯烃，因此化合物 **60** 的 B-V 反应可以在不保护双键的情况下直接进行[81]（式 56）。

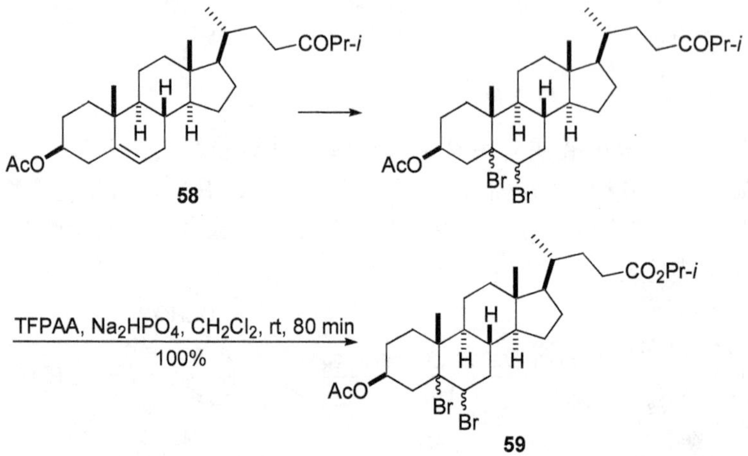

58

$$\xrightarrow{\begin{array}{c}\text{TFPAA, Na}_2\text{HPO}_4, \text{CH}_2\text{Cl}_2, \text{rt, 80 min}\\ 100\%\end{array}}$$

(55)

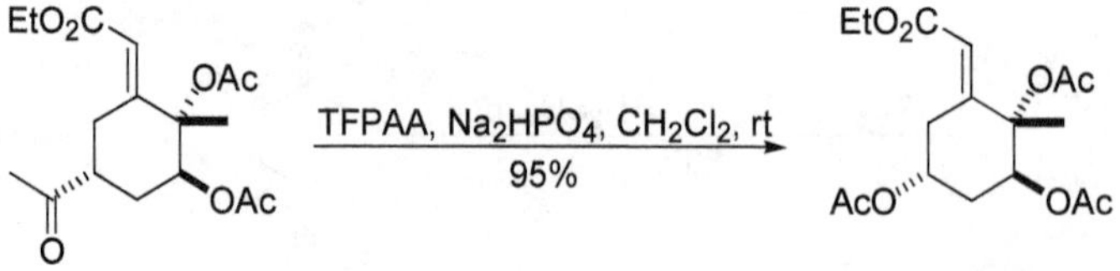

59

$$\xrightarrow{\begin{array}{c}\text{TFPAA, Na}_2\text{HPO}_4, \text{CH}_2\text{Cl}_2, \text{rt}\\ 95\%\end{array}}$$

(56)

60

在一些结构特殊的非共轭烯酮和烯醛分子中，有时羰基的反应活性要高于双键。因此，B-V 反应也可以在不保护双键的情况下直接进行。例如：环丁酮衍生物 **61** 中的羰基优先于双键发生 B-V 反应[48,52]（式 57）。不过偶尔也会出现例外的情况，如式 58 所示：螺环丁酮 **62** 在使用 m-CPBA 氧化时得到环氧化物 **63**[82]。而有时看似不具特殊结构的化合物，却能获得令人惊奇的选择性。例如：含有非共轭双键的 1,2-二酮化合物进行 B-V 反应的选择性通常不好，但是化合物 **64** 在 m-CPBA 的氧化下，却以 96% 的高产率得到保留双键的产物 **65**[83]（式 59）。

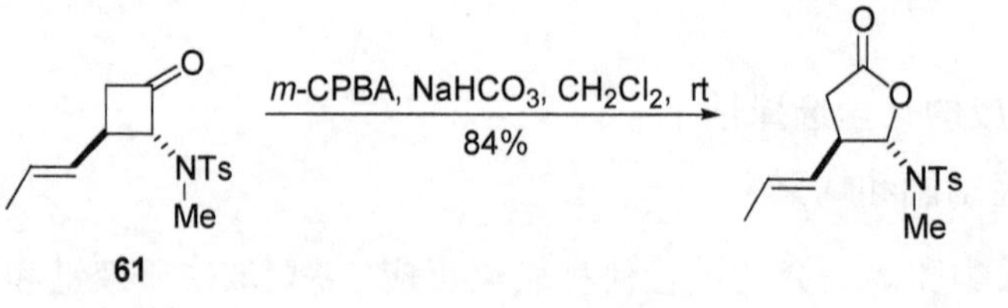

$$\xrightarrow{\begin{array}{c}m\text{-CPBA, NaHCO}_3, \text{CH}_2\text{Cl}_2, \text{rt}\\ 84\%\end{array}}$$

(57)

61

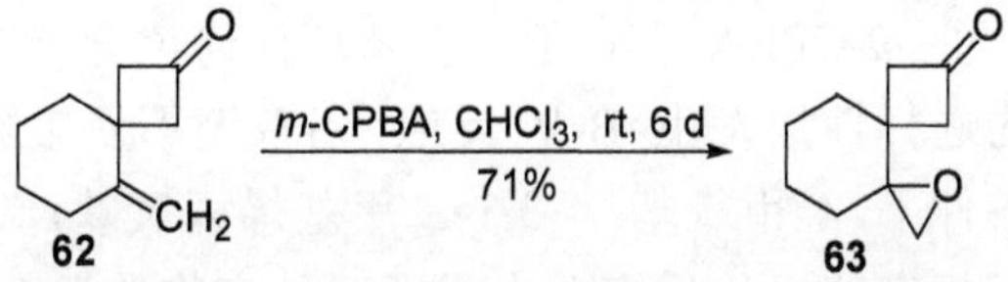

$$(58)$$

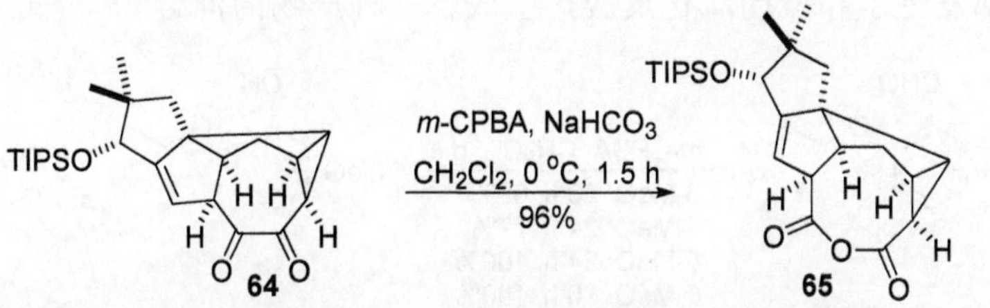

$$(59)$$

一些非共轭烯酮和烯醛的氧化反应受底物结构的影响很大，有时结构相似的化合物在相同条件下得到完全不同的产物。如式 60 和式 61 所示：环戊烯酮 66[84]和二甲基烯丙基环戊酮 67[85]主要得到双键环氧化的产物。而在相同反应条件下，烯丙基环戊酮 68[86]却发生了 B-V 反应 (式 62)。如式 63 所示[87]：由于化合物 69 中双键的烯丙基位上大位阻的叔丁基二甲基硅氧基 (TBDMSO-) 阻碍了环氧化反应，因此 B-V 反应产物成为优势产物。

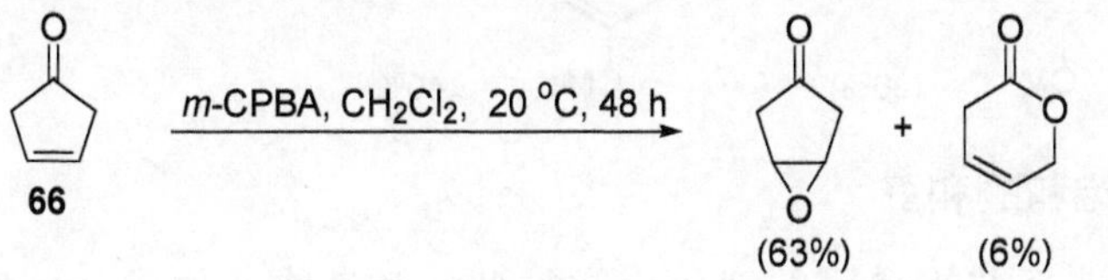

$$(60)$$

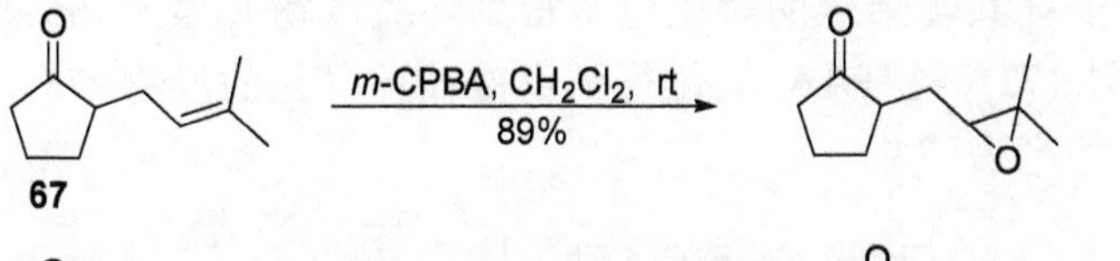

$$(61)$$

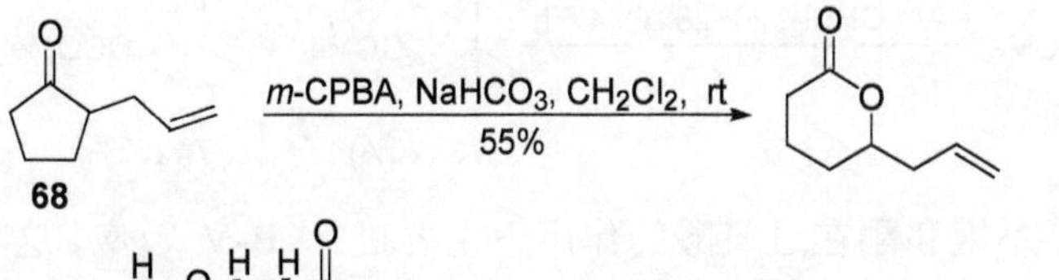

$$(62)$$

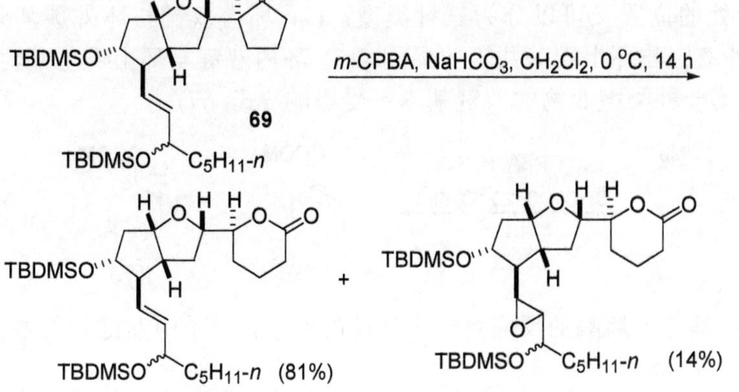

$$(63)$$

有趣地观察到：在 *m*-CPBA 存在下，在苯环任何位置上取代的甲氧基-2-烯丙氧基苯甲醛 **70** 均选择性地发生 B-V 反应，而双键不受影响[88](式 64)。但是，在完全相同的反应条件下，4-甲氧基-2-(3,3-二甲基烯丙氧基)苯甲醛 (**71**) 分子中双键和羰基都发生了相应的氧化反应，生成了三种产物的混合物[89](式 65)。

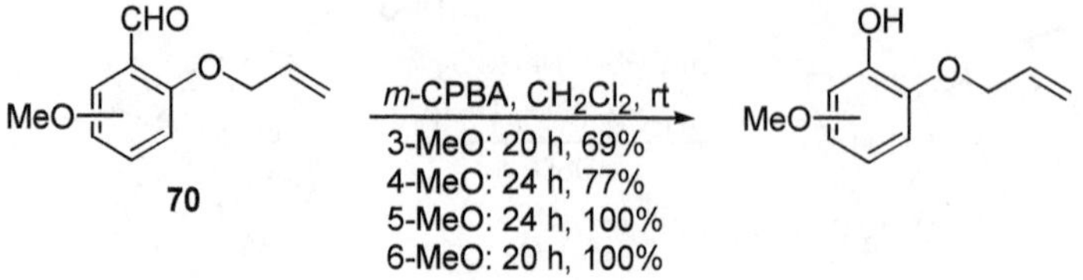

$$(64)$$

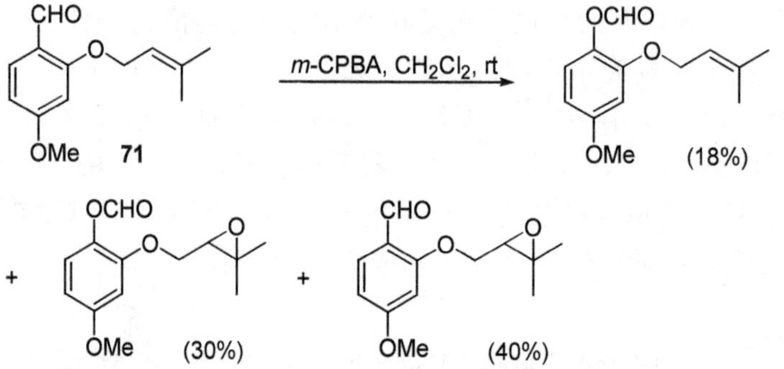

$$(65)$$

3.3.2 α,β-不饱和酮和醛

过氧酸对非环共轭烯酮的氧化通常得到环氧产物。如式 66 所示[90]：4-甲基-3-戊烯-3-酮 (**72**) 经 PAA 氧化得到双键被环氧化的产物 **73** 以及双键和羰基同时被氧化的产物 **74**。

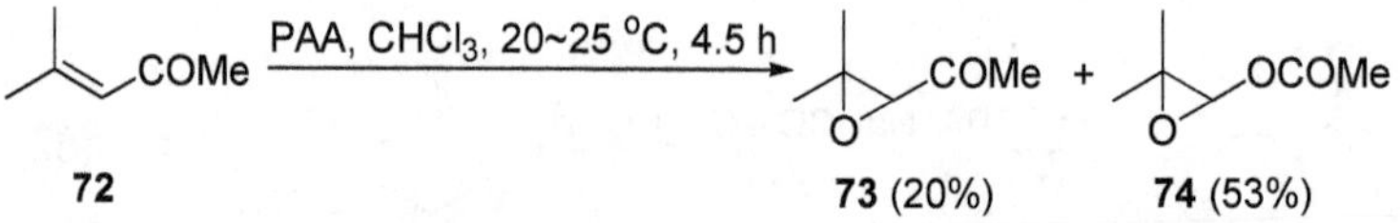

$$(66)$$

单环 α,β-不饱和酮在过氧酸的作用下主要进行 B-V 反应，这种底物根据双键和羰基所处的位置又可以分为三种类型：(1) 环内双键与环外羰基共轭的烯酮；(2) 环外双键与环上羰基共轭的烯酮；(3) 环内双键与环上羰基共轭的烯酮。一般而言，第一种类型底物的双键基本不受影响 (式 67)。

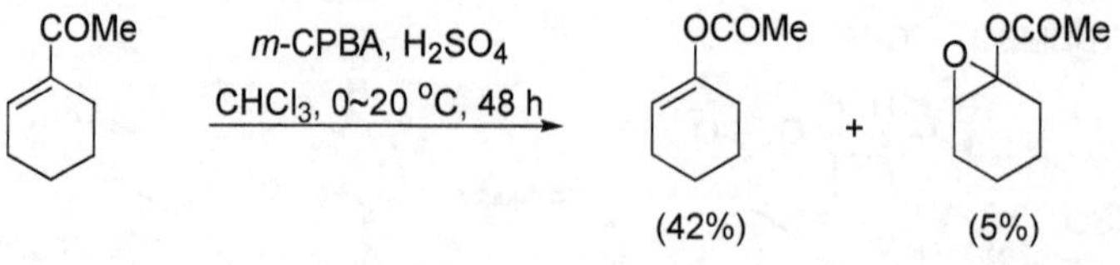

$$(67)$$

但是，甲基环戊烯酮的反应是一个特殊的例子，分子中双键和羰基都发生了氧化反应[91](式 68)。

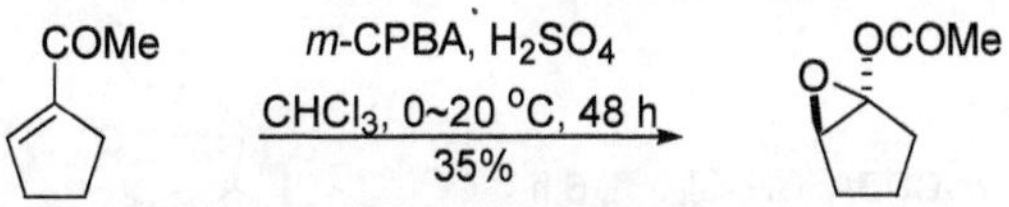

$$\text{(68)}$$

第二种类型底物的反应产物为烯醇内酯[92] (式 69)，一般仅有很少部分产物中双键被环氧化。

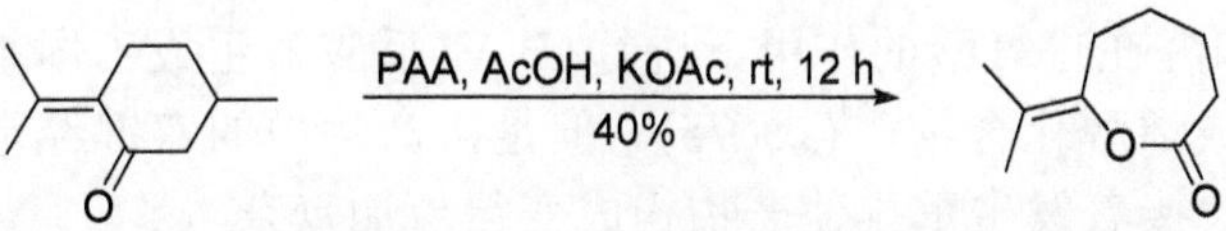

$$\text{(69)}$$

第三种类型底物反应的区域选择性主要决定于羰基邻位的取代基。通常情况下，乙烯基优先于亚甲基迁移，生成烯醇内酯的产物[93] (式 70)。但是，生成的产物有时会继续进行双键的环氧化反应，得到环氧内酯。如式 71 所示[94]：如果环氧内酯进一步被分解，还有可能形成多种副产物。

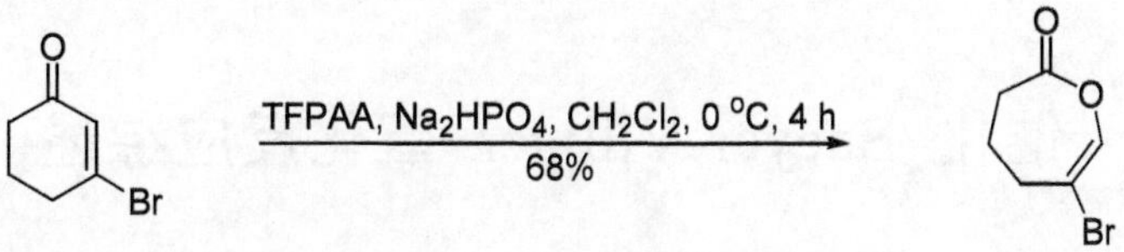

$$\text{(70)}$$

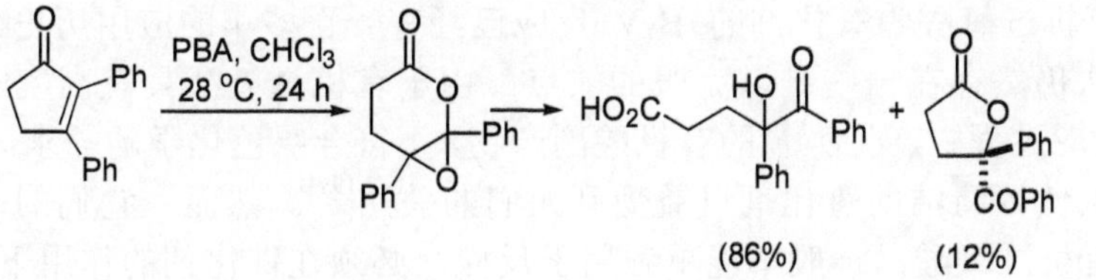

$$\text{(71)}$$

在稠环 α,β-不饱和酮的氧化反应中，一般生成乙烯基迁移的产物烯醇内酯[95] (式 72)。

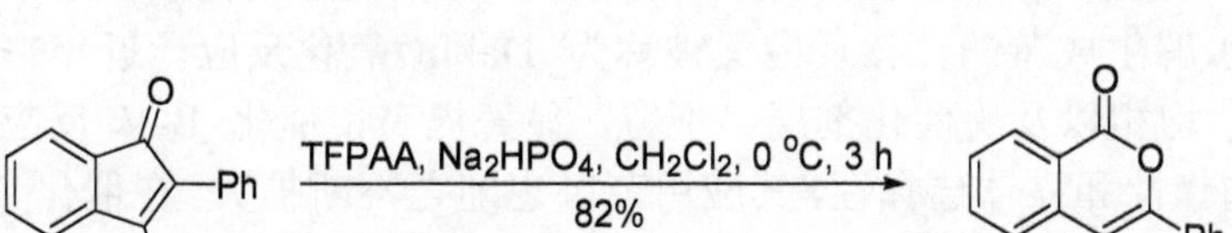

$$\text{(72)}$$

但是，该类底物的反应情况比较复杂，通常伴随着双键被部分[96](式 73) 或者全部[97](式 74) 环氧化的产物。此外，该类底物的反应并不总是按照一般规律进行，并经常伴随其它各类副反应和副产物。

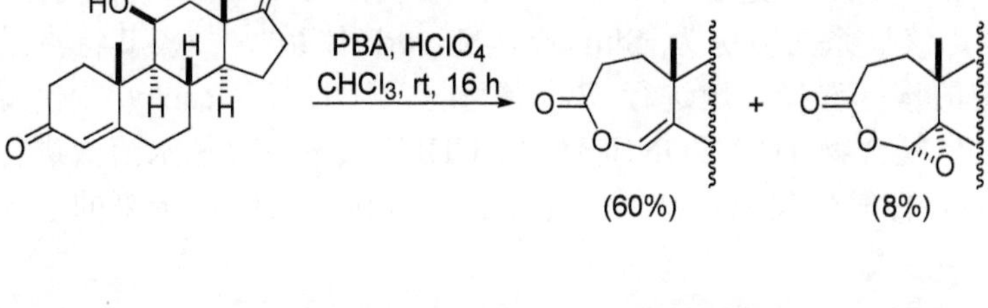

$$\text{(73)}$$

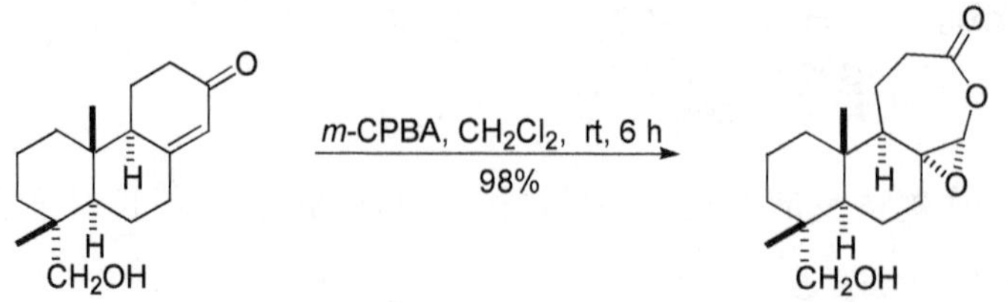

(74)

α,β-不饱和醛在过氧酸的作用下进行 B-V 反应，生成乙烯基甲酸酯，有时该产物会转化成烯醇化合物[98](式 75)。但是，产物中的双键经常会被环氧化生成环氧甲酸酯，接着发生重排使产物构成变得更加复杂。

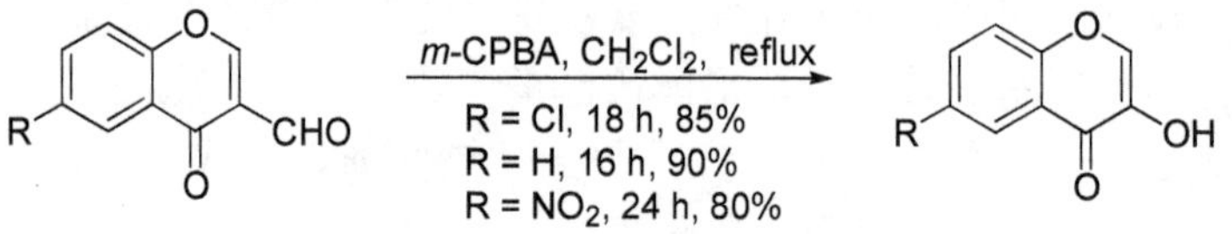

m-CPBA, CH$_2$Cl$_2$, reflux
R = Cl, 18 h, 85%
R = H, 16 h, 90%
R = NO$_2$, 24 h, 80%

(75)

4　催化 Baeyer-Villiger 氧化反应综述

虽然以有机过氧酸为氧化剂的 B-V 反应已经有一百多年的应用历史，但不可否认该方法仍然存在一些难以克服的缺点。由于有机过氧酸具有高度不稳定性，并且在反应过程中产生大量的有机酸副产物，不符合绿色化学的需求。因此，过氧化氢和氧气等清洁的氧化剂日益受到人们的关注[99]。然而，它们的氧化能力远远小于有机过氧酸，一般不能单独用于反应，必须在催化剂的作用下使用。例如：在路易斯酸或其它金属配合物催化下，酮可以在 Mukaiyama 体系 (氧气与醛联用) 中被氧化成相应的酯。芳醛和芳酮可以在碱性过氧化氢体系中被氧化成酯，然后再水解生成苯酚，该反应又被称为 Dakin 氧化反应。近年来，各种高效的均相、非均相以及酶催化剂层出不穷，显著提高了催化 B-V 反应的化学选择性、区域选择性和立体选择性，其应用范围也随之不断扩大。在催化 B-V 反应中，基团的迁移顺序规律与传统的 B-V 反应基本相同。

由于 H$_2$O$_2$ 以水溶液的形式存在，用作氧化剂时不可避免地将水引入到反应体系中。因此，可能造成部分产物的水解，甚至有些反应底物本身在含水体系中也不能稳定存在，一些高效但对水敏感的催化剂更不能应用于该体系中。为了解决这一固有缺陷，人们尝试使用其它清洁安全的氧化剂来代替 H$_2$O$_2$ 水溶液。例如：Shibasaki 和 Noyori 使用二(三甲基硅基)过氧化物 [(TMSO)$_2$] 代替 H$_2$O$_2$ 进行 B-V 反应，该体系又被称为 Shibasaki-Noyori 体系[85,100]，其特点是可以使非共轭烯酮中的羰基选择性地进行 B-V 氧化。又例如：Heaney[101] 使用尿素和过氧化氢的固体复合物 (H$_2$NCONH$_2$·H$_2$O$_2$, UHP) 代替 H$_2$O$_2$ 水溶液进行包括 B-V 反应在内的各种氧化反应，从而避免了使用高浓度 H$_2$O$_2$ 带来的危险性，同时也使反应可以在无水条件下进行。

4.1　酸催化体系

　　酸是以 H$_2$O$_2$ 为氧化剂的 B-V 反应中最简单和最常用的催化剂之一。在早期的反应中，人们常使用无机酸或简单的有机酸作为催化剂。这可能是因为 H$^+$ 将底物中的羰基质子化后增加了碳氧双键的极性，从而使 HO$_2^-$ 的亲核进攻更容易进行。如式 76 和式 77 所示：化合物 **75** 和 **76** 分别在硫酸和乙酸的催化下，以 96% 的高产率被 H$_2$O$_2$ 氧化成相应的内酯[102,103]。

$$\text{75} \quad \xrightarrow[96\%]{\substack{\text{30\% H}_2\text{O}_2\text{, H}_2\text{SO}_4\text{, Ac}_2\text{O} \\ \text{CH}_2\text{Cl}_2\text{, rt, 0.5 h}}} \qquad (76)$$

$$\text{76} \quad \xrightarrow[96\%]{\text{30\% H}_2\text{O}_2\text{, AcOH, 50 }^{\circ}\text{C, 7 h}} \qquad (77)$$

　　在随后的研究中，人们不断地引入一些新的酸催化剂。例如：Noyori[104]等人以季铵盐 [CH$_3$(n-C$_8$H$_{17}$)$_3$N]HSO$_4$ 作为酸来催化对硝基苯甲醛的 B-V 反应，在不使用有机溶剂的情况下高产率地得到对硝基苯甲酸 (式 78)。该体系完全没有使用卤化物和金属，可能是到目前为止将醛氧化成酸最简便清洁的方法。

$$\text{O}_2\text{N}\text{—}\text{CHO} \quad \xrightarrow[93\%]{\substack{\text{30\% H}_2\text{O}_2\text{ (2.5 eq)} \\ \text{QHSO}_4\text{ (1 mol\%), 90 }^{\circ}\text{C, 3 h}}} \quad \text{O}_2\text{N}\text{—}\text{CO}_2\text{H} \qquad (78)$$

　　固体酸 Amberlyst 15 是磺酸化的苯乙烯和二乙烯苯生成的共聚物，Fischer[105]等人在环戊酮的 B-V 反应中将其用作非均相催化剂。在反应过程中，H$_2$O$_2$ 首先将负载在树脂上的磺酸氧化成过氧磺酸，然后再由过氧磺酸对环戊酮进行氧化。该反应的转化率非常高，几乎所有的底物都被氧化。但是，该反应除了生成产物环己内酯外，还产生了部分二聚过氧化物副产物 (式 79)。

$$\text{环戊酮} \quad \xrightarrow[66\%]{\substack{\text{35\% H}_2\text{O}_2\text{,} \quad \text{—PhSO}_3\text{H(1g / 87 mmol)} \\ \text{70 }^{\circ}\text{C, 6 h}}} \qquad (79)$$

4.2　碱催化体系

　　除 Dakin 氧化反应外，碱催化的 H$_2$O$_2$ 还可用于其它类型底物的 B-V 反应。例如：环丁酮衍生物在碱性 H$_2$O$_2$ 体系中被氧化成环戊内酯[106](式 80)。由于 H$_2$O$_2$ 在碱性条件下不能够氧化孤立的双键，所以非常适合于非共轭烯酮的高度化学选择性 B-V 反应[107](式 81)。对于环丁酮衍生物而言，即使在 α,β-不饱和酮存在下仍然能够实现环丁酮羰基的选择性 B-V 反应[108](式 82)。

$$\text{图式} \quad \xrightarrow{\text{H}_2\text{O}_2,\ \text{NaOH, MeOH, rt, 4 h}}_{95\%} \quad \text{产物} \qquad (80)$$

$$\text{图式} \quad \xrightarrow{\text{30\% H}_2\text{O}_2,\ \text{NaOH, CH}_3\text{OH, rt, 2.5 h}}_{82\%} \quad \text{产物} \qquad (81)$$

$$\text{图式} \quad \xrightarrow[\text{(i-Pr)}_2\text{NEt, Et}_2\text{O, }-30\ ^{\circ}\text{C, 15 min}]{\text{Anhydr. H}_2\text{O}_2,\ \text{Ti(OPr-}i\text{)}_4} \quad \text{产物}$$

$$\xrightarrow{\text{NaBH}_4,\ \text{MeOH, 0 }^{\circ}\text{C, 0.5 h}}_{55\%\ \text{for two steps}} \quad \text{产物} \qquad (82)$$

4.3 硒化合物催化体系

SeO$_2$ 是氧化反应中常用的催化剂之一，它能够选择性地催化苯甲醛的 B-V 反应生成苯甲酸产物。但是，苯环上的取代基对反应的选择性有显著的影响，推电子取代基通常导致生成两种产物的混合物[109](式 83)。

$$\text{CHO 底物} \quad \xrightarrow[\text{THF, reflux}]{\text{30\% H}_2\text{O}_2,\ \text{SeO}_2\ (5\ \text{mol\%})} \quad \text{77} + \text{78} \qquad (83)$$

R = NO$_2$, **77**:**78** = 87:0
R = Cl, **77**:**78** = 83:0
R = Me, **77**:**78** = 88:0
R = H, **77**:**78** = 97:0
R = MeO, **77**:**78** = 46:41

SeO$_2$ 也能高效地催化非环脂肪醛和杂环芳醛的 B-V 反应，得到相应的酸(式 84 和式 85)。但是，SeO$_2$ 却不适合催化那些对氧化较敏感的底物 (例如：2-吲哚醛衍生物等) 的 B-V 反应。

$$\text{底物} \quad \xrightarrow{\text{30\% H}_2\text{O}_2,\ \text{SeO}_2\ (5\ \text{mol\%}),\ \text{THF, reflux}}_{91\%} \quad \text{产物} \qquad (84)$$

$$\text{底物-CHO} \quad \xrightarrow{\text{30\% H}_2\text{O}_2,\ \text{SeO}_2\ (5\ \text{mol\%}),\ \text{THF, reflux, 72 h}}_{88\%} \quad \text{产物-CO}_2\text{H} \qquad (85)$$

有机硒的氧化物也可用作 B-V 反应的催化剂。2006 年，Detty[110]等人使用芳基苄基硒氧化物 **79** 催化 3,4,5-三甲氧基苯甲醛和金刚烷酮的 B-V 反应，几乎定量地得到相应的甲酸酯和环内酯 (式 86 和式 87)。

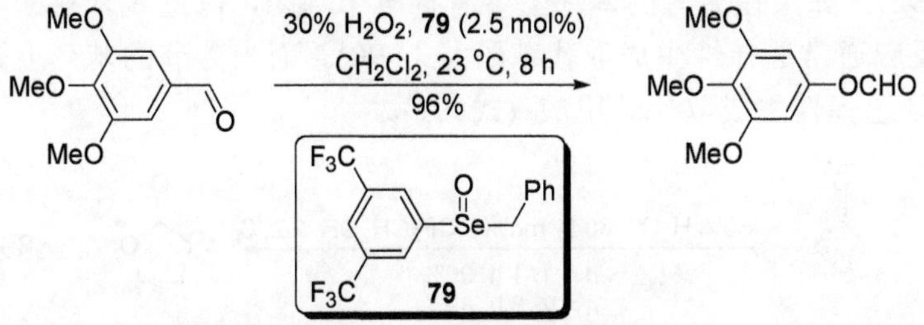

(86)

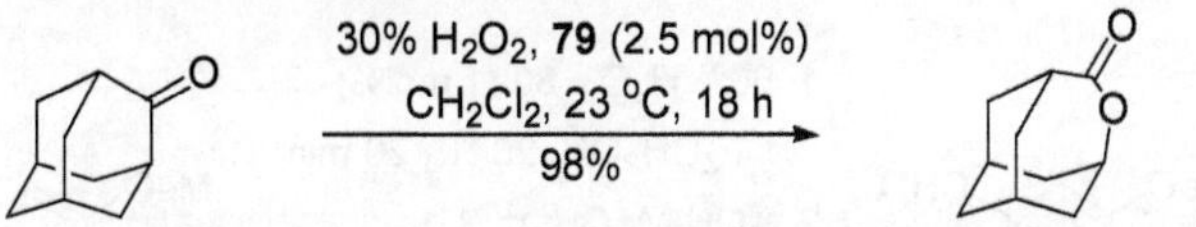

(87)

苯基亚硒酸衍生物可以用来催化 H_2O_2 与芳醛的 B-V 反应生成相应的甲酸酯，然后经水解得到酚类化合物[75e,98,111]。由于芳醛容易被氧化，只需使用 30% H_2O_2 即可完成反应。苯基亚硒酸衍生物也可以催化 H_2O_2 与酮的 B-V 反应，但需要使用高浓度的 H_2O_2 (90%)。由于该反应实际的氧化剂是苯基亚硒酸衍生物与 H_2O_2 生成的过氧苯基亚硒酸，因此直接使用过氧苯基亚硒酸可以避免操作极度危险的高浓度 H_2O_2。

在 H_2O_2 的存在下，二苯基联硒化合物也可以生成过氧苯基亚硒酸。Sheldon[112]等人合成了一系列在苯环上带有强拉电子取代基的二苯基联硒化合物 **80~88** (式 88)，它们对于环酮、芳醛以及脂肪醛的 B-V 反应均具有很高的催化活性和选择性。其中，三氟甲基苯基联硒的催化活性高于硝基苯基联硒。对

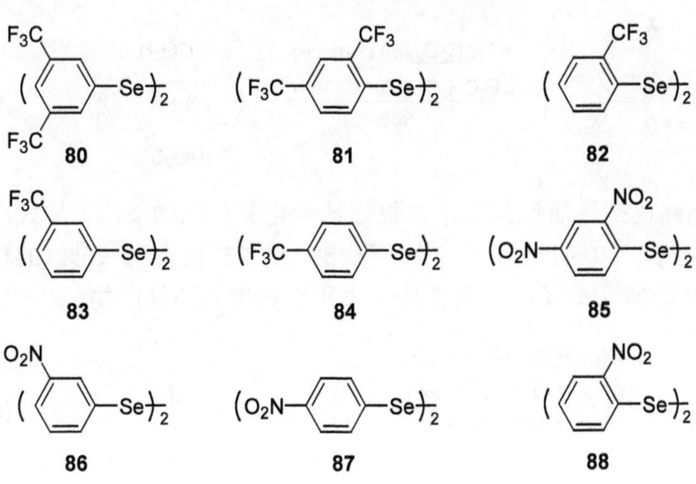

(88)

于相同的取代基，取代位置对催化活性的影响次序为：*m-* > *p-* > *o-*。在苯环的对位引入第二个强拉电子基团可以提高 *o-*取代联硒试剂的催化活性。

二苯基联硒 **80** 是其中活性最强的催化剂，适用于多数环酮和醛的 B-V 反应 (式 89~式 94)。如果在芳醛的苯环上带有推电子基团，以过氧苯亚硒酸为催化剂的 B-V 反应通常选择性生成取代苯酚 (式 90)。而当芳醛的苯环上带有拉电子基团时，则选择性生成取代苯甲酸 (式 91)。

$$\text{60\% } H_2O_2,\ \textbf{80}\ (1\ mol\%),\ CF_3CH_2OH,\ 20\ ^{\circ}C$$
$$n = 1,\ 1\ h,\ 90\%$$
$$n = 2,\ 8\ h,\ 89\%$$
$$n = 3,\ 4\ h,\ 95\% \tag{89}$$

$$\begin{array}{l}1.\ 60\%\ H_2O_2,\ \textbf{80}\ (1\ mol\%)\\ \quad CF_3CH_2OH,\ 20\ ^{\circ}C,\ 20\ min\\ 2.\ KOH\text{-}MeOH,\ rt,\ 2\ h\\ \quad\quad\quad 99\%\end{array} \tag{90}$$

$$\begin{array}{l}60\%\ H_2O_2,\ \textbf{80}\ (1\ mol\%)\\ CF_3CH_2OH,\ 60\ ^{\circ}C,\ 2\ h\\ \quad\quad\quad 96\%\end{array} \tag{91}$$

$$\begin{array}{l}60\%\ H_2O_2,\ \textbf{80}\ (1\ mol\%)\\ CF_3CH_2OH,\ 60\ ^{\circ}C,\ 3\ h\\ \quad\quad\quad 90\%\end{array} \tag{92}$$

$$\begin{array}{l}60\%\ H_2O_2,\ \textbf{80}\ (1\ mol\%)\\ CF_3CH_2OH,\ 60\ ^{\circ}C,\ 3\ h\\ \quad\quad\quad 84\%\end{array} \tag{93}$$

$$\begin{array}{l}60\%\ H_2O_2,\ \textbf{80}\ (1\ mol\%)\\ CF_3CH_2OH,\ 20\ ^{\circ}C,\ 16\ h\\ \quad\quad\quad 93\%\end{array} \tag{94}$$

但是，该类催化剂的活性却不足以很好地催化非环酮的反应。如式 95 和式 96 所示：在催化剂 **80** 的作用下，非环酮 **89** 和 **92** 仅得到 25% 的转化率。该类反应的区域选择性不好，一般总是生成几乎等量的两种产物。

$$\begin{array}{l}60\%\ H_2O_2,\ \textbf{80}\ (1\ mol\%)\\ CF_3CH_2OH,\ 20\ ^{\circ}C,\ 24\ h\\ 25\%,\ \textbf{90}:\textbf{91} = 11:9\end{array} \tag{95}$$

89　　　　　　**90**　　**91**

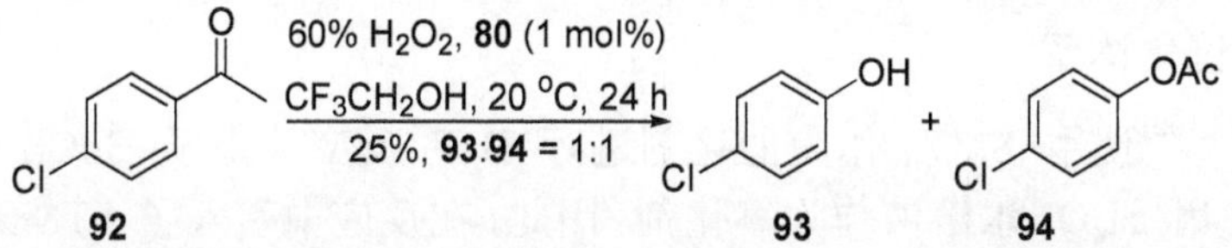

$$\text{(96)}$$

60% H$_2$O$_2$, **80** (1 mol%)
CF$_3$CH$_2$OH, 20 °C, 24 h
25%, **93**:**94** = 1:1

92　**93**　**94**

　　在二芳基联硒化合物催化的 B-V 反应中，上述催化剂对 B-V 反应的化学选择性的顺序为：硝基苯基联硒 > 三氟甲基苯基联硒 > 苯基联硒。对于相同的取代基而言，取代位置对化学选择性的顺序为：*o-* > *m-* > *p-*。如式 97 所示[98]：呋喃烯醛 **95** 在二(2-硝基苯)联硒 (**88**) 催化的 B-V 反应中高度区域选择性地生成甲酸酯产物 **96**，而呋喃环和双键均不受影响。

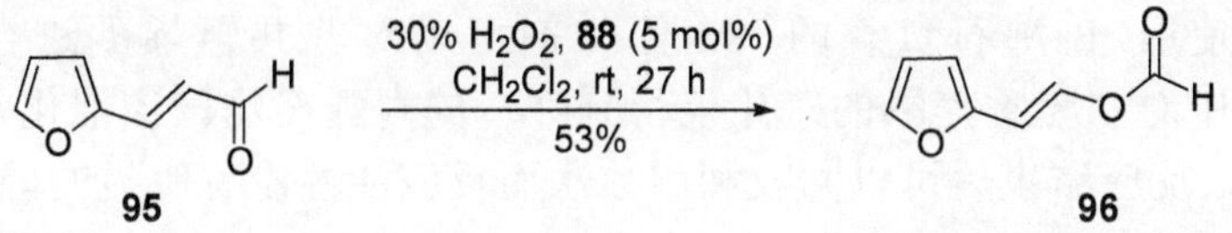

30% H$_2$O$_2$, **88** (5 mol%)
CH$_2$Cl$_2$, rt, 27 h
53%

95　**96**

$$\text{(97)}$$

　　2005 年，Ichikawa[113]等人使用二(2-三氟甲基磺酸酯苯基)联硒 (**97**) 为催化剂，顺利地实现了环酮和芳醛的 B-V 反应。如式 98 所示：2,5-二甲氧基苯甲醛 (**98**) 可以在 **97** 的催化下生成 2,5-二甲氧基苯酚 (**99**)，产率高达 99%；而 4-取代环己酮在相同条件下也能被氧化成环己内酯 (式 99)。

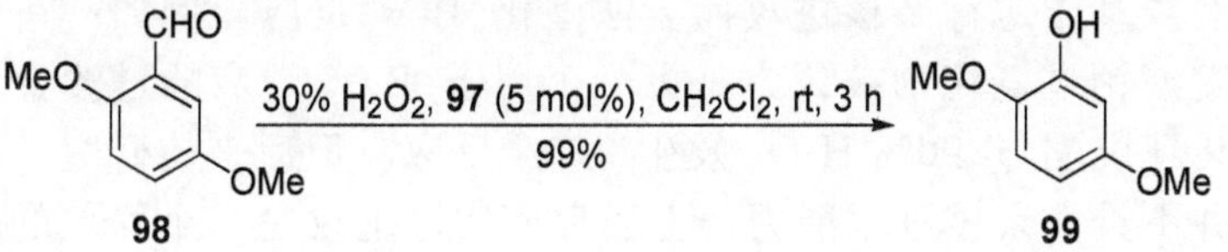

30% H$_2$O$_2$, **97** (5 mol%), CH$_2$Cl$_2$, rt, 3 h
99%

98　**99**

$$\text{(98)}$$

30% H$_2$O$_2$, **97** (5 mol%), CH$_2$Cl$_2$, rt
R = Ph, 24 h, 85%
R = *t*-Bu, 17 h, 90%

97

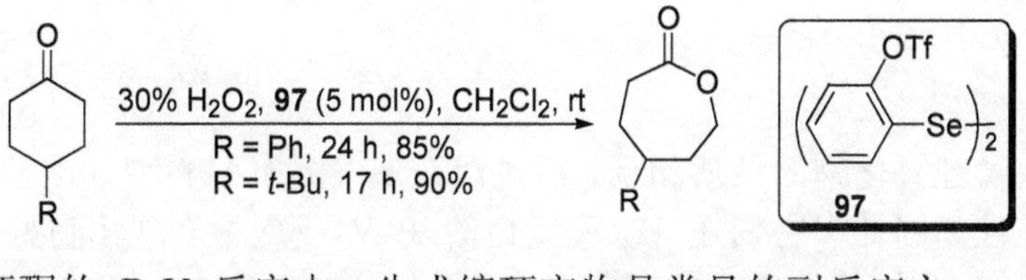

$$\text{(99)}$$

　　在环酮的 B-V 反应中，生成缩环产物是常见的副反应之一。通常情况下，使用四价硒化合物为催化剂一般发生正常的 B-V 反应；而使用六价硒化合物时，则发生缩环的副反应。如式 100 所示：六价硒化合物 **100** 催化环己酮的缩环反应生成环戊甲酸[114]。

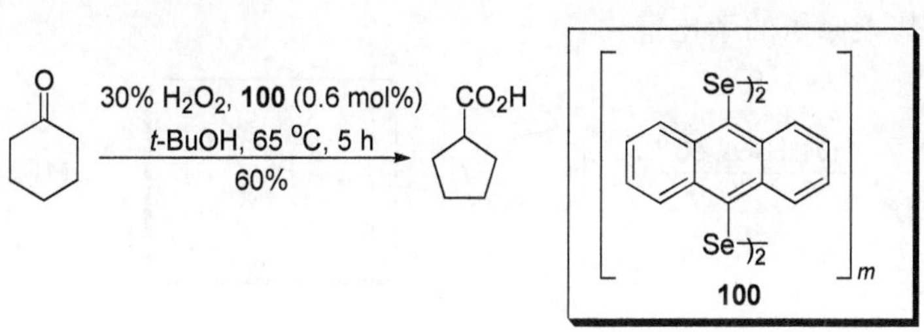

30% H$_2$O$_2$, **100** (0.6 mol%)
t-BuOH, 65 °C, 5 h
60%

CO$_2$H

100

$$\text{(100)}$$

4.4 锡化合物催化体系

Shibasaki[85,100]使用 SnCl₄ 作为催化剂进行 B-V 反应。由于 SnCl₄ 对水非常敏感，不能使用 H_2O_2 水溶液作为氧化剂。因此，在反应中引入了 (TMSO)₂ 代替 H_2O_2。如式 101 所示：在 4 Å 分子筛存在下，化合物 67 以 80% 的产率得到环己内酯产物。该反应条件具有很高的化学选择性，分子中的双键不被氧化。

$$\text{67} \xrightarrow[\text{80%}]{\substack{\text{(TMSO)}_2\text{O, SnCl}_4\text{ (25 mol%)} \\ \text{CH}_2\text{Cl}_2\text{, 4 Å MS, 20 °C, 3 h}}} \qquad (101)$$

Corma[115]使用 β-沸石负载的 Sn-催化剂可以对非共轭烯酮进行选择性 B-V 反应，其中对二氢香芹酮的氧化仅得到唯一的内酯产物。该催化剂不溶于水和有机溶剂，反应结束后可以回收利用数次而反应活性没有明显的降低。

4.5 过渡金属催化体系

虽然许多过渡金属都可以与 H_2O_2 反应生成金属过氧化物，但是能够用于催化 B-V 反应的过渡金属种类却很少。一些前过渡金属 (例如：Ti、V、Mo 和 W 等) 的过氧化物通常具有亲电性，能够催化富电子烯烃的环氧化反应。但是，由于它们不能对羰基碳进行亲核进攻而无法催化 B-V 反应。例如：在早期的研究中，二吡啶酸钼过氧化物被认为是第一个用于 B-V 反应的过渡金属催化剂，它可以催化环戊酮与 90% H_2O_2 发生 B-V 反应。但后来的研究证明，该金属过氧化物并不具有亲核进攻能力，上述反应实际上仅是一个简单的酸催化的结果[116]。

4.5.1 铂配合物

与前过渡金属过氧化物的性质相反，后过渡金属 (例如：Pt 和 Pd 等) 的过氧化物具有亲核性。因此，它们在 H_2O_2 氧化的 B-V 反应中表现出良好的催化能力。例如：Strukul[117]等人合成的系列 Pt-配合物 [(P-P)Pt(CF₃)X]⁺ (101) (P-P 为双膦配体，X 为反应所用的溶剂) 可以催化薄荷酮 (102) 的 B-V 反应，得到构型保持的产物 103 (式 102)，但反应的产率却不高。Pt-配合物在反应中起到路易斯酸的作用，它催化 B-V 反应的机理主要是通过 Pt⁺ 代替 H⁺ 与羰基配位，从而增加羰基碳原子的亲电能力。

$$\text{102} \xrightarrow{\text{101, }H_2O_2\text{, 50 °C}} \text{103} \qquad (102)$$

催化剂 **101** 对非环酮的 B-V 反应催化效果不好，即使当分子中带有非常容易迁移的基团 (例如：叔丁基) 时也不能发生反应。如果使用不饱和酮作为底物，该催化剂首先催化双键的环氧化反应，然后才是催化 B-V 反应[118](式 103)。因此，不适用于不饱和酮底物的 B-V 反应。

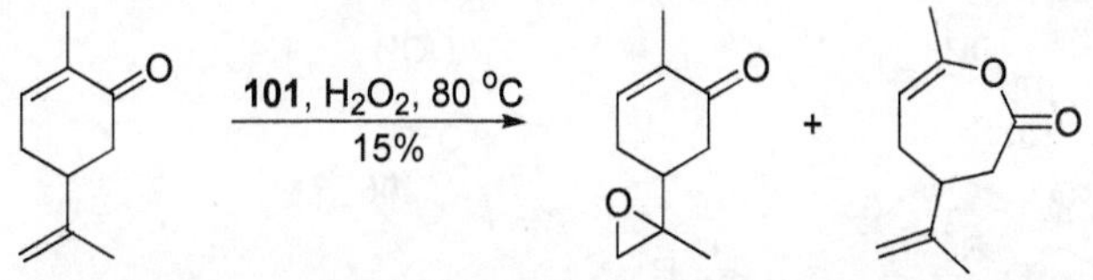

$$(103)$$

随后，Strukul[119] 等人又合成出了含有氧桥键的 Pt-二聚配合物 $[(P\text{-}P)Pt(\mu\text{-}OH)]_2^{2+}$ (**104**)，该催化剂可以在室温催化甲基环己酮的 B-V 反应。研究表明：催化剂 **104** 的催化能力随着双膦配体与金属 Pt-中心所形成环的增大而增强。因此，$[(dppb)Pt(\mu\text{-}OH)]_2^{2+}$ > $[(dppp)Pt(\mu\text{-}OH)]_2^{2+}$ > $[(dppe)Pt(\mu\text{-}OH)]_2^{2+}$ > $[(dppa)Pt(\mu\text{-}OH)]_2^{2+}$。其中催化能力最强的 $[(dppb)Pt(\mu\text{-}OH)]_2^{2+}$ 可以催化非环酮的 B-V 反应，这是过渡金属催化剂首次用于催化非环酮的例子 (式 104)。该催化剂也可以高度选择性地催化 α,β-不饱和酮的 B-V 反应，而不影响其中的双键 (式 105)。

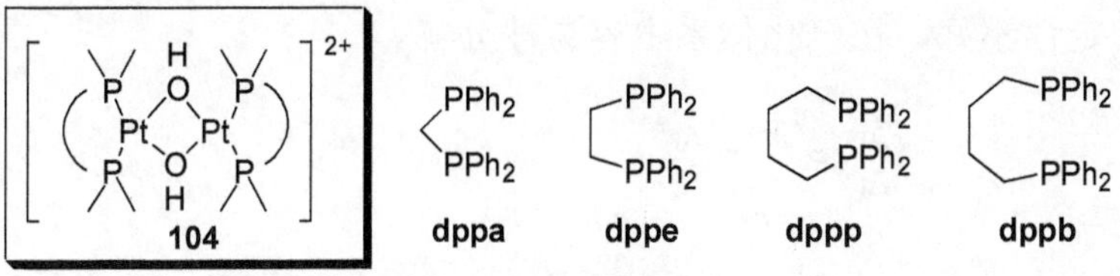

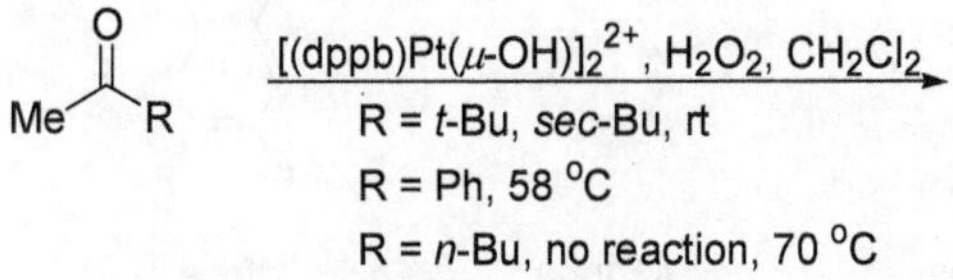

$$(104)$$

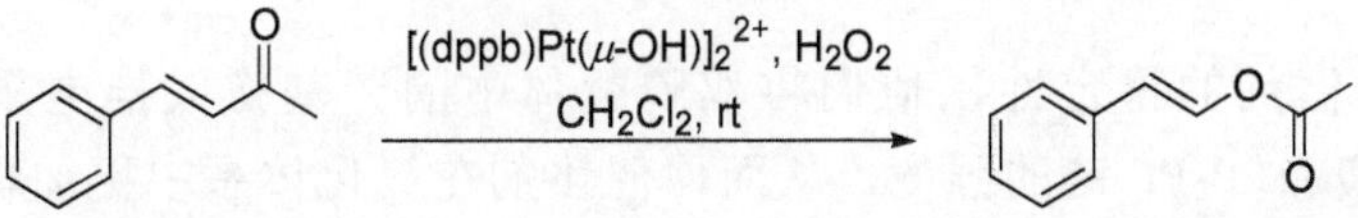

$$(105)$$

Pt-二聚配合物催化 B-V 反应的机理如式 106 所示：催化剂首先与 H_2O_2 和酮配合，氧桥键断裂得到活性中间体 **105**。接着，过氧基团对与 Pt-配位的酮进行分子内亲核进攻，经过 **106** 发生重排生成相应的酯。其中，催化剂 **104** 相当于路易斯酸的功能，与羰基氧原子发生配位。这样，一方面增大了羰基碳的亲电能力，同时也增大了 H_2O_2 的亲核能力。事实上，催化剂中的中心金属与不易离去的 HO$^-$ 结合并以 Pt$^+$-OH (**107**) 的形式从过氧金属环状中间体 **106** 中离去，才是解决 H_2O_2 氧化能力不强的根本原因。

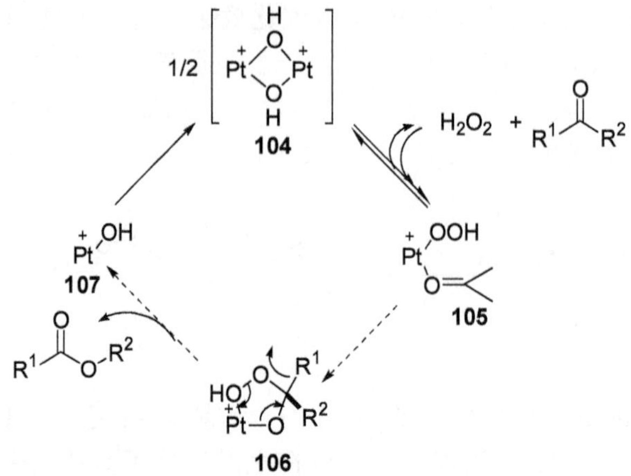

上述机理表明：Pt-配合物金属中心的路易斯酸性越强，对 B-V 反应的催化活性也越强。因此，可以通过改变双膦配体来调控催化剂的催化效果。如式 107 所示：Strukul[120]等人在已有膦配体的苯环上引入多个吸电子的氟取代基，它们生成的 Pt-配合物在 B-V 反应中表现出优秀的催化活性，催化能力随着苯环上氟取代基的增多而增强：$[(dfppe)Pt(\mu\text{-}OH)]_2^{2+}$ > $[(4Fdppe)Pt(\mu\text{-}OH)]_2^{2+}$ > $[(3Fdppe)Pt(\mu\text{-}OH)]_2^{2+}$ > $[(2Fdppe)Pt(\mu\text{-}OH)]_2^{2+}$ > $[(dppe)Pt(\mu\text{-}OH)]_2^{2+}$。但是，该系列催化剂的稳定性不好，在氧化体系中容易被分解。

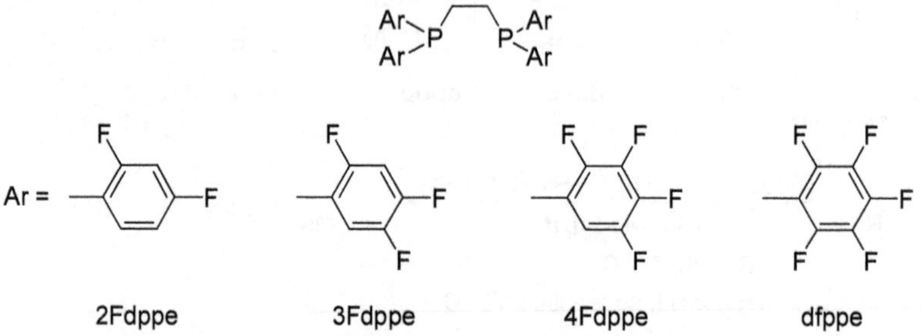

为了提高催化剂的稳定性，他们将双膦配体中的芳基换成推电子的烷基[121]。这样可以增加 P-Pt 键的强度，从而使催化剂在氧化体系中更加稳定。但是，生成的烷基膦金属配合物的路易斯酸性也被降低了，并导致催化剂活性的降低。幸运的是，配体的位阻也可以影响催化剂的活性。当双膦配体与 Pt 所形成的环大小相同时，配体的位阻增大将有助于二聚配合物分解成活性的单体配合物。因此，烷基膦 Pt-配合物的催化活性次序大概为：$[(dmpe)Pt(\mu\text{-}OH)]_2^{2+}$ > $[(depe)Pt(\mu\text{-}OH)]_2^{2+}$ > $[(dippe)Pt(\mu\text{-}OH)]_2^{2+}$ > $[(dcype)Pt(\mu\text{-}OH)]_2^{2+}$ > $[(dtbpe)Pt(\mu\text{-}OH)]_2^{2+}$（式 108）。实验结果表明：具有中等位阻的催化剂 $[(dippe)Pt(\mu\text{-}OH)]_2^{2+}$ 的催化能力就已经高于相应的芳基双膦配体催化剂 $[(dppe)Pt(\mu\text{-}OH)]_2^{2+}$。

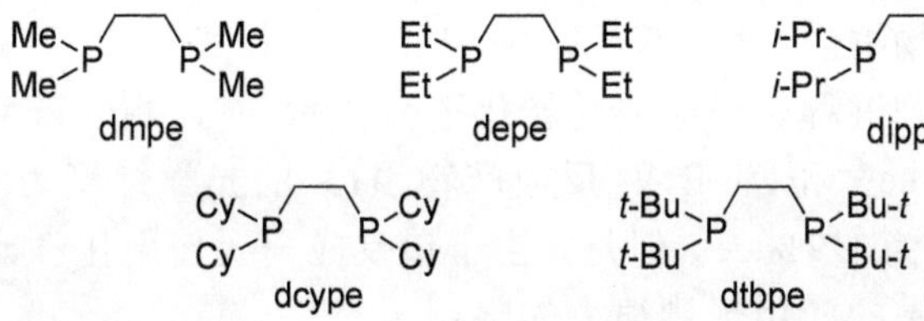

$$\text{(108)}$$

4.5.2 甲基三氧化铼

甲基三氧化铼 (MTO) 是一种有效的烯烃环氧化反应的催化剂[122]，它与 H_2O_2 生成的活性过氧中间体通过对双键进行亲电进攻来催化反应。有趣的是，MTO 可以根据底物的不同表现出不同的亲电或亲核能力，也可以用来催化 B-V 反应[123]。对 MTO 催化 B-V 反应的机理研究表明[124]：该催化剂与 Pt-配合物相似，在反应中起到路易斯酸的功能。

MTO 对非环酮具有中等的氧化能力，而对环酮的氧化能力较强[125]。如式 109 所示[126]：在该催化剂的存在下，环酮 108 以几乎定量的产率被转化成内酯产物 109。该催化剂特别适用于环丁酮衍生物，是目前所有该类底物的 B-V 氧化方法中反应速率最快的一种。如式 110 所示：使用极少量的 MTO 就可在 1 小时内完成双环[3.2.0]庚-2-烯-6-酮的 B-V 反应。虽然 MTO 也能非常有效地催化双键的环氧化反应，但令人惊奇的是所得产物中的双键并没有受到影响。α,α-二氯环丁酮衍生物 110 在其它催化剂催化下基本呈惰性，使用 MTO 催化时仍然能以中等产率得到产物 111 (式 111)。

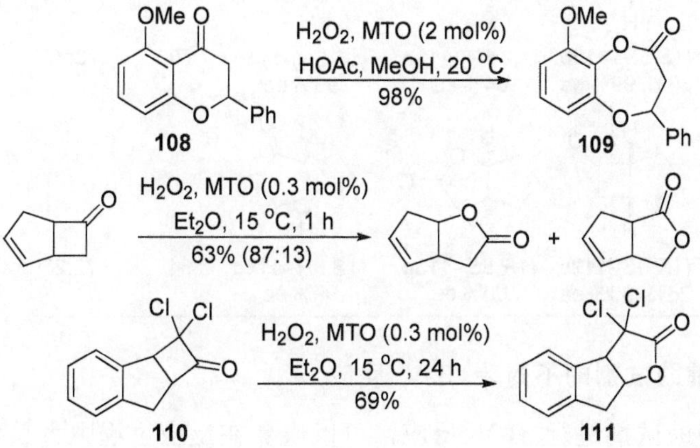

$$\text{(109)}$$

$$\text{(110)}$$

$$\text{(111)}$$

5 不对称 Baeyer-Villiger 氧化反应综述

5.1 使用手性氧化剂的不对称 B-V 反应

2001 年，Seebach[127]等人使用 TADDOL 的过氧化物 TADOOH 作为手性

氧化剂对稠环丁酮衍生物 **112** 进行不对称 B-V 反应。如式 112 所示：该反应实际上是一个动力学拆分过程。当原料的转化率为 70% 时，剩余未反应原料的光学纯度为 95%~99% ee，正常 B-V 反应产物 **113** 的光学纯度为 75%~93% ee，而非正常产物 **114** 为 99% ee。但是，由于该反应需要使用化学计量的手性过氧化物，在实际合成中的应用受到很大的限制。

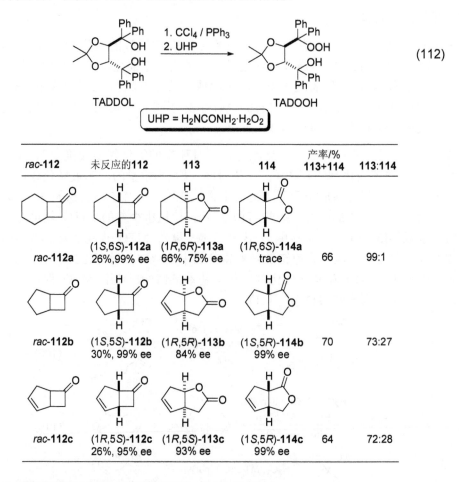

(112)

UHP = H₂NCONH₂·H₂O₂

rac-**112**	未反应的**112**	**113**	**114**	产率/% **113+114**	**113:114**
rac-**112a**	(1*S*,6*S*)-**112a** 26%, 99% ee	(1*R*,6*R*)-**113a** 66%, 75% ee	(1*R*,6*S*)-**114a** trace	66	99:1
rac-**112b**	(1*S*,5*S*)-**112b** 30%, 99% ee	(1*R*,5*R*)-**113b** 84% ee	(1*S*,5*R*)-**114b** 99% ee	70	73:27
rac-**112c**	(1*R*,5*S*)-**112c** 26%, 95% ee	(1*R*,5*S*)-**113c** 93% ee	(1*S*,5*R*)-**114c** 99% ee	64	72:28

5.2 使用手性辅助试剂的不对称 B-V 反应

使用手性辅助试剂进行 B-V 反应，可以避免在反应过程中大量使用手性过氧化物，从合成策略上更为可行。但是，人们却很难寻找到合适的手性辅助试剂。事实上，迄今为止在 B-V 反应中还没有出现过真正意义上的手性辅助合成。虽然 Sugimura[128]等人运用手性二醇作为辅助试剂将 3-取代环丁酮转化成手性缩酮后进行氧化可以得到手性环戊内酯。但是，该反应的机理与 B-V 反应不同。由于该反应同样是将酮氧化成相应内酯的过程，因此可以将其看作近似的手性辅助 B-V 反应 (式 113)。

为了保证获得高光学纯度的产物,该反应除了必须使用化学计量的手性二醇外,还需使用过量的过氧酸以及多倍量的路易斯酸。虽然就目前的结果而论该反应并不具有实际应用价值,但它为不对称 B-V 反应的发展提供了一种新的思路,在合成方法学研究上具有一定的意义。

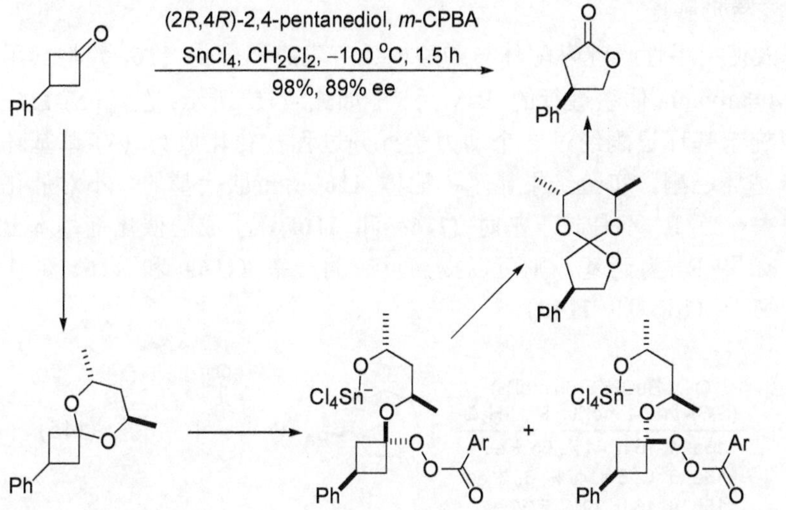

(113)

5.3 使用手性催化剂的不对称 B-V 反应

手性催化 B-V 反应是当前最成熟的不对称 B-V 反应的方法。与前两种方法相比,它不需要使用大量的手性试剂,因此是由外消旋或前手性酮制备手性酯或内酯的有效方法。在不对称催化 B-V 反应的研究中,使用酶催化剂的生物催化方法由于具有高度的对映选择性,一直被认为是一种优秀的方法。但是,酶催化的效果受环境因素的影响很大,在很大程度上制约了该方法的应用。自从 1994年 Strukul 和 Bolm 分别将手性金属配合物用于催化 B-V 反应后,化学催化的方法由于具有催化剂结构的多样性以及受环境因素影响相对较小的特点而受到越来越多的关注。为了获得满意的对映选择性,手性催化 B-V 反应通常在低温下进行。因此,活性较高的环丁酮衍生物常被用作研究的对象。目前,不对称 B-V 反应的研究主要包括外消旋底物的动力学拆分以及不对称催化反应。

5.3.1 以手性金属配合物为催化剂

5.3.1.1 手性胺基醇配体

Kotsuki[129]等人使用手性苯基胺基醇 **115** 与二乙基锌的配合物催化 3-取代环丁酮的 B-V 反应得到了一系列具有光学活性的内酯,但对映选择性仅为31%~40% ee (式 114)。随后,他们尝试在配体上引入萘环来增加反应的对映选择性,但结果仍不理想。

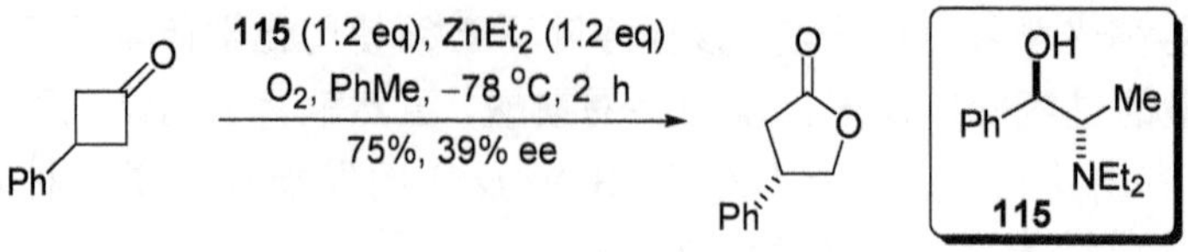

$$ (114) $$

5.3.1.2　手性噁唑啉配体

　　Bolm[9]等人使用手性噁唑啉配体与醋酸铜反应生成配合物 **116**，并将其用于催化环酮在 Mukaiyama 体系进行的 B-V 反应。如式 115 所示：在 (*S,S*)-**116** 的催化下，外消旋苯基环己酮经过一个动力学拆分过程被转化成为 (*R*)-苯基环庚内酯和 (*R*)-苯基环己酮。实验结果显示：配体 **116** 所带取代基的大小对催化剂活性的影响很大。当 R^1 不是叔丁基时 (**116e** 和 **116f**)，生成的催化剂基本上没有使用价值。如果 R^2 为硝基，则可以提高反应的产率 (**116a** 和 **116c** 催化的反应产率分别高于 **116b** 和 **116d**)。

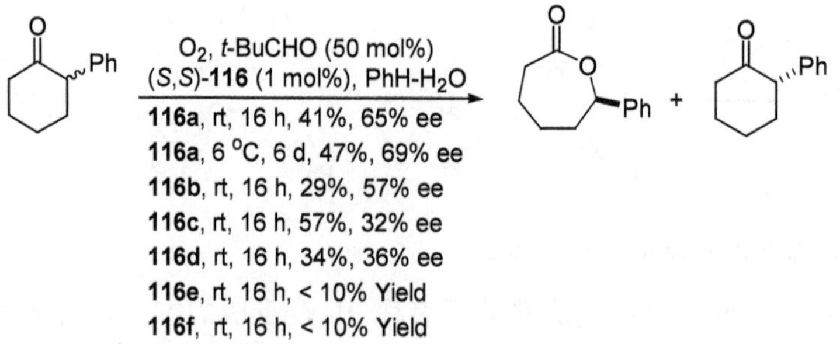

$$ (115) $$

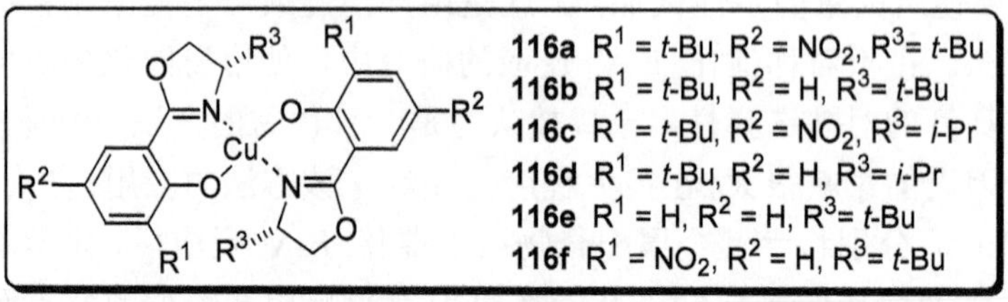

　　当使用具有较高催化活性和区域选择性的 **116a** 作为催化剂时，环酮的结构对反应的产率和对映选择性有较大的影响。环己酮最容易发生反应，在室温下反应 16 h 后所得产物具有 41% 的产率和 65% ee。在同样条件下，环戊酮反应所得产物仅为 21% 的产率和 47% ee。有趣地观察到，环庚酮根本不能发生反应。如果将催化剂 **116** 的中心金属换为镍，生成的配合物则完全没有催化 B-V 反应的能力。

　　随后，Bolm[130]将该体系用在前手性环丁酮衍生物的反应中，这是首例真正意义上的不对称催化 B-V 反应。如式 116 所示：底物 **117** 在该反应条件下的 B-V 反应产物可以达到 62% 的产率和 91% ee。但是，该体系只对环丁酮衍生物有效，不能催化其它类型酮的反应。

$$\text{117} \xrightarrow[\substack{\text{PhH-H}_2\text{O, rt, 16 h} \\ 62\%,\ 91\%\ ee}]{\text{O}_2,\ t\text{-BuCHO (50 mol\%), }(S,S)\text{-116a (1 mol\%)}} \qquad (116)$$

5.3.1.3 Sharpless 催化体系

Lopp[131]等人使用 Sharpless AE 反应的标准催化体系 [Ti(O^{i}Pr)$_4$/DET/TBHP] 进行 2-羟基甲基环丁酮和双环[3.2.0]庚-2-烯-6-酮的 B-V 反应，所得内酯产物的对映选择性分别为 34% ee 和 53% ee (式 117 和式 118)。该反应实际上也是一个动力学拆分过程，产物化学产率和光学产率都不高。但是，底物 **118** 上带有较大取代基有助于提高产物的立体选择性 (式 119)。

$$\xrightarrow[\text{CH}_2\text{Cl}_2,\ -20\ ^{\circ}\text{C, 4.5 h}]{\text{Ti(OPr-}i)_4,\ (+)\text{-DET, TBHP}} \qquad (117)$$

35%, 37% ee

$$\xrightarrow[\text{CH}_2\text{Cl}_2,\ -20\ ^{\circ}\text{C, 44 h}]{\text{Ti(OPr-}i)_4,\ (+)\text{-DET, TBHP}} \qquad (118)$$

7%, 53% ee

$$\xrightarrow[\text{4 Å MS, CH}_2\text{Cl}_2,\ -20\ ^{\circ}\text{C, 44 h}]{\text{Ti(OPr-}i)_4,\ (+)\text{-DET, TBHP}} \qquad (119)$$

118   40%, 75% ee

如果将 Sharpless 标准催化体系中的配体 DET 换成 TADDOL，可以明显提高反应速率，但无助于提高产物的对映选择性[132](31%~44% ee)。由于配体 TADDOL 的分子量较大，即使使用催化剂量时也超过了底物的实际用量。因此，这样的催化体系实质上没有原子节约的意义。

5.3.1.4 手性联二芳基酚配体

Bolm[133]等人使用手性联二萘酚 (S)-BINOL (**119a**) 和 BIPOL (**120**) 与金属 Zr 形成的配合物 **121** 催化双环[4.2.0]辛酮 (**112a**) 的不对称 B-V 反应，得到了正常内酯 (−)-(1S,6S)-**113a** 和非正常内酯 (−)-(1S,6R)-**114a** 的混合产物 (式 120 和式 121)。由于催化剂的活性较低，即使使用化学计量的催化剂也仅分别得到 16% ee 和 84% ee。

使用等量的 (S)-BINOL (**119a**) 与 Me$_2$AlCl 在反应中原位生成配合物 **122a**

同样也能催化该反应[134]。催化剂 **122a** 具有比催化剂 **121** 更高的活性。使用 50 mol% 的用量可以使反应进行完全，所得产物 (+)-(1*R*,6*R*)-**113a** 和 (+)-(1*R*,6*S*)-**113a** 的光学纯度分别为 34% ee 和 96% ee。但是，配合物 **126** 不能催化该反应[135]，反应 48 h 后只得到了极少量的消旋产物 **113a**。

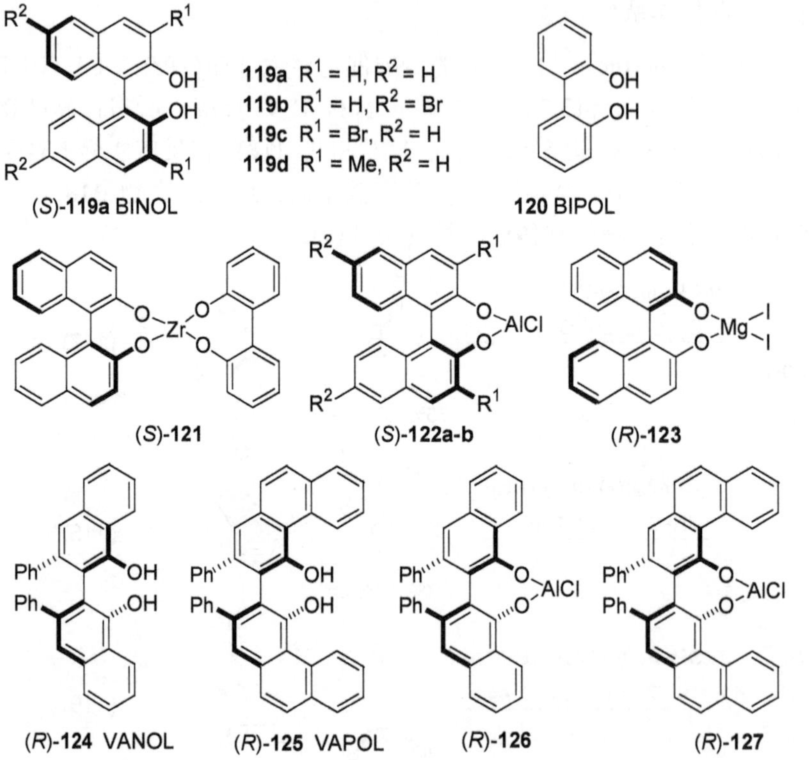

催化剂	反应条件	113	114	113:114
(*S*)-**121**	100 mol%, TBHP PhMe, rt, 12 h	(−)-(1*S*,6*S*) 16% ee	(−)-(1*S*,6*R*) 84% ee	5.1:1
(*S*)-**122a**	(*S*)-**119a** (50 mol%) Me₂AlCl (50 mol%) CHP, PhMe, rt, 12 h	(+)-(1*R*,6*R*) 34% ee	(+)-(1*R*,6*S*) 96% ee	2.7:1
(*R*)-**126**	(*R*)-**124** (20 mol%) Me₂AlCl (20 mol%) CHP, PhMe −30 °C, 48 h	trace, *rac*		

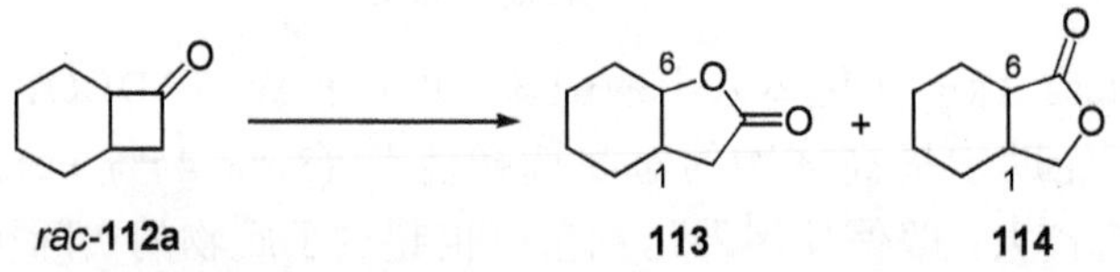

注：CHP = cumene hydroperoxide。

如式 122 所示：催化剂 **121** 和 **122** 还可以催化 3-苯基环丁酮的不对称 B-V 反应，但催化剂 **121** 的手性诱导能力较低。使用原位生成的配合物 **123** 也能催化该反应[136]，其催化活性与 **122** 相近，但手性诱导能力较低。

$$\text{(122)}$$

催化剂	反应条件	产物
(S)-**121**	100 mol%, TBHP, PhMe, rt, 12 h	(–)-(R) 31% ee
(S)-**122a**	(S)-**119a** (50 mol%), Me$_2$AlCl (50 mol%) CHP, PhMe, rt, 12 h	(+)-(S) 71%ee
(S)-**122b**	(S)-**119b** (50 mol%), Me$_2$AlCl (50 mol%) CHP, PhMe, rt, 12 h	(+)-(S) 77%ee
(S)-**122c**	(S)-**119c** (50 mol%), Me$_2$AlCl (50 mol%) CHP, PhMe, rt, 12 h	rac
(R)-**122d**	(R)-**119d** (50 mol%), Me$_2$AlCl (50 mol%) CHP, PhMe, rt, 12 h	(–)-(R) 40% ee
(R)-**123**	(R)-**119a** (50 mol%), MgI (50 mol%) CHP, CH$_2$Cl$_2$, –25 °C, 8 h	(–)-(R) 68% ee
(R)-**126**	(R)-**124** (20 mol%), Me$_2$AlCl (20 mol%) CHP, PhMe, –30 °C, 12 h	(–)-(R) 83% ee
(R)-**127**	(R)-**125** (20 mol%), Me$_2$AlCl (20 mol%) CHP, PhMe, –15 °C, 12 h	(–)-(R) 14% ee

在 BINOL 配体的不同位置引入取代基可以改变催化剂的手性诱导能力[134a]，6,6′-位取代具有正面影响，而 3,3′-位取代产生负面影响。例如：在式 122 的反应中催化剂 (S)-**122b** 具有比催化剂 (S)-**122a** 更好的手性诱导能力。使用催化剂 (R)-**122d** 得到的产物只有 40% ee，而使用催化剂 (S)-**122c** 只得到外消旋的产物。有趣地观察到：3,3′-位具有较大位阻的催化剂 (R)-**126** 催化的反应对映选择性可以高达 83% ee，而 3,3′-位具有更大位阻的催化剂 (R)-**127** 却只有 14% ee[135]。

5.3.1.5 手性双膦配体

含有桥氧键的 Pt-二聚配合物 [(P-P)Pt(μ-OH)]$_2^{2+}$ 是目前 B-V 反应中最有效的催化剂之一，由手性双膦配体生成的该类配合物可以用于催化前手性环酮的不对称 B-V 反应[137]。研究表明：BINAP (**128**) 与 Pt 形成的配合物 [(binap)Pt(μ-OH)]$_2$(BF$_4$)$_2$ (**131a**) 在手性诱导能力上要优于其它双膦配体与 Pt 的配合物，其次是 bppm (**129**) 和 DuPHOS (**130**) 分别与 Pt 形成的配合物 [(bppm)Pt(μ-OH)]$_2$(BF$_4$)$_2$ (**131b**) 和 [(duphos)Pt(μ-OH)]$_2$(BF$_4$)$_2$ (**131c**)。如式 123

所示：使用配合物 **131a** 催化取代环己酮 B-V 反应的对映选择性最高，配合物 **131b** 次之，配合物 **131c** 最差。

128 (*R*)-BINAP　　　　**129** (*S,S*)-bppm　　　　**130** (*R,R*)-DuPHOS

131 (50 mol%), H₂O₂, CH₂Cl₂, 0 °C, 72 h
with **131a**, R = Me, 53% ee
R = Ph, 68% ee
with **131b**, R = Me, 50% ee
R = Ph, 34% ee
with **131c**, R = Me, 18% ee
R = Ph, 21% ee

$$\text{131 (50 mol\%), H}_2\text{O}_2, \text{CH}_2\text{Cl}_2, 0\,^{\circ}\text{C}, 72\,\text{h}$$

(123)

5.3.1.6　手性 *P,N*-配体

后过渡金属 Pd 生成的配合物由于在氧化体系中不能稳定存在，在过去的研究中很少被用作 B-V 反应的催化剂。Strukul[119b]曾分别使用配合物 [(dppb)Pd(μ-OH)]₂²⁺、[(dppp)Pd(μ-OH)]₂²⁺ 和 [(dppe)Pd(μ-OH)]₂²⁺ 催化环酮的 B-V 反应，但均未得到满意的结果。其主要原因是该类配合物的稳定性差，一般在 1 h 之内就析出钯黑。直到 2003 年，Katsuki[138]才首次成功地使用 *P,N*-配体 **132** 与 Pd 形成的配合物催化前手性酮的不对称 B-V 反应。如式 124 所示：3-苯基环丁酮反应的对映选择性可以达到 78% ee。而在该催化剂的作用下，三环环丁酮衍生物 **117** 反应的对映选择性甚至大于 99% ee。2008 年，Kočovský[139]等人使用萜烯衍生的 *P,N*-配体 **133** 和 **134** 与 Pd 形成的配合物催化前手性 3-取代环丁酮衍生物的不对称 B-V 反应，化学产率基本都在 90% 以上。其中配体 **134c** 的 Pd-配合物具有最高的手性诱导能力，可使 3-苯基环丁酮反应的对映选择性达到 81% ee (式 124)。

(*R*)-**132**　　　　(−)-**133**　　　　(+)-**134a** R = H
(+)-**134b** R = Me
(−)-**134c** R = *i*-Pr

ligand (5.5 mol%), (PhCN)₂PdCl₂ (5 mol%)

AgSbF₆, UHP, THF, −40 °C, 15 h
(*R*)-**132** 100%, 78% ee (*R*)
(−)-**134c** 97%, 81% ee (*S*)

(124)

5.3.1.7　手性 Salen-配体

　　Katsuki 使用具有 *cis-β*-构型的手性 Salen-配体与亲氧金属 Co[140]、Zr[141] 和 Hf[142] 生成配合物 **135**、**136** 和 **137**，并将它们用于催化外消旋环丁酮的动力学拆分以及前手性环丁酮的不对称 B-V 反应 (式 125)。

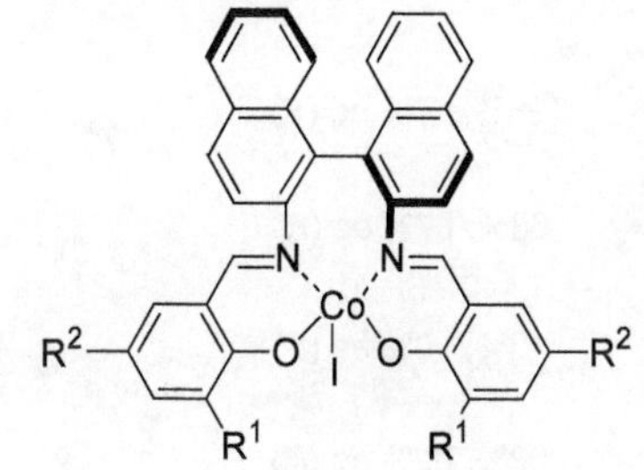

135a　$R^1 = F, R^2 = F$
135b　$R^1 = Cl, R^2 = Cl$
135c　$R^1 = Br, R^2 = Br$
135d　$R^1 = I, R^2 = I$
135e　$R^1 = H, R^2 = H$
135f　$R^1 = t\text{-Bu}, R^2 = NO_2$

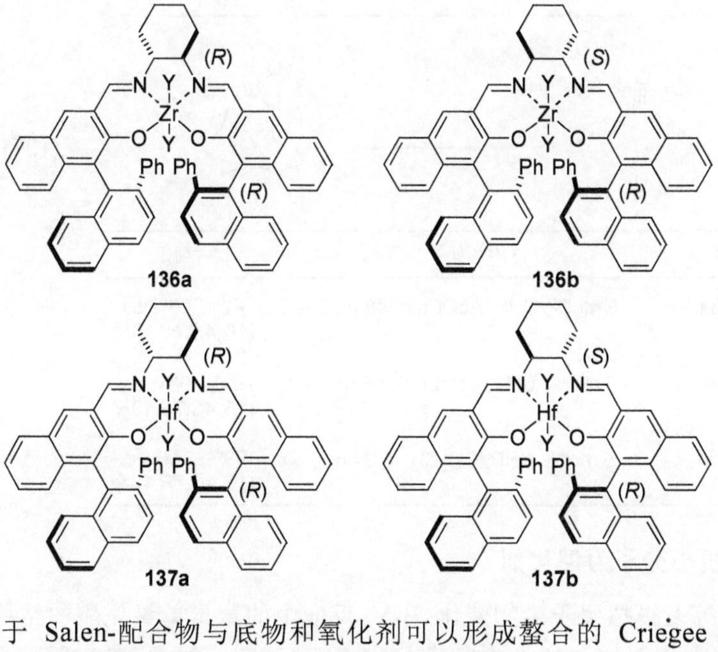

136a　**136b**　(125)

137a　**137b**

　　由于 Salen-配合物与底物和氧化剂可以形成螯合的 Criegee 中间体，其构象由配体的手性所控制。所以，该类配合物催化的 B-V 反应具有较高的光学选择性。如式 126 所示：Co(salen)-配合物催化的 3-苯基环丁酮反应的化学产率高达 96%。其中，**135a** 催化的反应对映选择性为 79% ee，**136a** 为 87% ee。有趣地观察到：将 **136a** 简单地更换成它的非对映异构体 **136b** 时，同样条件下的反应对映选择性仅为 9% ee。实验结果显示：Hf(salen)-配合物 **137a** 的情况与 **136a** 基本相似。

　　如式 127 所示：Co(salen)-配合物 **135f** 对三环环丁酮 **117** 表现出极高的催化活性和手性诱导能力，所得产物高达 98% ee。同样的反应，使用 Zr(salen)-配合物 **136a** 可以达到定量的产率和 94% ee。

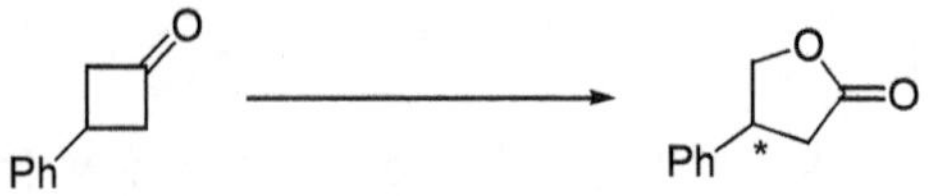

$$(126)$$

催化剂	反应条件	产物
135a	5 mol%, H_2O_2, EtOH, 0 °C, 24 h	96%, 79% ee (*S*)
135f	5 mol%, UHP, AcOEt, rt, 10 min	96%, 57% ee (*S*)
136a	5 mol%, UHP, CH_2Cl_2, rt, 24 h	68%, 87% ee (*R*)
136b	5 mol%, UHP, CH_2Cl_2, rt, 24 h	13%, 9% ee (*S*)
137a	5 mol%, UHP, AcOEt, rt, 24 h	62%, 82% ee (*R*)

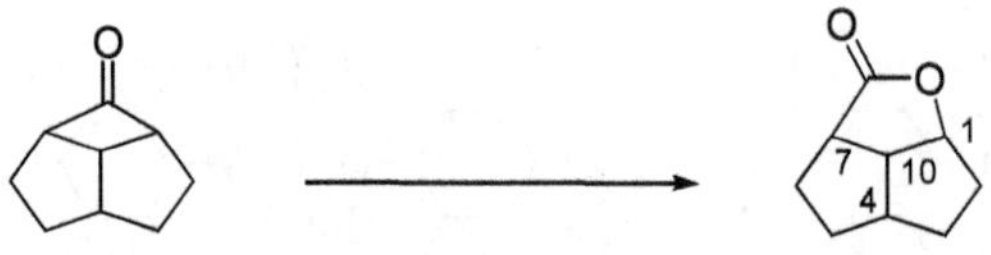

117

$$(127)$$

催化剂	反应条件	产物
135a	5 mol%, UHP, AcOEt, rt, 48 h	42%, 60% ee (1*R*,4*S*,7*S*,10*R*)
135f	5 mol%, UHP, AcOEt, rt, 48 h	92%, 98% ee (1*R*,4*S*,7*S*,10*R*)
136a	5 mol%, UHP, CH_2Cl_2, rt, 24 h	99%, 94% ee (1*S*,4*R*,7*R*,10*S*)

5.3.2 以手性有机小分子为催化剂

Furstoss[143]等人模拟用于生物催化 B-V 反应中的黄素单氧化酶的结构和反应机理合成了黄素类似物 **138**，并将其用于 B-V 反应。如式 128 所示：在反应过程中，化合物 **138** 首先被 H_2O_2 氧化生成过氧化物 **139**。然后，**139** 作为氧化剂将酮氧化成内酯产物。

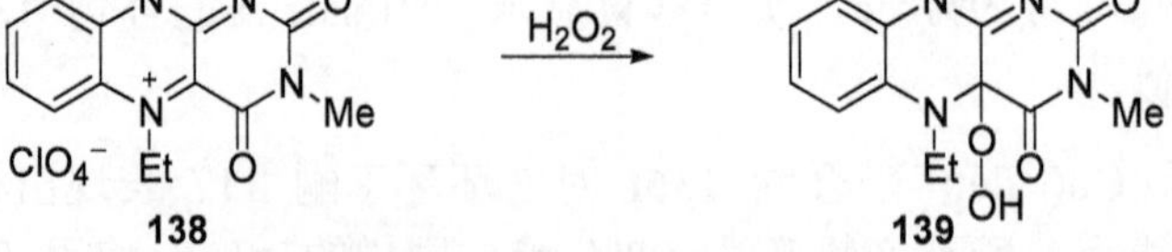

$$(128)$$

随后，Murahashi[144]根据这一理念分别使用手性二黄素 **140** 的两种对映异构体对环丁酮衍生物进行不对称 B-V 反应,以 61%~74% ee 得到手性环戊内酯(式 129)。

$$\xrightarrow{\text{140 (10 mol%), AcONa (10 mol%), H}_2\text{O}_2}_{\text{CF}_3\text{CH}_2\text{OH/MeOH/H}_2\text{O} = 6:3:1, 6\text{ d}}$$ (129)

Ar = 4-MeOPh, –30 °C, 67%, 61% ee
Ar = 4-MePh, –30 °C, 53%, 62% ee
Ar = Ph, –30 °C, 67%, 63% ee
Ar = 4-BrPh, –30 °C, 28%, 68% ee
Ar = 4-ClPh, –30 °C, 34%, 66% ee
Ar = 4-FPh, –30 °C, 55%, 65% ee
Ar = 4-FPh, –50 °C, 17%, 74% ee

虽然几乎所有能够催化不对称 B-V 反应的催化剂都曾经被用来催化 3-取代环丁酮的反应,但仅有很少几种催化体系能够达到 80% ee 以上的对映选择性。

2008 年,Ding[145] 等人首次使用手性 BINOL 和手性 H₈-BINOL 的磷酸衍生物 **141** 和 **142** 催化 3-取代环丁酮的 B-V 反应,几乎都得到定量的反应产率(式 130)。

141a R = Ph
141b R = 3-MeOPh
141c R = 3,5-(CF₃)₂Ph
141d R = Naphth-2-yl
141e R = Anthr-9-yl
141f R = Phenanthr-9-yl
141g R = Pyren-1-yl

142a R = Anthr-9-yl
142b R = Phenanthr-9-yl
142c R = Pyren-1-yl

$$\xrightarrow{\text{142c (10 mol%), H}_2\text{O}_2, \text{CHCl}_3, -40\text{ °C}, 18\text{ h}}$$ (130)

R = 4-MePh, 99%, 93% ee (R)
R = Ph, 99%, 88% ee (R)
R = 2-naphthyl, 91%, 86% ee (R)
R = Bn, 99%, 58% ee (S)
R = 4-MeOBn, 99%, 57% ee (S)

它们的手性诱导能力受配体上取代基的影响很大,在配体的 3,3′-位引入芳基(特别是稠环芳基)可以明显提高催化剂的手性诱导能力,其中以 1-芘基的效果最好(**141g**)。此外,手性 H₈-BINOL 磷酸衍生物的手性诱导能力比带有相同取代基的手性 BINOL 磷酸衍生物强。使用催化效果最好的催化剂 **142c** 与 3-位带有苄基或取代苄基的底物反应时，仅得到 < 60% ee 的对映选择性。但是，当底物的 3-位带有芳基或取代芳基时，可以得到 > 80% ee 的对映选择性。其中 3-(4-甲苯基)-环丁酮可以生成高达 99% 的产率和 93% ee 的产物，是目前 3-芳基环丁酮 B-V 反应中化学和光学产率最高的范例。

6　Baeyer-Villiger 氧化反应在天然产物合成中的应用

6.1　β-环丙基谷氨酸衍生物的全合成

　　特定的谷氨酸环丙基衍生物选择性地与代谢型谷氨酸受体 (mGluR) 结合，可以调控该受体的功能，减少由 L-谷氨酸释放过多引起的神经细胞损伤。因此，该类化合物在临床上可能被用于治疗缺血性脑卒中、癫痫和帕金森症等。通过改变环丙基 C3 位的取代基可以使该小分子配体对 mGluR 产生不同的调控作用，并且可以提高配体与 mGluR 的亲和性。例如：化合物 **143a~143d** 是 mGluR 的激动剂，而化合物 **143e~143f** 则是该受体的拮抗剂 (式 131)。

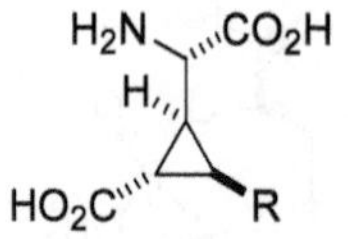

143a R = Me
143b R = CH₂OH
143c R = CH₂OMe
143d R = CO₂H
143e R = Ph
143f R = 9H-9-xanthenylethyl

$$(131)$$

　　2008 年，Taylor 等人报道了一条谷氨酸环丙基衍生物的全合成路线[146]，B-V 反应被用来在环丙基上引入羧基官能团。如式 132a 所示：1,2-二噁英 **144** 与苄氧羰基-α-膦酰甘氨酸酯反应生成谷氨酸环丙基衍生物，其中两种非对映异构体 **145a** 和 **145b** 的比例为 1:1。

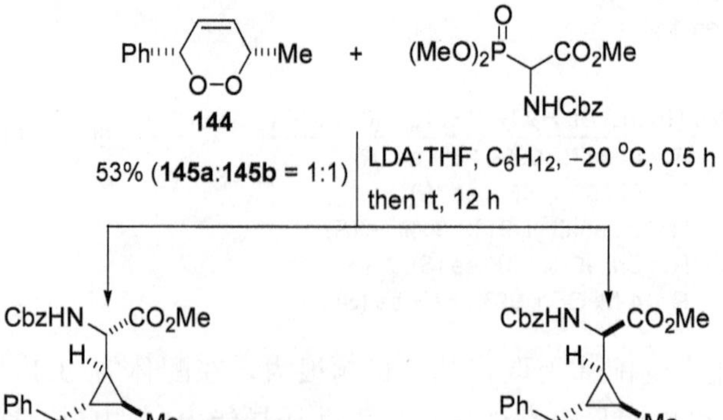

$$(132a)$$

使用 TFAA 和 H$_2$O$_2$ 原位生成的 TFPAA 对它们分别进行 B-V 氧化，然后再经过三步官能团转化和脱去 Cbz 保护基，得到了 β-环丙基谷氨酸衍生物 **143a** 及其非对映异构体 **146** (式 132b)。

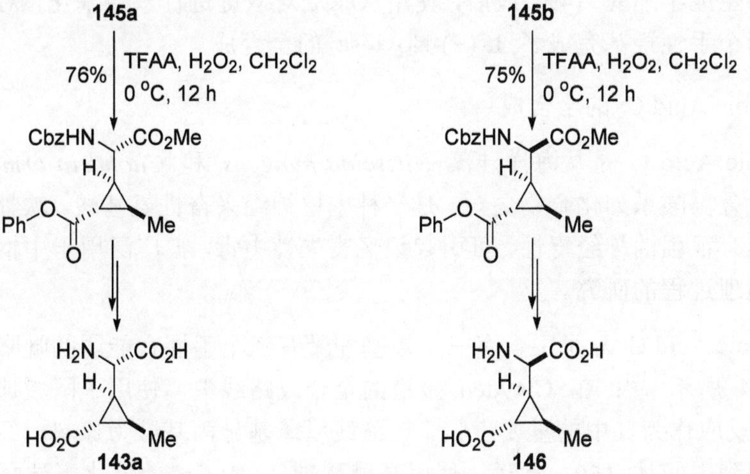

(132b)

6.2　L-(+)-Noviose 的全合成

L-(+)-Noviose (诺维糖) 是具有抗菌活性的新生霉素的糖组分。近年来，人们发现新生霉素对热休克蛋白 Hsp-90 也具有抑制作用，该化合物可能发展成潜在的抗癌药物。因此，L-(+)-Noviose 已经成为人们关注的全合成目标。

L-(+)-Noviose 的分子结构中包含带有三个手性中心的六员环，合成的关键问题在于如何准确控制每个手性中心的绝对构型。如式 133 所示：在 Auzzas[147] 等人报道的全合成路线中，2,3-二甲基-1,3-环戊二酮被用作起始原料。在手性试

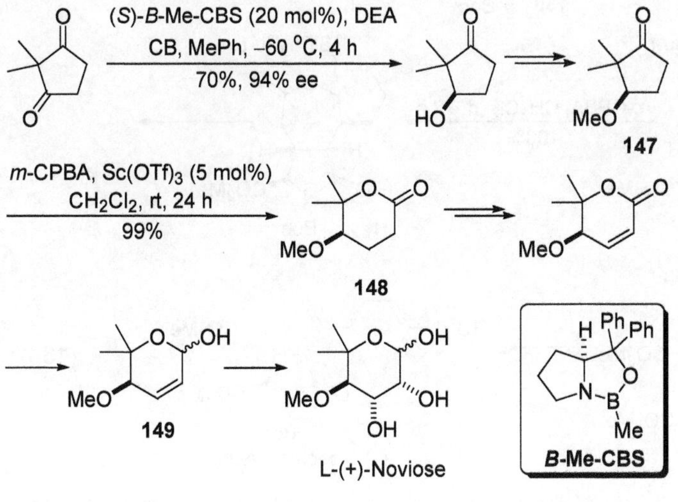

(133)

剂 (*S*)-*B*-Me-CBS 的作用下，二酮化合物被高度对映选择性地还原成为手性羟基酮 (94% ee)。将羟基转化成甲基醚 **147** 后，经催化 B-V 氧化反应以定量产率得到手性环己内酯 **148**。然后，通过 Saegusa 氧化反应在羰基 α-位引入双键，接着将羰基还原生成半缩醛 **149**。最后，使用 OsO$_4$ 对双键进行双羟基化，对映选择性地引入两个手性羟基完成了 L-(+)-Noviose 的全合成。

6.3 (−)-Isodomoic Acid C 的全合成

(−)-Isodomoic Acid C 是从海洋硅藻 *Nitzschia pungens* 和 *Chondria armata* 中分离得到的软骨藻酸系列化合物之一，是一种中枢神经兴奋性氨基酸。软骨藻酸系列化合物具有很强的神经毒性，可引起记忆丧失性中毒，被广泛用于中枢神经系统生理和病理过程的研究。

(−)-Isodomoic Acid C 分子中含有三个羧基和带有三个手性官能团的吡咯烷结构。如式 134 所示[148]：在 Clayden 报道的全合成路线中，使用了区域选择性的 B-V 氧化反应作为其中的重要步骤。该路线以苯基异丙基胺为原料，经过数步反应首先得到中间体 **150**。然后，使用高碘酸钠在 RuCl$_3$ 的催化下选择性氧化苯基，经过两步官能团转化生成中间体 **151**。一般情况下，在羰基的 β-位没有取代基的 6,5-稠环己酮由于没有合适的构象控制因素，其 B-V 反应因缺乏区域选择性而生成混合产物。但令人惊奇的是，使用 *m*-CPBA 对化合物 **151** 进

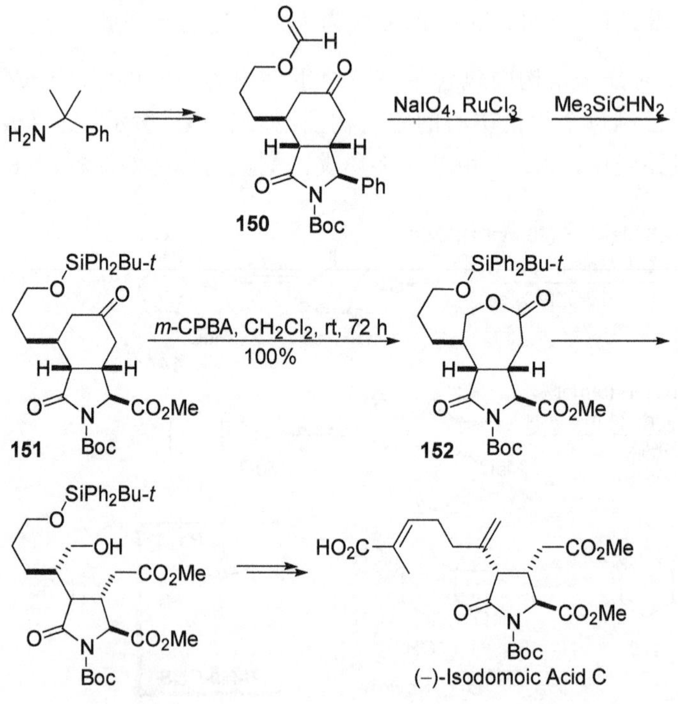

(134)

行的 B-V 反应却具有极高的区域选择性,以定量产率得到唯一的产物 **152**。将内酯开环后,再经过适当的官能团修饰,即可得到天然产物 (−)-Isodomoic Acid C。

7 Baeyer-Villiger 氧化反应实例

例 一

(25*R*)-3-氧杂-6*β*-乙酰氧基-4a-homo-5*α*-螺甾烷-4-酮的合成[149]
(稠环酮的区域选择性 B-V 氧化反应)

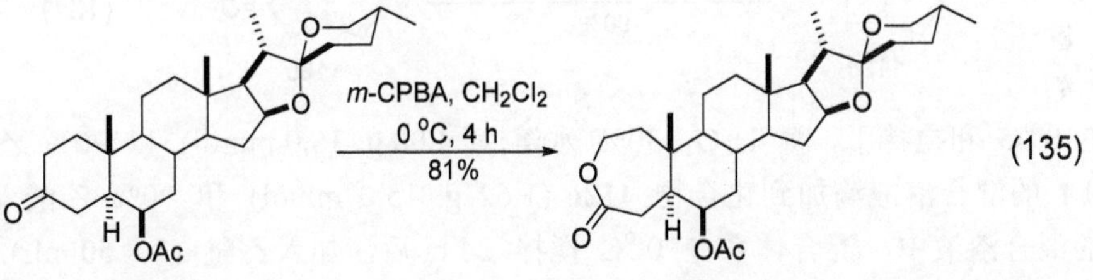

$$m\text{-CPBA, CH}_2\text{Cl}_2 \quad 0\ ^\circ\text{C, 4 h} \quad 81\% \tag{135}$$

153 **154**

在 0 °C 和搅拌下,将 *m*-CPBA (1.32 g, 7.8 mmol) 的 CH$_2$Cl$_2$ (40 mL) 溶液加入到化合物 **153** (1.42 g, 3.0 mmol) 的 CH$_2$Cl$_2$ (40 mL) 溶液中。混合物升至室温后,避光搅拌 4 h。然后,向反应体系中加入 CHCl$_3$ (80 mL),分出有机层。水层用 CHCl$_3$ 提取,合并的提取液依次用 10% 的 Na$_2$SO$_3$ 水溶液 (2 × 100 mL)、10% 的 NaHCO$_3$ 水溶液 (2 × 100 mL) 和饱和 NaCl 水溶液洗涤,再经无水 Na$_2$SO$_4$ 干燥。蒸去溶剂后的粗产物经柱色谱分离和纯化,得到固体 **154** (1.19 g, 81%),mp 202~205 °C。

例 二

7-甲基-9-氧杂双环[3.3.2]癸烷-4,10-二酮和 7-甲基-9-氧杂双环[3.3.2]癸烷-2,10-二酮的合成[150]
(桥环酮的区域选择性 B-V 氧化反应)

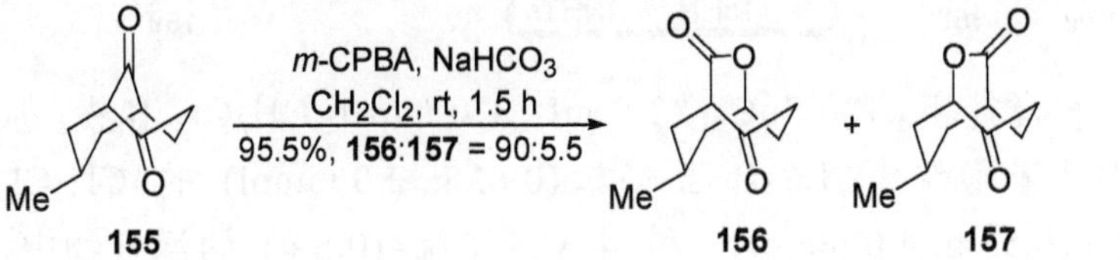

$$m\text{-CPBA, NaHCO}_3 \quad \text{CH}_2\text{Cl}_2\text{, rt, 1.5 h} \quad 95.5\%,\ \mathbf{156}:\mathbf{157} = 90:5.5 \tag{136}$$

155 **156** **157**

在室温和搅拌下,将 *m*-CPBA (0.35 g, 75%, 1.5 mmol) 和 NaHCO$_3$ (0.50 g,

6.0 mmol) 加入到化合物 **155** (0.17 g, 1.0 mmol) 的 CH$_2$Cl$_2$ (10 mL) 溶液中。反应 1.5 h 后，向反应体系中加入 Na$_2$SO$_3$ (0.1 g) 和水 (0.1 mL)。生成的混合物在室温下继续搅拌 0.5 h，用固体 Na$_2$SO$_4$ 过滤。滤液经无水 Na$_2$SO$_4$ 干燥，蒸去溶剂后的粗产物经柱色谱分离和纯化，得到固体 **156** (0.16 g, 90%；mp 76~78 $^{\circ}$C) 和 **157** (0.01 g, 5.5%；mp 73~75 $^{\circ}$C)。

例 三

cis-2-羟基环戊-4-烯-1-乙酸内酯的合成[151]
(化学选择性和区域选择性 B-V 反应)

$$（137）$$

在 0 $^{\circ}$C 和搅拌下，将 H$_2$O$_2$ (30% 水溶液, 4.08 g, 36.0 mmol) 和 90% 乙酸 (35 mL) 的混合溶液滴加到化合物 **112c** (1.62 g, 15.0 mmol) 和 90% 乙酸 (40 mL) 的混合溶液中。混合体系在 0 $^{\circ}$C 搅拌 24 h 后，加入乙醚 (2 × 50 mL) 萃取产物。分出有机层，依次用饱和 Na$_2$S$_2$O$_3$ 水溶液 (2 × 100 mL)、饱和 NaHCO$_3$ 水溶液 (2 × 100 mL) 和饱和 NaCl 水溶液洗涤，再经无水 Na$_2$SO$_4$ 干燥。蒸去溶剂后的粗产物经减压蒸馏 (70 $^{\circ}$C/0.2 mmHg) 得到油状产物 **113c** (1.68 g, 90%)。

例 四

(*S*)-2-羟基-3-(4-三甲基乙酸苯酯基)-2,5-二甲氧基苯基丙酸酯的合成[152]
[(TMSO)$_2$ 氧化的区域选择性催化 B-V 反应]

$$（138）$$

在 0 $^{\circ}$C 和搅拌下，将 SnCl$_4$ (2.0 mL, 1.0 mol/L CH$_2$Cl$_2$ 溶液) 加入到反式-*N*,*N*-双(对甲苯磺酰基)-1,2-环己二胺 (0.85 g, 2.0 mmol) 的 CH$_2$Cl$_2$ (10 mL) 溶液、K$_2$CO$_3$ (0.55 g, 4.0 mmol)、和 4 Å 分子筛 (0.5 g) 的混合物中。接着，加入二(三甲基硅)过氧化物 [(TMSO)$_2$, 4.1 mL, 4.0 mmol, 0.94 mol/L 的

CH$_2$Cl$_2$ 溶液]。5 min 后，再加入化合物 **158** (0.77 g, 2.0 mmol) 的 CH$_2$Cl$_2$ (20 mL) 溶液。生成的混合物在 0 °C 搅拌 75 min 后，依次向反应体系中加入饱和 NaHCO$_3$ 水溶液 (20 mL) 和饱和 Na$_2$S$_2$O$_3$ 水溶液 (20 mL)。将混合物升至室温后，用硅藻土过滤。分出有机层，并用饱和 NaCl 水溶液洗涤和无水 Na$_2$SO$_4$ 干燥后蒸去溶剂。残留物经柱色谱分离和纯化，得到白色固体 **159** (0.67 g, 83%)。接着用乙醚和正己烷重结晶 (Et$_2$O:C$_6$H$_6$ = 1:1)，得到针状晶体 (0.60 g, 75%)，mp 94~96 °C。

例 五

(−)-*R*-4-(4-甲苯基)二氢呋喃-2(3*H*)-酮的合成[145]

(手性有机小分子催化的不对称 B-V 反应)

$$(139)$$

在 −40 °C, 将 H$_2$O$_2$ (30% 水溶液, 17.0 μL, 0.15 mmol) 加入到 (*R*)-**142c** (5.6 mg, 0.01 mmol)、3-(4-甲基苯基)环丁酮 (16.0 mg, 0.1 mmol) 和 CH$_2$Cl$_2$ (1 mL) 的混合物中。新生成的混合物在 −40 °C 继续搅拌 18 h 后，向反应体系中加入饱和 Na$_2$SO$_3$ 水溶液 (0.5 mL)。接着在室温下继续搅拌 0.5 h，加入无水 Na$_2$SO$_4$ 干燥。蒸去溶剂，残留物经柱色谱分离和纯化得到黄色固体 (17.0 mg, 99%)，$[\alpha]_D^{20}$ = −31.5° (*c* 0.67, CHCl$_3$) (93% ee)，mp 66~68 °C。

8   参考文献

[1]   Baeyer-Villiger 氧化反应的综述见: (a) Jiménez-Sanchidrián, C.; Ruiz, J. R. *Tetrahedron* **2008**, *64*, 2011. (b) Bolm, C. *Asymmetric Synthesis-The Essentials*; Wiley-VCH: Weinheim, **2006**, p 57. (c) Bolm, C.; Palazzi, C.; Bechmann, O. *Transition Metal for Organic Chemistry: Building Blocks and Fine Chemicals*; Wiley-VCH: Weinheim, **2004**, Vol. 2, p 57. (d) ten Brink, G.-J.; Arends, I. W. C. E.; Sheldon, R. A. *Chem. Rev.* **2004**, *104*, 4105. (e) Mihovilovic, M. D.; Rudroff, F.; Grötzl, B. *Curr. Org. Chem.* **2004**, *8*, 1057. (f) Schrader, S.; Dehmlow E. V. *Org. Prep. Proc. Int.* **2000**, *32*, 125. (g) Bolm, C.; Bechmann, O. *Comprehensive Asymmetric Catalysis*; Springer: Berlin, **1999**, Vol. 2, p 803. (h) Renz, M.; Meunier, B. *Eur. J. Org. Chem.* **1999**, 737. (i) Strukul, G. *Angew. Chem., Int. Ed. Engl.* **1998**, *37*, 1198. (j) Bolm, C. *Advances in Catalytic Processes*; JAI: Greenwich, **1997**, Vol. 2, p 43. (k) Ricci, M.; Battistel, E. *Chem. Ind.* **1997**, *79*, 879. (l) Krow, G. R. *Organic Reactions*; Wiley: New York, **1993**, Vol. 43, p 251. (m) Krow, G. C. *Comprehensive Organic Synthesis*; Pergamon Press: New York, **1991**, Vol. 7, p 671.

[2]   Baeyer, A.; Villiger, V. *Ber. Dtsch. Chem. Ges.* **1899**, *32*, 3625.

[3]   Baeyer, A.; Villiger, V. *Ber. Dtsch. Chem. Ges.* **1900**, *33*, 1569.

[4]   Doering, W. V. E.; Speers L. *J. Am. Chem. Soc.* **1950**, *72*, 5515.

[5]   Criegee, R. *Justus Liebigs Ann. Chem.* **1948**, *560*, 127.

[6]   Doering, W. V. E.; Dorfman, E. *J. Am. Chem. Soc.* **1953**, *75*, 5595.

[7]   Berkessel, A.; Andreae, M. R. M.; Schmickler, H.; Lex, J. *Angew. Chem., Int. Ed. Engl.* **2002**, *41*, 4481.

[8]   Gusso, A.; Baccin C.; Pinna, F.; Strukul, G. *Organometallics* **1994**, *13*, 3442.

[9]   Bolm, C.; Schlingloff, G.; Weikhardt, K. *Angew. Chem., Int. Ed. Engl.* **1994**, *33*, 1848.

[10]   Paul, D. M. *Molecular Rearrangements*; Interscience: New York, **1963**, Vol. 1, p 577.

[11]   Benson, J. A.; Suzuki, S. *J. Am. Chem. Soc.* **1959**, *81*, 4088.

[12]   Hawthorne, M.; Emmons D.; McCallum, K. S. *J. Am. Chem. Soc.* **1958**, *80*, 6393.

[13]   (a) Friess, S. L.; Pinson Jr, R. *J. Am. Chem. Soc.* **1952**, *74*, 1302. (b) Saunders Jr, W. H. *J. Am. Chem. Soc.* **1955**, *77*, 4679. (c) Sauers, R. R.; Ubersax, R. W. *J. Org. Chem.* **1965**, *30*, 3939. (d) Winnik, M. A.; Stoute, V. *Can. J. Chem.* **1973**, *51*, 2788.

[14]   Chida, N.; Tobe, T.; Ogawa, S. *Tetrahedron Lett.* **1994**, *35*, 7249.

[15]   Friess, S. L.; Soloway, A. H. *J. Am. Chem. Soc.* **1951**, *73*, 3968.

[16]   Deslongchamps, P. *Stereoelectronic Effects in Organic Chemistry*; Pergamon Press: Oxford, **1983**, p 313.

[17]   (a) Noyori, R.; Kobayashi, H.; Sato, T. *Tetrahedron Lett.* **1980**, *21*, 2569. (b) Noyori, R.; Sato, T.; Kobayashi, H. *Tetrahedron Lett.* **1980**, *21*, 2573.

[18]   Chandrasekhar, S.; Roy, C. D. *Tetrahedron Lett.* **1987**, *28*, 6371.

[19]   Crudden, C. M.; Chen, A. C.; Calhoun, L. A. *Angew. Chem., Int. Ed.* **2000**, *39*, 2852.

[20]   (a) Grudzinski, A.; Roberts, S. M.; Howard, C.; Newton, R. F. *J. Chem. Soc., Perkin Trans. I*, **1978**, 1182. (b) Krow, G. R.; Johnson, C. A.; Guare, J. P.; Kubrak, D.; Henz, K. J.; Shaw, D. A.; Szczepanski, S. W.; Carey, J. T. *J. Org. Chem.* **1982**, *47*, 5239.

[21]   McClure, J. D.; Williams, P. H. *J. Org. Chem.* **1962**, *27*, 24.

[22]   Emmons, W. D.; Lucas, G. B. *J. Am. Chem. Soc.* **1955**, *77*, 2287.

[23]   Adam, W.; Rodriguez, A. *J. Org. Chem.* **1979**, *44*, 4969.

[24]   Bosone, E.; Farina, P. Guazzi, G.; Innocenti, S.; Marotta, V. *Synthesis* **1983**, 942.

[25]   (a) Bird, C. W.; Dotse A. K., *Tetrahedron Lett.* **1991**, *32*, 2413. (b) Tino, J. A.; Lewis M. D.; Kishi, Y. *Heterocycles* **1987**, *25*, 97. (c) Mandal, A. K.; Borude, D. P.; Armugasamy, R.; Sono, N. R.; Yawalker, D. G.; Mahajan, S. W.; Ratnam, K. R.; Goghare, A. D. *Tetrahedron* **1986**, *42*, 5715. (d) Wenkert, D.; Eliasson K. M.; Rudisill, D. *J. Chem. Soc., Chem. Commun.*, **1983**, 393. (e) Shiozaki, M.; Ishida, N.; Maruyama, H.; Hiraoka, T. *Tetrahedron* **1983**, *39*, 2399. (f) Furukawa, N. Yoshimura, T.; Ohtsu, M.; Akasaka, T.; Oae, S. *Tetrahedron* **1980**, *36*, 73. (g) White, J. D.; Fukuyama, Y. *J. Am. Chem. Soc.* **1979**, *101*, 226. (h) Cocker, W.; Grayson, D. H. *J. Chem. Soc., Perkin Trans. I*, **1975**, 1347.

[26]   (a) Dasai M. C.; Singh, C.; Chawla, H. P. S.; Dev, S. *Tetrahedron* **1982**, *38*, 201. (b)Brook, P. R.; Brophy, B. V. *J. Chem. Soc., Perkin Trans. I*, **1985**, 2509. (c) Marchand, A. P.; Deshpande, M. N. *J. Org. Chem.* **1989**, *54*, 3226. (d) Mase, T.; Ichita, J.; Marino, J. P.; Koreeda M. *Tetrahedron Lett.* **1989**, *30*, 2075. (e) Hall, S. E.; Han, W.-C.; Haslanger, M. F.; Harris, D. N.; Ogletree, M. L. *J. Med. Chem.* **1986**, *29*, 2335.

[27]   (a) Shing, T. K. M.; Lee, C. M.; Lo, H. Y. *Tetrahedron* **2004**, *60*, 9197. (b) Shing, T. K. M.; Lee, C. M.; Lo, H. Y. *Tetrahedron Lett.* **2001**, *42*, 8361.

[28]   Reuman, M.; Hu, Z.; Kou, G.-H.; Li, X.; Russell, R. K.; Shen, L.; Youells, S.; Zhang, Y. *Org. Process Res. Dev.* **2007**, *11*, 1010.

[29]   Seebach D.; Pohmakotr, M.; Schregenberger, S.; Weidmann, B.; Mali, R. S.; Pohmakotr, S. *Helv. Chim. Acta.* **1982**, *65*, 419.

[30]   (a) Laurent, M.; Ceresiat, M.; Marchand-Brynaert, J. J. *J. Org. Chem.* **2004**, *69*, 3194. (b) Shiozaki, M.; Ishida, N.; Hiraoka, T.; Maruyama, H. *Tetrahedron* **1984**, *40*, 1795.

[31]   Curran, D. P.; Scanga, S. A.; Fenk, C. J. *J. Org. Chem.* **1984**, *49*, 3474.

[32]   Hudrlik, P. F.; Hudrlik, A. M.; Nagendrappa, D.; Yimenu, T.; Zellers, E. T.; Chin, E. *J. Am. Chem. Soc.* **1980**, *102*, 6894.

[33]   Roy, A.; Biswas, B.; Sen, P. K.; Venkateswaran, R. V. *Tetrahedron Lett.* **2007**, *48*, 6933.

[34]   (a) Nakatsuka, S.-I.; Ueda, K.; Asano, O.; Goto, T. *Heterocycles* **1987**, *26*, 65. (b) Nakatsuka, S.-I.; Asano, O.; Ueda, K.; Goto, T. *Heterocycles* **1987**, *26*, 1471.

[35]   Nahm, M. R.; Potnick, J. R.; White, P. S.; Johnson, J. S. *J. Am. Chem. Soc.* **2006**, *128*, 2751.

[36]   (a) Ogata, Y.; Tomizawa, K.; Ikeda, T. *J. Org. Chem.* **1978**, *43*, 2417. (b) Ogata, Y.; Sawaki, Y. *J. Org. Chem.* **1972**, *37*, 2953. (c) Smissman, E. E.; Li, J. P.; Israili, Z. H. *J. Org. Chem.* **1968**, *33*, 4231.

[37]   Friess, S. L.; Soloway, A. H. *J. Am. Chem. Soc.* **1951**, *73*, 3968.

[38]   Grethe, G.; Sereno, J.; Williams, T. H.; Uskokovic, M. R. *J. Org. Chem.* **1983**, *48*, 5315.

[39]   Narasaka, K.; Sakakura, T.; Uchimaru, T.; Guedin-Vuong, D. *J. Am. Chem. Soc.* **1984**, *106*, 2954.

[40]   (a) Bestian, H.; Gunther, D. *Angew. Chem.* **1963**, *75*, 841. (b) Greene, A. E.; Depres, J. P.; Nagano, H.; Crabbe, P. *Tetrahedron Lett.* **1977**, *18*, 2365. (c) Luthy, C.; Konstantin, P.; Untch, K. G. *J. Am. Chem. Soc.* **1978**, *100*, 6211. (d) Page, P. C. B.; Carefull, J. F.; Powell, L. H.; Sutherland, I. O. *J. Chem. Soc., Chem. Commun.,* **1985**, 822. (e) Clark, J. S.; Holmes, A. B. *Tetrahedron Lett.* **1977**, *18*, 4333. (f) Meyers, A. I.; Williams, D. R.; White, S.; Erickson, G. W. *J. Am. Chem. Soc.* **1981**, *103*, 3088. (g) Kruizinga, W. H.; Kellogg, R. M. *J. Am. Chem. Soc.* **1981**, *103*, 5183.

[41]   Kumar, I.; Rode, C. V. *Tetrahedron: Asymmetry* **2007**, *18*, 1975.

[42]   (a) Hoshi, N.; Hagiwara, H.; Uda, H. *Chem. Lett.* **1979**, 1295. (b) Jacobson, S. E.; Mares, F.; Zambri, P. M. *J. Am. Chem. Soc.* **1979**, *101*, 6938.

[43]   Jakovac, I. J.; Jones, J. B. *J. Org. Chem.* **1979**, *44*, 2165.

[44]   (a) Rebek, J.; McCready, R.; Wolf, S.; Mossman, A. *J. Org. Chem.* **1979**, *44*, 1485. (b) Payne, G. B. *Tetrahedron* **1962**, *18*, 763.

[45]   Frater, G.; Muller, U.; Gunther, W. *Helv. Chim. Acta.* **1986**, *69*, 1858.

[46]   (a) Dave, V.; Warnhoff, E. W. *J. Org. Chem.* **1983**, *48*, 2590. (b) Desmaele, D.; d'Angelo, J. *Tetrahedron Lett.* **1989**, *30*, 345.

[47]   Rubottom, G. M.; Gruber, J. M.; Boeckman, R. K.; Ramaiah, Jr.,M.; Medwid, J. B. *Tetrahedron Lett.* **1978**, *19*, 4603.

[48]   Genicot, C.; Gobeaux, B.; Ghosez, L. *Tetrahedron Lett.* **1991**, *32*, 3827.

[49]   Smissman, E. E.; Bergen, J. V. *J. Org. Chem.* **1962**, *27*, 2316.

[50]   Brady, W. T.; Cheng, T. C. *J. Org. Chem.* **1976**, *41*, 2036.

[51]   (a) Pattenden, G.; Teague, S. J. *Tetrahedron* **1987**, *43*, 5637. (b) Hudrlik, P. F.; Hudrlik, A. M.; Yimenu, T.; Waugh, M. A.; Nagendrappa, G. *Tetrahedron* **1988**, *44*, 3791. (c) Asaoka, M.; Shima, K.; Fuyii, N.; Takei, H. *Tetrahedron* **1988**, *44*, 4757. (d) Asaoka, M.; Shima, K.; Takei, H. *Tetrahedron Lett.* **1987**, *28*, 5669.

[52]   (a) Trost, B. M.; Balkovec, J. M.; Mao, M. K.-T. *J. Am. Chem. Soc.* **1986**, *108*, 4974. (b) Trost, B. M.; Balkovec, J. M.; Mao, M. K.-T. *J. Am. Chem. Soc.* **1983**, *105*, 6755.

[53]   Crandall, J. K.; Seidewand, R. J. *J. Org. Chem.* **1970**, *35*, 697.

[54]   Bueno, A. B.; Hegedus, L. S. *J. Org. Chem.* **1998**, *63*, 684.

[55]   Maulide, N.; Markó, I. E. *Org. Lett.* **2007**, *9*, 3757.

[56]   Snider, B. B.; Hui, R. A. H. F. *J. Org. Chem.* **1985**, *50*, 5167.

[57]   Baumgarth, M.; Irmscher, K. *Tetrahedron* **1975**, *31*, 3109.

[58]   Fischer, D.; Theodorakis, E. A. *Eur. J. Org. Chem.* **2007**, 4193.

[59]   (a) Ahmad, M. S.; Asif, M.; Mushfiq, M. *Indian J. Chem., Sect. B* **1978**, *16*, 426. (b) Fukami, H.; Koh, H.-S.; Sakata, T.; Nakajima, M. *Tetrahedron Lett.* **1968**, *9*, 1701.

[60]   (a) Reusch, W.; LeMahieu, R. *J. Am. Chem. Soc.* **1963**, *85*, 1669. (b) DeBoer, A.; Ellwanger, R. E. *J. Org. Chem.* **1974**, *39*, 77.

[61]   (a) Dave, V.; Stothers, J. B.; Warnhoff, E. W. *Can. J. Chem.* **1980**, *58*, 2666. (b) Dave, V.; Stothers, J. B.; Warnhoff, E. W. *Can. J. Chem.* **1979**, *57*, 1557. (c) Bolliger, J. E.; Courtney, J. L. *Aust. J. Chem.* **1964**, *17*, 440.

[62]   (a) Sonnet, P. E.; Oliver, J. E. *J. Heterocycl. Chem.* **1974**, *11*, 263. (b) Pelletier, S. W.; Ohtsuka, Y. *Tetrahedron* **1977**, *33*, 1021.

[63]   Bowden, B. F.; Read, R. W.; Taylor, W. C. *Aust. J. Chem.* **1981**, *34*, 799.

[64]   (a) House, H. O.; Haack, J. L.; McDaniel, W. C.; VanDerveer, D. *J. Org. Chem.* **1983**, *48*, 1643. (b) Kido, F.; Sakuma, R.; Uda, H.; Yoshikoshi, A. *Tetrahedron Lett.* **1969**, *10*, 3169. (c) Schultz, A. G.; Dittami, J. D. *J. Org. Chem.* **1984**, *49*, 2615.

[65]   (a) Warm, A.; Vogel, P. *J. Org. Chem.* **1986**, *51*, 5348. (b) Adams, J.; Frenette, R. *Tetrahedron Lett.* **1987**, *28*, 4773.

[66]   Meinwald, J.; Frauenglass, E. *J. Am. Chem. Soc.* **1960**, *82*, 5235.

[67]   Sauers, R. R.; Ahearn, G. P. *J. Am. Chem. Soc.* **1961**, *83*, 2759.

[68]   Demmin, T. R.; Rogic, M. M. *J. Org. Chem.* **1980**, *45*, 1176.

[69]   Rebek, Jr., J.; Costello, T.; Wattley, R. *J. Am. Chem. Soc.* **1985**, *107*, 7487.

[70]   Battersby, A. R.; Binks, R.; Harper, B. J. T. *J. Chem. Soc.* **1962**, 3534.

[71]   Meyer, W. L.; Lobo, A. P.; McCarty, R. N. *J. Org. Chem.* **1967**, *32*, 1754.

[72]   Reissenweber, G.; Mangold, D. *Angew. Chem., Int. Ed. Engl.* **1980**, *19*, 222.

[73]   (a) Ito, Y.; Shibata T.; Arita, M.; Sawai, H.; Ohno, M. *J. Am. Chem. Soc.* **1981**, *103*, 6739. (b) Ohno, M.; Ito, Y.; Arita, M.; Shibata T.; Adachi, K.; Sawai, H. *Tetrahedron* **1984**, *40*, 145.

[74]   Sprecher, M.; Nativ, E. *Tetrahedron Lett.* **1968**, *9*, 4405.

[75]   (a) Kubo, I.; Kim. M.; Ganjian, I.; Kamikawa, T.; Yamagiwa, Y. *Tetrahedron* **1987**, *43*, 2653. (b) Gammill, R. B.; Hyde, B. R. *J. Org. Chem.* **1983**, *48*, 3863. (c) Sanchez. I. H.; Mendoza, S.; Calderon, M.; Larraza, M. I.; Flores H. J. *J. Org. Chem.* **1985**, *50*, 5077. (d) Broka, C. A.; Chan, S.; Peterson, B. *J. Org. Chem.* **1988**, *53*, 1586. (e) Syper, L.; Molchowski, J. *Tetrahedron* **1987**, *43*, 207.

[76]   Nakatsubo, F.; Cocuzza, A. J.; Keeley, D. E.; Kishi, Y. *J. Am. Chem. Soc.* **1977**, *99*, 4835.

[77]   (a) Kennedy, R. J.; Stock, A. M. *J. Org. Chem.* **1960**, *25*, 1901. (b) Camps, F.; Coll, J.; Messeguer, A.; Pericas, M. A. *Tetrahedron Lett.* **1981**, *22*, 3895.

[78]   Nicotra, F.; Ronchetti, R.; Russo, G.; Toma, L.; Gariboldi, P.; Ranzi, B. M. *J. Chem. Soc., Chem. Commun.* **1984**, 383.

[79]   (a) Caspi, E.; Balasubrahmanyam. S. N. *J. Org. Chem.* **1963**, *28*, 3383. (b) Ranganathan, S.; Ranganathan, D.; Mehrotra, M. M. *Synthesis* **1977**, 838.

[80]   Koizumi, N.; Morisaki, M.; Ikekawa, N.; Tanaka, Y.; DeLuca, H. F. *J. Steroid Biochem.* **1979**, *10*, 261.

[81]   Baggiolini, E. G.; Lacobelli, J. A.; Hennessy, B. M.; Uskokovic, M. R. *J. Am. Chem. Soc.* **1982**, *104*, 2945.

[82]   Kakiuchi, K.; Hiramatsu, Y.; Tobe, Y.; Odaira, Y. *Bull. Chem. Soc. Jpn.* **1980**, *53*, 1779.

[83]   Rigby, J. H.; Laxmisha, M. S.; Hudson, A. R.; Heap, C. H.; Heeg, M. J. *J. Org. Chem.* **2004**, *69*, 6751.

[84]   Matsubara, S.; Takai, K.; Nozaki, H. *Bull. Chem. Soc. Jpn.* **1983**, *56*, 2029.

[85]   Suzuki, M.; Takeda, R; Noyori, R. *J. Org. Chem.* **1982**, *47*, 902.

[86]   Zibuck, R.; Liverton, N. J.; Smith, III, A. B. *J. Am. Chem. Soc.* **1986**, *108*, 2451.

[87]   Baxter, A. D.; Roberts, S. M.; Wakefield, B. J.; Woolley, G. T. *J. Chem. Soc., Perkin Trans. I* **1984**, 675.

[88]   Nelson, W. L.; Burke, Jr., T. R. *J. Med. Chem.* **1979**, *22*, 1082.

[89]   Matsumoto, M.; Kobayashi, H.; Hotta, Y. *J. Org. Chem.* **1984**, *49*, 4740.

[90]   Payne, G. B.; Williams, P. H. *J. Org. Chem.* **1959**, *24*, 284.

[91]   Montury, M.; Gore, J. *Tetrahedron* **1977**, *33*, 2819.

[92]   (a) Handley, J. R.; Swigar, A. A.; Silverstein, R. M. *J. Org. Chem.* **1979**, *44*, 2954. (b) Heldeweg, R. F.; Hogeveen, H.; Schudde, E. P. *J. Org. Chem.* **1978**, *43*, 1912.

[93]   (a) Shono, T.; Matsumura, Y.; Hibino, K.; Miyawaki, S. *Tetrahedron Lett.* **1974**, *15*, 1295. (b) Krafft, G. A.; Katzenellenbogen, J. A. *J. Am. Chem. Soc.* **1981**, *103*, 5459.

[94]   Yokoyama, T.; Izui, N. *Bull. Chem. Soc. Jpn.* **1965**, *38*, 1498.

[95]   Chappuis, G.; Tamm, C. *Helv. Chim. Acta.* **1982**, *65*, 521.

[96]   (a) Caspi, E.; Chang, Y. W.; Dorfman, R. I. *J. Med. Pharm. Chem.* **1962**, *5*, 714. (b) Pelletier, S. W.; Chang, C. W. J.; Iyer, K. N. *J. Org. Chem.* **1969**, *34*, 3477. (c) Chang, C. W. J.; Pelletier, S. W. *Tetrahedron Lett.* **1966**, *7*, 5483.

[97]   Abad, A.; Agullo, C.; Cunat, A. C.; Zaragoza, R. J. *J. Org. Chem.* **1989**, *54*, 5123.

[98]   (a) Kienzle, F.; Mayer, H.; Minder, R. E.; Thommen, H. *Helv. Chim. Acta.* **1978**, *61*, 2616. (b) Syper, L. *Tetrahedron* **1987**, *43*, 2853.

[99]   (a) Jones, C. W. *Applications of Hydrogen Peroxide and its Derivatives*; RSC: Cambridge, **1999**, 21. (b) Strukul, G. *Catalystic Oxidations with Hydrogen Peroxide as Oxidant*; Kluwer: Dordrecht, **1992**.

[100] (a) Matsubara, S.; Kazuhiko, T.; Nozaki, H. *Bull. Chem. Soc. Jpn.* **1983**, *56*, 2029. (b) Göttlich, R.; Yamakoshi, K.; Sasai, H.; Shibasaki, M. *Synlett* **1997**, 971. (c) Velazquez, F.; Olivo, H. F. *Org. Lett.* **2000**, *2*, 1931.

[101] Cooper, M. S.; Heaney, H.; Newbold, A. J.; Sanderson, W. R. *Synlett* **1990**, 533.

[102] Hayakawa, k.; Yodo, M.; Ohsuki, S.; Kanematsu, K. *J. Am. Chem. Soc.* **1984**, *106*, 6735.

[103] Mehta, G.; Pandey, P. N. *Synthesis* **1975**, 404.

[104] Sato, K.; Hyodo, M.; Takagi, J.; Aoki, M.; Noyori, R. *Tetrahedron Lett.* **2000**, *41*, 1439.

[105] Fischer, J.; Hölderich, W. F.; *Appl. Catal. A: Gen.* **1999**, *180*, 435.

[106] Bogdanowicz, M.; Ambelang, T.; Trost, B. M. *Tetrahedron Lett.* **1973**, *14*, 923.

[107] Trost, B. M.; Bogdanowicz, M. J. *J. Am. Chem. Soc.* **1973**, *95*, 5321.

[108] Still, W. C.; Murata, S.; Revial, G.; Yoshihara, K. *J. Am. Chem. Soc.* **1983**, *105*, 625.

[109] Brzaszcz, M.; Kloc, K.; Maposah, M.; Mlochowski, J. *Synth. Commun.* **2000**, *30*, 4425.

[110] Goodman, M. A.; Detty, M. R.; Detty, M. R. *Synlett* **2006**, 1100.

[111] (a) Grieco, P. A.; Yokoyama, Y.; Gilman, S.; Ohfune, Y. *J. Chem. Soc., Chem. Commun.* **1977**, 870. (b) Syper, L. *Synthesis* **1989**, 167.

[112] ten Brink, G.-J.; Vis, J.-M.; Arends, I. W. C. E.; Sheldon, R. A. *J. Org. Chem.* **2001**, *66*, 8561.

[113] Ichikawa, H.; Usami, Y.; Arimoto, M. *Tetrahedron Lett.* **2005**, *46*, 8665.

[114] Giurg, M.; Mlochowski, J. *Synth. Commun.* **1999**, *29*, 2281.

[115] Corma, A.; Nemeth, L. T.; Renz, M.; Valencia, S. *Nature* **2001**, *412*, 423.

[116] Jacobson, S. E.; Tang, R.; Mares, F. *J. Chem. Soc., Chem. Commun.* **1978**, 888.

[117] Del Todesco Frisone, M.; Pinna, F.; Strukul, G. *Organometallics* **1993**, *12*, 148.

[118] Baccin, C.; Gusso, A.; Pinna, F.; Strukul, G. *Organometallics* **1995**, *14*, 1161.

[119] (a) Pallazi, C.; Pinna, F.; Strukul, G. *J. Mol. Catal. A: Chem.* **2000**, *151*, 245. (b) Gavagnin, R.; Cataldo, M.; Pinna, F.; Strukul, G. *Organometallics* **1998**, *17*, 661. (c) Strukul, G.; Varagnolo, A.; Pinna, F. *J. Mol. Catal. A: Chem.* **1997**, *117*, 413.

[120] Michelin, R. A.; Pizzo, E.; Scarso, A.; Sgarbossa, P.; Strukul, G.; Tassan, A. *Organometallics* **2005**, *24*, 1012.

[121] Sgarbossa, P.; Scarso, A.; Michelin, R. A.; Strukul, G. *Organometallics* **2007**, *26*, 2714.

[122] (a) Herrmann, W. A.; Kratzer, R. M.; Ding, H.; Thiel, W. R.; Glas, H. *J. Organomet. Chem.* **1998**, *555*, 293. (b) Vliet, M. C. A. van; Arends, I. W. C. E.; Sheldon, R. A. *Chem. Commun.* **1999**, 821.

[123] Abu-Omar, M.; Espenson, J. H. *Organometallics* **1996**, *15*, 3543.

[124] (a) Gonzales, J. M.; Distasio Jr., R.; Periana, R. A.; Goddard III, W. A.; Oxgaard, J. *J. Am. Chem. Soc.* **2007**, *129*, 15794. (b) Adolfsson, H.; Copéret, C.; Chiang, J. P.; Yudin, A. K. *J. Org. Chem.* **2000**, *65*, 8561. (c) wang, W.; Espenson, J. H. *J. Am. Chem. Soc.* **1998**, *120*, 11335. (d) Espenson, J. H.; Tan, H.; Houk, R. S.; Eager, M. D. *Inorg. Chem.* **1998**, *37*, 4621. (e) Abu-Omar, M.; Hansen, P. J.; Espenson, J. H. *J. Am. Chem. Soc.* **1996**, *118*, 4966.

[125] Bernini, R.; Mincione, E.; Cortese, M.; Aliotta, G.; Oliva, A.; Saladino, R. *Tetrahedron Lett.* **2001**, *42*, 5401.

[126] Phillips, A. M. F.; Romao, C. *Eur. J. Org. Chem.* **1999**, 1767.

[127] Aoki, M.; Seebach, D. *Helv. Chim. Acta.* **2001**, *84*, 187.

[128] Sugimura, T.; Fujiwara, Y.; Tai, A. *Tetrahedron Lett.* **1997**, *38*, 6019.

[129] Shinobara, T.; Fujioka, S.; Kotsuki, H. *Heterocycles* **2001**, *55*, 237.

[130] Bolm, C.; Schligloff, G.; Bienewald, F. *J. Mol. Catal.: A* **1997**, *117*, 347.

[131] Lopp, M.; Paju, A.; Kanger, T. *Tetrahedron Lett.* **1996**, *37*, 7583.

[132] Kanger, T.; Kriss, K.; Lopp, M. *Tetrahedron: Asymmetry* **1998**, *9*, 4475.

[133] Bolm, C.; Beckmann, O.; Palazzi, C. *Chirality* **2000**, *12*, 523.

[134]   (a) Bolm, C.; Beckmann, O.; Palazzi, C. *Can. J. Chem.* **2001**, *79*, 1593. (b) Bolm, C.; Beckmann, O.; Kühn, T.; Palazzi, C.; Adam, W.; Rao, P. B.; Saha-Möller, C. R. *Tetrahedron: Asymmetry* **2001**, *12*, 2441.

[135]   Bolm, C.; Frison, J. C. *Synlett* **2004**, 1619.

[136]   Bolm, C.; Beckmann, O.; Cosp, A.; Palazzi, C. *Synlett* **2001**, 1461.

[137]   Paneghetti, C.; Gavagnin, R.; Pinna, F.; Strukul, G. *Organometallics* **1999**, *18*, 5057.

[138]   Ito, K.; Ishii, A.; Kuroda, T.; Katsuki, T. *Synlett* **2003**, 643.

[139]   Malkov, A. V.; Friscourt, F.; Bell, M.; Swarbrick, M. E.; Kočovský, P. *J. Org. Chem.* **2008**, *73*, 3996.

[140]   (a) Uchida, T.; Katsuki, T.; Ito, K.; Akashi, S.; Ishii, A.; Kuroda, T. *Helv. Chim. Acta.* **2002**, *85*, 3078. (b) Uchida, T.; Katsuki, T. *Tetrahedron Lett.* **2001**, *42*, 6911. (c) Matsumoto, K.; Saito, B.; Katsuki, T. *Chem. Commun.* **2007**, 3619.

[141]   (a) Watanabe, A.; Uchida, T.; Irie, R.; Katsuki, T. *Proc. Natl. Acad. Sci. USA* **2004**, *101*, 5737. (b) Watanabe, A.; Uchida, T.; Ito, K.; Kuroda, T. *Tetrahedron Lett.* **2002**, *43*, 4481.

[142]   Matsumoto, K.; Watanabe, A.; Uchida, T.; Ogi, K.; Kuroda, T. *Tetrahedron Lett.* **2004**, *45*, 2385.

[143]   Mazzini, C.; Lebreton, J.; Furstoss, R. *J. Org. Chem.* **1996**, *61*, 8.

[144]   Murahashi, S. I.; Ono, S.; Imada, Y. *Angew. Chem., Int. Ed.* **2002**, *41*, 2366.

[145]   Xu, S.; Wang, Z.; Zhang, X.; Zhang, X.; Ding, K. *Angew. Chem., Int. Ed.* **2008**, *47*, 2840.

[146]   Avery, T. D.; Greatrex, B. W.; Pedersen, D. S.; Taylor, D. K.; Tiekink, E. R. T. *J. Org. Chem.* **2008**, *73*, 2633.

[147]   Hanessian, S.; Auzzas, L. *Org. Lett.* **2008**, *10*, 261.

[148]   Clayden, J.; Knowles, F. E.; Baldwin, I. R. *J. Am. Chem. Soc.* **2005**, *127*, 2412.

[149]   Rivera, D. G.; Pando, O.; Suardiaz, R.; Coll, F. *Steroids* **2007**, *72*, 466.

[150]   Butkus, E.; Stončius, S. *J. Chem. Soc., Perkin Trans. I* **2001**, 1885.

[151]   Grieco, P. A. *J. Org. Chem.* **1972**, *37*, 2363.

[152]   Andrus, M. B.; Hicken, E. J.; Stephens, J. C.; Bedke, D. K. *J. Org. Chem.* **2006**, *71*, 8651.

科里氧化反应

(Corey Oxidation)

胡跃飞

1 历史背景简述

将醇羟基氧化成相应的醛或酮羰基是现代有机合成中极其重要的官能团转变之一[1]。在温和的反应条件下高选择性和高效率地实现该化学转变是有机化学家一直追求的目标。

Cr(IV) 的无机盐和配合物是最经常用于该转变的氧化剂。早在一百多年前，重铬酸钠就已经开始用于该目的[2]。重铬酸盐在酸性条件下具有良好的氧化能力，所以早期的氧化反应常常使用硫酸水溶液作为反应介质。为增加有机物的溶解度，可以选用乙酸作为反应介质。重铬酸盐在含有催化量硫酸的 DMF 和 DMSO 溶液中可以有效降低酸性介质带来的副反应[3]。由于酮羰基的稳定性，仲醇在这些简单氧化条件下仍然能够得到可以接受的结果。然而，伯醇的氧化反应一般缺乏足够的选择性。它们在最初生成相应的醛后，可以经酸催化的水合反应后接着被氧化生成相应的羧酸；也可以在酸催化下被没有反应的醇进攻生成半缩醛，接着被氧化生成相应的羧酸酯 (式 1)。Cr(IV) 高强度的氧化能力引起的过度氧化和酸性反应介质对酸敏性官能团不兼容问题是早期 Cr(IV) 氧化剂在醇羟基氧化反应中存在的不可克服的缺点。

$$R\text{-}CH_2OH \xrightarrow{\text{Cr (VI)}} R\text{-}CHO$$

$$R\text{-}CHO \underset{H_2O}{\rightleftharpoons} \underset{OH}{R\text{-}\overset{OH}{\underset{OH}{C}}\text{-}H} \xrightarrow{\text{Cr (VI)}} R\text{-}CO_2H$$

$$R\text{-}CHO \underset{R\text{-}CH_2OH}{\rightleftharpoons} \underset{OCH_2R}{R\text{-}\overset{OH}{\underset{OCH_2R}{C}}\text{-}H} \xrightarrow{\text{Cr (VI)}} R\text{-}CO_2CH_2R \tag{1}$$

将铬酸酐的浓硫酸溶液在丙酮中使用被称之为 Jones 试剂[4] (式 2)，它是简单 Cr(IV) 无机盐在醇羟基氧化反应中表现出最有应用价值的氧化试剂。丙酮不仅对大多数含醇羟基的底物具有良好的溶解度，而且可以通过自身被氧化来降低反应的副产物。Jones 试剂对仲醇的氧化可以在 0 ℃ 下数分钟内完成，因此直到现在仍然是将仲醇氧化成酮的首选试剂之一。但是，Jones 试剂只是非常有限地改善了对伯醇氧化反应的选择性[5]。

K₂CrO₄-H₂SO₄	[吡啶]₂CrO₃	[吡啶]₂CrO₃	
在丙酮中使用	在吡啶中使用	在二氯甲烷中使用	(2)
Jones 试剂	Sarett 试剂	Collins 试剂	

将铬酸酐在吡啶中使用称之为 Sarett 试剂[6]，事实上铬酸酐在吡啶中已经生成了三氧化铬合吡啶配合物。虽然三氧化铬合吡啶配合物的合成和结构确认在 Sarett 之前已经完成，但是将它应用到醇羟基氧化反应却是 Cr(IV) 氧化剂发展过程中一个里程碑式的进步。该试剂首次实现了 Cr(IV) 氧化剂在非酸性条件下对醇羟基的高度选择性氧化。但是，吡啶作为溶剂给反应的后处理程序带来了许多麻烦。

一个有效而又广泛被接受的对三氧化铬合吡啶配合物使用方法的改进是将 CH_2Cl_2 作为反应的溶剂，这种固-液异相氧化体系被称之为 Collins 试剂[7]。在当时，Collins 试剂在醇羟基氧化反应上获得了前所未有的成功。通常情况下，使用 6 倍摩尔量的 Collins 试剂可使醇羟基的氧化反应在室温下数分钟内完成。将 CH_2Cl_2 从体系中倾滗和蒸去后，便可方便地得到氧化产物。在标准的实验条件下，Collins 试剂可以高度选择性和高产率地完成将伯醇氧化成醛的转变，并在许多具有复杂结构和酸敏官能团底物的氧化反应中具有出色的表现 (式 3 和式 4)[8,9]。

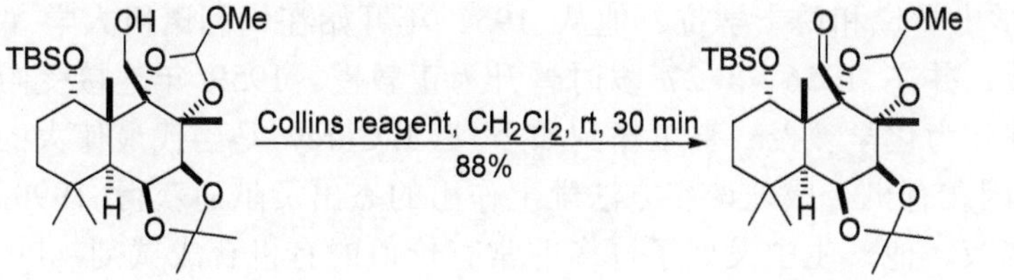

$$(3)$$

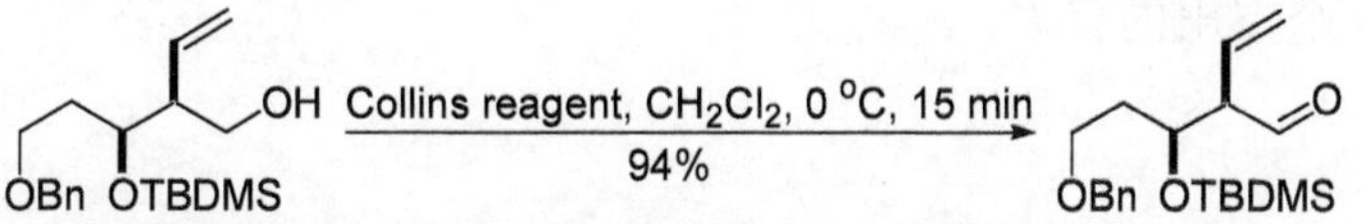

$$(4)$$

三氧化铬合吡啶配合物是一个深红色的微晶固体。它虽然具有强吸水性，但仍可以方便地分离和储存。但是，它的制备方法具有一定的安全要求，必须是将铬酸酐慢慢地加入到吡啶中，相反的加料次序会引起着火[10]。

之后，Corey 报道了铬酸合 3,5-二甲基吡唑配合物的制备和氧化应用。该试剂可以完全溶解于 CH_2Cl_2，并具有与 Collins 试剂类似的优点。但是，该试剂一直没有在有机合成中得到广泛的应用。可能的原因包括 3,5-二甲基吡唑价格较贵或者配合物在有机溶剂中具有较好的溶解度而不易在后处理时除去 (式 5)[11]。

$$(5)$$

铬酸合-3,5-二甲基吡唑   氯铬酸合吡啶 (PCC)

1977 年，Corey 等[12]报道了氯铬酸合吡啶配合物的合成及其在醇羟基氧化反应中的应用。由于该化合物的英文名字是 Pyridinium Chlorochromate，所以它的缩写名称为 PCC。结构上，PCC 可以看作是三氧化铬合吡啶配合物的盐酸盐。它是一个从盐酸的水溶液中制备的橘黄色晶体，通常在 CH_2Cl_2 中异相使用。与以前所有 Cr(IV) 氧化剂不同，该试剂同时兼备有制备、使用和后处理安全和方便的优点。PCC 在简单添加剂的存在下，可以应用于几乎所有类型的醇羟基的氧化反应，伯醇被高度选择性地氧化成为相应的醛。

在 PCC 结构特征的启发下，人们先后报道了数十个具有不同结构的氯铬酸合胺配合物的合成及其氧化应用[13]。但是，只有 PCC 得到有机合成化学家最广泛的认同和应用。现在，PCC 已经成为有机合成实验室必备的氧化剂，并常常充当醇羟基氧化反应初探实验中的首选试剂。在后来的一些专著中，PCC 氧化剂参与的反应被称之为 Corey 氧化反应，是以第一个报道 PCC 在醇羟基氧化反应中应用的美国哈佛大学教授 Elias J. Corey 的名字命名的。

E. J. Corey 在 1928 年出生于美国麻省。分别于 1948 年和 1951 年在 MIT 获得学士学位和博士学位。他从 1951 年开始在伊利诺伊大学 (香槟分校) 化学系任教，并在 1956 年 27 岁时晋升为正教授。1959 年他接受哈佛大学化学系的聘请作为化学教授一直工作到如今。E. J. Corey 是当代最伟大的有机化学家之一，他因在有机合成理论和方法学上作出的杰出贡献而获得 1990 年诺贝尔化学奖的殊荣。他一生中发展了许多非常有价值的有机合成试剂，PCC 氧化剂就是其中的一个杰出的代表。

2 Corey 氧化反应的定义和机理

广义地讲，所有使用 PCC 试剂进行的有机合成转变均称之为 Corey 氧化反应。但是，更多时候是指使用 PCC 试剂高度选择性地将醇羟基氧化成为相应的羰基化合物的化学转变 (式 6)。

$$R \overset{OH}{\underset{R^1}{\big\langle}} \quad \xrightarrow{PCC, CH_2Cl_2, Additives, rt} \quad R \overset{O}{\underset{R^1}{\big\|}} \qquad (6)$$

R¹ = H, Alkyl, or Aryl   R¹ = H, Alkyl, or Aryl

氯铬酸负离子是 PCC 氧化剂中真正起氧化作用的部分。吡啶与三氧化铬的配位和成盐作用将产生氧化活性更高的氯铬酸负离子，使得氧化反应可以在温和的条件下进行。PCC 氧化剂的高度选择性主要得益于氧化反应在无水的固-液异相反应条件下进行。到目前为止，对 PCC 氧化剂在异相氧化反应中的作用机理研究很少。在使用电子转移表达的两种机理中,其中之一只是使用氯铬酸负离子代替了通常 Cr(VI) 氧化机理中的三氧化铬。如式 7 所示:醇羟基与氯铬酸负离子首先生成氯铬酸酯,然后发生分子内质子转移和断裂 Cr-O 键,生成相应的羰基化合物 (途径一,式 7)。另一种机理是氯铬酸负离子首先从醇的 α-碳原子上摄取一个质子,生成的碳正离子中间体接着发生 O-H 键断裂生成相应的羰基化合物 (途径二,式 7)。

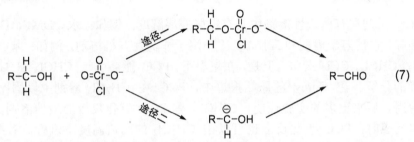

PCC 试剂从制备到应用具有优秀试剂的许多特征:(1) 制备方便安全。在室温下依次将各组分加入到体系中后,生成的 PCC 会自动从体系中结晶出来。该试剂没有任何着火的可能性,无需任何特殊的设备和小心。(2) 储存和转移方便。干燥的 PCC 固体储存在棕色瓶中一年,除了表面会发黑之外,几乎不影响任何氧化活性。由于 PCC 没有吸湿性,所以非常方便在实验操作中称量和转移。(3) 使用方便和后处理简单。PCC 试剂对醇羟基的氧化反应一般在室温下的 CH_2Cl_2 溶液中进行。大多数情况下,使用 1.5 倍摩尔量的 PCC 可使反应在数分钟至数小时内完成。在有简单添加剂存在下的 PCC 氧化反应中,后处理只需要一个简单的过滤即可。(4) 应用范围宽且产率较好。PCC 试剂几乎可以适应于所有类型的醇羟基的氧化反应,而且普遍给出较好的产率。因此,PCC 试剂已经成为有机合成实验室必备的重要氧化试剂。

3 PCC 氧化剂的反应条件综述

3.1 PCC 氧化剂的制备和原始反应条件

1975 年,Corey 第一次报道了 PCC 的合成和在氧化反应中的应用[12]。如式 8 所示:PCC 的合成操作极其简单和安全,只需在室温下将一个当量的吡啶滴加到铬酐的 6.0 mol/L 水溶液即可。生成的 PCC 作为橘黄色的晶体自动沉淀出来,然后通过简单的过滤进行分离。收集的 PCC 可以通过真空干燥进一步除去黏附在试剂表面的水分,也可以简单地用少许丙酮冲洗后直接使用。

PCC 试剂是一个没有明显吸湿性的配合物,所以非常方便储存和容易操作。

$$\text{吡啶} + \text{CrO}_3 \xrightarrow[\text{80%~95%}]{\text{aq. HCl (6.0 mol/L), 0 °C, 20~40 min}} \text{PCC} \qquad (8)$$

虽然早期文献强调 PCC 应当储存在棕色容器中，但实际上 PCC 对室内光线并不敏感。一般情况下，长期储存均会使试剂的表层颜色变黑，这可能是由于与空气接触的原因。在蜡封条件下储存一年以上的 PCC 试剂的氧化能力与新鲜制备的没有明显的差异。

PCC 试剂在有些极性溶剂中具有很好的溶解度，例如：水、DMF、DMSO、乙酸等等。它稍溶于丙酮和乙腈，几乎不溶于非极性有机溶剂，例如：苯、甲苯、CH_2Cl_2、$CHCl_3$、CCl_4 等等。但是，在室温下，PCC 能够引起 $CHCl_3$ 和 CCl_4 发生缓慢的分解。在 Corey 的原始报道中，PCC 在 CH_2Cl_2 溶剂中以固-液两相形式使用。后来更多的实验证明，CH_2Cl_2 是 PCC 氧化反应的最佳溶剂。当需要加速反应时，PCC 氧化反应也可以在 CH_2Cl_2 的回流温度下进行。有些糖类化合物对 PCC 试剂比较惰性，用苯作为溶剂在回流温度下反应是一种非常合适的温度调控方式。

PCC 对醇羟基的氧化反应大多数可以在室温下数分钟至数小时内完成，PCC 的用量一般为 1.5 倍摩尔量即可得到非常满意的结果[13]。有人报道[14]：在 CH_2Cl_2 回流温度下进行的 PCC 氧化不仅可以显著地加速反应，而且降低 PCC 的用量。如式 8 所示：在室温下使用 1.5 倍摩尔量的 PCC 在 2 h 内将正辛醇氧化生成 84% 的正辛醛。但是在 CH_2Cl_2 回流温度下，1.1 倍摩尔量的 PCC 在 2 min 内将正辛醇定量地氧化成正辛醛。

$$\text{正辛醇} \quad \begin{array}{c} \xrightarrow[84\%]{\text{PCC (1.5 eq), CH}_2\text{Cl}_2\text{, rt, 2 h}} \\ \xrightarrow[\substack{\text{reflux, 2 min} \\ 100\%}]{\text{PCC (1.1 eq), CH}_2\text{Cl}_2}} \end{array} \quad \text{正辛醛} \qquad (9)$$

在 PCC 氧化反应的原始论文中，Corey 选择的范例覆盖了大多数醇羟基的类型。一点也不奇怪，仲醇几乎定量地被氧化成相应的酮 (式 10 和式 11)。

$$\text{二苯甲醇} \xrightarrow[100\%]{\text{PCC (1.5 eq), CH}_2\text{Cl}_2\text{, rt, 2 h}} \text{二苯甲酮} \qquad (10)$$

$$\text{t-Bu-环己醇} \xrightarrow[97\%]{\text{PCC (1.5 eq), CH}_2\text{Cl}_2\text{, rt, 2 h}} \text{t-Bu-环己酮} \qquad (11)$$

更多的举例显示：PCC 对几乎所有类型的伯醇羟基都有卓越的表现。正癸醇在标准的实验条件下，以 92% 的产率被氧化成正癸醛 (式 12)。虽然碳碳不饱和键容易在氧化条件下发生断裂，但无论是孤立的烯醇或者多烯醇均在 PCC 条件下高产率地被转化成相应的醛 (式 13 和式 14)。直链炔丙基醇被转变成炔丙基醛时炔基也没有受到明显的影响 (式 15)。

$$
\text{(CH}_2\text{OH)} \xrightarrow[\text{92\%}]{\text{PCC (1.5 eq), CH}_2\text{Cl}_2, \text{rt, 2 h}} \text{(CHO)} \tag{12}
$$

$$
\xrightarrow[\text{82\%}]{\text{PCC (2 eq), CH}_2\text{Cl}_2, \text{rt, 2 h, NaOAc}} \tag{13}
$$

$$
\xrightarrow[\text{78\%}]{\text{PCC (1.5 eq), CH}_2\text{Cl}_2, \text{rt, 2 h, NaOAc}} \tag{14}
$$

$$
R =
$$

$$
\text{CH}_2\text{OH} \xrightarrow[\text{84\%}]{\text{PCC (1.5 eq), CH}_2\text{Cl}_2, \text{rt, 2 h}} \text{CHO} \tag{15}
$$

在体系中加入 NaOAc 后，一些对酸非常敏感的官能团，例如：THP 和缩酮保护基也可以在 PCC 氧化条件下给出相当满意的产率 (式 16 和式 17)。

$$
\xrightarrow[\text{81\%}]{\text{PCC (1.5 eq), CH}_2\text{Cl}_2, \text{rt, 2 h, NaOAc}} \tag{16}
$$

$$
\xrightarrow[\text{85\%}]{\text{PCC (1.5 eq), CH}_2\text{Cl}_2, \text{rt, 2 h}} \tag{17}
$$

但是，在没有任何添加试剂存在的条件下，PCC 氧化有两个明显的缺点：(1) PCC 在氧化中会生成黑色胶黏状的低价铬副产物。这种黑色胶黏物质不仅影响操作不能够简单地使用磁力搅拌器，而且在后处理时也很难清除。此外，它还吸附了大量的产物，降低了反应的收率。(2) PCC 分子中含有一分子的 HCl，因此 PCC 表现出较强的酸性。例如：在 0.01 mol/L 的 PCC 水溶液中，pH 约为 1.75。所以，对酸较敏感的底物在 PCC 氧化反应中的收率仍然偏低。例如：THP 醚必须在 NaOAc 作为缓冲剂的情况下才能够得到满意的结果。在该文献中，PCC 的酸性还引起了香茅醇氧化碳正离子成环反应 (式 18)。

$$
\text{CH}_2\text{OH} \xrightarrow[\text{72\%}]{\text{PCC (1.5 eq), CH}_2\text{Cl}_2, \text{rt, 2 h}} \tag{18}
$$

为了改善 PCC 氧化反应的问题，两种主要的改进方案不断地得到尝试。一种是通过对 PCC 氧化反应条件的改进，另一种是通过对 PCC 氧化剂结构本身进行改进。

3.2   固体添加剂存在下的 PCC 氧化反应

3.2.1   NaOAc 添加剂

对 PCC 氧化反应条件的改进在原始论文中就已经开始了。例如：在含有烯键底物的氧化反应中加入无水 NaOAc 作为缓冲剂来降低 PCC 的酸性。后来的实验结果显示：使用 PCC 试剂二倍当量以上的无水 NaOAc 不仅降低了 PCC 的酸性，而且对 PCC 代谢产物也有非常好的吸附作用。这样，反应使用一般的磁转子搅拌即可，后处理只需一个简单的过滤。现在已经证明：这种看似最简单和最廉价的改进，却是 PCC 氧化反应中最佳的反应条件之一。对于大多数羟基的氧化反应而言，当底物、PCC 和 NaOAc 的用量比控制在 1:1.5:3 时，一般均可在方便的操作条件下得到满意的结果 (式 19[15]和式 20[16])。

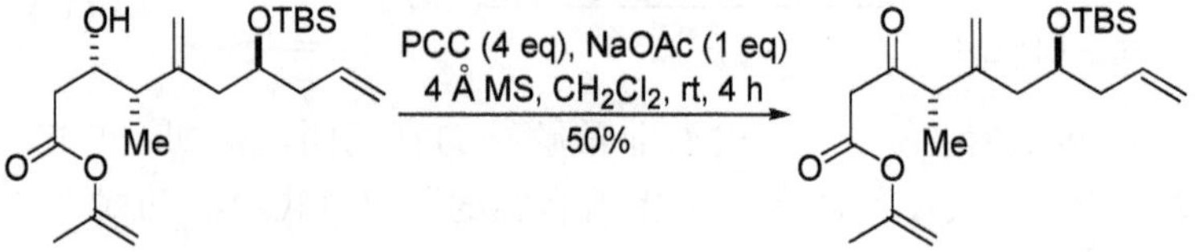

(19)

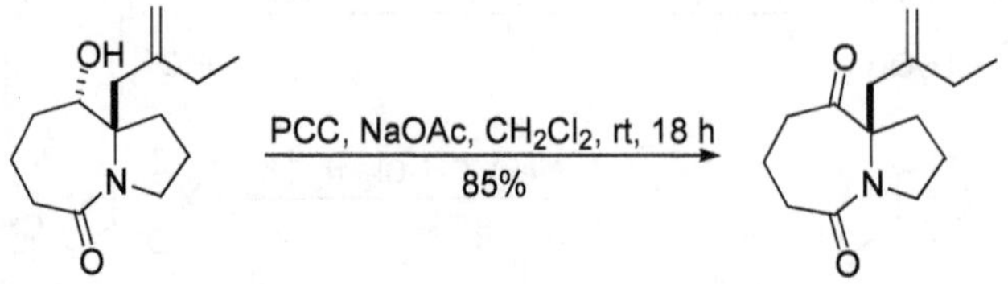

(20)

3.2.2   硅藻土添加剂

在 PCC 氧化反应体系中加入适量的硅藻土，也是值得推荐的最佳反应条件之一。虽然硅藻土不像 NaOAc 那样具有明确的对酸缓冲的能力，但硅藻土的吸附能力非常强。当 PCC 被硅藻土吸附后进行的反应中，与 NaOAc 表现出完全相同的优点。通常，硅藻土的用量为 PCC 质量的三倍时即可获得非常满意的效果 (式 21[17]和式 22[18])。

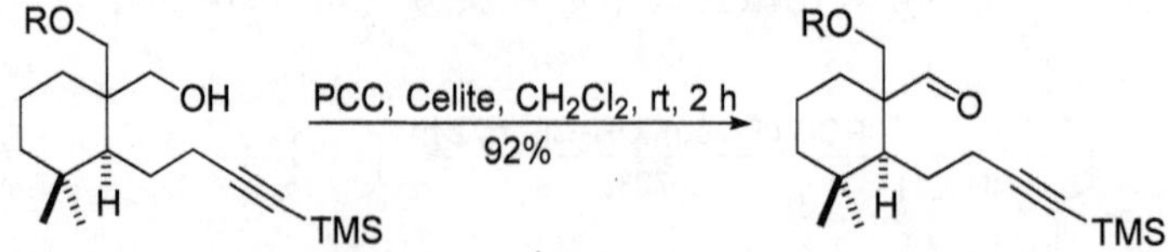

(21)

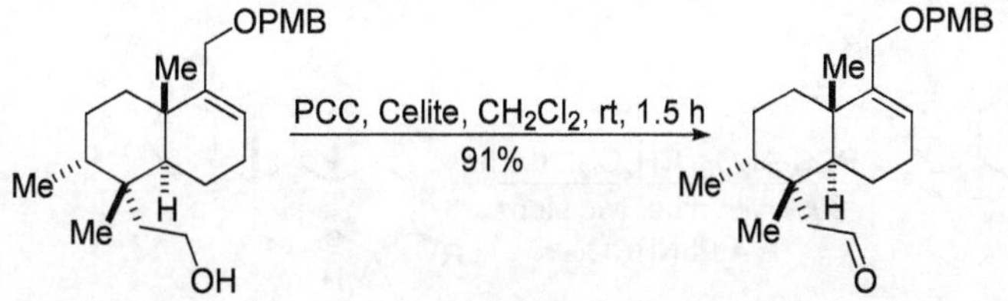

$$(22)$$

上述两种反应条件之另外一个优点就是添加剂在绝大多数情况下呈化学惰性，不会带来其它的干扰，非常适合用于复杂结构化合物中醇羟基的氧化反应。

3.2.3 硅胶添加剂

同样，人们也把硅胶作为 PCC 氧化反应的添加剂来使用[19]。与 NaOAc 和硅藻土的功能相似，硅胶所起到的作用主要是增加了后处理的方便并使得产物更干净。事实上，究竟要使用哪一种添加剂更多是一种随意的选择 (式 23[20]和式 24[21])。

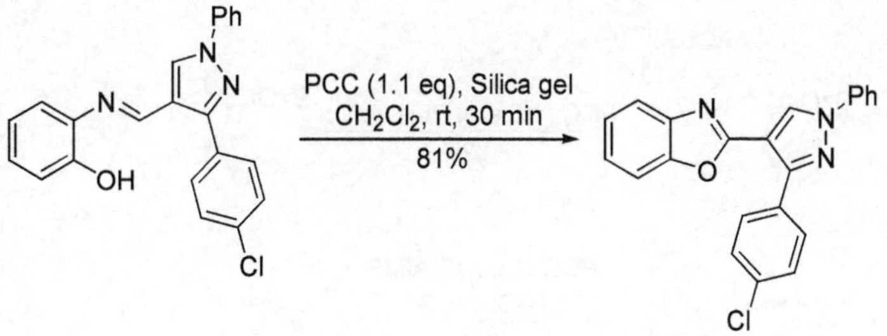

$$(23)$$

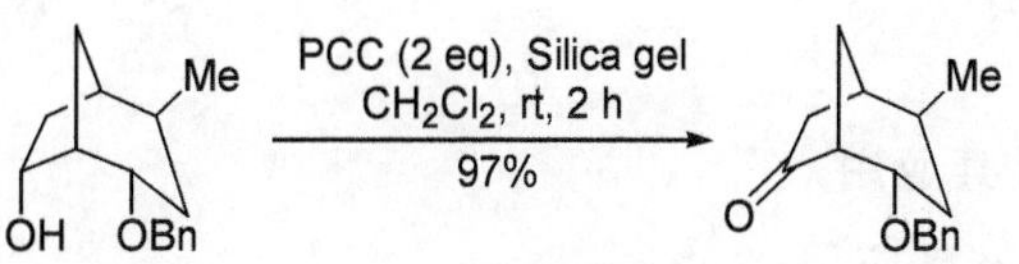

$$(24)$$

3.2.4 Al$_2$O$_3$ 添加剂

1980 年就有人报道，将 PCC 吸附到 Al$_2$O$_3$ 粉末上后作为一个试剂来使用可以同时达到降低 PCC 试剂的酸性和有利于反应的后处理[22]。但是，Al$_2$O$_3$ 吸附的 PCC 试剂的制备过程还是比较烦琐的。如式 25[23]和式 26[24]所示：该试剂在对酸敏感底物的氧化反应中确实能够得到很好的结果。事实上，现在人们将 Al$_2$O$_3$ 作为一种添加剂，在使用前将 Al$_2$O$_3$ 直接加入到反应体系中去即可。

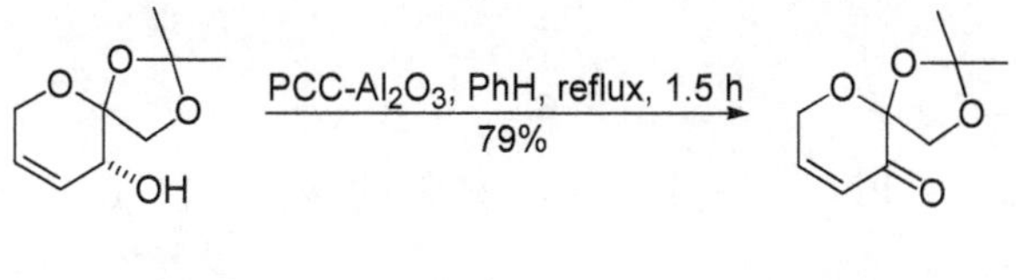

$$(25)$$

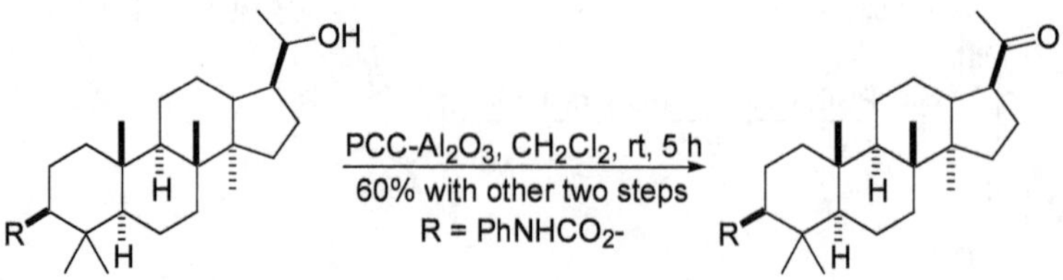

$$(26)$$

3.2.5 分子筛添加剂

由于构象的原因，许多糖分子中的仲醇羟基即使在过量 PCC 存在的条件下也难以被氧化成为酮羰基。此时，有两种解决的方案可以进行选择。一种是在回流的苯溶剂中进行反应 (式 27)[25]，另一种是使用分子筛作为反应的添加剂在室温下进行。有人对各种常用的添加剂进行比较后发现，分子筛除了具有降低酸性和吸附作用外，还对 PCC 氧化反应有明显的加速作用[26]。不同型号的分子筛对 PCC 氧化反应促进的大概次序为：3 Å > 4 Å > 10 Å > 5 Å。如式 28 所示：在分子筛的存在下，糖分子中的仲醇羟基在室温下 2 h 内即可高产率地转化成为相应的酮羰基。对比实验证明：硅胶、氧化铝和硅藻土对类似的反应几乎没有任何催化作用。

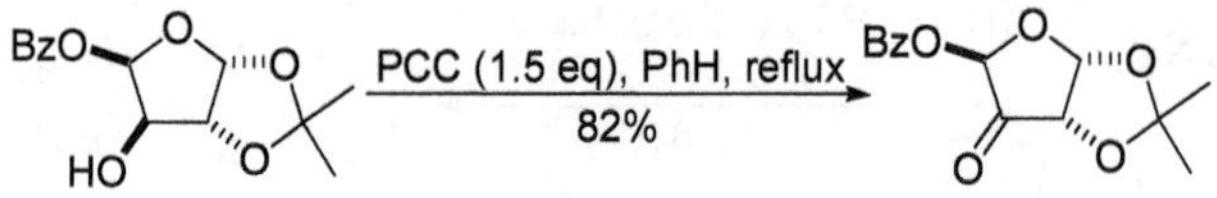

$$(27)$$

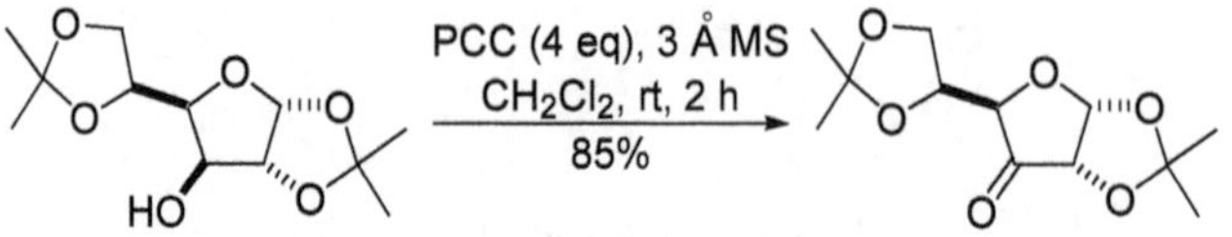

$$(28)$$

3.3 类 PCC 氧化剂及其应用

3.3.1 氧化剂 PFC 及其应用

1982 年，Chaudhuri 等[27]报道了另一种针对 PCC 酸性的改善方法。它们用氢氟酸代替 PCC 制备方法中的盐酸，在与 PCC 制备方法几乎完全一样的条件下得到了一种橘红色的氟铬酸合吡啶配合物 (式 29)。由于它的英文名称为 Pyridinium Fluorochromate，所以也被简称之为 PFC。2002 年[28]，有人报道了 PFC 的单晶结构和一些物理性质。

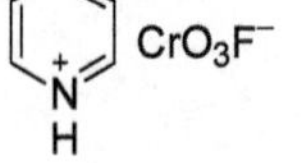

$$(29)$$

PFC

实验数据显示：PFC 具有比 PCC 较低的酸性。在 0.01 mol/L 的溶液中，前者的 pH 值为 2.45，而后者为 1.75。在实际实验中，PFC 的用量、反应的温度和反应的时间与 PCC 完全一样。在一般伯醇和仲醇的氧化反应中，PFC 也具有和 PCC 完全相同的效率和方便 (式 30 和式 31)。但是，作者并没有选择使用对酸敏感的底物作为例子来显示 PFC 可能的优越性。直到 2004 年，相同的作者又报道[29]：在无溶剂的条件下，PFC 可以直接用于酸敏底物的氧化反应 (式 32)。

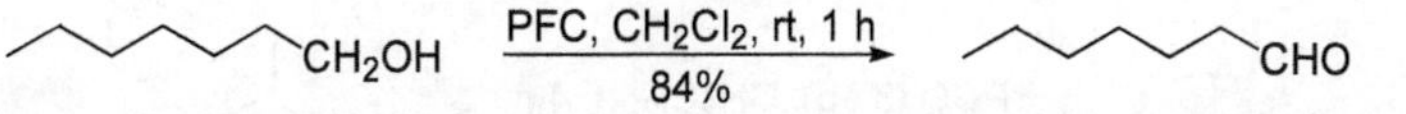

$$\text{CH}_2\text{OH} \xrightarrow[84\%]{\text{PFC, CH}_2\text{Cl}_2\text{, rt, 1 h}} \text{CHO} \qquad (30)$$

$$\xrightarrow[93\%]{\text{PFC, CH}_2\text{Cl}_2\text{, rt, 1.5 h}} \qquad (31)$$

$$\text{OH} \xrightarrow[82\%]{\text{PFC, solvent free, rt, 10 min}} \text{CHO} \qquad (32)$$

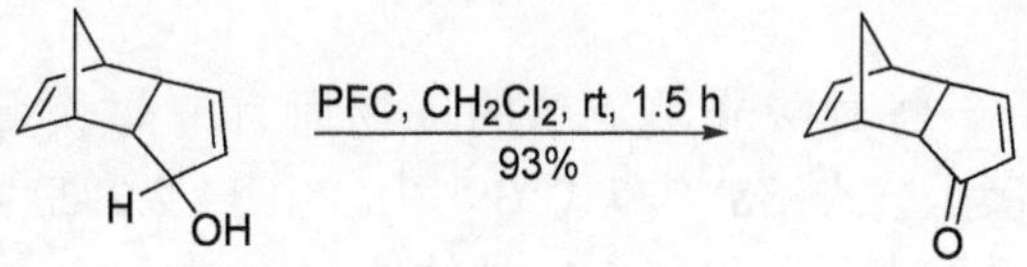

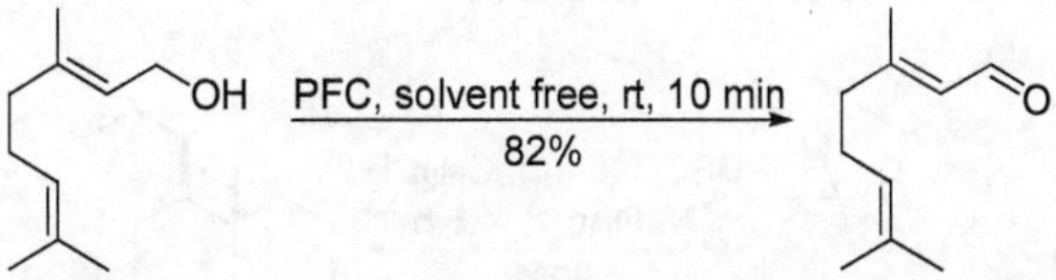

在最原始的 PFC 论文中，作者就对 PFC 的应用范围进行了扩展。他们发现在醋酸溶剂中，PFC 可以有效地将萘和蒽高产率地氧化成为相应的萘醌和蒽醌 (式 33 和式 34)。

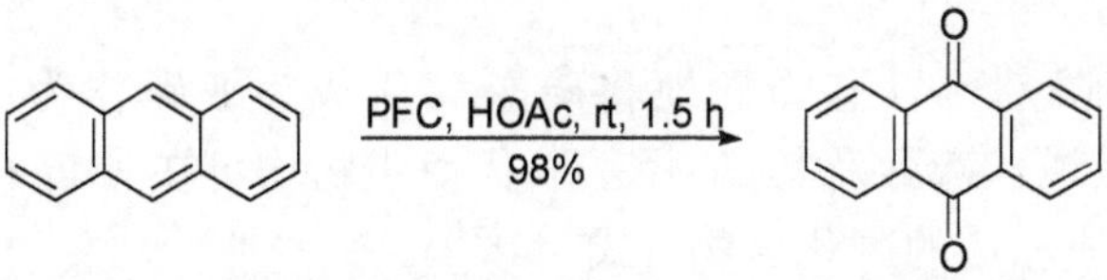

$$\xrightarrow[98\%]{\text{PFC, HOAc, rt, 1.5 h}} \qquad (33)$$

$$\xrightarrow[72\%]{\text{PFC, HOAc, rt, 2.0 h}} \qquad (34)$$

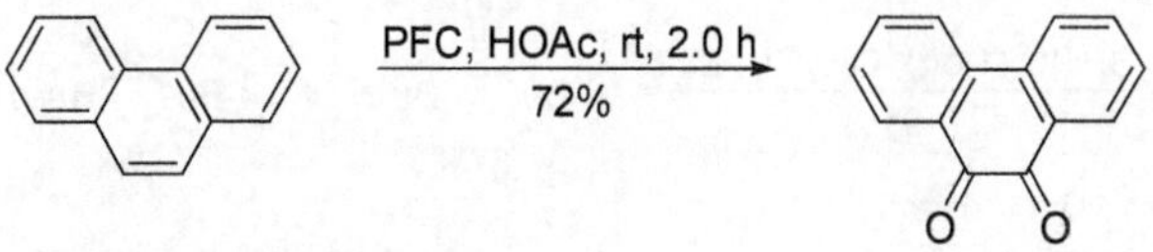

3.3.2　氧化剂 BPCC 及其应用

1980 年，Guziec 等人[30]报道了使用 2,2′-联吡啶代替 PCC 中的吡啶生成的氧化剂 (式 35)。由于该氧化剂英文名字为 2,2′-Bipyridinium Chlorochromate，所以被简称为 BPCC。制备 BPCC 的目的非常明确，希望联吡啶中的其中一个吡啶的存在能够进一步降低氧化剂的酸性。

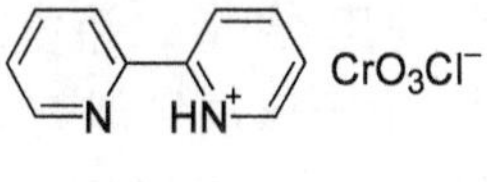

$$\text{CrO}_3\text{Cl}^- \qquad (35)$$

BPCC

实验结果显示：BPCC 是一个比 PCC 较弱的氧化剂。在通常对醇的氧化反应中，需要 2~4 倍摩尔量的试剂和比 PCC 较长的反应时间 (式 36)。大多数情况下，能够获得与 PCC 相当的结果，只是在个别例子上可以得到比 PCC 在不加添加剂情况下的结果好一些 (式 37)。

$$\text{(35} \ \text{OH} \xrightarrow[82\%]{\text{BPCC (2.5 eq), CH}_2\text{Cl}_2\text{, rt, 2.5 h}} \text{(35} \ \text{O} \qquad (36)$$

$$\xrightarrow[93\%]{\text{BPCC (3 eq), CH}_2\text{Cl}_2\text{, rt, 4 h}} \qquad (37)$$

但是，对于一些对酸非常敏感的底物而言，想获得较高的产率必须加入 NaOAc 或者硅藻土 (式 38[31] 和式 39[32])。由于 2,2'-联吡啶比吡啶昂贵许多，使用 BPCC 几乎没有显现出任何优越的地方。

$$\xrightarrow[90\%]{\text{BPCC (6 eq), CH}_2\text{Cl}_2 \atop \text{NaOAc, rt, 4.5 h}} \qquad (38)$$

$$\text{BnO} \ \text{OTBDPS} \ \text{OH} \xrightarrow[\text{NaOAc, rt, 5 h}]{\text{BPCC (2.3 eq), CH}_2\text{Cl}_2} \text{BnO} \ \text{OTBDPS} \ \text{O} \qquad (39)$$

但是，BPCC 试剂可以选择性地将硫醚氧化成为亚砜作为主要产物 (式 40[33])。最近有人报道：硫脲及其 N-烃基取代衍生物均可在 BPCC 试剂的作用下发生去硫反应生成相应的脲化合物 (式 41[34])。

$$n\text{-Bu} \overset{S}{\diagup} \text{Bu-}n \xrightarrow[91\%]{\text{BPCC (1 eq), CH}_2\text{Cl}_2\text{, 20 h}} n\text{-Bu} \overset{O}{\overset{\parallel}{S}} \text{Bu-}n + n\text{-Bu} \overset{O}{\underset{O}{\overset{\parallel}{S}}} \text{Bu-}n \qquad (40)$$

87%   3%

$$\text{R} \overset{S}{\underset{}{\diagup}} \text{R}^1 \xrightarrow[\substack{\text{R = Me, R}^1 = \text{NH}_2\text{, 94\%} \\ \text{R = NH}_2\text{, R}^1 = \text{NH}_2\text{, 94\%} \\ \text{R = NH}_2\text{, R}^1 = \text{NHNH}_2\text{, 93\%} \\ \text{R = NH}_2\text{, R}^1 = \text{NHPh, 93\%}}]{\text{BPCC (1 eq), MeCN, 1~10 min}} \text{R} \overset{O}{\underset{}{\diagup}} \text{R}^1 \qquad (41)$$

3.3.3 氧化剂 DMAPCC 及其应用

1980 年，Guziec 等[35] 报道了使用 N,N-二甲氨基吡啶 (DMAP) 代替 PCC 中的吡啶生成一种氧化剂 (式 42)。由于该氧化剂英文名字为 4-(Dimethylamino)-pyridinium Chlorochromate，所以被简称为 DMAPCC。他们的出发点与 BPCC 一样，希望 DMAP 中的叔胺作为碱能够进一步降低氧化剂的酸性。

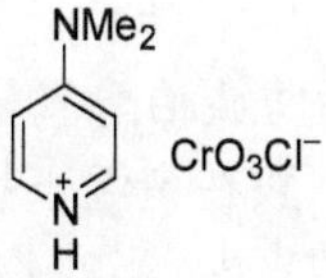

$$\text{DMAPCC} \qquad (42)$$

实验结果显示：DMAPCC 对饱和醇的氧化反应能力非常低。使用 4 倍摩尔量的试剂在室温下与正庚醇反应 4 h，转化率仅有 5%。如式 43 和式 44 所示：只有活性较高的苄醇和烯丙基醇才能够得到非常满意的结果。

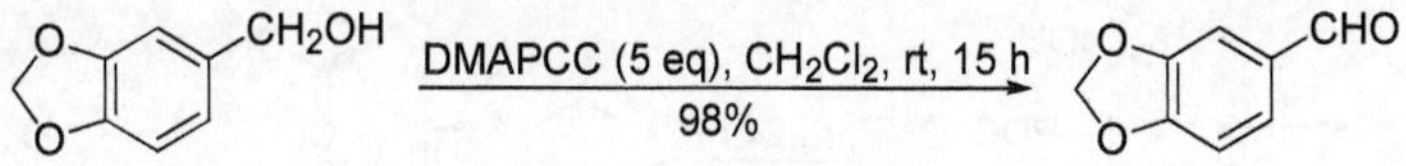

$$\xrightarrow[\text{98%}]{\text{DMAPCC (5 eq), CH}_2\text{Cl}_2\text{, rt, 15 h}} \qquad (43)$$

$$\xrightarrow[\text{90%}]{\text{DMAPCC (6 eq), CH}_2\text{Cl}_2\text{, rt, 24 h}} \qquad (44)$$

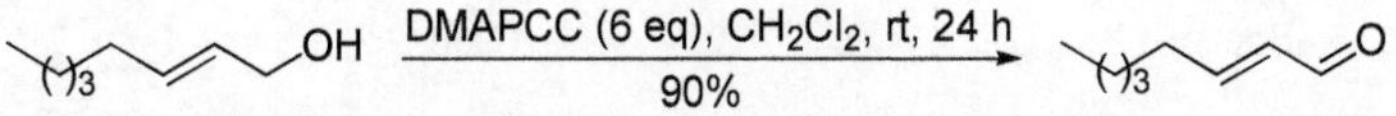

事实上，该试剂所预期的作用并没有明显地表现出来。在该工作发表后，几乎没有在有机合成中得到过应用。与该试剂类似的在单环上有两个碱基的试剂还有 PzCC (Pyrazinium Chlorochromate) 和 NapCC (1,8-Naphthyridinium Chlorochromate) (式 45)[36]。

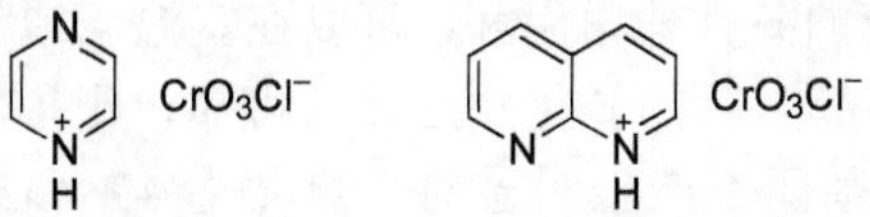

$$\text{PzCC} \qquad\qquad \text{NapCC} \qquad (45)$$

3.3.4　重铬酸吡啶盐 (PDC)

在 Corey 等报道了 PCC 氧化剂三年之后，他们又报道了重铬酸吡啶盐的合成和在氧化反应中的应用 (式 46)。根据重铬酸吡啶盐的英文名称 Pyridinium Dichromate，该试剂被简称为 PDC。在 PDC 的结构中，重铬酸代替了 PCC 试剂中的三氧化铬和盐酸的功能[37]。

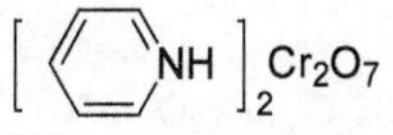

$$\left[\begin{array}{c} \bigcirc\!\!\text{NH} \end{array} \right]_2 \text{Cr}_2\text{O}_7 \qquad (46)$$

PDC

PDC 是一个橘黄色固体，溶于 DMF、DMSO 和 MeCN，稍溶于 CH_2Cl_2 和 $CHCl_3$，主要在 DMF 和 CH_2Cl_2 中使用。与 PCC 相比较，PDC 的氧化能力较弱但却没有酸性。与 MnO_2 比较，PDC 不仅氧化能力较强，而且制备方便。PDC

的主要氧化性质受控于反应溶剂，通过选用不同的溶剂，PDC 许多时候可以取代 PCC 和 MnO$_2$ 在有机合成中的许多功能。

PDC 在 DMF 溶液中可以将脂肪族伯醇氧化成相应的羧酸是该试剂最重要的反应。该反应的条件非常温和，一般在室温下搅拌若干小时即可完成，产物的产率保持在中上至较高水平 (式 47)[38]。当底物分子的适当位置同时含有叔醇时，使用该反应可以直接得到内酯化合物 (式 48)[39]。虽然 PDC 在 DMF 溶液也能够将烯丙基醇或者仲醇氧化成相应的醛酮化合物，但使用 DMF 给后处理带来许多不便。

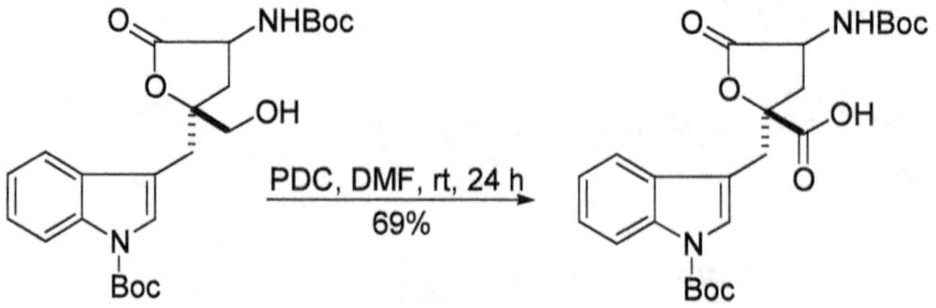

$$(47)$$

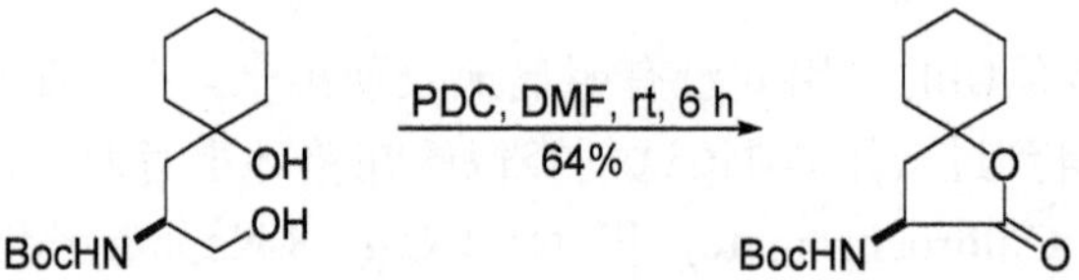

$$(48)$$

PDC 在 CH$_2$Cl$_2$ 中可以将伯醇、仲醇、苄醇和烯丙基醇稳定地转变成为相应的醛酮化合物。该反应的条件非常温和，可以在室温下或者 CH$_2$Cl$_2$ 的回流温度下进行。伯醇[40,41]和仲醇[42,43]的氧化反应非常可靠，具有时间短和产率高的优点。PDC 对许多酸敏性基团不产生明显的影响 (式 49 和式 50)，环状烯丙基醇的氧化反应也非常容易得到满意的结果 (式 51)[44,45]。但是，在链状烯丙基醇的氧化反应中有时需要加入催化量的乙酸酐来提高试剂的反应活性，加快反应的速度 (式 52)[46,47]。

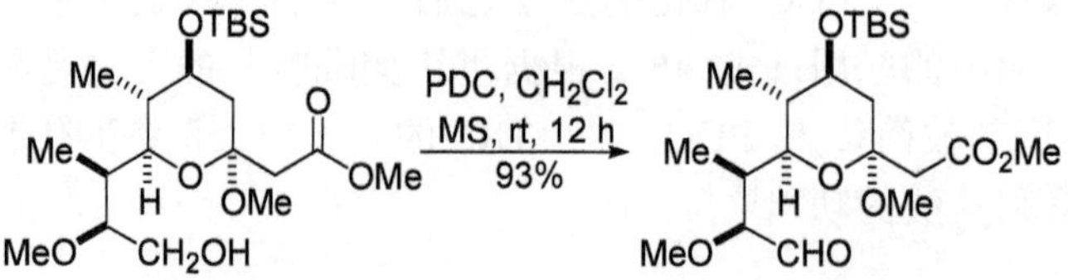

$$(49)$$

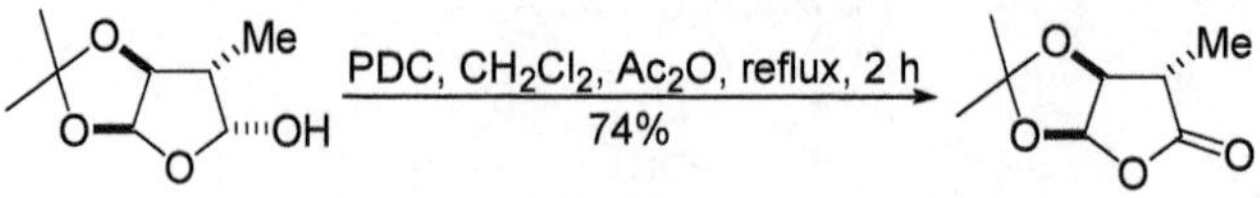

$$(50)$$

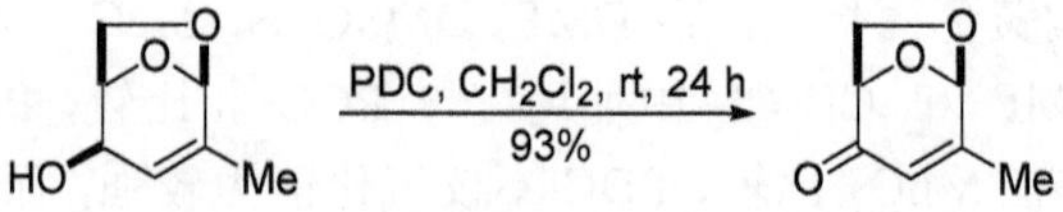

$$(51)$$

$$\text{(52)}$$

将环状半缩醛氧化成为相应的内酯或者内酰胺也是 PDC 氧化能力的优秀范例。由于这类化合物在酸性条件下不稳定，但使用 PDC 一般都会给出理想的结果 (式 53)[48,49]。PDC 对苄基或者烯丙基碳原子的氧化反应需要在叔丁基过氧化氢的帮助下才能进行。该反应条件相当温和，但是叔丁基过氧化氢可能会对许多官能团产生影响，因此在复杂化合物上应用时产率一般 (式 54)[50,51]。

$$\text{(53)}$$

$$\text{(54)}$$

与 PDC 试剂相类似的其它试剂还有重铬酸合吡啶-3-甲酸配合物 (3-Carboxypyridinium Dichromate)[52]、重铬酸合喹啉配合物 (Quinolinium Dichromate)[53] 和重铬酸合咪唑配合物 (Imidazolium Dichromate)[54] (式 55) 等等。

$$\text{(55)}$$

3-吡啶甲酸重铬酸盐   喹啉重铬酸盐   咪唑重铬酸盐

3.3.5　重铬酸四吡啶合钴 (TPCD)

如果使用四吡啶合钴的配合物与三氧化铬在水溶液中反应，则得到一个红棕色结晶固体配合物重铬酸四吡啶合钴 (式 56)[55]。根据它的英文名称 Tetrakis-(pyridine)cobalt Dichromate，它被简称为 TPCD。

$$\left[\underset{}{\boxed{}} N \right]_4 Co(HCrO_4)_2 \qquad \text{(56)}$$

TPCD

TPCD 是一种很稳定的氧化试剂，溶于 DMF、DMSO、AcOH 和热水，不溶于大多数有机溶剂，经常在 DMF 或者甲苯溶剂中使用。TPCD 在有机合成中是一个可供选择的中性氧化剂，氧化能力比 PCC 和 PDC 稍弱，但是具有较强的去氢能力。虽然它可以在 DMF 溶液中将伯醇和仲醇氧化成为相应的醛酮，但这些功能常常被实验室的常备试剂所取代。然而，TPCD 在有机合成中仍保持有几个独特的反应。

由于溶解度的原因，TPCD 一般在 DMF 中使用，氧化能力和速度明显地受到反应温度的影响。TPCD 与苄卤或者苄胺在 DMF 中加热 1 h 可以得到相应的醛，一般不会引起过度氧化 (式 57)[55,56]。在乙酸水溶液中，TPCD 可以引起脱醛肟反应得到相应的羧酸。但是使用查耳酮为底物时则发生脱氢成环反应，反应可以在 1 min 内完成，得到 3,5-二芳基异噁唑衍生物 (式 58)[57]。

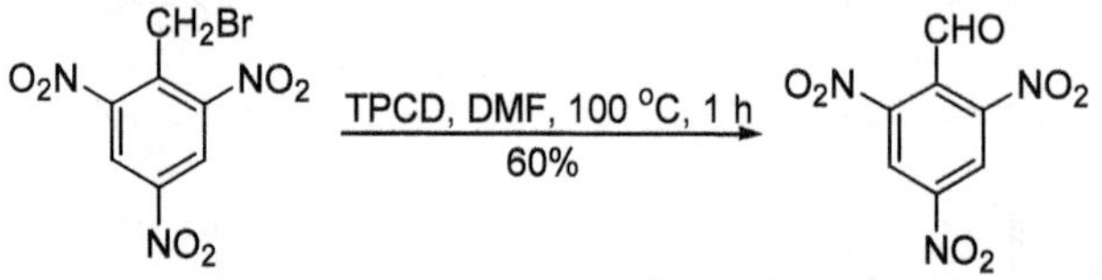

$$\text{(57)}$$

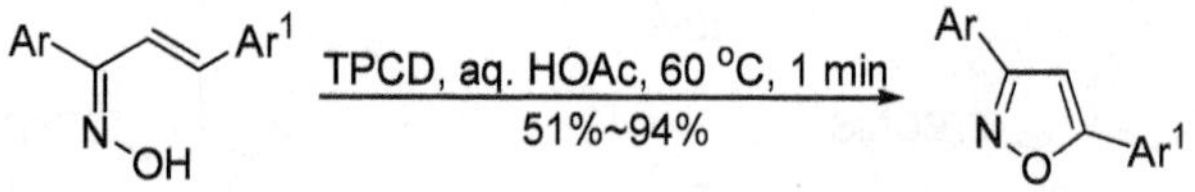

$$\text{(58)}$$

TPCD 脱氢能力在使用吡啶季铵盐与烯烃的"氧化脱氢 1,3-偶极加成反应"制备重氮茚化合物中得到了充分的发挥。在此之前该方法必须使用炔烃作为亲偶极体，严重地限制了反应的应用范围。使用烯烃与吡啶季铵盐经 1,3-偶极加成后生成的四氢重氮茚经 TPCD 氧化脱氢便得到芳构化的重氮茚，各种各样的缺电子烯烃均可用于该反应[58~61]。实践上，该反应是一个方便的"一锅煮"反应 (式 59)。

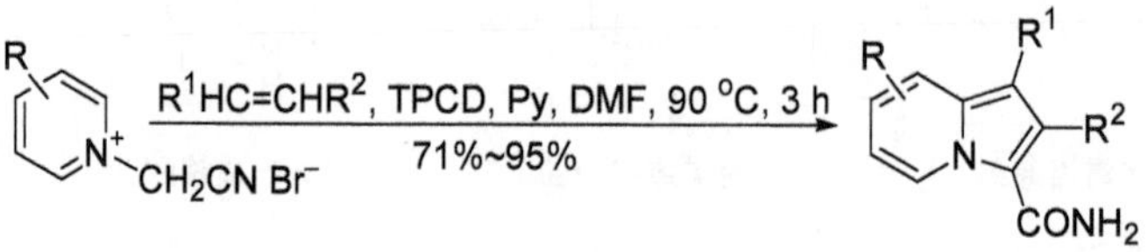

$$\text{(59)}$$

由于重氮茚化合物在药物化学中的重要地位，而"氧化脱氢 1,3-偶极加成反应"制备重氮茚化合物的方法又非常方便和可靠。所以该方法以不同的形式引入到固相组合化学合成中去，并给出满意的产率和纯度 (式 60)[62]。当用到小肽衍生物的合成中去时，反应表现出高度的化学选择性，对其它官能团不产生明显的影响 (式 61)[63,64]。

与 TPCD 试剂相类似的其它试剂还有重铬酸四吡啶合银 [TPAD, Tetrakis-(pyridine)silver Dichromate][65] (式 62) 等等。

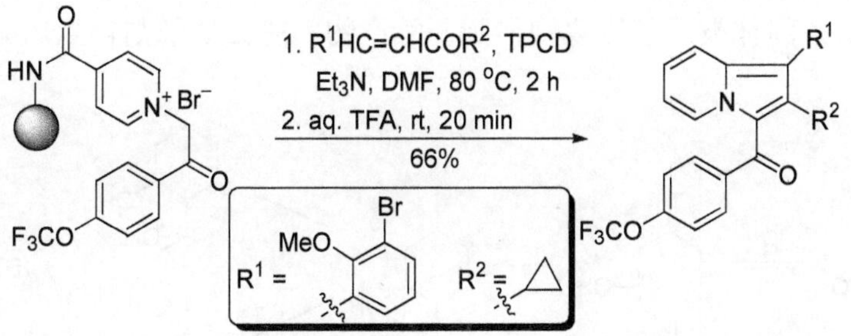

1. $R^1HC=CHCOR^2$, TPCD
   Et_3N, DMF, 80 ^{o}C, 2 h
2. aq. TFA, rt, 20 min
   66%

$R^1 =$ $R^2 =$

(60)

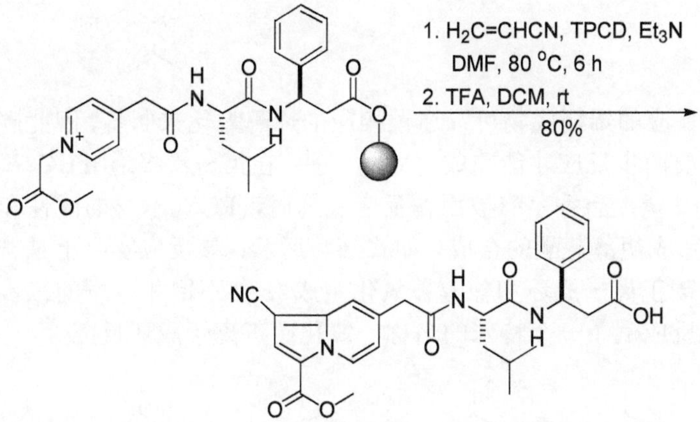

1. $H_2C=CHCN$, TPCD, Et_3N
   DMF, 80 ^{o}C, 6 h
2. TFA, DCM, rt
   80%

(61)

$$[\text{Py-N}]_4 \, Ag_2Cr_2O_7$$

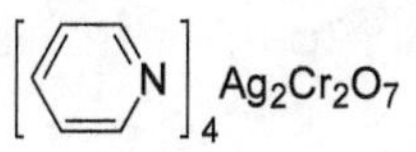

(62)

TPAD

4 PCC 氧化剂的其它氧化性质综述

虽然使用 PCC 对醇羟基的氧化反应是该试剂服务的主要内容，但该内容却只是 PCC 整个氧化性质的一小部分。几十年来，人们在使用 PCC 对醇羟基氧化的实践中，有意和无意地发现了许多有关 PCC 的其它氧化性质。现在看来，如果讨论 PCC 而不讨论这些"其它氧化性质"，那么就是一个不完整的讨论。有关 PCC 的其它氧化性质主要表现在两个方面：一是对 PCC 试剂自身性质的开发和利用，二是对适合 PCC 试剂氧化的底物的开拓和利用。

4.1 氧化碳正离子成环反应

烯醛化合物在酸性条件下成环属于碳正离子成环反应[66]，香茅醛的反应是最经典的例子。如式 63 所示：醛在酸作用下首先生成碳正离子，然后再进攻烯烃成环。如果环状中间体被羟基进攻则得到二醇产物，脱去质子则得到烯醇产物。

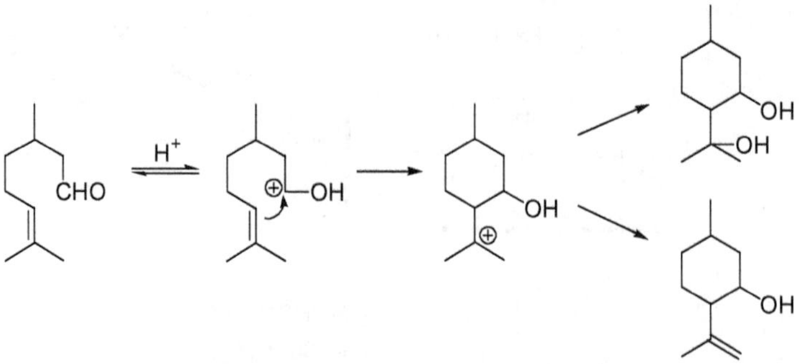

(63)

通常用于该反应的烯醛底物可以通过相应的烯醇氧化来制备，因此碳正离子成环过程一般需要两步反应才能完成。Corey 等[12]在第一次报道 PCC 氧化反应的原始论文中就发现：当香茅醇被用作反应底物时，PCC 本身的酸性和氧化性可以"一锅法"完成胡薄荷酮的合成。如式 64 所示：该反应实际上是一个伯醇被氧化生成醛、碳正离子成环和仲醇被氧化生成 α,β-不饱和环酮的三步串联反应。他们还给该反应赋予一个特殊的名称：氧化碳正离子成环反应。

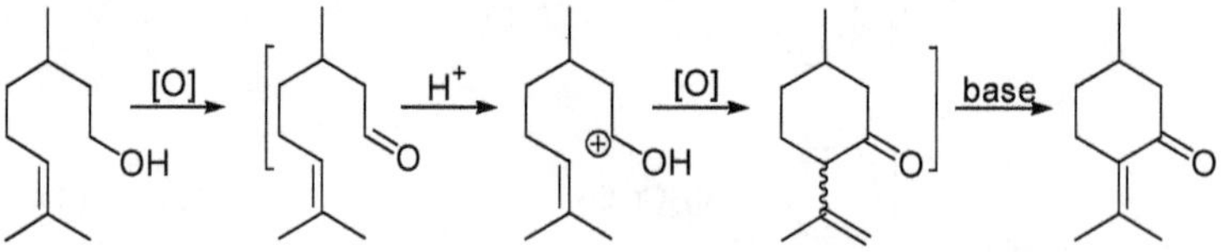

(64)

进一步的研究发现[67,68]：氧化碳正离子成环具有广泛的适应性。如式 65~式 67 所示：利用该反应完成的成环条件温和简单，产物的产率一般在中等至中等偏上水平。

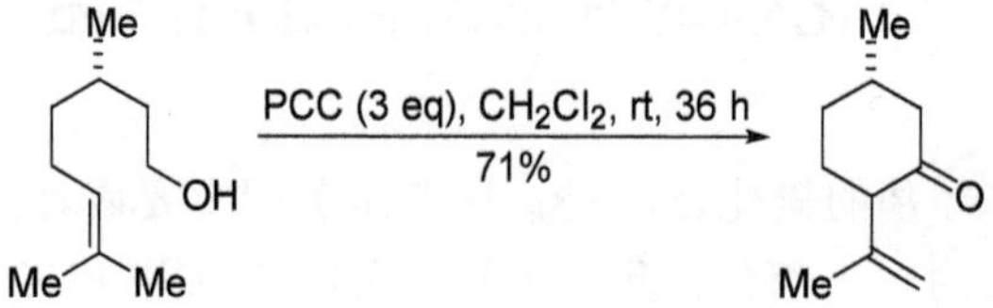

(65)

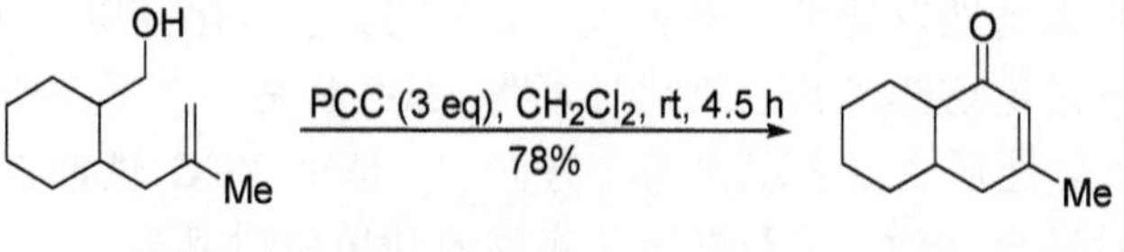

(66)

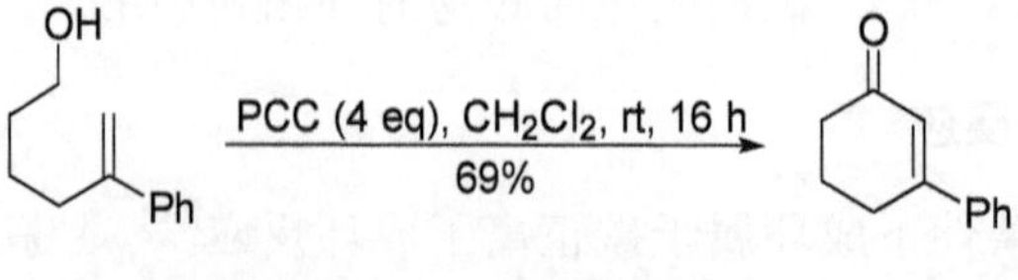

(67)

但是，PCC 促进的碳正离子成环反应具有两个非常严格的局限性。(1) 反应的底物必须是 2,2-二取代的烯烃，生成 β,β-二取代不饱和环己酮。如式 69 所示：2-取代烯烃不能够发生预期的成环反应。(2) 只能用于六员环化合物的制备，而不能用来合成五员和七员环化合物 (式 68)。显然，这是因为 2,2-二取代的烯烃在反应中能够生成稳定的叔正碳离子。

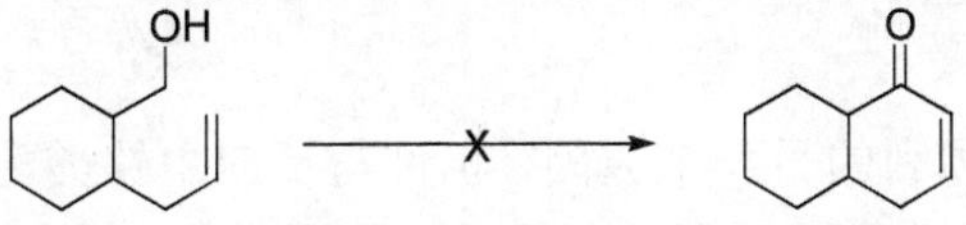

$$(68)$$

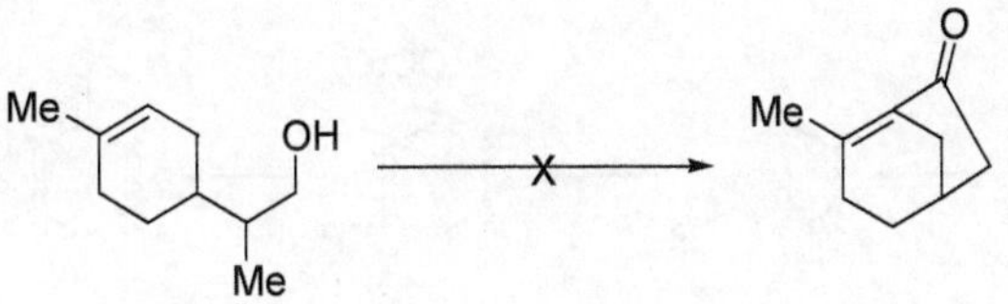

$$(69)$$

后来，Sorensen 将该反应用于天然产物 (−)-Hispidospermidin 的全合成[69]。但遗憾的是，该氧化碳正离子成环反应一直没有在有机合成中得到广泛的应用。

4.2　烯丙基叔醇的氧化反应

分子内烷基化-1,3-羰基转移反应是一个重要的合成方法，该反应主要包括两个步骤：首先，α,β-不饱和羰基化合物经烷基化反应生成烯丙基叔醇；然后，烯丙基叔醇经重排发生 1,3-羰基转移反应 (式 70)[70]。

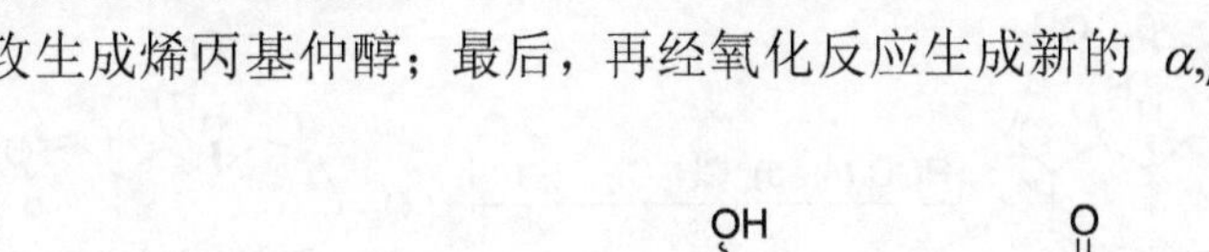

$$(70)$$

事实上，从烯丙基叔醇完成 1,3-羰基转移反应又包括三个步骤。如式 71 所示：首先，烯丙基叔醇在酸催化下生成烯丙基碳正离子；然后，羟基从位阻较小的 C3 位进攻生成烯丙基仲醇；最后，再经氧化反应生成新的 α,β-不饱和羰基化合物。

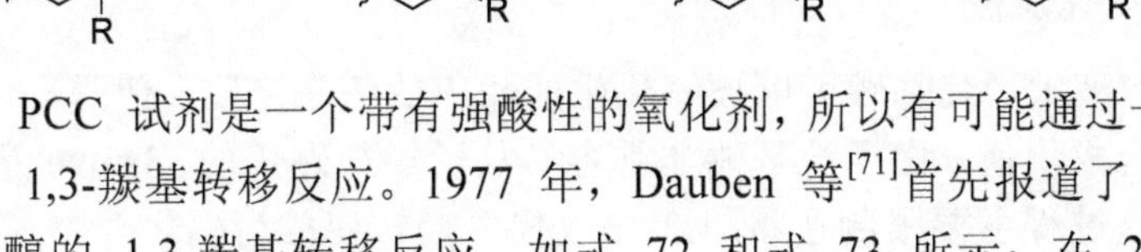

$$(71)$$

由于 PCC 试剂是一个带有强酸性的氧化剂，所以有可能通过一步完成烯丙基叔醇的 1,3-羰基转移反应。1977 年，Dauben 等[71]首先报道了 PCC 促进的烯丙基叔醇的 1,3-羰基转移反应。如式 72 和式 73 所示：在 2 倍摩尔量的 PCC 存在下，环内烯丙基叔醇一般都给出高产率的 α,β-不饱和环酮。该反应条件温和简单，具有很高的应用价值。

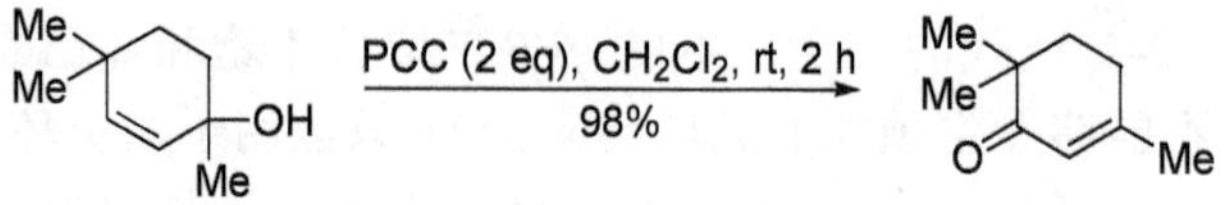

$$\text{(72)}$$

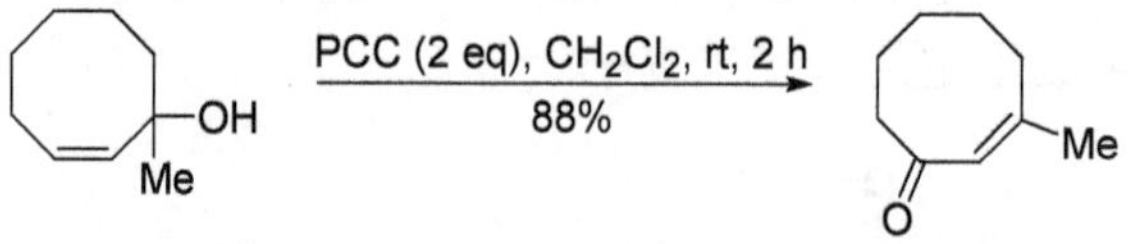

$$\text{(73)}$$

该反应进行如此顺利的另一个原因，也许与反应中铬酸酯的生成有关。如式74 所示：烯丙基叔醇铬酸酯也许可以使得羟基更容易离去。

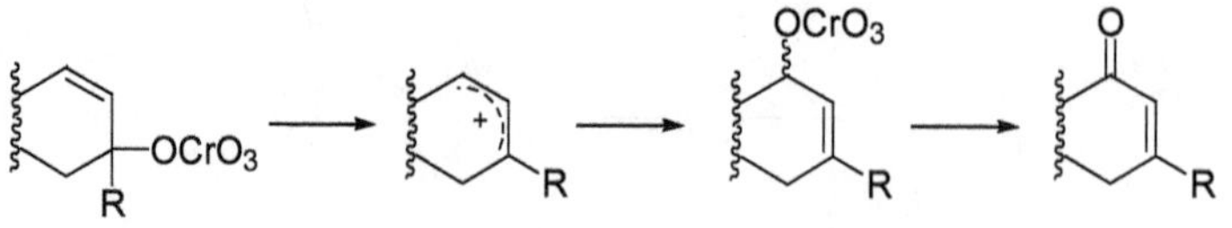

$$\text{(74)}$$

带有乙烯基片段的烯丙基叔醇在该反应中生成 α,β-不饱和醛，因此更具有合成价值 (式 75[71] 和式 76[72])。

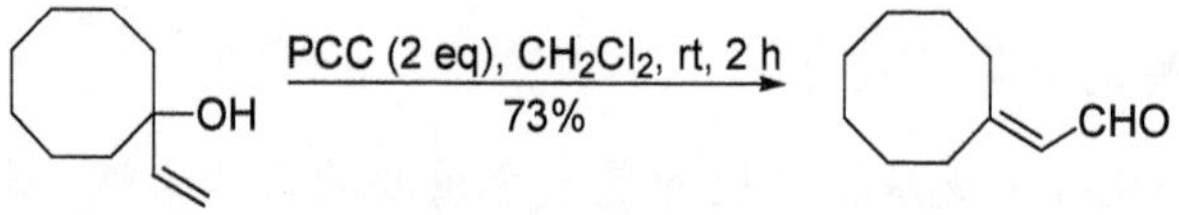

$$\text{(75)}$$

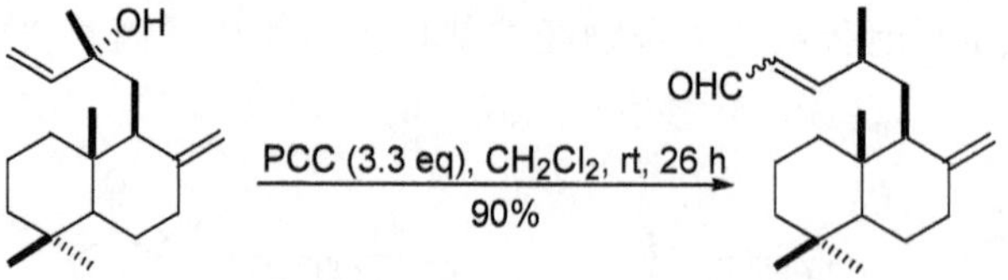

$$\text{(76)}$$

该反应的可靠性和高效性使得它在复杂天然产物合成中得到了广泛的应用。如式 77 所示[73]：Phillips 在天然产物 (+)-Cyanthiwigin U 的全合成中使用 PCC 一次完成了两个 α,β-不饱和环酮单元结构的合成。

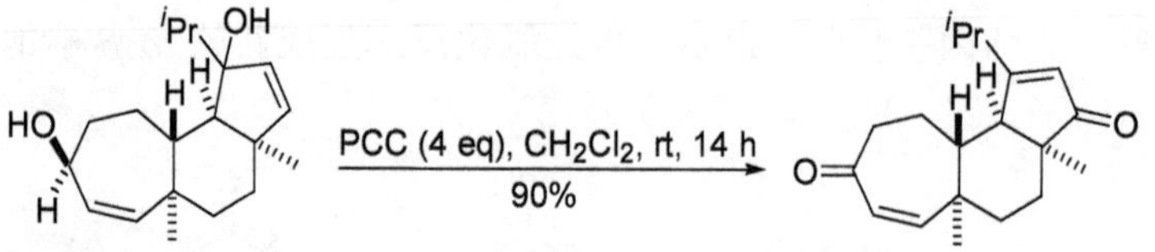

$$\text{(77)}$$

4.3 烷基硼的氧化反应

在铬酸水溶液中，烷基硼可以被氧化生成相应的醛酮产物。但是，只有生成酮的反应具有合成价值。由于烷基硼非常容易从烯烃与硼烷的 Brown 硼氢化反应得到，因此该过程主要限制在将 1,2-二取代烯烃转变成为酮化合物 (式 78)。

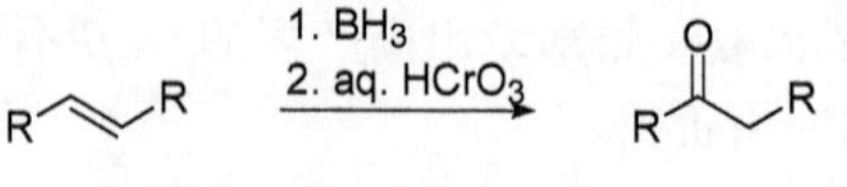

$$\text{(78)}$$

1979 年 Brown 报道[74]：使用 PCC 氧化剂可以将末端烯烃生成的三烷基硼高产率地氧化成为相应的醛。如式 79 所示：由于末端烯烃的硼氢化反应和 PCC 氧化反应可以"一锅法"完成，所以这是第一个具有制备意义的将末端烯烃直接转变成为醛的反应。

$$R \diagup \xrightarrow{BH_3 \cdot Me_2S} \left[\begin{array}{c} R \\ R \end{array} B \diagdown R \right] \xrightarrow{PCC} R \diagup CHO \qquad (79)$$

该反应具有很大的底物应用范围，无论是 1,2-二取代烯烃还是末端烯烃都可以方便地转化成为相应的醛酮产物。一般来讲，生成酮的产率高于醛的产率 (式 80 和式 81)。

$$n\text{-}C_6H_{13} \diagup \xrightarrow[\substack{1.\ BH_3 \cdot Me_2S \\ 2.\ PCC,\ CH_2Cl_2,\ rt}]{70\%} n\text{-}C_6H_{13} \diagup CHO + n\text{-}C_6H_{13} \diagup \overset{O}{\underset{}{C}} Me \qquad (80)$$
$$\phantom{n\text{-}C_6H_{13}} 95 \quad : \quad 5$$

$$\xrightarrow[\substack{1.\ BH_3 \cdot Me_2S \\ 2.\ PCC,\ CH_2Cl_2,\ rt}]{83\%} \qquad (81)$$

由于使用简单的 $BH_3 \cdot Me_2S$ 试剂进行硼氢化反应时的区域选择性不高，所以末端烯烃和不对称烯烃一般生成二种产物的混合物。后来，Brown 在硼氢化反应中选择具有大位阻的 $[Sia]_2BH$ 试剂后[75]，便生成了单一的区域选择性产物 (式 82)。更有意义的是：当底物分子中同时含有二种不同的烯烃时，该反应选择性地发生在位阻较小的烯烃上 (式 83)。

$$n\text{-}C_6H_{13} \diagup \xrightarrow[\substack{1.\ [Sia]_2BH \\ 2.\ PCC\ (6\ eq),\ CH_2Cl_2,\ rt,\ 2\ h}]{71\%} n\text{-}C_6H_{13} \diagdown CHO \qquad (82)$$

$$\xrightarrow[\substack{1.\ [Sia]_2BH \\ 2.\ PCC\ (4\ eq),\ CH_2Cl_2,\ rt,\ 2\ h}]{67\%} \qquad (83)$$

$$[Sia]_2BH = \begin{array}{c} Me \\ i\text{-}Pr \diagup \diagdown \\ BH \\ i\text{-}Pr \diagup \diagdown \\ Me \end{array}$$

现在，PCC 对烷基硼的氧化反应已经广泛地应用在有机合成中。如式 84 所示[76]：Booker-Milburn 等将该反应应用于天然产物 (±)-Kessane 的全合成中。又如式 85 所示[77]：对于那些对称的烯烃而言，该反应可以充分显示出高效的官能团转化能力。

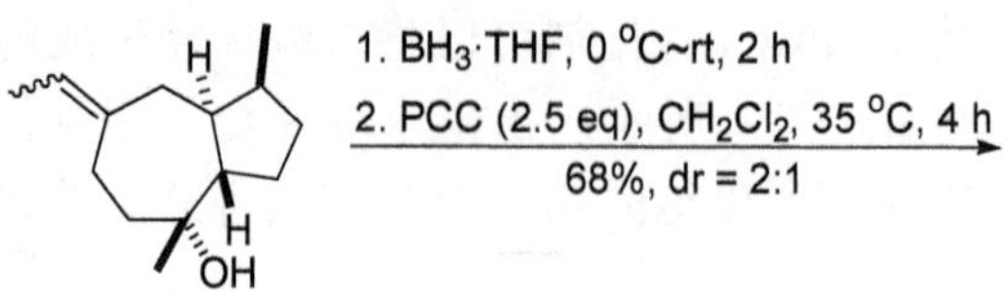

$$(84)$$

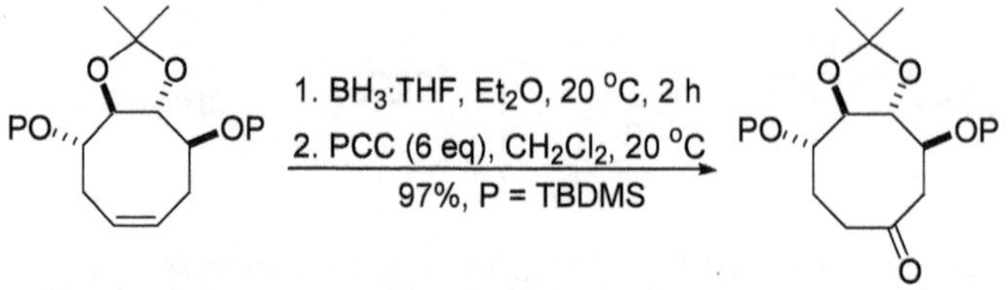

$$(85)$$

4.4　苄基 C-H 键的氧化反应

受到苯环的影响，苄基碳原子上的 C-H 键具有更高的反应活性。在氧化试剂的存在下，它们很容易发生氧化反应。PCC 就是其中的一种氧化剂，可以在比较温和的条件下将苄基氧化成为苯甲酰基。如式 86 和式 87 所示[78]：在 5 倍摩尔量的 PCC 存在下，苄基氧化产物的产率可以达到中上水平。但是，有两个苯环致活的二苯甲烷却对 PCC 表现出完全的惰性 (式 88)。

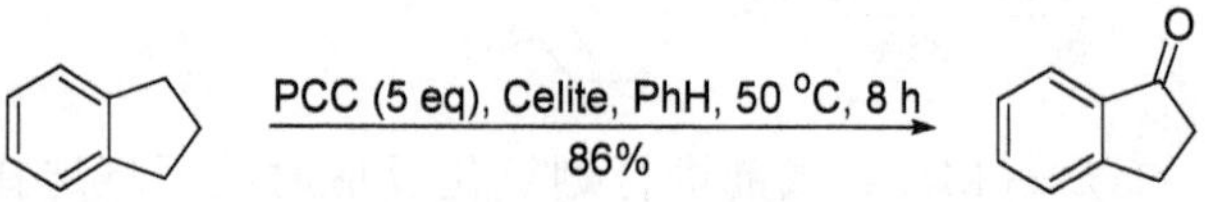

$$(86)$$

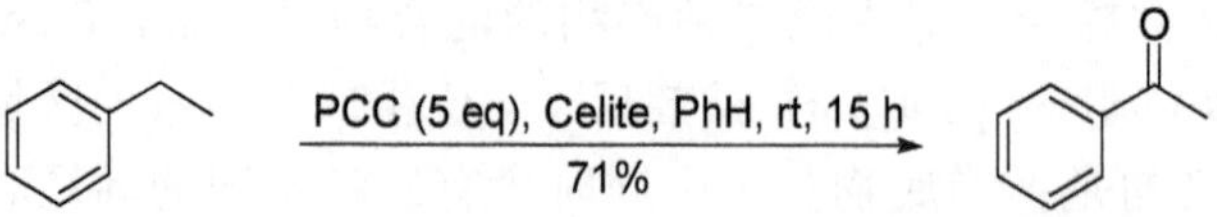

$$(87)$$

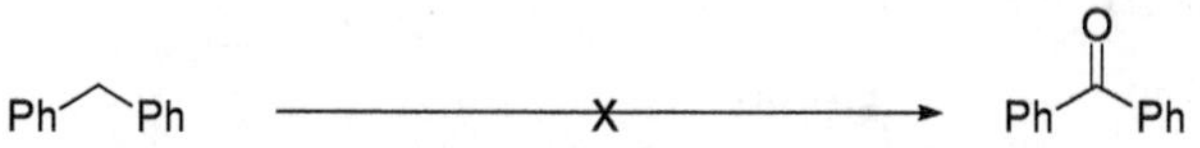

$$(88)$$

该反应条件相当成熟，已经广泛地应用于天然产物的合成。例如：Majetich 将该氧化反应用于天然产物 (±)-Hinokione 的全合成 (式 89)[79]；Banerjee 将该氧化反应用于天然产物 (±)-Dichroanal 的全合成 (式 90)[80]。

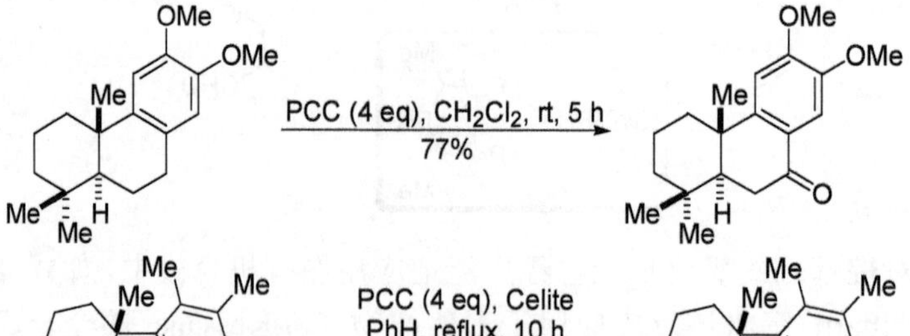

$$(89)$$

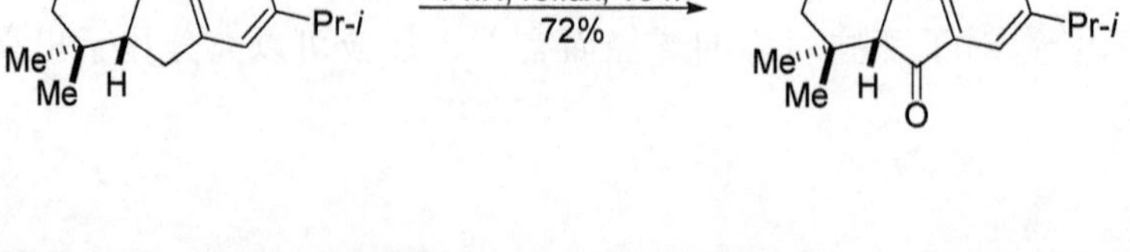

$$(90)$$

苄醚和苯甲酸酯均为常用的羟基保护基。由于它们的生成和去保护方法的差异，为复杂化合物的合成提供了可选择的机会。因此，在 PCC 条件下将苄醚转化成为苯甲酸酯是一个很有意义的转变[81]。如式 91 所示：Nicolaou 在天然产物 Taxol 的全合成中使用过量的 PCC 在 1 h 内完成了该化学转变[82]。

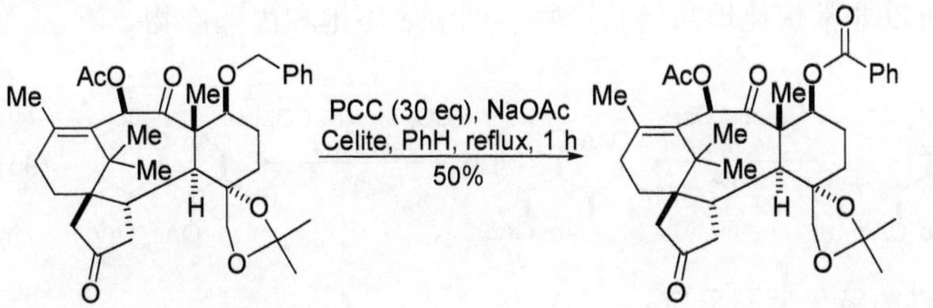

$$(91)$$

4.5 烯丙基 C-H 键的氧化反应

烯丙基碳原子上 C-H 键的氧化反应是有机合成中重要的化学转变之一。在 PCC 的存在下，烯丙基可以直接被氧化生成相应的 α,β-不饱和酮(式 92)[83~85]。

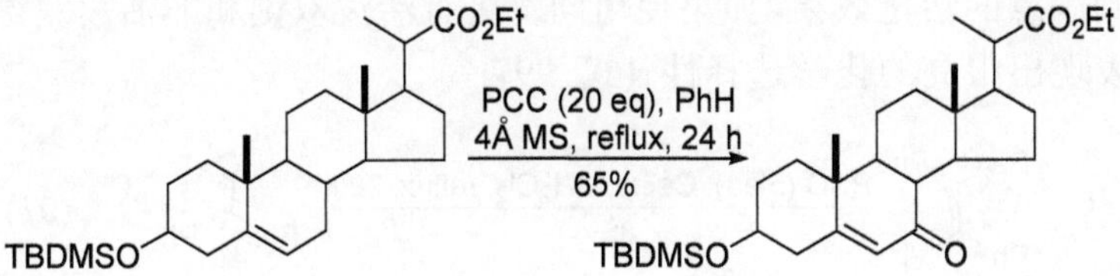

$$(92)$$

如式 93 所示：Nicolaou 在天然产物 Taxol 的全合成中，使用过量的 PCC 在苯溶剂中回流 1 h 即可得到 75% 的 α,β-不饱和酮产物[82]。

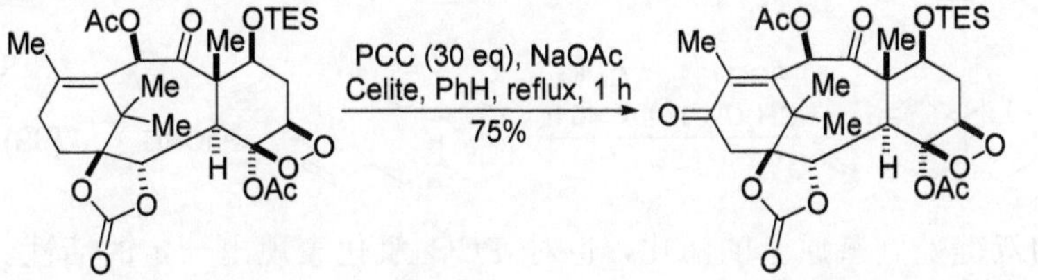

$$(93)$$

但是，PCC 对烯丙基醚中的烯丙基碳原子的氧化特别具有合成价值[86~88]。如式 94 和式 95 所示[86]：该反应可以高效率地直接将烯丙基醚转变成为相应的 α,β-不饱和内酯产物。

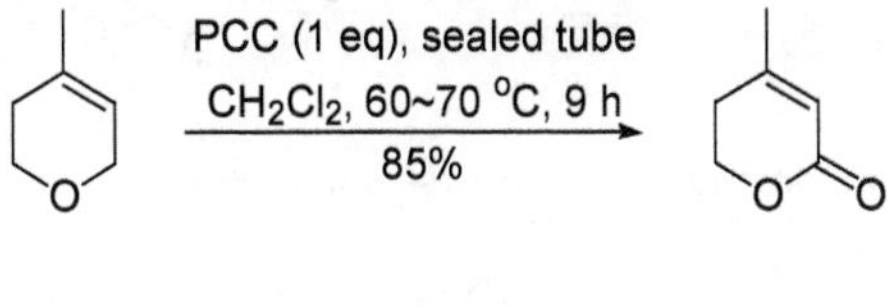

$$(94)$$

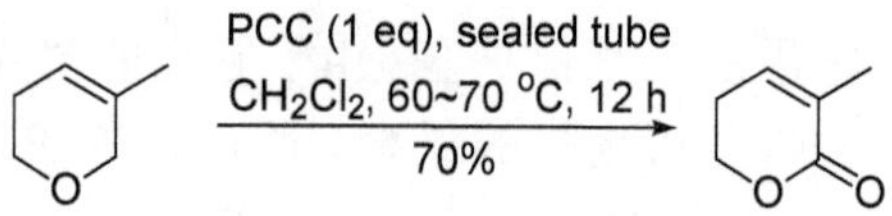

$$\text{(95)}$$

现在，该反应更加具有使用价值，因为二烯基醚在 RCM 反应条件下非常容易被转化成为相应的环状烯丙基醚。如式 96 所示[89]：将 RCM 反应与 PCC 联合使用，可以非常快捷地从链状产物得到 α,β-不饱和内酯产物。

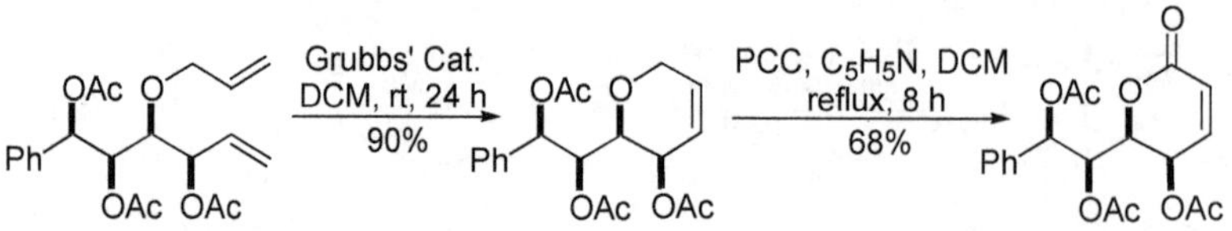

$$\text{(96)}$$

4.6　活泼双键的氧化断裂反应

在室温的 CH_2Cl_2 溶液中，PCC 对绝大多数类型的双键或者炔键是惰性的。但是，使用 5 倍摩尔量的试剂在长时间回流条件下，活泼双键会发生氧化断裂反应[90]。如式 97 和式 98 所示：与芳环共轭的双键可以高产率地发生氧化断裂生成相应的羰基产物。事实上，芳环在双键一边取代或者双键上只有一个芳环取代就可以达到满意的活化效果。如果使用同时带有活泼双键和非活泼双键的底物时，该反应表现出很高的化学选择性 (式 99)。

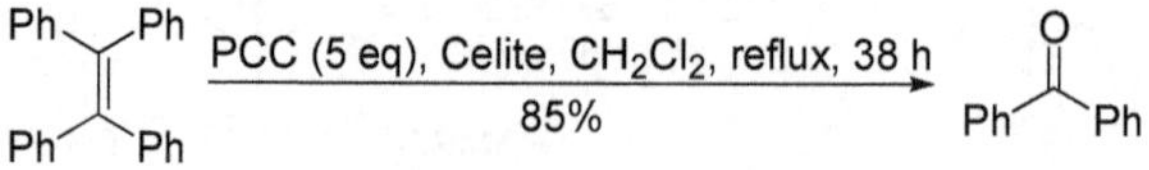

$$\text{(97)}$$

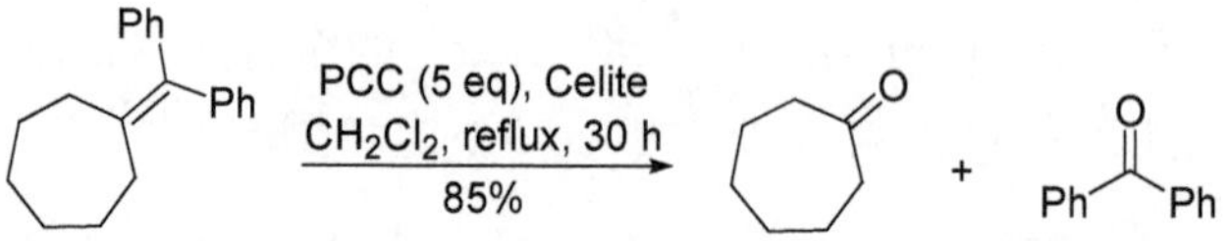

$$\text{(98)}$$

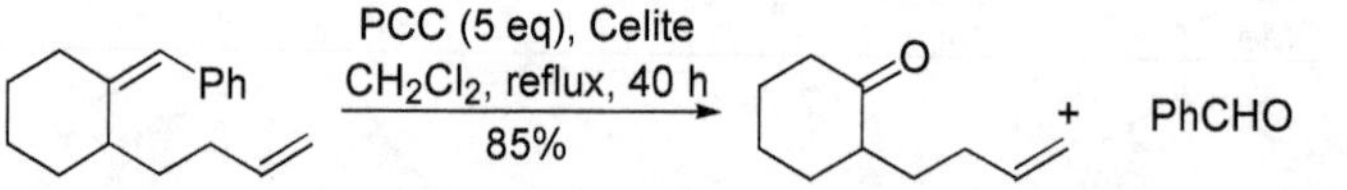

$$\text{(99)}$$

烯醇醚的双键受到氧原子的活化，也对 PCC 氧化表现出一定的活性。有趣的是，烯醇醚双键被 PCC 氧化所得产物主要受到烯醇醚双键上取代的影响。如式 100 和式 101 所示[91]：简单的烯醇醚化合物可以在非常温和的条件下，将双键氧化成为羰基得到相应的产物酯。

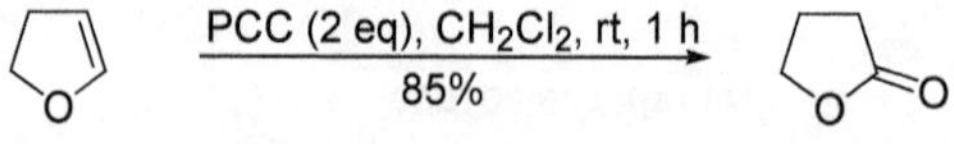

$$\text{(100)}$$

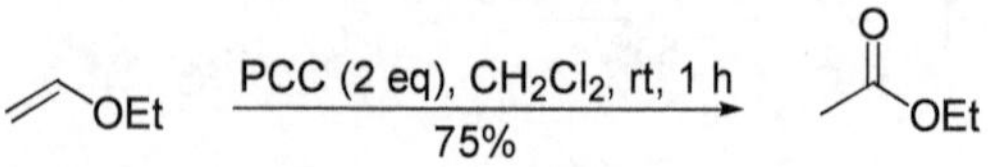

$$\text{(101)}$$

但是，如果使用 α,α-二取代烯醇醚作为底物时，双键会发生氧化断裂反应 (式 102)[91]。这种类型的反应在环内烯醇醚中发生时特别有意义，可以高产率地得到扩环内酯产物 (式 103)[92]。如果使用同时带有 α,α-二取代烯醇醚和一般双键的底物时，该反应表现出很高的化学选择性 (式 104)[93]。

$$ \text{PCC (4 eq), CH}_2\text{Cl}_2\text{, rt, 2 h} \quad 85\% \tag{102} $$

$$ \text{PCC (4 eq), Celite} \\ \text{CH}_2\text{Cl}_2\text{, rt, 2 h} \quad 65\% \tag{103} $$

$$ \text{PCC (4 eq), CH}_2\text{Cl}_2\text{, rt, 2 h} \quad 89\% \tag{104} $$

4.7 1,2-二醇和 1,2-醇醚的氧化断裂反应

与大多数氧化剂类似，PCC 可以将 1,2-二醇在标准的反应条件下氧化断裂。如式 105 所示[94]：1,2-环己二醇经 PCC 在室温下作用 1.5 h 即可得到 79% 的 1,6-己二醛。

$$ \text{PCC (2 eq), CH}_2\text{Cl}_2\text{, rt, 1.5 h} \quad 79\% \longrightarrow \text{OHC}\underbrace{}_{4}\text{CHO} \tag{105} $$

有趣的是，在稍稍激烈的条件下，PCC 也可以将四氢呋喃甲醇氧化断裂生成五员环内酯[95]。实验结果显示：四氢呋喃甲醇中的羟基为伯醇羟基和叔醇羟基时，得到单一的五员环内酯产物 (式 106 和式 107)。但是，仲醇羟基则得到氧化断裂产物和酮的混合物 (式 108)。

$$ \text{PCC (4 eq), 3 Å MS} \\ \text{CH}_2\text{Cl}_2\text{, reflux, 8 h} \quad 79\% \tag{106} $$

$$ \text{PCC (4 eq), 3 Å MS} \\ \text{CH}_2\text{Cl}_2\text{, reflux, 8 h} \quad 73\% \tag{107} $$

$$ \text{PCC (4 eq), 3 Å MS} \\ \text{CH}_2\text{Cl}_2\text{, reflux, 5 h} \quad 5\% \quad + \quad 57\% \tag{108} $$

如式 109 所示：这可能是因为伯醇在 PCC 的存在下首先被氧化成醛；然后，在酸性条件下发生烯醇化形成了活化的 α,α-二取代烯醇醚结构。如式 110

所示：叔醇可能在酸性条件下首先发生羟基的消去反应，也生成了活化的 α,α-二取代烯醇醚结构。但是，仲醇被 PCC 氧化成酮后，由于酮比较稳定而只有部分被转化成为活化的 α,α-二取代烯醇醚结构。

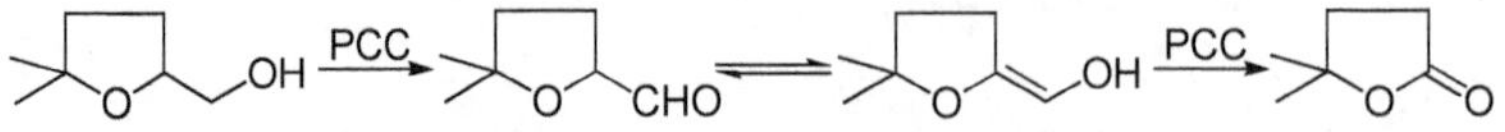

$$\text{(109)}$$

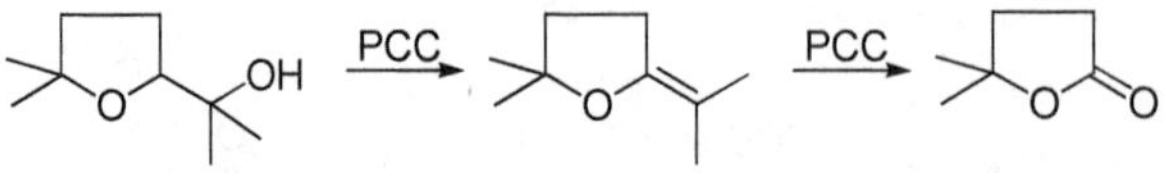

$$\text{(110)}$$

使用该反应可以方便地将呋喃糖的衍生物转变成为手性多取代的五员环内酯产物。如式 111 所示[96]：该反应的呋喃甲醛中间体可以分离出来，从而进一步确认了反应机理的正确性。

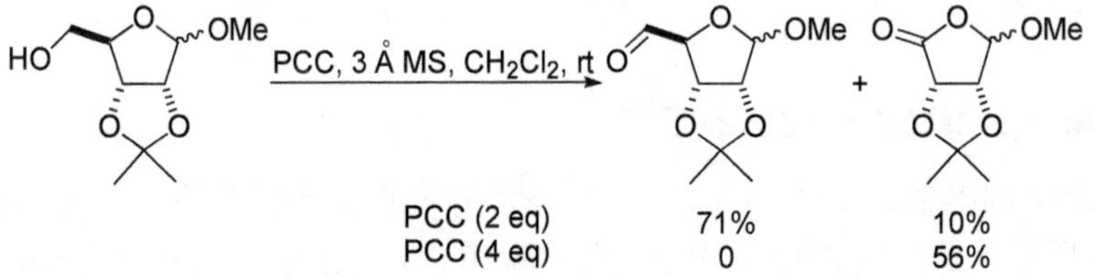

$$\text{(111)}$$

PCC (2 eq)   71%   10%
PCC (4 eq)   0   56%

最近，Stark 将该反应应用到 2-吡喃甲醇底物的氧化反应中也获得同样好的结果 (式 112)[7]。

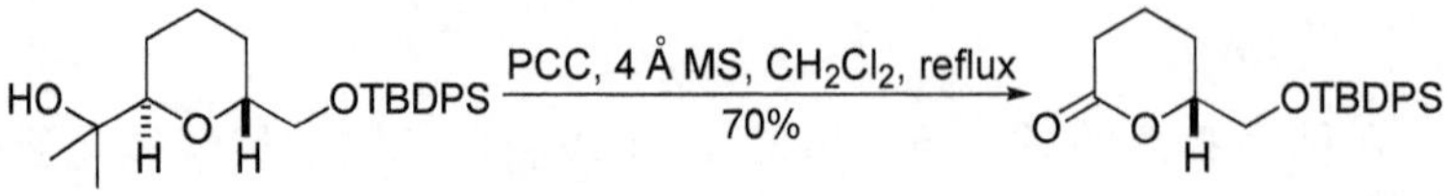

$$\text{(112)}$$

5 Corey 氧化反应在天然产物合成中的应用

5.1 天然产物 Leucascandrolide A 的全合成

Leucascandrolide A 是从珊瑚海新喀里多尼亚东北海岸边的石灰质石棉中分离得到的一种 18 员大环内酯天然产物[98]。该化合物的立体化学已经由 ${}^{1}\text{H}$ NMR 分析得到确认。生物学实验显示：它对人类 KB 和 p388 癌细胞具有很高的体内细胞毒性，IC_{50} 分别为 0.05 μg/mL 和 0.26 μg/mL。

该化合物的手性双四氢吡喃结构和有趣的生物学性质使得对其进行全合成具有非常的重要性。2007 年，Panek 等[99]完成了对该化合物的全合成。在整个合成路线中，氧化反应超过 10 步以上，其中 PCC 参与的氧化反应被应用了两次。如式 113 所示：从简单的戊醛衍生物 **1** 开始，经过若干步反应得到了第一个四氢吡喃结构的伯醇产物 **2**。虽然化合物 **2** 的分子中含有三个醚键,其中包括一个对酸敏感的硅醚键。但是,在 4 Å 分子筛的存在下,PCC 以 85% 的产率完成了对伯醇的氧化得到相应的醛 **3**。再经过若干步反应得到了第二个四氢吡喃结构的仲醇腈化物 **4** 后,使用 DIBAL-H 将氰基直接还原成为相应醛中间体 **5**。事实上,在对反应进行后处理时醛基与仲醇已经发生反应生成了半缩醛 **6**。半缩醛 **6** 无须分离和纯化经 PCC 处理,以 87% 的产率得到了相应的内酯化合物 **7**。最后,在经过若干步合适的修饰得到目标产物。

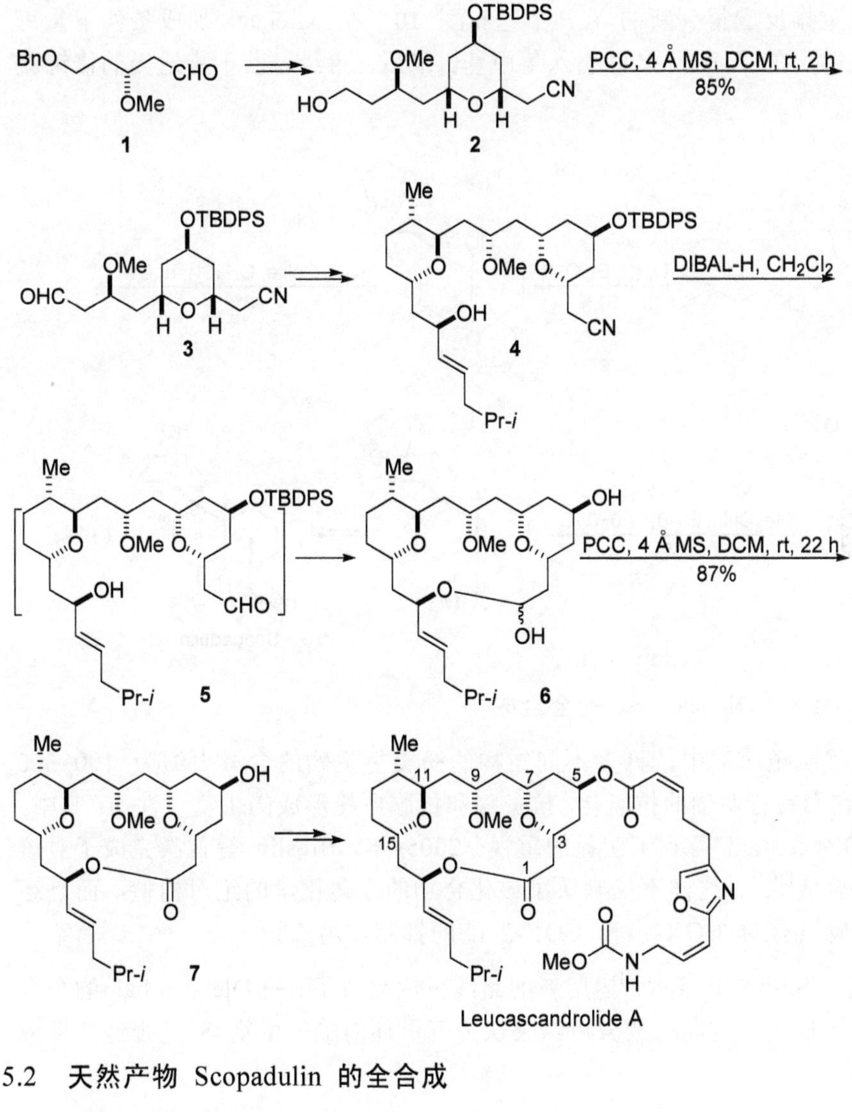

OTBDPS

BnO ⟶ CHO   OMe   PCC, 4 Å MS, DCM, rt, 2 h
OMe   HO   O   CN   85%
1   H   **2**   H

OTBDPS   Me   OTBDPS   DIBAL-H, CH₂Cl₂
OMe
OHC   O   CN   OMe   O   CN
H   **3**   H   **4**   OH
Pr-*i*

Me   OTBDPS   Me   OH   PCC, 4 Å MS, DCM, rt, 22 h
OMe   O   OMe   O   87%
OH   O   OH
CHO
Pr-*i*   **5**   Pr-*i*   **6**

Me   OH   Me
OMe   O   11   9   7   5   O
15   OMe   O   O   (113)
O   1   3   N
Pr-*i*   **7**   Pr-*i*   MeO   O   NH   O

Leucascandrolide A

5.2 天然产物 Scopadulin 的全合成

植物 *Scoparia dulcis* (fam. Scrophulariaceae) 广泛地分布在印度和中国台湾,它们作为传统药物用于治疗高血压、牙痛和肠胃功能紊乱等疾病。1990 年[100],

Hayashi 等人从中分离得到了一种结构新颖的四环二萜天然产物 Scopadulin。该化合物具有多个手性碳原子，其结构已经得到单晶 X 射线衍射结构分析的确认。

2001 年，Tanaka 等[101]报道了一条有关 Scopadulin 的全合成路线。如式 114 所示[102]：他们使用自己课题组以前研究的合成方法得到了具有 B-C-D 环化合物 8 为原料。然后，在超声波的辅助下，通过对 α,β-不饱和酮的 1,2-加成得到了带有 A 环的侧链中间体 9。作为烯丙基叔醇，中间体 9 很容易发生 PCC 促进的氧化重排反应得到新的 α,β-不饱和酮 10。在 Michael 加成条件下，可以高产率地得到在 A-B 环之间引入角甲基。最后，再经过若干步适当的修饰就得到了目标产物。

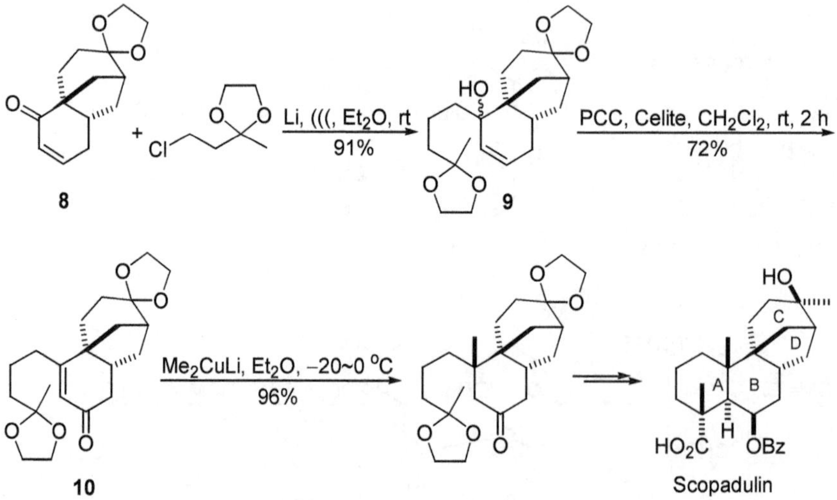

(114)

5.3　天然产物 (−)-Oleocanthal 的全合成

在轻榨优质橄榄油中，许多不同结构的酚类衍生物的含量大约为 100~300 mg/kg[103]，它们具有明确的抗氧化、抗炎症和抗脑血栓形成的生物学性质。其中，天然产物 Oleocanthal 得到了明显的重视。2005 年，Breslin 等首次完成了对该化合物的全合成[104]。这样不仅确认了该化合物的立体化学的绝对构型，而且还发现该化合物具有对 COX-1 和 COX-2 酶的抑制作用。

2007 年，Smith III 等[105]运用新的路线再次完成了 (−)-Oleocanthal 的全合成。如式 115 所示：逆向合成分析结果认为五员环内酯衍生物 8 是合适的反应中间体。

显然，D-来苏糖包含了五员环内酯中间体 8 分子中的大部分手性碳原子。如式 116 所示：作者用 D-来苏糖为原料，经过成熟的保护路线几乎定量地用一步反应将 3 个羟基同时保护起来。然后，在利用 PCC 促进的对 1,2-醇醚的氧化断裂反应以 62% 的产率得到了五员环内酯中间体 **8**。非常有趣地观察到：在该反应中使用了苯溶剂和 Dean-Stark 连续除水的方法。作者也没有详细地解释，为什么需要分开进行二次几乎完全相同条件的 PCC 氧化操作过程。

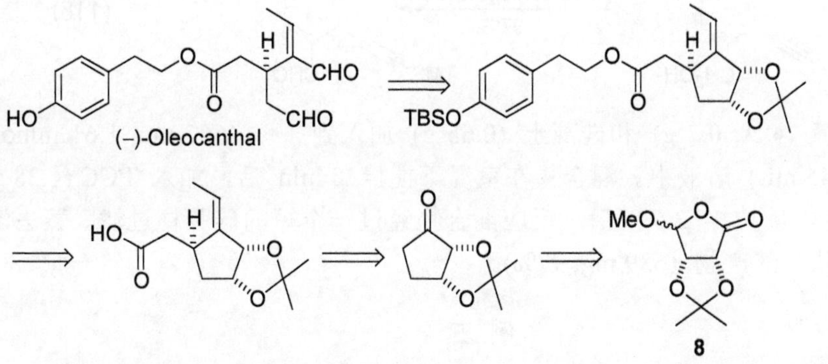

(115)

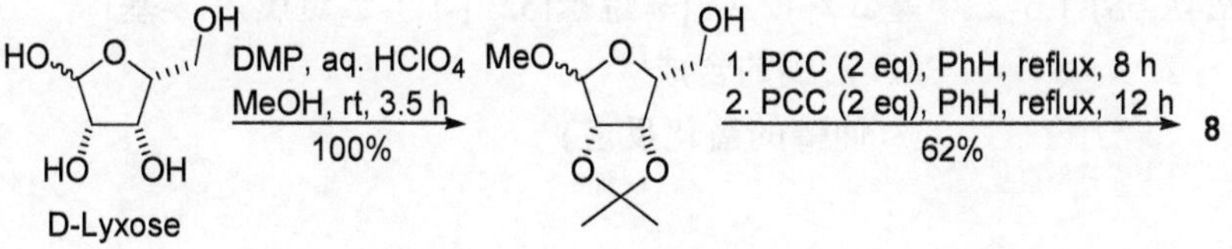

(116)

6 Corey 氧化反应实例

例 一

氯铬酸合吡啶盐的合成[12]

(PCC 氧化剂的制备)

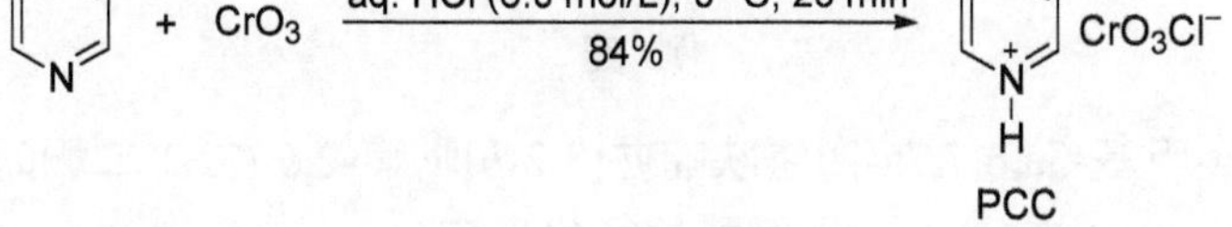

(117)

在激烈的搅拌下，将 CrO$_3$ (100 g, 1.0 mol) 加入到盐酸水溶液 (6.0 mol/L, 1.1 mol) 中。生成的均相溶液被冷却到 0 °C 后，再在 10 min 内将吡啶 (79.1 g, 1.0 mol) 慢慢地加入到上述体系中。生成的 PCC 作为橘黄色固体沉淀出来，继续在 0 °C 放置 10 min 后收集固体 (180.8 g, 84%)。得到的 PCC 在真空条件下干燥 1 h 即可使用，可在棕色瓶子中密封储存。

例 二

2,5-二(三甲基硅基乙炔基)-1,4-苯二甲醛的合成[106]
(伯醇的氧化反应)

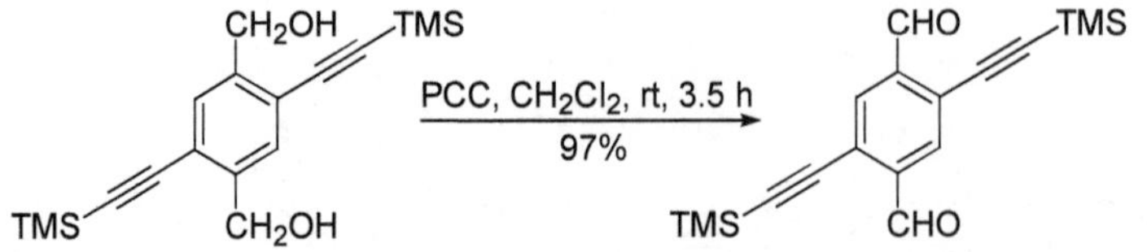

$$\text{(118)}$$

将分子筛 (4 Å, 0.7 g) 和硅藻土 (0.65 g) 加入到二醇 (667 mg, 1.61 mmol) 的 CH$_2$Cl$_2$ (45 mL) 溶液中。混合物在室温下搅拌 5 min 后，加入 PCC (1.28 g, 5.93 mmol)。继续搅拌 3.5 h 后，反应混合物经过一个短的硅胶柱过滤。蒸去溶剂后得到油状二醛产物 (639 mg, 97%)。

例 三

[(1S,2R,4R,6S)-1,6-二甲基二环[2.2.2]辛烷螺[5.2']-1,3-二氧戊烷-2-基]
乙酮的合成[107]
(仲醇的氧化反应)

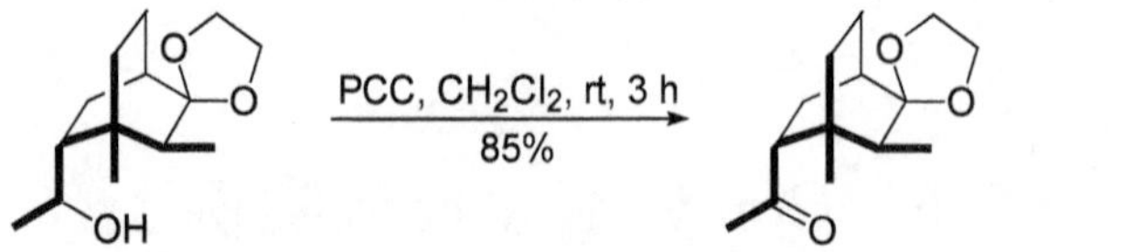

$$\text{(119)}$$

在搅拌下，将仲醇 (400 mg, 1.66 mmol) 的无水 CH$_2$Cl$_2$ (2 mL) 溶液加入到 PCC (715 mg, 3.32 mmol) 和 NaOAc (430 mg, 4.99 mmol) 的无水 CH$_2$Cl$_2$ (3 mL) 悬浮液中。生成的混合物在室温下搅拌 3 h 后，经过一个短的硅胶柱过滤。蒸去溶剂后得到的残留物再次经过硅胶柱纯化，得到油状产物酮 (337 mg, 85%)。

例 四

(3aS,7aS)-7a-甲基-3a,6,7,7a-四氢呋喃并[3,2-b]吡喃-2,5-(3H)-二酮的合成[108]
(半缩醛的氧化反应)

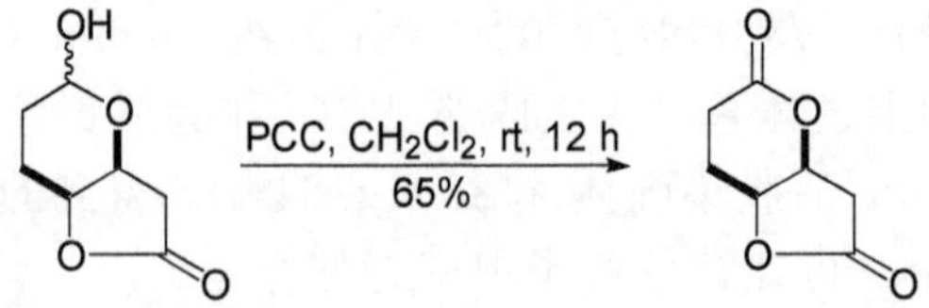

$$\text{(120)}$$

在搅拌下，将 PCC (571 mg, 2.65 mmol) 加入到半缩醛 (228 mg, 1.32 mmol) 的无水 CH_2Cl_2 (10 mL) 中。生成的混合物在室温下继续搅拌 12 h 后，通过硅胶过滤。蒸去溶剂后，粗产物再经硅胶柱分离纯化得到无色固体产物 (129 mg, 57%)，mp 129 ^{o}C。

例 五

(R)-5-甲氧基-6,6-二甲基-5,6-二氢吡-2 酮的合成[109]

(活性 C-H 键的氧化反应)

$$\text{(121)}$$

在氩气氛下，将装有环醚 (100 mg, 0.70 mmol) 和 PCC (152 mg, 0.70 mmol) 的无水 CH_2Cl_2 (5 mL) 溶液的封管中在 65 ^{o}C 加热 48 h。在此期间，每隔 12 h 再补加一次 PCC (2×152 mg, 1×0.76 mg)。然后冷至室温，将混合物通过硅胶过滤。粗产物再经硅胶柱纯化，得到无色油状产物 α,β-不饱和酮 (71 mg, 65%)。

7　参考文献

[1]　Tojo, G.; Fernández, M. Oxidation of Alcohols to Aldehydes and Ketones, Springer-Verlag, Berlin, **2006**, 1-97.

[2]　(a) Cainelli, G.; Cardillo, G. *Chromium Oxidation in Organic Chemistry*, Springer-Verlag, Berlin, **1984**. (b) Ley, S. V.; Madin, A. in *Comprehensive Organic Synthesis*, editor-In-Chief, Trost, B. M. Pergamon Press, Oxford, **1991**. Vol. 7, 251-289.

[3]　(a) Snatzke, G. *Chem. Ber.* **1961**, *94*, 729. (b) Shyamsunder Rao, Y.; Filler, R. *J. Org. Chem.* **1974**, *39*, 3304.

[4]　(a) Bowden, K.; Heilbron, I. M.; Jones, E. R. *J. Chem. Soc.* **1946**, 39. (b) Harding, K. E.; May, L. M.; Dick, K. F. *J. Org. Chem.* **1975**, *40*, 1664.

[5]　He, M.; Zhang, F. *J. Org. Chem.* **2007**, *72*, 442.

[6]　Poos, G. I.; Arth, G. E.; Beyler, R. E.; Sarett, L. H. *J. Am. Chem. Soc.* **1953**, *75*, 422.

[7]　Collins, J. C.; Hess, W. W.; Frank, J. F. *Tetrahedron Lett.* **1968**, *30*, 3363.

[8]　Ziegler, F. E.; Jaynes, B. H.; Saindane, M. T. *J. Am. Chem. Soc.* **1987**, *109*, 8115.

[9]　Masamune, S.; Kaiho, T.; Garvey, D. S. *J. Am. Chem. Soc.* **1982**, *104*, 5521.

[10]　Collins, J. C.; Hess, W. W. *Org. Synth.* **1988**, Coll. Vol. 6, 644.

[11]　Corey, E. J.; Fleet, G. W. J. *Tetrahedron Lett.* **1973**, 4499.

[12]　Corey, E. J.; Suggs, J. W. *Tetrahedron Lett.* **1975**, 2647.

[13]　Piancatelli, G.; Scettri, A.; D'Auria, M. *Synthesis* **1982**, 245.

[14]　Brown, H. C.; Rao, C. G. Kulkarni, S. U. *J. Org. Chem.* **1979**, *44*, 2809.

[15]　Trost, B. M.; Papillon, J. P. N.; Nussbaumer, T. *J. Am. Chem. Soc.* **2005**, *127*, 17921.

[16]　Zhao, Y.; Gu, P.; Tu, Y.; Fan, C.; Zhang, Q. *Org. Lett.* **2008**, *10*, 1763.

[17]　Trost, B. M.; Fleitz, F. J.; Watkins, W. J. *J. Am. Chem. Soc.* **1996**, *118*, 5146.

[18] Xiang, A. X. X.; Watson, D. A.; Ling, T.; Theodorakis, E. A. *J. Org. Chem.* **1998**, *63*, 6774.

[19] Adams, L. L.; Luzzio, F. A. *J. Org. Chem.* **1989**, *54*, 5387.

[20] Praveen, C.; Kumar, H.; Perumal, M. P. T. *Tetrahedron* **2008**, *64*, 2369.

[21] Ito, S.; Tosaka, A.; Hanada, K.; Shibuya, M.; Ogasawara, K.; Iwabuchi, Y. *Tetrahedron: Asymmetry* **2008**, *19*, 176.

[22] Cheng, Y.-S.; Liu, W.-L.; Chen, S.-H. *Synthesis* **1980**, 223.

[23] Lichtenthaler, F. W.; Doleschal, W.; Hahn, S. *Liebigs Ann. Chem.* **1985**, 2454.

[24] Corey, E. J.; Lin, S. *J. Am. Chem. Soc.* **1996**, *118*, 8765.

[25] Hollemberg, D. H.; Klein, R. S.; Fox, J. J. *J. Carbohydr. Res.* **1978**, *67*, 491.

[26] (a) Herscovici, J.; Antonakis, K. *J. Chem. Soc. Chem. Commun.* **1980**, 561. (b) Herscovici, J.; Egron, M. J.; Antonakis, K. *J. Chem. Soc. Perkin Trans 1* **1982**, 1967.

[27] Bhattacharjee, M. N.; Chaudhuri, M. K.; Dasgupta, H. S.; Roy, N. *Synthesis* **1982**, 588.

[28] Pajak, Z.; Maluszynska, H.; Szafranska, B.; Czarnecki, P. *J. Chem. Phys.* **2002**, *117*, 5303.

[29] Chaudhuri, M. K.; Dehury, S. K.; Dhar, S. S.; Sinha, U. B. *Synth. Commun.* **2004**, *34*, 4077.

[30] Guziec, F. S.; Luzzio, F. A. *Syntheis* **1980**, 691.

[31] Wovkulich, P. M.; Barcelos, F.; Batcho, A. D.; Sereno, J. F.; Baggiolini, E. G.; Hennessy, B. M.; Uskokovic, M. R. *Tetrahedron* **1984**, *40*, 2283.

[32] Brooks, D. W.; Kellogg, R. P.; Cooper, C. S. *J. Org. Chem.* **1987**, *52*, 192.

[33] Luzzio, F. A.; Guziec, F. S. *OPPI* **1988**, *20*, 533.

[34] Mohammadpoor-Baltork, I.; Reza Memarian, H.; Bahrami, K. *Monatsh. Chem.* **2004**, *135*, 411.

[35] Guziec, F. S.; Jr.; Luzzio, F. A. *J. Org. Chem.* **1982**, *47*, 1787.

[36] Davis, H. B.; Sheets, R. M.; Brannfors, J. M.; Paudler, W. W.; Gard, G. L. *Heterocycles* **1983**, *20*, 2029

[37] Corey, E. J.; Schmidt, G. *Tetrahedron Lett.* **1979**, 399.

[38] Garcia-Fandino, R.; Aldegunde, M. J.; Codesido, E. M.; Castedo, L.; Granja, J. R. *J. Org. Chem.* **2005**, *70*, 8281.

[39] Barfoot, C. W.; Harvey, J. E.; Kenworthy, M. N.; Kilburn, J. P.; Ahmed, M.; Taylor, R. J. K. *Tetrahedron* **2005**, *61*, 3403.

[40] Huang, H.; Panek, J. S. *Org. Lett.* **2004**, *6*, 4383.

[41] Hagiwara, H.; Hamano, K.; Nozawa, M.; Hoshi, T.; Suzuki, T.; Kido, F. *J. Org. Chem.* **2005**, *70*, 2250.

[42] Jones, N. A.; Nepogodiev, S. A.; MacDonald, C. J.; Hughes, D. L.; Field, R. A. *J. Org. Chem.* **2005**, *70*, 8556.

[43] Matsuya, Y.; Sasaki, K.; Nagaoka, M.; Kakuda, H.; Toyooka, N.; Imanishi, N.; Ochiai, H.; Nemoto, H. *J. Org. Chem.* **2004**, *69*, 7989.

[44] Paquette, L. A.; Tian, Z.; Seekamp, C. K.; Wang, T. *Helv. Chim. Acta* **2005**, *88*, 1185.

[45] Krohn, K.; Gehle, D.; Floerke, U. *Eur. J. Org. Chem.* **2005**, 2841.

[46] Yamazaki, T.; Ichige, T.; Kitazume, T. *Org. Lett.* **2004**, *6*, 4073.

[47] Das, B.; Banerjee, J.; Mahender, G.; Majhi, A. *Org. Lett.* **2004**, *6*, 3349.

[48] Babu, B. S.; Balasubramanian, K. K. *Carbohydr. Res.* **2005**, *340*, 753.

[49] Ooi, H.; Ishibashi, N.; Iwabuchi, Y.; Ishihara, J.; Hatakeyama, S. *J. Org. Chem.* **2004**, *69*, 7765.

[50] Nallaperumal C., Srinivasan C. *J. Org. Chem.* **1987**, *52*, 5048.

[51] Nyangulu, J. M.; Galka, M. M.; Jadhav, A.; Gai, Y.; Graham, C. M.; Nelson, K. M.; Cutler, A. J.; Taylor, D. C.; Banowetz, G. M.; Abrams, S. R. *J. Am. Chem. Soc.* **2005**, *127*, 1662.

[52] Lopez, C.; Gonzalez, A.; Cossio, F. P.; Palomo, C. *Synth. Commun.* **1985**, *15*, 1481.

[53] Balasubramanian, K.; Prathiba, V. *Indian J. Chem., Sect. B* **1986**, *15*, 1197.

[54] Kim, S.; Lhim, D. C. *Bull. Chem. Soc. Jpn.* **1986**, *59*, 3297.

[55] Hu, Y.; Hu, H. *Synth. Commun.* **1992**, *22*, 1491.

[56] Rose, E.; Kossanyi, A.; Quelquejeu, M.; Soleilhavoup, M.; Duwavran, F.; Bernard, N.; Lecas, A. *J. Am. Chem. Soc.* **1996**, *118*, 1567.

[57] Wei, X.; Fang, J.; Hu, Y.; Hu, H. *Synthesis* **1992**, 1205.

[58] Wei, X.; Hu, Y.; Li, T.; Hu, H. *J. Chem. Soc., Perkin Trans. 1* **1993**, 2487.

[59] Wang, B.; Zhang, X.; Li, J.; Jiang, X.; Hu, Y.; Hu, H. *J. Chem. Soc. Perkin Trans. 1*, **1999**, 1571.

[60]   Druta, I. I.; Andrei, M. A.; Ganj, C. I.; Aburel, P. S. *Tetrahedron* **1999**, *55*, 13063.

[61]   Bacu, E.; Samson-Belei, D.; Nowogrocki, G. *Org. Biomol. Chem.* **2003**, *1*, 2377.

[62]   Goff, D. A. *Tetrahedron Lett.* **1999**, *40*, 8741.

[63]   Yue, G.; Wan, Y.; Song, S.; Yang, G.; Chen, Z. *Bioorg. Med. Chem. Lett.* **2005**, *15*, 453.

[64]   Weide, T.; Arve, L.; Prinz, H.; Waldmann, H.; Kessler, H. *Bioorg. Med. Chem. Lett.* **2006**, *16*, 59.

[65]   Firouzabadi, H.; Sardarian, A.; Gharibi, H. *Synth. Commun.* **1984**, *14*, 89.

[66]   (a) Naves, Y.; Ochsner, P. *Helv. Chim. Acta* **1964**, *47*, 51. (b) Johnson, W. S. *Acc. Chem. Res.* **1968**, *1*, 1.

[67]   Corey, E. J.; Ensley, H. E.; Suggs, J. W. *J. Org. Chem.* **1976**, *41*, 380.

[68]   Corey, E. J.; Boger, Dale L. *Tetrahedron Lett.* **1978**, 2461.

[69]   Tamiya, J.; Sorensen, E. J. *Tetrahedron* **2003**, *59*, 6921.

[70]   Trost, B. M.; Stanton, J. L. *J. Am. Chem. Soc.* **1975**, *97*, 4018.

[71]   Dauben, W. G.; Michno, D. M. *J. Org. Chem.* **1977**, *42*, 682.

[72]   Van Wyk, A. W. W.; Davies-Coleman, M. T. *Tetrahedron* **2007**, *63*, 12179.

[73]   Pfeiffer, M. W. B.; Phillips, A. J. *J. Am. Chem. Soc.* **2005**, *127*, 5334.

[74]   Rao, C. G.; Kulkarni, S. U.; Brown, H. C. *J. Organomet. Chem.* **1979**, *172*, C20.

[75]   Brown, H. C.; Kulkarni, S. U.; Rao, C. G. *Synthesis* **1980**, 151.

[76]   Booker-Milburn, K. I.; Jenkins, H.; Charmant, J. P. H.; Mohr, P. *Org. Lett.* **2003**, *5*, 3309.

[77]   Andriuzzi, O.; Gravier-Pelletier, C.; Vogel, P.; Le Merrer, Y. *Tetrahedron* **2005**, *61*, 7094.

[78]   Rathore, R.; Saxena, N.; Chandrasekaran, S. *Synth. Commun.* **1986**, *16*, 1493.

[79]   Majetich, G.; Liu, S.; Fang, J.; Siesel, D.; Zhang, Y. *J. Org. Chem.* **1997**, *62*, 6928.

[80]   Banerjee, M.; Mukhopadhyay, R.; Achari, B.; Banerjee, A. Kr. *Org. Lett.* **2003**, *5*, 3931.

[81]   Angyal, S. J.; James, K. *Carbohydr. Res.* **1970**, *12*, 147.

[82]   Nicolaou, K. C.; Ueno, H.; Liu, J.-J.; Nantermet, P. G.; Yang, Z.; Renaud, J.; Paulvannan, K.; Chadha, R. *J. Am. Chem. Soc.* **1995**, *117*, 653.

[83]   Parish, E. J.; Wei, T.-Y. *Synth. Commun.* **1987**, *17*, 1227.

[84]   Parish, E. J.; Chitrakorn, S.; Wei, T.-Y. *Synth. Commun.* **1986**, *16*, 1371.

[85]   Ciuffreda, P.; Casati, S.; Bollini, D.; Santaniello, E. *Steroids* **2003**, *68*, 193.

[86]   Bonadies, F.; Di Fabio, R.; Bonini, C. *J. Org. Chem.* **1984**, *49*, 1647.

[87]   Bonadies, F.; Bonini, C. *Synth. Commun.* **1988**, *18*, 1573.

[88]   Paquette, L. A.; Owen, D. R.; Bibart, R. T.; Seekamp, C. K.; Kahane, A.; Lanter, J. C. Corral, M. A. *J. Org. Chem.* **2001**, *66*, 2828.

[89]   Srikanth, G. S. C.; Krishna, U. M.; Trivedi, G. K. *Tetrahedron Lett.* **2002**, *43*, 5471.

[90]   Narasimhan, V.; Rathore, R.; Chandrasekaran, S. *Synth. Commun.* **1985**, *15*, 769.

[91]   (a) Baskaran, S.; Islam, I.; Raghavan, M.; Chandrasekaran, S. *Chem. Lett.* **1987**, 1175. (b) Du, Y.; Chen, Q.; Linhardt, R. J. *J. Org. Chem.* **2006**, *71*, 8446.

[92]   Kraft, P.; Tochtermann, W. *Tetrahedron* **1995**, *51*, 10875.

[93]   Baskaran, S.; Islam, I.; Chandrasekaran, S. *J. Org. Chem.* **1990**, *55*, 891.

[94]   Cisneros, A.; Fernández, S.; Hernández, J. E. *Synth. Commun.* **1982**, *12*, 833.

[95]   Baskaran, S.; Chandrasekaran, S. *Tetrahedron Lett.* **1990**, *31*, 2775.

[96]   Ali, S. M.; Ramesh, K.; Borchardt, R. T. *Tetrahedron Lett.* **1990**, *31*, 1509.

[97]   Roth, S.; Stark, C. B. W. *Angew. Chem. Int. Ed.* **2006**, *45*, 6218.

[98]   D'Ambrosio, M.; Guerriero, M.; Debitus, C.; Pietra, F. *Helv. Chim. Acta* **1996**, *79*, 51.

[99]   Su, Q.; Dakin, L. A.; Panek, J. S. *J. Org. Chem.* **2007**, *72*, 2.

[100]   Hayashi, T.; Kawasaki, M.; Miwa, Y.; Taga, T.; Morita, N. *Chem. Pham. Bull.* **1990**, *38*, 945.

[101]   Rahman, S. M. A.; Ohno, H.; Murata, T.; Yoshino, H.; Satoh, N.; Murakami, K.; Patra, D.; Iwata, C.; Maezaki, N.; Tanaka, T. *J. Org. Chem.* **2001**, *66*, 4831.

[102]   Tanaka, T.;Okuda, O.; Murakami, K.; Yoshino, H.; Mikamiyama, H.; Kanda, A.; Kim, S. –W.; Iwata, C. *Chem. Pharm. Bull.* **1995**, *43*, 1407.

[103]   Montedoro, G. M.; Servili, M.; Baldioli, R.; Selvaggini, e.; Macchioni, A. *J. Agric. Food Chem.* **1993**, *41*,

2228.

[104] Beauchamp, G.; Keast, R.; Morel, D.; Liu, J.; Pika, J.; Han, Q.; Lee, C.; Smith, A. B., III; Breslin, P. *Nature* **2005**, *437*, 45.

[105] Smith, A. B., III; Han, Q.; Sperry, J. B. *J. Org. Chem.* **2007**, *72*, 6891.

[106] Vestergaard, M.; Jennum, K.; Kryger Sorensen, J.; Kilsaa, K.; Brondsted Nielsen, M. *J. Org. Chem.* **2008**, *73*, 3175-3183.

[107] Srikrishna, A.; Ravi, G. *Tetrahedron* **2008**, *64*, 2565-2571.

[108] Kapferer, T.; Brueckner, R. *Eur. J. Org. Chem.* **2006**, *9*, 2119-2133.

[109] Hanessian, S.; Auzzas, L. *Org. Lett.* **2008**, *10*, 261-264.

戴斯-马丁氧化反应

(Dess-Martin Oxidation)

刘 惠

1 历史背景简述

早在 1870 年，高价碘化合物 IF$_5$ 就开始进入到人们的视野，并被认识到具有氧化性。1960 年前后，Stevenes[1]使用 IF$_5$ 将胺氧化成腈或偶氮化合物；Olah[2]使用 IF$_5$ 将碘代烷烃或叔胺氧化成相应的羰基化合物。在 20 世纪 70 年代，化学家将 IF$_5$ 中的氟配体用烷氧基或苯基替代，得到了一系列新的五配位高价碘化合物［例如：IF$_{5-n}$(OCH$_3$)$_n$, n=1~4］。由于这些高价碘化合物的物化性质不是很稳定，不适合作为合成试剂[3]。因此，促使人们继续研究更加稳定的氟代高价碘试剂。

1978 年，James Cullen Martin[4]等将含碘代苯甲醇 **1** 在氟里昂-113 中用过量的 CF$_3$OF 处理，得到了一个白色晶体沉淀 **2** (式 1)。新产物 **2** 是一个带有五员杂环、烷氧基配体和芳基配体的稳定氟代高价碘试剂，其稳定性很大程度上归功于五员环的作用。实验结果显示，化合物 **2** 可以作为氧化剂在室温下将伯醇和仲醇氧化成相应的醛和酮[5]。在伯醇的氧化反应中，即使使用过量的试剂 **2** 反应两天，产物醛也不会发生过度氧化生成羧酸(式 2)。

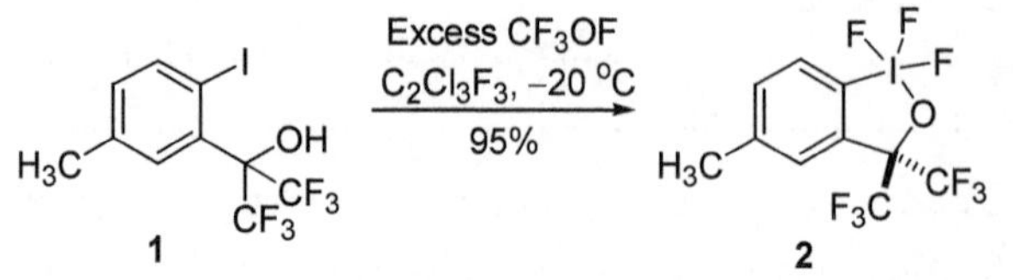

$$(1)$$

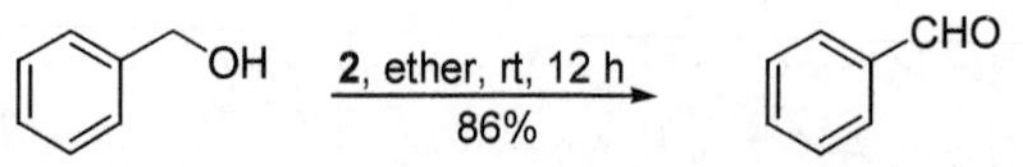

$$(2)$$

尽管高价碘试剂 **2** 具有较好的氧化性能，但是制备上的难度限制了它更为广泛的应用。为了解决这一问题，Martin[6]将 2-碘酰基苯甲酸 (2-Iodoxybenzoic acid, IBX) 与不同的酸酐或氟化物加热反应合成了一系列稳定的邻碘氧苯甲酸衍生物 (式 3)。1983 年，Martin 和他的学生 Daniel Benjamin Dess 合成了 1,1,1-三乙酰氧基-1,1-二氢-1,2-苯碘酰-3-酮 (DMP)[6a]。该化合物不仅容易制备，而且可以在温和条件下选择性地将醇氧化成醛或者酮，而底物分子中的呋喃环和硫醚以及其它许多官能团则不受影响 (式 4)。

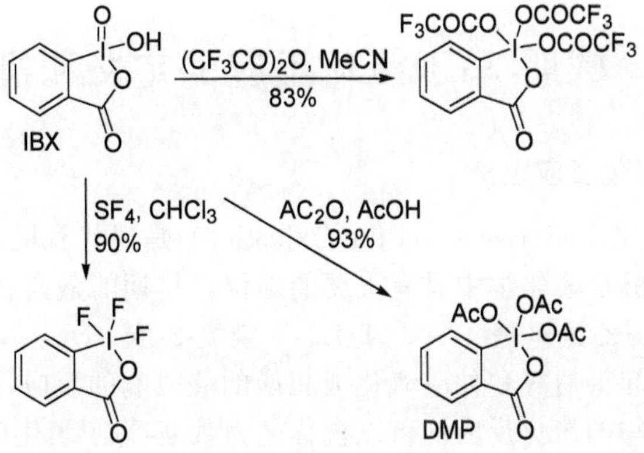

$$(CF_3CO)_2O, MeCN \quad 83\%$$

$$SF_4, CHCl_3 \quad 90\%$$

$$Ac_2O, AcOH \quad 93\%$$

IBX

DMP

$$(3)$$

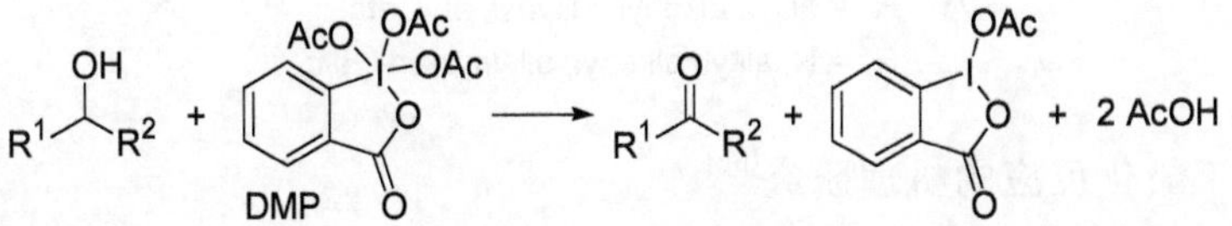

$$R^1\text{-CH(OH)-}R^2 + DMP \longrightarrow R^1\text{-CO-}R^2 + \quad + 2 AcOH \quad (4)$$

Aldrich Chemical Co. 最早开始出售商品 1,1,1-三乙酰氧基-1,1-二氢-1,2-苯碘酰-3-酮，并冠以 Dess-Martin Periodinane 作为商品名。根据该商品名的英文缩写，后来这种高价碘试剂就被简称为 DMP 试剂。用 DMP 试剂进行的氧化反应就被称之为戴斯-马丁氧化反应 (Dess-Martin Oxidation)。

Martin (1928-1999) 出生于美国田纳西州，在范德比尔特大学 (Vanderbilt University) 完成了他的本科和硕士研究生学习后，进入哈佛大学 (Harvard University) 攻读博士学位。他在 P. D. Bartlett 教授指导下进行溶剂化作用和碳正离子的稳定性研究工作，并于 1956 年获得博士学位。同年，他加入伊利诺大学尔巴那香槟分校 (University of Illinois at Urbana-Champaign)。在伊利诺大学，Martin 的研究兴趣不仅包括自由基的稳定性及分解性能，而且在元素有机化学领域也有相当的涉及。正是由于 Martin 在物理有机化学上的深厚造诣，特别是他对化学键的兴趣和理解，使他在元素有机化学领域做出了许多重要的"第一"的工作。Martin 小组发展了许多磷、硫、硅、溴和碘等的高价态试剂，例如：Martin Sulfurane (脱水剂) 和著名的 Dess-Martin Periodinane (DMP 高价碘试剂) 在现代有机合成中具有重要的应用。1985 年，Martin 回到范德比尔特大学做杰出教授直到 1992 年退休。Martin 在伊利诺大学和范德比尔特大学共 36 年的杰出职业生涯中对化学学科做出的许多重要贡献，对当代化学的发展仍具有重要的影响[7]。戴斯-马丁氧化反应是 Martin 和他的学生 Dess 在伊利诺大学期间做研究时发现和发展起来的。

2 戴斯-马丁氧化反应的定义和机理

2.1 戴斯-马丁氧化反应定义

戴斯-马丁氧化反应 (Dess-Martin Oxidation) 是现代有机合成中常用的氧化反应之一，在有机合成化学中具有重要的地位。早期的戴斯-马丁氧化反应主要是指使用 1,1,1-三乙酰氧基-1,1-二氢-1,2-苯碘酰-3-酮 (Dess-Martin Periodinane, DMP) 作为氧化剂将伯醇和仲醇氧化成相应的醛或酮的反应 (式 5)。现在，所有 DMP 试剂参与的氧化反应均可以被称之为戴斯-马丁氧化反应。

$$\underset{\substack{R^1 = \text{alkyl, alkenyl, alkynyl, aryl, etc} \\ R^2 = \text{H, alkyl, alkenyl, alkynyl, aryl, } \textit{etc.}}}{\overset{OH}{R^1 \!\!\!\!\! \diagdown \!\!\!\!\! R^2}} \xrightarrow{\quad \text{DMP} \quad} \overset{O}{\underset{R^1 \!\!\!\!\! \diagdown \!\!\!\!\! R^2}{\quad}} \qquad (5)$$

2.2 戴斯-马丁氧化反应的机理研究[6b]

Dess 和 Martin 发现 DMP 试剂可以温和地氧化伯醇和仲醇成醛或酮后，就对其氧化过程进行了深入的研究。通过许多重要反应中间体的分离和鉴定，提出了戴斯-马丁氧化反应机理[6b]。后来，Santagostino[8]通过 ^{1}H NMR 跟踪高碘试剂在化学反应过程中配位基团化学位移的变化，从中判断出碘化合物反应中间体的配位情况。他们对氧化反应做了结构和动力学方面的研究，进一步确证了这种氧化反应机理。近来，Brecker[9]还通过 ^{13}C 同位素动力学效应对戴斯-马丁氧化机理做了相关的动力学研究。

2.2.1 戴斯-马丁氧化反应的中间体及相关证据

Dess 和 Martin 在实验中首先发现：在 38 $^{\circ}$C 的氘代氯仿溶剂中，苄醇和烯丙醇被 DMP 试剂氧化的速度比相应的饱和烷基醇快很多。当醇的用量小于一个当量时，苯甲醇、呋喃甲醇、对硝基苯甲醇或香叶醇在 20 min 内即可定量地被氧化成醛，而烷基伯醇的转化率还不到 20%。例如：在相同的反应时间内，使用 1 eq 的 DMP 氧化剂和 1.05 eq 的乙醇或苯甲醇分别得到了 22% 的乙醛和 78% 的苯甲醛 (k_{benzyl}/k_{ethyl} = 5.9)。其它类似的比较还表明：使用 DMP 试剂进行的氧化反应在伯醇和仲醇之间没有动力学选择性。例如：乙醇/异丙醇或 2-乙基-1,3-己二醇中的两个羟基 ($k_{primary}/k_{secondary}$ = 1) 的氧化速率没有太大的差异。

在对反应中间体的研究中，他们发现往 DMP 的氘代氯仿溶液中加入少于一个当量的乙醇，马上可以得到一个乙氧基配位的高碘化合物 **3a** (式 6)。在 ^{1}H

NMR 谱图上，乙醇分子中的亚甲基氢的吸收峰 (δ = 3.68) 消失了，而产生了一组新的四重峰 (δ = 4.68)，对应于反应中间体 **3a** 分子中配位的乙氧基亚甲基氢吸收峰。

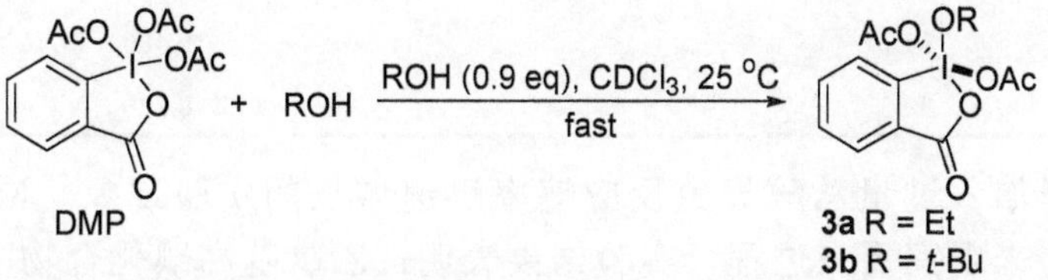

$$(6)$$

3a R = Et
3b R = t-Bu

乙氧基高碘中间体 **3a** 在 –20 °C 时是稳定的，但在 25 °C 下 2 h 内即分解生成乙醛、醋酸和三价碘化合物 **4** (式 7)。乙氧基高碘化合物 **3a** 的分解属于一级反应 ($k_1 = 2.47 \times 10^{-4}$ s^{-1})，加入吡啶或者醋酸对分解没有明显影响，但是加入三乙胺则会强烈抑制分解反应。

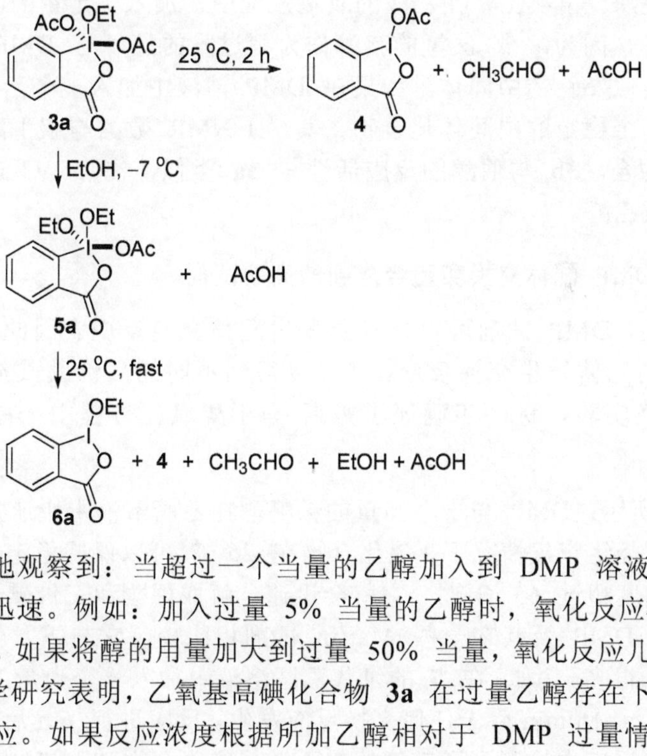

$$(7)$$

非常有趣地观察到：当超过一个当量的乙醇加入到 DMP 溶液中时，氧化反应变得异常迅速。例如：加入过量 5% 当量的乙醇时，氧化反应在 25 °C 下 20 min 内完成。如果将醇的用量加大到过量 50% 当量，氧化反应几乎可以在瞬间完成。动力学研究表明，乙氧基高碘化合物 **3a** 在过量乙醇存在下的氧化反应也属于一级反应。如果反应浓度根据所加乙醇相对于 DMP 过量情况来计算，表 1 列出了与不同反应浓度相对应的不同反应速率。表 1 的数据表明：**3a** 的分解反应速率与所加乙醇的浓度 (> 1.0 eq) 成线性关系，其截率 (速率常数 k_1，即 **3a** 在没有过量乙醇存在下的分解速率) 大约是 2.03×10^{-4} s^{-1}。这个线性结果可以表示成其准一级速率常数 k_{obsd}，可以用下列方程式来表达 (式 8)：

$$k_{obsd} = k_1 + k_2[\text{EtOH}] \qquad k_2 = 0.020 \text{ s}^{-1} \cdot (\text{mol/L})^{-1} \qquad (8)$$

表 1　3a 在过量乙醇存在下遵从准一级动力学规则分解

([EtOH]–[DMP])/(mmol/L)	k_{obsd} / 10^{-3} s^{-1}
5.80	0.324
14.2	0.486
30.3	0.820

为了解释加入过量乙醇导致反应速率迅速增加的实验现象，Martin 通过 ^{1}H NMR 实验来观察反应过程。实验结果表明：乙氧基高碘化合物 3a 与过量乙醇在 −7 ℃ 反应生成一个新的中间体，核磁数据表明这个新中间体为二乙氧基高碘化合物 5a (式 7)。中间体 5a 在低温下是比较稳定的，但是当温度超过 0 ℃ 时迅速分解，得到三价碘化合物 4 和 6a 及相应的乙醇和乙醛。中间体 5a 的迅速分解现象充分解释了为什么增加乙醇的用量会使氧化速率明显增加的实验现象。事实上，在乙醇的氧化反应中，加入一定量的叔醇也可以加速反应的速率，因为缺少 α-氢的叔醇作为稍过量的醇可与 DMP 发生配体交换反应生成类似 5a 的中间体。如果在 DMP 溶液中加入一个当量的叔丁醇，也可以得到一个稳定的中间体化合物，其 ^{1}H NMR 数据与叔丁醇氧高碘化合物 3b 结构吻合。3b 与伯醇的反应活性与 3a 类似，在 25 ℃ 时它可以很快将乙醇氧化成乙醛。

2.2.2　通过 DMP 配体交换实验合成新的高碘试剂

如前所述，DMP 试剂可以与叔醇发生配体交换反应。因此，通过 DMP 试剂与不同的配体发生交换反应，就可以得到不同的高价碘试剂。Martin 还利用配体交换实验，进一步确证了戴斯-马丁醇氧化过程中一些相关中间体的存在。

如式 9 所示：DMP 与一个当量的频哪醇在乙腈溶液中快速反应生成高碘化合物 7。在隔绝空气情况下，该化合物在 25 ℃ 可以保持稳定。然而在氯仿溶液中，当温度超过 65 ℃ 时，它就会迅速分解成丙酮和三价碘试剂 4。高碘化合物 7 与 DMP 及其它一些 Martin 试剂相比较，它与醇发生配体交换反应的活性要低很多。例如：在 7 的氘代乙腈溶液中加入一个当量的叔丁醇，^{1}H NMR 检测显示 15 min 后无任何交换反应发生。反应进行 6 h 后，才检测到有丙酮的生成。反应中检测到了三价的叔丁氧基碘化合物 8，却没有检测到乙酰氧代碘化合物 4。苯甲醇能与高碘化合物 7 发生配体交换反应，生成苯甲醛和三价碘化合物 9，并同时得到相应的丙酮和苄氧基三价碘化合物 10。在反应进程中，通过 ^{1}H NMR 谱图没有直接的证据证明三烷氧基高碘中间体的生成。在乙醇与频哪醇配位的碘化合物 7 的反应中，也没有观察到三乙氧基配位的情况。

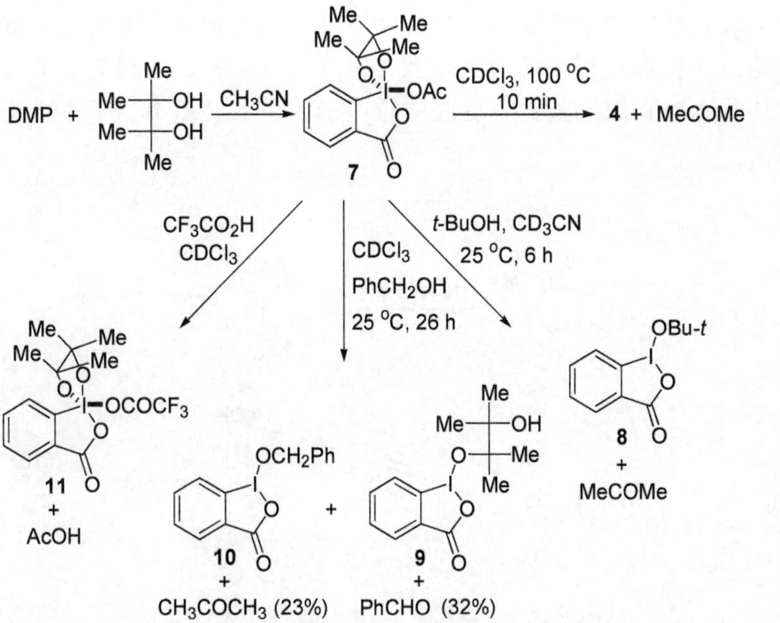

$$(9)$$

在 25 °C 时 ¹H NMR 检测发现：碘化合物 **7** 中的乙酰氧基与乙酸在低浓度下 (ca. 0.09 mol/L 的 CDCl₃ 溶液或者 CD₃CN 溶液) 也会发生配体的解离和交换。但在同样条件下，DMP 及其衍生物 **3a~b** 上的乙酰氧基与醋酸并不发生解离和交换反应。即使将反应温度升到 65 °C，¹H NMR 也观察不到交换反应的发生。加入一个当量的三氟乙酸到 **7** 的溶液中，可以用 ¹H NMR 观察到三氟乙酰氧代过碘烷 **11** 的存在，但是没有分离得到 (式 9)。Dess 和 Martin 也对其它潜在的双齿配体与 DMP 的交换反应做了研究，但是没有得到稳定的中间体，只是通过 ¹H NMR 谱观察到类似 **7** 的双烷氧基复合物的存在。

2.3　DMP 对醇氧化的反应机理[6b]

通过前面的讨论我们可以得到如下三个结论：(1) DMP 与不到一个当量的伯醇或仲醇迅速反应，可以得到单烷氧基二乙酰氧基高碘中间体 **12** (式 10)。然后，中间体 **12** 分解成为醛或酮以及乙酰氧基碘化物 **4**，从而完成醇的氧化反应。(2) 在 DMP 中加入过量的醇 (甚至是自身不被氧化的叔丁醇)，可以形成双烷氧基高碘中间体 **5**。中间体 **5** 具有比中间体 **12** 更快的分解速度，从而大大加速了反应。(3) 对于不同的烷氧基配位高碘化合物 **12** 来讲，相同条件下苄醇和烯丙醇比相应的饱和烷基醇反应要快得多。

根据加入吡啶或三乙胺作碱没有提高分解反应速率这一事实，可以推测高碘中间体 **12** 分子中烷氧基上 α-碳的脱质子过程应当不是反应的决速步骤 (式 10，route A)。由于酸的加入对反应速率也没有影响，而且苄氧基或烯丙基氧基要比饱和烷氧基配位生成的高碘化合物分解速率快得多，说明 **12** 离子化为 **13** 也不是反应机理过程中的决速步骤 (式 10，route B)。因为苄基或烯丙基烷氧取代基要比饱和烷氧基具有更强的拉电子效应，显然不利于生成正离子中间体 **13**。

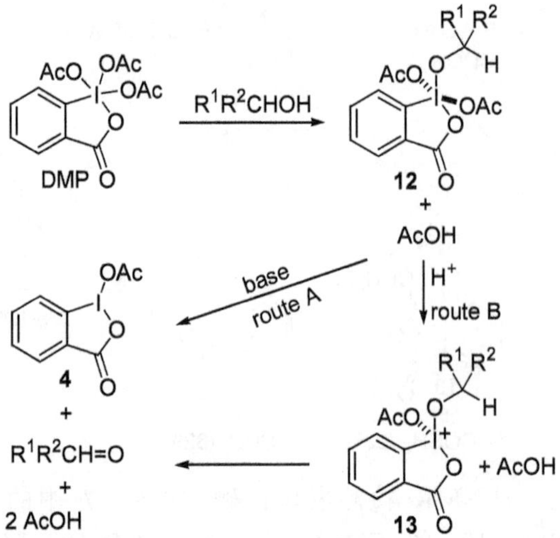

(10)

在醋酸根配体从烷氧基上摄取一个 α-质子完成醇的氧化反应过程中，观察到苄醇和烯丙醇比饱和烷基醇反应要快得多。另外还观察到氧化胆固醇和体积较小的饱和烷基醇比较，空间位阻大的烷氧基高碘中间体 **13** 要比位阻小的中间体分解速度慢很多，这说明立体因素对反应有很重要影响。Dess 和 Martin 推测反应可能经过下面一个过渡态 **14** (式 11)，在烷氧基 α-质子向其中的一个乙酰氧配位基转移的过程中，立体因素可能起了很重要的作用。

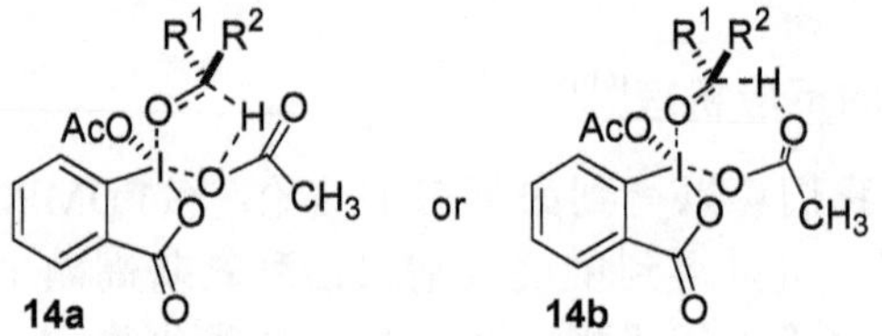

(11)

另外还观察到一个很有趣的现象：当醇的用量超过一个当量时，反应很快生成 **5** 或相应的二烷氧基碘化合物。尽管烷氧基负离子与乙酸根负离子相比其碱性更强，高碘化合物 **5** 中还是形成了一个烷氧基配体和乙酸根配体互相处于反式位置的 O-I-O 的三中心四电子 (3c, 4e) 键。像所有高价态物种一样，对烷氧基而言，这样就促使更多的负电荷往乙酸根上转移。因此，电负性更强的乙酸根配体可能经过 **15** 过渡态形式发生分子内的快速氢转移反应，或者快速地形成乙酸根负离子和离子化形成 **16** (式 12)。

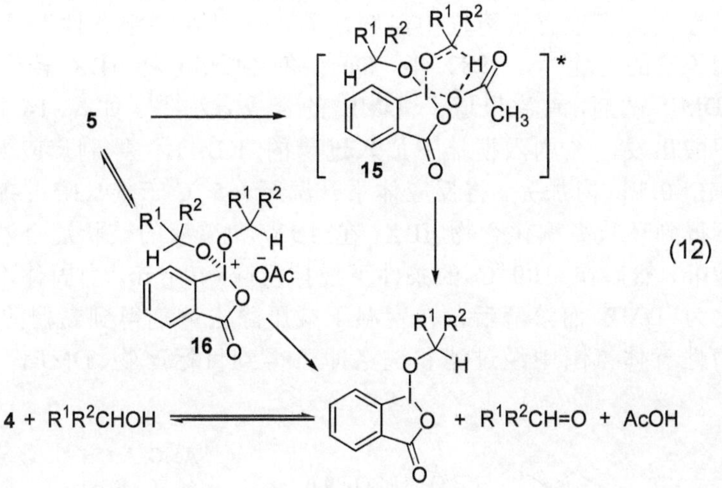

$$5 \longrightarrow \left[\quad 15 \quad \right]^{*}$$

$$16 \quad (12)$$

$$4 + R^1R^2CHOH \rightleftharpoons \quad + R^1R^2CH{=}O + AcOH$$

当然，在 **5** 的离子化过程中，烷氧基负离子的离子化程度要比乙酸根负离子的离子化程度低得多。但是，在离子化的 **17** (式 13) 结构中，烷氧基负离子具有更强的碱性。由于碘上面也具有更多的正电荷，这显然有利于烷氧基上的 α-质子转移。虽然在反应中 **16** 的浓度要比 **17** 大得多，但是 **17** 的分解反应肯定要比 **16** 快很多，也许是一个动力学控制的反应。

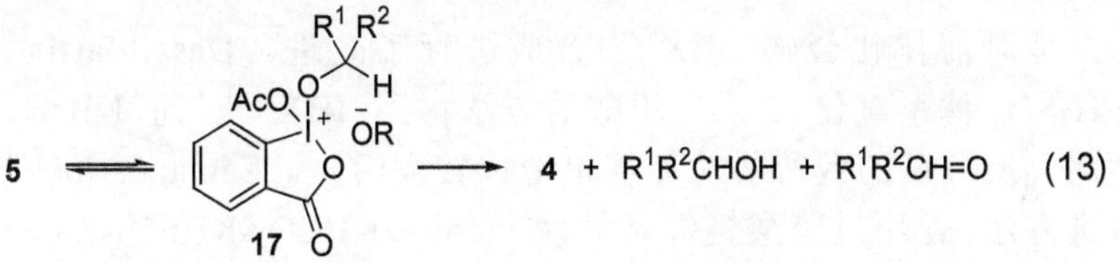

$$5 \rightleftharpoons \quad 17 \quad \longrightarrow 4 + R^1R^2CHOH + R^1R^2CH{=}O \quad (13)$$

3 戴斯-马丁氧化反应中的高价碘试剂

3.1 DMP 的合成和性质

高价碘试剂作为一种选择性氧化剂，因具有反应条件温和、产率高和环境友好等特点而越来越多地得到研究和应用。在众多的高价碘化合物中，DMP 是其中最典型和最优秀的高价碘氧化剂之一[10]。与其它氧化剂不同的最显著特点在于，DMP 对底物的化学选择性非常高；一般只选择性地氧化醇羟基为羰基，而其它一些易氧化的官能基团则不受影响。因此，在有机合成，特别是一些药物和天然产物的合成上有独特的优势。

3.1.1 Dess-Martin 合成法

高价碘氧化剂 2-碘酰基苯甲酸 (IBX) 在 19 世纪末就已被发现[11]，但是由于它在大多数有机溶剂中溶解性差，而且在特定条件下具有爆炸性，因而限制了它的用途[6b]。1983 年，Dess 和 Martin 将 IBX 转化为溶解性能较好的 DMP 试剂，首次报道了 DMP 的合成方法[6a]。如式 14 所示[12]：由 2-碘苯甲酸出发，在剧烈搅拌下加入过量的 KBrO$_3$。控制反应温度不超过 55 $^{\circ}$C，并在 0.5 h 内加完。将反应体系升温至 65 $^{\circ}$C 反应 3.5 h 后，在 0 $^{\circ}$C 过滤即可得到环状高碘化合物 IBX。在 IBX 和醋酸的浆状混合液中加入 10 eq 的醋酸酐，然后在 100 $^{\circ}$C 的条件下搅拌反应 40 min。当固体不溶物 IBX 逐渐转化为 DMP 而溶解后，在室温下减压除去溶剂得到黏稠的残留物。残留物在惰性气体氛围中经过滤和洗涤即可得到目标产物 DMP，分离产率达到 93%[6a]。

$$\text{2-碘苯甲酸} \xrightarrow[93\%]{KBrO_3, H_2SO_4, 4\ h} IBX \xrightarrow[93\%]{\substack{Ac_2O,\ AcOH \\ 100\ ^{\circ}C,\ 40\ min}} DMP \qquad (14)$$

3.1.2　改进的 DMP 合成法[13]

很多实验室根据 Martin 报道的方法来合成 DMP 试剂，但是实验的重复性不是很好。于是，产生了许多改进的合成方法。

首先是对前体化合物 IBX 的合成进行了改进。Dess-Martin 方法使用 KBrO$_3$/H$_2$SO$_4$ 体系氧化 2-碘苯甲酸的方法得到 IBX[12]，而 KBrO$_3$ 是一种致癌化学品，反应后的残留物对环境也造成较大污染。Santagostino[14]等报道了一种改进方法，使用过硫酸氢钾试剂 (Oxone, 2KHSO$_5$-KHSO$_4$-K$_2$SO$_4$) 作为氧化剂来替代 KBrO$_3$/H$_2$SO$_4$ 体系 (式 15)。Oxone 是一种高效清洁的氧化剂，在反应前后对环境不会造成很大污染。它还具有氧化效率高和容易保存的优点，最近几年来在有机合成中的应用逐年增加。在 IBX 合成中使用 Oxone 为氧化剂还有另外一个优点，那就是氧化反应可以在水溶液中进行。由于 Oxone 氧化可以方便地得到高纯度的 IBX，Dess-Martin 合成方法已逐渐被淘汰。

$$\text{2-碘苯甲酸} \xrightarrow[79\%\sim 81\%]{Oxone\ (1.3\ eq),\ H_2O,\ 70\ ^{\circ}C,\ 3\ h} \text{IBX} \qquad (15)$$

使用 Dess-Martin 原始的合成法[6a]制备 DMP 时，需用将 IBX 在 100 $^{\circ}$C 的醋酸酐和醋酸混合溶液中处理大约 40 min。在后来的改进方法中[6b]，乙酰化反应可以在 85 $^{\circ}$C 下进行，然后在 40 $^{\circ}$C 下浓缩反应液。但是使用这种改进的方法，不仅导致 IBX 的乙酰化反应进行得很慢，而且还因乙酰化反应不完全而得到混合物。虽然还有文献报道[15]通过选择合适的反应时间或者向反应体系中通入干燥惰性气体来增加乙酰化反应的效率，但是 Ireland[16] 等发现这些改进的方法不具有很好的可重复性。Ireland 等通过研究发现：使用催化量的 TsOH 代替 AcOH 时，乙酰化反应可以在 2 h 内完成，以 91% 的产率得到 DMP (式 16)。Ireland 的改进方法在 100 g 规模上重复实验多次，每次都能够得到 90% 以上的产率[16]。

$$\text{IBX} \xrightarrow[91\%]{\text{Ac}_2\text{O, TsOH, 80 }^\circ\text{C, 2 h}} \text{DMP} \tag{16}$$

3.1.3　DMP 试剂的性质

因合成方法的不同和后处理方法的差异，DMP 试剂可以是白色粉末、晶体粉末或者块状物质。它的密度为 1.362 g/cm^3，熔点为 103~133 $^\circ$C。它在正己烷和乙醚中微溶，但是在二氯甲烷、三氯甲烷和乙腈中的溶解度很好。合成的 DMP 试剂中往往还含有少量的 IBX 及其单乙酰化产物等，因此也可以考虑直接从 Aldrich Chemical Co. 购买商品 DMP 试剂。即使在密封的容器中，DMP 也有一个不是很确定的保质期。DMP 长期暴露在空气中会导致部分水解，但是使用过量的 DMP 试剂，氧化反应无需惰性气体保护也可以得到同样的反应产率。高纯度的 DMP 虽然不像 IBX 那样对温度和撞击敏感或者在密闭容器中易爆炸[17]，但是仍然需要作为潜在的爆炸物来小心处理。当 DMP 试剂纯度不高时，使用的时候尤其需要注意，因为一些不纯的杂质很可能是引起 DMP 敏感的主要因素[13]。

3.2　其它类 DMP 性质的高价碘试剂

如前文所述，许多高价碘试剂具有较好的氧化性能。IBX 于 1893 年被合成出来至今已经有一百多年的历史了。但是由于它在大多数常用溶剂中的溶解性差，因而有关 IBX 的应用在以前报道的并不多[6b,11]。直到 1994 年，Frigerio[18]发现 IBX 易溶于 DMSO，而且在 DMSO 中可以高度选择性地将伯醇或仲醇氧化为相应的羰基化合物，从而揭开了 IBX 在有机合成中的新篇章。IBX 作为一种温和的氧化剂，表现出与 DMP 相似的性质。例如：在氨基和硫醚的存在下，它可以选择性地将 1,4-二醇氧化成 γ-乳醇等[18b]。另外，IBX 还具有价格便宜、易于制备、在空气中稳定和可长期保存等特点。近年来，关于 IBX 研究和应用的文献明显增多[19]。许多综述文献还对 DMP 和 IBX 及其衍生物的氧化性能进行了比较[10,20]。式 17 所示的是部分 IBX 衍生物的分子结构。

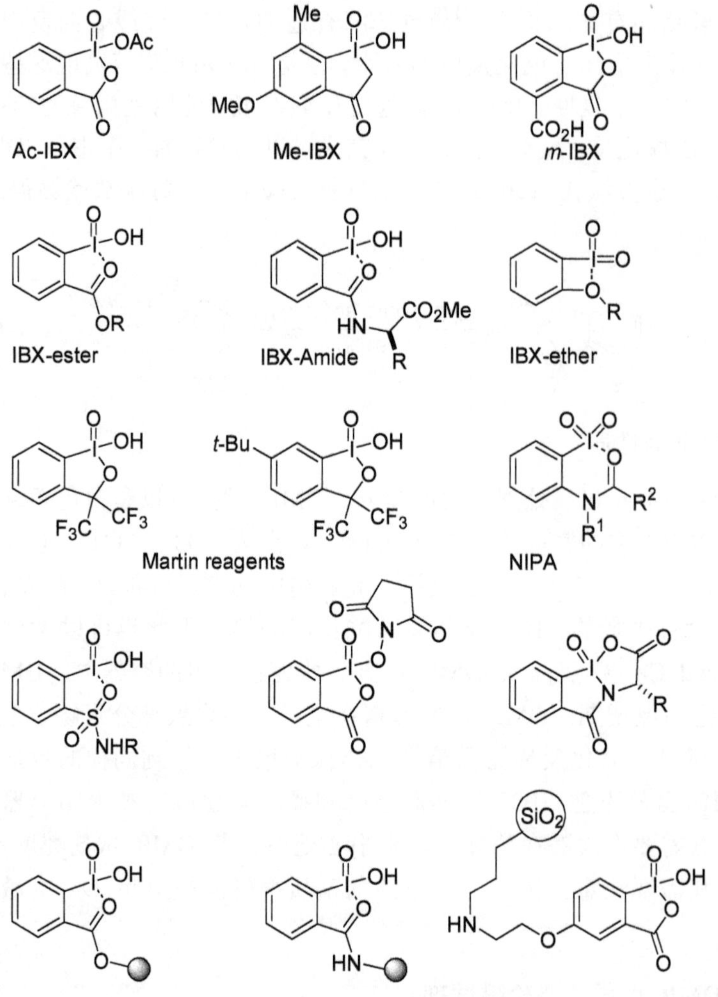

Ac-IBX　　　　　Me-IBX　　　　　*m*-IBX

IBX-ester　　　　IBX-Amide　　　　IBX-ether

Martin reagents　　　　NIPA

(17)

4　戴斯-马丁氧化反应类型综述

　　DMP 试剂具有反应条件温和、选择性高的反应特性，同时还具有无毒、环境友好、操作简单等优点，因此在有机合成中已获得了广泛应用。下面按戴斯-马丁氧化反应中底物的类型，分成九个部分进行介绍。

4.1　醇羟基的氧化

　　DMP 试剂是将伯醇和仲醇氧化成醛和酮的转变中最实际、方便和有效的氧化剂之一。该类氧化反应一般使用二氯甲烷或乙腈作溶剂，在室温和中性条件下进行。DMP 试剂在反应后被转变为三价碘副产物，后处理时只需要用碳酸氢钠溶液洗去副产物即可。与其它氧化试剂比较，它具有选择性高、反应时间短、氧化剂用量少、后处理简单等特点。特别重要的是该反应不会引起过度氧化，根本不必担心产物醛或酮会被过度氧化成羧酸。

除了少数特例外，DMP 试剂对饱和醇的氧化反应一般在室温下 2 h 内完成，对苄醇和烯丙醇的氧化反应可在 30 min 内完成。加入大于一个当量的醇 (或者叔丁醇) 可以大大加快反应的速度。一般情况下，使用 5%~10% 过量的 DMP 即可定量地将醇氧化成醛或酮。戴斯-马丁氧化反应的操作非常简单，只需将 DMP 溶解在合适的溶剂中 (二氯甲烷、三氯甲烷、乙腈等)，然后加入底物即可。后处理的方法一般是首先用乙醚稀释，然后再用稀氢氧化钠进行洗涤。对于碱性敏感的底物和产物，可以使用碳酸氢钠或者硫代硫酸钠水溶液进行洗涤。使用吡啶缓冲溶液和硫代硫酸盐的后处理方式，可以使氧化反应过程和后处理分离基本在中性条件下完成，这对许多酸碱敏感的底物是非常有利的。这些方法均可以方便地将反应后的含碘残留物、醋酸以及其它的一些水溶性物质一起除去。

在戴斯-马丁氧化反应中，DMP 试剂中的一些杂质往往可以促进反应的进行。例如：Schreiber[16b]等发现人为地加入一定量的水，可以大大地加快反应的速度。另外，在微波辐射[21]和硅胶或其它材料附载[22] DMP 的条件下，氧化反应也可以很顺利地进行。Heravi[23]等发现：在硅胶附载 DMP 试剂和微波条件下，反应可以在无溶剂条件下进行，高产率地得到氧化产物且不会发生过度氧化反应。近年来，离子液体作为一种绿色溶剂可以作为一些易挥发溶剂的替代品越来越受到人们的重视[24]。DMP 氧化醇为醛或酮的反应也可以使用离子液体作溶剂。例如：Yadav[25]等使用第二代离子液体作反应溶剂，发现具有氧化反应时间短、产率高、催化剂和溶剂易回收等优点。

DMP 作为氧化剂，与常用的铬氧化剂和二甲亚砜氧化剂相比具有很多优越之处。例如：铬氧化剂一般需要较长的反应时间、使用过量的氧化剂、会产生对环境污染的 Cr(III) 副产物，而且对含硫化物、烯醇和醚等官能团没有选择性等等。Swern 二甲亚砜试剂虽然也具有化学选择性和后处理简单的特点，但使用时需要临时制备和小心加入到草酰氯等溶液中。Moffat 氧化可以在室温下进行，但是除去反应中生成的 N,N'-二环己基脲副产物却不是一件容易的事情。

DMP 试剂最大的用处和最突出的优点是可以高度化学选择性地氧化醇羟基，而对底物分子中的非羟基官能团 (例如：硫化物、烯醇、醚、呋喃和二级酰胺等) 则没有影响。另外，戴斯-马丁氧化反应与 Wittig 反应联用的"一锅煮"反应以及 DMP 促进的氧化-成环串联反应在复杂化合物的合成中也体现出了其独特的优势。

4.1.1 含多官能团底物中醇羟基的选择性氧化

DMP 氧化剂最突出的特点之一，就是能够高度化学选择性地氧化带有其它敏感基团底物中的醇羟基生成相应的羰基化合物。因此，DMP 最常被用于一些复杂底物分子的氧化反应，特别广泛地应用于药物和天然产物的合成。

DMP 这种化学选择性特性已经广泛应用于含有对氧化敏感基团化合物 (例如：不饱和醇、糖类、多羟基化合物、杂环化合物、聚醚化合物、硅醚化合物、胺、酰胺、叠氮化合物、核苷衍生物、硒化物、碲化物、氧膦、高烯丙基、高炔丙基醇和含氟醇等) 的氧化中，并取得了很大的成功。

4.1.1.1 含不饱和键官能团的醇的氧化

戴斯-马丁氧化反应中，含有不饱和键的醇被选择性氧化成为羰基而双键不受影响。如式 18 所示[26]：含有双键的仲醇底物 **18** 以 95% 的产率得到 α,β-不饱和酮 **19**。特别值得提出的是，底物双键的顺反构型在戴斯-马丁氧化反应中也能得到完全的保持。例如：在底物 **20** 的选择性氧化中，底物结构中顺式烯烃和反式烯烃的构型都得到了良好的保持。这对合成那些同时具有顺反烯烃结构的昆虫性信息素具有非常重要的意义 (式 19)[27]。DMP 试剂的选择性氧化特性在天然产物 prostaglandin $F_{2\alpha}$ 全合成中间体 **23** 的合成中也得到了成功的应用 (式 20)[28]。

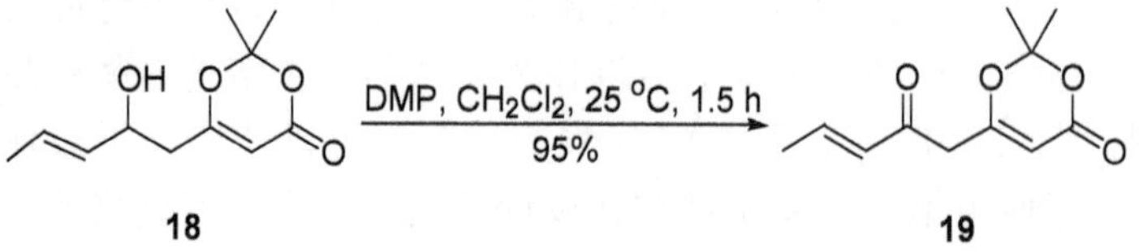

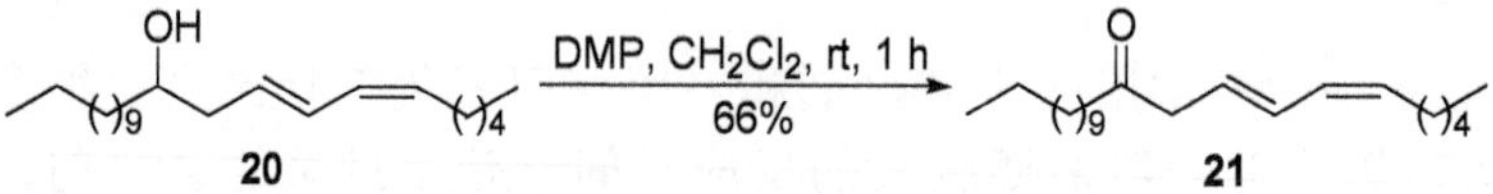

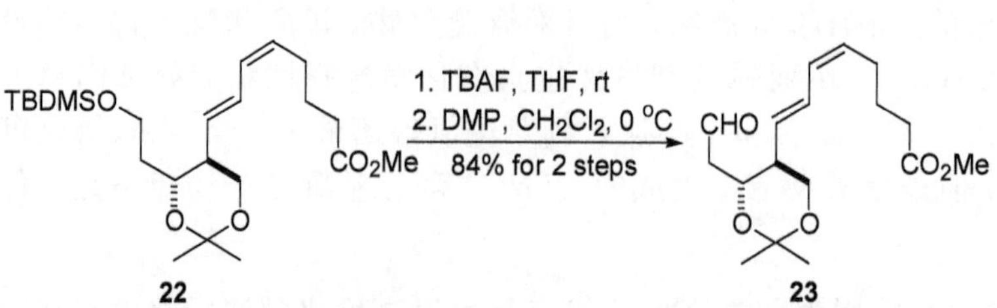

DMP 还可以应用于含有烯醇或重氮结构等不饱和醇的选择性氧化。在构建 RNA 聚合酶抑制剂 Myxopyronin A 和 B 核心结构单元 **25** 的合成中，成功地应用了 DMP 对烯醇 **24** 进行选择性氧化 (式 21)[29]。最近，Weinreb 还发现：DMP 也可用于 α-重氮-β-羟基酯 **26** 的氧化反应，高产率得到了 α-重氮-β-酮酯 **27** (式 22)[30]。

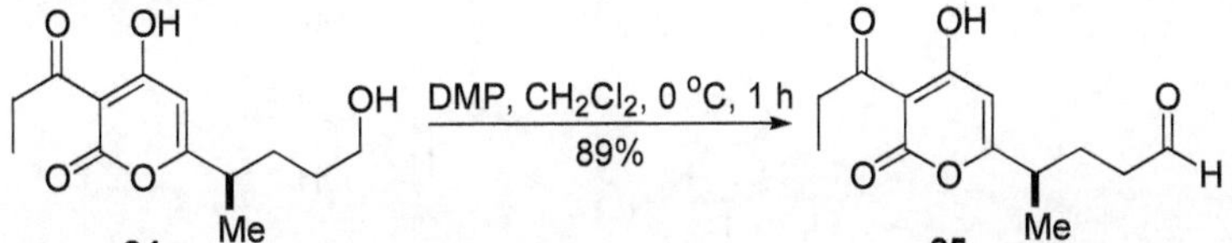

(21)

24 → **25**

DMP, CH₂Cl₂, 0 °C, 1 h
89%

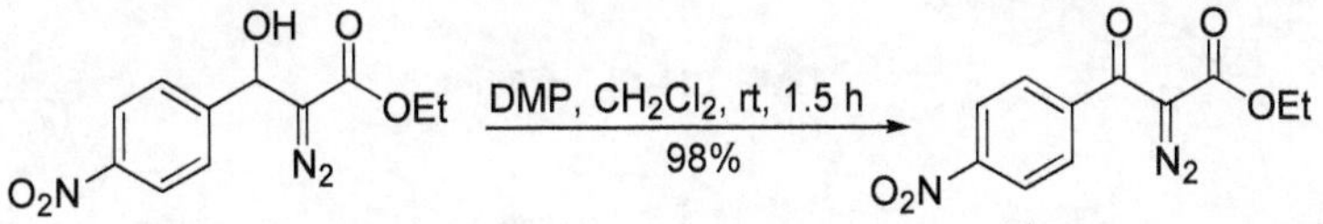

(22)

26 → **27**

DMP, CH₂Cl₂, rt, 1.5 h
98%

4.1.1.2 含杂原子醇的氧化

在戴斯-马丁氧化反应中，一些含有主族非金属元素的底物对反应的选择性也没有影响。例如：亚砜 **28** 中羟基的氧化是一件非常困难的事情。使用氧化剂 PCC 或 PDC 以及 Swern 氧化都得到复杂的混合物，活性 MnO₂ 则根本不反应。但是，使用 DMP 作为氧化剂室温下反应 0.5 h，即可顺利得到目标产物 **29** (式 23)[31]。再例如：将 α-羟基-三异丙基硅基丙炔基膦酸酯 **30** 和 DMP 在 CH₂Cl₂ 中室温搅拌 12 h，就可以 59% 产率得到 α-酮基膦酸酯 **31** (式 24)[32]。

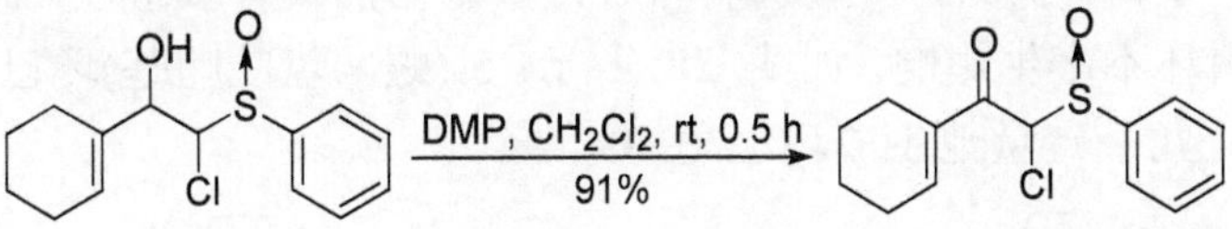

(23)

28 → **29**

DMP, CH₂Cl₂, rt, 0.5 h
91%

(24)

30 → **31**

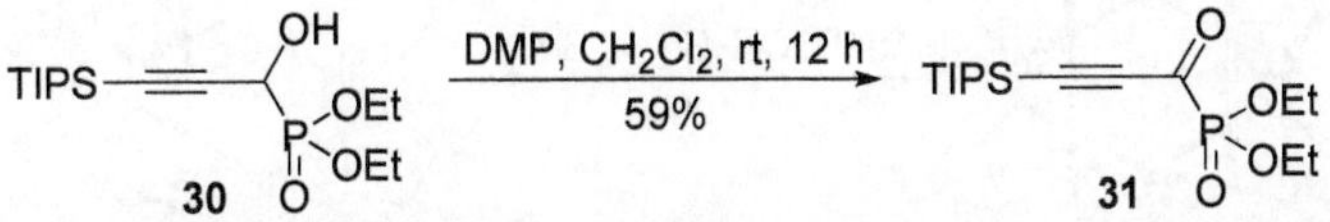

DMP, CH₂Cl₂, rt, 12 h
59%

氟元素在许多方面可以影响化合物的生物活性[33]，因此含氟化合物被广泛用做除草剂、杀虫剂和杀菌剂等等[34]。含氟醇的氧化是一个很重要的研究内容，而 DMP 试剂对此表现出特殊的作用。如式 25 所示：含氟醇 **32**[35] 的戴斯-马丁氧化反应能很顺利地进行，以较高的产率得到了预期的氧化产物。许多含氟醇的氧化反应都可以在 DMP 作用下完成[36]，它的选择性特别适合那些具有复杂结构的生物活性化合物的合成 (式 26[37] 和式 27[38])。

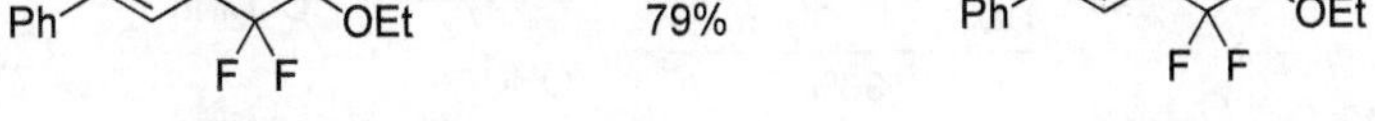

(25)

32 → **33**

DMP, CH₂Cl₂, rt, 25 min
79%

(26)

34 → **35**

DMP, CH₂Cl₂, rt, 3 h
100%

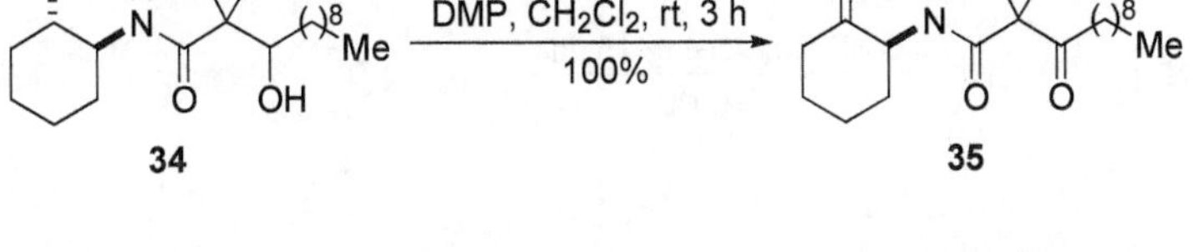

36

37

(27)

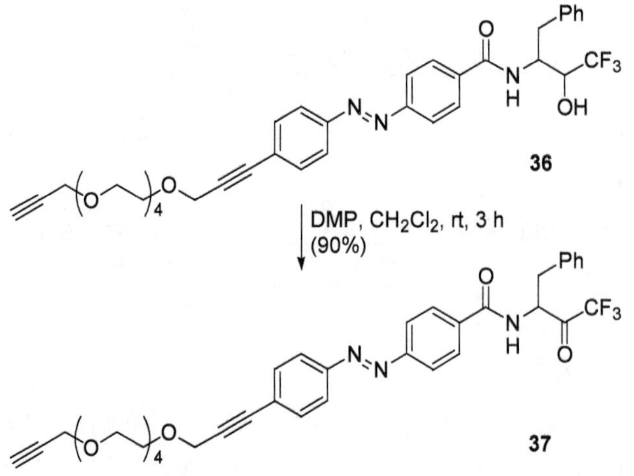

4.1.1.3 含杂环醇的氧化

杂环结构是许多重要生物活性化合物的重要组成单元，在材料合成上也具有不可替代的重要性。在具有杂环结构化合物参与的反应中，杂环结构的化学稳定性是必须考虑的事情。例如，四氢呋喃环对许多氧化剂具有敏感性，而 DMP 试剂却对四氢呋喃环不产生影响。如式 28 所示：5-(螺四氢呋喃基)环己烷基醇 **38** 经 DMP 氧化，几乎定量地生成环己酮 **39**[39]。

38

39

(28)

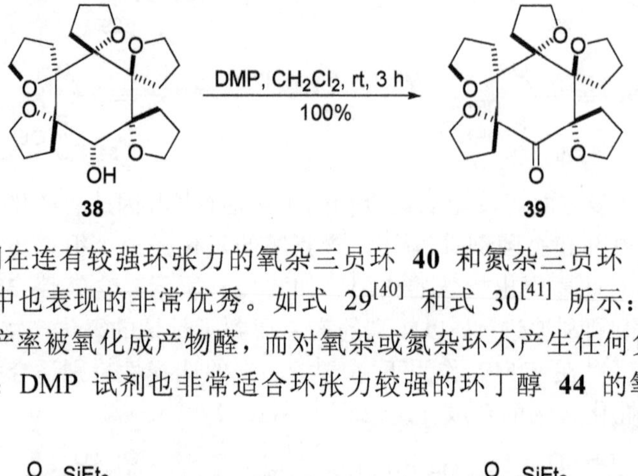

DMP 试剂在连有较强环张力的氧杂三员环 **40** 和氮杂三员环 **42** 的醇化合物的氧化反应中也表现的非常优秀。如式 29[40] 和式 30[41] 所示：其中的醇羟基以非常高的产率被氧化成产物醛，而对氧杂或氮杂环不产生任何负面影响。如式 31[42] 所示：DMP 试剂也非常适合环张力较强的环丁醇 **44** 的氧化反应 (式 31)[42]。

40

41

(29)

42

43

(30)

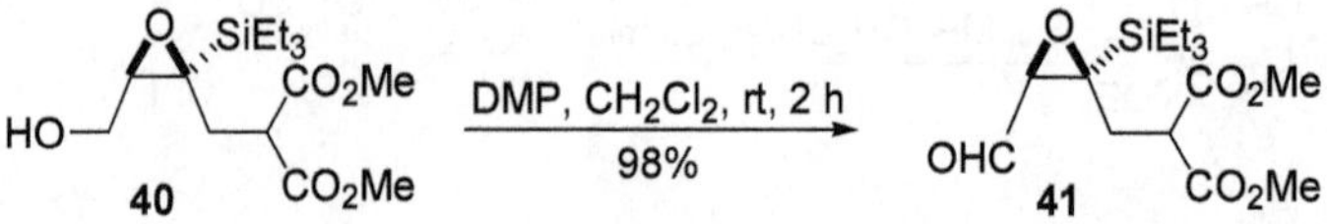

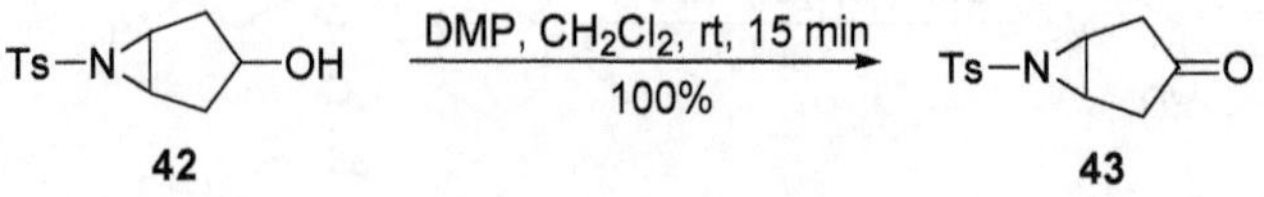

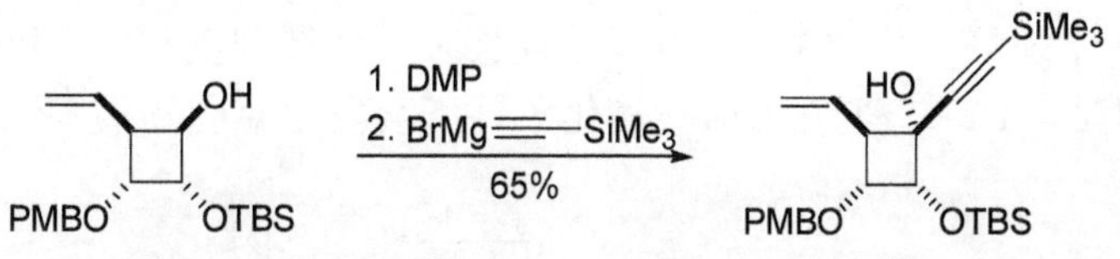

$$(31)$$

4.1.1.4　含杂芳环醇的氧化

杂芳环具有特殊的化学和物理性质，是有机化合物中极为重要的一类物质。许多含杂芳环醇的氧化反应因为杂芳环的存在，对许多氧化剂表现出不适应性。事实上，DMP 试剂参与的氧化反应在许多重要含杂芳环醇 (例如: **46** 和 **48**) 的氧化反应中都取得了非常好的结果 (式 32[43] 和式 33[44])。

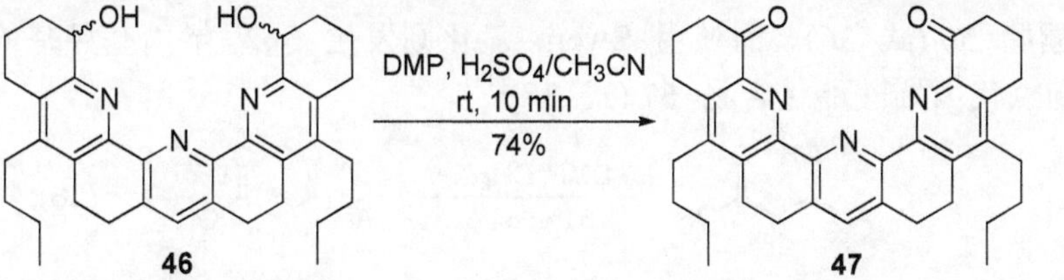

$$(32)$$

$$(33)$$

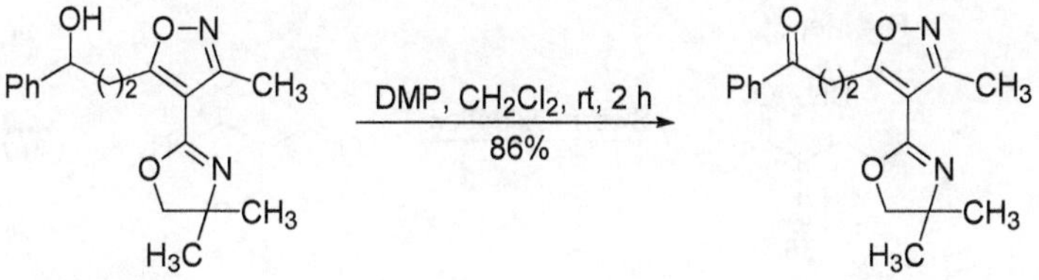

DMP 在核苷衍生物 **50** 的转化中也有很成功的应用，产率高且选择性好。如式 34 所示: 核苷分子中的醚键、杂环和氨基等官能团对醇羟基的选择性氧化没有影响[45]。

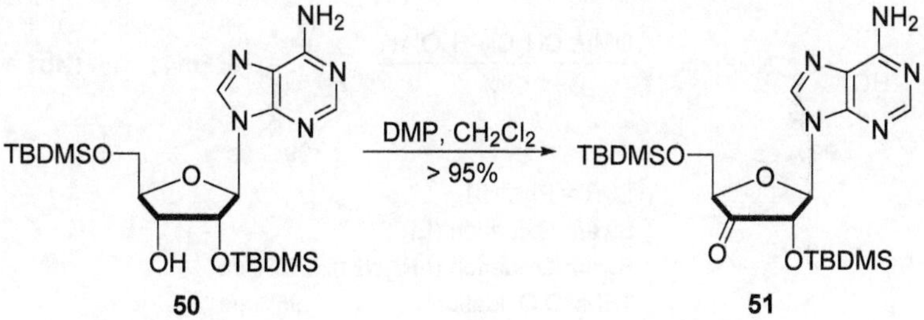

$$(34)$$

4.1.1.5　DMP 试剂对醇氧化的一些特殊选择性

DMP 试剂在氧化末端二醇 **52** 时，反应的产物随着碳链长度的变化而有所不同。当碳链长度合适时，一端的羟基被氧化成醛后随即发生分子内成环反应，生成 5~7 员环半缩醛产物 **53**。而当碳链较长时，则得到正常的二醛化合物 **54** (式 35)[46]。但是，1,2-二醇在 DMP 氧化条件下会发生氧化断裂[46,47]。

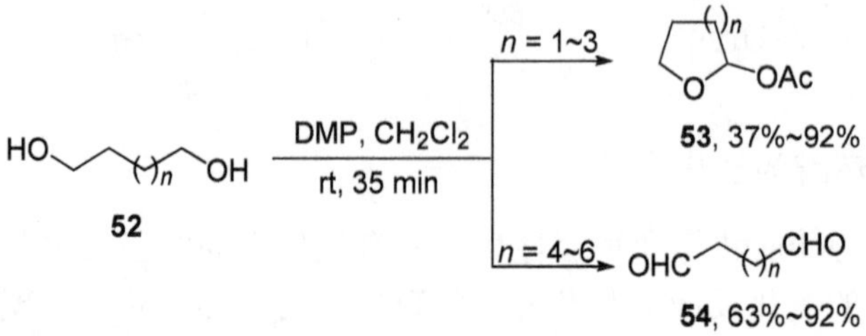

$$(35)$$

戴斯-马丁氧化与其它氧化反应比较，其化学选择性也往往有它特殊的地方。例如：使用 DMP 试剂对 Baylis-Hillman 反应产物 **55** 进行氧化时，可以得到 α-亚甲基-β-酮酯 **56** (式 36)。而使用 Swern 氧化则发生 S_N2' 烯丙基羟基的氯代反应，得到氯代丙烯酸酯化合物 **57** (式 37)[48]。

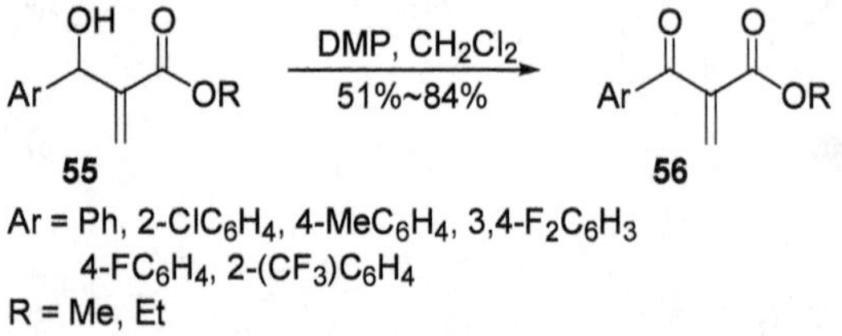

$$(36)$$

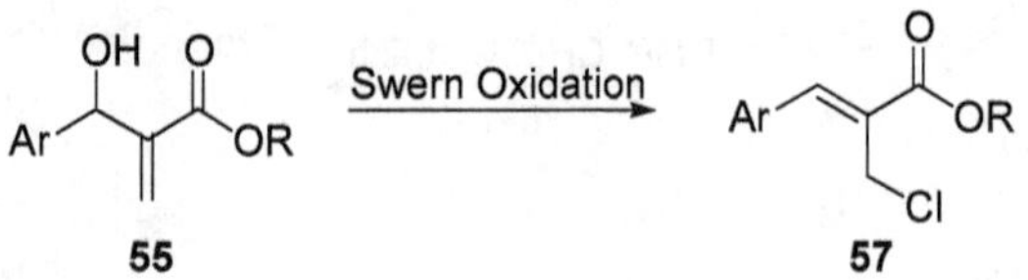

Ar = Ph, 2-ClC₆H₄, 4-MeC₆H₄, 3,4-F₂C₆H₃
4-FC₆H₄, 2-(CF₃)C₆H₄
R = Me, Et

$$(37)$$

DMP 试剂在氧化一些易发生外消旋的手性氨基酸衍生物时，能够保持底物的光学纯度 (式 38)，这是戴斯-马丁氧化反应在有机合成应用中又一个非常有用的优点。如式 38 所示[49]，与戴斯-马丁氧化相对照，N-Fmoc-β-氨基醇经 Swern 氧化后，生成的产物 N-Fmoc-β-氨基醛只有 50%~68% ee。

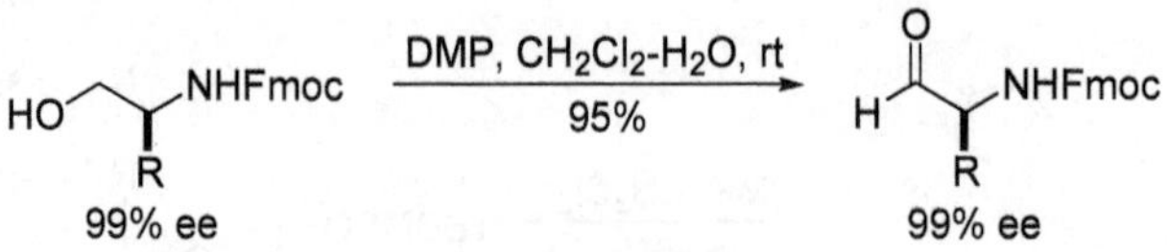

$$(38)$$

以 R = Ph 为例：
Swern Oxidation (Et₃N):   --
Swern Oxidation (*i*-Pr₂NEt):   50% ee
TEMPO Oxidation: 95% ee
Dess-Martin Periodinane: 99% ee

DMP 的这一特性在手性氨基酸衍生物的合成中非常有用[36a,50]，特别是在一些多肽类抑制剂 (例如：**59** 和 **61**) 的合成中得到了很好的体现 (式 39[51] 和式 40[52])。

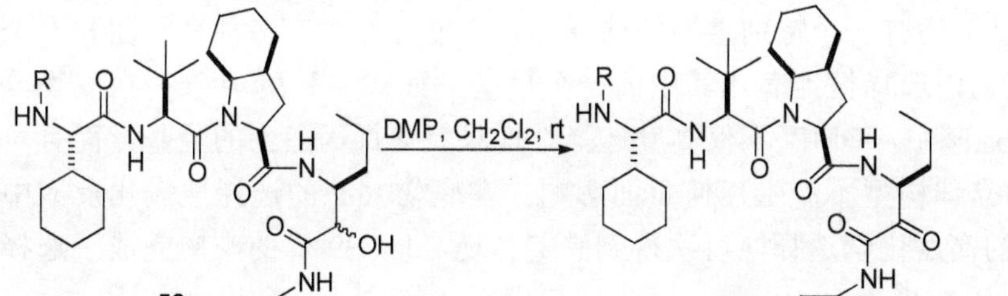

(39)

58 → **59**

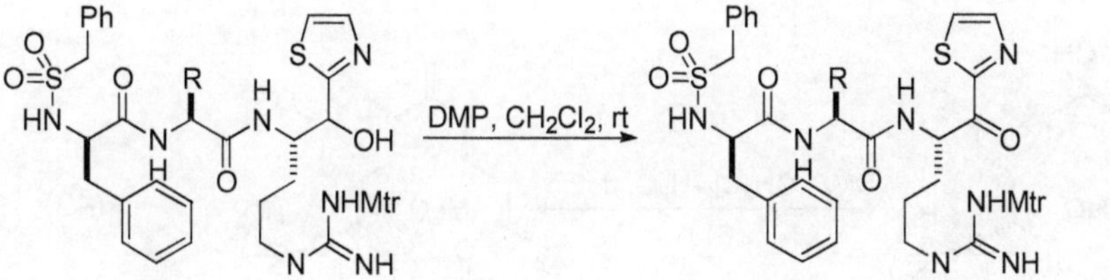

(40)

60 → **61**

4.1.1.6 DMP 试剂选择性醇氧化在含多官能团复杂化合物合成中的应用

戴斯-马丁选择性氧化醇羟基的反应例子还有很多[53]，它在含多官能团的复杂化合物的合成中表现出的高度选择性是其它试剂不可替代的[54]。如式 41 所示[55]：DMP 首先将底物 **62** 中的羟基氧化成羰基，生成 β-酮酰胺。然后，在酰胺羰基的共同作用下再把亚甲基也氧化成羰基。又如式 42 所示[56]：在原始霉素 II$_s$ 的合成中[56]，对底物 **64** 的氧化是一件非常困难的事情。使用 PDC、CrO$_3$.Py、(Bu$_3$Sn)$_2$O 和 DMSO 介导的各类氧化条件均不能获得成功。但是，使用 DMP 试剂可以在非常温和的条件下得到中等产率的二酮化合物 **65**。

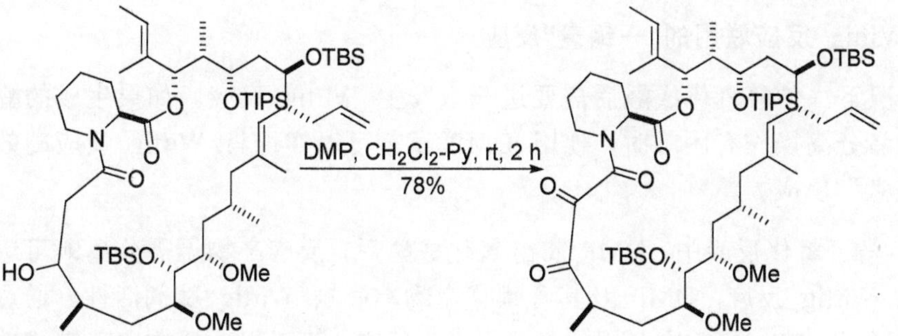

(41)

62 → **63**

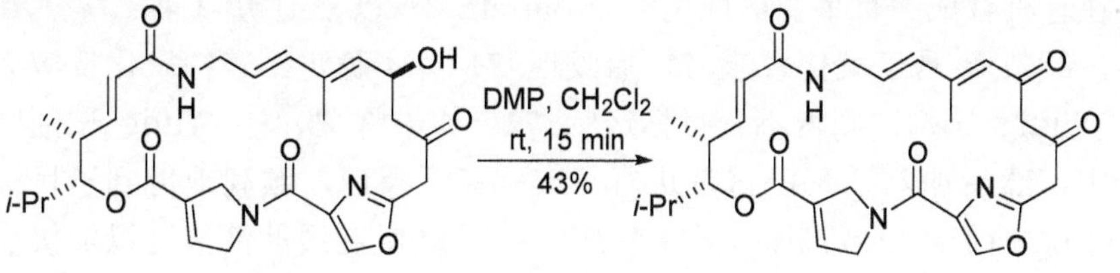

(42)

64 → **65**

DMP 试剂还有一个特别重要的选择性，它能够在含有多种官能团和多个羟基的复杂底物中选择性地氧化其中的一个羟基。如式 43 所示[57]：在底物分子 **66** 的 4 个羟基中，DMP 不仅高度选择性地只氧化烯丙醇上的羟基，而且对底物分子中的立体构型不产生任何负面影响。在底物 **68** 的选择性氧化反应中，DMP 试剂的高度化学选择性再次得到完美体现，以 99% 的产率完成了选择性氧化反应 (式 44)[58]。

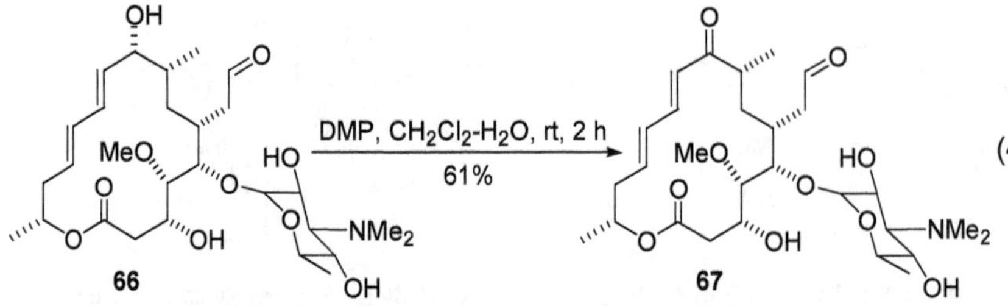

$$ (43) $$

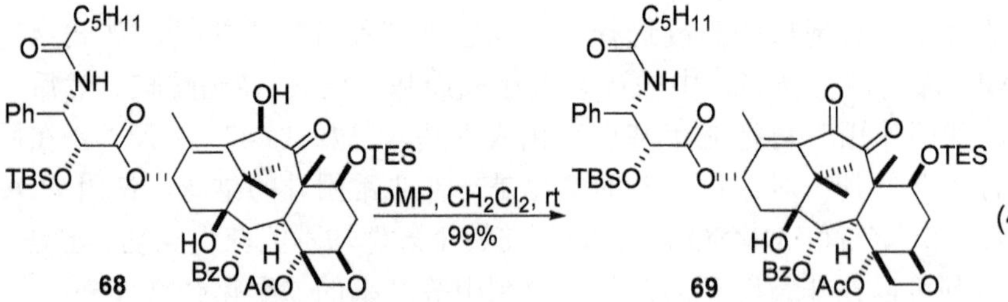

$$ (44) $$

4.1.2 与 Wittig 反应联用的"一锅煮"反应

许多情况下，伯醇氧化成醛后需要进一步发生 Wittig 反应。如果生成的醛不太稳定或者分离操作有困难时，使用 DMP 试剂可以实现与 Wittig 反应高效率的"一锅煮"反应。

在戴斯-马丁氧化反应中，DMP 将醇氧化成醛后，反应产物无需分离即可进行下一步的 Wittig 反应，DMP 及其含碘代谢物不影响 Wittig 试剂活性。通过戴斯-马丁氧化和 Wittig 反应联用的"一锅煮"反应，可以很方便构建双键或碳链的延伸，在有机合成中有重要的应用[59]。Barrett[60]等以 2-丁炔-1,4-二醇 (**70**) 为起始原料，经戴斯-马丁氧化成醛 **71** 后发现 **71** 并不稳定。若待氧化反应完全后再加入 Wittig 试剂，则得不到目标产物 **72**。如果将 **70** 与 Wittig 试剂同时置于溶剂中，然后加入 DMP 试剂进行"一锅煮"反应，顺利地得到了目标化合物 **72**。同时他们还发现：加入苯甲酸或使用乙酸/吡啶缓冲溶液可以加快反应速率和提高产物顺反构型的比例 (式 45)。

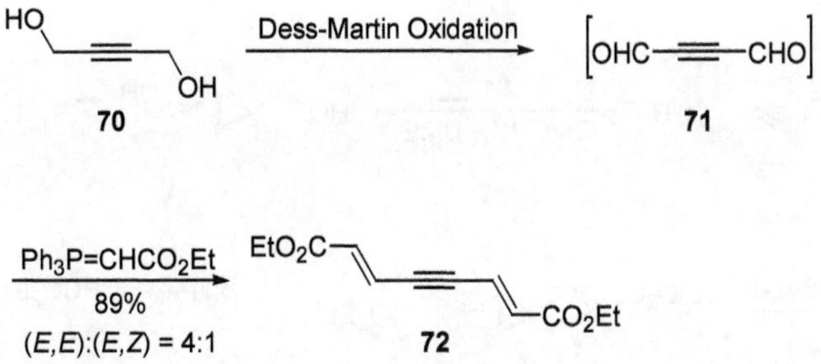

$$(45)$$

戴斯-马丁氧化和 Wittig 反应联用的"一锅煮"反应节省了一步分离操作，可以得到较高的反应总产率。与经典 Wittig 反应一致，新形成的双键的顺反构型主要由膦叶立德的稳定性来决定。共轭稳定的叶立德与醛反应，其产物主要为反式烯烃结构 (式 46)[60]。若活泼的叶立德试剂与生成的醛反应，产物则以顺式构型为主 (式 47)[61]。

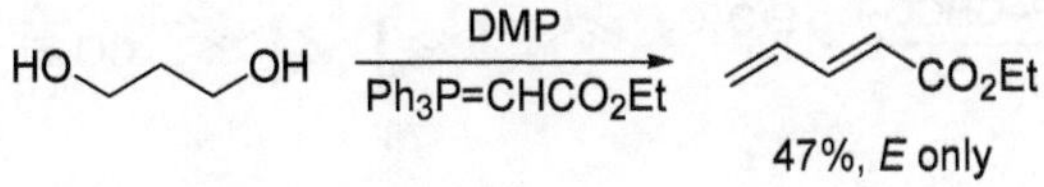

$$(46)$$

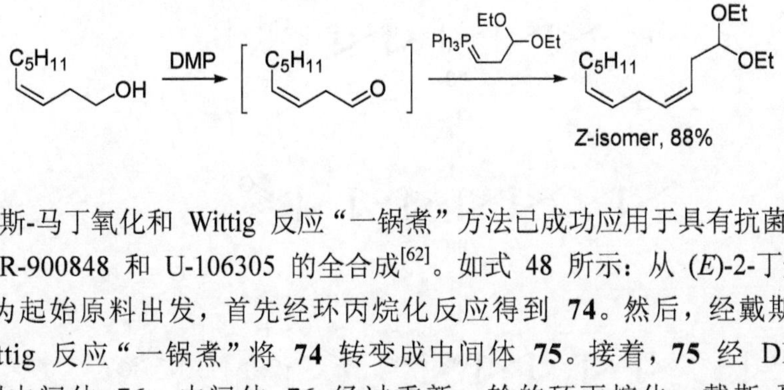

$$(47)$$

戴斯-马丁氧化和 Wittig 反应"一锅煮"方法已成功应用于具有抗菌活性的天然产物 FR-900848 和 U-106305 的全合成[62]。如式 48 所示：从 (E)-2-丁烯-1,4-二醇 73 作为起始原料出发，首先经环丙烷化反应得到 74。然后，经戴斯-马丁氧化和 Wittig 反应"一锅煮"将 74 转变成中间体 75。接着，75 经 DIBAL-H 还原得到中间体 76。中间体 76 经过重新一轮的环丙烷化、戴斯-马丁氧化和 Wittig 反应"一锅煮"、DIBAL-H 还原得到中间体 78。78 经环丙烷化反应生成 5 个环丙烷结构连在一起的二醇 79 后，再经转化成 80 并最终得到目标产物[62]。

最近，Nakata 等在 Maitotoxin 全合成片段—带侧链的 C'D'E'F'-环系统的合成中，也使用了戴斯-马丁氧化和 Wittig 反应"一锅煮"方法 (式 49)[63]。另外，戴斯-马丁氧化和 Wittig 反应"一锅煮"方法在抗高血压药物 (S,R,R,R)-Nebivolol 的合成中也得到了合适的应用[64]。

81
Zn(CH2I)2·DME
73
74
1. DMP
2. Ph3P=CHCO2Et
DIBAL-H
75
76
81
Zn(CH2I)2·DME
77
1. DMP
2. Ph3P=CHCO2Et
78
1. DIBAL-H
2. 81/Zn(CH2I)2·DME
79
80
FR-900848
U-106305

(48)

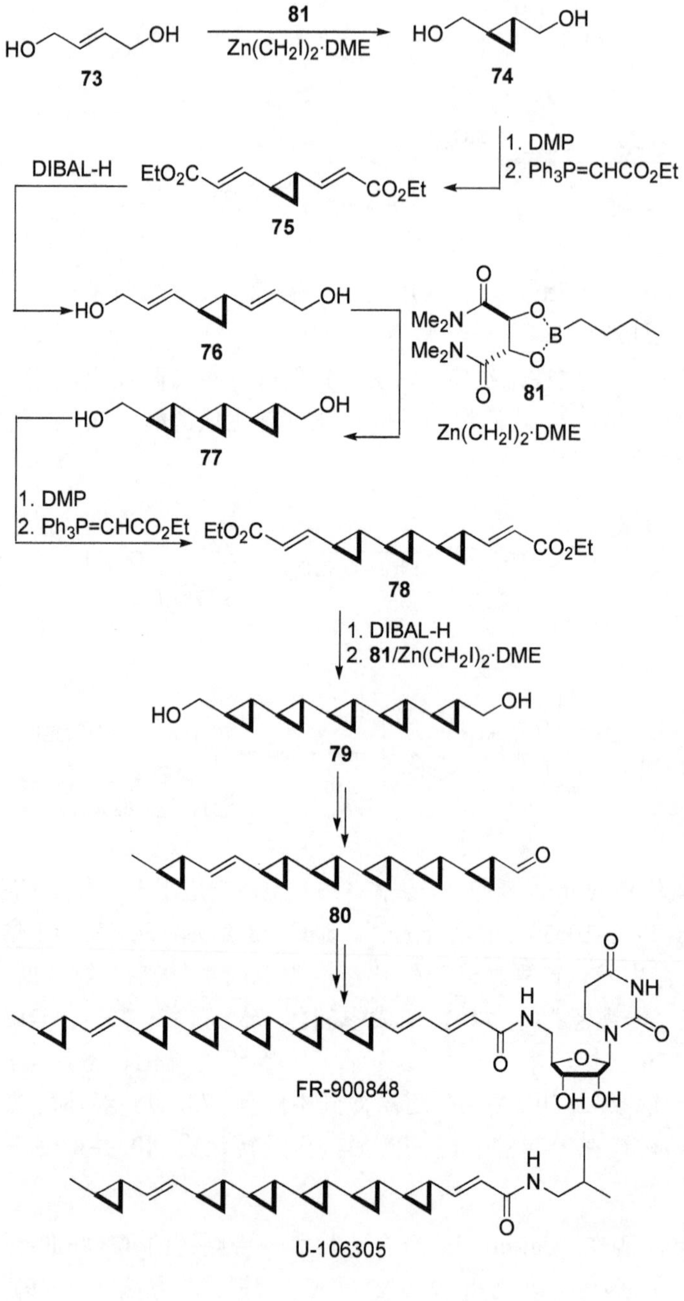

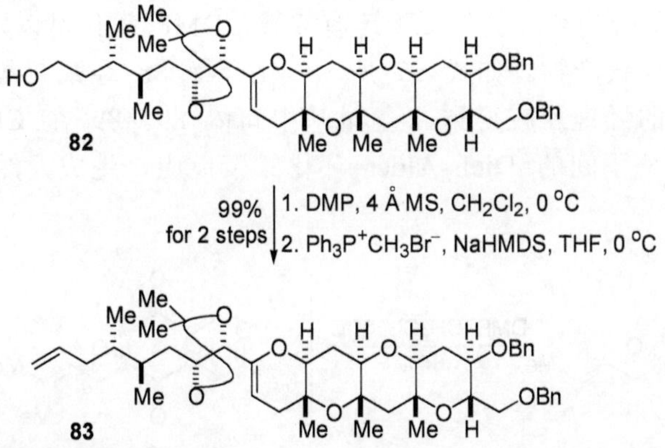

(49)

4.1.3　氧化-成环串联反应

当 DMP 将底物中的醇羟基氧化成醛或酮后，若底物片段同时还连有其它的活性官能团，则有可能与新生成的羰基作用发生氧化-成环串联反应。如果底物分子两端有活性的羟基和氨基时，运用 DMP 氧化可以直接得到氮环产物[65]。如式 50 所示：DMP 将 **84** 氧化成醛 **85** 后，分子另一端的氨基亲核进攻醛羰基发生环化反应，然后失去一分子水得到哌啶衍生物 **86**[65a]。

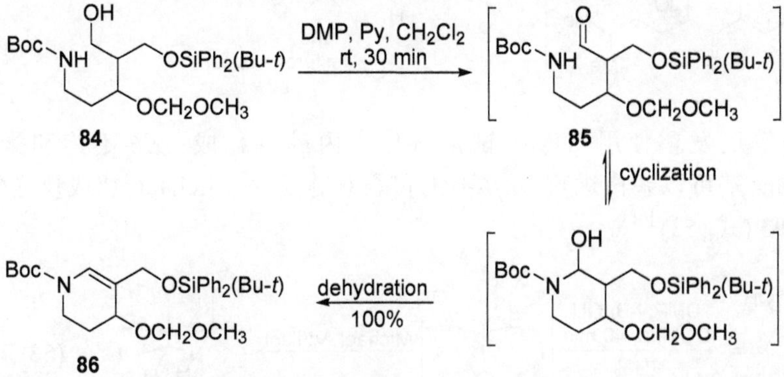

(50)

底物分子连有两个位置合适活性羟基时，DMP 氧化可以直接得到环状半缩醛产物[66]。如式 51 所示[66a]：在 (±)-6a-Epipretazettine 的全合成路线中，最后一步成环反应就是首先利用 DMP 选择性地将 **87** 中的苄羟基氧化成苯甲醛。然后，分子中的另一个仲羟基亲核进攻醛基生成环状半缩醛目标产物 (±)-6a-Epipretazettine。

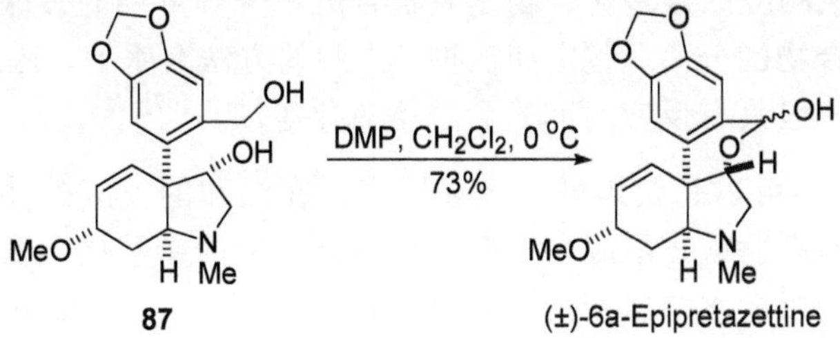

(51)

如果在醇羟基旁边合适的位置上连有双键，DMP 氧化可以发生分子内的成环反应得到含氧环状产物。如式 52 所示：化合物 **88** 经戴斯-马丁氧化后，生成的羰基与旁边的烯键反应得到 2-氢吡喃中间体 **89**。**89** 在 CH_2Cl_2 溶液中用硅胶处理，发生分子间的 Diels-Alder 环化二聚反应，生成天然产物 Jesterone dimer (**90**)[67]。

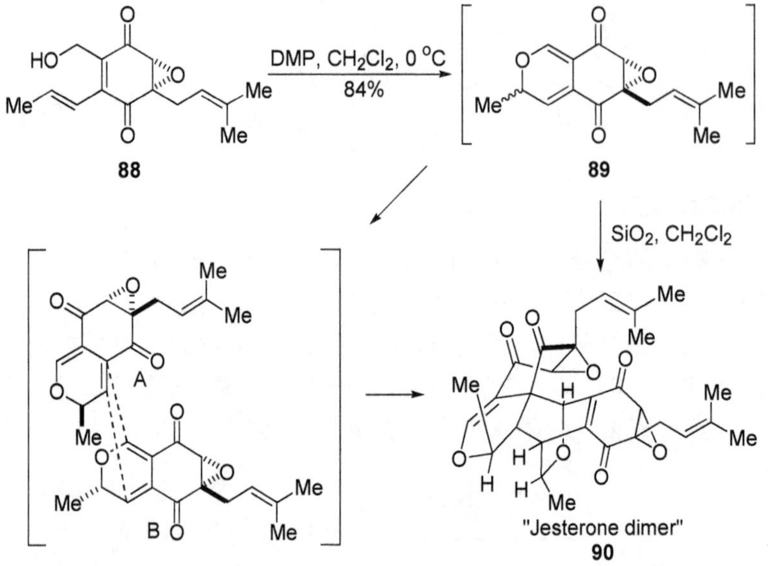

Weinreb 等还发现使用 DMP 试剂氧化烯丙醇 **91** 成 α,β-不饱和酮 **92** 后，分子内的氨基可以亲核进攻 α,β-不饱和酮双键发生 Michael 加成反应生成三环化合物 **93** (式 53)[68]。

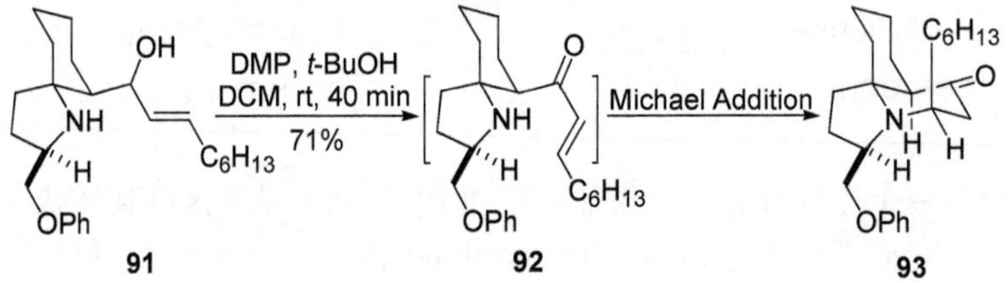

4.2 氧化去肟反应

将肟转化成相应的羰基化合物是有机合成中一类重要的去保护基反应，广泛应用于羰基化合物的分离、鉴定和保护。去肟的方法有水解、还原和氧化等，其中氧化的方法一般具有反应时间长和过度氧化等缺点[69]。

DMP 的应用可以有效地解决上述缺点。在温和的反应条件下，DMP 可以选择性地氧化断裂肟或磺酰腙，高产率地得到相应的羰基化合物[70]。DMP 促进的去肟反应一般以含水二氯甲烷为溶剂，在室温下反应约 20 min，产物的产率在 90% 以上 (式 54)。该反应还具有选择性高、后处理简单、底物范围广的优点，芳香醛肟、酮肟或甲苯磺酰脲等均可给出满意的结果。Akamanchi[71]等根据实验结果，提出了类似于醇氧化的反应机理。如式 55 所示：肟首先与 DMP 发生配体交换生成高碘化合物 **94**，接着氧化得 *N*-氧亚胺离子 **95**，最后 **95** 再水解得到产物酮。但是，肟甲醚化合物 **96** 作为底物时则不能发生氧化去肟反应。

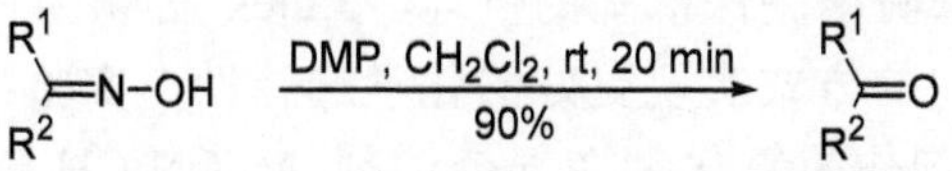

$$\text{(54)}$$

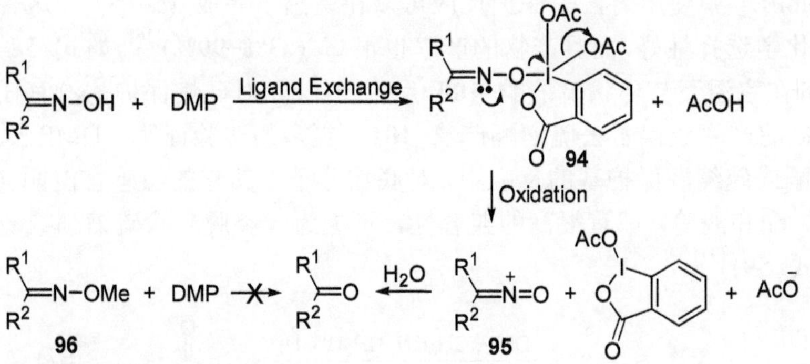

$$\text{(55)}$$

4.3 *N*-酰基羟胺的氧化

酰基亚硝基化合物可以作为 *N-O* 杂亲二烯体发生 Diels-Alder 反应生成 *N*-酰基-3,6-二氢-1,2-噁二嗪衍生物[72]，该类产物是有机合成中的重要反应中间体。King[73]等报道：DMP 试剂可以在室温下将 *N*-酰基羟胺氧化生成相应的酰基亚硝基化合物。该方法具有化学选择性高、产物易于分离和纯化等诸多优点，这些都是使用四烷基高碘酸铵盐氧化和 Swern 氧化无法比拟的[74]。如式 56 所示：DMP 氧化 *N*-酰基羟胺 **97** 生成的酰基亚硝基化合物 **98**，作为高度活泼的 *N-O* 杂亲二烯体接着被共轭二烯捕获，生成环化加成产物 **99**[73]。

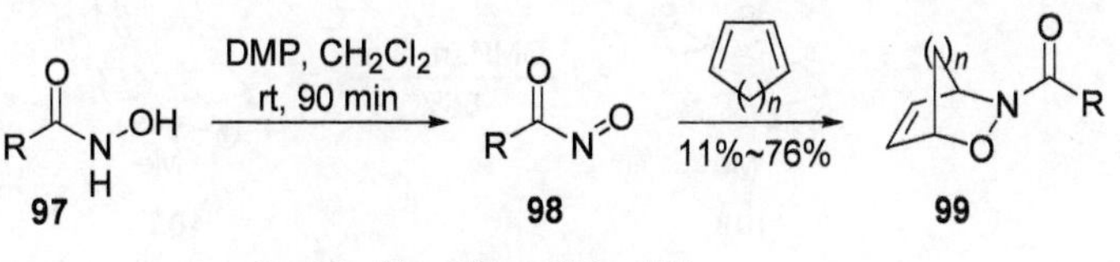

$$\text{(56)}$$

R = Ph, Me, OBu-*t*, OBn, NH$_2$
n = 1,2

4.4 环状硫缩酮或硫缩醛的选择性去保护

硫缩酮或硫缩醛是常用的羰基保护基，具有对亲核试剂和还原试剂稳定性好和易于制备等优点。环状硫缩酮或硫缩醛保护基在复杂分子的合成中有着广泛的应用，但是缺少通用而温和的去保护基方法。使用传统的氧化试剂或 Hg(II) 盐试剂去保护基,往往会影响底物分子中易被氧化或对酸敏感的官能团而导致副反应和降低反应产率。Stork 等[75]报道:BTI (双三氟乙酰氧基碘苯) 试剂可以在较短的反应时间内高产率地脱去 1,3-二噻烷。但是,Panek[76]等在天然产物 Leucascandrolide A 的全合成中发现:使用 BTI 来完成关键中间体 **100** 的去环状硫缩酮保护基也会将底物分子中的硅烷保护基去掉,化学选择性差且反应副产物多。基于 BTI 试剂去环状硫缩酮保护基的机理,Panek 等认为使用 DMP 试剂代替 BTI 可能会以更温和的方式实现更好的化学选择性。实验结果证明:当使用 2 倍摩尔量 DMP 试剂作为氧化剂在混合溶剂 MeCN/CH$_2$Cl$_2$/H$_2$O (体积比 8:1:1, 0.2 mol/L) 中使用时,去保护反应可以在室温下完成 (式 57)。这种去保护反应不仅化学选择性好,而且产物的产率也很高 (63%~99%)[76]。如式 58 所示:DMP 试剂在室温下与环状硫缩酮 **100** 反应 12 h,对硅烷保护基没有任何影响,以 91% 的产率获得了去硫缩酮产物 **101**。更多的实验证明:DMP 试剂在去环状硫缩酮或硫缩醛保护基的反应中,对底物分子中其它的敏感官能团 (例如:双键、醚、酯和醛等) 都有很高的兼容性,不失为一类脱环状硫缩酮或硫缩醛的好方法 (式 59)[77]。

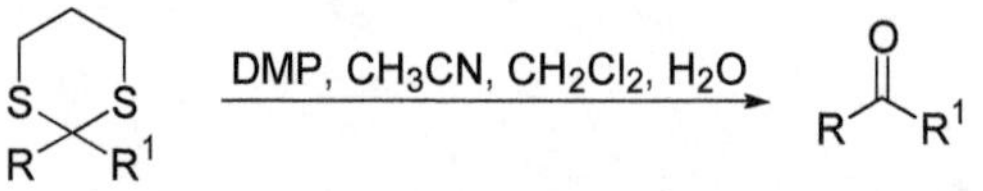

$$R = 1^o\ OH,\ 2^o\ OH,\ olefin,\ ether\ (MOM,\ silyl,$$
$$benzyl,\ etc.),\ ester,\ aldehyde,\ nitrile$$

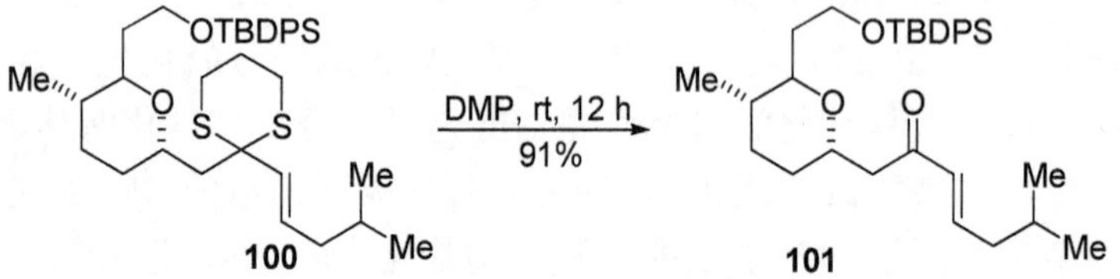

(57)

(58)

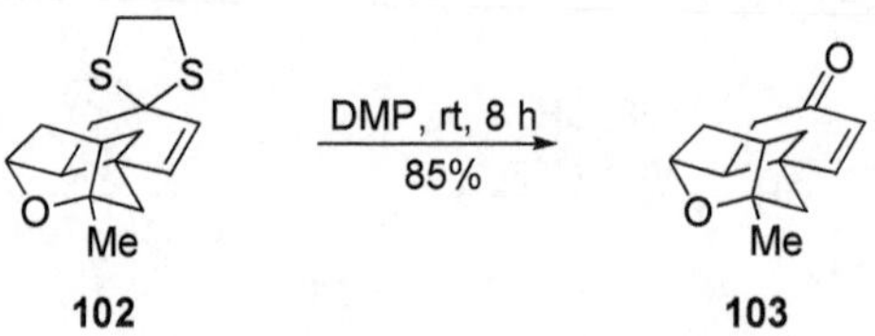

(59)

4.5 醛的氧化

4.5.1 生成酰基叠氮化合物

酰基叠氮化合物常用来制备酰胺或杂环化合物,是有机合成中一类重要的反应中间体。将羧酸转化为相应的酰氯或酸酐,然后再与叠氮化钠反应即可得到酰基叠氮化合物[78]。使用 DMP 试剂,可以实现一步反应将醛转变为相应的叠氮化合物[79]。事实上,该反应只需简单地将 DMP 试剂、醛和叠氮化钠在 CH$_2$Cl$_2$ 溶剂中搅拌若干小时即可。如式 60 所示:该反应不仅条件温和、产率高,而且产物分离时不会重排为芳香异腈酸酯。烷基醛也可以在 DMP 存在下发生类似的反应,高产率地得到烷基酰基叠氮化合物,但是需要稍长的反应时间 (4~4.5 h)。

$$\text{R} \overset{\overset{O}{\parallel}}{\underset{}{\diagdown}} \text{H} \xrightarrow[\text{82\%~95\%}]{\text{DMP, NaN}_3\text{, CH}_2\text{Cl}_2\text{, 0 }^\circ\text{C, 1~4.5 h}} \text{R} \overset{\overset{O}{\parallel}}{\underset{}{\diagdown}} \text{N}_3 \qquad (60)$$

4.5.2 生成硫酯化合物

硫酯化合物是一类活泼的羧酸酯衍生物,与酸酐类似常被用作较强的酰基化试剂。它们也是一类具有重要生物活性的官能团[80],在生物细胞的新陈代谢作用中起着重要的作用[81]。硫酯化合物一般由硫醇与酰氯缩合而成,广泛用作醛、酮、酸、酯、酰胺和杂环化合物的合成中间体。Bandgar[82]等首次报道使用 DMP 试剂一步将醛转化成相应的硫酯化合物,为合成这类化合物提供了一种有效而实用的选择方法。如式 61 所示:简单地将 DMP 试剂、叠氮化钠和硫醇在 CH$_2$Cl$_2$ 溶液中室温搅拌 0.5~4.1 h,即可得到预期的硫酯化合物。该反应产率高且后处理简单,各种芳香醛和烷基醛以 60%~95% 的高产率生成硫酯化合物。

$$\text{R} \overset{\overset{O}{\parallel}}{\underset{}{\diagdown}} \text{H} \xrightarrow[\text{60\%~95\%}]{\text{DMP, R}^1\text{SH, NaN}_3\text{, CH}_2\text{Cl}_2\text{, rt, 0.5~4.1 h}} \text{R} \overset{\overset{O}{\parallel}}{\underset{}{\diagdown}} \text{S-R}^1 \qquad (61)$$

4.6 酰胺类化合物的氧化

DMP 试剂可以氧化酰胺成酰亚胺[83]。如式 62 所示:将 104 和 DMP 在 PhF 和 DMSO 的混合溶液加热反应 0.5~5.0 h,酰胺 104 以较高的产率顺利地氧化成酰亚胺 105。该氧化反应的选择性很高,对底物中的卤代芳基、烯烃和乙酸酯等具有很好的兼容性。值得一提的化学选择性是,该氧化反应对底物 106 中存在的烷氧甲酰胺基具有选择性,DMP 选择性地氧化 α-碳而不氧化 α'-碳 (式 63)。

$$\text{R}^1 \overset{\overset{O}{\parallel}}{\underset{}{\diagdown}} \underset{\underset{H}{\mid}}{N} \diagdown \text{R}^2 \xrightarrow[\text{61\%~98\%}]{\text{DMP, PhF/DMSO, 85 }^\circ\text{C, 0.5~5.0 h}} \text{R}^1 \overset{\overset{O}{\parallel}}{\underset{}{\diagdown}} \underset{\underset{H}{\mid}}{N} \overset{\overset{O}{\parallel}}{\underset{}{\diagdown}} \text{R}^2 \qquad (62)$$

104   105

$$\xrightarrow[\text{86\%}]{\text{DMP, PhF/DMSO, 85 }^\circ\text{C, 3.5 h}} \qquad (63)$$

106   107

当底物为 β-酰胺酯或酰胺 **108** 时，DMP 氧化得到顺式 *N*-酰基羧酸酯 **109**（式 64）[83]；而 DMP 直接氧化苄胺化合物 **110** 时，则高产率得到苯腈化合物 **111**（式 65）[83]。

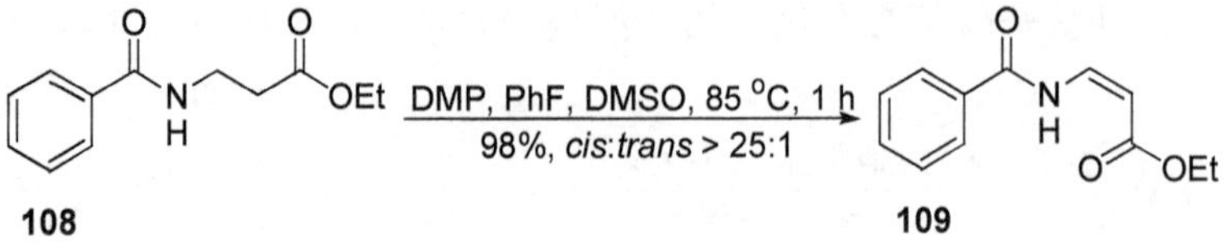

(64)

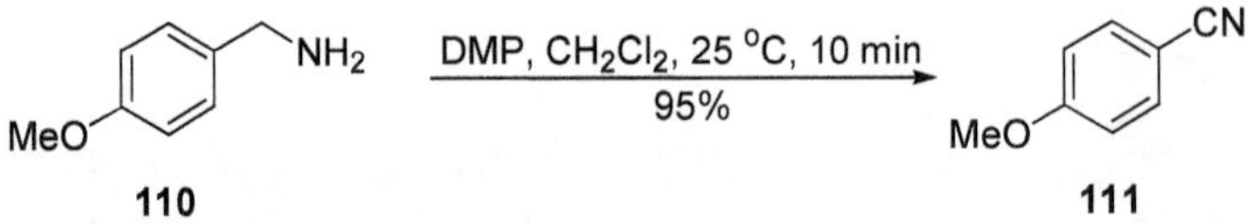

(65)

4.7　卟啉类化合物的氧化

如式 66[84] 和式 67[85] 所示：2-氨基卟啉 **112**、2-羟基卟啉 **114** 和 2,3-氨基卟啉均可以被 DMP 试剂氧化成相应的 α-卟啉二酮 **113**。化合物 **113** 是构建双卟啉阵列的基本构造单元[84b]，因此该反应具有重要的合成价值。

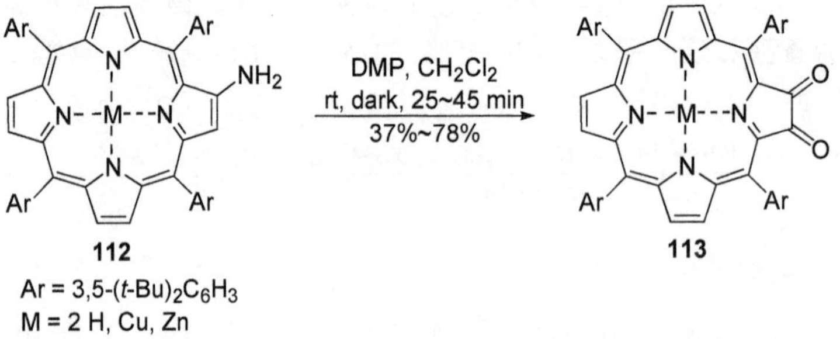

(66)

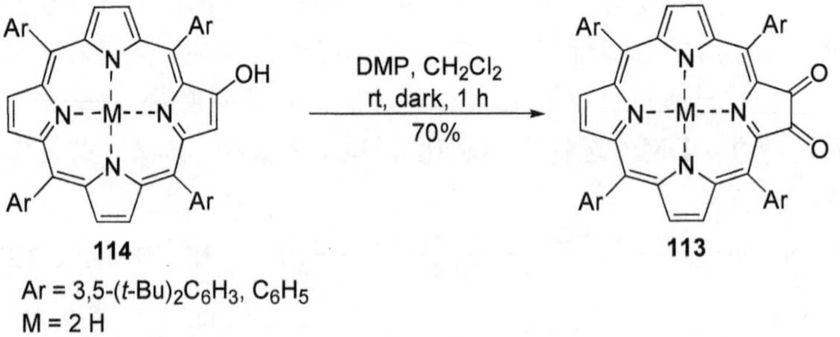

(67)

4.8　芳香族化合物的区域选择性氧化

有机合成中的化学选择性、区域选择性和立体选择性始终是合成化学家关注的主要内容。在 DMP 试剂参与的众多氧化反应中，不仅具有高度的化学选择性，而且也有许多良好区域选择性的研究成果。

在这方面，Nicolau 小组在 *p*- 和 *o*-位取代的 *N*-酰苯胺氧化反应中取得了一系列研究结果。他们发现：若底物是 p-位取代的 N-酰苯胺 **115** 时，在 DMP 氧化条件下得到对苯醌 **116** (式 68)。若底物是 o-位取代的 N-酰苯胺 **117** 时，则得到 o-氮杂醌 **118** (式 69)[86]。他们将前一种结果应用于具有消炎作用的天然产物 Epoxyquinomycin B 和 BE-10988 的全合成，得到了一条实验步骤少而效率高的合成路线[86a]。后一种结果则可以用于方便快捷地构造出具有复杂结构的天然产物 Pseudopterosin 和 Elisabethin[86b]。

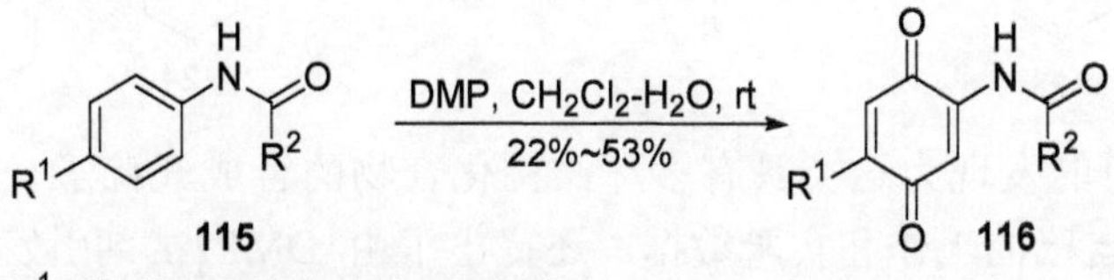

$$R^1 = H, Et, t\text{-Bu}, Ph, OMe, F, Cl, Br, I$$
$$R^2 = Me, Ph, t\text{-Bu}, i\text{-Pr}$$

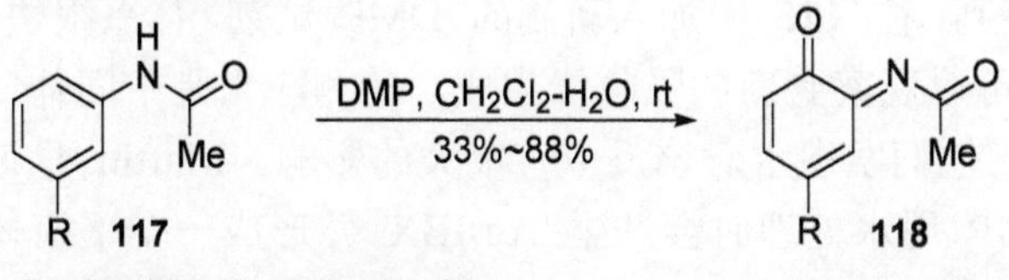

$$R = Et, t\text{-Bu}, Ph, OMe, Cl, Br, I$$

o-氮杂醌 **118** 具有很高的反应活性，它可以与带有供电基团的亲二烯体发生反向电子需求的 Diels-Alder 反应形成杂环化合物 (式 70)[87]。该反应可以在分子间或者分子内发生，生成高度取代的苯并噁嗪类衍生物 **120**。若对环上的取代基进一步修饰，则可以产生各种各样的杂环衍生物。

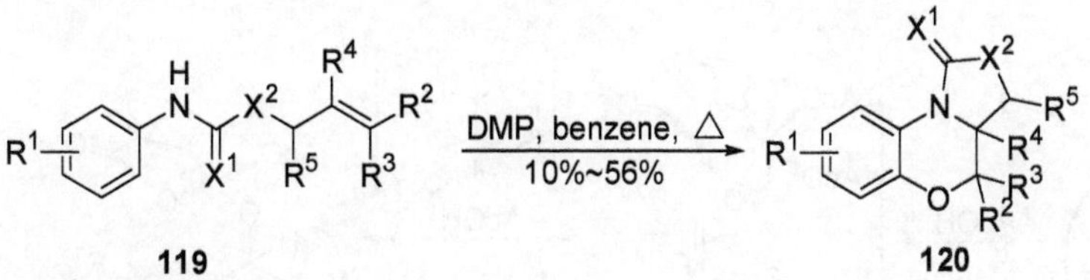

$$X^1 = O, S$$
$$X^2 = CH_2, O, NH$$
$$R^1 = H, 3\text{-F}, 3\text{-NO}_2, 3\text{-Br}, 4\text{-Et}, etc.$$
$$R^2 \sim R^5 = H, alkyl, cycloalkyl, etc.$$

Nicolau 小组在合成天然产物 Phomoidrides A 和 Phomoidrides B 时发现：γ,δ-不饱和酰胺与 DMP 试剂在苯中回流，即可生成一类多环杂环化合物 **122** (式 71 和式 72)。他们系统地总结了这种新反应以及在多种天然产物及其类似物全合成中的应用，均取得了较高的总产率[87]。

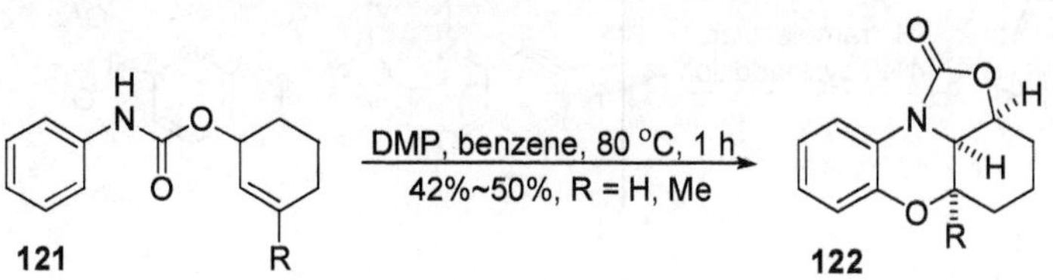

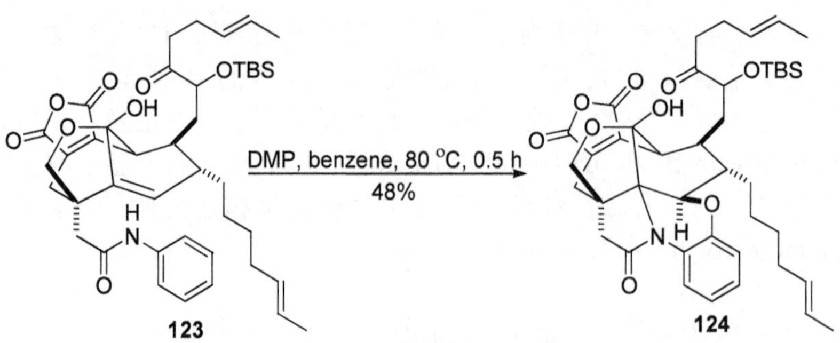

$$\text{(72)}$$

123 → **124**

　　Nicolau 小组的发现为这类具有多环结构化合物的合成开辟了一条新的合成途径。他们结合自己的工作和实验数据，还提出了由 DMP 试剂引发的这类反应的假设机理[87a]。如式 73 所示：苯胺分子 **125** 中的氧与 DMP 作用，生成中间体 **126**。他们观察到：往 **125** 中加入新制的 DMP 试剂，体系很快就变成棕黑色。使用 NMR 跟踪可以观察到新的吸收峰生成，猜测应当是中间体 **126**。在优化反应的条件实验中，他们发现水对该反应有很大的影响。Martin 早期的研究工作已证明[6,16]，当 DMP 用水处理时会产生 Ac-IBX 并形成一个平衡体系。但是使用严格无水的 DMP 试剂或者仅仅 Ac-IBX 作氧化剂，反应并不能进行。这些实验现象说明：DMP 和 Ac-IBX 在反应中起着协调作用。Ac-IBX 作为亲核试剂进攻中间体 **126** 生成 **127**，并伴随着一分子的 AcOH 和三价碘化合物 **4** 的生成。然后，**127** 经氧化断裂生成 **128** 和另一分子的 **4**。最后，o-亚胺苯醌 **128** 与富电子的烯烃反向电子需求的杂 Diels-Alder 反应，生成多环化合物 **129**。

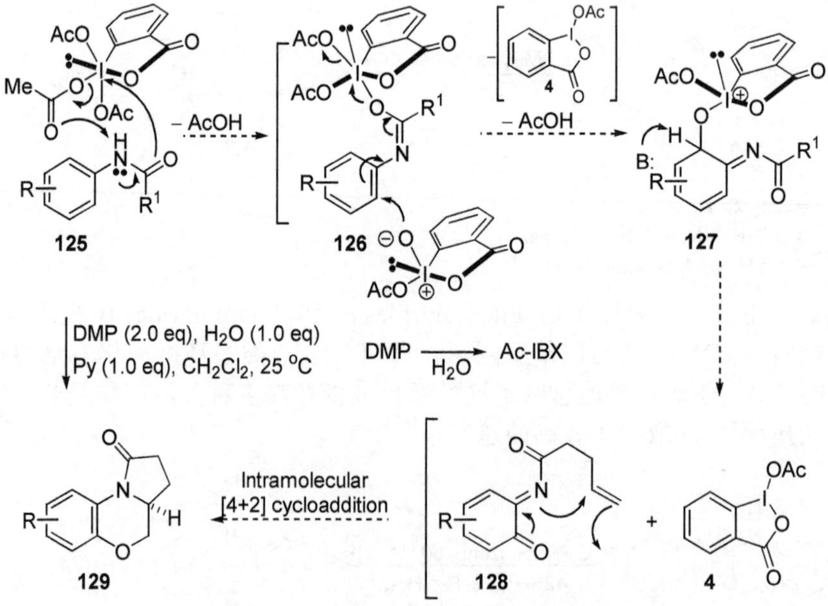

$$\text{(73)}$$

4.9 DMP 试剂参与的其它反应

4.9.1 硫代酰胺的分子内关环反应

如式 74 所示[88]：硫代酰胺 **130** 在 DMP 试剂的促进下，发生分子内成环反应生成 2-取代的苯并噻唑衍生物 **131**。该成环反应具有条件温和效率高的优点，只需将反应底物与 DMP 试剂在 CH₂Cl₂ 溶剂中室温搅拌 15 min 即可。该反应被认为可能是通过自由基机理进行的：硫代酰胺分子中的硫原子与 DMP 作用首先生成亚胺硫自由基 **132**，接着发生分子内的自由基反应生成 **133** 后再转化成产物 **131**。

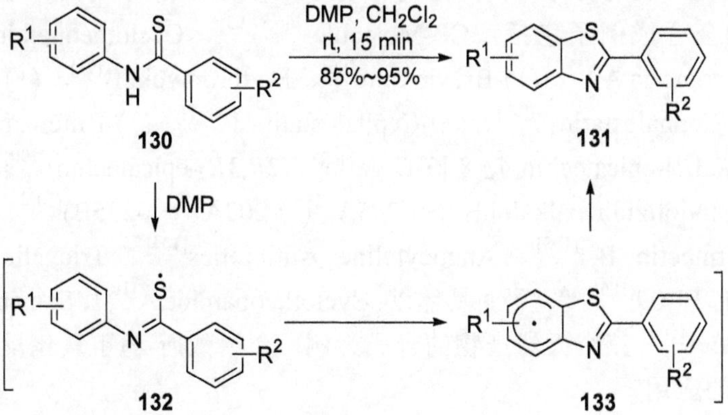

$$(74)$$

4.9.2 1,3-二羰基化合物的 α-溴代反应

α-溴代-1,3-二羰基化合物是有机合成中一个具有多种用途的中间体，一般由 1,3-二羰基化合物经 α-溴化反应来制备。常用的溴化试剂包括：Br₂、NBS、DMAP·HBr₃ 和 CuBr₂/KBr 等。但是这些试剂往往本身具有较强的酸性，还会引起不需要的氧化反应、自由基副反应以及反应时间长等缺点。然而，在四乙基溴化铵 (TEAB) 存在下，DMP 可以在很温和的条件下将 1,3-二羰基化合物 **134** 经 α-溴代转移反应转变成为 α-溴代-1,3-二羰基化合物 **135** (式 75)[89]。

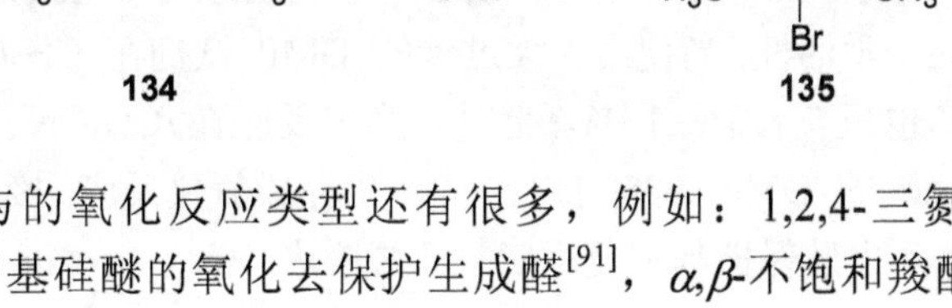

$$(75)$$

DMP 试剂参与的氧化反应类型还有很多，例如：1,2,4-三氮烯关环生成 1,2,4-三唑[90]，三甲基硅醚的氧化去保护生成醛[91]，α,β-不饱和羧酸的去羧溴代反应[92]等。

5 戴斯-马丁氧化反应在天然产物全合成中的应用

由于 DMP 试剂具有反应条件温和、高度化学选择性和使用方便等优点，因此，戴斯-马丁氧化在天然产物全合成中已经得到了广泛的应用。在许多天然产物全合成的关键氧化步骤中，DMP 试剂的特殊氧化性能得到了极好的体现。在许多情况下，当使用其它的氧化方法失败时 [例如：Swern 氧化、Jones 氧化、铬(IV)氧化]，使用 DMP 试剂仍可以获得极大的成功。DMP 试剂参与的一些具有代表性的天然产物全合成例子包括：CP-Molecules[86,87,93]、Cyclotheonamide B[94]、(±)-Deoxypreussomerin A[95]、(±)-Brevioxime[96]、Erythromycin B[97]、(+)-Discoder-molide[98]、(+)-Cephalostatin 7[99]、(+)-Cephalostatin 12[99]、(+)-Ritterazine K[99]、3-*O*-Galloyl-(2*R*,3*R*)-epicatechin-4β,8-[3-*O*-galloyl-(2*R*,3*R*)-epicatechin][100]、Frederi-camycin A[101]、Indolizidine alkaloids [(−)-205A、(−)-207A、(−)-235B][102]、1,19-Aza-1,19-desoxyavermectin B$_{1a}$[103]、Angucytcline Antibiotics[104]、Tricyclic β-lactam antibiotics[105]和 PI-09[106] 等。下面具体以 Cyclotheonamide A[107]、Samaderin B[108]和 Hennoxazole A[109] 三个天然产物的合成为例，介绍戴斯-马丁氧化反应在天然产物全合成中的应用。

5.1 Cyclotheonamide A 的全合成[107]

Cyclotheonamide A 是具有新颖的 19 员环状多肽结构，它是 Fusetani 等从一种属于 *Theonella* 类海洋海绵体中分离出来的一种天然产物。Cyclotheonamide A 表现出与人类凝血酶、血浆酶以及牛胰岛素的慢结合和紧结合机理。其相对胰岛素生物活性为 K_i = 0.2 nmol/L，比凝血酶和血浆酶的活性高出大约 5~60 倍。它还是一种人类血小板聚合阻抗剂，IC$_{50}$ = 1.5 μmol/L。它具有的独特环状多肽结构以及作为抗血栓药物研发的先导结构，已经成为有机化学家进行全合成的目标化合物。

Wipf 小组于 1993 年完成了 Cyclotheonamide A 的全合成，其中最关键的一步是将 α-羟基酰胺 **136** 氧化成相应的 α-羰基官能化合物 (式 76)。由于底物分子带有许多其它官能团，实际操作要比预想的要棘手很多。化合物 **136** 中具有手性 α-氨基酸结构、硅醚、双键和醛等敏感基团，使用其它氧化方式均无法避免其它官能团的氧化和保持产物的光学活性。当使用大大过量的 DMP 试剂在 CH$_2$Cl$_2$ 溶剂中室温下反应时，其转化率也只有 10%~15%。但是，当该反应在 CH$_3$CN 溶剂和 80 °C 下反应时，使用 2.5 eq 的 DMP 试剂可以在 1 h 内完成氧化反应。接下来在 HF-Pyridine 的 THF 溶液中除去硅保护基和使用三氟乙酸脱去 Boc- 和 Mtr-保护基，以 36% 的产率得到了目标天然产物 Cyclotheonamide A，[α]$_D^{22}$ =−12.7° (*c* 0.1, MeOH)。

$$\text{136} \xrightarrow{\begin{array}{l}\text{1. DMP, CH}_3\text{CN, 80 °C, 1 h} \\ \text{2. HF/Py, THF} \\ \text{3. CF}_3\text{CO}_2\text{H/Thioanisole} \\ \hline \text{39\% for two steps}\end{array}} \text{Cyclotheonamide A} \tag{76}$$

5.2　Samaderin B 的全合成[108]

1962 年，Polonsky 等从 *Samadera indica* (Simaroubaceae) 中分离得到一种高度含氧的多环内酯 Samaderin B，它是第一个确定结构的 C_{19} Quassinoids 类化合物。虽然同类的 C_{20} Quassinoids 已被发现具有广泛的药理活性，但因为当时分离得到的 Samaderin B 太少，并没有进行相关的生理活性测试。Grieco 于 1994 年第一次实现了 Samaderin B 的全合成，其中很关键的一步是完成五环内酯 137 向酮酯 138 的转化。如式 77 所示：该关键转化步骤是在戴斯-马丁氧化条件下完成的。首先，使用 1 eq 的 NaOH 在甲醇溶液中将 137 皂化开环。然后，生成的仲醇在吡啶缓冲溶液中被 DMP 试剂氧化成为相应的酮。最后，用 CH_2N_2 对羧酸进行甲酯化后，以 60% 的产率得到酮酯 138。

$$\text{137} \xrightarrow{\begin{array}{l}\text{1. NaOH, MeOH, THF} \\ \text{2. DMP, CH}_2\text{Cl}_2\text{-THF, Py} \\ \text{3. CH}_2\text{N}_2 \\ \hline \text{60\%}\end{array}} \text{138} \tag{77}$$

5.3　Hennoxazole A 的全合成[109]

Hennoxazole A 是 Ichiba 等从 *Polyflbrospongia* sp. (phylum Porifera) 海绵体中分离得到的一种具有抗病毒活性的天然产物，其抗单纯疱疹病毒 (HSV-1) 的活性 (IC_{50}) 高达 0.6 μg/mL。该分子中有一个双噁唑结构、一个吡喃环结构和一个间隔的三烯单元。其中 C2、C4 和 C6 的相对构型已经通过 NMR 实验确证，但是分子的绝对构型以及 C8 和 C22 的构型还未确定。Wipf 报道了 (2*S*,4*S*,6*S*,8*S*,22*R*)-Hennoxazole A 的全合成，在最后的合成步骤中应用了 DMP

试剂将中间体 **139** 氧化成醛 **140**。如式 78 所示：酸敏感的吡喃环和易氧化的双键在该氧化反应过程中均不受影响。最后，**140** 经脱水环化生成噁唑五员环得到目标产物。

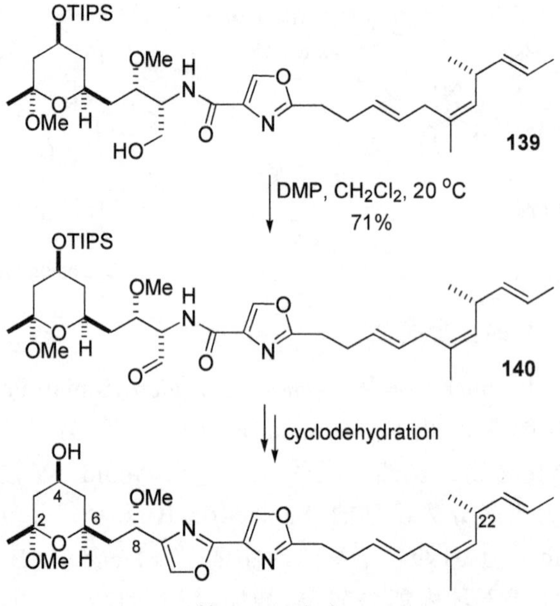

$$\text{(78)}$$

Hennoxazole A

6　戴斯-马丁氧化反应实例

例　一

3,4,5-三甲氧基苯甲醛的合成[6a]

(伯醇氧化成醛)

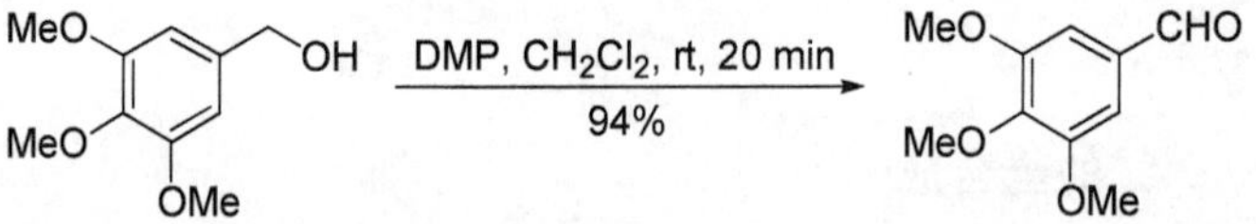

$$\text{(79)}$$

在室温及搅拌下，将 3,4,5-三甲氧基苯甲醇 (0.44 g, 2.23 mmol) 的 CH_2Cl_2 (8 mL) 溶液加入到 DMP (1.05 g, 2.47 mmol) 的 CH_2Cl_2 (10 mL) 溶液中。20 min 后，加入乙醚 (50 mL)。在生成的悬浊液中加入 NaOH 溶液 (1.3 mol/L, 20 mL) 并搅拌 10 min。分离出的有机相依次用 NaOH 溶液和水洗涤。有机相经无水 Na_2SO_4 干燥后除去乙醚，得到的残留物经蒸馏纯化得到 3,4,5-三甲氧基苯甲醛 (0.41 g, 94%)，mp 71~73 $^{\circ}C$。

例　二

(E)-2,2-二甲基-6-(2-羰基-3-戊烯基)-4H-1,3-二氧六环烯-4-酮的合成[26]
(多官能团仲醇氧化成酮)

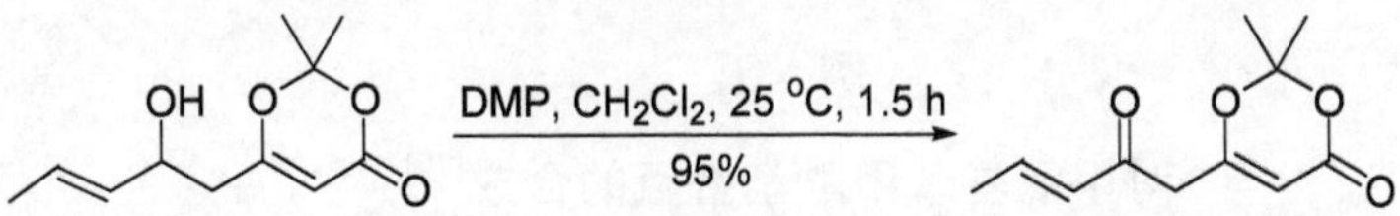

$$(80)$$

在室温和搅拌下，将 DMP (640 mg, 1.5 mmol) 加入到 (E)-2,2-二甲基-6-(2-羟基-3-戊烯基)-4H-1,3-二氧六环烯-4-酮 (238 mg, 1.12 mmol) 的 CH_2Cl_2 (5 mL) 溶液中。1.5 h 后，依次加入乙醚 (30 mL) 和含 5% 硫代硫酸钠的饱和 $NaHCO_3$ 水溶液 (6 mL)。继续搅拌 20 min 后，分出的有机相用无水 Na_2SO_4 干燥。蒸去溶剂后的残留物用硅胶柱色谱纯化得到无色液体产物 (197 mg, 95%)。

例　三

N-叔丁氧甲酰基-4-[(甲氧基)甲氧基]-5-
[(二苯基叔丁基硅氧)甲基]-2H-3,4-二氢吡啶的合成[65a]
(氧化-成环串联反应)

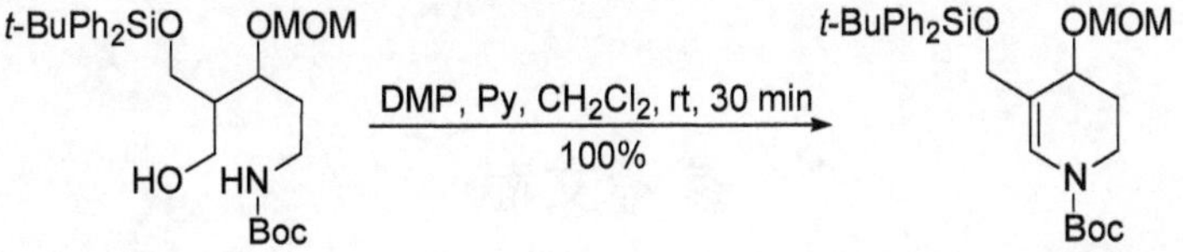

$$(81)$$

在氩气保护下，将 DMP 试剂 (424 mg, 1.0 mmol) 和无水吡啶 (2 eq) 加入到底物 ω-羟基酰胺 (276 mg, 1 mmol) 的新蒸 CH_2Cl_2 (10 mL) 溶液中，室温下搅拌 30 min 后，加入乙醇 (5 mL) 终止反应。反应液用乙醚 (50 mL) 稀释，滤出沉淀。合并滤液，并用饱和 Na_2SO_3-$NaHCO_3$ (1:1, 2 × 80 mL) 洗涤，无水 $MgSO_4$ 干燥。减压蒸去溶剂后得到的残留物经柱色谱纯化得目标产物 (255 mg, 100%)。

例　四

二苯甲酮的合成[71a]
(肟氧化成羰基化合物)

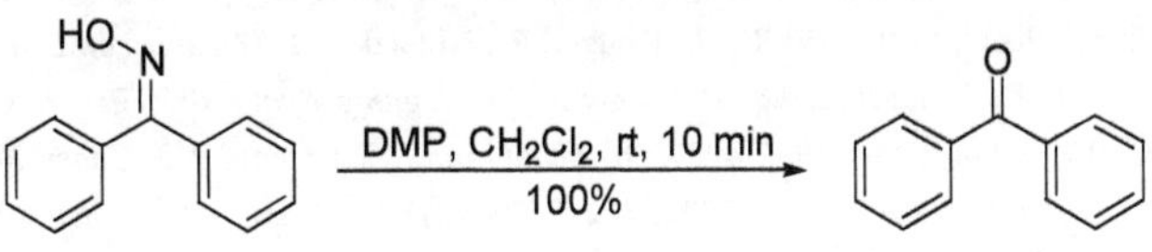

$$(82)$$

在室温和搅拌下，将 DMP (1.18 g, 2.79 mmol) 加入到二苯甲酮肟 (0.50 g, 2.53 mmol) 的 CH_2Cl_2-H_2O (CH_2Cl_2 的饱和水溶液, 25 mL) 溶液中。10 min 后，反应混合物用 NaOH 溶液 (5%, 30 mL) 终止反应。然后，再加入水 (40 mL) 稀释。分出的有机相用水洗和无水 Na_2SO_4 干燥后，蒸去溶剂得产品 (0.46 g, 100%)。

例　五

对甲氧基苯甲酰基叠氮的合成[79]

(醛氧化成酰基叠氮化合物)

$$\text{(83)}$$

在 0 °C 和氮气保护下，将甲氧基苯甲醛 (0.68 g, 1.0 mmol) 加入到 DMP (2.54 g, 6.0 mmol) 和 NaN_3 (1.13 g, 3.5 mmol) 的 CH_2Cl_2 溶液中。TLC 跟踪显示，反应在 1 h 后结束。反应混合物液用水 (2×5 mL) 洗后，水相再用 CH_2Cl_2 (2×10 mL) 萃取。合并有机相经无水 Na_2SO_4 干燥后，减压蒸去溶剂。生成的残留物经柱色谱 (硅胶，石油醚:乙酸乙酯＝8:1) 纯化得到黄色固体产物 (0.84 g, 95%)，mp 68~70 °C。

7　参考文献

[1]　(a) Stevens, T. E. *J. Org. Chem.* **1961**, *26*, 2531. (b) Stevens, T. E. *J. Org. Chem.* **1961**, *26*, 3451. (c) Stevens, T. E. *J. Org. Chem.* **1966**, *31*, 2025.

[2]　Olah, G. A.; Welch, J. *Synthesis* **1977**, 419.

[3]　(a) Rondestvedt, Jr. C. S. *J. Am. Chem. Soc.* **1969**, *91*, 3054. (b) Chambers, O. R.; Oates, G.; Winfield, J. M. *J. Chem. Soc., Chem. Commun.* **1972**, 839. (c) Yagupolskii, L. M.; Maletina, I. I.; Kondratenko, N. V.; Orda, V. V. *Synthesis* **1977**, 574.

[4]　(a) Amey, R. L.; Martin, J. C. *J. Am. Chem. Soc.* **1978**, *100*, 300. (b) Nguyen, T.T.; Amey, R. L.; Martin, J. C. *J. Org. Chem.* **1982**, *47*, 1024. (c) Perozzi, E. F.; Michalak, R. S.; Figuly, G. D.; Stevenson, W. H., III; Dess, D. B.; Ross, M. R.; Martin, J. C. *J. Org. Chem.* **1981**, *46*, 1049.

[5]　Amey, R. L.; Martin, J. C. *J. Am. Chem. Soc.* **1979**, *101*, 5294.

[6]　(a) Dess, D. B.; Martin, J. C. *J. Org. Chem.* **1983**, *48*, 4155. (b) Dess, D. B.; Ross, M. R.; Martin, J. C. *J. Am. Chem. Soc.* **1991**, *113*, 7277.

[7]　McEwen, W. E. *Heteroatom Chem.* **1999**, *5*, 349.

[8]　Munari, S. D.; Frigerio, M.; Santagostino, M. *J. Org. Chem.* **1996**, *61*, 9272.

[9]　Brecker, L.; Marion F. Kögl, M. F.; Tyl, C. E.; Kratzer, R.; Nidetzky, B. *Tetrahedron Lett.* **2006**, *47*, 4045.

[10]　(a) Boeckman, R. J. In "*Encyclopedia of Reagents for Organic Synthesis*"; Paquette, L. A., Ed.; Wiley: Chichester, U.K., **1995**, *Vol. 7*, pp. 4982-4987. (b) Zhdankin, V. V.; Stang, P. J. *Chem. Rev.* **1996**, *96*, 1123. (c) Zhdankin, V. V.; Stang, P. J. *Chem. Rev.* **2002**, *102*, 2523. (d) Chaudhari, S. S. *Synlett* **2000**, 278. (e) Stang, P.

J. *J. Org. Chem.* **2003**, *68*, 2997. (f) Tohma, H.; Kita, Y. *Adv. Synth. Catal.* **2004**, *346*, 111. (g) Wirth, T. *Angew. Chem. Int. Ed.* **2005**, *44*, 3656. (h) Moriarty, R. M. *J. Org. Chem.* **2005**, *70*, 2893. (i) Zhdankin, V. V. *Curr. Org. Synth.* **2005**, *2*, 121. (j) Pan, Z. L.; Shen, Y. W.; Liang, Y. M. *Progress in Chem,* **2007**, *19*, 303.

[11]   Hartmann, C.; Meyer, V. *Chem. Ber.* **1893**, *26*, 1727.

[12]   (a) Greenbaum, F. R. *Am. J. Pharm.* **1936**, *108*, 17. (b) Banerjee, A.; Banerjee, G. C.; Dutt, S.; Banerjee, S.; Samaddar, H. *J. Indian Chem. Soc.* **1980**, *57*, 640. (c) Banerjee, A.; Banerjee, G. C.; Bhattacharya, S.; Banerjee, S.; Samaddar, H. *J. Indian Chem. Soc.* **1981**, *58*, 605.

[13]   Boeckman, Jr., R. K.; Shao, P.; Mullins, J. *J. Org. Synth.* **2004**, *10*, 696.

[14]   Frigerio, M.; Santagostino, M.; Sputore, S. *J. Org. Chem.* **1999**, *64*, 4537. Another alternative preparation of IBX also has been reported: (b) Stevenson, P. J.; Treacy, A. B.; Nieuwenhuyzen, M. *J. Chem. Soc., Perkin Trans. 2* **1997**, 589.

[15]   (a) Evans, D. A.; Kaldor, S. W.; Jones, T. K.; Clardy, J.; Stout, T. J. *J. Am. Chem. Soc.* **1990**, *112*, 7001. (b) Bailey, S. W.; Chandrasekaran, R. Y.; Ayling, J. E. *J. Org. Chem.* **1992**, *57*, 4470.

[16]   (a) Ireland, R. E.; Liu, L. *J. Org. Chem.* **1993**, *58*, 2899. (b) Meyer, S. D.; Schreiber, S. L. *J. Org. Chem.* **1994**, *59*, 7549.

[17]   Plumb, J. B.; Harper, D. *J. Chem. Eng. News* **1990** (July 16), 3.

[18]   (a) Frigerio, M.; Santagostino, M. *Tetrahedron Lett.* **1994**, *35*, 8019. (b) Frigerio, M.; Santagostino, M.; Sputore, S. *J. Org. Chem.* **1995**, *60*, 7272.

[19]   (a) Bhalerao, D. S.; Mahajan, U. S.; Chaudhari, K. H.; Akamanchi, K. G. *J. Org. Chem.* **2007**, *72*, 662. (b) Nicolaou, K. C.; Baran, P. S.; Zhong, Y.-L.; Hunt, K. W.; Kranich, R.; Vega, J. A. *J. Am. Chem. Soc.* **2002**, 124, 2233. (c) Zhdankin, V. V.; Smart, J. T.; Zhao, P.; Kiprof, P. *Tetrahedron Lett.* **2000**, *41*, 5299.

[20]   (a) Moorthy, J. N.; Singhal, N.; Senapati, K. *Org. Biomol. Chem.* **2007**, 5, 767. (b) Ladziata, U.; Zhdankin, V. V. *Synlett* **2007**, 527.

[21]   (a) Heravi, M. M.; Dirkwand, F.; Oskooie, H. A.; Ghassemzadeh, M.   *Heterocyclic Commun.* **2005**, *11*, 75. (b) Wellner, E.; Sandin, H.; Pääkkönen, L. *Synthesis* **2002**, 223.

[22]   Oskooie, S. H. A.; Heravi, M. M.; Sarmad, N.; Saednia, A.; Ghassemzadeh, M. *Indian J. Chem., Sect. B: Org. Chem. Incl. Med. Chem.* **2003**, *42*, 2890.

[23]   Heravi, M. M.; Sangsefidi, L.; Oskooie, H. A.; Ghassemzadeh, M.; Koroush Tabar-Hydar, K. *Phosphorrus, Ssufur Silicon Relat. Elem.* **2003**, *178*, 707.

[24]   综述见: (a) Welton, T. *Chem. Rev.* **1999**, *99*, 2071. (b) Wasserscheid, P.; Keim, W. *Angew. Chem. Int. Ed.* **2000**, *39*, 3772.

[25]   Yadav, J. S.; Reddy, B. V. S.; Basak, A. K.; Narsaiah, A. V. *Tetrahedron* **2004**, *60*, 2131.

[26]   Bach, T.; Kirsch, S. *Synlett* **2001**, 1974.

[27]   Comeskey, D. J.; Bunna, B. J.; Fielder, S. *Tetrahedron Lett.* **2004**, *45*, 7651.

[28]   Sato, Y.; Takimoto, M.; Mori, M. *Synthesis* **1997**, 734.

[29]   Hu, T.; Schaus, J. V.; Lam, K.; Palfreyman, M. G.; Wuonola, M.; Gustafson, G.; Panek, J. S. *J. Org. Chem.* **1998**, *63*, 2401.

[30]   Li, P.; Majireck, M. M.; Korboukh, I.; Weinreb, S. M. *Tetrahedron Lett.* **2008**, *49*, 3162.

[31]   Satoh, T.; Nakamura, A.; Iriuchijima, A.; Hayashi, Y.; Kubota, K. *Tetrahedron* **2001**, *57*, 9689.

[32]   Wang, Z.-G.; Gu, Y.; Zapata, A. J.; Hammond, G. B. *J. Fluor. Chem.* **2001**, *107*, 127.

[33]   Dolbier Jr., W. R. *J. Fluor. Chem.* **2005**, *126*, 157.

[34]   Jeschke, P. *ChemBiolChem.* **2004**, *5*, 570.

[35]   Linderman, R. J.; Graves, D. M. *J. Org. Chem.* **1989**, *54*, 661.

[36]   (a) Davis, F. A.; Srirajan, V.; Titus, D. D. *J. Org. Chem.* **1999**, *64*, 6931. (b) Rocaboy, C.; Bauer, W.; Gladysz, J. A. *Eur. J. Org. Chem.* **2000**, 2621. (c) Leveque, L.; Le Blanc, M.; Pastor, R. *Tetrahedron Lett.* **1998**, *39*, 8857.

[37]   Glansdorp, F. G.; Thomas, G. L.; Lee, J. K.; Dutton, J. M.; Salmond, G. P. C.; Welchb, M.; Spring, D. R. *Org. Biomol. Chem.* **2004**, *2*, 3329.

[38]   Pearson, D.; Downard, A. J.; Muscroft-Taylor, A.; Abell, A. D. *J. Am. Chem. Soc.* **2007**, *129*, 14862.

[39] Paquette, L. A.; Tae, J.; Branan, B. M.; Bolin, D. G.; Eisenberg, S. W. E. *J. Org. Chem.* **2000**, *65*, 9172.

[40] Thorimbert, S.; Taillier, C.; Bareyt, S.; Humiliére, D.; Malacria, M. *Tetrahedron Lett.* **2004**, *45*, 9123.

[41] Caine, D.; O'Brien, P.; Rosser, C. M. *Org. Lett.* **2002**, *4*, 1923.

[42] Paquette, L. A.; Kim, I. H.; Cuniére, N. *Org. Lett.* **2003**, *5*, 221.

[43] Bell, T. W.; Cragg, P. J.; Firestone, A.; Kwok, A. D.-I.; Liu, J.; Ludwig, R.; Sodoma, A. *J. Org. Chem.* **1998**, *63*, 2232.

[44] Nelson, J. K.; Burkhart, D. J.; McKenzie, A.; Natale, N. R. *Synlett* **2003**, 2213.

[45] (a) Robins, M. J.; Samano, V.; Mark D. Johnson, M. D. *J. Org. Chem.* **1990**, *55*, 410. (b) Samano, V.; Robins, M. J. *J. Org. Chem.* **1990**, *55*, 5186. (c) Moukha-chafiq, O.; Tiwari, K. N.; Secrist III, J. A. *Nucleosides, Nucleotides, Nucleic Acids* **2005**, *24*, 713.

[46] Roels, J.; Metz, P. *Synlett* **2001**, 789.

[47] Grieco, P. A.; Collins, J. L.; Moher, E. D.; Fleck, T. J.; Gross, R. S. *J. Am. Chem. Soc.* **1993**, *115*, 6078.

[48] Lawrence, N. J.; Crump, J. P.; McGownb, A. T.; Hadfield, J. A. *Tetrahedron Lett.* **2001**, *42*, 3939.

[49] Myers, A. G.; Zhong, B.; Movassaghi, M.; Kung, D. W.; Lanman, B. A.; Kwon, S. *Tetrahedron Lett.* **2000**, *41*, 1359.

[50] (a) Davis, F. A.; Kasu, P. V. N.; Sundarababu, G.; Qi, H. *J. Org. Chem.* **1997**, *62*, 7546. (b) Botuha, C.; Haddad, M.; Larcheveque, M. *Tetrahedron: Asymmetry* **1998**, *9*, 1929. (c) Hanson, G. J.; Lindberg, T. *J. Org. Chem.* **1985**, *50*, 5399.

[51] (a) Perni, R. B.; Chandorkar, G.; Cottrell, K. M.; Gates, C. A.; Lin, C.; Lin, K.; Luong, Y.-P.; Maxwell, J. P.; Murcko, M. A.; Pitlik, J.; Rao, G.; Schairer, W. C.; Drie, J. V.; Wei, Y. *Bioorg. Med. Chem. Lett.* **2007**, *17*, 3406. (b) Chen, K. X.; Njoroge, F. G.; Pichardo, J.; Prongay, A.; Butkiewicz, N.; Yao, N.; Madison, V.; Girijavallabhan, V. *J. Med. Chem.* **2005**, *48*, 6229. (c) Chen, K. X.; Njoroge, F. G.; Prongay, A.; Pichardo, J.; Madison, V.; Girijavallabhan, V. *Bioorg. Med. Chem. Lett.* **2005**, *15*, 4475.

[52] (a) Parlow, J. J.; Dice, T. A.; Lachance, R. M.; Girard, T. J.; Stevens, A. M.; Stegeman, R. A.; Stallings, W. C.; Kurumbail, R. G.; South, M. S. *J. Med. Chem.* **2003**, *46*, 4043. (b) South, M. S.; Dice, T. A.; Girard, T. J.; Lachance, R. M.; Stevens, A. M.; Stegeman, R. A.; Stallings, W. C.; Kurumbail, R. G.; Parlow, J. J. *Bioorg. Med. Chem. Lett.* **2003**, *13*, 2363.

[53] (a) Porter, M. J.; White, N. J.; Howellsb, G. E.; Laffan, D. D. P. *Tetrahedron Lett.* **2004**, *45*, 6541. (b) Farr, R. A.; Peet, N. P.; Kang, M. S. *Tetrahedron Lett.* **1990**, *31*, 7109. (c) Danishefsky, S. J.; Mantlo, N. B.; Yamashita, D. S.; Schulte, G. *J. Am. Chem. Soc.* **1988**, *110*, 6890.

[54] (a) Kende, A. S.; Yasuhiro, F.; Menzoda, J. S. *J. Am. Chem. Soc.* **1990**, *112*, 9645. (b) Doollittle, R. E.; Brabham, A.; Tumlinson, J. H. *J. Chem. Ecol.* **1990**, *16*, 1131. (c) Iacazio, G. *Chem. & Phys. Lipids* **2003**, *125*, 115.

[55] Batchelor, M. J.; Gillespie, R. J.; Colec, J. M. C.; Hedgemck, C. J. R. *Tetrahedron Lett.* **1993**, *166*, 197.

[56] Ronan, B.; Bacqué, E.; Barriére, J.-C.; Sablé, S. *Tetrahedron* **2003**, *59*, 2929.

[57] Zöllner, T.; Gebhardt, P.; Beckert, R.; Hertweck, C. *J. Nat. Prod.* **2005**, *68*, 112.

[58] Spletstoser, J. T.; Turunen, B. J.; Desino, K.; Rice, A.; Datta, A.; Dutta, D.; Huff, J. K.; Himes, R. H.; Audus, K. L.; Seeligd, A.; Georga, G. I. *Bioorg. Med. Chem. Lett.* **2006**, *16*, 495.

[59] Stang, S. L.; Meier, R.; Rocaboy, C.; Gladysz, J. A. *J. Fluor. Chem.* **2003**, *119*, 141.

[60] Barrett, A. G. M.; Hamprecht, D.; Ohkubo, M. *J. Org. Chem.* **1997**, *62*, 9376.

[61] Wavrin, L.; Viala, J. *Synthesis* **2002**, 326.

[62] Barrett, A. G. M.; Hamprecht, D.; White, A. J. P.; Williams, D. J. *J. Am. Chem. Soc.* **1997**, *119*, 8608.

[63] Morita, M.; Ishiyama, S.; Koshino, H.; Nakata, T. *Org. Lett.* **2008**, ol800267x.

[64] Chandrasekhar, S.; Reddy, M. V. *Tetrahedron* **2000**, *56*, 6339.

[65] (a) Yu, C.; Hu, L. *Tetrahedron Lett.* **2001**, *42*, 5167. (b) Nourry, A.; Legoupy, S.; Huet, F. *Tetrahedron* **2008**, *64*, 2241.

[66] (a) Abelman, M. M.; Overman, L. E.; Tran, V. D. *J. Am. Chem. Soc.* **1990**, *112*, 6959. (b) Lena, J. I. C.; Hernando, J. I. M.; Ferreira, M. del R. R.; Altinel, E.; Arseniyadis, S. *Synlett* **2001**, 597.

[67] (a) Hu, Y.; Li, C.; Kulkarni, B. A.; Strobel, G.; Lobkovsky, E.; Torczynski, R. M.; Porco, Jr. J. A. *Org. Lett.*

2001, *3*, 1649. (b) Li, C.; Porco, Jr. J. A. *J. Org. Chem.* **2005**, *70*, 6053.

[68] (a) Werner, K. M.; de los Santos, J. M.; Weinreb, S. M. *J. Org. Chem.* **1999**, *64*, 686. (b) Werner, K. M.; de los Santos, J. M.; Weinreb, S. M. *J. Org. Chem.* **1999**, *64*, 4865.

[69] (a) Barhate, N. B.; Gajare, A. S.; Wakharkar, R. D.; Sudalai, A. *Tetrahedron Lett.* **1997**, *38*, 653. (b) Aizpurua, J. M.; Juaristi, M.; Lecea, B. *Tetrahedron* **1985**, *41*, 2903.

[70] (a) Corsaro, A.; Chiacchio, U.; Librando, V.; Pistara, V.; Rescifina, A. *Synthesis* **2000**, 1469. (b) Bose, D. S.; Narsaiah, A. V. *Synth. Commun.* **1999**, *29*, 937.

[71] (a) Chaudhari, S. S.; Akamanchi, K. G. *Tetrahedron Lett.* **1998**, *39*, 3209. (b) Chaudhari, S. S.; Akamanchi, K. G. *Synthesis* **1999**, 760.

[72] Vogt, P. F.; Miller, M. J. *Tetrahedron* **1998**, *54*, 1317.

[73] Jenkins, N. E.; Ware, Jr. R. W.; Atkinson, R. N.; King, S. B. *Synth. Commun.* **2000**, *30*, 947.

[74] (a) Ghosh, A.; Ritter, A. R.; Miller, M. J. *J. Org. Chem.* **1995**, *60*, 5808. (b) Miller, A.; Procter, G. *Tetrahedron Lett.* **1990**, *31*, 1043. (c) Martin, S. F.; Hartmann, M.; Josey, J, A. *Tetrahedron Lett.* **1992**, *33*, 3583.

[75] Stork, G.; Zhao, K. *Tetrahedron Lett.* **1989**, *30*, 287.

[76] Langille, N. F.; Dakin, L. A.; Panek, J. S. *Org. Lett.* **2003**, *5*, 575.

[77] Nicolaou, K. C.; Tang, Y.; Wang, J. *Chem. Commun.* **2007**, 1922.

[78] (a) Laszlo, P.; Polla, E. *Tetrahedron Lett.* **1984**, *25*, 3701. (b) Prakash, G. K. S.; Iyer, P. S. *J. Org. Chem.* **1983**, *48*, 3358.

[79] Bose, D. S.; Reddy, A. V. N. *Tetrahedron Lett.* **2003**, *44*, 3543.

[80] (a) Ernest, I.; Gostell, J.; Greengrass, C. W.; Howlick, W.; Jackman, D. E.; Pfaendler, H. R.; Woodward, R. B. *J. Am. Chem. Soc.* **1978**, *100*, 8214. (b) Nicolau, K. C. *Tetrahedron* **1977**, *33*, 683. (c) Mukaiyama, T.; Araki, M.; Takei, H. *J. Am. Chem. Soc.* **1973**, *95*, 4763.

[81] Keating, T. A.; Walsh, C. T. *Curr. Opin. Chem. Biol.* **1999**, *3*, 598.

[82] Bandgar, S. B.; Bandgar, B. P.; Korbad, B. L.; Sawant, S. S. *Tetrahedron Lett.* **2007**, *48*, 1287.

[83] (a) Nicolaou, K. C.; Mathison, C. J. N. *Angew. Chem. Int. Ed.* **2005**, *44*, 5592. (b) Nicolaou, K. C.; Mathison, C. J. N. *Angew. Chem.* **2005**, *117*, 6146.

[84] (a) Beavington, R.; Rees, P. A.; Burn, P. L. *J. Chem. Soc., Perkin Trans. 1* **1998**, 2847. (b) Beavington, R.; Burn, P. L. *J. Chem. Soc., Perkin Trans. 1* **1999**, 583. (c) Promarak, V.; Burn, P. L. *J. Chem. Soc., Perkin Trans. 1* **2001**, 14.

[85] Zhang, W.; Wicks, M. N.; Burn, P. L. *Org. Biomol. Chem.* **2008**, *6*, 879.

[86] (a) Nicolaou, K. C.; Sutiga, K.; Baran, P. S.; Zhong, Y.-L. *Angew. Chem. Int. Ed.* **2001**, *40*, 207. (b) Nicolaou, K. C.; Sutiga, K.; Baran, P. S.; Zhong, Y.-L. *J. Am. Chem. Soc.* **2002**, *124*, 2221.

[87] (a) Nicolaou, K. C.; Zhong, Y.-L.; Baran, P. S. *Angew. Chem. Int. Ed.* **2000**, *39*, 622. (b) Nicolaou, K. C.; Baran, P. S.; Zhong, Y.-L.; Sutiga, K. *J. Am. Chem. Soc.* **2002**, *124*, 2212.

[88] Bose, D. S.; Idrees, M. *J. Org. Chem.* **2006**, *71*, 8261.

[89] Salgaonkar, P. D.; Shukla, V. G.; Akamanchi, K. G. *Synth. Commun.* **2007**, *37*, 275.

[90] Paulvannan, K.; Hale, R.; Sedehi, D.; Chen, T. *Tetrahedron* **2001**, *57*, 9677.

[91] (a) Oskooie, H. A.; Khalilpoor, M.; Saednia, A.; Sarmad, N.; Heravi, M. M. *Phosphorrus, Ssufur Silicon Relat. Elem.* **2000**, *166*, 197. (b) Deng, G. Xu, B.; Liu, C. *Tetrahedron* **2005**, *61*, 5818.

[92] Telvekar, V. N.; Arote, N. D.; Herlekar, O. P. *Synlett* **2005**, *16*, 2495.

[93] (a) Nicolaou, K. C.; Jung, J.; Yoon, W. H.; Fong, K. C.; Choi, H.-S.; He, Y.; Zhong, Y.-L.; Baran, P. S. *J. Am. Chem. Soc.* **2002**, *124*, 2183. (b) Nicolaou, K. C.; Baran, P. S.; Zhong, Y.-L.; Fong, K. C.; Choi, H.-S. *J. Am. Chem. Soc.* **2002**, *124*, 2190. (c) Nicolaou, K. C.; Zhong, Y.-L.; Baran, P. S.; Jung, J.; Choi, H.-S.; Yoon., W. H. *J. Am. Chem. Soc.* **2002**, *124*, 2202.

[94] Bastiaans, H. M. M.; van der Baan, J. L.; Ottenheijm, H. C. J. *J. Org. Chem.* **1997**, *62*, 3880.

[95] Wipf, P.; Jung, J.-K. *J. Org. Chem.* **1998**, *63*, 3530.

[96] Clive, D. L. J.; Hisaindee, S. *J. Chem. Soc., Chem. Commun.* **1999**, 2251.

[97] Martin, S. F.; Hida, T.; Kym, P. R.; Loft, M.; Hodgson, A. *J. Am. Chem. Soc.* **1997**, *119*, 3193.

[98]   Paterson, I.; Florence, G. J.; Gerlach, K.; Scott, J. P.; Sereinig, N. *J. Am. Chem. Soc.* **2001**, *123*, 9535.

[99]   Jeong, J. U.; Guo, C.; Fuchs, P. L. *J. Am. Chem. Soc.* **1999**, *121*, 2071.

[100]   Tueckmantel, W.; Kozikowski, A. P.; Romanczyk, L. J. *J. Am. Chem. Soc.* **1999**, *121*, 12073.

[101]   Kita, Y.; Higuchi, K.; Yoshida, Y.; Iio, K.; Kitagaki, S.; Ueda, K.; Akai, S.; Fujioka, H. *J. Am. Chem. Soc.* **2001**, *123*, 3214.

[102]   Comins, D. L.; LaMunyon, D. H.; Chen, X. *J. Org. Chem.* **1997**, *62*, 8182.

[103]   Meinke, P. T.; Arison, B.; Culberson, J. C.; Fisher, M. H.; Mrozik, H. *J. Org. Chem.* **1998**, *63*, 2591.

[104]   Larsen, D. S.; O'Shea, M. D. *J. Org. Chem.* **1996**, *61*, 5681.

[105]   Niu, C.; Pettersson, T.; Miller, M. J. *J. Org. Chem.* **1996**, *61*, 1014.

[106]   Shiraki, R.; Sumino, A.; Tadano, K.-I.; Ogawa, S. *J. Org. Chem.* **1996**, *61*, 2845.

[107]   Wipf, P.; Kim, H. *J. Org. Chem.* **1993**, *58*, 5592.

[108]   Crieco, P. A.; Pineiro-Nunez, M. M. *J. Am. Chem. Soc.* **1994**, *116*, 7606.

[109]   Wipf, P.; Lim, S. *J. Am. Chem. Soc.* **1995**, *117*, 558

杰卡布森不对称环氧化反应

(Jacobsen Asymmetric Epoxidation)

余孝其

1　历史背景简述

　　烯烃的不对称环氧化反应可以使潜手性的烯烃转化为手性的不对称环氧化合物，然后发生一些官能团的转化反应，生成一系列在医药、农药、化工等领域中具有重要价值的手性化合物。因此烯烃的不对称环氧化反应一直受到广泛的关注。Jacobsen 不对称环氧化反应，又称 Jacobsen-Katsuki 不对称环氧化反应，取名于发现该反应的美国科学家 Eric N. Jacobsen 和日本科学家 Tsutomu Katsuki。

　　Eric N. Jacobsen，1960 年生于纽约曼哈顿。1982 年毕业于纽约大学，1986 年在加利福尼亚大学伯克莱分校获得博士学位，师从 Robert Bergman 教授。同年在 Sharpless 教授研究组从事博士后研究。1988 年，在美国伊利诺伊大学开始他的独立研究工作。1993 年转入哈佛大学，现任哈佛大学教授。他的主要研究领域是选择性有机催化，尤其是设计、发现和研究一些有趣和有用的金属催化有机反应，为有机合成提供了具有实用价值并得到广泛应用的新方法。他的出色工作曾获得 2001 年美国化学会有机合成创新工作奖 (ACS Award for Creative Work in Organic Synthesis) 和 2002 年美国国家卫生研究院杰出研究奖 (NIH Merit Award)。

　　Tsutomu Katsuki，1946 年生于日本佐贺县。1969 年毕业于日本九州大学，1976 年获九州大学博士学位，师从 M. Yamaguchi 教授。1971-1987 年在九州大学任助理研究员。1979-1980 年，在 Sharpless 教授研究组做博士后研究，和 Sharpless 教授一起发表了关于烯丙醇不对称环氧化的论文[1]。1988 年起任九州大学的全职教授。研究领域主要是过渡金属配合物催化的不对称有机反应和天然产物的全合成。

　　1980 年，Sharpless 等报道了在四异丙氧基钛和酒石酸二乙酯存在下，用叔丁基过氧化氢作氧化剂，进行烯丙醇的不对称环氧化反应[1]。该反应具有高度的立体选择性外，同时还具有操作的简易性和可靠性等优点，因此在天然产物的合成中已得到了广泛的应用。然而，Sharpless 不对称环氧化反应不能用于那些不具有烯丙醇结构烯烃的不对称环氧化反应。因此，发展用于非功能化烯烃的不对称催化剂及其反应的研究，是一个具有挑战性的课题。

　　1990 年，Jacobsen[2] 和 Katsuki[3] 研究小组分别独立报道了手性的

Salen-Mn(III) 配合物 **1** 和 **2** 能够有效地催化烯烃的不对称环氧化反应。该类催化剂的设计思想与金属卟啉配合物的结构及催化的反应有很大关系。20 世纪 80 年代，发现天然产物细胞色素 P-450 对底物具有高选择性氧化作用，因此合成了金属卟啉配合物作为 P-450 单加氧酶的仿生物质[4]。Jacobsen 合成的 Salen-Mn(III) 配合物催化剂与金属卟啉相似，从氧合锰中间体发生氧向烯烃的转移，这是一个很好的与细胞色素 P-450 氧化酶结构及催化机理相似的实例。使用这种易得的、廉价的催化剂首次实现了非功能化烯烃的高对映体选择性的不对称环氧化。此外，由过渡金属催化的 Jacobsen 不对称环氧化反应显示出很好的底物普适性 (表 1)，所得到的不对称环氧化产物具有很高的立体选择性，而且不需预先将底物与催化剂进行配位[2]。

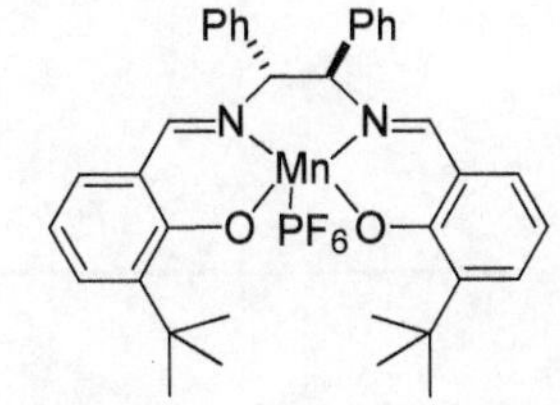

表 1 代表性烯烃的不对称环氧化反应

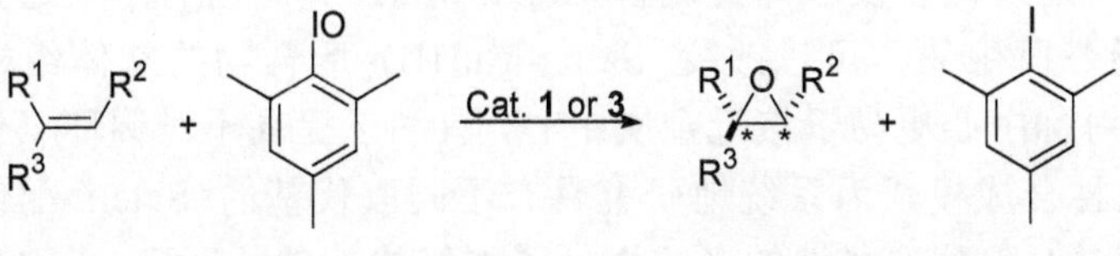

序号	烯烃	催化剂	产率/%	ee/%	构型
1	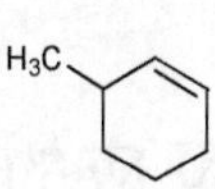 H₃C—环己烯	**1**	50	59	1R,2S-(−)
2	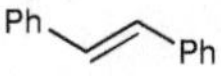 Ph—CH=CH—Ph	**3**	63	33	S,S-(−)
3	 Ph—CH=CH—CH₃	**3**	93	20	1R,2S-(−)
4	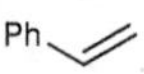 Ph—CH=CH₂	**1**	75	57	R-(+)

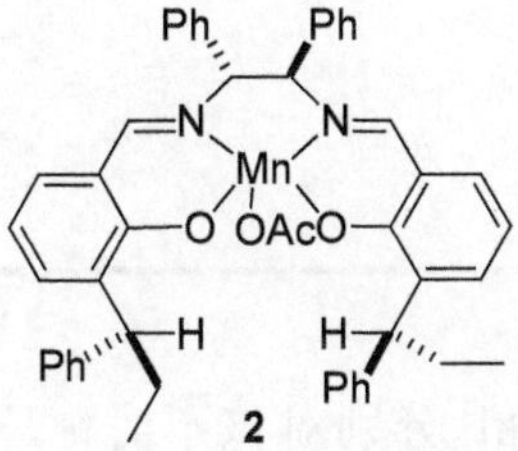

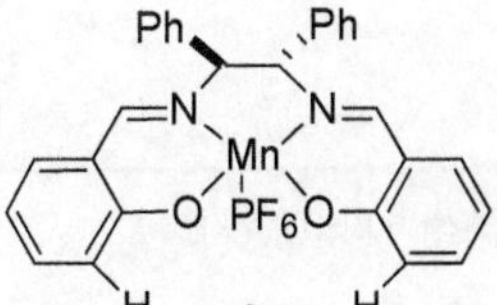

续表

序号	烯烃	催化剂	产率/%	ee/%	构型
5	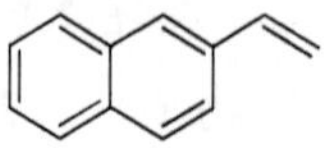	**1**	72	67	(+)[①]
6	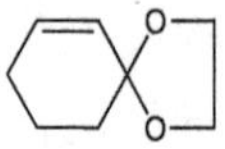	**1**	52	93	(−)[①]
7	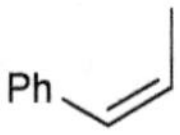 Ph	**1**	73	84	1R,2S-(−)
8	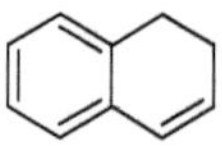	**1**	72	78	1R,2S-(+)
9	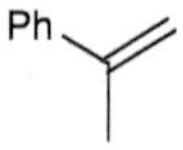 Ph	**1**	36	30	R-(+)

① 绝对构型未得到。

随后，Jacobsen 和 Katsuki 分别对该不对称环氧化反应进行了进一步的发展和改进，扩展了底物的范围，增加了催化剂的效率，提出了更好的更易被理解的反应机理。催化剂的设计是发展不对称环氧化反应的重要部分，以水杨醛和手性二胺为原料，通过两步反应即可制备 Salen-Mn(III) 催化剂[5,6]。选择不同的手性二胺和水杨醛衍生物，可以改变 Salen-Mn(III) 配合物的立体结构和电子性质，从而使不对称中心更易于接近金属中心，有利于提高不对称环氧化反应的立体选择性。这种合成模式为系统地研究具有不同取代基的 Salen 配体的立体效应和电子效应对对映体选择性的影响提供了很好的基础。目前 Jacobsen 催化剂的合成可达到公斤级，并已经用于制药工业中[7]。

2 Jacobsen-Katsuki 不对称环氧化反应的特点和机理

2.1 Jacobsen-Katsuki 环氧化的特点

Jacobsen-Katsuki 不对称环氧化反应是一种由烯烃制备手性不对称环氧化合物的反应。可定义为手性 Salen-Mn(III) 配合物催化的非功能化烯烃的不对称环氧化反应，如式 1 所示。该反应具有以下特点：①Salen-Mn(III) 催化剂容易制备，尤其是著名的 Jacobsen 催化剂 **4** 和 **5** 可以直接购买；②底物是非功能化的烯烃，不像 Sharpless 不对称环氧化反应需要烯丙醇结构；③对顺式烯烃具有较高的对映选择性，尤其是对芳基共轭的顺式二取代烯烃，顺式烯烃环氧化主要生成顺式环氧化产物；④烯烃带有醚、酯、酰胺、硝基、乙缩醛、氰基、炔基等基团时不影响不对称环氧化反应的进行。通过 Jacobsen 不对称环氧化反应直接对映选择性地将烯烃氧化成手性不对称环氧化合物，无需其它特殊的操作。

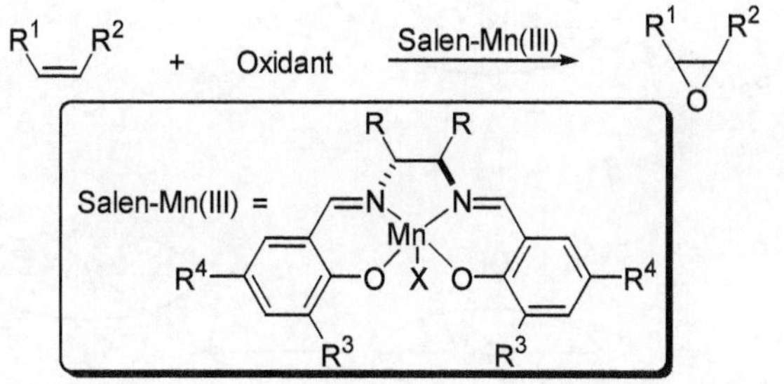

$$(1)$$

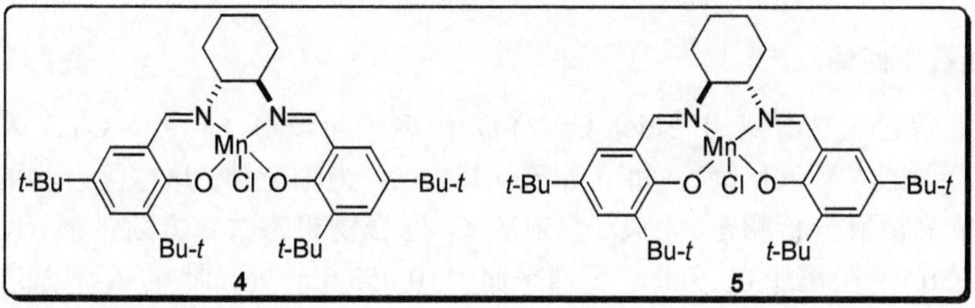

2.2　基本催化过程

自 Jacobsen 和 Katsuki 研究小组于 1990 年分别独立报道了手性的 Salen-Mn(III) 配合物催化非功能化烯烃不对称环氧化以来，对其催化机理的研究引起了广泛的关注。目前普遍接受的反应机理为催化循环机理：氧化剂首先将 Salen-Mn(III) 氧化成 Salen-Mn(V)，$[O=Mn^V(Salen)]^+$ 作为活性中间体将氧转移给烯烃，自身又被还原成 Salen-Mn(III) (式 2)。Jacobsen 不对称环氧化反应可分为二个基本步骤：①氧化步骤，Salen-Mn(III) 配合物首先与氧化剂反应，生成活性中间体 $[O=Mn^V(Salen)]^+$ 配合物；②活性中间体与非官能化烯烃的双键作用，生成手性不对称环氧化物，同时 Salen-Mn(V) 配合物被还原成 Salen-Mn(III) 配合物。重复上述过程，直至反应结束。反应速率直接受到氧化剂、催化剂载体和添加剂等的影响。在特定条件下，添加剂 (如吡啶 N-氧化物) 可增加反应速率。Salen-Mn(III) 和氧化剂反应除得到有催化活性的 Mn(V) 外，还会生成 Mn(IV)，进而发生二聚得到没有催化活性的 Mn(IV)-O-Mn(IV) 二聚体，使催化剂失活。

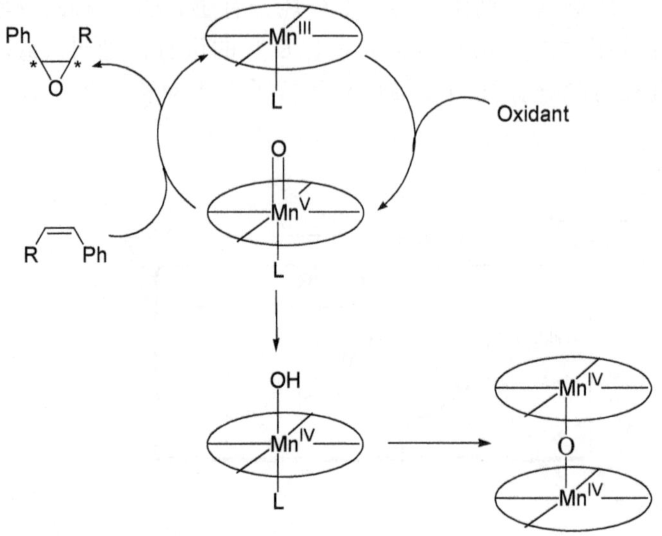

$$(2)$$

2.3 活性氧中间体

Kochi 等已成功分离出 Salen-Cr(V)-O 阳离子配合物 **6a** (X = OTf) 和配合物 **6b** (X = 吡啶 N-氧化物)。如下所示：其中 X 为轴配体，这些配合物的结构已用 X 单晶衍射分析测定。阳离子 Cr(V)-O 配合物粗略按正方角锥形 (即正方形配位)，Cr(V) 阳离子在 Salen 平均平面上 0.053 nm 处；吡啶 N-氧加合物采用八面体配位，Cr(V) 离子处在 Salen 平均平面上 0.026 nm[8]。

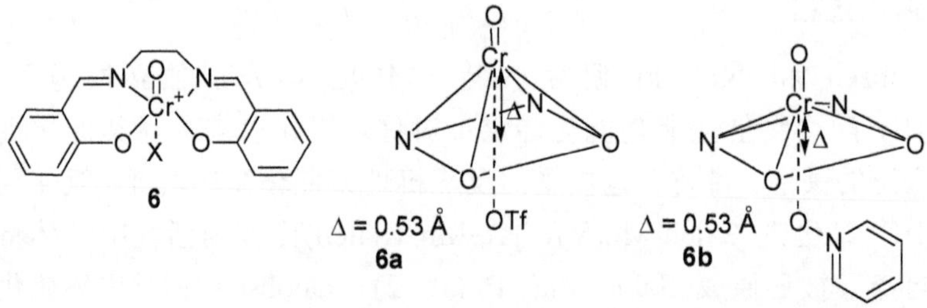

基于 Salen-Cr(V)-O 阳离子配合物的结构，他们提出了类似的 Salen-Mn(V)-O 阳离子配合物假设[9]。由于 [O=Mn^V(Salen)]^+ 非常不稳定，至今仍未分离出这类配合物。Plattner 等人通过电喷雾串联质谱检测到了 Mn(V)-O 配合物和二聚体(IV) 的存在[10]。Adam 和 Bryliakov 等通过电子顺磁共振谱 (EPR) 和核磁共振谱 (NMR) 研究了以 NaClO 或 PhIO 为氧化剂，Salen-Mn(III) 催化的环氧化反应的研究也支持了 Mn(V)-O 配合物和二聚体(IV) 的存在[11]。轴向配体通过与金属配位能使氧合金属更接近于 Salen 平面，反应时由于烯烃与 Salen 配体上取代基之间的相互作用增强了，因此进攻

Salen-Mn(V)-O 的 Mn=O 键时，只能按某种取向才有利于进行，从而使得产物的对映选择性得以提高。虽然，高价锰作为活性中间体已成为普遍接受的观点，但现在很多证据表明其它的活性氧中间体 (如下所示 I~IV) 也在某些条件下参与反应[11c,12]。

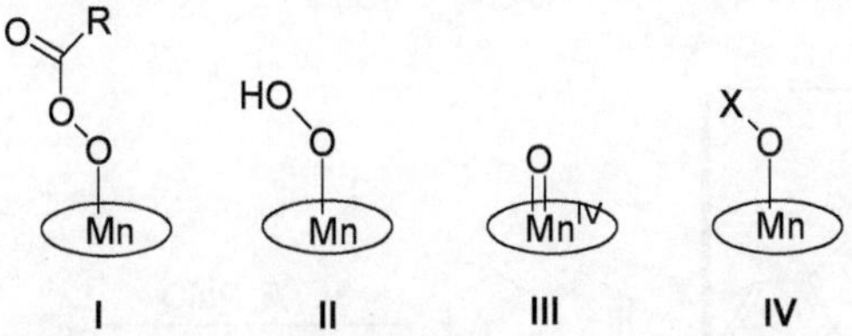

I   II   III   IV

2.4   烯烃进攻 Salen-Mn(V)-O 中间体的取向

为了解释烯烃环氧化的对映选择性问题，化学家们提出了多种烯烃进攻 Salen-Mn(V)-O 配合物的方式。Jacobsen 等发现，在同样条件下，顺式二取代烯烃的位阻越大，其环氧产物的 ee 值越高，提出了侧向接近 (Side-on) 机理来解释[13]。假设 Salen-Mn(V)-O 配合物呈近平面的四角锥形结构，烯烃进攻的方向主要是由空间效应决定。Jacobsen 认为侧面不对称接近有 a、c 和 d 三种可能路线，如式 3 所示。C5 位和 C5′ 位上的两个叔丁基空间体积较大，对沿着路线 c 进攻的烯烃有强烈的空间位阻作用。同样，C3 位和 C3′ 位上的叔丁基阻碍了烯烃从路线 d 方向接近活性中间体的中心氧原子。因此 Jacobsen 认为，底物烯烃只能通过手性二胺的方向按照路线 a 接近 Mn = O 键，从而加强了催化剂的手性诱导作用。

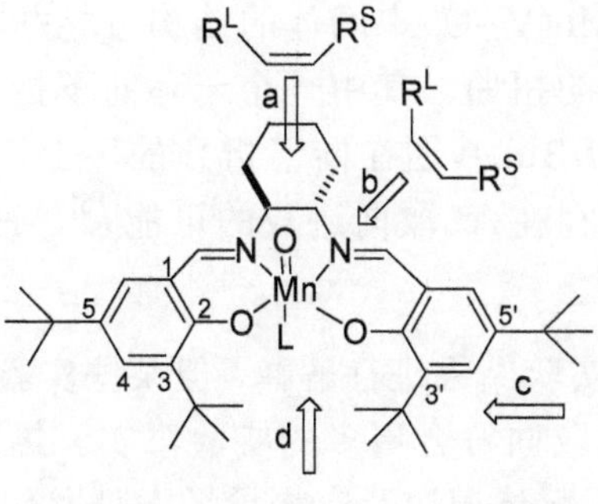

(3)

如果按照 a 取向，增加手性二胺的位阻，催化剂的不对称诱导作用应该加强。然而，Jacobsen 等发现用甲基取代环己胺上两个手性氢原子的催化剂 7，其不对称诱导作用反而都有些下降[13]。Katsuki 等发现在手性环己二胺两个氮原子相邻的碳原子上引入甲基所得的催化剂 8，在催化烯烃的不对称环氧化中，与原来的催化剂 9 催化的反应相比，表现出相反的不对称诱导作用 (式 4)[14]。此结果表明，烯烃很可能不是沿着路线 a 进攻的。

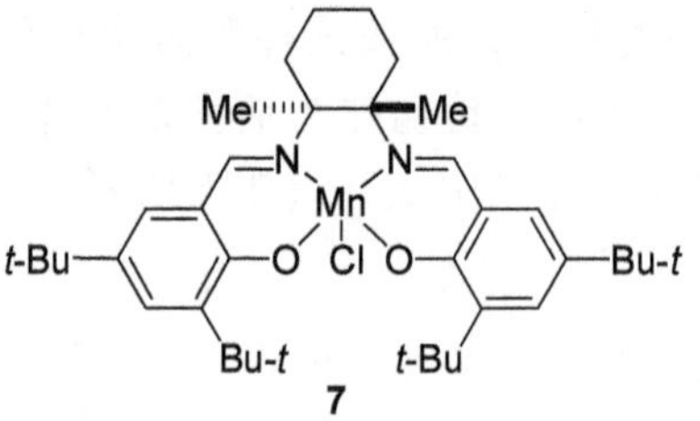

Katsuki 等人一直认为烯烃按途径 b 进攻，即底物烯烃从 Schiff 碱亚胺处沿着 N-Mn 键的方向进攻[15](式 3)，该取向考虑了所有的立体因素。此外，从电子效应考虑，该取向也可以解释 Salen-Mn(III) 催化效果与烯烃的电子云密度相关这一事实。N-Mn 键轴两侧的电子云密度是不同的，靠芳环一侧电子云密度要比靠乙二胺一侧高。当烯烃沿 N-Mn 键进攻 Mn(V)=O 时，Salen 配体中苯环上的 π-电子与烯烃取代基上的 π-电子之间存在一定的排斥力，这对产物的立体选择性有很大的意义。如果底物烯烃上既带有一个大空间位阻、又属于高 π-电子云密度型的取代基的话，则更有可能得到高度的对映选择性。但是很多证据表明，Salen-Mn(V)-O 中间体的结构可能并非想象中的完全平面结构，而是发生了一定程度的扭曲。其中一个苯环向下折叠，而另一个苯环向上折叠。假设 C5′ 位上的 t-Bu 基团在向下折叠的环上，则不会对 c 取向进攻的烯烃造成位阻，因此也存在 c 取向进攻的可能[16]，H. Jacobsen 等人通过计算支持了该取向[17]。

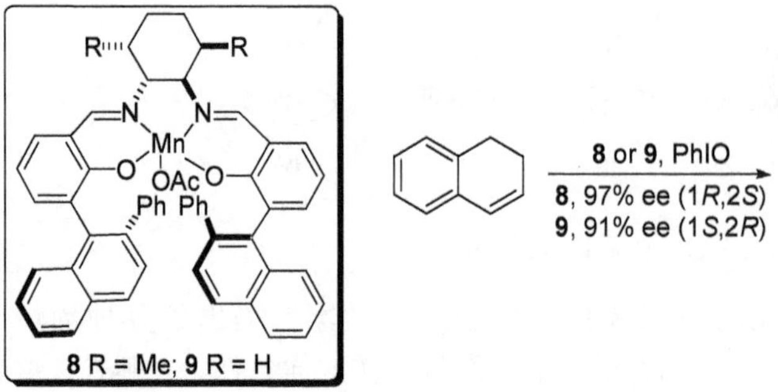

这几种取向都对一些实验结果进行解释，但某些实验结果又相互矛盾。相对而言，Katsuki 的 b 进攻取向符合更多的实验事实。烯烃到底采取何种方式进攻 Mn^V=O，还要把 Salen 配体周边及底物烯烃本身取代基之间的立体效应和电子效应综合起来考虑，具体条件具体分析。

2.5 Salen-Mn(V)-O 氧向烯烃转移的机理

活性氧中间体是如何将氧转移给烯烃，从而使烯烃发生环氧化，而自身被还原，活性氧向烯烃转移的机理至今仍是一个具有较大争议的研究领域。目前得到认可的机理主要有以下三种途径：(a) 自由基机理；(b) 协同机理；(c) 金属噁唑烷机理。

（a）氧转移的自由基机理

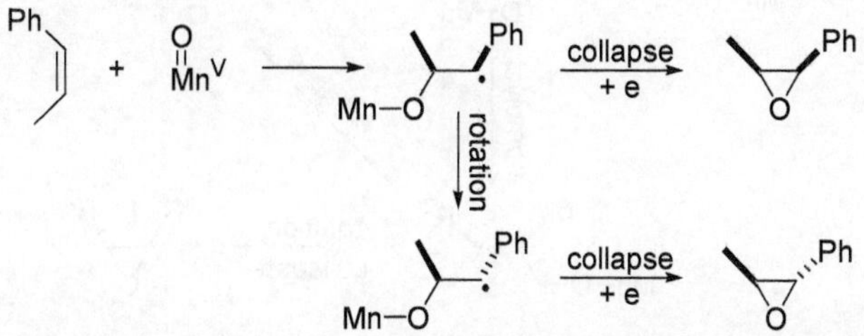

$$(5)$$

顺式共轭烯烃在 Jacobsen-Katsuki 不对称环氧化反应中可以得到很高的顺式产物，但也有少量的反式产物，Katsuki[3] 和 Jacobsen[18] 提出了自由基中间体的机理。Salen-Mn(V)-O 首先将一个电子转移给烯烃，立体选择性地生成一个自由基中间体（式 5）。由于未出现烯烃的异构现象，因此该过程是不可逆的。自由基迅速与氧结合，生成顺式环氧产物。但自由基也可能旋转，再与氧结合生成反式环氧产物。催化剂取代基的电子效应对立体选择性有较大的影响。尤其是 5 和 5′ 上的取代基。而后来的大多数计算结果也支持自由基机理[19]，Linker 等人以 1,4-环己二烯为探针，通过对产物的分析，认为反应是通过自由基机理来完成的，为自由基机理提供了实验支持[20]。

（b）氧转移的协同机理

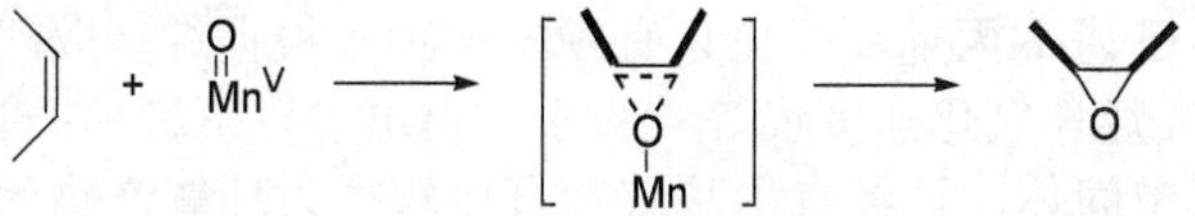

$$(6)$$

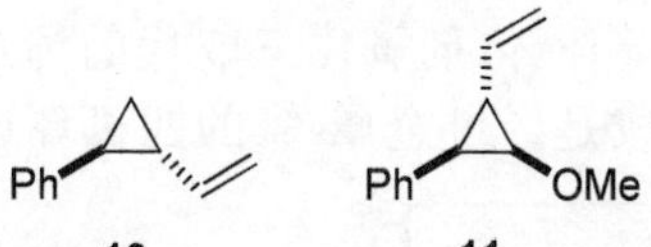

由于非共轭烯烃的自由基不稳定，因此对该类烯烃提出了协同机理的假设。从侧面接近催化剂的烯烃上的两个双键碳原子同时向氧提供电子，协同形成双分子过渡态（式 6）。伴随着 Mn-O 键的断裂，同时形成两个 C-O 键，因此 cis-烯烃只形成 cis-不对称环氧化合物，对烯烃的浓度和催化剂的浓度都是一级反应。Jacobsen 以 2-苯基-1-乙烯基环丙烷 (10) 为底物，以 NaClO 为氧化剂，进行不对称环氧化反应时未发现任何重排产物，证实了在孤立烯烃的不对称环氧化过程中没有自由基中间体的生成，认为是按协同机理进行[21]。然而，Adam 等人用高分子固载化的 Jacobsen 催化剂，PhIO 为氧化剂，催化环氧化 11 时，排除了正碳离子的可能性，认为是按自由基机理进行的[12c]。

（c）氧转移的金属噁唑烷机理

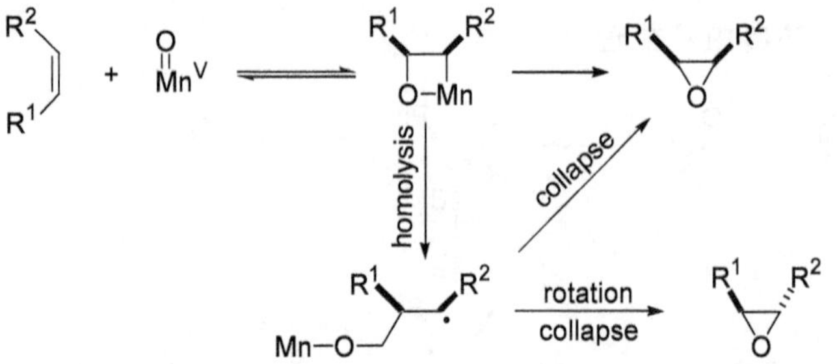

$$(7)$$

底物首先与活性氧中间体可逆地形成含金属-氧的四员环状中间体，当底物为共轭烯烃时，金属-氧的四员环状中间体不可逆地均裂成自由基，再按自由基机理完成接下来的步骤。当底物为孤立烯烃时，金属-氧的四员环状中间体缓慢地直接转变为产物 (式 7)。Norrby 等人根据计算结果，提出了 Salen-Mn 催化的烯烃不对称环氧化是通过 Mn-O 四员环的过渡态进行的[22]。在多数不对称催化反应中，如果反应只经历一个过渡态时，那么在越低的温度下可获得越高的对映体选择性。反之，当该反应过程中可逆地形成非对映异构中间体，再不可逆地转化为产品或别的中间体时，这种光学选择性和温度之间的关系将可能不再成立[23]。Kastuki 等以催化剂 **12** 研究环辛二烯的不对称环氧化时，发现该体系的对映选择性与温度不存在线性关系，而是在 0 ℃ 时有最佳的光学选择性，以苯乙烯、对硝基苯乙烯等为底物时也存在类似现象。Kastuki 等综合对映选择性与温度的非线性关系；顺式 β-甲基苯乙烯环氧化存在顺反异构体，而以环己基取代苯的顺式 1-环己基-1-丙烯环氧化只有顺式产物；根据烷基取代烯烃的环氧化速度比芳基取代烯烃环氧化速度快等实验事实提出了以下机理：首先可逆形成金属-氧的四员环状中间体，再经自由基或者直接转换为环氧产物的金属噁唑烷机理[16, 24]。Brun 等人以 **13** 作催化剂氧化三取代的烯烃，生成的产物如式 8 所示，他们认为这些产物的生成是经过金属-氧的四员环过渡状态形成的[25]。

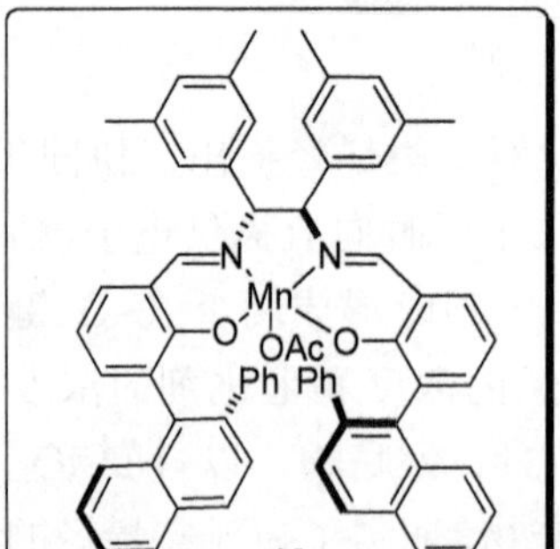

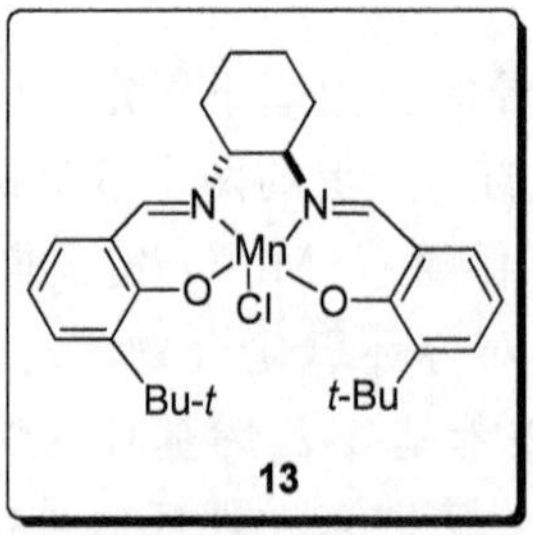

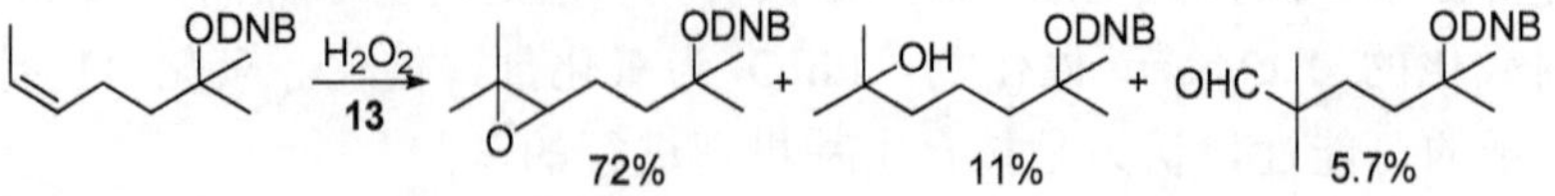

$$(8)$$

上述三种氧转移机理都能对各自的实验现象做出正确的解释，但对某些实验结果又互相矛盾。对于不同的催化剂、不同的底物或不同的反应体系，其反应的机理是不相同的。芳基共轭的顺式二取代烯烃是 Jacobsen-Katsuki 不对称环氧化的最佳底物，自由基机理往往能给出合理的解释，因此常常将自由基机理看作是 Jacobsen 环氧化的氧转移机理。现在越来越多的证据表明：环氧化可能有多个氧活性中间体存在，可能经过多个步骤完成，究竟是按照何种途径需结合具体反应条件和实验结果来确定。

2.6 取代基的电子效应

在 Salen-Mn 配合物催化的 *cis*-烯烃的不对称环氧化反应中，配体上 5-位和 5'-位取代基的电子效应对反应的对映选择性产生重要的影响。Jacobsen 等人首先发现并详细研究了取代基的电子效应对不对称环氧化的影响，为自由基机理提供了实验依据[18,26]。若 Salen 配体的 5-位和 5'-位上有供电子基，可以增加 Salen-Mn 配合物的不对称诱导能力；相反，拉电子取代基则降低了反应的对映选择性。

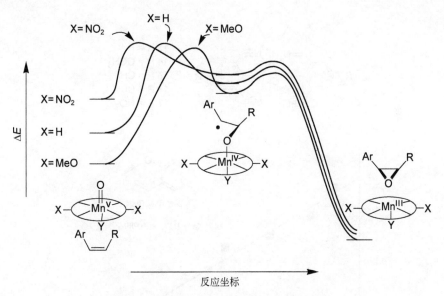

图 1　Jacobsen 不对称环氧化反应能级图

这些效应可以用 Hammond 假设来解释。配体中的供电子基 (例如：OMe) 可以使 Mn(V)-O 配合物更为稳定，减少了 Mn(V)-O 配合物的反应活性。由于过渡态形成相对较晚，其能量和几何构型两方面更类似于产物，如图 1 反应能级图所示，从而得到较高的对映选择性。吸电子取代基 (如 NO₂) 可以使 Mn(V)-O 配合物去稳定而活化，产生一种较活泼的中间体，在过渡态中加入烯烃得到较低的对映选择性。有关取代基对对映选择性的影响，已建立了配体中 5-

位和 5′-位上取代基效应的定量关系，如式 9：

$$\lg P = \rho\sigma_p \tag{9}$$

式中，$P=I_主/I_次$ （$I_主$：主要的不对称环氧化合物对映异构体；$I_次$：次要的不对称环氧化合物对映异构体）。

以 **13~17** 作催化剂和 NaClO 为氧化剂分别对 2,2-二甲基色烯、cis-β-甲基苯乙烯和 cis-2,2-二甲基-3-己烯进行不对称环氧化反应，结果所得到的相应的不对称环氧化合物的 ee 值趋势是类似的[21]。用 $\lg P$ 对 σ_p 作图可以得到线性关系，图 2 所示是 2,2-二甲基色烯不对称环氧化的 $\lg P$ 与 σ_p 关系。从图 2 可以看出，配位体中 5-位和 5′-位上供电子取代基有利于提高对映选择性，吸电子取代基则降低对映选择性。公式中的 ρ 是反应常数，在该类烯烃的不对称环氧化中 ρ 值都是负数。该结果表明：在过渡态中反应中心上正电荷增加了，而负电荷减少了。

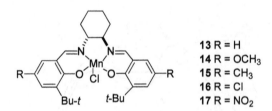

13 R = H
14 R = OCH$_3$
15 R = CH$_3$
16 R = Cl
17 R = NO$_2$

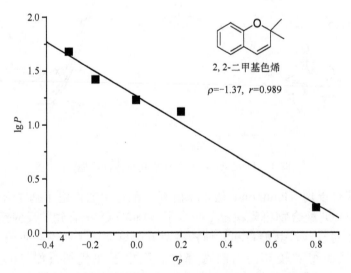

2, 2-二甲基色烯

$\rho=-1.37$, $r=0.989$

图 2 2,2-二甲基色烯不对称环氧化的 $\lg P$ 与 σ_p 的关系

在 Salen-M-O 配合物中，反应中心如果是金属氧化物中的金属，那就意味着 M-O 键中的氧在过渡态中氧的负电荷增加。最近研究结果表明，取代基的电子效应同样可影响到第一个 C-O 键形成时 C-O 键的距离 (d_{C-O})。配体中有吸电子取代基时，C-O 键的距离比具有给电子取代基时的距离要长。从而有供电子取代基的配体在形成第一个 C-O 键时减少了配体与底物作用时的距离，提高了对映选择性[12c]。

3　Jacobsen-Katsuki 不对称环氧化反应的基本概念

3.1　非功能化烯烃

非功能化烯烃的概念主要是区别于 Sharpless 不对称环氧化反应而言。在 Sharpless 催化体系中，只有烯丙醇类的底物可以得到高度的对映选择性，因为烯丙醇中的羟基实际上参与了中间体的配位过程。非功能化烯烃是指烯烃双键的取代基团不带有如羟基和氨基等功能团的烯烃。Jacobsen 不对称环氧化反应主要是指由 Salen-Mn(III) 催化的非功能化烯烃的不对称环氧化反应。自从 Jacobsen 和 Katsuki 研究小组分别报道了手性 Salen-Mn 配合物在催化非功能化烯烃的不对称环氧化反应中表现出了较好的对映选择性以来，手性金属 Salen 配合物催化的非功能化烯烃不对称环氧化得到了飞速发展，一些相关综述及论著对该反应进行了较为系统的介绍[27]。

3.2　手性 Salen 配体

Salen 是 *N,N'*-Bis(Salicyaldehydedoethylenediamine) 的缩写，意为 *N,N'*-二水杨醛缩乙二胺。Salen 的结构（**18**）如下所示，它们是一类合成手性金属配合物的重要配体。现在 Salen 的意义已经扩充到各类的 Shiff 碱衍生物，这种配体与金属作用可生成各种 Salen-M 配合物。按 Salen 的结构和金属的个数分为单体 (单核)、二聚体 (双核) 和聚合物 (多核) 配合物[28]。

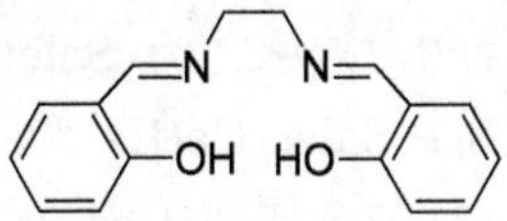

18 (Salen)

Salen-M 配合物在结构和催化活性上与细胞色素 P450 中的金属卟啉相似 (式 10)，因此被认为是一种仿生催化剂。但是，Salen-M 配合物的衍生物结构比金属卟啉更容易合成，从而可以通过简单地修饰 Salen-M 配合物的结构来改变催化剂活性中心，即金属原子周围的不对称催化环境。手性 Salen 配体可以由一分子的手性乙二胺的衍生物与二分子的水杨醛衍生物缩合而成,一般无需分离直接加入相应的金属盐即可获得手性金属配合物 (式 11)。手性 Salen 配体具有合成简便和产率较高的优点,已经成为温和条件下催化非官能化烯烃不对称环氧化催化剂的重要手性配体。

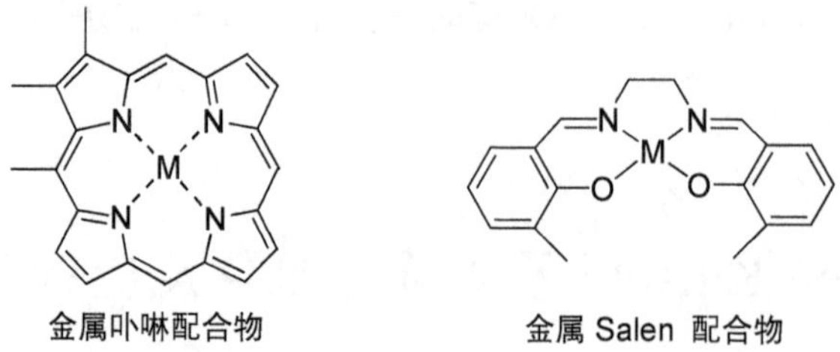

金属卟啉配合物   金属 Salen 配合物   (10)

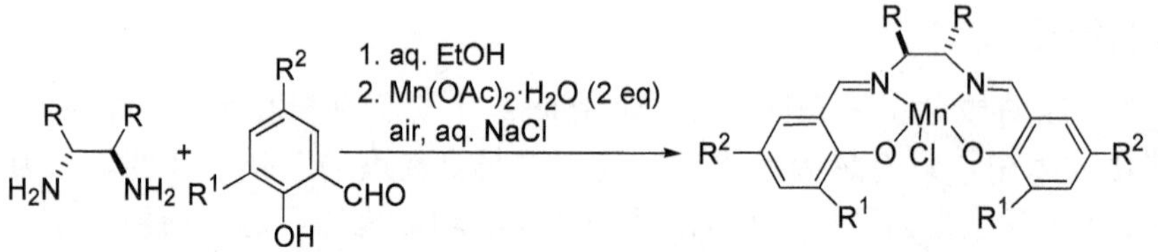

(11)

手性 Salen 作为一种用途广泛的配体,可与不同的金属如 Mn、Co、Cr、Cu 等制备 Salen-M 配合物。Salen 金属配合物被广泛地用于各类有机合成反应中,除了催化不对称环氧化反应之外,在(氮杂)环丙烷化[29]、Strecker 反应[30]、不对称氢化[31]、不对称硅腈化[32]、杂 Diels-Alder 反应[33]、羟基化反应[34]以及动力学拆分[35]等反应中显示出了非常好的不对称诱导效果,这些反应可获得较高的产率和 ee 值,同时反应条件温和,具有很好的应用前景。

Salen 配合物具有许多优点[27c]:(1) 原料易得,容易合成;(2) 不对称原子直接与金属原子配位,更容易实现不对称选择性;(3) 在配体的 3-位或 5-位上引入合适的取代基,可以有效地调整 Salen 金属氧化合物 (Salen-M-O) 上的电子效应和立体效应。因此,改变手性二胺部分可得到许多具有不同诱导效应的 Salen 金属配合物。

3.3 轴向配体

不同金属的 Salen 金属配合物,被称之为 Salen 某金属配合物。金属的价态用罗马数字在金属后标出,例如:Salen-Co(II) 和 Salen-Mn(III) 等。轴向配体 (Axial ligand) 是沿着配合物对称轴与金属离子配位的供电子物质,如 Cl[-]、Br[-] 和 PF$_6^-$ 等[28]。轴向配体对 Salen-Mn(III) 的催化性能影响很大。加入轴向配体可降低催化剂的用量,提高反应的速率和产物的对映体过量值。可能的原因是供电子轴向配体与氧合 Salen-Mn(V) 配位后,使生成的氧合 Salen-Mn(V) 配合物更稳定[9]。从而使底物和催化剂可充分作用,更有利于转化率的提高。金属离子与一个轴向配体配位后更接近 Salen 分子的平面,使得烯烃从 M-O 键的侧面进攻催化剂时,烯烃与 Salen 配体上取代基之间相互作用更强，从而提高了对映选择性。

3.4 氧化剂

氧化剂 (Oxidant) 亦称氧源，是 Jacobsen 不对称环氧化中对烯烃进行不对称环氧化的主体。氧源可以是无机氧化物，也可以是有机氧化物，可以是液体、固体或气体。常用的氧源有 NaClO 溶液、H_2O_2 溶液、PhIO 和间氯过氧苯甲酸等。它们可以在适当的溶剂和温度条件下进行选择性使用。在 Jacobsen 不对称环氧化反应中，由氧化剂与一些特别的轴向配体或添加剂 (如 NMO) 共同组成的氧化体系通常具有更好的效果。

3.5 添加剂

在 Jacobsen 不对称环氧化中，添加剂 (Additive) 是能够有效提高催化效率的一类添加物的总称。添加剂本身不作为氧源或者不直接参与反应，但可以通过与催化剂形成轴向配合物等使催化剂更加稳定或促进活性中间体的形成，从而提高催化反应的效率，使反应的转化率及 ee 值都得到相应提高。在 Jacobsen 不对称环氧化的体系中，常使用含氮杂环化合物和手性季铵盐等作添加剂。

4 Jacobsen-Katsuki 不对称环氧化反应的条件综述

4.1 催化剂配体的设计

自 Jacobsen 首次报道了 Salen-Mn(III) 配合物催化烯烃的不对称环氧化反应以来，人们对 Salen-Mn(III) 配合物的结构进行了各种修饰，设计了各种结构由简单到复杂的催化剂配体。

Salen-Mn(III) 配合物催化不对称环氧化反应是通过形成 Salen-Mn(V)-O 活性中间体进行的，催化剂的立体空间效应和电子效应对不对称环氧化的手性诱导起着决定性的作用。为了得到好的对映体选择性，就需要严格控制烯烃进攻的途径和分子的旋转。虽然，催化剂的设计是一个很复杂的过程，很难确定新设计的催化剂是否具有较好的催化性能。但是，对于 Salen-Mn(III) 催化剂的设计有几点已达成共识：(1) 首先 Salen-Mn(III) 配体在结构上通常必须同时具备以下两个特点：(a) 含有一个由 C_2 对称的 1,2-二胺衍生出的手性二亚胺桥；(b) 水杨醛配体的 3-位和 3′-位置要有适当大的取代基[23,36]。(2) 苯环上取代基的电子效应对催化剂的催化速率、产物的对映选择性都有较大的影响，尤其是 5-位和 5′-位上的取代基。

靠近 N-Mn 键的与氮原子相连的两个手性中心是不对称环氧化催化剂 Salen-Mn(III) 设计的首要因素。对于顺式烯烃，使用 (1″R, 2″R) 和 (1″S, 2″S) 两个具有对映异构的催化剂所得的主产物的构型不同。对于反式烯烃，两个具有对映异构的催化剂催化的产物的构型往往相同，但对映选择性有差异。表 2 列举了部分互为对映异构体的催化剂催化烯烃的环氧化产物的产率和选择性[15a,37]。

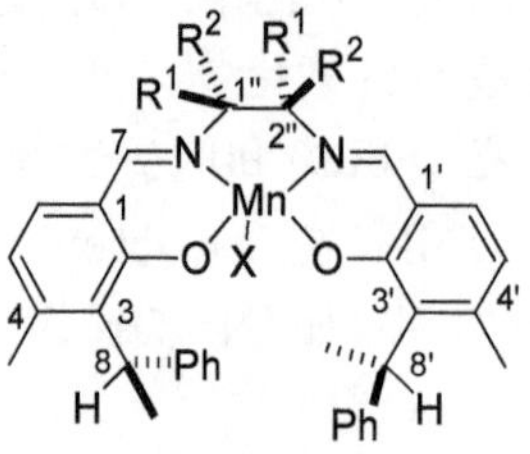

X = PF$_6$

19 R^1 = Ph, R^2 = H
20 R^1 = H, R^2 = Ph

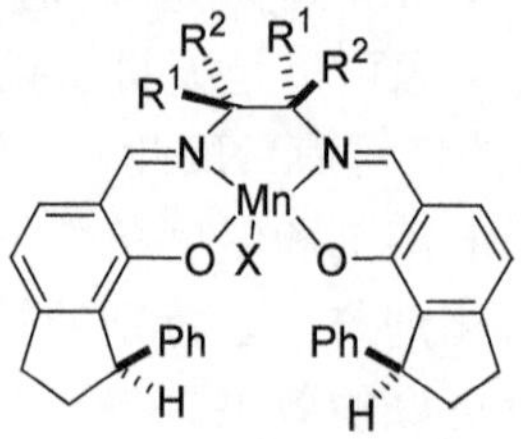

X = OAc

21 R^1 = Ph, R^2 = H
22 R^1 = H, R^2 = Ph

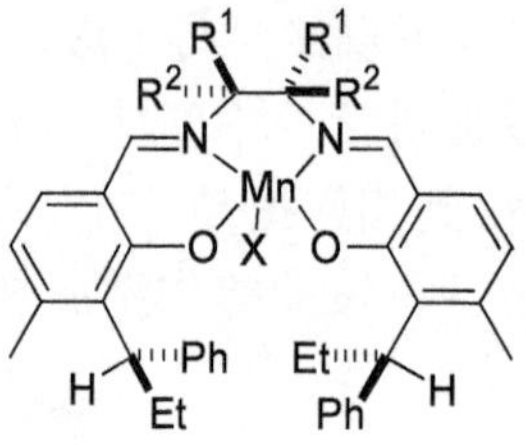

X=PF$_6$

23 R^1 = Ph, R^2 = H
24 R^1 = H, R^2 = Ph

X=Cl

25 R^1 = H, R^2 = Me
26 R^1 = Me, R^2 = Me

表 2　部分催化剂催化烯烃环氧化反应的产率和选择性结果

烯　烃	催化剂	产率/%	ee/%	构　型
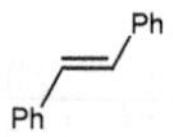	**19**	83	34	(1R,2R)
	20	40	4	(1R,2R)
Ph～Ph	**21**	38	7	(1S,2S)
	22	39	11	(1S,2S)
	23	95	48	(1R,2R)
	24	35	6	(1R,2R)
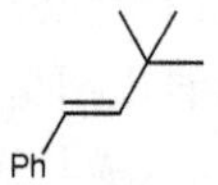	**19**	65	30	(1R,2R)
Ph～	**20**	32	15	(1R,2R)
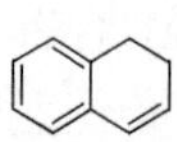	**19**	81	49	(1S,2R)
	20	95	50	(1R,2S)
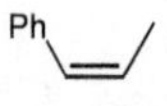	**19**	13	48	(1S,2R)
Ph～	**20**	11	31	(1R,2S)
	23	24	68	(1S,2R)
	24	34	44	(1R,2S)

在几乎所有的催化剂中，C1″、 C2″ 手性中心上都有一个氢原子，即使用很小的甲基取代也会降低催化剂的性能。Jacobsen 等用甲基取代的催化剂 **26** 和 **7** 催化顺式 β-甲基苯乙烯环氧化时，发现产率和 ee 值都比未取代的 **25** 和 **5** 有所下降 (表 3)[13]。

表 3 不同催化剂对顺式 β-甲基苯乙烯环氧化的产率与 ee 值的比较

催化剂	产率/%	ee/%	构型
25	87	80	(1S,2R)
26	54	49	(1S,2R)
5	81	92	(1S,2R)
7	56	55	(1S,2R)

水杨醛配体的 3-位和 3′-位要有适当大的取代基，而且最好是叔碳取代基，即 C8、C8′ 位无氢原子。Jacobsen 等发现如果使用 C3 和 C3′ 位上没有取代基的催化剂 **27** 与顺式 β-甲基苯乙烯发生不对称环氧化反应时，只能获得较低的对映体过量值 (<10% ee) [38]。但是，使用 C3 和 C3′ 位上有叔丁基取代的催化剂 **28** 时，产物的光学纯度为 84% ee [39]。这种现象可能是因为烯烃从远离手性中心的立体位阻小的方向进攻 M-O 键更为容易。适当增加位阻得到的催化剂 **30**，在 0 ℃ 催化顺式 β-甲基苯乙烯环氧化时有更高的 ee 值；但再增加位阻得到的催化剂 **31**，用其催化同样的反应，反而引起 ee 值下降[40]。早期的 Katsuki 催化剂 (如 19~24) 在 C8 和 C8′ 位上都有一个氢，位阻相对小于叔丁基。在催化顺式烯烃环氧化时，其产物的 ee 值都低于 Jacobsen 最先报道的催化剂 **1**。从 1993 年起，Katsuki 等以手性联萘水杨醛合成了一系列的第二代催化剂如 32~36，该催化剂体系在 C3 和 C3′ 位上改用更大的萘取代，其催化产物的 ee 值取得了较大的提高。

27 R^1 = H, R^2 = H   **28** R^1 = t-Bu, R^2 =H

29 R^1 = t-Bu, R^2 = Me   **30** R^1 = R^2 = Me

31 R^1 = R^2 = Me

催化剂	ee/%
27	< 10
28	84
29	84
30	86
31	80

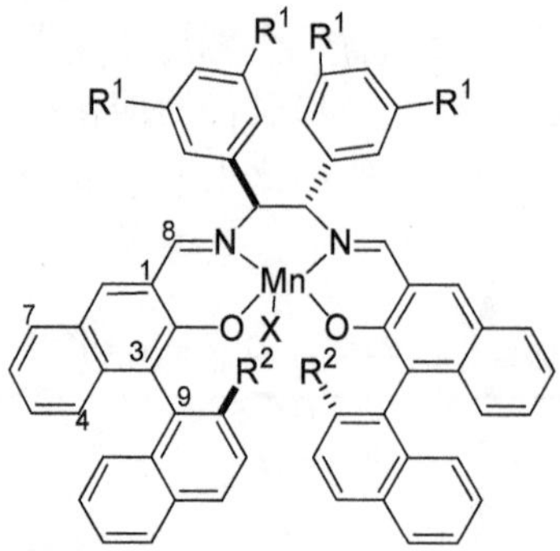

X=OAC

32 R^1 = H, R^2 = H
33 R^1 = H, R^2 = Me
34 R^1 = H, R^2 = Ph
35 R^1 = Me, R^2 = Ph

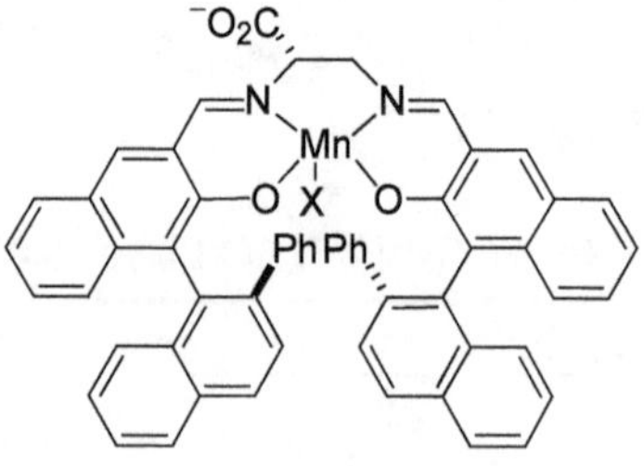

X=OAC

36

　　5-位和 5'-位上的取代基对对映选择性有较大的影响，供电基有利于 ee 值的提高，吸电基常导致 ee 值下降。表 4 展示了不同的 Salen-Mn(III) 催化剂催化的 cis-β-甲基苯乙烯的不对称环氧化反应的结果[36]。催化剂 **37** 看上去已达到了立体和电子效应的最佳平衡。然而，考虑到合成上的因素，催化剂 **4** 是这类反应中最常用的催化剂。催化剂 **4** 适合于 cis-双取代和三取代烯烃的不对称环氧化反应，并已经广泛地应用于实验室和工业规模，它的工业化合成已经达到数百公斤的规模。

表 4　Salen-Mn(III)催化剂催化的 cis-β-甲基苯乙烯的不对称环氧化反应

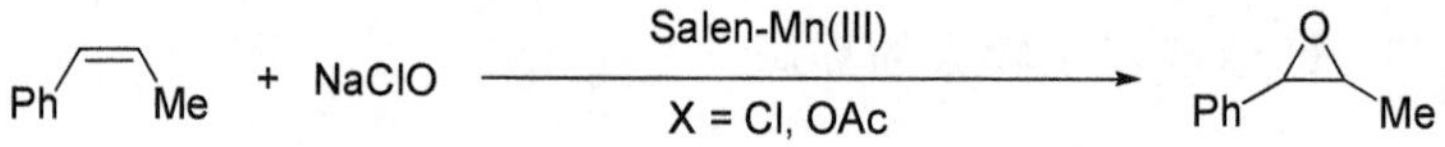

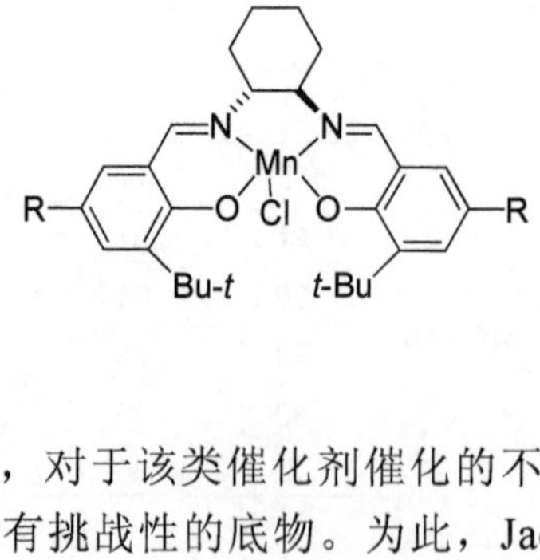

Salen-Mn(III)	R	ee/%
15	Me	80
4	t-Bu	90
14	OMe	86
17	NO$_2$	46
37	OSi(i-Pr)$_3$	92

　　此外，对于该类催化剂催化的不对称环氧化反应来说，反式烯烃仍然是一类特别具有挑战性的底物。为此，Jacobsen 研究组已发展了两种新型的 Schiff

碱配合物[36]。配合物 **38** 用轴不对称二胺取代了传统的 1,2-二胺骨架，这种催化剂对反式烯烃的不对称环氧化反应的对映选择性表现出明显的改善效果。例如：它可以催化反式 2-甲基-苯乙烯的环氧化反应，得到的产物具有 86% ee (式 12)。在 1,2-二苯基乙二胺衍生物中用环庚三烯酚酮取代一个水杨醛单元得到非 C_2-对称的 Mn-配合物 **39**，与反式 2-甲基-苯乙烯的不对称环氧化反应可以得到 83% ee (式 12)。与 C_2-对称的配合物相比，这些催化剂诱导的反应产物具有相反的立体构型。这种现象说明，使用这些新型的催化剂发生的反应可能具有本质上不同的反应机理。

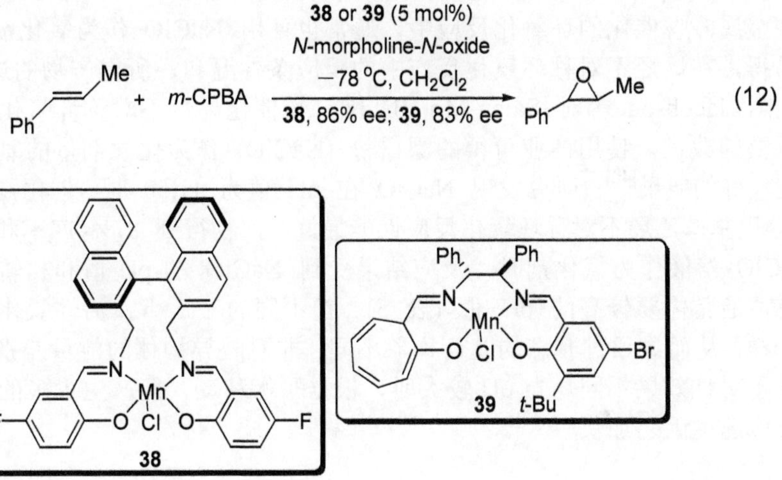

$$\text{(12)}$$

4.2　氧化剂

许多氧化剂在 Jacobsen 不对称环氧化反应中均显示出氧化效果，例如：次氯酸钠、高碘酸盐、过酸、过氧化物、过硫酸盐和分子氧等。氧化剂对于反应的选择性、产率等均有重要的影响。通常，在 Salen-Mn(III) 配合物催化的烯烃不对称环氧化反应中，氧化剂的选择需考虑如下原则：来源易得，活性氧原子含量高，不对称环氧化物选择性高和能够循环使用等。

亚碘酰苯 (PhIO) 是较早用于手性金属卟啉催化的烯烃不对称环氧化反应的氧化剂。但是，亚碘酰苯在有机溶剂中溶解度很小，同时相对分子量较大、稳定性差、价格较高的因素，限制了其在不对称环氧化反应中的应用。此外它还容易发生歧化反应，生成的碘苯 (PhI) 和碘酰苯 (PhIO$_2$) 难溶于大多数溶剂。早期 Katsuki 等[41]以 PhIO 为氧化剂和 **40** 为催化剂，对多种烯烃的不对称环氧化研究中发现，所得产物的 ee 值较低，最高仅为 72% (式 13)。由于 PhIO 溶解度的限制，作为化学剂量的氧化剂而言，该化合物缺乏实用性。

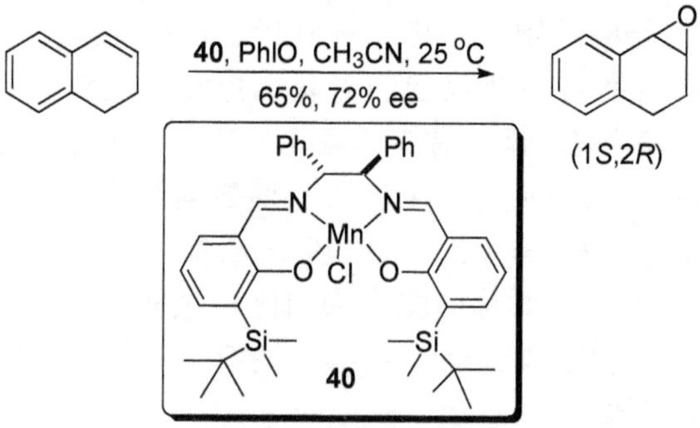

$$(13)$$

次氯酸钠 (NaClO) 作为更为实用的氧化剂广泛地用于不对称环氧化反应中。在金属卟啉催化的环氧化反应中，通常也使用 NaClO 作为氧化剂。NaClO 廉价易得，在烯烃不对称环氧化反应中的反应条件温和，所得产物的选择性高。1991 年，Jacobsen 等对 Salen-Mn(III) 配合物催化烯烃不对称环氧化反应体系做了重要的改进，使用商业可得的漂白粉 (NaClO) 作为化学剂量的氧化剂同样可得到较好的效果[40]。研究发现 NaClO 在 pH 值为 11.50 时，催化剂 **29** 催化顺式 β-甲基苯乙烯不对称环氧化反应性能最好，产物得到 87% 产率和 82% ee。以 NaClO 溶液作为氧化剂时，反应结果受到 NaClO 的 pH 值和相转移催化剂的影响，通常需要较高的 pH 值 (表 5)。在不同的 pH 下，活性氧化剂物种可能不一样，从而导致过渡态的几何构象不同，非对映异构体的能量差别不同，造成诱导不对称效果不同。当 pH 较大时，根据平衡移动，能产生更多的活性氧化剂，反应速度因之加快[22, 42]。

表 5 以 NaClO 为氧化剂，在不同 pH 下烯烃的环氧化反应结果比较

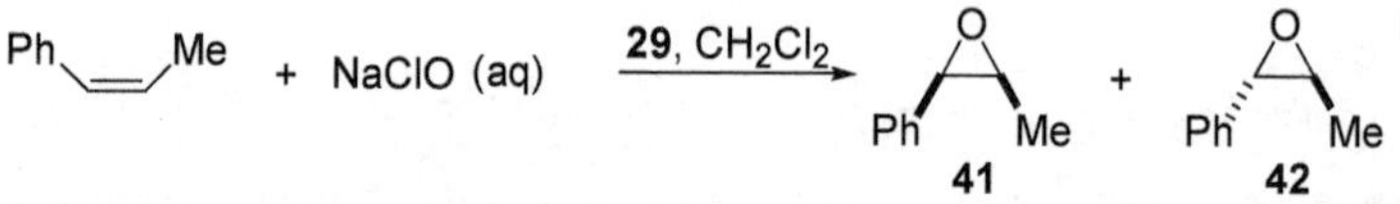

pH	**41** 的产率/%	**41** 的 ee/%	**41** : **42**
9.5	56	80	7.4
10	74	79	11.5
10.5	81	81	15
11	86	81	15
11.5	87	82	14

除了 NaClO 外，也有一些使用其它的次氯酸盐作为 Jacobsen 环氧化反应中的氧化剂。Ahn 等使用 LiClO 代替 NaClO 作为氧化剂，来对比不同的氧化剂对烯烃环氧化反应的影响[43]。结果发现，在对茚和 1,2-二氢萘的不对称环氧化反应中，以 **43** 为催化剂和 LiClO 为氧化剂时，产率明显提高，对映选择性略有增加。例如：以茚为底物时，产率由 63% (NaClO 为氧化剂) 增加到 95% (LiClO 为氧化剂)，立体选择性从 84% ee (NaClO 为氧化剂) 增加到 90% ee (LiClO 为氧化剂)。

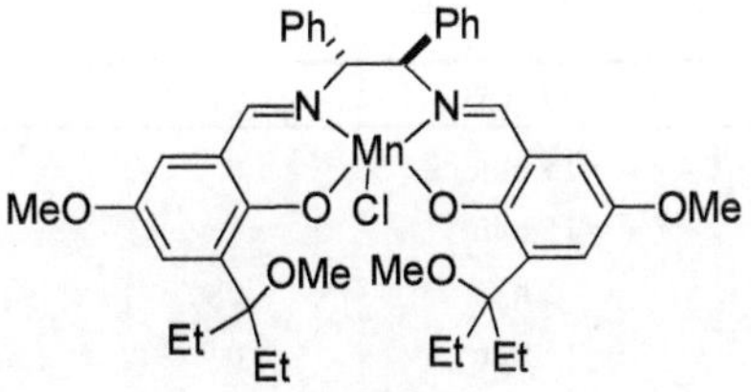

43

以 NaClO 为氧化剂环氧化反应在两相反应体系中进行，含有 NaClO 的水溶液和溶有底物烯烃及均相催化剂的有机溶剂。在此氧化体系中加入吡啶氮氧化物或其衍生物，可以加快反应速率和提高对映体选择性。添加剂的影响见 4.3 节内容。

低温有利于该体系对映体选择性的提高，但是由于使用 NaClO 水溶液在 0 °C 时凝固，限制了反应在更低的温度下进行。因此，以 NaClO 水相体系作为氧化剂的反应温度不能太低。Katsuki 通过使用盐饱和的 NaClO 溶液，有效地降低了其凝固点。含有 NaClO 的饱和氯化钠水溶液在 –18 °C 下用于 1,3-环二烯等烯烃的不对称环氧化反应，并取得了很好的对映选择性 (82%~94% ee)。使用催化剂 **35**，以环戊二烯为底物反应 4.5 h，得到 82% 的产率和 93% ee[44]。现在，NaClO 仍然是 Salen-Mn(III) 配合物催化烯烃不对称环氧化反应中常用的氧化剂。

间氯过氧苯甲酸 (m-CPBA) 在 Salen-Mn(III) 配合物催化烯烃不对称环氧化反应中表现出极强的氧化能力，也是 Jacobsen 环氧化反应中常用的氧化剂，尤其是对末端烯烃表现出较好的效果。Jacobsen 等发展了一种高对映选择性、低温条件下苯乙烯的环氧化方法，采用 CH_2Cl_2 作溶剂，反应可以在低温下进行。通过使用 m-CPBA 作氧化剂，NMO 为添加剂，在 –78 °C 下，使用催化剂 **44** 和 **45** 在 –78 °C 下可将苯乙烯在 30 min 内氧化成为苯基环氧乙烷，产率分别可达到 99% 和 88%，对映选择性为 83% ee 和 86% ee (表 6)[45]。低温条件下，选择性的提高是由于在第一个 C-O 键形成步骤中对映面选择性提高而在第二个 C-O 键形成步骤的反式途径被抑制。

表 6 在不同反应条件下苯乙烯环氧化反应的结果比较

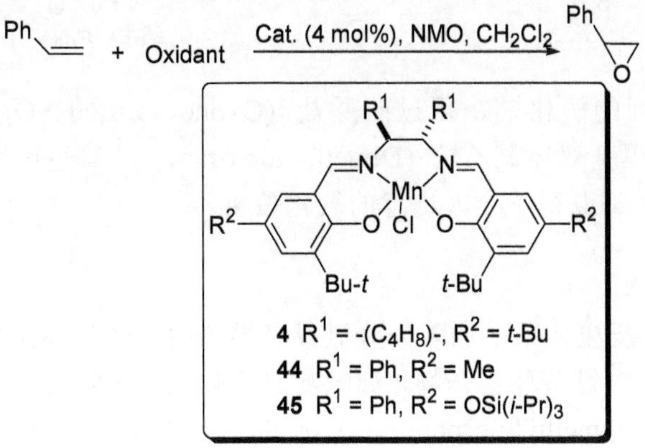

4 R^1 = -(C_4H_8)-, R^2 = t-Bu
44 R^1 = Ph, R^2 = Me
45 R^1 = Ph, R^2 = OSi(i-Pr)$_3$

续表

催化剂	氧化剂	反应时间	温度/°C	ee/%	产率/%
4	m-CPBA	<15 min	0	46	97
44	m-CPBA	<15 min	0	65	98
44	MMPP	1 h	0	70	70
45	m-CPBA	<15 min	0	63	53
4	m-CPBA	30 min	−78	59	94
44	m-CPBA	30 min	−78	83	99
44	MMPP	150 h	−78	80	75
45	m-CPBA	30 min	−78	86	88

m-CPBA 体系是均相无水反应体系，在这种单相反应体系中，反应非常迅速。Jacobsen 等在研究环氧化反应的电子效应的机理时，保守估计茚的环氧化的半衰期仅为 30 s。因此，m-CPBA/NMO 体系最大的优点就是反应速度快（几分钟内即可反应完成），对映体选择性高。缺点是反应条件苛刻，副产物中含有羧酸。对酸敏感的环氧化产物容易发生开环或重排反应，因而应用受到了极大的限制。

一些基于 H_2O_2 的氧化体系，也被用于 Jacobsen 不对称环氧化反应中，特别是对一些较敏感的环氧化物。Berkessel 等首次报道了使用 H_2O_2 作为氧化剂的环氧化体系，使用 Salen-Mn(III) 配合物通常需要咪唑等作为添加剂产生所需的 Mn-oxo 中间体[46]。除了咪唑以外，Pietikäinen 研究了使用羧酸盐作为添加剂，在水相 H_2O_2 或无水尿素-H_2O_2 体系中 Salen-Mn(III) 配合物催化烯烃不对称环氧化反应[47]。几种简单的可溶性的盐如乙酸盐、甲酸盐和苯甲酸盐在反应中表现出较好的选择性，该方法不仅用于二取代烯烃，在三取代烯烃中也表现较好的产率和对映选择性。在 NH_4Oac 为添加剂的条件下，1,1-二苯基-1-丙烯的不对称环氧化反应可以得到 92% ee (式 26)。

$$\text{Ph} \diagdown \text{Me} + H_2O_2 \xrightarrow[86\%,\ 92\%\ ee]{\text{4, } NH_4OAc,\ 2\ ^{\circ}C} \text{Ph} \diagdown \text{Me} \quad (14)$$

$$R\text{-(+)}$$

除了以上所列的氧化剂，用过硫酸盐 (Oxone、Bu_4NHSO_5)[48]、高碘酸盐 (Periodate)[49]、二甲基双环氧乙烷 (Dimethyldioxirane)[50] 等也可用作烯烃不对称环氧化的氧化剂，都取得了令人满意的氧化效果。

4.3　添加剂

研究表明，在反应体系中加入一些氮或氧供体的配体作为添加剂，可以促进反应的进行。一些含氮杂环化合物，如吡啶氮氧化物、咪唑衍生物、N-甲基吗啉氮氧化物 (NMO, N-methylmorpholine N-oxide) 等是 Jacobsen 环氧化反应中常用的添加剂，对 Salen-Mn(III) 配合物催化烯烃不对称环氧化反应的速率、产率和立体选择性均有较大影响。

Kochi 发现，轴向配体通过轴向配位作用增加活性中间体氧合 Salen 金属配合物的稳定性，从而加快反应速率和提高转化率。在反应体系中加入吡啶或吡啶氧化物可以增加环辛烯的产率，但是对富电子烯烃如 Z-二苯乙烯或 Z-β-甲基苯乙烯的产率几乎没有影响。对所得到的环氧化物的立体化学也没有影响，但是却有效地抑制了羰基副产物的形成[9]。Skarzewski 等人研究了在 NaClO 两相体系中，不同的添加剂(配体)对催化剂 4 催化的烯烃环氧化反应的影响[51]。研究发现 4-十二烷氧吡啶-1-氧化物是最有效的添加剂。利用电导仪及紫外光谱仪对体系进行研究，发现在添加剂的存在下，通过 μ-oxo-Mn(IV) 二聚体的歧化非常有利于活性氧的产生。

Hughes 对茚的 Jacobsen 不对称环氧化反应中轴向配体的作用机理进行了研究[52]。使用 4-(3-苯丙基)吡啶-N-氧化物 (P₃NO) 可以增加反应速率，稳定催化剂，但不影响反应的对映选择性。P₃NO 作为轴向配体可以阻止二聚体 μ-oxo-Mn(IV) 的生成，使配合物更加稳定，从而可有效的提高催化性能。同时他们发现，氮氧化物还可起到相转移催化剂的作用。将活性组分 HClO 从水相转移到有机相中，与 Salen-Mn(III) 催化剂和烯烃底物作用。Katsuki 认为，轴向配体通过配位作用改变了 Salen 结构的立体构型，使金属原子更接近 Salen 平面，从而对对映体选择性产生较大影响。由于它们在反应过程中会被氧化，因此一般需要使用过量的轴向配体[53]。

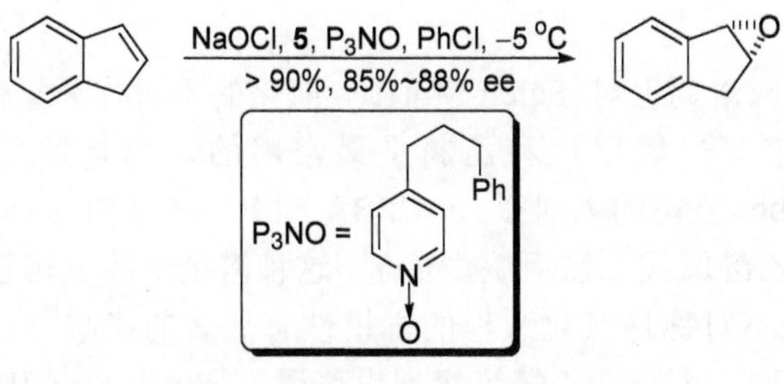

$$(15)$$

以 m-CPBA 作为氧化剂的不对称环氧化反应中，N-甲基吗啉氮氧化物 (NMO, N-methylmorpholine N-oxide) 被用作有效的轴向配体。NMO 通过降低 Salen Mn(III) 配合物的路易斯酸性来影响烯烃进攻催化剂的途径，从而提高产物的对映体选择性。在苯乙烯的不对称环氧化反应中，不加催化剂在 23 ℃ 时数小时内可发生外消旋的环氧化过程，而在过量 NMO 的存在下，这个过程完全被阻止了。同样的在催化剂 2 存在下，不加入 NMO，也仅得到消旋的环氧化物[45]。Jacobsen 等对 m-CPBA/NMO 体系进行了扩展，在 -78 ℃ 下，催化剂 4 催化一系列非功能化烯烃发生环氧化反应的对映选择性与使用 NaClO 的反应体系相比，都显著提高[39]。

除了含氮杂环的氮氧化物外，一些手性季铵盐也可作为添加剂，Jacobsen 发现添加金鸡纳季铵盐，可以从顺式烯烃高度立体选择性地得到反式不对称环氧化合物，导致顺反选择性的反转[54]。

4.4 底物烯烃结构

Salen-Mn(III) 催化的烯烃不对称环氧化反应的结果很大程度上受到反应底物结构的影响。大量文献报道，Salen-Mn(III) 配合物催化顺式烯烃的不对称环氧化特别有效，其中与芳基、炔基和烯基共轭的顺式烯烃是 Salen-Mn(III) 配合物催化不对称环氧化反应中最好的底物。非共轭烯烃的反应速率比共轭烯烃的慢，反应的收率和对映体选择性也较低。反式烯烃一般只有中等的对映选择性，而且反应速率也较慢。一些共轭三取代和个别四取代烯烃底物在 Salen-Mn(III) 催化的烯烃不对称环氧化反应中也可以得到非常高的对映选择性。

4.5 其它因素

除了 Salen-Mn 催化剂和氧化剂之外，该反应还明显受到其它反应条件的影响，例如：反应温度和反应介质等。其中反应温度的选择很重要，低温有利于收率和对映体选择性的提高。这主要是因为低温抑制了一些副反应的发生，同时还提高了活性中间体氧合 Salen-Mn(V) 配合物的稳定性。例如：将苯乙烯的氧化反应从室温降低到 −78 °C 时，其对映体选择性由 56% ee 提高到 88% ee [45]。

另外，不同反应溶剂也对 Salen-Mn(III) 催化的不对称环氧化反应有着重要的影响。一般说来，二氯甲烷和乙腈是最常用的、也是效果最好的溶剂。Bristol-Myers-Squibb 公司的人对以 m-CPBA/NMO 体系的 Jacobsen 环氧化反应进行了改进，用乙醇取代二氯甲烷作溶剂。这种溶剂的改变可以阻止 m-CPBA 的结晶，从而对于不对称环氧化过程的规模性有显著的影响[55]。此外，甲醇、乙酸乙酯、二甲亚砜、丙酮、乙醚等溶剂也可用于 Salen-Mn(III) 催化的不对称环氧化反应。

5 Jacobsen-Katsuki 不对称环氧化反应的类型综述

手性环氧化合物不仅是许多天然产物的活性中心，而且也是重要的有机反应中间体。由于它可能含有两个手性碳原子，通过选择性开环或官能团的转换，可以方便地合成许多有价值的手性化合物，在药物合成领域有重要的应用价值。以手性 Salen-Mn 配合物为催化体系的 Jacobsen-Katsuki 不对称环氧化，在催化单取代烯烃、顺式二取代、反式二取代、三取代以及四取代烯烃中得到了很好的不对称诱导效果，但是这些烯烃常常与其它基团如芳烃、炔烃等共轭。

5.1 单取代烯烃的不对称环氧化反应

苯乙烯环氧化合物，是手性合成的重要中间体。然而苯乙烯类烯烃的不对称环氧化的立体选择性一直是个难题。虽然 Jacobsen 和 Katsuki 等在 1990 年独立报道了手性 Salen-Mn 催化剂，在催化非功能化烯烃如共轭顺式二烯的不对称环氧化方面取得了重大突破 (> 90% ee), 但是苯乙烯类却只有 50%~70% ee。1994 年，Jacobsen 建立了以间氯过氧苯甲酸 (m-CPBA) 为氧化剂和 N-甲基吗啉氮氧化物 (NMO) 为添加剂的不对称环氧化体系，该体系在无水、低温条件下 (-78 °C) 对大部分末端烯烃有很好的立体选择性[39,45]。例如：催化剂 **46** 可以将多种苯乙烯类化合物快速和高度选择地转化成为相应的环氧产物 (式 16)。

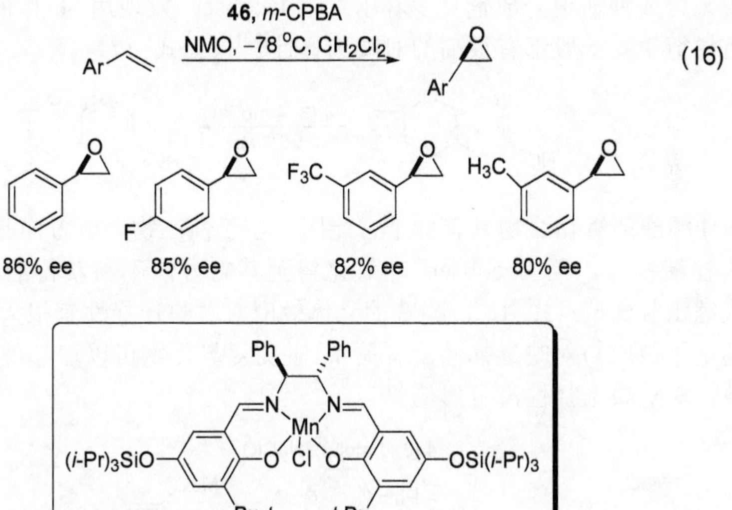

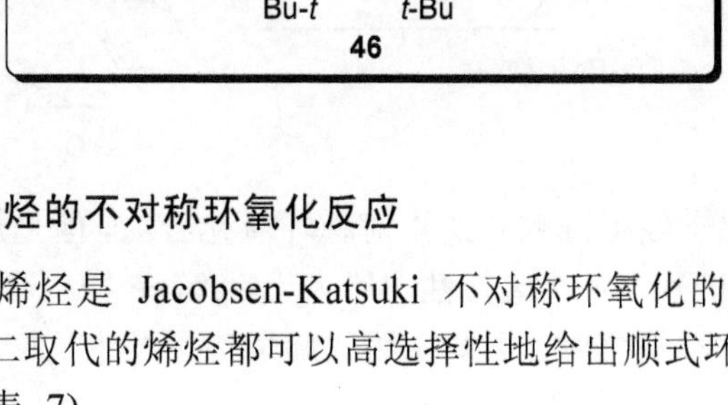

5.2 顺式二取代烯烃的不对称环氧化反应

顺式二取代的烯烃是 Jacobsen-Katsuki 不对称环氧化的优良底物，各种环状、非环状的顺式二取代的烯烃都可以高选择性地给出顺式环氧化产物，具有很高的对映选择性 (表 7)。

表 7 顺式二取代烯烃的不对称环氧化

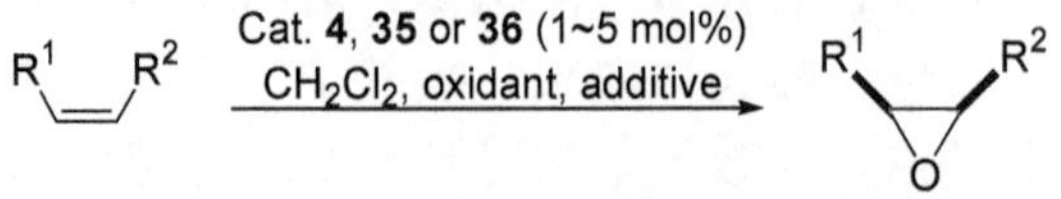

反应底物	催化剂	反应条件	ee/%	参考文献
	**36**	*m*-CPBA/NMO, −78 °C	98	[56]
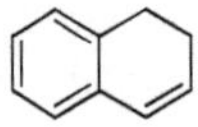	**35**	NaClO, 吡啶氮氧化物, 0 °C	98	[6]
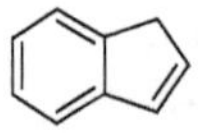	**36**	*m*-CPBA/NMO, −78 °C	98	[57]
	**36**	NaClO, 4-苯基吡啶氮氧化物	64	[58]
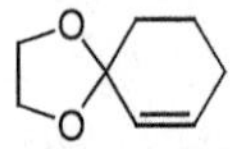	**4**	NaClO, 4-苯基吡啶氮氧化物	94	[13]

2,2-二甲基色烯是一类具有苯并吡喃基本骨架结构的天然产物,其环氧化合物可用来合成钾通道开放剂克罗林卡[59]。Jacobsen 发现用 **4** 作催化剂, 2,2-二甲基色烯衍生物一般都有很高的对映选择性[60]（如式 17）。

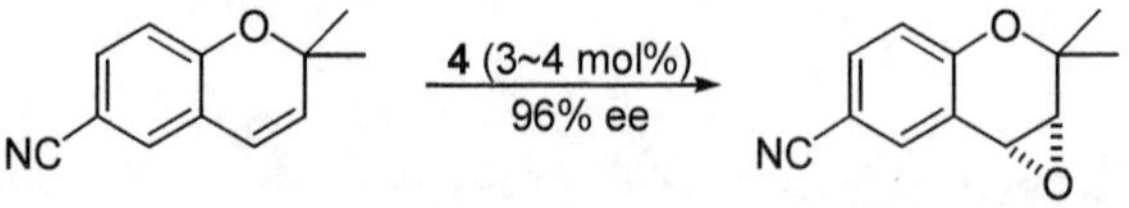

$$(17)$$

肉桂酸酯环氧化合物具有多个官能团，在手性产物合成方面具有重要意义。顺式肉桂酸酯可以经 Jacobsen 环氧化得到其它方法不易获得的具有光学活性的赤式缩水甘油酯 (式 18)。酯基的立体效应对对映选择性有很大的影响，而苯环上的电子效应与对映选择性没有关系。吡啶氮氧化物可以增加催化剂的循环使用次数，对对映选择性没有影响[61]。

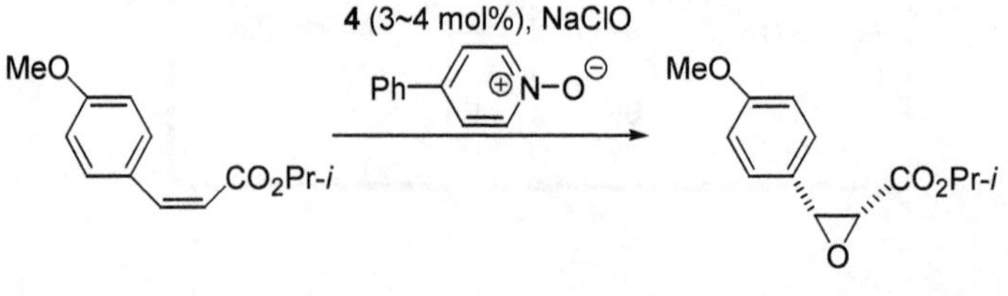

$$(18)$$

顺式烯烃环氧化一般得到顺式的不对称环氧化合物，但是烷基取代的烯炔主要是反式产物（式 19），对映选择性一般大于 90% ee[62]。同时具有顺式、反式结构的共轭二烯进行环氧化时，主要在顺式烯烃位置发生反应，反式产物为主产物（式 20），且通常可以得到较为满意的结果[63]。

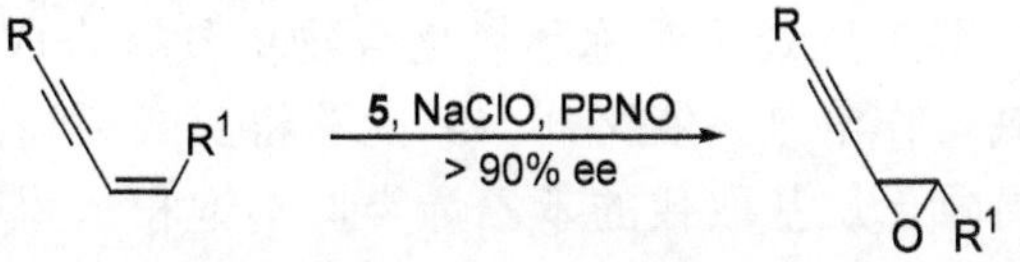

$$(19)$$

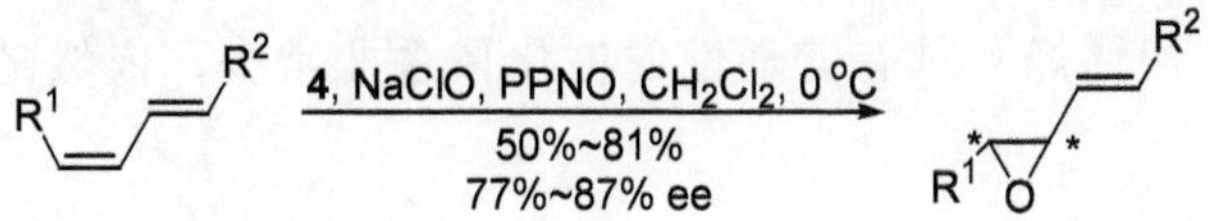

$$(20)$$

进一步研究发现，以苯或者氯苯作溶剂，添加手性季铵盐如金鸡纳碱衍生物的季铵盐 **47** 作为助剂，可以从顺式烯烃高度立体选择性地得到反式不对称环氧化合物[54,63] (表 8)。这些反应的真实原因还不清楚，可能是金鸡纳碱的存在延长了自由基中间体存在的时间，有益于自由旋转而形成反式产物。由于从反式烯烃得到反式环氧化合物比较困难，该方法为高选择性地获得反式不对称环氧化合物提供了一条有效的途径。

表 8   顺式二取代烯烃的不对称环氧化

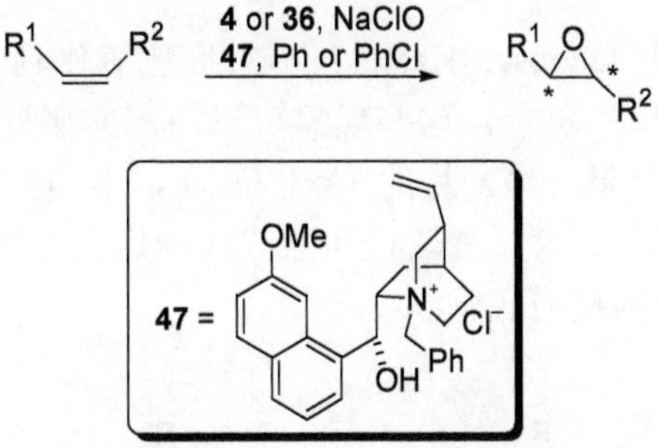

反应物	溶剂	*trans/cis*	ee/%
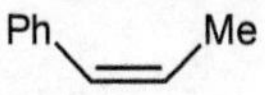 Ph⎯Me	PhCl	95:5	81 (*S,S*)
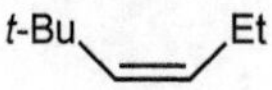 *t*-Bu⎯Et	PhH	69:31	84 (n.d.)
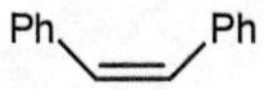 Ph⎯Ph	PhCl	>96:4	90 (*S,S*)
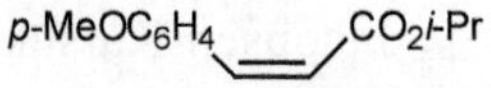 *p*-MeOC₆H₄⎯CO₂*i*-Pr	PhCl	89:11	86 (*S,S*)

5.3   反式二取代烯烃的不对称环氧化反应

尽管反式不对称环氧化合物在某些条件下可以由顺式共轭烯烃得到，但是直接由反式烯烃得到反式不对称环氧化合物更具有合成价值。Katsuki 小组研究发现[66]，以氯苯作溶剂，催化剂 **48** 能够将反式烯烃高选择性地转变为反式产物，但底物局限于烷基取代的苯乙烯类，不饱和基团取代的反式苯乙烯即使有个别可以达较高的 ee 值，但产率都较低 (式 21)。能够用于高度立体选择性氧化反式二取代烯烃且具有普适性的催化体系非常少，依然是一个具有较大挑战性的课题。

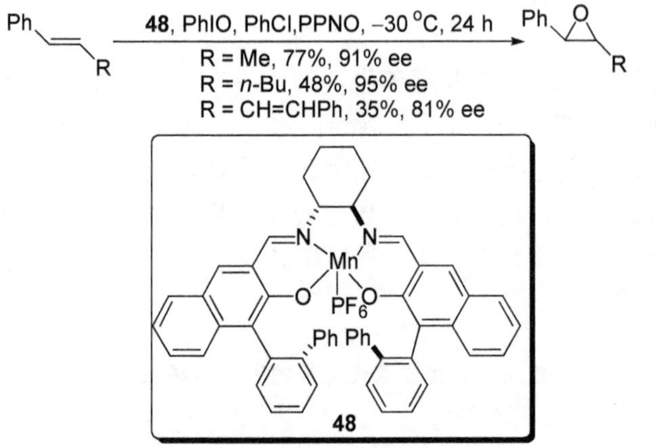
Ph
R
48, PhIO, PhCl,PPNO, –30 °C, 24 h
R = Me, 77%, 91% ee
R = n-Bu, 48%, 95% ee
R = CH=CHPh, 35%, 81% ee
Ph
O
R
N
N
Mn
O
O
PF6
Ph Ph
48

(21)

反式二取代烯烃的 Jacobsen-Katsuki 不对称环氧化具有反应速率慢和对映选择性低等缺点。如图 3 所示，这些现象可以用侧向接近模式来解释[9]。可能主要是由于反式烯烃具有较大的立体位阻，影响了它们方便地接近 Salen-Mn(IV)-O 中间体。同样，三取代和四取代烯烃也被视为 Jacobsen 不对称环氧化反应的较不适宜的反应底物。

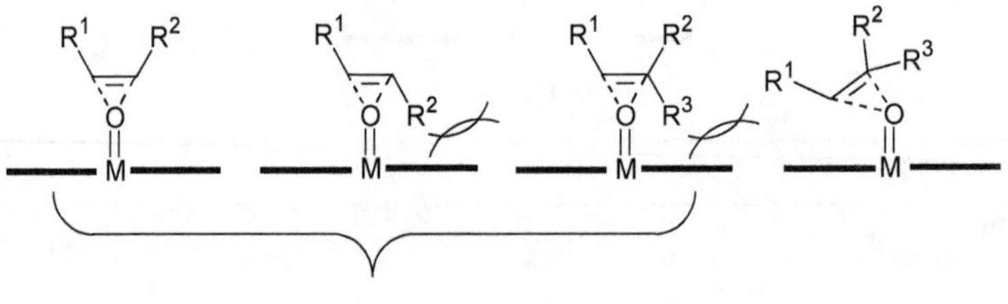
R1
R2
O
M
R1
R2
O
M
R1
R2
R3
O
M
R2
R3
R1
O
M

图 3 取代烯烃环氧化的侧向接近模型

5.4 三取代、四取代烯烃的不对称环氧化反应

按照上述模型，三取代和四取代烯烃被视为不适宜 Jacobsen-Katsuki 不对称环氧化反应的底物。然而，Jacobsen 和 Katsuki 分别在 1994 年和 1995 年发现[38,65]，三取代甚至一些位阻较小的四取代烯烃同样也可以得到很好的对映体选择性 (表 9)。他们认为该反应可能是按照“倾斜侧向靠近”机理进行的。

表 9   多取代烯烃的不对称环氧化

底物	催化剂	溶剂	ee/%	产率/%	文献
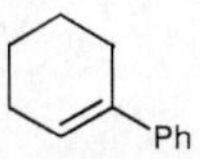	4	MTBE	93	69	[38]
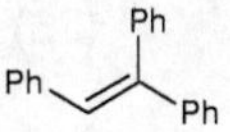	4	CH$_2$Cl$_2$	92	97	[38]
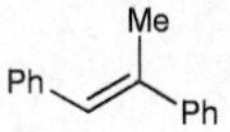	4	CH$_2$Cl$_2$	95	91	[38]
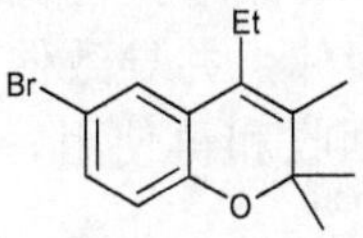	46	CH$_2$Cl$_2$	97	81	[65a]
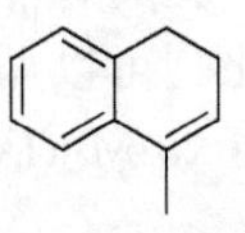	35	CH$_3$CN	96	41	[65b]
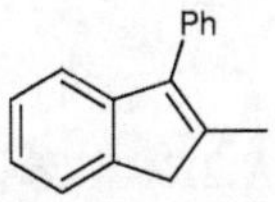	4	CH$_2$Cl$_2$	90	90	[65a]

5.5   烯醇醚衍生物的不对称氧化反应

烯醇醚在 Jacobsen-Katsuki 不对称环氧化反应中首先生成缩醛，然后水解成为相应的 α-羟基酮。1992 年，Reddy 和 Thornton 报道了配合物 **49** 催化三甲基硅基烯醇醚的不对称环氧化反应[66]，得到了中等对映选择性的 α-羟基酮和硅醚的混合物（式 22）。Jacobsen 小组报道了用配合物 **36** 催化烯醇酯的不对称环氧化反应，产物达到了中等以上的对映选择性（式 23）[26a]。Adam 等人报道了配合物 **14** 催化共轭三甲基硅基烯醇醚的不对称氧化，所得产物达到了 87% ee [67]（式 24）。

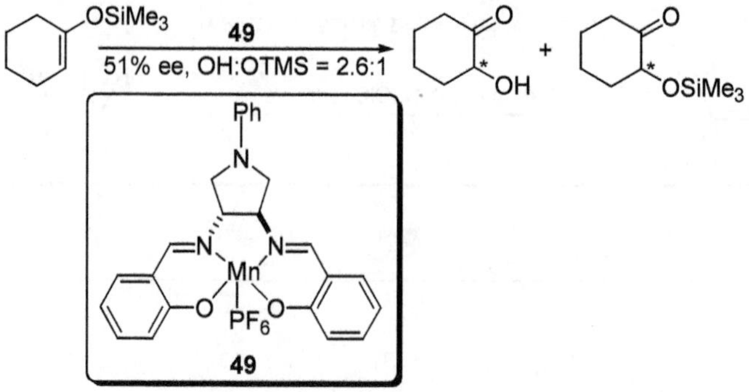

$$(22)$$

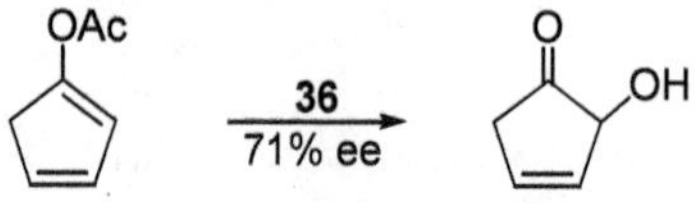

$$(23)$$

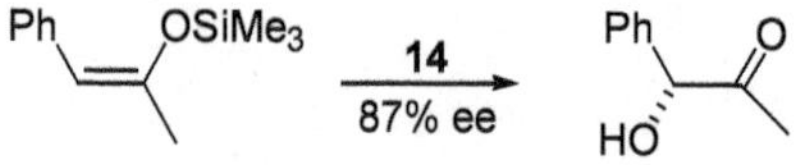

$$(24)$$

5.6 固载化 Salen-Mn 催化的不对称环氧化反应

使用手性 Salen-Mn 配合物在均相条件下得到了很高的对映体选择性及产率，但是这些催化剂容易生成以氧桥相连的 μ-oxo-Mn(IV) 二聚体，并导致催化剂活性降低或丧失。此外，这些催化剂一般难以分离，不利于回收和再使用。因此，高分子负载催化剂便随之出现，在近年来受到特别的关注[68]。

将催化剂固定于高分子载体上，既保留了均相催化剂的优点，又具有非均相催化剂的特点[69]：(1) 催化剂与反应物、产物容易分离；(2) 催化剂可以循环使用；(3) 利用高分子基团隔离效应提高了催化剂的活性，避免了 μ-oxo-Mn(IV) 二聚体的形成[69]。到目前为止，人们已经设计和合成了许多种高分子负载的 Salen-Mn 催化剂，并考察了它们在不对称环氧化反应中的催化活性[71]。

De 等人首次报道了通过聚合的方法制备了有机高分子负载的手性 Salen-Mn 配合物[72]。通过 5-(4-乙烯苄氧)-3-叔丁基水杨醛与 (1R,2R)-二苯基乙二胺反应得到 Schiff 碱配体，然后将该配体与 Mn(OAc)$_2$H$_2$O 在过量的 LiCl 存在下作用得到 Salen-Mn(III) 配合物单体。该单体 (10 mol%) 和乙二醇二甲基丙烯酸甲酯 (90 mol%，EGDMA) 在 AIBN 引发下发生自由基共聚反应得到交联的大孔网状固载化催化剂 **50**。该催化剂的催化活性可以与相应的小分子催化剂相比，但是对映选择性较低 (< 30% ee)。

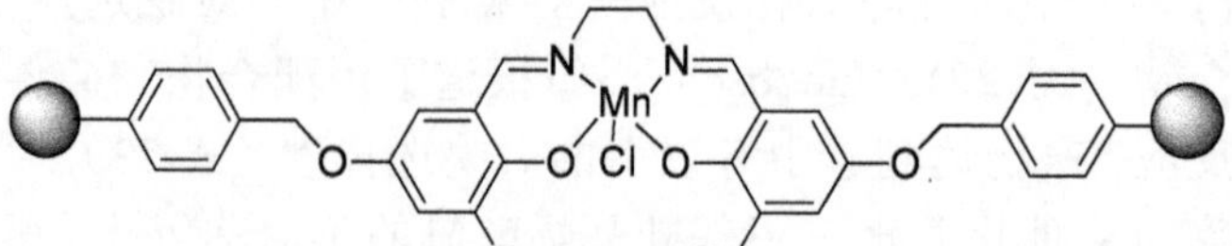

50

Minutol 等用类似的方法合成了高分子负载 Salen-Mn 催化剂 **51~53** [73]。催化剂 **51** 是将金属配合物直接连在载体上，而 **52** 和 **53** 是用连接臂将金属络合物与载体隔开。后者的结构比较灵活，可以减小因聚合物骨架所造成的空间位阻，使底物更易接近催化位点，从而提高反应速率和对映体选择性 (10%~62% ee)。与均相体系相比较，负载催化剂 **51~53** 催化的不对称环氧化反应可以得到几乎相同的化学产率，但是对映选择性较低。以 m-CPBA 和 NMO 为氧源对顺式 β-甲基苯乙烯进行的不对称环氧化反应结果表明：连接臂的引入可提高反应产物的对映选择性。例如：使用催化剂 **51** 反应 1 h 后所得产物的光学纯度为 41% ee，而催化剂 **52** 反应 0.5 h 所得同样产物的光学纯度为 62% ee。因此，高分子基体中金属络合物周围的微环境很可能影响氧原子加到双键上的立体化学结果。实验结果还显示，这两个高分子催化剂在反复使用几次后仍能保持较好的催化活性。这将有助于我们通过考虑活性中心周围连接臂的长短和取代基的大小，从而设计出具有较高选择性的高分子负载金属催化剂。

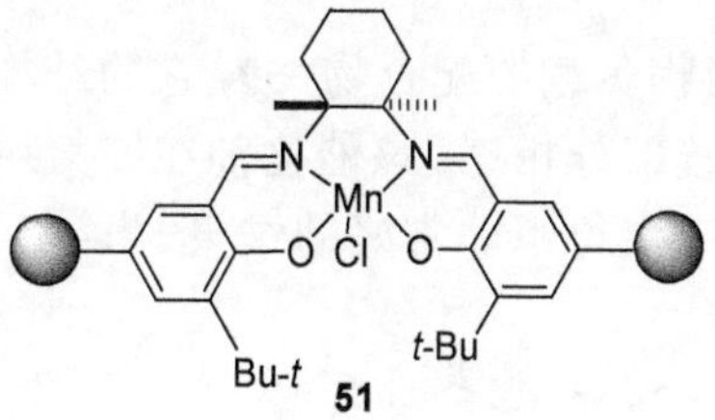

51

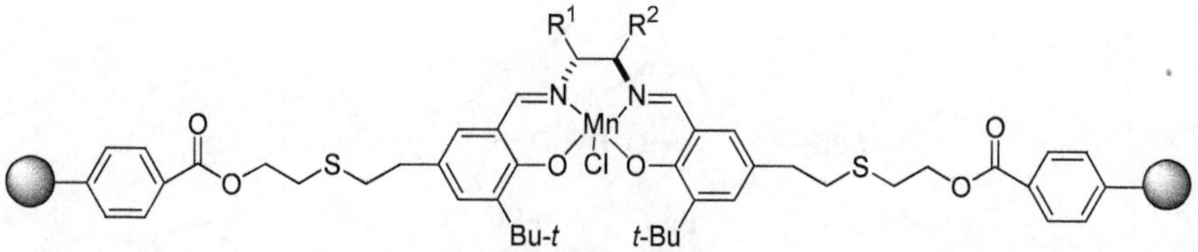

52 R^1, R^2 = -(CH$_2$)$_4$-
53 R^1 = R^2 = Ph

活性聚合物的化学修饰为负载催化剂的制备提供了另一条途径。Sherrington 小组[74]首次利用对高分子化学修饰制备了一系列手性的高分子负载 Salen-Mn 催化剂 (**54~58**)。他们先将配体的一端交联到高聚物上，从而使生成的催化剂中金属配合物与高分子骨架之间的距离可以进行调节，克服了第一代高分子负载催化剂的不足。其中催化剂 **56** 在催化 1-苯基环己烯不对称环氧化中能够得到 91% ee 的对映选择性，可与标准的商品 Jacobsen 催化剂的催化效果相媲美 (92% ee)。虽然该方法得到的负载催化剂比共聚高分子催化剂具有较高的对映选择性，但还是比相应的均相催化剂低。

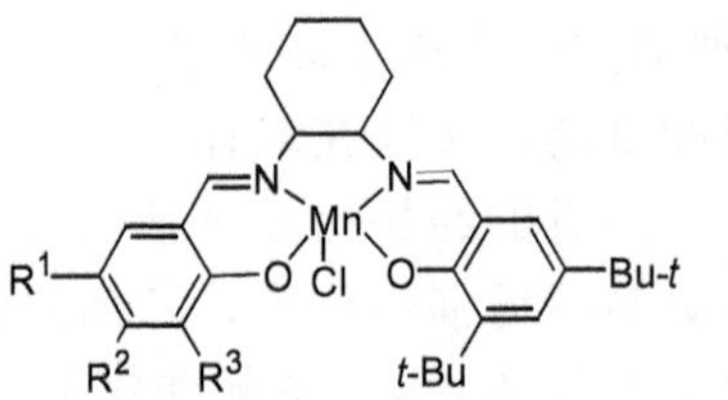

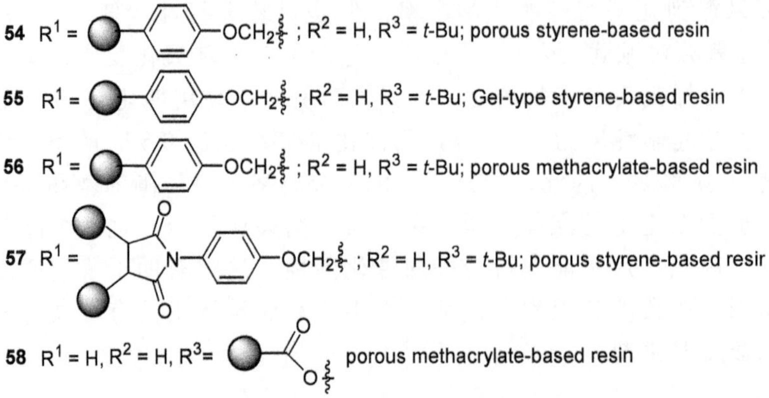

54 R^1 = ⬤ —◯— OCH$_2$⅋ ; R^2 = H, R^3 = *t*-Bu; porous styrene-based resin

55 R^1 = ⬤ —◯— OCH$_2$⅋ ; R^2 = H, R^3 = *t*-Bu; Gel-type styrene-based resin

56 R^1 = ◯ —◯— OCH$_2$⅋ ; R^2 = H, R^3 = *t*-Bu; porous methacrylate-based resin

57 R^1 = [imide structure] —◯— OCH$_2$⅋ ; R^2 = H, R^3 = *t*-Bu; porous styrene-based resir

58 R^1 = H, R^2 = H, R^3 = ⬤—C(=O)—O⅋ porous methacrylate-based resin

    Song 等人合成了用高聚物负载的配合物 **59**，它的结构特点是用高聚物与手性 Salen-Mn 配合物的手性胺部分相连。该催化剂在二氯甲烷溶剂中催化顺式二取代烯烃的不对称环氧化反应取得了非常好的结果[75]。

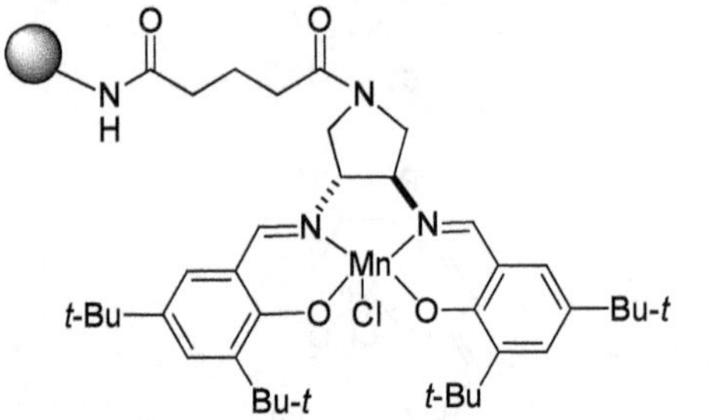

59

    除了使用上述不溶性高分子作为 Salen-Mn 催化剂的载体外，人们也研究了可溶性高分子负载的 Salen-Mn 催化剂。希望以此克服不溶性高分子负载催化剂的不足，如催化剂的活性位点难以接近，高分子催化剂的不均匀性等。Janda 等首次报道了可溶性高分子负载 Salen-Mn 作为不对称环氧化催化剂，并对可溶性载体催化剂 **60** 和 **61** 与不溶性载体催化剂 **62** 和 **63** 的催化活性进行了比较[76]。以 *m*-CPBA/NMO 为氧源对烯烃不对称环氧化反应的结果表明：这些催化剂催化的产物具有较高的收率和对映选择性。它们对顺-*β*-甲基苯乙烯为底物进行的不对称环氧化反应所得产物的对映选择性可以达到 88% ee。实验结果发现：可溶性聚合物负载催化剂 **60** 和 **61** 被循环使用两次后，产物的产率和对映选择性开始下降。*JandaJel* 负载的催化剂 **62** 可循环使用三次，而 Merrifield 树脂负载的催化剂 **63** 的催化活性每次使用都有所降低。该方法明显不同于早期的两种方法，它是通过一步法将金属配合物接到聚合物上。该方法避免了不均匀的负载催化剂及非催化物种的产生，因此具有很好的催化活性。

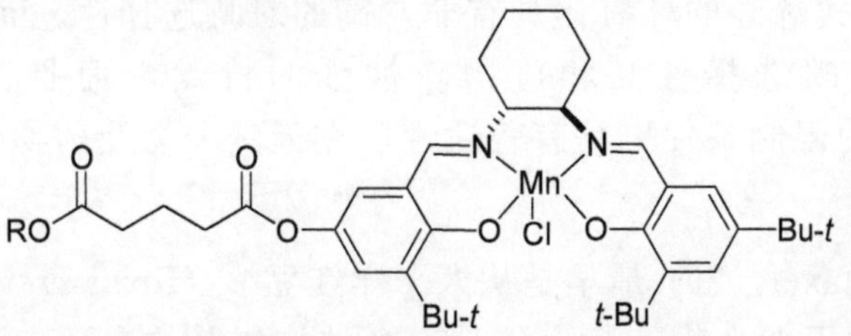

60 R = MeO-PEG 5000
61 R = NCPS
62 R = *JandaJel* resin
63 R= Merrifield resin
64 R = methyl

　　一些无机高分子化合物由于其特殊的物理性质，也被广泛的用作催化剂的载体来制备负载催化剂。Vankelecom 等[77]首次将 Jacobsen 催化剂的二聚体包埋于聚二甲基硅氧烷 (PDMS) 薄膜中。使用 NaClO 为氧源的不对称环氧化研究表明：该催化剂与相应的均相催化剂有相近的转化率和对映选择性 (74.9% ee)。Kim 等人将手性 Salen-Mn 配合物固定到 MCM-41 上，得到负载催化剂 **65~69**。这些催化剂在催化苯乙烯不对称环氧化反应时所得产物的化学产率和对映选择性都很高 (产率 92%，89% ee)[78]。

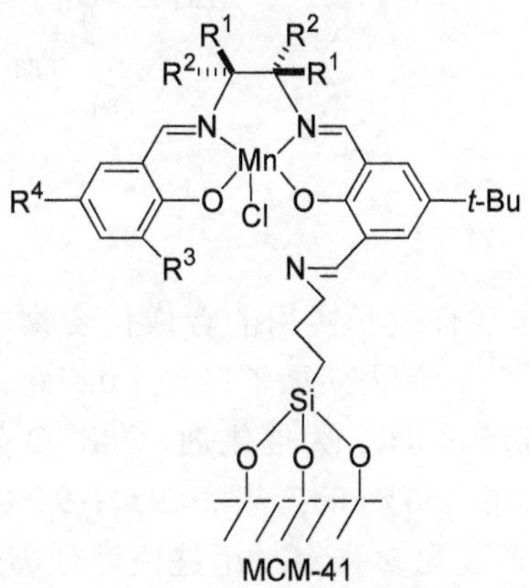

65 R^1 = Ph, R^2 = H, R^3 = t-Bu, R^4 = t-Bu
66 R^1 = -(CH$_2$)$_4$-, R^2 = H, R^3 = t-Bu, R^4 = t-Bu
67 R^1 = Ph, R_2 = H, R^3 = H, R^4 = H
68 R^1 = -(CH$_2$)$_4$-, R^2 = H, R^3 = H, R^4 = H
69 R^1 = -(CH$_2$)$_4$-, R^2 = H, R^3 = OCH$_3$, R^4 = H

6　Jacobsen-Katsuki 不对称环氧化反应在天然产物合成中的应用

　　手性环氧结构是天然产物、有机材料和药物中的重要组成部分，也是合成中的重要反应中间体。对双键进行催化不对称环氧化反应具有成本低和污染小的优点，是合成手性环氧化合物最好的方法。早在 1980 年，Sharpless 等人发展的 Sharpless 不对称环氧化反应就能够将烯丙醇中的双键高度对映选择性氧化成手性环氧化合物，但该方法对非烯丙醇类底物选择性较差，在天然产物合成中的应用受到一定的限制。1990 年，Jacobsen 和 Katsuki 等人发现手性 Salen-Mn(III) 配合物能够对催化非功能化的简单烯烃进行选择性不对称环氧化，芳基共轭的顺式烯烃的环氧化具有非常高的对映选择性。Jacobsen 不对称环氧化因具有对映选择性高和可操作性强的特点，而且突破了 Sharpless 环氧化对底物的限制条件更具有普适性，在天然产物及药物合成中得到了广泛的应用。

紫杉醇 (Taxol，Paclitaxel，**70**) 最早是从太平洋红豆杉 (*Taxus brevi folia*) 的树皮中分离得到的一种天然产物。紫杉醇是一个结构复杂的多环二萜化合物，该化合物具有很高的抗癌活性，对卵巢癌、乳腺癌、肺癌等癌症疾病有良好的疗效[79]。在紫杉醇分子中，C13 侧链对其生物活性有着相当重要的作用。巴卡亭 III (baccatin III) 或 10-脱乙酰巴卡亭 III (**71**) 在植物中的相对含量较高，容易较大量获取。所以，由巴卡亭 III (baccatin III) 或 10-脱乙酰巴卡亭 III 和 **72** 为原料的半合成法可能是解决紫杉醇问题的很有希望的途径[80]，该合成方法的关键是对 C13 上的侧链部分 **72** 的制备。

如式 25 所示：Jacobsen 建立了一条非常有效和实用的合成化合物 **72** 的路线，其关键步骤在于烯烃的不对称环氧化[81]。苯丙炔酸乙酯经 Lindlar 催化氢化，较高产率地获得顺式肉桂酸乙酯。以 **4** (6 mol%) 为催化剂、NaClO 为氧化剂、4-苯基吡啶氮氧化物为添加剂，肉桂酸酯以 56% 的产率和 95%~97% ee 被转变成顺式环氧产物。生成的部分反式环氧产物虽然很容易用柱色谱分离开，但实际上不用分离。经 NH₃ 区域选择性开环后，反式产物用甲醇重结晶就可很容易地分离。再经过 Ba(OH)₂ 促进的水解和酰化两步反应，以高达 25% 总产率得 **72**。在顺式肉桂酸酯的不对称环氧化反应中，酯的种类对产物的对映选择性有很大的影响。如果将乙酯变为甲酯，对映选择性降低至 87%~89% ee。此外，4-苯基吡啶氮氧化物或者其它疏水性的氮氧化物添加剂对反应能否顺利进行也有很大的影响。缺乏这些添加剂会使反应的对映选择性降低 10%~15% ee，同时转化率也相应降低。这些氮氧化物作为轴向配体和锰离子配位，从而有效地抑制催化剂的分解。

$$Ph{-}{\equiv}{-}CO_2Et \xrightarrow[\text{84\%}]{\text{H}_2,\text{ Lindlar Cat.}} Ph\diagup\diagdown CO_2Et \xrightarrow[\text{56\%, 95\%\~97\% ee}]{\text{Cat. }\textbf{4},\text{ NaOCl, 4-PPNO}}$$

$$Ph\overset{O}{\diagup\diagdown}CO_2Et \xrightarrow[\text{65\%}]{\text{NH}_3,\text{EtOH},100^oC} Ph\overset{NH_2\ \ O}{\diagup\diagdown}NH_2 \xrightarrow[\text{92\%}]{\begin{array}{l}\text{1. Ba(OH)}_2\\\text{2. H}_2\text{SO}_4\end{array}}$$

$$Ph\overset{NH_2\ \ O}{\diagup\diagdown}OH \xrightarrow[\text{74\%}]{\begin{array}{l}\text{1. PhCOCl,NaHCO}_3\\\text{2. HCl}\end{array}} PhCONH\overset{}{\diagup\diagdown}OH \qquad (25)$$

72

 Decursinol (**77**) 是从治疗贫血症的传统药材朝鲜当归根部提取得到的一种香豆素类天然产物。其显著的生物活性引起了人们越来越多的关注。Decursinol 有着对人体某些癌细胞的细胞毒性及激活蛋白激酶-C 的作用，还具有抗幽门螺杆菌的活性和很强的镇痛作用。

 Shibasaki[82]、Han[83]、Kim[84]和 Jun[85]等小组分别用不同的起始原料和路线完成了 Decursinol 的全合成。在他们的合成路线中，不对称环氧化都是关键的一步，都是建立手性中心的唯一步骤。Shibasaki 使用 La(O-*i*-Pr)₃、BINOL 和 O=AsPh₃ 以 1:1:1 的比例组成的催化剂进行烯酮的环氧化。其他三个小组都使用 Jacobsen's (*S*,*S*)-(+)-salen-Mn(III) 催化剂进行芳基取代的顺式二烯为底物的不对称环氧化。Shibasaki 虽然首次完成了 Decursinol 及其衍生物的不对称合成，但路线较长，可操作性、适用性不如其他三个小组通过烯烃不对称环氧化建立手性中心的合成路线。

 如式 26 所示，Jun 的合成路线具有最为简捷和经济的优点。以廉价的间苯二酚为起始原料，在氯化锌催化回流的条件下与 2-甲基-3-丁烯基-2-醇首先发生缩合关环，生成 7-羟基-2,2-二甲基色烯 (**73**)，收率为 70%。二甲基色烯与丙炔酸酯缩合得到两个等量区域异构的内酯 (**74a** 和 **74b**)，柱色谱分离，收率均为 38%。**74b** 经 DDQ 脱氢后高产率地生成 **75**，建立适合 Jacobsen 环氧化的烯烃底物。然后。用 Jacobsen's (*S*,*S*)-salen Mn(III) 为催化剂 (4 mol%)，对 **75** 进行不对称环氧化，以 83% 产率和 95% ee 得到 **76**。最后，再经 NaBH₃CN 选择性还原获得 Decursinol。

 Equilenin (**78**) 是一种甾体化合物，可从妊娠马尿中萃取得到。该化合物可作为雌孕激素进行使用或作为抗氧化剂使用，它也是甾体类化合物中第一个被通过化学方法全合成得到的甾体。虽然 Bachmann 等早在 1939 年便已经通过全合成得到，但是 Ihara 等的两步开环反应合成甾体环的反应在甾体类化合物的合成中仍有一定的意义，特别是在需要对甾体的四个环进行部分合成和选择性功能化的时候。

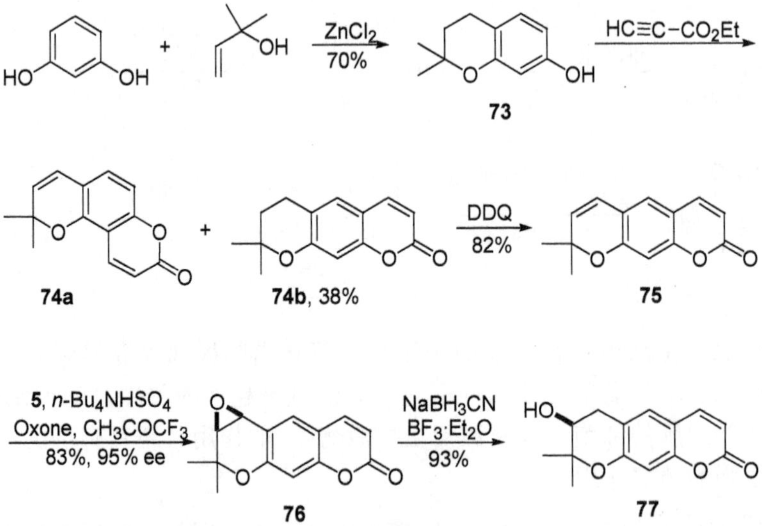

(26)

　　如式 27 所示，在 Ihara 等人的合成策略中，对小环系统的合成使用了两种类型的扩环反应[86]。其中，第一次扩环反应为一个芳基取代的环丙基衍生物的不对称环氧化物的重排，接下来是手性环丁酮的对映选择性的重排反应。第二个扩环反应是钯催化下的环插入反应，仅仅两步反应就构建了甾体的主要骨架。Jacobsen 环氧化在第一步扩环中有着相当重要的作用。由于结构的特殊性，不适合的氧化剂往往带来副反应从而得不到好的结果。在 Ihara 等人最初使用果糖衍生的一个酮和过硫酸氢钾制剂进行氧化的时候，目标产物的收率和 ee 值较低 (最高仅为 60%，63% ee)。而在使用 Salen-Mn(III) 催化剂后，第一步不对称环氧化扩环反应中，达到了 78% ee 值和 55% 的收率，如果底物没有甲基，更有高达 93% ee 和 67% 的收率。

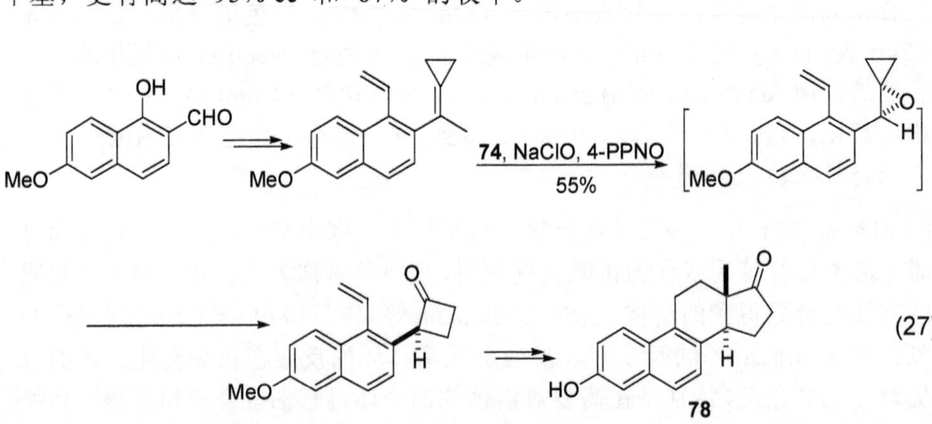

(27)

7 Jacobsen 不对称环氧化反应实例

例 一

S-2-苯基环氧乙烷的合成[45]
(单取代烯烃的 Jacobsen 不对称环氧化)

$$Ph \diagdown\!= \quad \xrightarrow[\text{89\%, 86\% ee}]{\textbf{46}, \text{m-CPBA, NMO, CH}_2\text{Cl}_2, -78\ ^{\circ}\text{C}} \quad Ph \diagdown\!\triangleleft_O \qquad (28)$$

将苯乙烯 (100 mg, 0.96 mmol)、催化剂 **46** (37 mg, 0.038 mmol) 和 NMO (562 mg, 4.80 mmol) 的无水 CH$_2$Cl$_2$ (8 mL) 溶液冷至 −78 $^{\circ}$C 后，2 min 内分 4 份加入预先冷冻的固体 m-CPBA (343 mg, 1.92 mmol)，−78 $^{\circ}$C 反应 45 min 后加入 NaOH 的水溶液 (1 mol/L, 10 mL)。分离的有机相用饱和食盐水进行洗涤，水相用 CH$_2$Cl$_2$ 萃取，合并有机相，用 Na$_2$SO$_4$ 干燥后，浓缩得到粗产品，经硅胶柱色谱分离得到产物 (89%, 86% ee)。

例 二

(2S,3R)-2-甲基-3-苯基环氧乙烷的合成[40]
(顺式二取代烯烃的 Jacobsen 不对称环氧化)

$$Ph \diagdown\!=\!\diagup \quad \xrightarrow[\text{68\%, 84\% ee}]{\textbf{29}, \text{NaOCl, pH} = 11.3, 0\ ^{\circ}\text{C, 3h}} \quad Ph \diagdown\!\triangleleft_O\!\diagup \qquad (29)$$

将 Na$_2$HPO$_4$ (0.05 mol/L, 10.0 mL) 加入未稀释的次氯酸钠 (25 mL，家用漂白剂)中。所得到的缓冲溶液 (约 0.55 mol/L NaClO) 用 NaOH 溶液 (1.0 mol/L) 调节 pH 至 11.3。将该溶液冷却到 0 $^{\circ}$C 后，立即将其加入到冷却至 0 $^{\circ}$C 的催化剂 **29** (260 mg, 0.4 mmol) 和顺式 β-甲基苯乙烯 (1.18 g, 10 mmol) 的二氯甲烷溶液 (10 mL) 中。将两相混合物室温搅拌，并用 TLC 监测反应进程。3 h 后，向混合溶液中加入正己烷 (100 mL)，将所得的棕色有机相分离。有机相用水洗涤 2 次后，再用饱和食盐水洗涤一次后用 Na$_2$SO$_4$ 干燥。除去溶剂后，残留物以硅胶柱色谱分离纯化，得到纯的产品 (0.912 g, 68% 分离产率)。通过 GC 进行分析，对映体选择性为 84% ee。

例　三

(S,S)-反式-1,2-二苯环氧乙烷的合成[54]
(顺式二取代烯烃生成反式产物的 Jacobsen 不对称环氧化)

$$\text{Ph}\diagup\diagdown\text{Ph} \quad \xrightarrow[\text{60\%, 99\% ee}]{\textbf{36, 47}, \text{NaOCl, PhCl, 4 }^\circ\text{C,10 h}} \quad \underset{\text{Ph}\quad\text{Ph}}{\triangle} \qquad (30)$$

　　将 **47** (340 mg, 0.75 mmol) 加入到顺式 1,2-二苯乙烯 (540 mg, 3.0 mmol) 的氯苯 (60 mL) 溶液中。将得到的悬浊液冷却至 4 ℃ 后,加入商用 NaClO 溶液 (13%, 8.0 mL, 12 mmol)。生成的混合物继续搅拌 5 min 后,加入固体 Salen-Mn 配合物 **36** (100 mg, 0.12 mmol)。反应体系在 4 ℃,氮气保护下继续进行 10 h 后,用乙醚 (2 × 50 mL) 进行萃取。合并的有机相后经水 (2 × 50 mL) 和饱和食盐水 (50 mL) 洗涤后,用无水硫酸钠进行干燥。减压去除溶剂后得到反式和顺式 1,2-二苯环氧乙烷的混合物 (粗产率 80%,反顺比 96:4)。经过石油醚重结晶后,得到纯的 (S,S)-反式-1,2-二苯环氧乙烷 (60%, 99% ee),GC 纯度大于 99%。

例　四

(1S,6S)-1-苯基-7-氧杂双环[4.1.0]庚烷的合成[38]
(三取代烯烃的 Jacobsen 不对称环氧化)

$$\xrightarrow[\text{69\%, 93\% ee}]{\textbf{5}, \text{NaOCl, 4-PhC}_5\text{H}_4\text{NO, CH}_2\text{Cl}_2, 0\ ^\circ\text{C}} \qquad (31)$$

　　将溶有 1-苯基环己烯 (1.0 mmol),十二烷 (内标),催化剂 **5** (0.03 mmol) 及 4-苯基吡啶氮氧化物 (0.2 mmol) 的 CH$_2$Cl$_2$ 溶液冷却至 0 ℃,漂白粉溶液 (1.5 mmol, pH = 11.3) 预先冷至 0 ℃ 后加入溶液中,再将混合液于 0 ℃ 下搅拌。当通过 TLC 或者 GC 分析,确认反应原料烯烃已经完全消失后,终止反应。有机相用蒸馏水洗涤,再将水相以 CH$_2$Cl$_2$ 萃取。合并有机相,以无水硫酸钠干燥。除去溶剂后,残留物经柱色谱(正己烷/二氯甲烷为洗脱剂) 分离得产品 (69%, 93% ee)。

例 五

$(1S,2R)$-1, 2-环氧-3, 4-二氢萘的合成[75]
(共轭烯烃的 Jacobsen 不对称环氧化)

 $\xrightarrow[\text{80\%, 85\% ee}]{\textbf{60} \text{ (4 mol\%), } m\text{-CPBA, NMO}}$ (32)

将 1,2-二氢萘 (1.0 mmol)、吡啶氮氧化物 (NMO，5 mmol) 和催化剂 **60** (0.04 mmol) 溶于 CH_2Cl_2 溶液 (6 mL)。冷至 -78 °C 之后，将间氯过氧苯甲酸 (m-CPBA) 在 2 min 内分 3 份加入到反应体系内。生成的混合物在室温下搅拌至反应完成后 (TLC 进行监测)，过滤，用 CH_2Cl_2 稀释并转移到已经加入水的分液漏斗中。分离的有机相经 Na_2SO_4 干燥后进行浓缩，残留物经过硅胶柱色谱分离。经 ^1H NMR 分析，不对称环氧化产物为 80% 的产率和 85% ee。

8   参考文献

[1]   Katsuki, T.; Sharpless, K. B. *J. Am. Chem. Soc.* **1980**,*102*, 5974.

[2]   Zhang, W.; Loebach, J. L.; Wilson, S. R.; Jacobsen E. N. *J. Am. Chem. Soc.* **1990**, *112*, 2801.

[3]   Irie, R.; Noda, K.; Ito, Y.; Matsumoto, N.; Katsuki, T. *Tetrahedron Lett.* **1990**, *31*, 7345.

[4]   Groves, J. T.; Myers, R. S. *J. Am. Chem. Soc.* **1983**, *105*, 5791.

[5]   Larrow，J. F.; Jacobsen, E. N.; Gao, Y.; Hong, Y.; Nie, X.; Zepp, C. M. *J. Org. Chem.* **1994**, *59*, 1939.

[6]   Sasaki, H.; Irie, R.; Hamada, T.; Suzuki, K.; Katsuki, T. *Tetrahedron* **1994**, *50*, 11827.

[7]   Senananyake,C. H. *Aldrichimica Acta* **1998**, *31*, 3.

[8]   Samsel, E. G.; Srinivvassan, K.; Kochi, J. K. *J. Am. Chem. Soc.* **1985**, 107, 7606.

[9]   Srinivassan, K.; Michaud, P,; Kochi, J. K. *J. Am. Chem. Soc.* **1986**, *108*, 2309.

[10]   (a) Feichtinger, D.; Plattner, D. A. *Chem. Eur. J.* **2001**, *7*, 591. (b) Feichtinger, D.; Plattner, D. A. *Angew. Chem. Int. Ed. Engl.* **1997**, *36*, 1718.

[11]   (a) Bryliakov, K. P.; Babushkin, D. E.; Talsi, E. P. *J. Mol. Catal. A: Chem.* **2000**, *158*, 19. (b) Bryliakov, K. P.; Kholdeeva, O. A.; Vanina, M. P.; Talsi, E. P. *J. Mol. Catal. A:Chem.* **2002**, *178*, 47. (c) Adam, W.; Mock-Knoblauch, C.; Saha-Möller, C. R.; Herderich, M. *J. Am. Chem. Soc.* **2000**, *122*, 9685.

[12]   (a) Yamada, T.; Imagawa, K.; Nagata, T.; Mukaiyama, T. *Bull. Chem. Soc. Jpn.* **1994**, *67*, 2248. (b) Irie, R.; Hosoya, N.; Katsuki, T. *Synlett* **1994**, 255. (c) Adam, W.; Roschmann, K. J.; Saha-Möller, C. R.; Seebach, D. *J. Am. Chem. Soc.* **2002**, *124*, 5068.

[13]   Jacobsen, E. N.; Zhang, W.; Muci, A. R.; Ecker, J. R.; Deng, L. *J. Am. Chem. Soc.* **1991**, *113*, 7063.

[14]   Kuroki, T.; Hamada, T.; Katsuki, T. *Chem. Lett.* **1995**, 339.

[15]   (a) Hosoya, N.; Hatayama, A.; Yanai, K.; Fujii, H.; Irie, R.; Katsuki, T. *Synlett* **1993**, 641. (b) Hosoya, N.; Hatayama, A.; Irie, R.; Sasaki, H.; Katsuki, T. *Tetrahedron* **1994**, *50*, 4311.

[16]   Hamada, T.; Fukuda, T.; Imanishi, H.; Katsuki, T. *Tetrahedron* **1996**, *52*, 515.

[17]   (a) Jacobsen, H.; Cavallo, L. *Chem. Eur. J.* **2001**, *7*, 800. (b) Jacobsen, H.; Cavallo, L. *Organometallics* **2006**,

25, 177.

[18] Zhang, W.; Lee, N. H.; Jacobsen, E. N. *J. Am. Chem. Soc.* **1994**, *116*, 425.

[19] (a) Linde, C.; Åkermark, B.; Norrby, P. O.; Svensson, M. *J. Am. Chem. Soc.* **1999**, *121*, 5083. (b) Cavalo, L.; Jacobsen, H. *Angew. Chem., Int. Ed. Engl.* **2000**, *39*, 598. (c) Cavallo, L.; Jacobsen, H. *J. Phys. Chem.* **2003**, *107*, 5466.

[20] Engelhardt U.; Linker T. *Chem. Commun.* **2005**, 1152.

[21] Fu, H.; Look, G. C.; Zhang, W.; Jacobsen, E. N.; Wong, C.-H. *J. Org. Chem.* **1991**, *56*, 6497.

[22] (a) Norrby, P.-O.; Linde, C.; Åkermark, B. *J. Am. Chem. Soc.* **1995**, *117*, 11035. (b) Bäckvall, J. E.; Bokman, F.; Blomberg, M. R. A.; *J. Am. Chem. Soc.* **1992**. *114*, 534.

[23] Buschmann, H.; Scharf, H.-D.; Hoffmann, N.; Esser, P. *Angew. Chem. Int. Ed. Engl.* **1991**, *30*, 477-515.

[24] Noguchi, Y.; Irie, R.; Fukuda, T.; Katsuki, T. *Tetrahedron Lett.* **1996**, *37*, 4533.

[25] Méou, A.; Garcia,M.-A.; Brun, P. *J. Mol.Catal. A: Chem.* **1999**, *138*, 221.

[26] (a) Jacobsen, E. N.; Zhang, W.; Güler, M. L. *J. Am. Chem. Soc.* **1991**, *113*, 6703. (b) Palucki, M.; Finney，N. S.; Pospisil, P. J.; Güler, M. L; Ishida, T.; Jacobsen, E. N. *J. Am. Chem. Soc.* **1998**, *120*, 948.

[27] (a) McGarrigle, E.M.; Gilheany, D. G.; *Chem. Rev.* **2005**, *105*, 1563. (b) Katsuki, T.; *Synlett* **2003**, 291. (c) Katsuki, T.; *Adv. Synth.Catal.* **2002**, *344*, 131. (d) Canali, L.; Sherrington, D. C.; *Chem. Soc. Rev.* **1999**, *28*, 85. (e) Jacobsen, E. N, in Catalytic Asymmetric Synthesis, Ojima, I., Ed.; VCH: New York, **1993**: 159.

[28] 周智明，李连友，徐巧，余从煊. 有机化学, **2005**, 25, 347.

[29] (a) Miller, J. A.; Hennessy, E. J.; Marshall, W. J.; Scialdone, M. A.; Nguyen, S. T. *J. Org. Chem.* **2003**, *68*, 7884. (b) Li, Z.; Conser, K. R.; Jacobsen, E. N. *J. Am. Chem. Soc.* **1993**, *115*, 5326.

[30] Sigman, M. S.; Jacobsen, E. N. *J. Am. Chem. Soc.* **1998**, *120*, 5315.

[31] Yu, C. Y.; Cohn, O. M. *Tetrahedron Lett.* **1999**, *40*, 6665.

[32] Schous, S. E.; Larrow, J. F.; Jacobsen, E. N. *J. Org. Chem.* **1997**, *62*, 4197.

[33] (a) Schaus, S. E.; Branalt, J., Jacobsen, E. N. *J. Org. Chem.*, **1998**, *63*, 4876. (b) Schaus, S. E.; Branalt, J., Jacobsen, E. N. *J. Org. Chem.*, **1998**, *63*, 403.

[34] Nam, H. L.; Jong, S. B. ; Sung, B. H. ; *Bull. Korean Chem. Soc.* **1999**, *20*, 867.

[35] (a) Tokunaga, M.; Larrow, J. F.; Kakiuchi F, Jacobsen E N. *Science* **1997**, *277*, 936. (b) Pathak, K.; Ahmad, I.; Abdi, S. H. R.; Kureshy, R. I.; Khan, N. H.; J. R. V. *J. Mol. Catal. A: Chem.* **2007**, *274*, 120. (c) Schaus, S. E.; Brandes, B. D.; Larrow, J. F.; Tokunage, M. Hansen, K. B.; Gould, A. E. Furrow, M. E.; Jacobsen, E. N. *J. Am. Chem. Soc.* **2002**, *124*, 1307.

[36] Jacobsen, E. N.; Pfaltz, A.; Yamamoto, H. Eds.;Comprehensive Asymmetric Catalysis. Springer, Berlin, **1999** :649.

[37] (a) Hatayama, A.; Hosoya, N.; Irie, R.; Ito, Y.; Katsuki, T. *Synlett.* **1992**, 407. (b) Hosoya, N.; Hatayama, A.; Yanai, K.;Fujii, H.; Irie, R.; Katsuki, T. *Synlett.* **1993**, 641.

[38] Brandes, B. D.; Jacobsen, E. N. *J. Org. Chem.* **1994**,*59*,4378.

[39] Palucki, M.; McCormick, G. K.; Jacobsen, E. N. *Tetrahedron Lett.* **1995**, *36*, 5457.

[40] Zhang, W.; Jacobsen, E. N. *J. Org. Chem.* **1991**, *56*, 2296.

[41] Irie, R.; Noda, K.; Ito, Y.; Katsuki, T.; *Tetrahedron Lett.* **1991**, *32*, 1055

[42] (a) Machii, K.; Watanabe, Y.; Morishima, I. *J. Am. Chem. Soc.* **1995**, *117*, 6691. (b) 王积涛，陈蓉，冯霄，李月明. 有机化学 **1998**, *18*, 57.

[43] Jeong, Y.-C.; Choi, S.; Yu, K.; Ahn, K.-H. *Bull. Korean Chem. Soc.*, **2003**, *24*, 537.

[44] Mikame, D.; Hamada, T.; Irie R.; Katsuki T.; *Synlett.* **1995**, 827.

[45] Palucki, M.; Pospisil, P. J.; Zhang, W.; Jacobsen, E. N. *J. Am. Chem. Soc.* **1994**, *116*, 9333

[46] Berkessel, A.; Frauenkron, M.; Schwenkreis, T.; Steinmetz, A.; Baum, G.; Fenske, D.; *J. Mol.Catal. A: Chem.* **1996**, *113*, 321.

[47] Pietikäinen, P.; *Tetrahedron* **1998**, *54*, 4319.

[48]　(a) Pietikäinen, P. *Tetrahedron Lett.* **1999**, 40, 1001. (b) Pietikäinen, P. *Tetrahedron* **2000**, *56*, 417.

[49]　Pietikäinen, P. *Tetrahedron Lett.* **1995**, *36*, 319.

[50]　(a) Adam, W.; Jekó, K.; Lévai, A.; Nwmes, C.; Patonay, T.; Sebók, P. *Tetrahedron Lett.* **1995**, *36*, 3669. (b) Adam, W.; Fell, R. T.; Lévai, Patonay, T.; Peters, K.; Simon, A.; Tóth, G.; *Tetrahedron: Asymmetry* **1998**, *9*, 1121.

[51]　Skarzewski, J.; Gupta, A.; Vogt, A. *J. Mol.Catal. A: Chem.* **1995**, *103*, L63.

[52]　Hughes, D. L.; Smith, G. B.; Liu, J.; Dezeny, G. C.; Senanayake, C. H.; Larsen, R. D.; Verhoeven, T. R.; Reider, P. J. *J. Org. Chem.* **1997**, *62*, 2222.

[53]　Katsuki, T. *Coord. Chem. Rev.* **1995**, *140*, 189.

[54]　Chang, S.; Galvin, J. M.; Jacobsen, E. N. *J. Am. Chem. Soc.* **1994**, *116*, 6937.

[55]　Prasad, J. S.; Michael, T. V.; Totleben, M. T.; Crispino, G. A.; Kacsur, D. J.; Swaminathan, S.; Thornton, J. E.; Fritz, A.; Singh, A. K. *Org. Process Res. Dev.* **2003**, *7*, 821.

[56]　Cavallo, L.; Jacobsen, H. *Angew. Chem. Int. Ed. Engl.* **1997**, *36*, 1723.

[57]　Palucki, M.; Finney, N. S.; Pospisil, P. J.; Guler, M. L.; Ishida, T.; Jacobsen, E. N. *J. Am. Chem. Soc.* **1988**, *120*, 948.

[58]　Chang, S.; Galvin, J. M.; Jacobsen, E. N. *Tetrahedron Lett.* **1994**, *35*, 669.

[59]　Buckle, D.R.; Arch, J.R.S.;Fenwick, A.E.; Houge-Frydrych, C.S.V.; Pinto, I.L.; Smith, D.G.; Taylor, S.G.; Tedder, J. M. *J. Med. Chem.* **1990**, *33*, 3028.

[60]　Lee, N. H.; Muci, A. R.; Jacobsen, E. N. *Tetrahedron Lett.* **1991**, *32*, 5055.

[61]　Jacobsen, E. N.; Deng, L.; Furukawa, Y.; Martinez, L. E. *Tetrahedron* **1994**, *50*, 4323.

[62]　Lee, N. H.; Jacobsen, E. N. *Tetrahedron Lett.* **1991**, *32*, 6533.

[63]　Chang, S.; Lee, N. H.; Jacobsen, E. N. *J. Org. Chem.* **1993**, *58*, 6939.

[64]　Nishikori, H.; Ohta, C.; Katsuki, T. *Synlett.* **2000**, 1557.

[65]　(a) Brandes, B. D.; Jacobsen, E. N. *Tetrahedron Lett.* **1995**, *36*, 5123. (b) Fukuda, T.; Irie, R.; Katsuki, T. *Synlett.* **1995**, 197.

[66]　Reddy, D. R.; Thornton, E. R. *J. Chem. Soc. Chem. Comm.* **1992**, 172.

[67]　Adam, W.; Fell, R. T. *J. Am. Chem. Soc.* **1998**, *120*, 708.

[68]　(a) Kuźniarska-Biernacka, I.; Silva, A. R.; Carvalho, A. P.; Pires, J.; Freire, C. *J. Mol. Catal. A: Chem.* **2007**, *278*, 82. (b) Serrano, D. P.; Vargas, J. A. *Appl. Catal. A: Gen.* **2008**, *335*, 172. (c) Sliva, A. R.; Budarin, V.; Clark, J. H.; Freire, C.; de Castro, B. *Carbon* **2007**, *45*, 1951.

[69]　孙伟, 夏春谷. *化学进展*, **2002**, *14*, 8.

[70]　(a) Schlick, S.; Bortel, E.; Dyrek, K. *Acta Polym.* **1996**, *47*, 1. (b) Shuttleworth, S. J.; Allin, S. M.; Sharma, P. K.; *Synlett.* **1997**, 1217.

[71]　(a) Sherrington, D. C. *Catal. Today* **2000**, 5787. (b) Fan, H. Q.; Li, Y. M.; Chan, A. C. *Chem. Rev.* **2002**, *102*, 3395. (c) Song, C. G.; Lee, S. G. *Chem. Rev.* **2002**, *102*, 3945. (d) 屈育龙, 胡道道. *高分子通报*, **2005**, 31-37.

[72]　De, B. B.; Lohray, B. B.; Sivaram, S.; Dhal, P. *Tetrahedron: Asymmetry* **1995**, *6*, 2105.

[73]　(a) Minutole, F.; Pini, D.; Salvadori, P. *Tetrahedron Lett.* **1996**, *37*, 3375. (b) Minutole, F.; Pini, D.; Petri, A.; Salvadori, P.; *Tetrahedron: Asymmetry* **1996**, *7*, 2293.

[74]　Canali, L.; Cowan, E.; Deleuze, H.; Gibson, C. L.; Sherrington, D. C. *Chem. Commun.* **1998**, 2561.

[75]　Song, C. E.; Roh, E. J.; Yu, B. M.; Chi, D. Y.; Kim, S. C.; Lee. K.-J. *Chem. Commun.* **2000**, 615.

[76]　Reger, T. S.; Janda, K. D. *J. Am. Chem. Soc.* **2000**, *122*, 6929.

[77]　(a) Vankelecom, I. F. J.; Tas, D.; Parton, R. F.; de Vyver, V. V.; Jacobs, P. A. *Angew Chem Int Ed Engl.* **1996**, *35*, 1346. (b) Janssen, K. B. M.; Laquiere, I.; Dehaen, W.; Parton, R. F.; Vankelecom, I. F. J.; Jacobs, P. A. *Tetradedron: Asymmetry* **1997**, *8*, 3481.

[78]　Kim, G.-J.; Shin, J.-H. *Tetrahedron Lett.* **1999**, *40*, 6827.

[79]　Wani, M. C.; Taylor, H. L.; Wall, M. E.; Coggon, P.; McPhall, A. T. *J. Am. Chem. Soc.* **1971**, *93*, 2325.

[80] Swindell, C. S.; Krauss, N. E.; Horwitz, S. B.; Ringel, I. *J. Med. Chem.* **1991**, *34*, 1176.

[81] Deng, L.; Jacobsen, E. N. *J. Org. Chem.* **1992**, *57*, 4320.

[82] Nemoto, T.; Ohshima, T.; Shibasaki, M. *Tetrahedron Lett.* **2000**, *41*, 9569.

[83] Lim, J.; Kim, I.-H.; Kim, H.-H.; Ahn, K.-S.; Han, H. *Tetrahedron Lett.* **2001**, *42*, 4001.

[84] Kim, S.; Ko, H.; Son, S.; Shin, K. J.; Kim, D. J. *Tetrahedron Lett.* **2001**, *42*, 7641.

[85] Lee, J. H.; Bang, H. B.; Han, S. Y.; Jun, J.-G. *Bull. Korean Chem. Soc.* **2006**, *27*, 12.

[86] Nemoto, H.; Yoshida, M.; Fukumoto, K.; Ihara, M. *Tetrahedron Lett.* **1999**, *40*, 907.

莱氏氧化反应

(Ley's Oxidation)

王少仲

1 历史背景简述

莱氏氧化反应 (Ley's oxidation) 是以英国人 Steven V. Ley 教授命名的有机人名反应[1~3]，是指用催化量或者化学计量过钌酸铵盐氧化醇羟基成醛酮羰基的化学转换。Ley 教授从 1975 年开始就职于英国 Imperial College 化学系，1992年离开 Imperial College 被聘为剑桥大学有机化学教授，目前仍在剑桥大学任教。

尽管 Kaul Kaulovich Klaus 早在 1844 年发现元素 Ru，但是直到十六年后他才分离出高挥发性的四氧化钌 (RuO$_4$)。RuO$_4$ 的氧化能力比四氧化锇 (OsO$_4$)强，其中 E_o (RuO$_4$/RuO$_4^-$) 为 0.99 V 而 E_o (OsO$_4$/OsO$_4^-$) 是 0.22 V。与 OsO$_4$选择性烯烃双羟化反应不同，RuO$_4$ 是一种非选择性甚至破坏性的强氧化剂，非常容易氧化断裂烯烃双键。因此设计较低价态的氧代钌配合物，降低 Ru (VIII)氧化能力的同时提高氧化反应的化学选择性，一度是钌化学研究热点。

20 世纪 80 年代，Ley 教授与 William P. Griffith 教授共同探索了钌酸盐和过钌酸盐的氧化性能[4]。X 射线单晶衍射表明：钌酸根离子 [RuO$_3$(OH)$_2$]$^{2-}$ 空间结构呈三角双锥型，过钌酸根离子 RuO$_4^-$ 是扭曲四面体型 (式 1)。钌酸盐和过钌酸盐空间结构差异明显，氧化性存在相似性。

$$K[Ru(VII)O_4]$$

	[Ru(VI)O$_4$]$^{2-}$	(n-Bu$_4$N)[Ru(VII)O$_4$]	TBAP
Ru(VIII)O$_4$	[Ru(VI)O$_3$(OH)$_2$]$^{2-}$	(n-Pr$_4$N)[Ru(VII)O$_4$]	TPAP
四氧化钌	钌酸根	过钌酸盐	

$$(1)$$

研究发现：在碱性水溶液中，钌酸盐 [RuO$_3$(OH)$_2$]$^{2-}$ 与过硫酸盐 [S$_2$O$_8$]$^{2-}$ 协同氧化伯醇生成羧酸、仲醇生成酮羰基化合物；氧化过程中普通烯烃双键能够存在，而活泼双键如烯丙醇双键会发生部分断裂。水溶液体系中，过钌酸钾 K[RuO$_4$]同样能够氧化伯醇、仲醇生成羧酸、酮；但是烯烃双键非常容易被氧化断裂。

水溶液中过钌酸盐的氧化反应没有体现出任何优势，并没有抑制烯烃双键氧化断裂的竞争性反应，更为糟糕的是许多有机化合物不溶于水。尝试使用过钌酸钾和冠醚 18-冠-6 在苯溶液中形成紫苯 (Purple benzene) 的过钌酸盐类似物进行醇羟基氧化反应，结果发现过钌酸盐与 18-冠-6 配合物在苯溶液中不稳定。

后来发现过钌酸钾与四丁基羟铵反应生成深绿色固体过钌酸四丁基铵盐(n-Bu$_4$NRuO$_4$，简称 TBAP) 能够在有机溶剂中选择性氧化伯醇和仲醇生成相应的醛和酮，而底物分子中烯烃双键和活泼烯烃双键不受影响[5]。过钌酸四丁基铵盐类似物过钌酸四丙基铵盐 (*n*-Pr₄NRuO₄，简称 TPAP) 表现出相同的氧化能力，更容易从过钌酸钾与四丙基羟铵大量合成。因此 TPAP 很快替代 TBAP 用于 Ley's 氧化反应，并且逐渐发展成为商品试剂[6]。

TPAP 具有在空气中稳定、非挥发性和易溶于有机溶剂的特点。可以在非常温和的条件下选择性催化醇羟基氧化反应，官能团兼容性好。特别是在 α-位含有手性碳的羟基的氧化中，手性碳的立体构型在生成的产物中得到完全保持，使得 Ley's 氧化反应在有机合成特别是天然产物和复杂手性分子的定向合成中得到广泛的应用。

2 Ley's 氧化反应机理

Donald G. Lee[7]发现化学计量过钌酸四丙基铵盐 TPAP 氧化异丙醇生成丙酮的反应是自动催化性质 (式 2)。氧化反应初期反应速率低，反应速率随着产物浓度增大而增大。反应速率持续增大直至 TPAP 浓度开始减小，并最终停止。

$$\begin{array}{cc} \text{OH} & \xrightarrow{\text{TPAP, CH}_2\text{Cl}_2,\ \text{rt}} & \text{O} \end{array} \qquad (2)$$

Donald G. Lee 最初从高锰酸盐自催化反应的催化剂是胶体状二氧化锰 (MnO₂) 的实验结果，类推出化学计量过钌酸四丙基铵盐 TPAP 氧化异丙醇反应的催化剂是胶体状二氧化钌 (RuO₂)；并且认为过钌酸根离子与 RuO₂ 容易配位形成 [RuO₄·*n*RuO₂⁻]。一些实验事实也部分支持了他的观点：比如将异丙醇还原 RuO₄ 生成的 RuO₂ 加入到氧化剂 TPAP、异丙醇和二氯甲烷的反应体系中，发现氧化反应速率明显加快，说明 RuO₂ 可能是催化 TPAP 快速氧化异丙醇反应的催化剂。

在非水体系中，无论使用化学计量还是催化量的氧化剂 TPAP，均可以在辅助氧化剂 (co-oxidant) 的存在下几乎定量地将环丁醇氧化成环丁酮，这一实验结果表明 TPAP 参与的氧化反应是双电子转移过程 (two-electron type)[8] (式 3)。而水溶液中过钌酸钾氧化环丁醇反应是单电子转移过程，单电子转移中形成的自由基导致环丁烷开环生成链状结构产物 1-丁醛和 3-烯-1-丁醛[9,10]。

$$\text{Ru(VII)} + 2\,e^- \longrightarrow \text{Ru(V)}$$

$$2\,\text{Ru(V)} \longrightarrow \text{Ru(VI)} + \text{Ru(IV)} \qquad (3)$$

$$\text{Ru(VI)} + 2\,e^- \longrightarrow \text{Ru(IV)}$$

后来 Donald G. Lee 观察到，催化量 TPAP 和非催化量 TPAP 氧化在异丙醇的反应反应中表现出相似的反应速率规律：反应速率对底物醇是一阶函数，对氧化剂是二阶函数。这就意味着氧化反应过渡态包含有一分子醇和两分子过钌酸根离子。结合 O-D 同位素效应和 TPAP 不会氧化醚链的实验事实，可以推测氧化反应过程中过钌酸根离子优先与羟基作用形成过钌酸酯，而不是发生羟基 α-位碳-氢键氧化断裂反应。因此 Ley's 氧化反应可能的机理是：首先一分子醇羟基进攻一分子过钌酸根离子中 Ru=O 键形成过钌酸酯。形成的过钌酸酯中羟基进攻另一分子过钌酸根中 Ru=O 键，最后醇羟基 α-位 C-H 键和 Ru-O 键协同断裂生成羰基化合物醛或酮和双核钌盐 $H_2Ru_2O_8Q_2$（Q 为 $i\text{-}Pr_4N^+$）(式 4)。

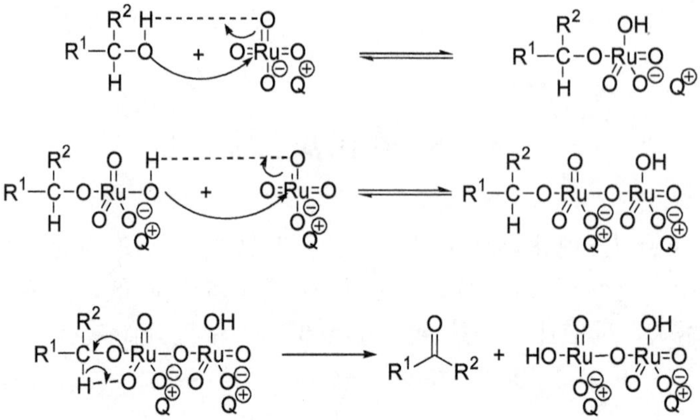

$$(4)$$

双核钌盐最终将会离解成 Ru (V) 盐和 TPAP (式 5)。其中 +5 价态钌(V) 化学性质活泼，自身容易发生歧化反应生成 RuO_2。或者被氧化剂如 N-甲基吗啉-N-氧化物 (NMO) 或三甲胺 N-氧化物 (TMO)、分子氧 (O_2) 和次氯酸钠 (NaClO) 氧化生成过钌(VII) 酸根离子，实现催化循环 (式 6)。

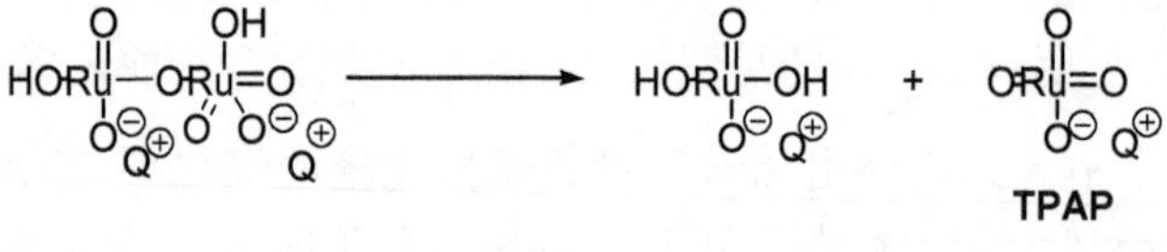

$$(5)$$

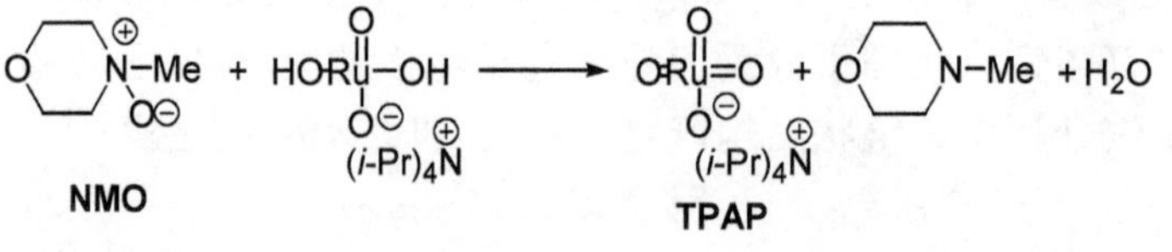

$$(6)$$

在 Ru (V) 被辅助氧化剂氧化至 Ru (VII) 的催化循环过程中会产生水分子，而水的存在会导致 Ley's 氧化反应不完全或者产物醛被继续氧化成羧酸的副反应产生。因此，Ley's 氧化反应体系通常需要加入粉末状 4 Å 或 3 Å 分子筛，来除去辅助氧化剂 NMO 的结晶水和反应过程中生成的水分子，该措施可有效地促进氧化反应速度和抑制副反应的发生。

3 Ley's 氧化反应条件

3.1 均相反应

经典的 Ley's 氧化反应是在有机溶剂中进行的均相反应，通常在室温下 5 min~1 h 即可完成。过钌酸盐 TBAP 或 TPAP 的用量可以是化学计量或者催化量。使用催化量过钌酸盐时需要化学计量的辅助氧化剂协同参与氧化[11]。

多数情况下，Ley's 氧化反应采用 5 mol% TPAP 和 1.5~2.0 eq 的辅助氧化剂 NMO 组合条件。二氯甲烷 (式 7) 和乙腈 (式 8) 是最常用的反应溶剂。有时二氯甲烷体系反应不彻底，使用二氯甲烷与乙腈混合溶剂效果更好。这可能是因为乙腈与 Ru (VII) 离子配位缘故，加入乙腈后氧化反应转化率明显提高。

$$\text{TPAP (5 mol\%), NMO (1.5 eq)}$$
$$\text{CH}_2\text{Cl}_2, \text{ 4 Å MS, rt, 0.8 h}$$
$$94\%$$
(7)

$$\text{TPAP (5 mol\%), NMO (1.5 eq)}$$
$$\text{CH}_3\text{CN, 4 Å MS, rt, 1.5 h}$$
$$70\%$$
(8)

使用化学计量 NMO 作为辅助氧化剂时会产生副产物 N-甲基吗啉，它的分离会给后处理带来一定的麻烦。如果使用分子氧 (O$_2$) 作为辅助氧化剂，则生成的唯一副产物是水分子 (式 9)。因此分子氧参与的 Ley's 氧化反应具有分离容易和环境友好等优点。但是，这些反应有时需要在相对剧烈的条件下进行，因此常常使用高沸点溶剂甲苯和 1,2-二氯乙烷替代二氯甲烷[12,13] (式 10)。

$$\text{TPAP (10 mol\%), CH}_2\text{Cl}_2$$
$$\text{O}_2, \text{ 4 Å MS, rt, 0.5 h}$$
$$98\%$$
(9)

$$\text{TPAP (5 mol\%), (CH}_2\text{Cl)}_2$$
$$\text{O}_2, \text{ 4 Å MS, rt, 0.5 h}$$
$$74\%$$
(10)

在 Ley's 氧化反应反应中，次氯酸钠 (NaClO) 辅助氧化剂特别适合于仲醇的氧化[14,15] (式 11)。使用 NaClO 辅助氧化时，TPAP 用量可以减少至 1 mol% (式 12)。与 TPAP-NMO、TPAP-O$_2$ 体系不同的是，TPAP-NaClO 体系需要使用缓冲溶液 (NaHCO$_3$-Na$_2$CO$_3$) 来调节酸碱度，反应过程中要始终保持体系呈弱碱性。

$$\text{TPAP (5 mol\%), NaClO (1 eq)}$$
$$\text{EtOAc, buffer pH 9.5, rt, 4 h}$$
$$88\%$$
(11)

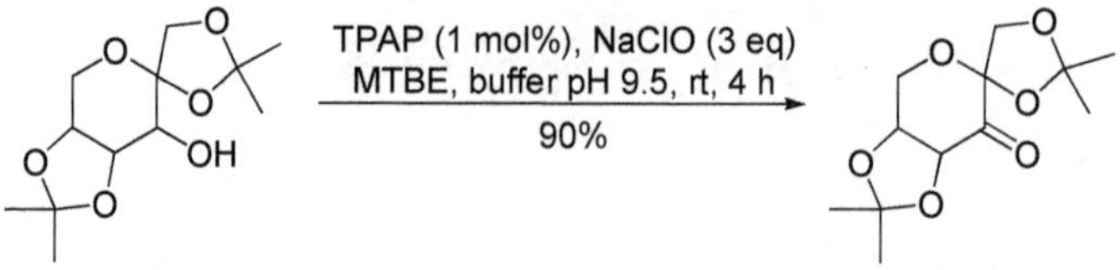

$$\text{(12)}$$

3.2 非均相反应

用聚合物负载的过钌酸盐 (Polymer Supported Perruthenate，简称 PSP) 替代 TPAP 进行的非均相氧化反应，能够避免复杂的后处理操作和减少金属离子的污染。Ley 发现含有季铵盐结构的 Amberlyst 阴离子交换树脂与过钌酸钾水溶液经过超声处理后，可以非常方便地获得 PSP 试剂[16]。与均相 Ley's 氧化反应相比较，PSP 催化的非均相反应一般需要较大的催化剂用量 (10~20 mol%) 和较长的反应时间。但是，当使用化学计量的 PSP 氧化剂进行反应时，可以避免使用辅助氧化剂，甚至不使用分子筛。PSP 催化的 Ley's 氧化反应对于伯醇和仲醇的反应性有明显的差别，使用适当的辅助氧化剂可以在伯醇和仲醇底物中进行选择性反应。例如：当使用 NMO 为辅助氧化剂时，仲醇 (式 13) 和非活泼伯醇 (式 14) 的氧化反应能够得到中等产率的产物，而活泼烯丙基伯醇 (式 15) 和苯甲醇 (式 16) 的反应产率可达到 90% 以上。当分子氧被用作辅助氧化剂时，苯甲醇可以在 α-甲基苯甲醇存在下选择性地被氧化成苯甲醛。当 1-辛醇与 2-辛醇混合物被用作反应底物时，可分离得到 83% 的 1-辛醛和 13% 的 2-辛酮[17]。

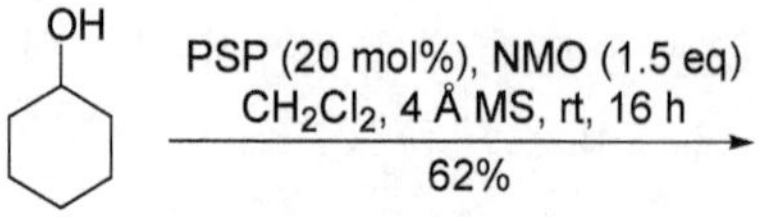

$$\text{(13)}$$

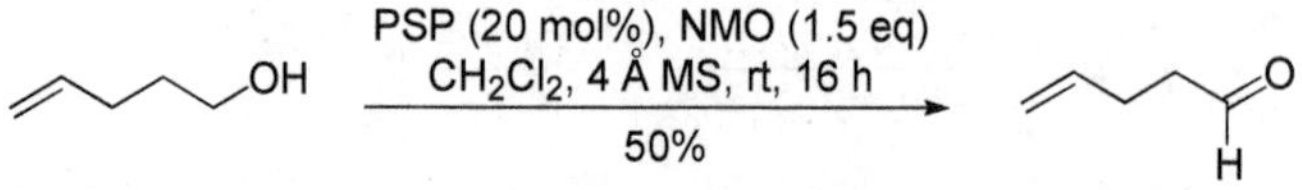

$$\text{(14)}$$

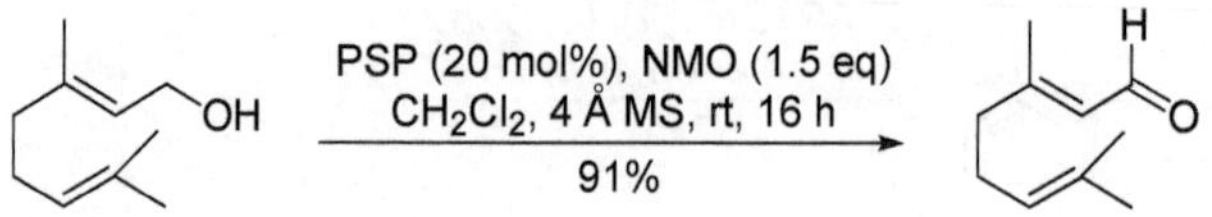

$$\text{(15)}$$

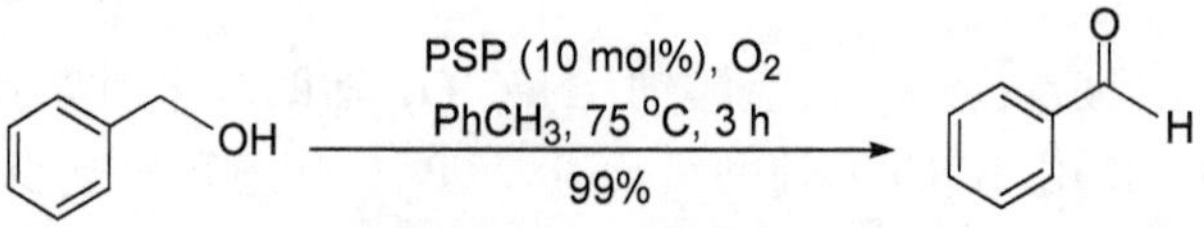

$$\text{(16)}$$

$$PSP = \bullet\!\!\sim\!\!\sim\!\!NMe_3^+ \ RuO_4^-$$

分子筛负载过钌酸盐也可以用于醇的氧化反应[18]。中空硅 MCM-41 分子筛的内外表面均具有硅烷醇结构。用二氯二苯基硅烷处理这种分子筛，可将分子筛外表面硅烷醇转化成硅醚。然后再用 3-溴丙基三氯硅烷处理分子筛的内表面生成 3-溴丙基侧链，并与三甲胺或三乙胺反应形成季铵盐侧链 (**1, 2**)。最后通过与过钌酸钾离子交换生成中空硅 MCM-41 分子筛负载的过钌酸盐试剂。这种分子筛负载的过钌酸盐和分子氧生成的组合体系在活泼伯醇和仲醇的氧化反应中表现出很高的反应活性。在 10% (质量分数) 中空硅 MCM-41 分子筛负载过钌酸盐的催化下，α-甲基苯甲醇 (式 17) 和苯甲醇 (式 18) 几乎定量地被氧化生成苯乙酮和苯甲醛。

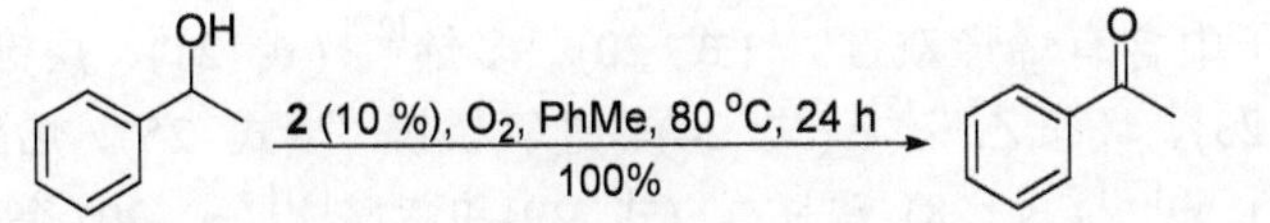

OH
2 (10 %), O2, PhMe, 80 °C, 24 h
100%
O
(17)

OH
2 (10 %), O2, PhMe, 80 °C, 0.5 h
100%
H
O
(18)

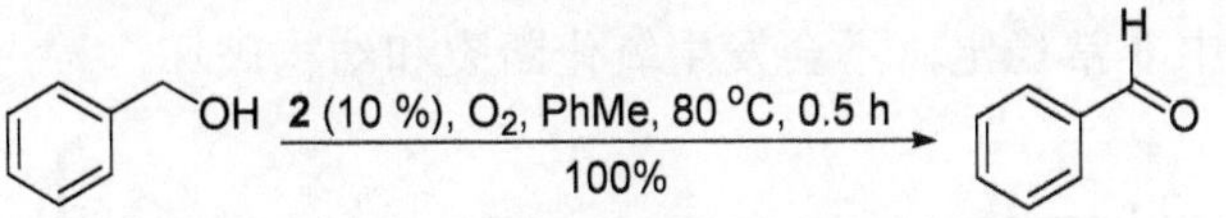

1 X = NMe3+RuO4−
2 X = NEt3+RuO4−
X
Si
O

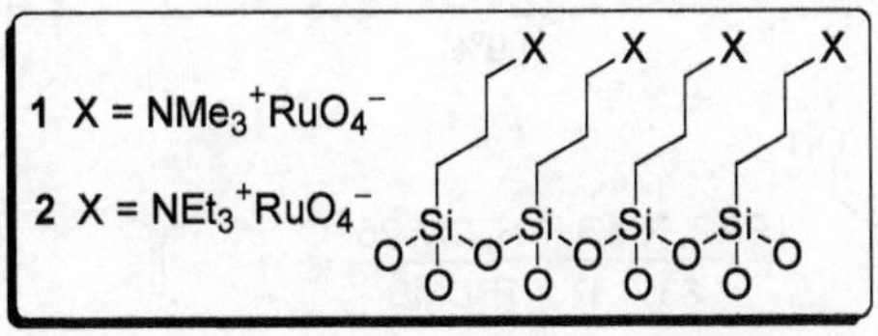

溶胶-硅胶 (sol-gel) 负载的 TPAP 同样能够催化醇的氧化反应[19,20]。Mario Pagliaro 发现超临界二氧化碳 ($ScCO_2$) 作为反应溶剂溶解氧气和底物醇与粉末状载有 TPAP 的多孔氟代溶胶-硅胶 (式 19) 接触时，反应底物快速进入孔内进行氧化反应，生成的产物被超临界二氧化碳提取出来 (一般反应压力为 220 bar)。由于反应使用超临界二氧化碳为溶剂，所以具有反应清洁和后处理简单的优点。

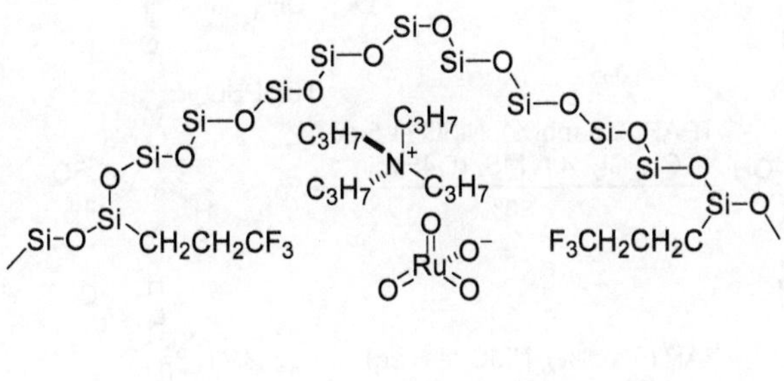

Si—O
C3H7
N+
CH2CH2CF3
F3CH2CH2C
Ru
O−
(19)

4 Ley's 氧化反应类型

Ley's 氧化反应类型是根据底物中不同醇羟基来分类。本节主要介绍均相氧化反应和氧化剂 TPAP 试剂在有机合成中的应用。

4.1 伯醇的氧化

伯醇经过 Ley's 氧化反应生成醛。通常伯醇氧化比仲醇容易，利用 Ley's 氧化反应从伯醇合成醛的优势在于：反应在温和的中性条件下进行，使用催化量 TPAP 时具有高度的化学选择性，对许多化学官能团具有兼容性。即使是规模合成时，醇羟基 α-位手性碳原子的立体构型可以在氧化反应前后完全保持，不会发生烯醇化消旋现象。

伯醇分子中含有烯烃双键[21] (式 20)、多烯[22] (式 21)、炔键[23] (式 22)、环丙烷[24] (式 23)、环氧乙烷[25] (式 24)、过氧桥键[26] (式 25)、烯醇醚[27] (式 26)、酚[28] (式 27)、酯[29] (式 28)、酰胺[30] (式 29)和叔胺[31] (式 30) 等官能团在 Ley's 氧化反应过程中非常稳定，不会发生氧化断裂和结构破坏。

$$\xrightarrow[\text{89\%}]{\text{TPAP (5 mol\%), NMO (1.5 eq), CH}_2\text{Cl}_2\text{, rt, 10 min}} \tag{20}$$

$$\xrightarrow[\text{83\%, R = TBDMS}]{\text{TPAP, NMO, CH}_2\text{Cl}_2\text{, 25 }^\circ\text{C}} \tag{21}$$

$$\xrightarrow[\text{98\%}]{\substack{\text{TPAP (5 mol\%), NMO (1.5 eq)}\\\text{CH}_2\text{Cl}_2\text{, 4 Å MS, rt, 1.5 h}}} \tag{22}$$

$$\xrightarrow[\text{75\%}]{\substack{\text{TPAP (cat.), NMO (2.0 eq)}\\\text{CH}_2\text{Cl}_2\text{, 4 Å MS, rt, 15 min}}} \tag{23}$$

$$\xrightarrow[\text{80\%}]{\substack{\text{TPAP (2.5 mol\%), NMO (1.5 eq)}\\\text{CH}_2\text{Cl}_2\text{, 4 Å MS, rt, 45 min}}} \tag{24}$$

$$\xrightarrow[\text{50\%}]{\substack{\text{TPAP (5 mol\%), NMO (1.5 eq)}\\\text{CH}_2\text{Cl}_2\text{, 4 Å MS, rt, 1.0 h}}} \tag{25}$$

$$\xrightarrow[\text{82\%}]{\substack{\text{TPAP (5 mol\%), NMO (1.5 eq)}\\\text{CH}_2\text{Cl}_2\text{-MeCN, rt}}} \tag{26}$$

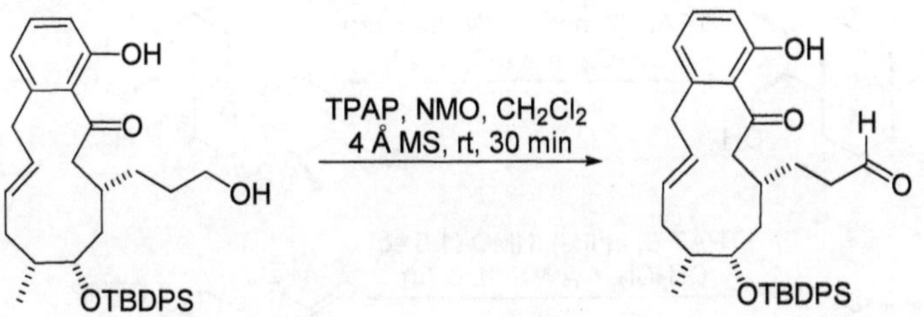

$$(27)$$

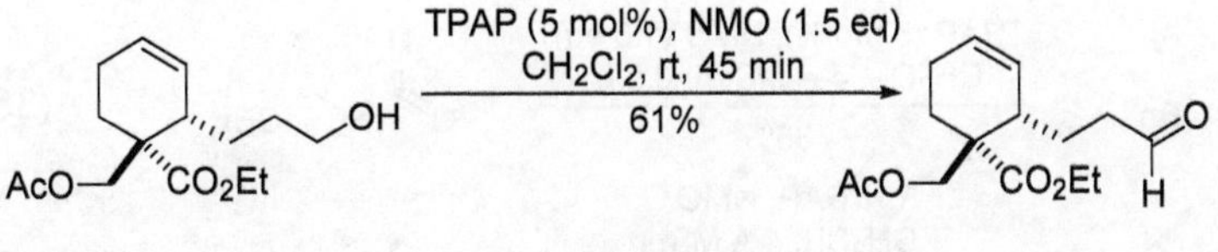

$$(28)$$

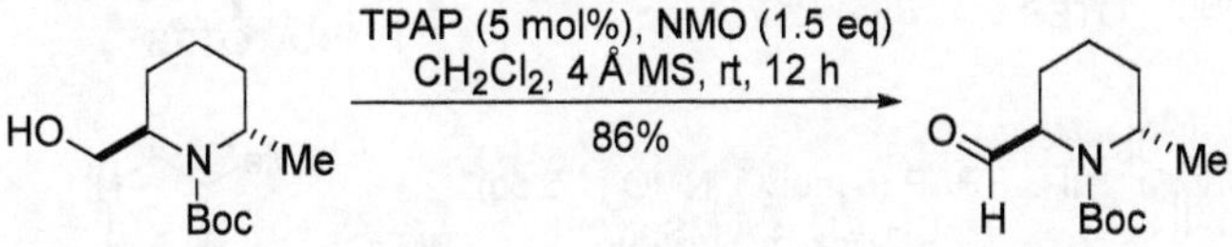

$$(29)$$

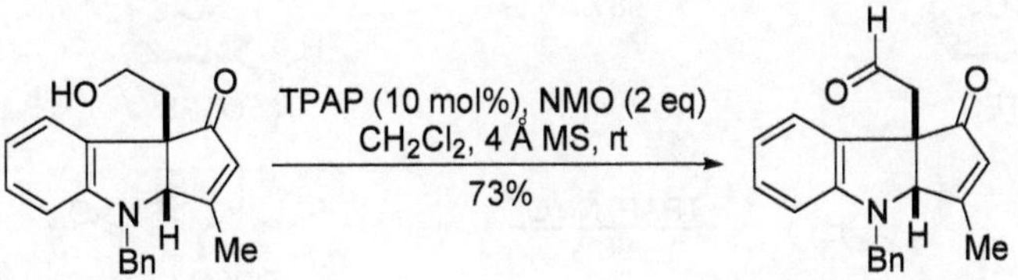

$$(30)$$

常见的羟基保护基团在 Ley's 氧化反应中不会发生脱保护作用。如成醚保护基团：甲氧甲基 (MOM)、乙氧乙基 (EE)[32] (式 31)、2-三甲硅乙氧基甲基 (SEM)[33] (式 32)、2-甲氧乙氧基甲基 (MEM)[34] (式 33)、2-四氢吡喃基 (THP)[1] (式 34)；苄基 (Bn)[1] (式 35)、4-甲氧基苄基 (PMB)[35] (式 36)、4,4'-二甲氧基三甲苯基 (DMTr)[36] (式 37)；三取代硅基诸如三异丙基硅基 (TIPS)[37] (式 38)、三乙基硅基 (TES) (式 36)、叔丁基二苯基 (TBDPS) (式 36) 和叔丁基二甲基硅基 (TBS)[38] (式 39)。成酯保护基团：乙酰基 (Ac)[39] (式 40) 和苯甲酰基 (Bz)[40] (式 41)。

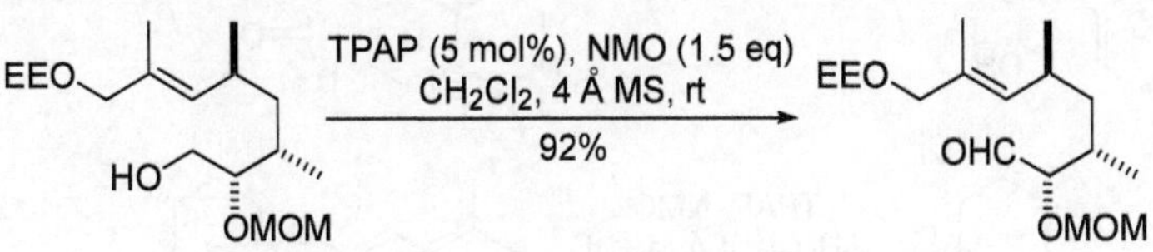

$$(31)$$

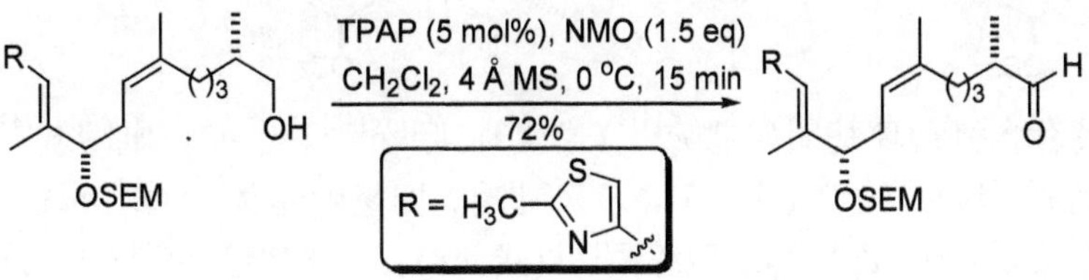

$$(32)$$

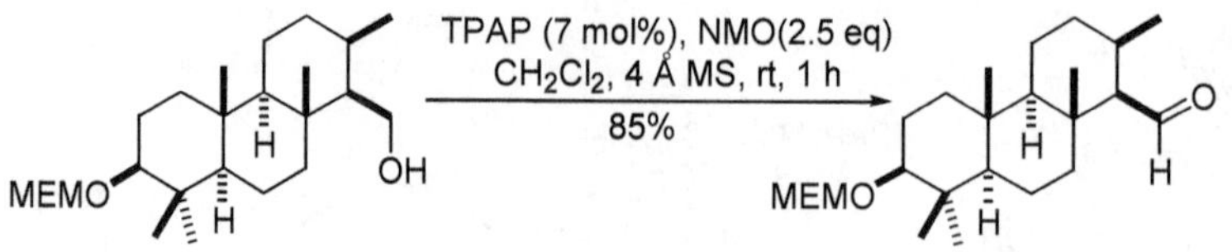

$$\text{(33)}$$

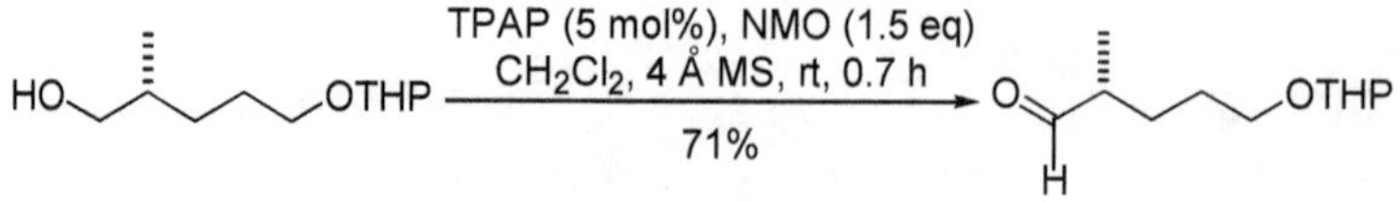

$$\text{(34)}$$

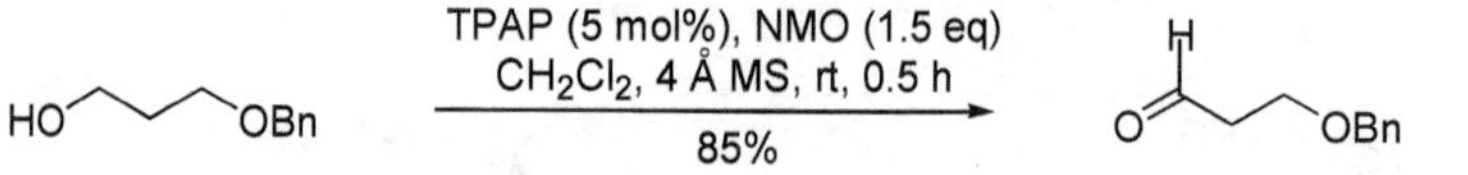

$$\text{(35)}$$

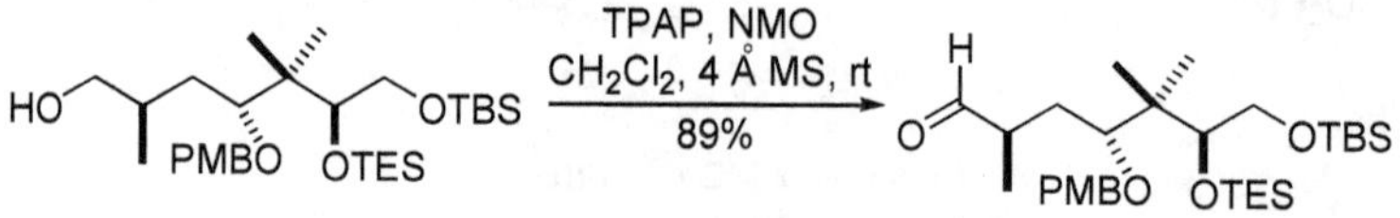

$$\text{(36)}$$

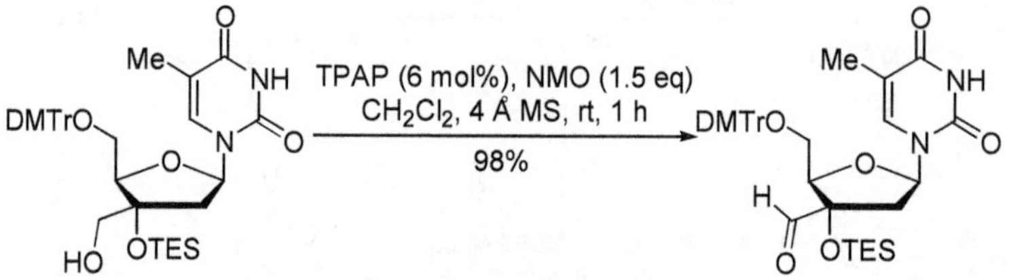

$$\text{(37)}$$

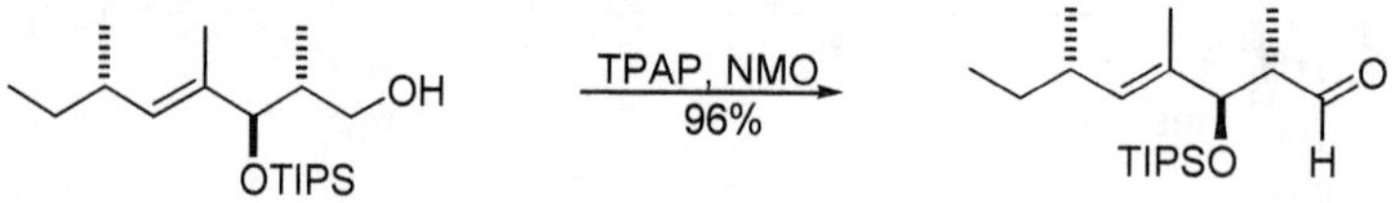

$$\text{(38)}$$

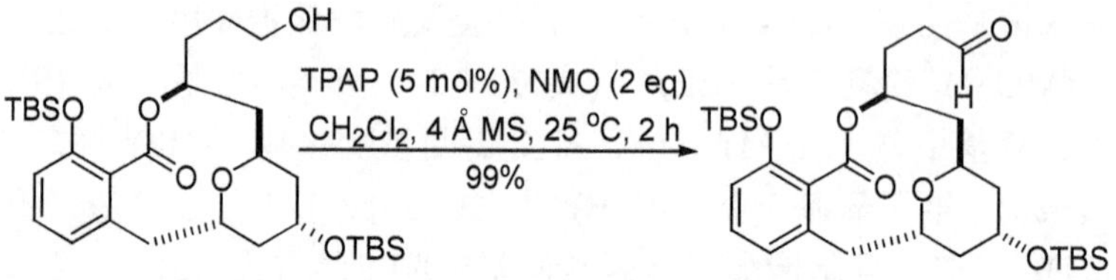

$$\text{(39)}$$

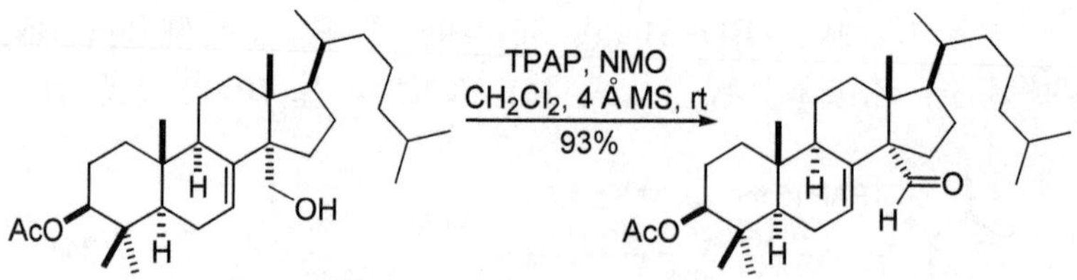

$$\text{(40)}$$

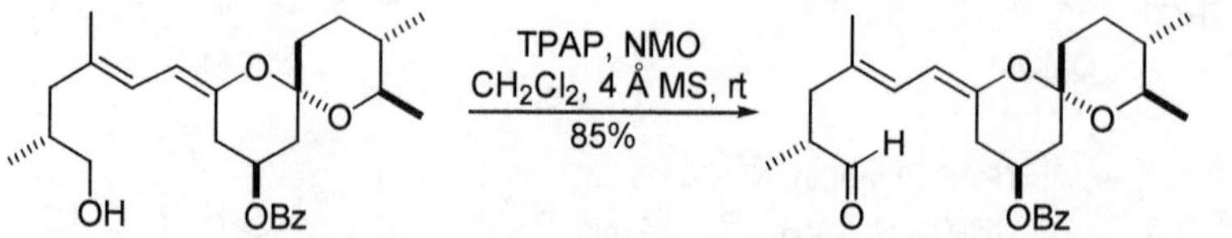

$$\text{(41)}$$

伯醇分子带有含氮杂环基团如吡啶[41] (式 42)、吲哚[42] (式 43)、吡嗪基[43] (式 44),或含氧杂环基团如呋喃[44] (式 45)、二氢吡喃、四氢吡喃基[45] (式 46),或含硫杂环如噻唑[46] (式 47)、乙烯酮二硫缩酮[47] (式 48)、二硫代缩醛[48] (式 49),进

行 Ley's 氧化反应时不会出现含氮杂环氧化生成 *N*-氧化物、含氧杂环氧化断裂
醚键以及含硫杂环氧化生成亚砜或者砜的现象。

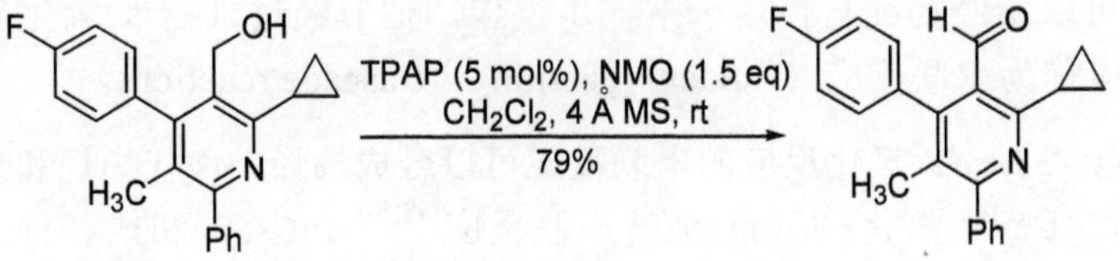

TPAP (5 mol%), NMO (1.5 eq)
CH₂Cl₂, 4 Å MS, rt
79%

(42)

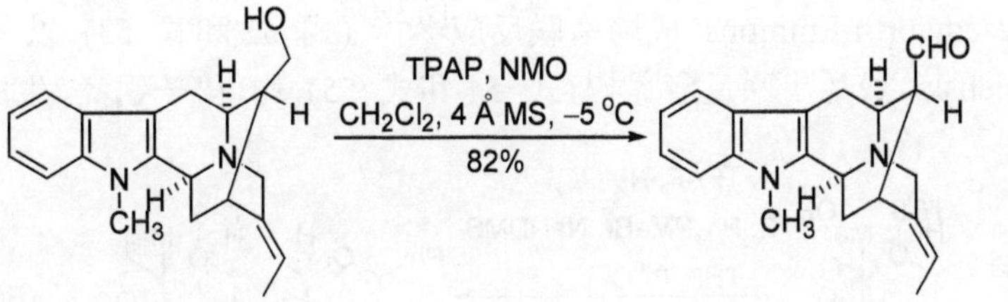

TPAP, NMO
CH₂Cl₂, 4 Å MS, −5 °C
82%

(43)

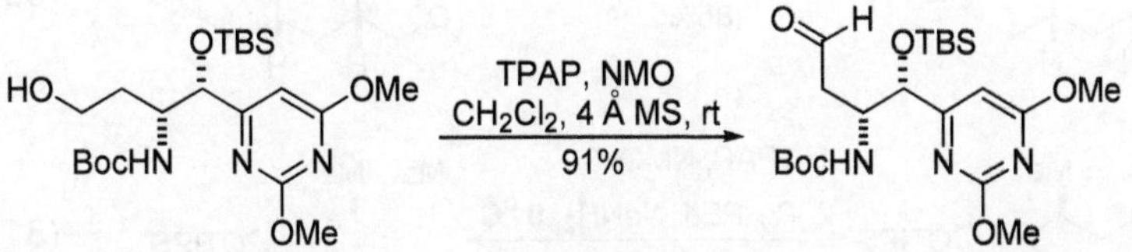

TPAP, NMO
CH₂Cl₂, 4 Å MS, rt
91%

(44)

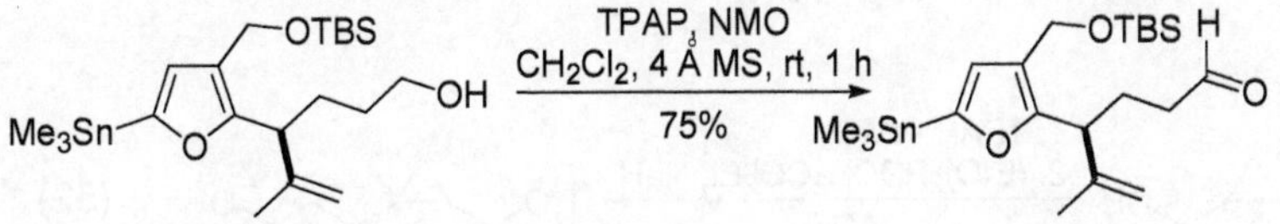

TPAP, NMO
CH₂Cl₂, 4 Å MS, rt, 1 h
75%

(45)

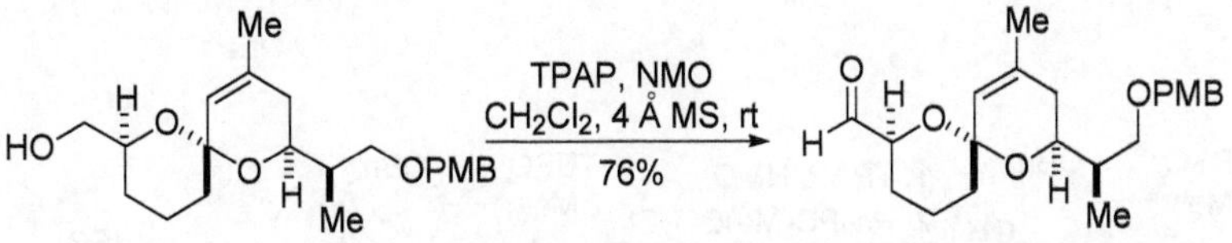

TPAP, NMO
CH₂Cl₂, 4 Å MS, rt
76%

(46)

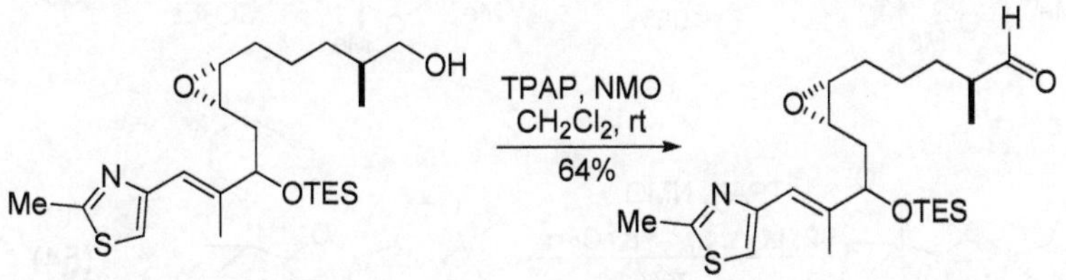

TPAP, NMO
CH₂Cl₂, rt
64%

(47)

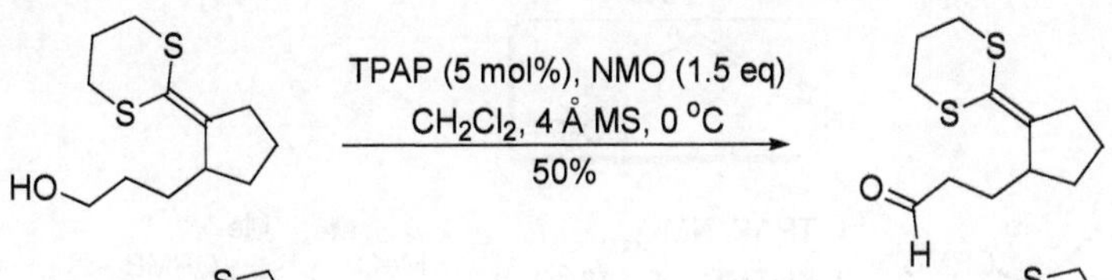

TPAP (5 mol%), NMO (1.5 eq)
CH₂Cl₂, 4 Å MS, 0 °C
50%

(48)

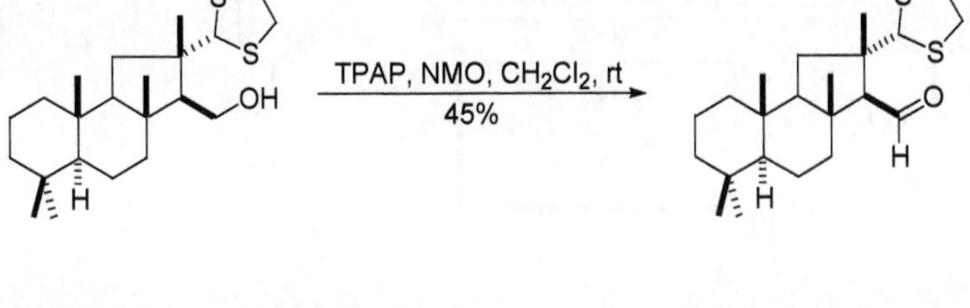

TPAP, NMO, CH₂Cl₂, rt
45%

(49)

　　有些伯醇的 Ley's 氧化产物长时间放置不稳定，这主要是由于醛本身容易氧化或者分子中保护基团在反应后处理的时候容易发生分解的原因。在这种情况下，氧化产物可以不经提纯直接用于下一步反应。伯醇经过 Ley's 氧化后直接进行下一步反应称为串联反应 (Tandem reaction 或 Cascade reaction)。

　　伯醇经过包含 Ley's 氧化反应的串联反应可以合成烯烃、卤代烯烃和炔烃。例如：伯醇经过 Ley's 氧化-Wittig 成烯串联反应[49,50] (式 50 和式 51)、Ley's 氧化-Horner-Wadsworth-Emmons 成烯串联反应[51,52] (式 52 和式 53) 以及 Ley's 氧化-Julia-Kocienski 成烯串联反应[53,54] (式 54 和式 55) 均可"一锅煮"生成烯烃。

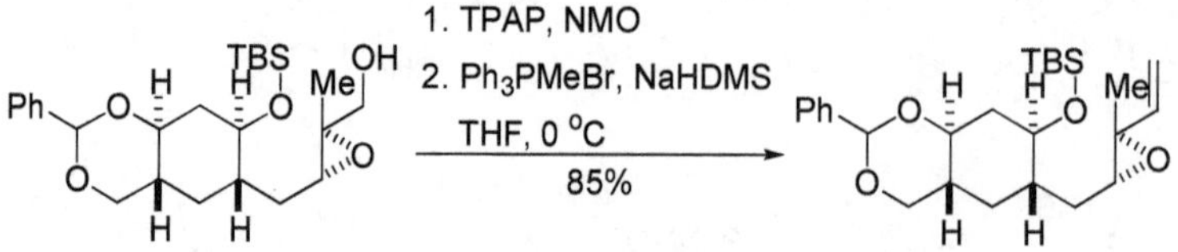

$$(50)$$

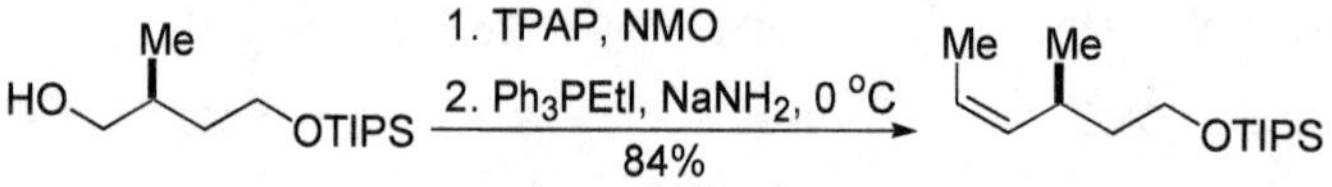

$$(51)$$

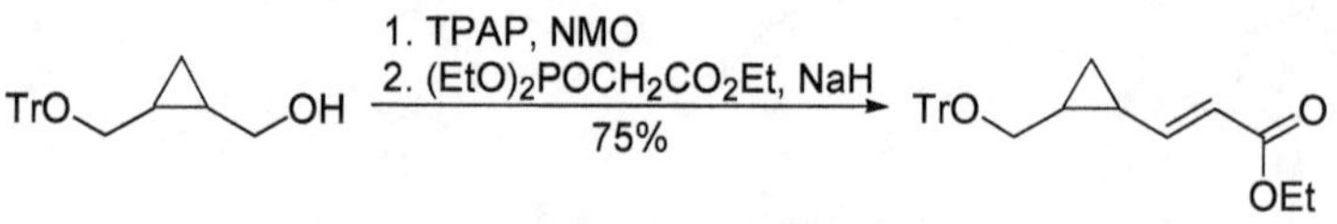

$$(52)$$

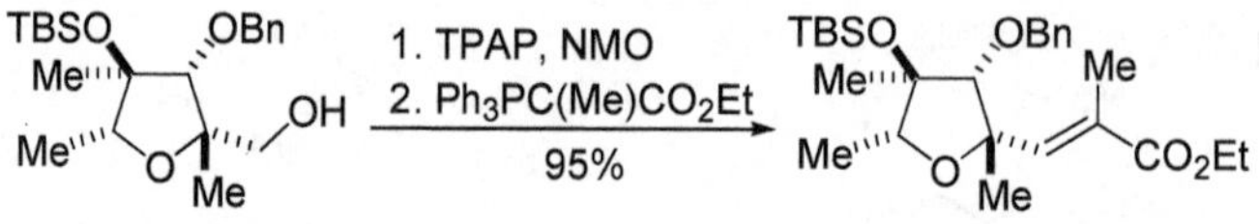

$$(53)$$

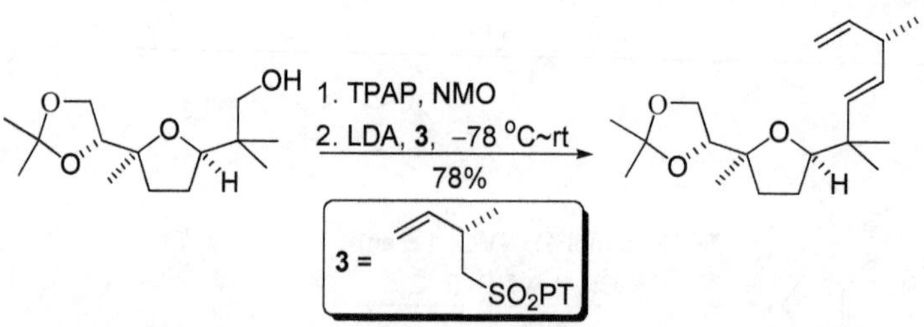

$$(54)$$

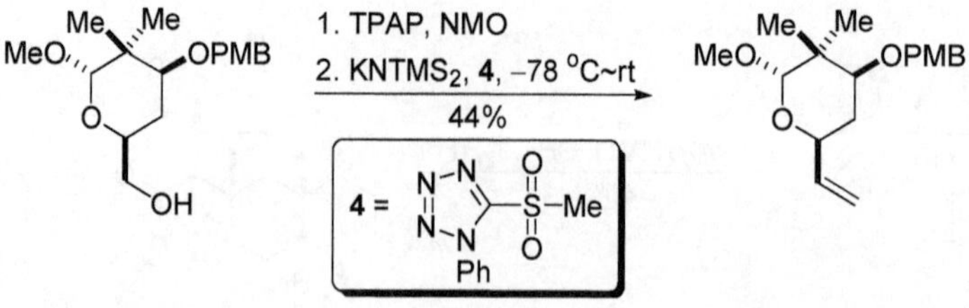

$$(55)$$

伯醇经过 Ley's 氧化–Takai-Utimoto 成烯串联反应[55] (式 56) 和 Ley's 氧化–Corey-Fuchs 反应串联反应[56] (式 57) 分别生成碘代和溴代烯烃。其中通过 Corey-Fuchs 反应合成的二溴代烯烃可以用于制备炔烃。

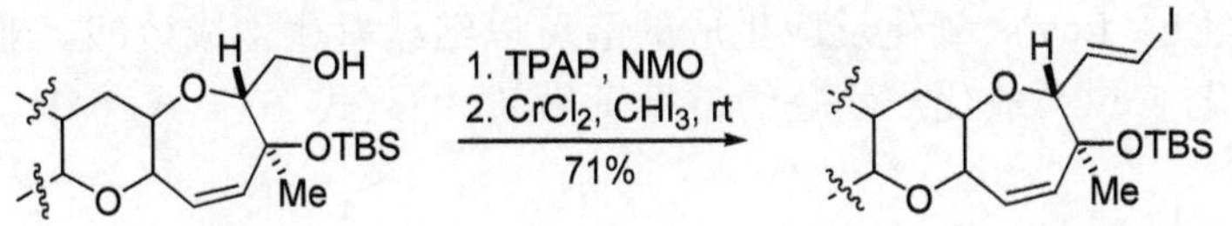

$$(56)$$

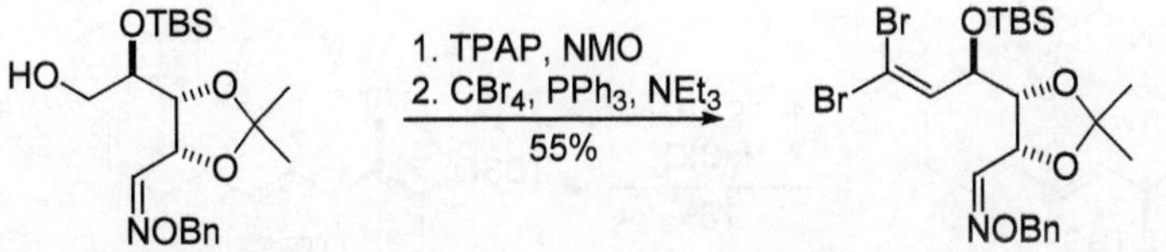

$$(57)$$

伯醇经过 Ley's 氧化后直接与 Gilbert 试剂[57] (式 58) 或 Bestmann's 试剂[58] (式 59) 作用转化成炔烃。式 58 中 Ley's 氧化产物醛在柱色谱提纯时不稳定，发生部分差向异构化。

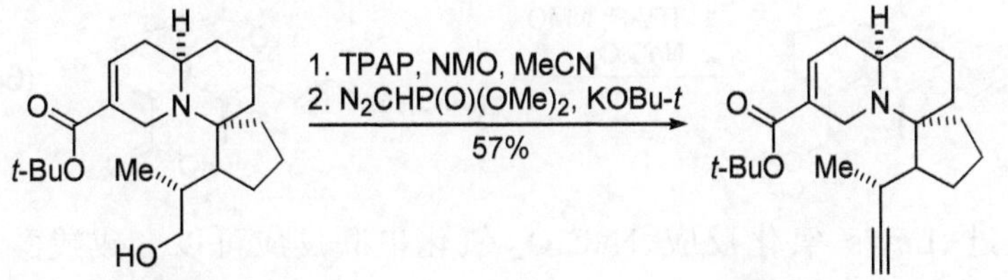

$$(58)$$

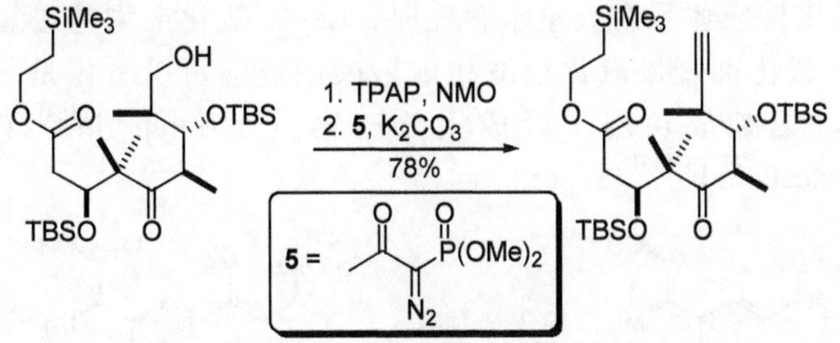

$$(59)$$

伯醇经过包含 Ley's 氧化反应的串联反应可以合成半缩醛[59~61]。如果伯醇分子中同时含有游离羟基和被保护的羟基，氧化剂 TPAP 首先选择性地氧化伯醇羟基生成相应的醛。然后，氧化产物醛直接在酸性 (式 60，式 61) 或碱性 (式 62) 条件下与脱去保护基的羟基反应生成环状半缩醛。

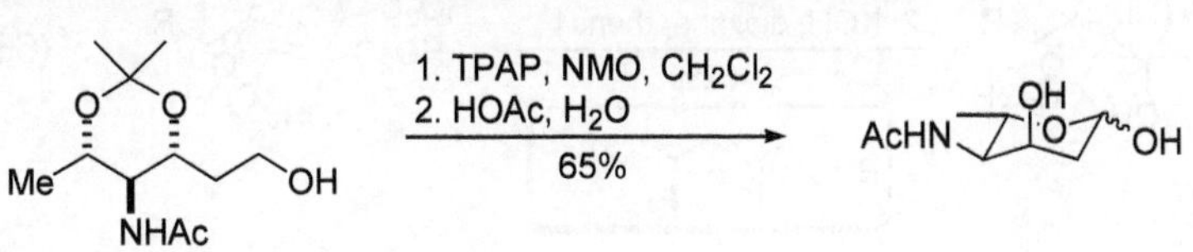

$$(60)$$

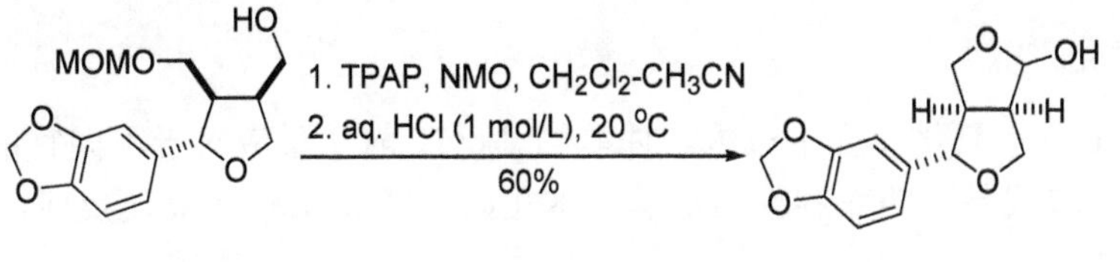

$$(61)$$

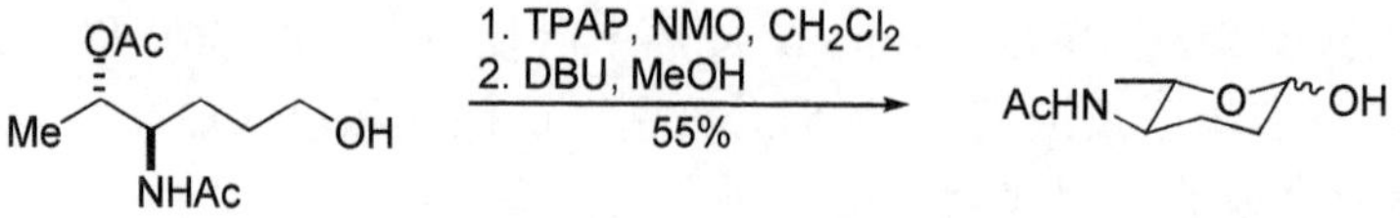

$$(62)$$

伯醇羟基经过 Ley's 氧化反应生成的醛可以继续氧化生成羧酸。亚氯酸钠盐是进一步氧化 Ley's 氧化产物醛的常见氧化剂[62,63] (式 63，式 64)。

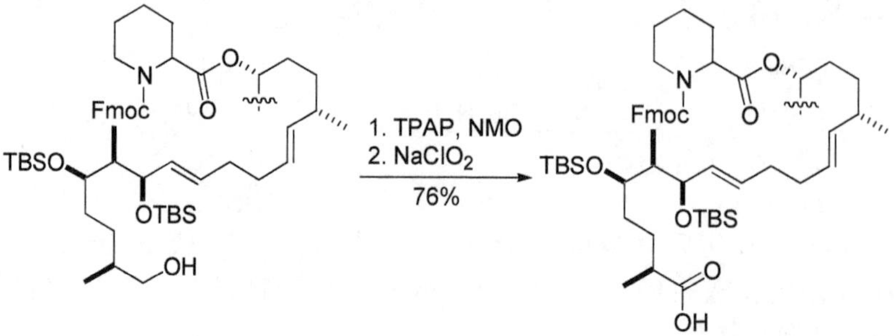

$$(63)$$

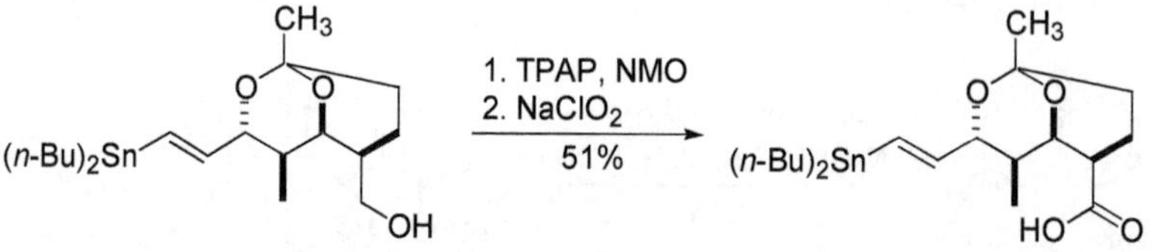

$$(64)$$

从伯醇经过 Ley's 氧化反应–$NaClO_2$ 氧化串联反应可以合成羧酸。事实上当 Ley's 氧化反应体系有大量水存在时，Ley's 氧化产物是羧酸而不是醛。这种由 TPAP 氧化剂直接氧化伯醇生成羧酸的反应可以看作是 Ley's 氧化反应的延伸，已被成功用于合成天然产物 (–)-Motuporin[64] (式 65) 和 6,7-Dideoxysqualestatin H_5[65] (式 66)。

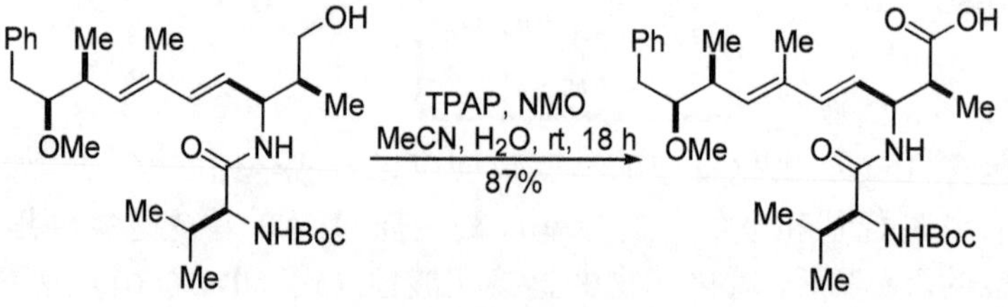

$$(65)$$

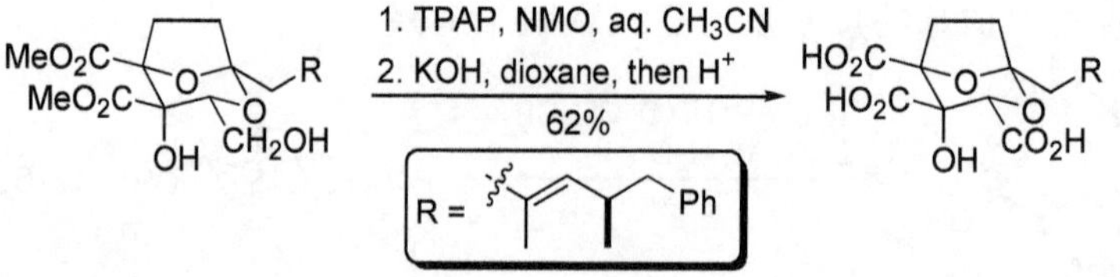

$$(66)$$

4.2 仲醇的氧化

仲醇经过 Ley's 氧化反应生成酮。仲醇的 Ley's 氧化反应对于不同官能团、保护基团和杂环取代基团的兼容性与伯醇基本相同。经过 Ley's 氧化反应，可以从仲醇合成带有不同链状[1,66~68]（式 67~式 70）和环状结构的酮[69~77]（式 71~式 79）。其中许多含有氧、氮杂原子的多手性单环和多环酮是天然产物的合成中间体。

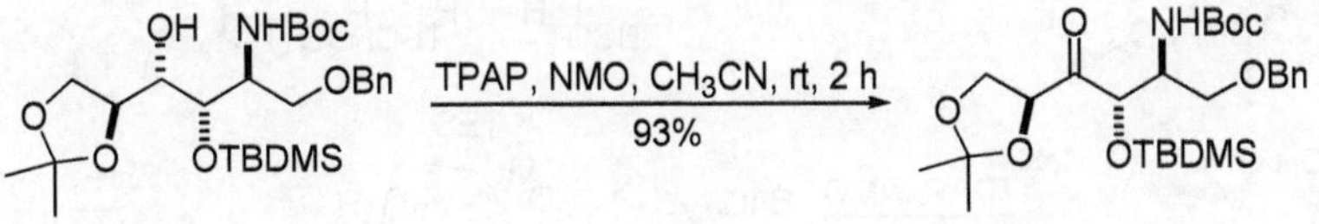

$$\text{(67)}$$

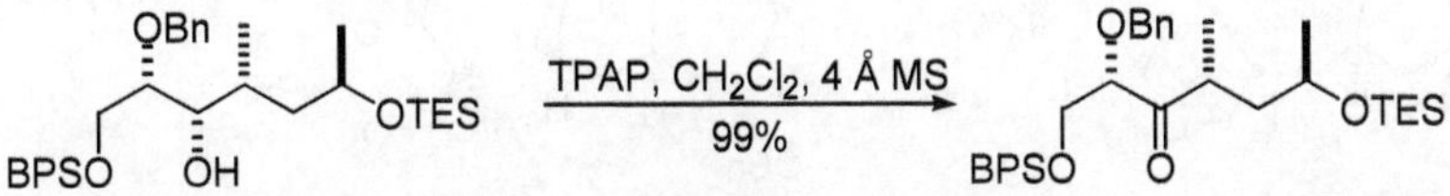

$$\text{(68)}$$

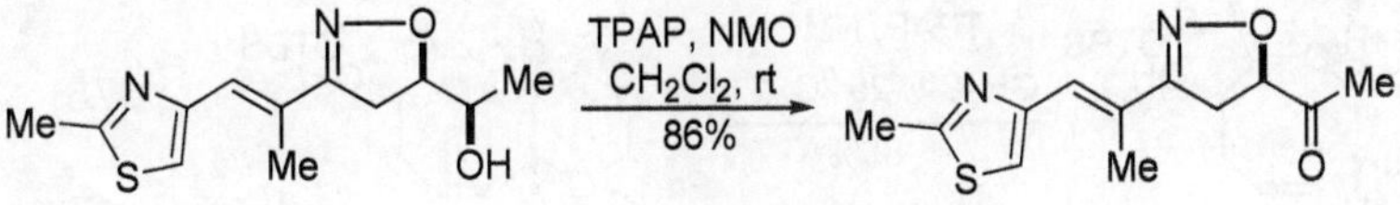

$$\text{(69)}$$

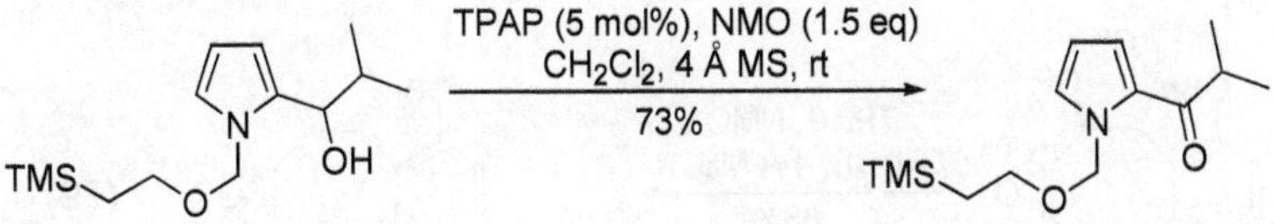

$$\text{(70)}$$

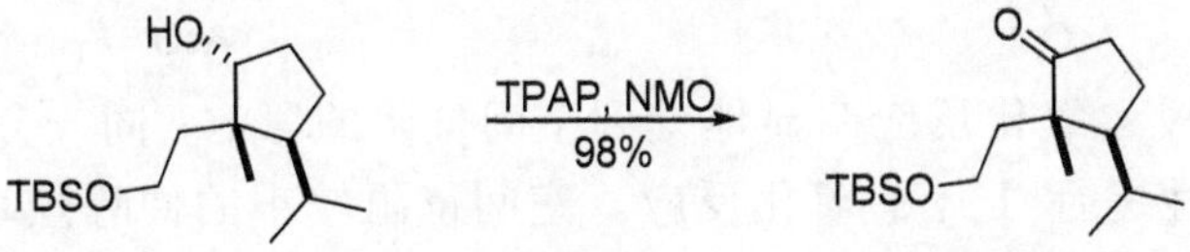

$$\text{(71)}$$

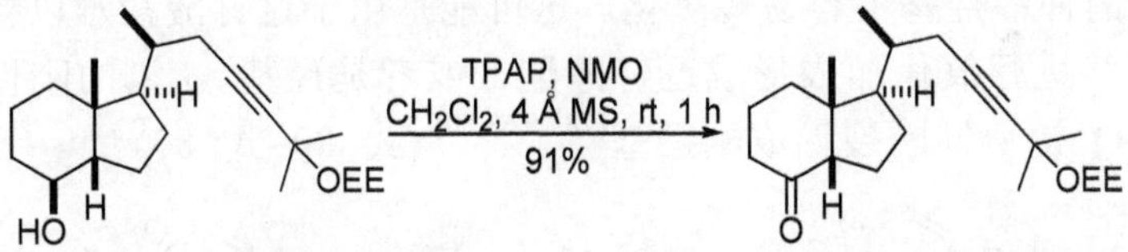

$$\text{(72)}$$

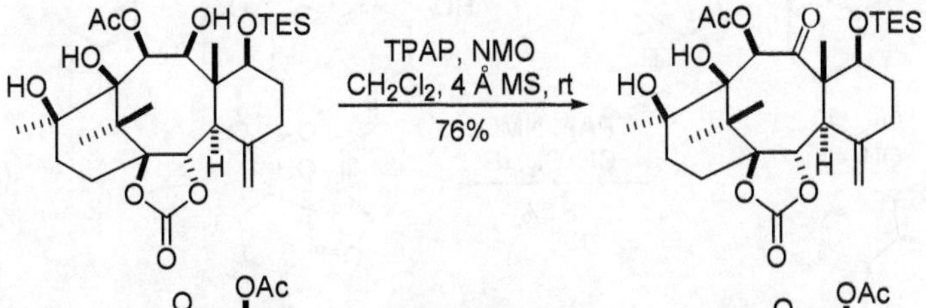

$$\text{(73)}$$

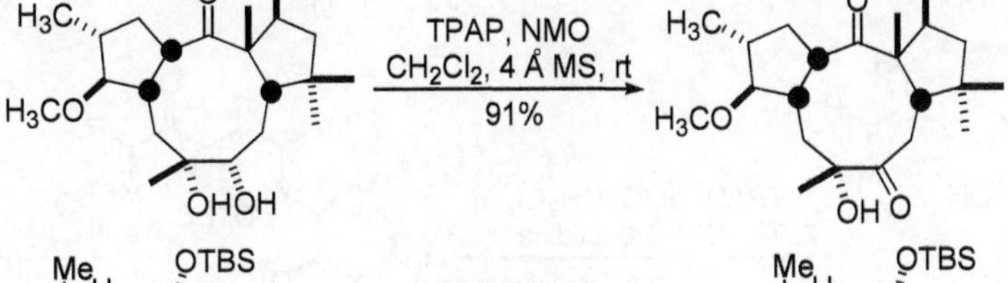

$$\text{(74)}$$

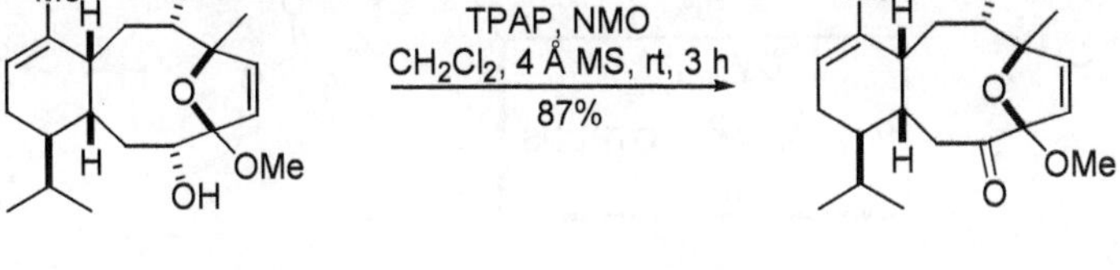

$$\text{(75)}$$

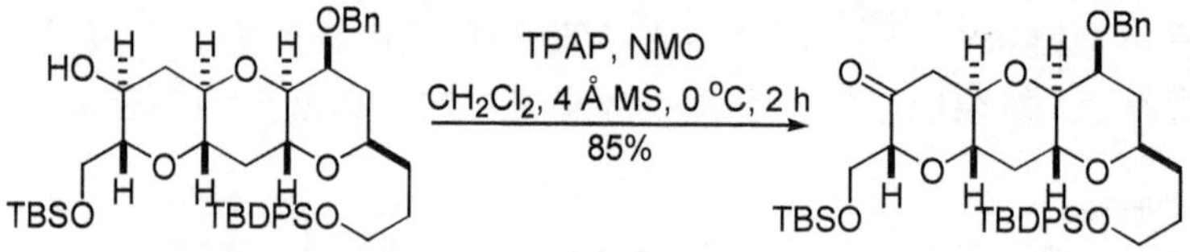

$$(76)$$

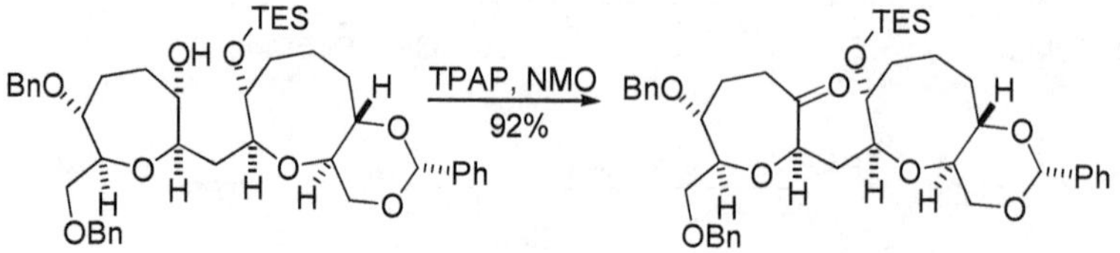

$$(77)$$

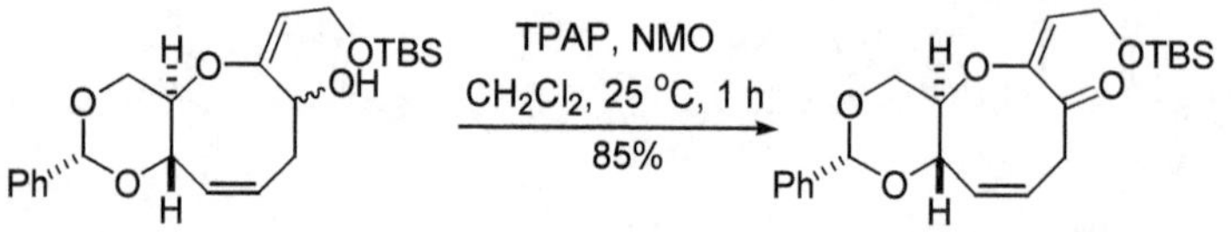

$$(78)$$

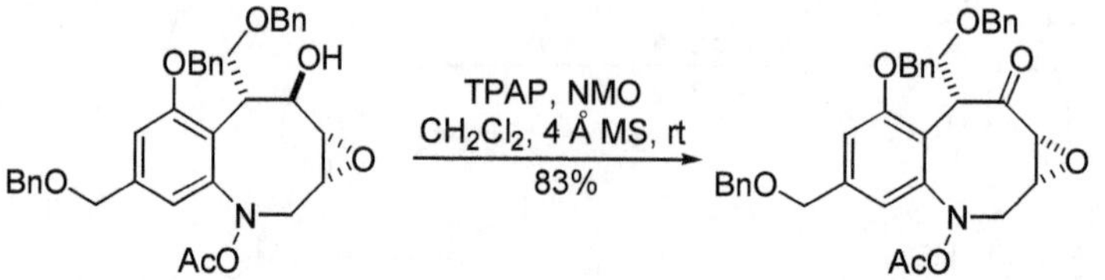

$$(79)$$

仲醇的 Ley's 氧化反应明显地受到空间位阻的影响,同一分子中不同仲醇羟基可以选择性进行 Ley's 氧化反应。空间位阻较小的仲醇羟基优先被氧化,空间位阻较大的仲醇羟基不容易被氧化。这可能是由于过钌酸盐难以接近空间位阻较大的羟基进行氧化加成形成过钌酸酯,或者是羟基 α-氢的刚性空间取向难以与 Ru-O 键协同断裂形成酮羰基[78,79,53,80] (式 80~式 83)。

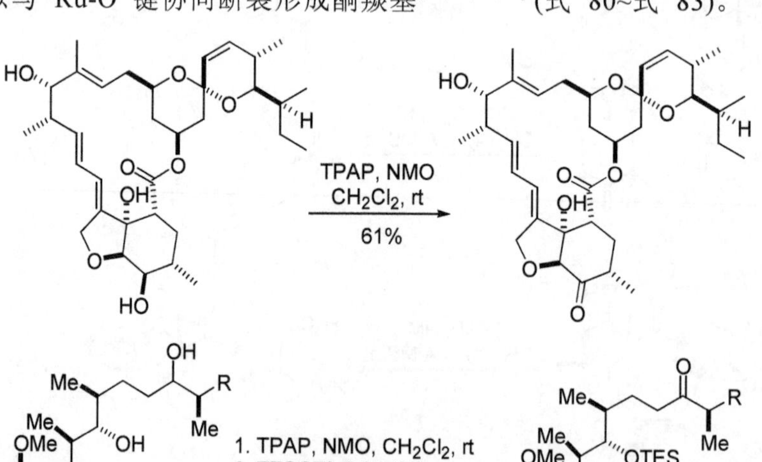

$$(80)$$

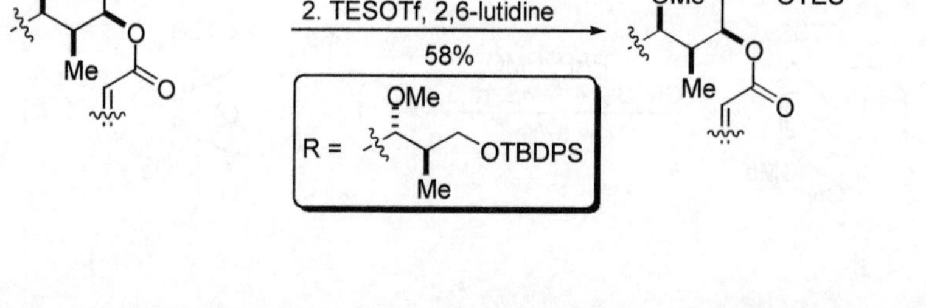

$$(81)$$

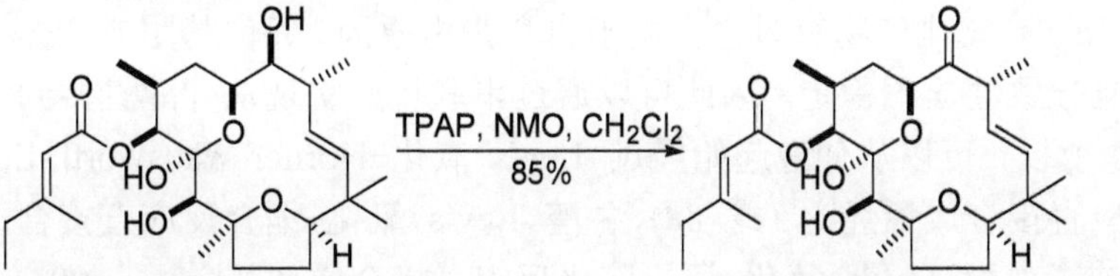
TPAP, NMO, CH2Cl2
85%

(82)

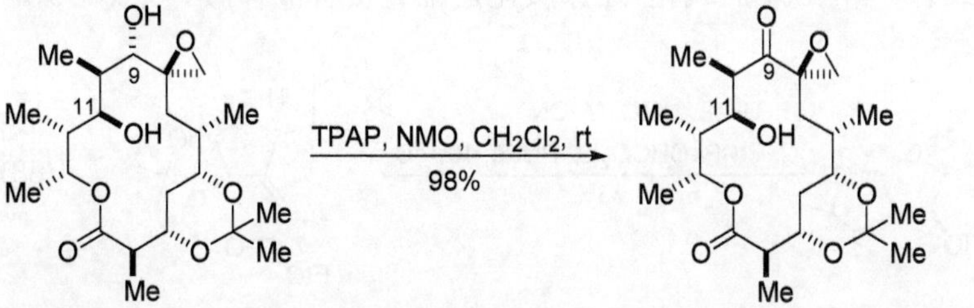
TPAP, NMO, CH2Cl2, rt
98%

(83)

手性仲醇经过 Ley's 氧化反应生成酮后，羟基的手性消失。然后再使用合适的还原试剂选择性地还原羰基，能够实现手性醇羟基的构型翻转，得到立体构型完全相反的手性仲醇[81,82] (式 84，式 85)，这种转换类似于 Mitsunobu 反应。在环己烷环上平伏键手性羟基 (*e*-OH) 转换成直立键羟基 (*a*-OH) 方法中，有时使用 Mitsunobu 反应羟基构型翻转不彻底，得到的是构型相反和构型保持的混合物。而运用手性仲醇 Ley's 氧化反应—选择性羰基还原反应策略很奏效[83,84] (式 86，式 87)。

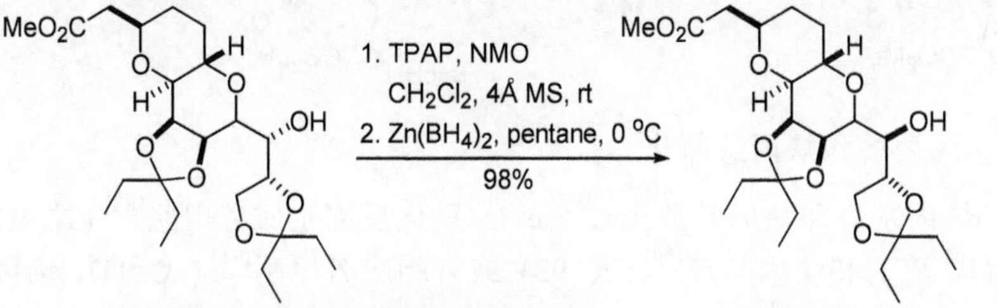
1. TPAP, NMO
CH2Cl2, 4Å MS, rt
2. Zn(BH4)2, pentane, 0 °C
98%

(84)

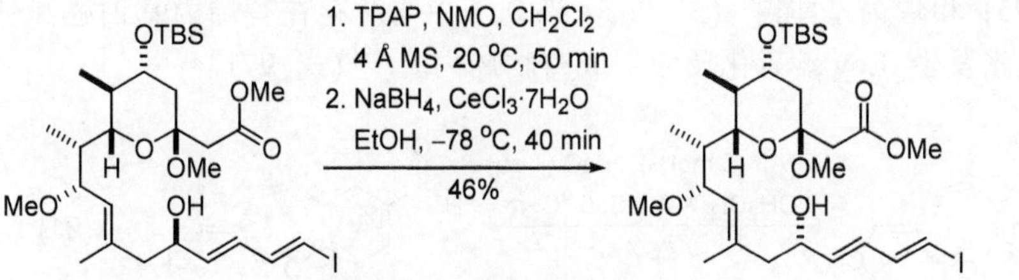
1. TPAP, NMO, CH2Cl2
4 Å MS, 20 °C, 50 min
2. NaBH4, CeCl3·7H2O
EtOH, −78 °C, 40 min
46%

(85)

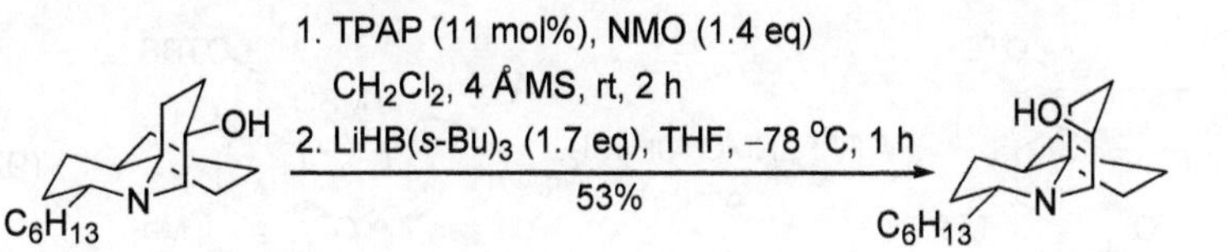
1. TPAP (11 mol%), NMO (1.4 eq)
CH2Cl2, 4 Å MS, rt, 2 h
2. LiHB(s-Bu)3 (1.7 eq), THF, −78 °C, 1 h
53%

(86)

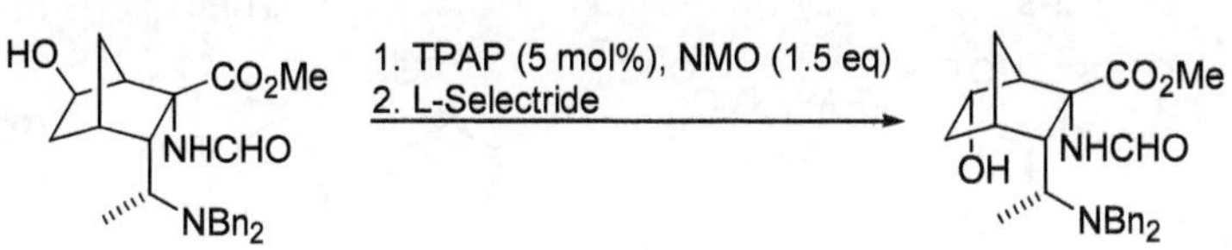
1. TPAP (5 mol%), NMO (1.5 eq)
2. L-Selectride

(87)

仲醇的 Ley's 氧化产物有时也会由于自身张力原因、邻位基团或者分子中保护基团的影响导致性质不稳定，因此可以通过串联反应实现从仲醇直接到下一步产物的转化。所以，可以从仲醇起始经过 Ley's 氧化–Horner-Wadsworth-Emmons 成烯串联反应直接合成烯烃[85] (式 88)、仲醇 Ley's 氧化–缩合反应直接合成酮肟[86] (式 89) 或者仲醇 Ley's 氧化–还原胺化反应直接合成仲胺[87] (式 90)。

$$
\begin{array}{c}
\text{1. TPAP, NMO, MeCN} \\
\text{2. Ph}_3\text{P=CHCO}_2\text{Et, PhMe, 100 }^\circ\text{C} \\
\hline
73\%
\end{array}
\tag{88}
$$

$$
\begin{array}{c}
\text{1. TPAP (15 mol\%), NMO (1.6 eq)} \\
\text{CH}_3\text{CN-DMF, 4 Å MS, 25 }^\circ\text{C, 4 h} \\
\text{2. NH}_2\text{OH·HCl, Py, EtOH, 25 }^\circ\text{C, 16 h} \\
\hline
45\%
\end{array}
\tag{89}
$$

$$
\begin{array}{c}
\text{1. TPAP, NMO} \\
\text{2. CH}_3\text{NH}_2\text{·HCl, Ti(OPr-}i)_4 \\
\text{NaBH}_4 \\
\text{3. Boc}_2\text{O} \\
\hline
18\%
\end{array}
\tag{90}
$$

4.3 芳甲醇、烯丙醇和炔丙醇氧化

芳甲醇、烯丙基醇和炔丙基醇经过 Ley's 氧化反应生成芳甲醛[88] (式 91)、烯丙基醛[89] (式 92) 和炔丙基醛[90] (式 93) 或者相应芳甲酮[91] (式 94)、烯丙基酮[92] (式 95) 和炔丙基酮[93] (式 96)。当分子中同时存在有烯丙基伯醇和仲醇时，伯醇优先发生 Ley's 氧化反应生成产物烯丙醛[94] (式 97)。

$$
\begin{array}{c}
\text{TPAP (5 mol\%), NMO (1 eq)} \\
\text{CH}_2\text{Cl}_2, 4 \text{ Å MS, 0 }^\circ\text{C~rt} \\
\hline
76\%
\end{array}
\tag{91}
$$

$$
\begin{array}{c}
\text{TPAP, NMO, CH}_2\text{Cl}_2 \\
\hline
95\%
\end{array}
\tag{92}
$$

$$
\begin{array}{c}
\text{TPAP, NMO} \\
\hline
78\%
\end{array}
\tag{93}
$$

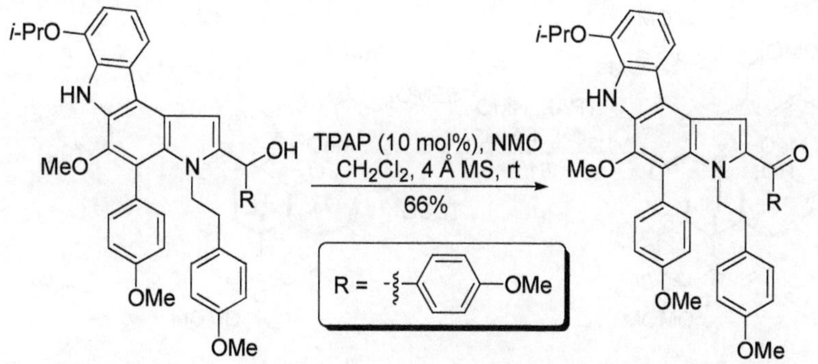

i-PrO

HN

MeO

OMe

OMe

TPAP (10 mol%), NMO
CH$_2$Cl$_2$, 4 Å MS, rt
66%

(94)

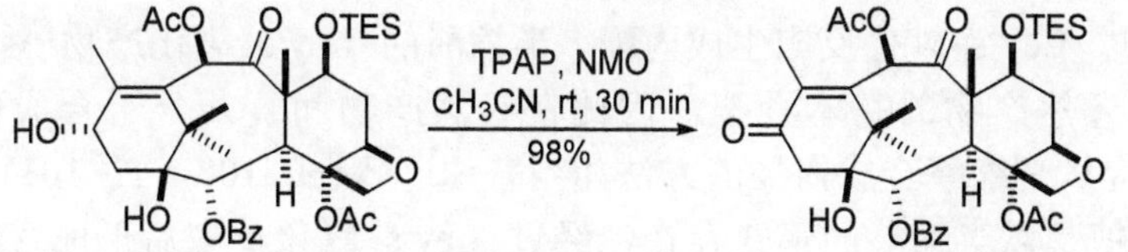

R = -ξ-⟨ ⟩-OMe

TPAP, NMO
CH$_3$CN, rt, 30 min
98%

(95)

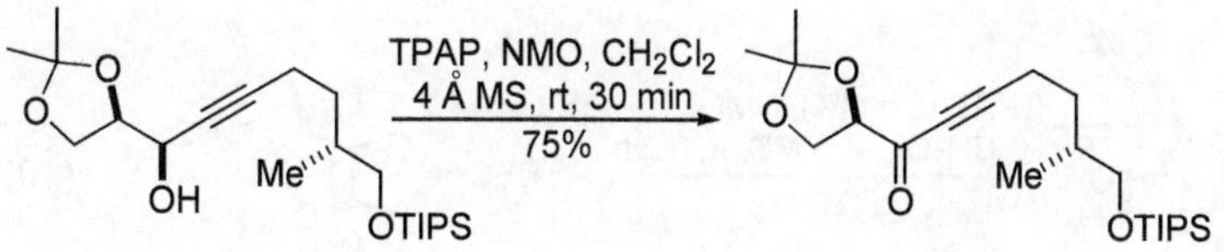

TPAP, NMO, CH$_2$Cl$_2$
4 Å MS, rt, 30 min
75%

(96)

TPAP (5 mol%), NMO (1.5 eq)
CH$_2$Cl$_2$, 4 Å MS, rt
51%

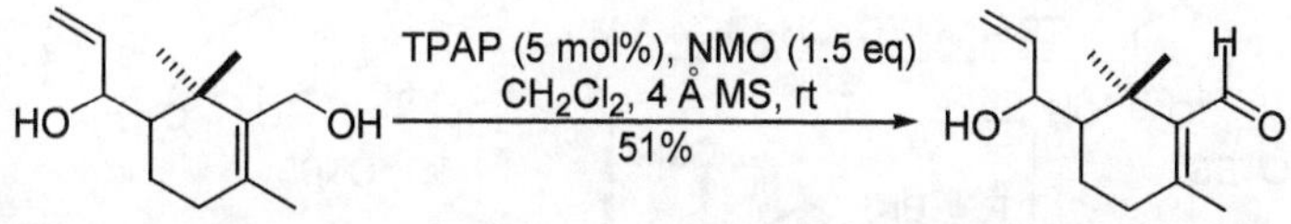

(97)

芳甲醇、烯丙醇和炔丙醇的 Ley's 氧化反应对官能团的兼容性与普通的伯醇和仲醇一致，在特定化合物合成和结构修饰中显示出明显的优势。如式 98 所示：具有叔胺结构的烯丙醇在 Ley's 氧化反应中生成 86% 的 α,β-不饱和酮，而相同的底物使用其它氧化剂，如 DMSO-TFAA、PCC 和 MnO$_2$，却没有得到相应的氧化产物[95]。又如式 99 所示：含有保护基团 SEM、MOM、TBS 和缩醛结构的烯丙醇在 Ley's 氧化反应中生成 81% 的 α,β-不饱和酮，而使用 SeO$_2$ 和亚碘酰苯 (PhIO) 进行的氧化反应的产率则分别为 10% 和 0[96]。

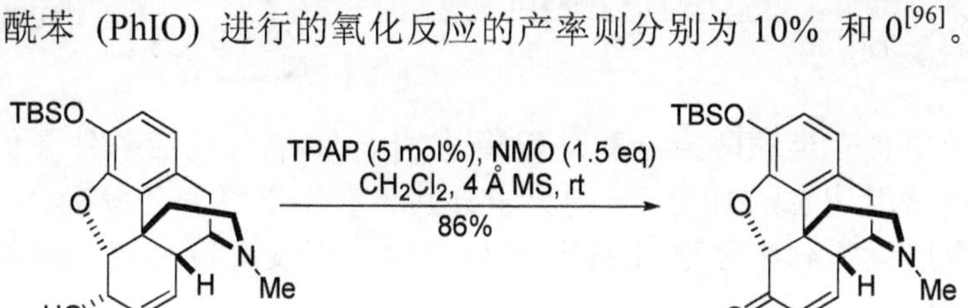

TPAP (5 mol%), NMO (1.5 eq)
CH$_2$Cl$_2$, 4 Å MS, rt
86%

(98)

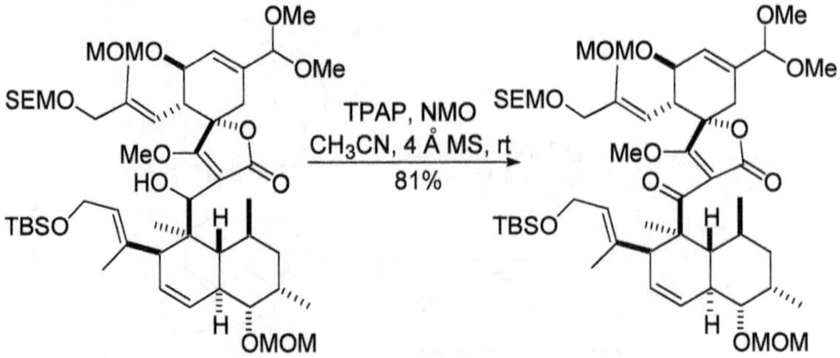

(99)

4.4　半缩醛氧化

　　半缩醛经过 Ley's 氧化反应生成内酯。半缩醛的 Ley's 氧化产物 γ内酯和 δ内酯是一些天然产物的基本骨架，因此在天然产物和复杂分子合成中运用 Ley's 氧化反应从半缩醛合成内酯的方法相当普遍[1,97]（式 100，式 101）。一些戊醛糖和己醛糖是以半缩醛的形式存在，经过 Ley's 氧化反应后形成含有多个手性中心的 γ内酯和 δ内酯[3]（式 102，式 103）。

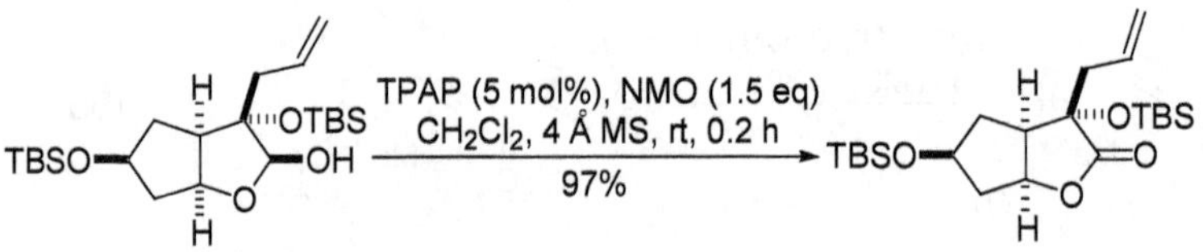

(100)

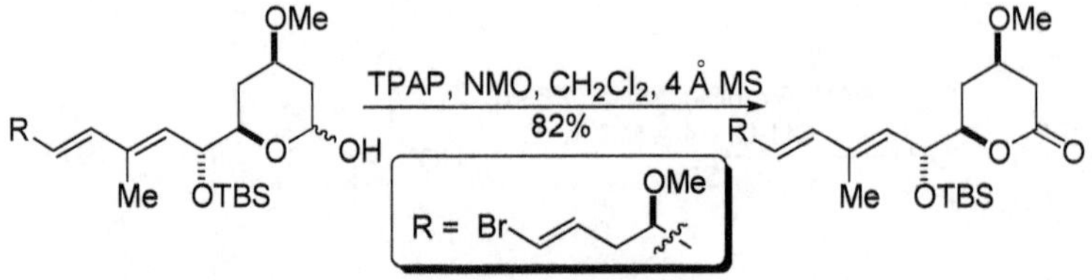

(101)

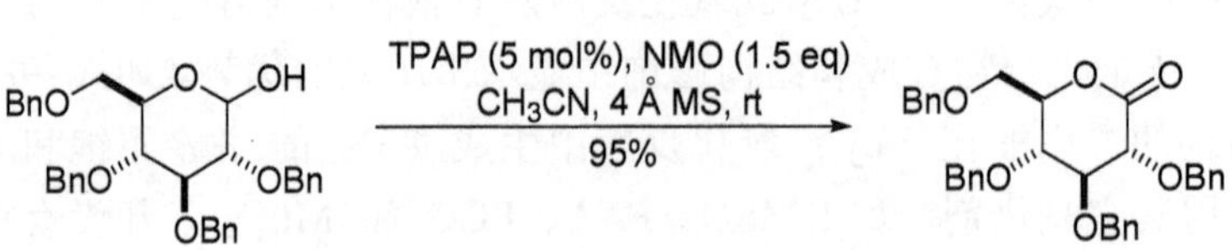

(102)

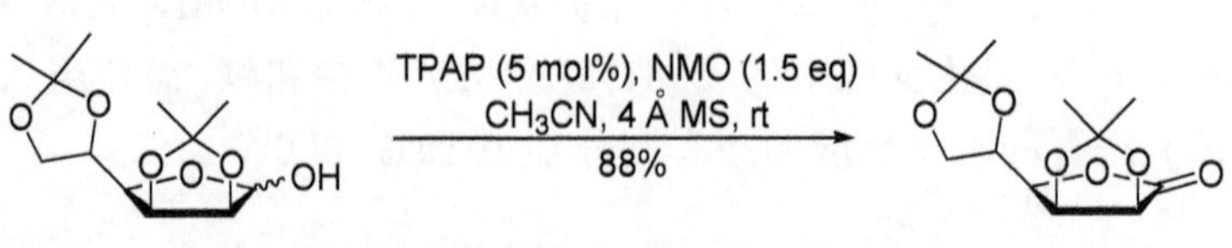

(103)

　　若同一分子中含有半缩醛羟基和仲醇羟基，Ley's 氧化反应条件下优先选择性氧化半缩醛羟基[3]（式 104）。不同分子分别含有半缩醛和仲醇羟基，进行 Ley's 氧化反应后只得到半缩醛 Ley's 氧化产物，而没有检测到仲醇的氧化产物[98]（式 105）。

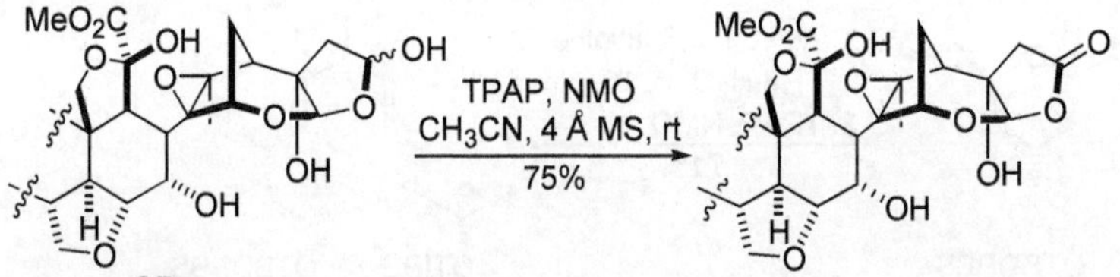
MeO2C
OH
OH
OH
OH
H
O
TPAP, NMO
CH3CN, 4 Å MS, rt
75%
O

(104)

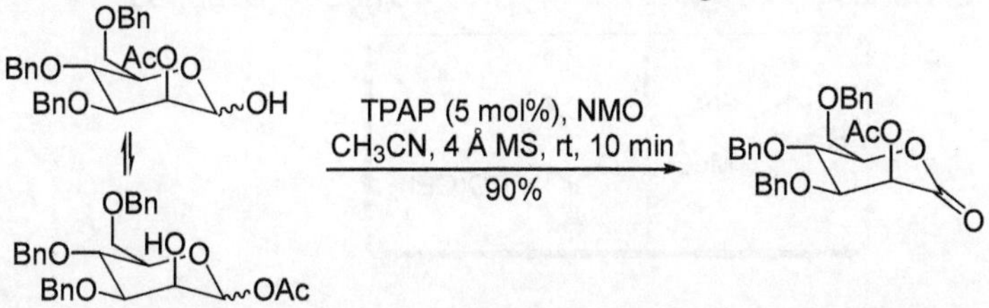
OBn
BnO
AcO
BnO
OH
HO
OAc
TPAP (5 mol%), NMO
CH3CN, 4 Å MS, rt, 10 min
90%

(105)

由于半缩醛性质没有缩醛稳定，在多步合成过程中更多是采用从各种缩醛底物经过包括半缩醛 Ley's 氧化反应的串联反应转化成内酯。如式 106 和式 107 所示：烷氧基取代半缩醛经过酸性条件水解和 Ley's 氧化反应可以方便地合成 δ-内酯[99,100]。又如式 108 和式 109 所示：硅氧基取代半缩醛经过 TBAF 试剂选择性脱保护和 Ley's 氧化反应也可以方便地合成 δ-内酯[101,102]。同样，苯硫代半缩醛经过硝酸银氧化反应和 Ley's 氧化反应也用于合成 δ-内酯[103] (式 110)。而烷氧基取代半缩醛与硒试剂作用转化成硒氧代半缩醛后，再经过硝酸银氧化和 Ley's 氧化反应可以合成 γ-内酯[104] (式 111)。

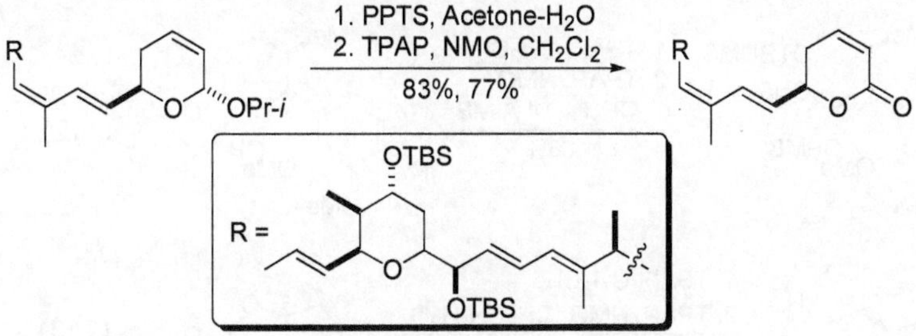
1. PPTS, Acetone-H2O
2. TPAP, NMO, CH2Cl2
83%, 77%
R
OPr-i
R =
OTBS
OTBS

(106)

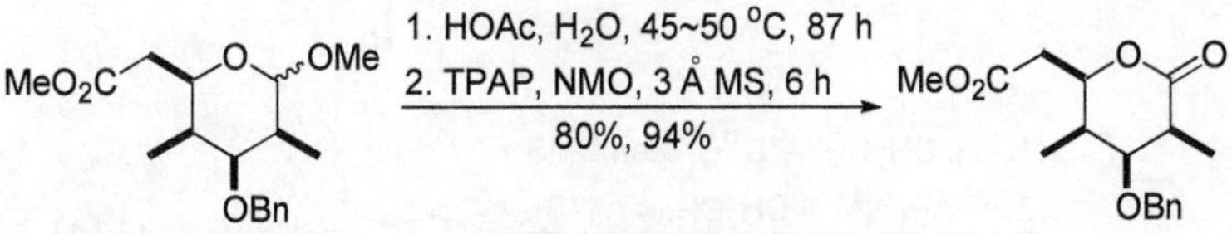
MeO2C
OMe
OBn
1. HOAc, H2O, 45~50 °C, 87 h
2. TPAP, NMO, 3 Å MS, 6 h
80%, 94%

(107)

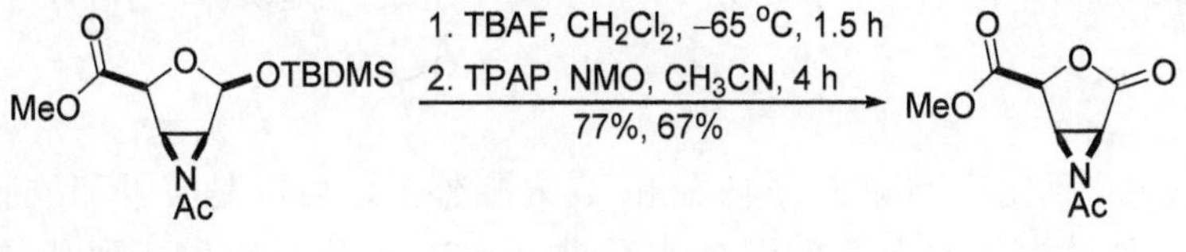
MeO
OTBDMS
N
Ac
1. TBAF, CH2Cl2, –65 °C, 1.5 h
2. TPAP, NMO, CH3CN, 4 h
77%, 67%

(108)

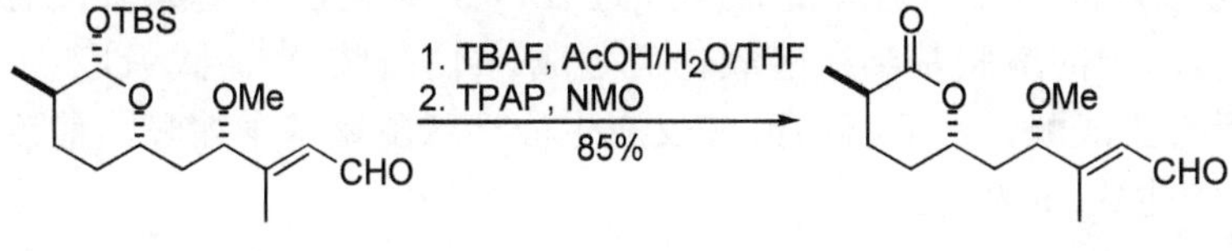
OTBS
OMe
CHO
1. TBAF, AcOH/H2O/THF
2. TPAP, NMO
85%

(109)

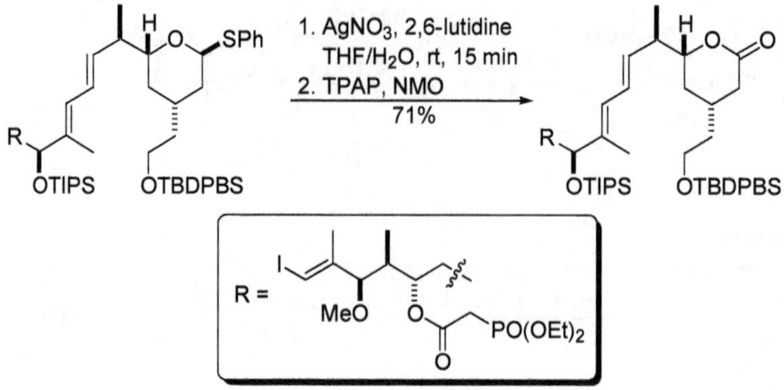
1. AgNO3, 2,6-lutidine
THF/H2O, rt, 15 min
2. TPAP, NMO
71%
SPh
OTIPS
OTBDPBS
R =
MeO
PO(OEt)2

(110)

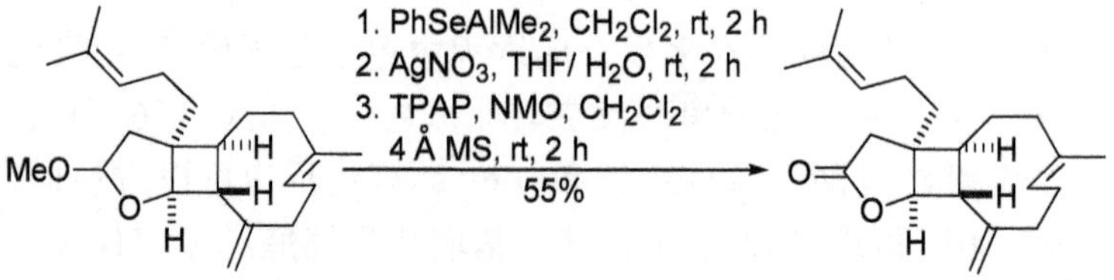
1. PhSeAlMe2, CH2Cl2, rt, 2 h
2. AgNO3, THF/ H2O, rt, 2 h
3. TPAP, NMO, CH2Cl2
4 Å MS, rt, 2 h
55%
MeO

(111)

手性底物在制备半缩醛时会产生差向异构体。有时为了避免分离差向异构体，可以直接从半缩醛前体经过半缩醛的产生和半缩醛的 Ley's 氧化反应，串联反应"一锅煮"得到内酯。半缩醛前体可以是羟基被保护的羟基醛[105,106] (式 112，式 113)，或者是带有烯烃双键的醇[107] (式 114)。

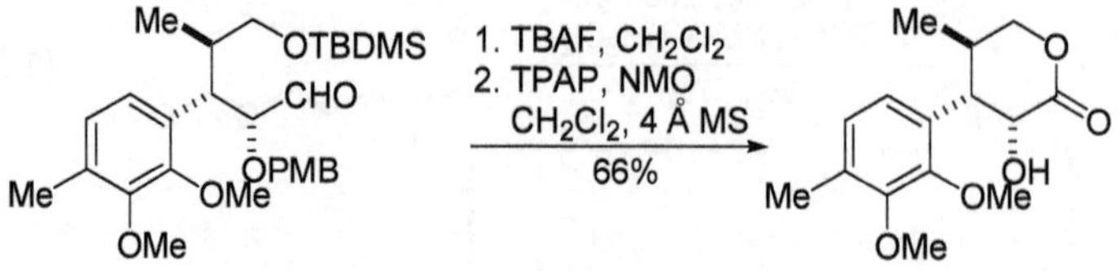
1. TBAF, CH2Cl2
2. TPAP, NMO
CH2Cl2, 4 Å MS
66%
OTBDMS
CHO
OPMB
OMe

(112)

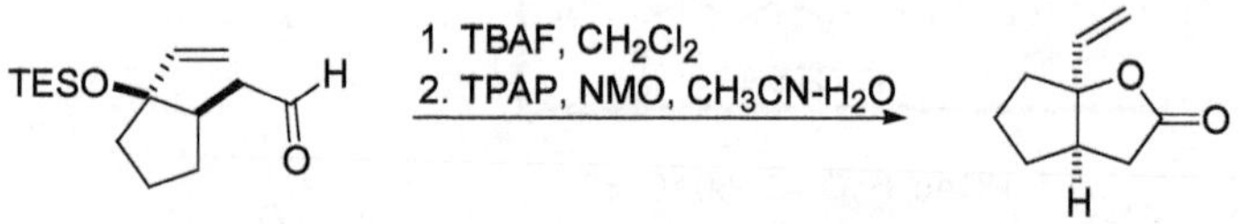
1. TBAF, CH2Cl2
2. TPAP, NMO, CH3CN-H2O
TESO

(113)

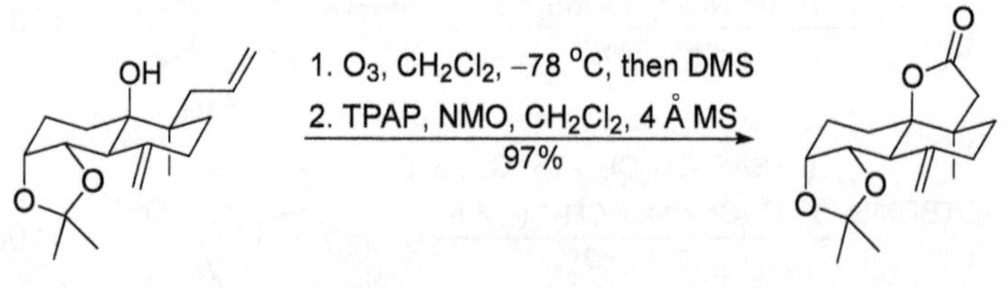
1. O3, CH2Cl2, –78 °C, then DMS
2. TPAP, NMO, CH2Cl2, 4 Å MS
97%
OH

(114)

半缩醛的 Ley's 氧化产物除了 γ-内酯和 δ-内酯外，还可以是酸酐和酰胺。式 115 中的含差向异构体的半缩醛混合物经过 Ley's 氧化反应生成取代的马来酸酐[108]。式 116 中的酰胺基半缩醛氧化后生成 γ-内酰胺[109]。式 117 中的 1,2-二醇经氧化断裂生成醛，然后再与酰胺反应生成环状酰氨基半缩醛，最后经过 Ley's 氧化反应生成 γ-内酰胺[110]。

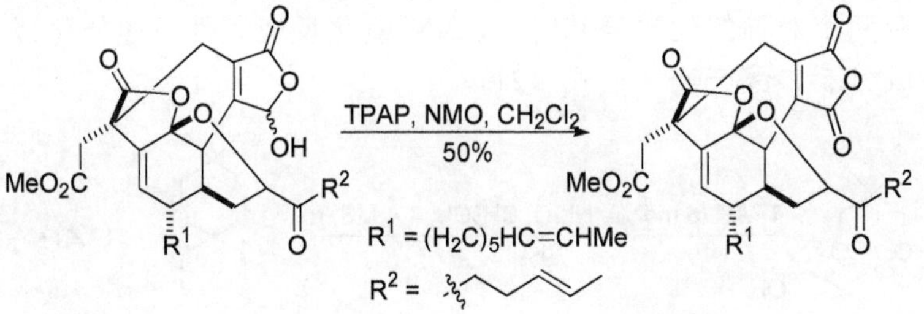

(115)

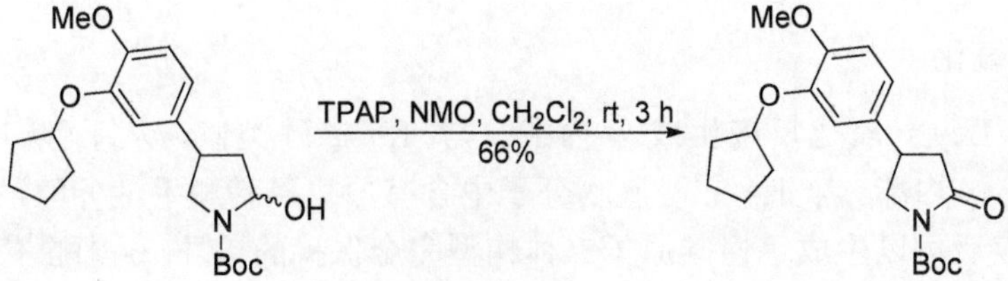

$R^1 = (H_2C)_5HC=CHMe$

$R^2 = $

(116)

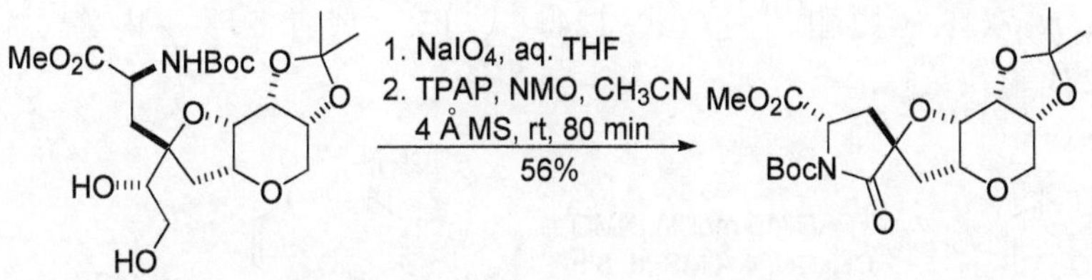

(117)

4.5 1,n-二醇的氧化

4.5.1 1,5-二醇的氧化

1,5-二醇经过 Ley's 氧化反应生成 δ-内酯。当分子中同时含有伯醇和仲醇或叔醇时，氧化剂 TPAP 优先选择氧化伯醇生成醛，然后受到仲醇羟基发生的分子内亲核进攻形成半缩醛，接着半缩醛被进一步氧化生成内酯。事实上，从1,5-二醇转化成 δ-内酯经历了两次 Ley's 氧化反应，整个反应过程是连续的。如果 1,5-二醇分子含有手性仲醇[63,111]（式 118，式 119）或手性叔醇[112]（式 120），Ley's 氧化产物则可用于制备手性 δ-内酯。

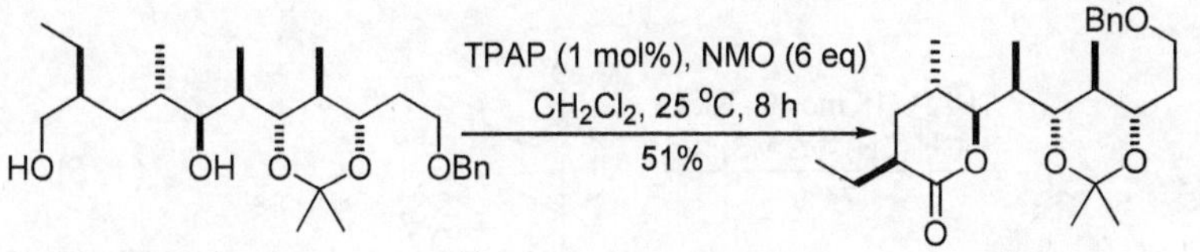

(118)

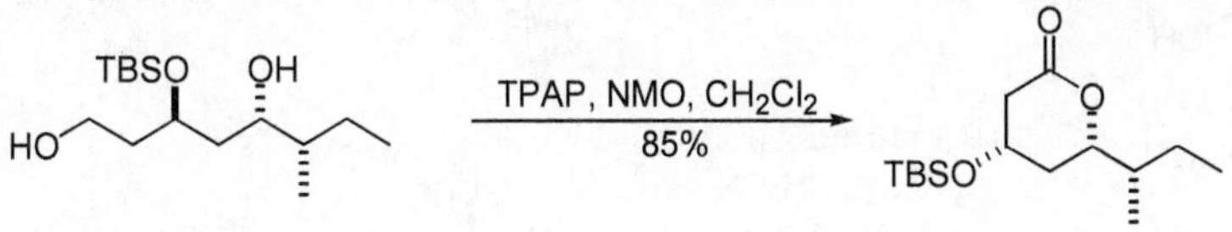

(119)

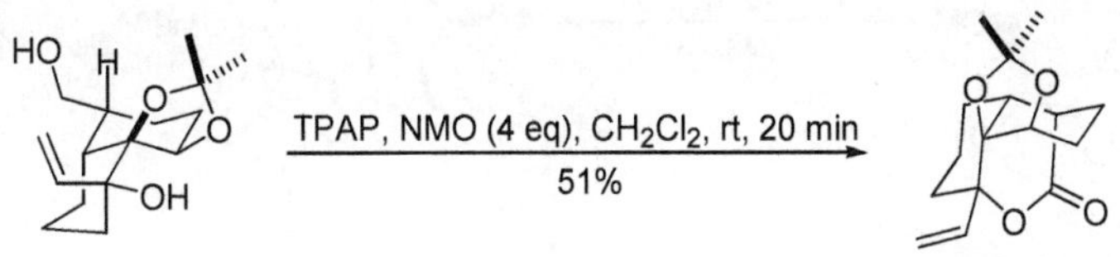

(120)

当分子中含有两个对称的伯醇羟基时，Ley's 氧化反应条件下照样生成 δ-内酯，而不是生成 1,5-二醛产物[113] (式 121)。

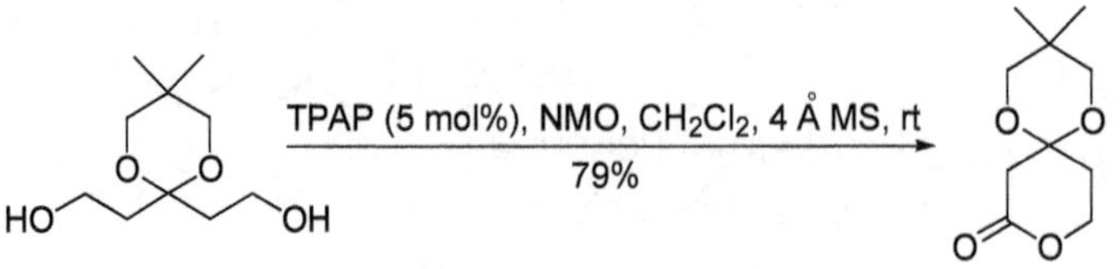

(121)

4.5.2 1,4-二醇的氧化

1,4-二醇经过 Ley's 氧化反应生成 γ-内酯。与 1,5-二醇类似，从手性 1,4-二醇可以合成手性 γ-内酯。当 1,4-二醇底物分子中含有伯醇羟基和手性仲醇羟基时，Ley's 氧化反应后可以生成手性碳原子立体构型完全保持的单环 γ-内酯[114,115] (式 122，式 123)、双环 γ-内酯[116,117] (式 124，式 125) 或者多环 γ-内酯[118,119] (式 126，式 127)。

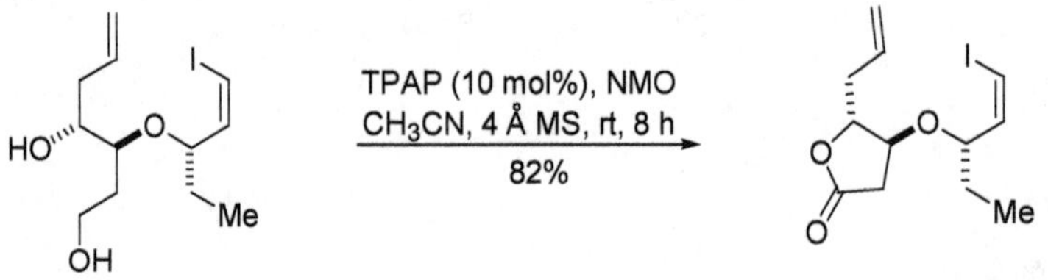

(122)

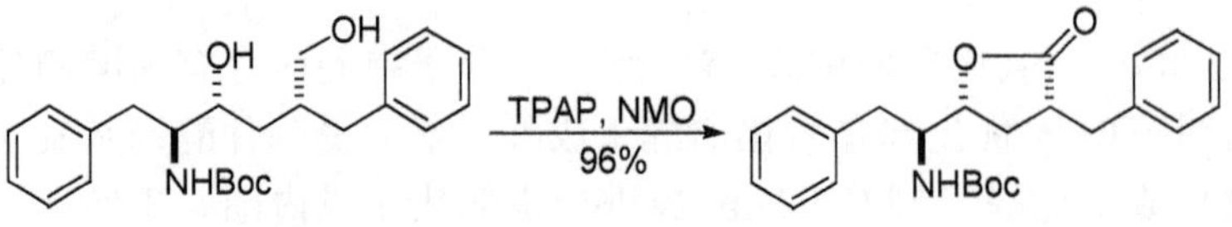

(123)

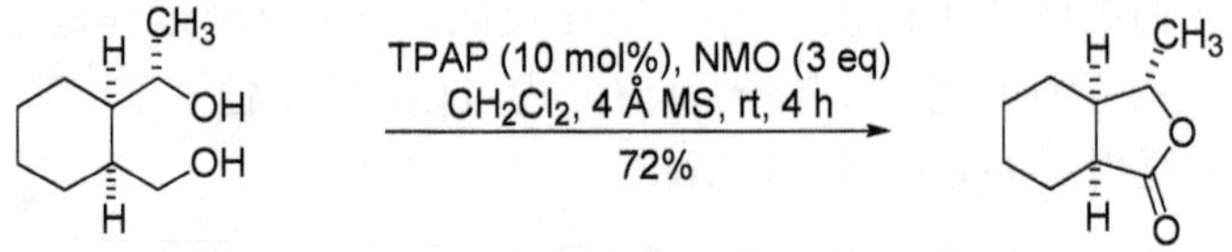

(124)

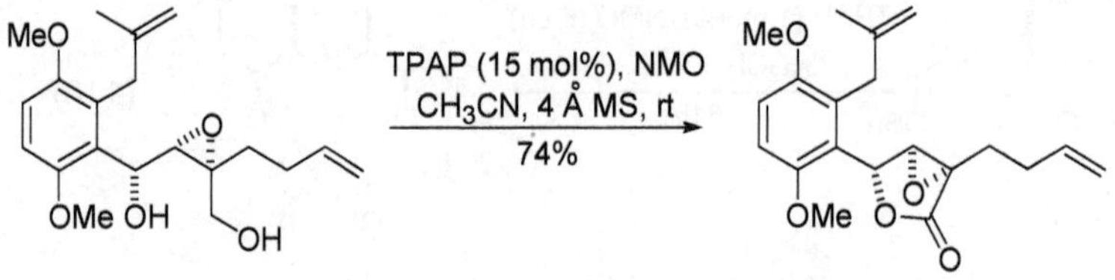

(125)

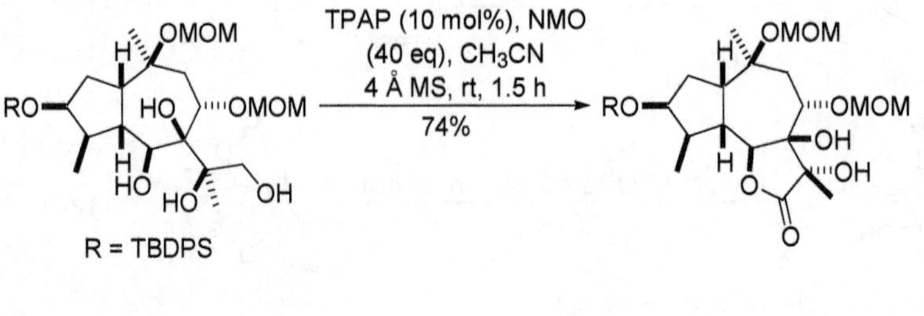

(126)

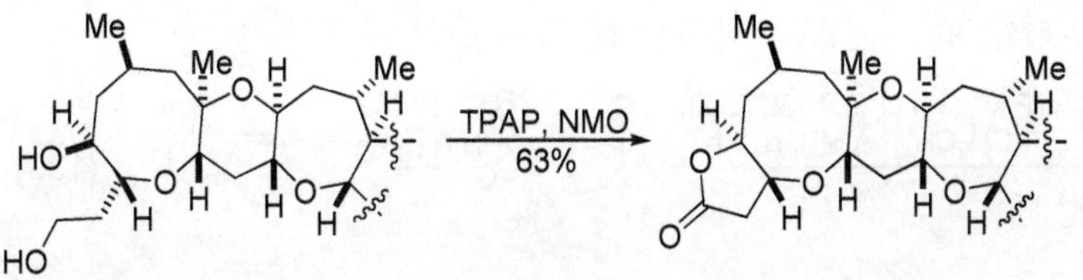

$$(127)$$

当 1,4-二醇底物分子中含有伯醇羟基和手性叔醇羟基时，Ley's 氧化的产物是含有手性季碳原子的 γ-内酯。如式 128~式 130 所示：运用 1,4-二醇的 Ley's 氧化反应可以方便地合成具有双环、螺环或桥环结构 γ-内酯[118,120,121]。

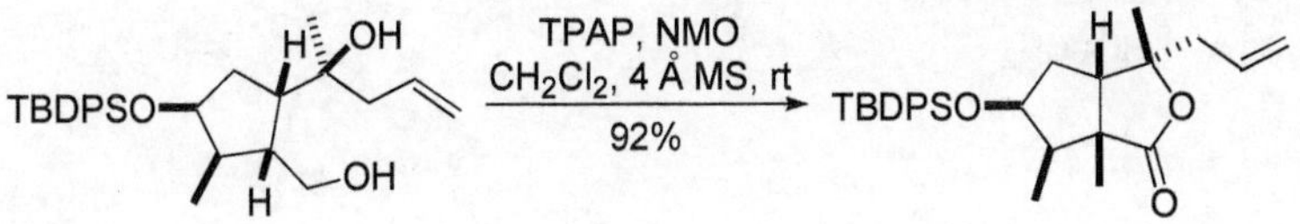

$$(128)$$

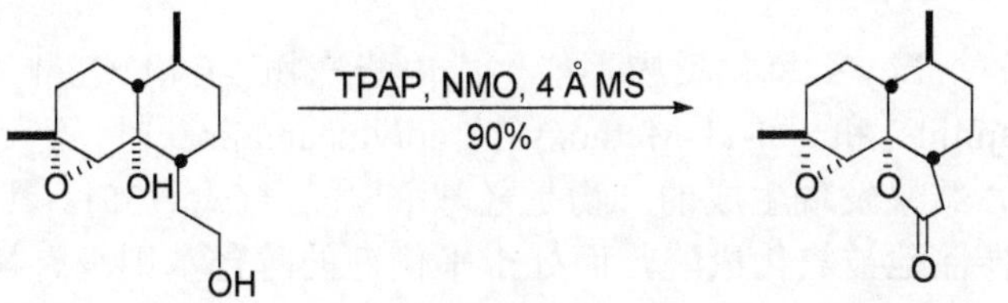

$$(129)$$

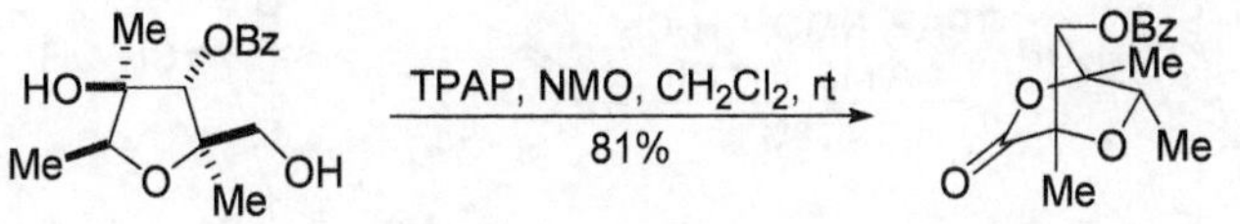

$$(130)$$

1,4-丁烯二醇经过 Ley's 氧化反应生成 α,β-不饱和 γ-内酯。当分子中含有伯醇羟基和仲醇羟基时，生成单一的 γ-内酯产物[122] (式 131)。但是，当底物分子中含有两个不对称伯醇羟基时，则生成两个 α,β-不饱和 γ-内酯异构体[123] (式 132)。

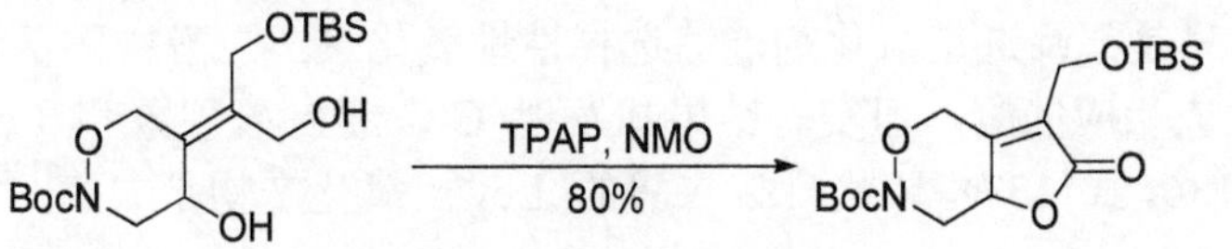

$$(131)$$

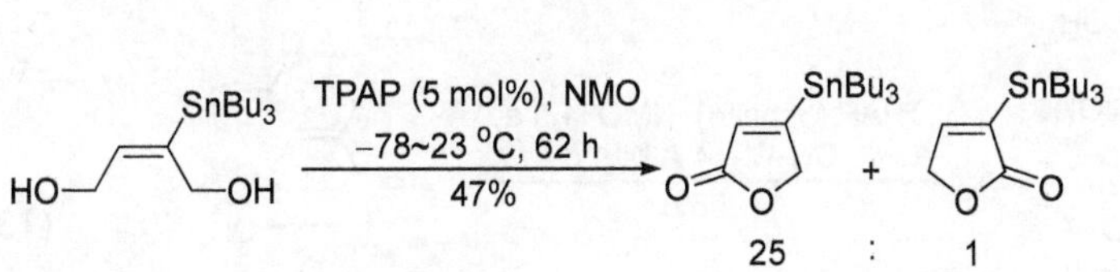

$$(132)$$

带有双环桥环结构的 1,4-丁二醇，经过包括 Ley's 氧化反应的串联反应，同样可以用于合成 α,β-不饱和 γ-内酯。如式 133 所示：1,4-丁二醇首先经过 Ley's 反应生成饱和 γ-内酯，然后在高温条件下发生反向 Diels-Alder 反应脱去一分子呋喃，最后生成 α,β-不饱和 γ-内酯[124]。式 134 中带有烯键侧链的双环桥环 1,4-丁二醇，经过 Ley's 氧化反应和反向 Diels-Alder 反应脱去环戊二烯的串联

反应后生成 α,β-不饱和 γ-内酯,同时伴有 Ene-成环反应产物[125]。

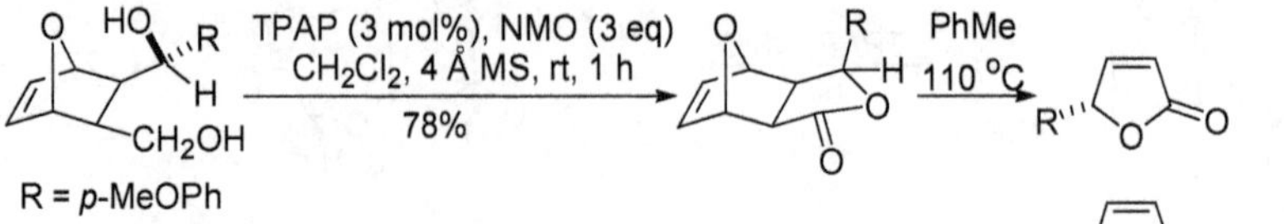

(133)

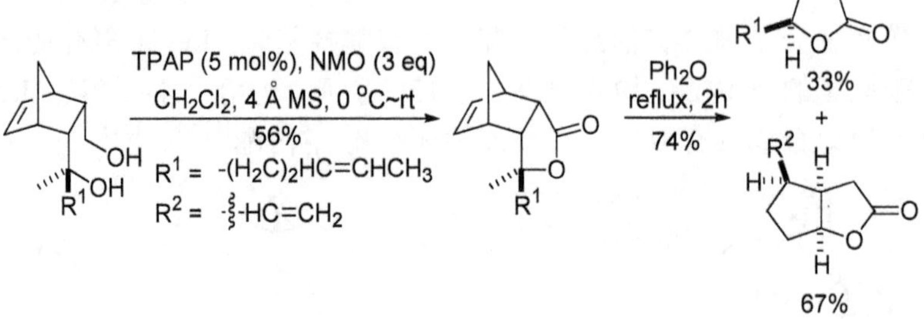

R = p-MeOPh

(134)

$R^1 = $ -(H$_2$C)$_2$HC=CHCH$_3$
$R^2 = $ -HC=CH$_2$

4.5.3 1,3-二醇的氧化

1,3-二醇经过 Ley's 氧化反应不能生成内酯产物。J. M. Cook 合成吲哚生物碱 (−)-Vincamajinine 和 (−)-11-Methoxy-17-epivincamajine 时,使用氧化剂 TPAP 氧化 1,3-二醇,结果发现生成的产物是羟基醛[126,127] (式 135)。其中,处于直立键的醇羟基选择性地被氧化成醛,而处于平伏键的醇羟基则没有被氧化。

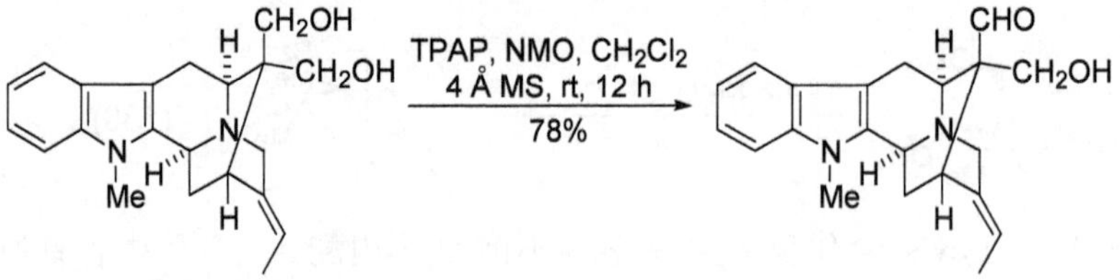

(135)

4.5.4 1,2-二醇的氧化

1,2-二醇经过 Ley's 氧化反应,发生 C-C 单键的断裂。这种断裂反应的发现纯属意外,最初只是想筛选出氧化剂能够选择性地氧化 1,2-二醇中的活泼醇,如烯丙醇和苯甲醇生成相应的酮,但实验结果却发现 C-C 键断裂现象和 Ley's 氧化产物醛[128,129] (式 136,式 137)。环状 1,2-二醇的 Ley's 氧化产物是二醛[130] (式 138)。

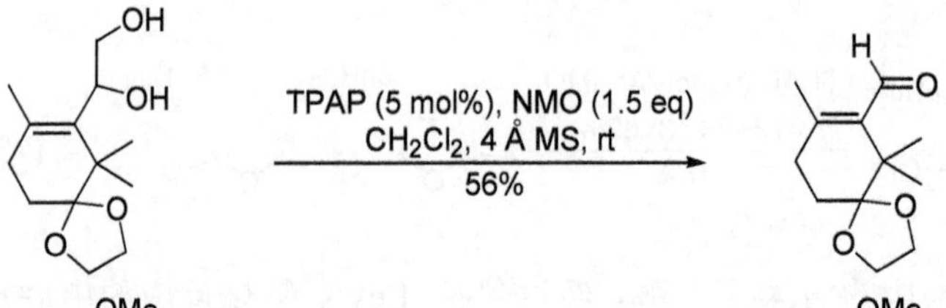

(136)

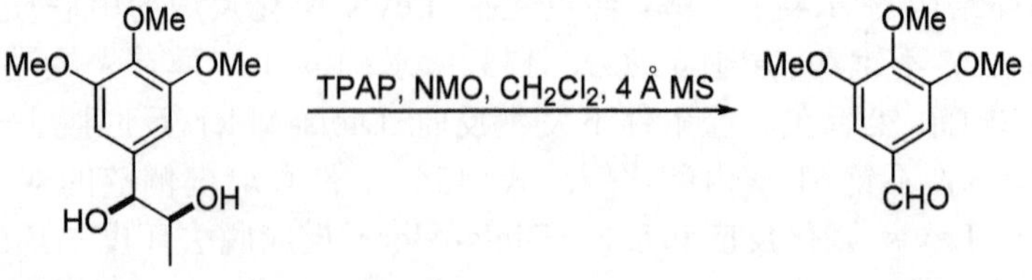

(137)

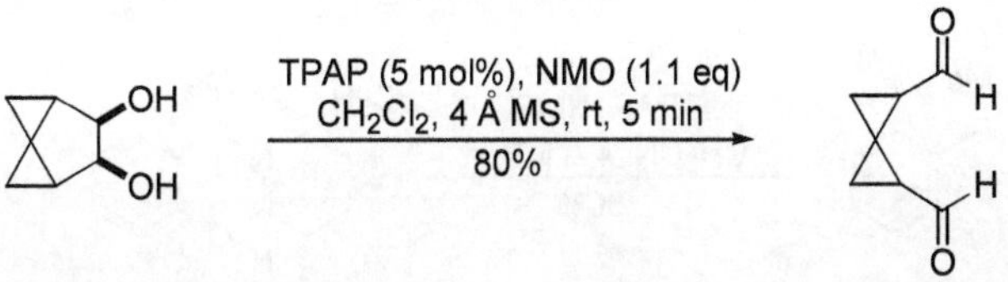

$$(138)$$

α-羟基醛和 α-羟基酮可能是 1,2-二醇的 Ley's 氧化断裂反应的中间体。甾体结构修饰过程中发现：1,2-二醇氧化后除了正常断裂产物外，还有部分未发生断裂的副产物 α-羟基酮（式 139）；而提纯后的 α-羟基酮在 Ley's 反应条件下几乎定量生成断裂产物[131]（式 140）。

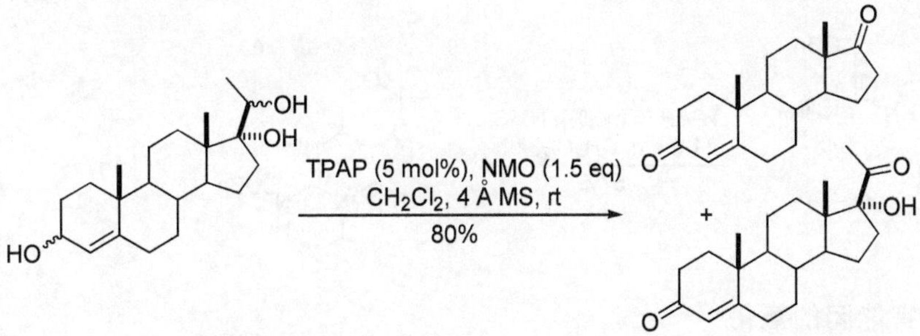

$$(139)$$

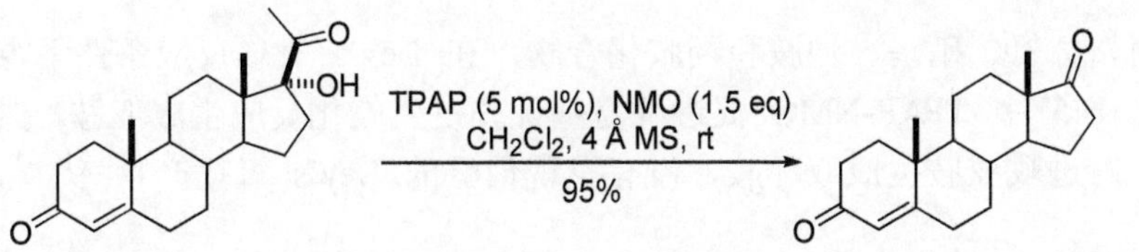

$$(140)$$

使用辅助氧化剂次氯酸钠替代 N-甲基吗啉-N-氧化物 (NMO) 进行 Ley's 氧化反应时，1,2-二醇断裂生成的醛会被继续氧化生成羧酸。例如：1,2:5,6-二-O-异亚丙基-D-甘露糖醇经过 Ley's 氧化断裂反应可以用于制备 2,3-O-异亚丙基-D-甘油酸[132]（式 141）。

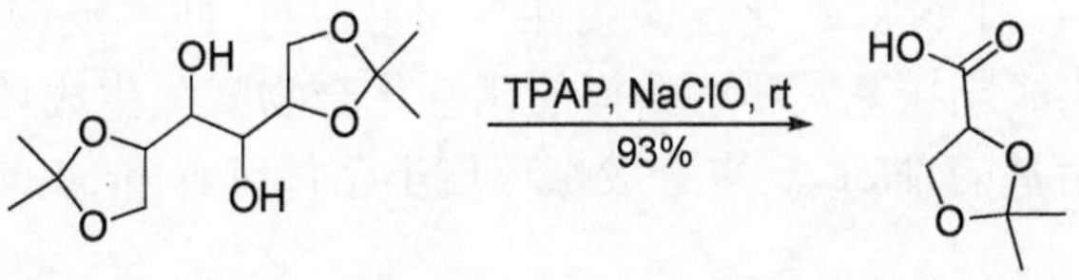

$$(141)$$

4.6 氨基醇的氧化

氨基醇经过 Ley's 氧化反应生成氨基取代的缩醛和内酰胺。文献中出现的氨基醇氧化实例大多是仲胺，其中包括吲哚或者 N-单取代脲基等。式 142 中含有酚羟基的 1,5-氨基醇经过 Ley's 氧化和脱水缩合串联反应生成三环 N,O-缩醛[133]。式 143 中的伯醇首先被氧化成醛，然后与吲哚氨基形成氨基半缩醛，接着继续氧化生成 δ-内酰胺[134,135]。式 144 中伯醇氧化成醛与脲基形成氨基半缩醛，然后再氧化生成酰胺杂环[136]。

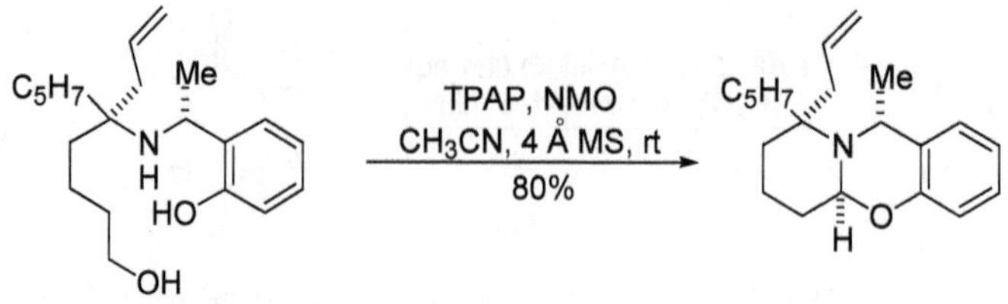

$$(142)$$

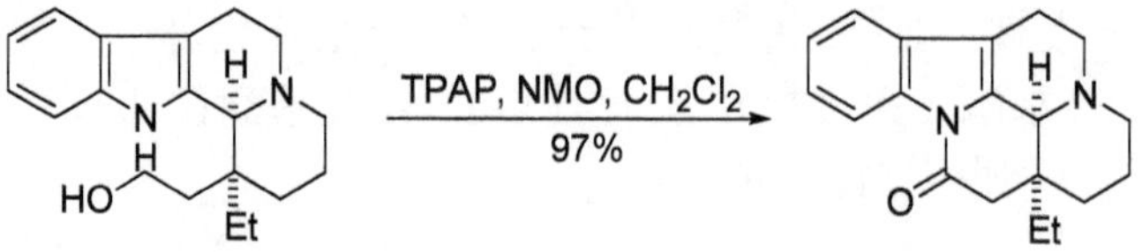

$$(143)$$

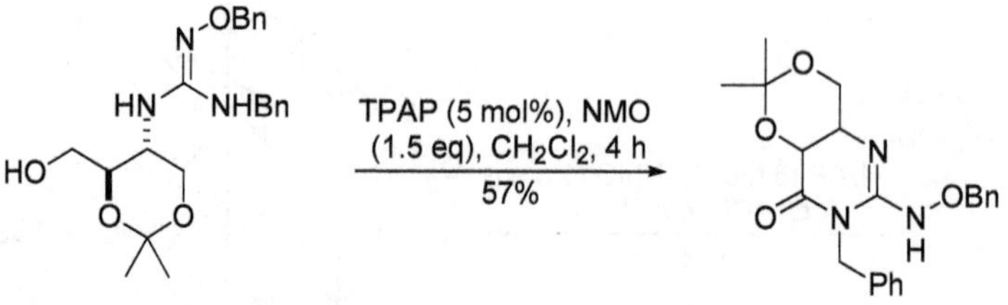

$$(144)$$

4.7 非醇羟基官能团的氧化

含氮官能团如叠氮、硝基、仲胺和羟胺化合物，在 Ley's 氧化反应条件下容易发生反应。式 145 中 TPAP-NMO 促进叠氮基优先发生歧化反应生成亚胺，然后伯醇羟基分子内进攻亚胺生成双环胺，没有发现伯醇的 Ley's 氧化产物醛[137]。

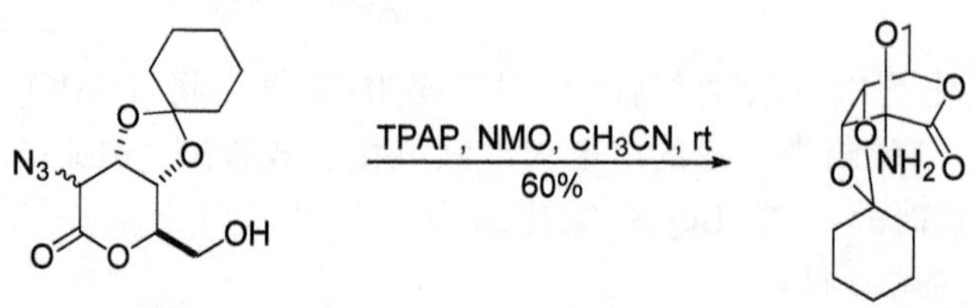

$$(145)$$

硝基化合物在 Ley's 氧化反应条件下容易进行 Nef 反应[138]（式 146）。硝基被 TPAP 氧化成酮羰基，环状结构的硝基化合物氧化生成环酮。式 147 中运用 TPAP 氧化硝基的 Nef 反应合成螺环倍半萜烯 Erythrodiene 前体[139]。

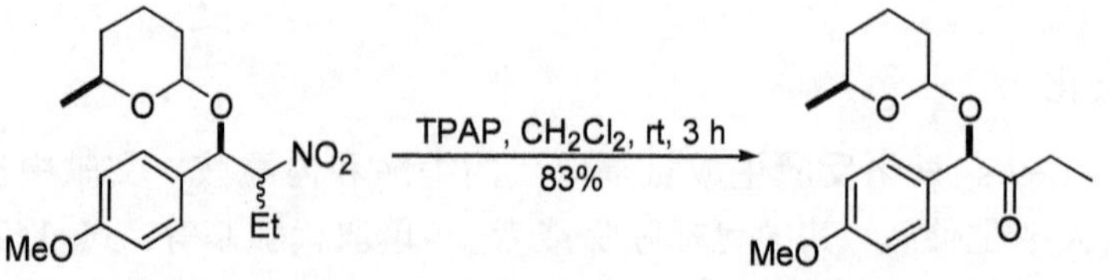

$$(146)$$

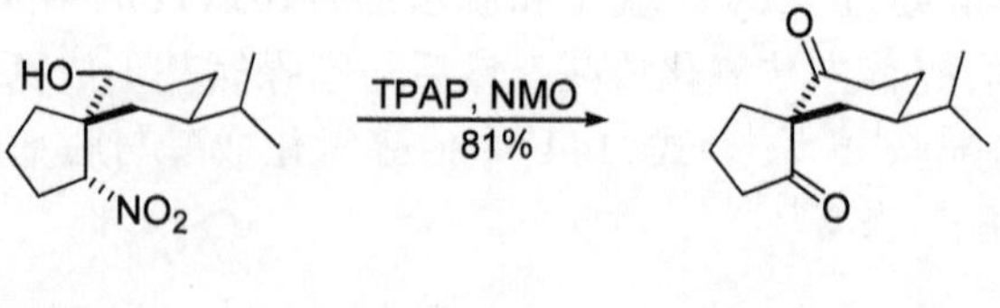

$$(147)$$

仲胺在 Ley's 氧化反应条件下被氧化生成亚胺。无论是使用催化量氧化剂 TPAP 的均相反应，还是使用聚合物负载过钌酸盐 (PSP) 进行的非均相氧化反应[140] (式 148)，都可以将仲胺转化成为亚胺。在合成吡咯并 [2,1-*c*][1,4] 苯并二氮杂 化合物时，使用 TPAP 试剂氧化能够完全保持 C11a 位手性，而 C11a 位手性对于该化合物生物活性具有非常重要的意义[141] (式 149)。

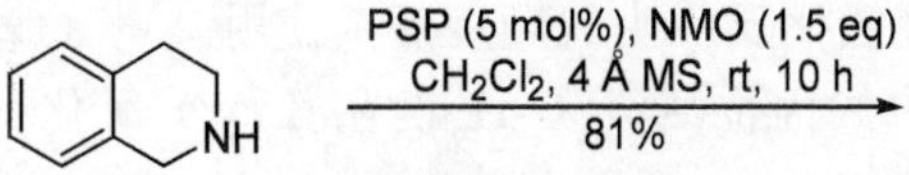

PSP (5 mol%), NMO (1.5 eq)
CH2Cl2, 4 Å MS, rt, 10 h
81%
NH
N

(148)

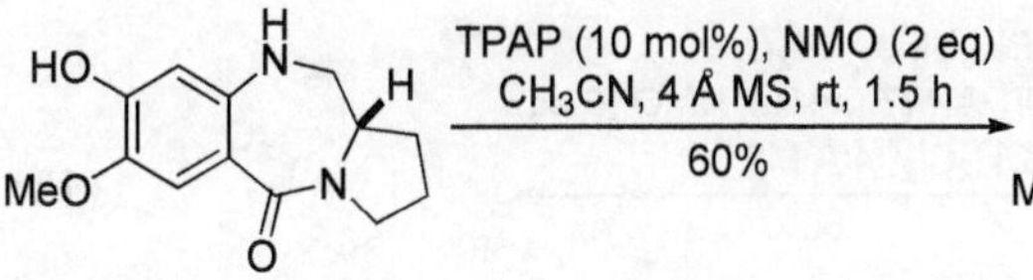

TPAP (10 mol%), NMO (2 eq)
CH3CN, 4 Å MS, rt, 1.5 h
60%
HO
MeO
H
N
O

(149)

羟胺在 Ley's 氧化反应条件下被氧化成硝酮。由于硝酮自身稳定性较差，在羟胺氧化体系中加入缺电子烯烃，一旦硝酮生成后则与烯烃分子(如丙烯酸甲酯)发生 [3+2] 环加成反应生成异噁唑啉[142] (式 150)。当羟胺分子自身侧链带有烯烃时，可以发生分子内 [3+2] 环加成反应生成多环或螺环异噁唑啉[143] (式 151)。

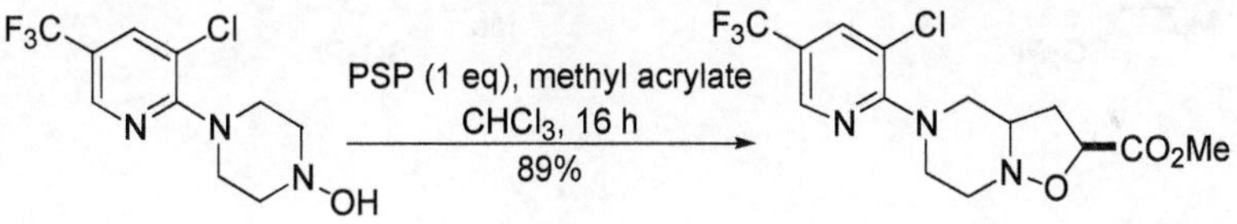

F3C
Cl
N
OH
PSP (1 eq), methyl acrylate
CHCl3, 16 h
89%
CO2Me

(150)

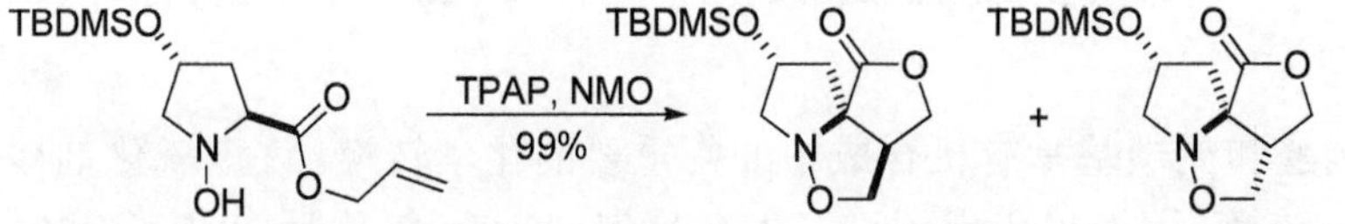

TBDMSO
OH
TPAP, NMO
99%
TBDMSO
+
TBDMSO

(151)

含硫官能团硫醚、亚磺酰胺在 Ley's 氧化反应条件下生成砜[144,145] (式 152，式 153) 和磺酰胺[146] (式 154)。但如前所述的环状二硫醚如二硫代缩醛和乙烯酮二硫缩酮在 Ley's 氧化反应中能够稳定存在。

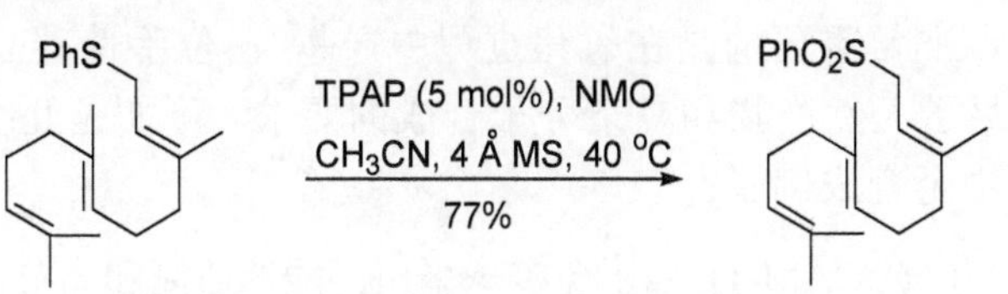

PhS
TPAP (5 mol%), NMO
CH3CN, 4 Å MS, 40 °C
77%
PhO2S

(152)

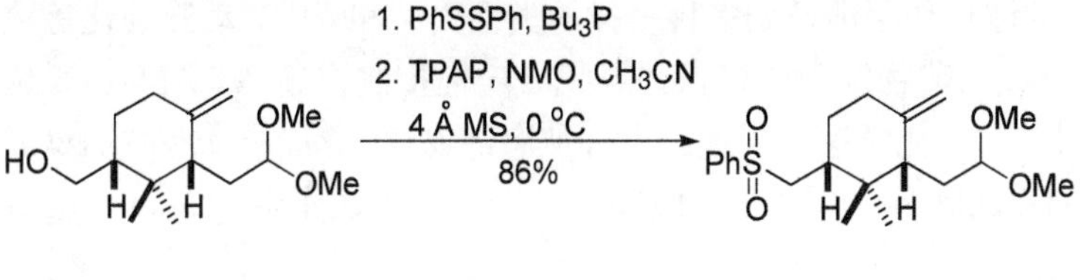

1. PhSSPh, Bu3P
2. TPAP, NMO, CH3CN
4 Å MS, 0 °C
86%
HO
OMe
OMe
H
H
PhS

(153)

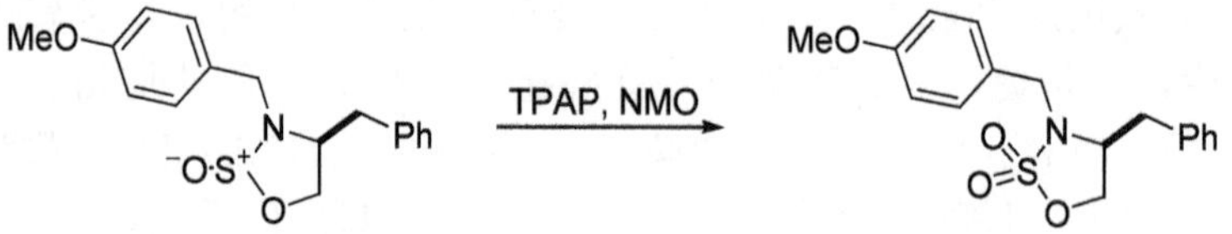

(154)

TPAP-NMO 氧化体系还能够氧化 C-B 键和烯丙位 C-H 键生成醛或酮羰基。式 155 中非活泼烯烃双键硼氢化反应生成硼烷后，使用 Ley's 氧化试剂氧化 C-B 键生成醛[147]。式 156 中烯丙位活泼 C-H 键在 Ley's 氧化试剂作用下生成环己二烯酮[148]。

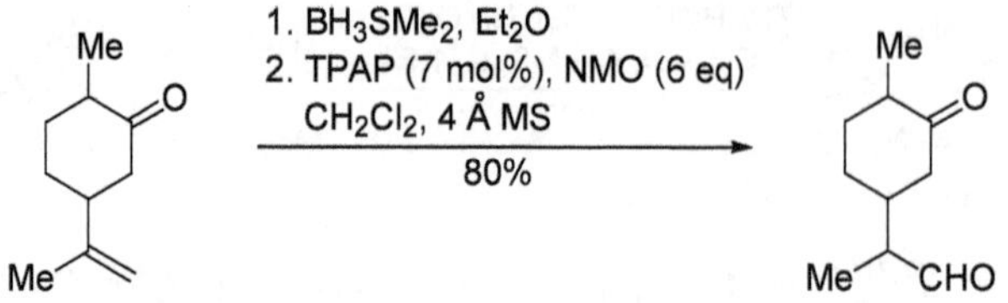

(155)

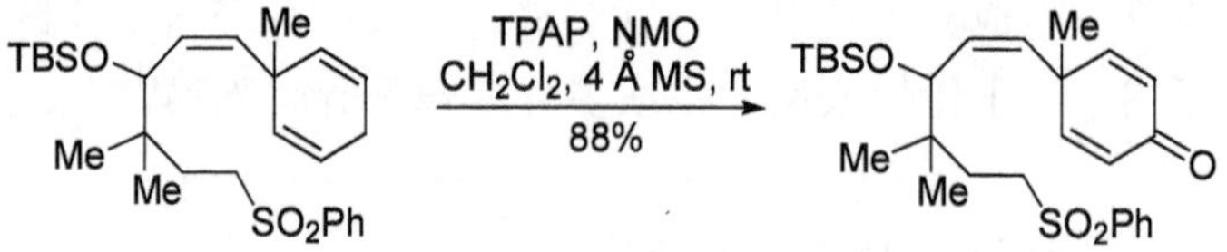

(156)

5 Ley's 氧化反应在天然产物合成中的应用

从醇羟基到醛和酮羰基是有机合成中非常重要的化学转换。许多氧化剂被报道能够实现这一转换，因而也出现了许多人名反应，Ley's 氧化反应是其中之一。Ley's 氧化反应的诞生是伴随着氧化剂过钌酸铵盐的发现，从一开始就注定会在天然产物合成中有着广泛的应用。这种催化量的商品试剂过钌酸铵盐可以在近乎中性条件下、众多不同化学官能团共存时，选择性地氧化伯醇羟基生成醛、仲醇羟基生成酮。而且，非常重要的是在氧化过程中羟基 α-位手性碳立体构型完全得以保持，更加满足了天然产物和复杂分子合成的要求。下面是几个运用 Ley's 氧化反应的天然产物全合成例子。

血管细胞粘合分子 (VCAM-1) 属于免疫球蛋白，能够监测和调节白血球补充到炎症组织。白血球的渗透作用涉及到多种多样的炎性失调和哮喘、动脉硬化等致病过程。VCAM-1 已经成为药物发现的靶点，寻找专一性抑制诱导 VCAM-1 表达的药物小分子一直吸引着药物化学家的兴趣。一种从海绵物种 *Halichondria Okadai* 提取分离的活性物质 Halichlorine，具有抑制诱导 VCAM-1 表达作用 ($IC_{50} = 7 \mu g/mL$)。

S. J. Danishefsky 课题组[57]报道了天然产物 (+)-Halichlorine 的全合成（式157）。从 β-羰基羧酸起始合成 Meyers 内酰胺，内酰胺经过烯丙化、切苄、脱保护和选择性甲基化反应后开环。烯烃硼烷化、Suzuki 偶联反应和分子内氮杂Michael 加成反应得到四个手性中心的氮杂螺环化合物；再经几步转换得到了三环伯醇中间体，其中在 α-位含有手性一个甲基。尝试使用许多氧化剂对伯醇进行氧化，都容易引起 α-位手性的消旋化。但是，使用 Ley's 氧化反应，可以选择性地将伯醇氧化至醛而不对 α-位手性甲基产生影响。接着，醛与 Gilbert 试剂反应生成炔烃，炔烃与二甲基锌生成乙烯基锌后偶联反应合成手性烯丙醇。手性烯丙醇经过 TBSOTf 保护成硅醚，在 Keck 条件下关环形成大环内酯。最后

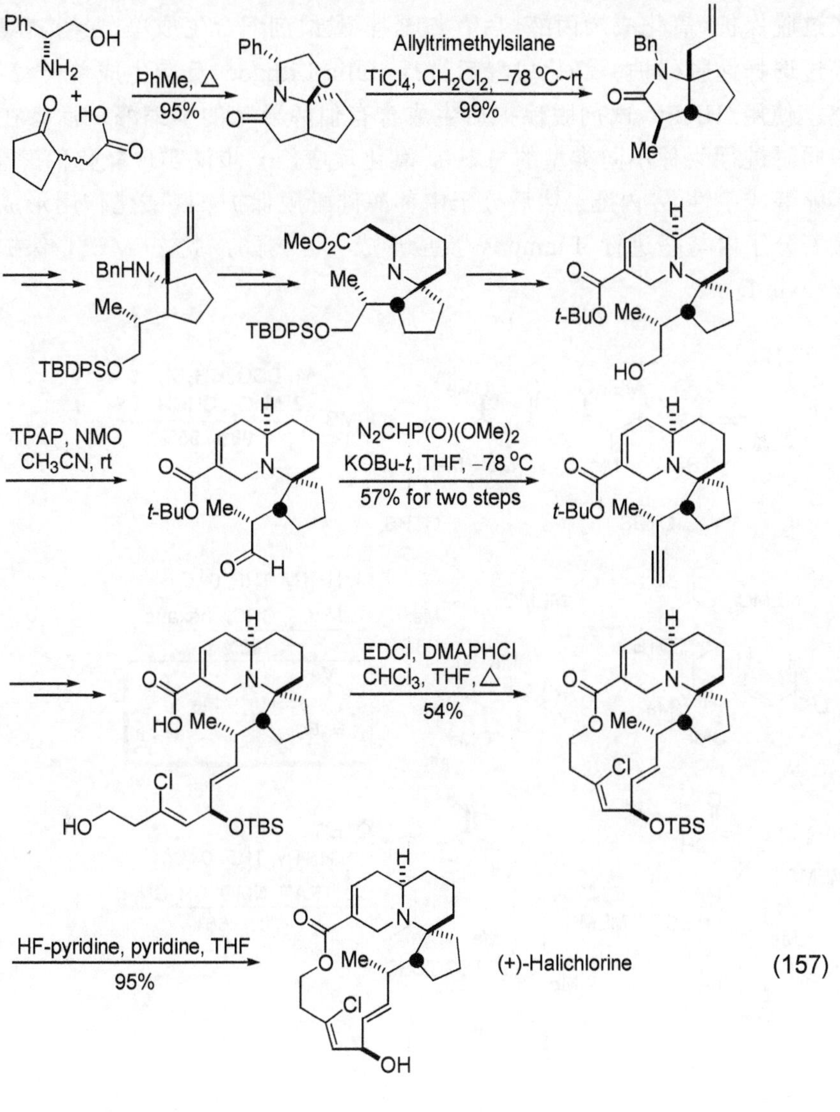

(157)

内酯脱保护基后生成天然产物 (+)-Halichlorine。

Rhizoxin 和相关五个化合物是从 *Rhizopus Chinensis* 中分离得到的天然产物。这类具有十六员大环内酯结构的化合物具有抗菌、抗真菌和有效的抗肿瘤活性，包括对长春新碱 (Vincristine) 和亚德里亚霉素 (Adriamycin) 产生耐药性的肿瘤细胞。Rhizoxin D 是 Rhizoxin 去环氧结构类似物，被认为是 Rhizoxin 的生物转化前体。它的生物学活性和 Rhizoxin 相似，但由于天然含量少、提取相对困难，化学工作者一直尝试进行全合成。

G. E. Keck 课题组[149]报道不对称全合成天然产物 Rhizoxin D (式 158)。首先从 1,4-丁烯二醇羟基起始多步合成 Rhizoxin D 的 C10-C20 片段。C10-C20 片段经过脱保护、氧化成烯丙醛，后者与噁唑-砜试剂缩合生成单一异构体三烯。三烯经过选择性脱保护、氧化成醛后进行 Julia-Lithgoe 反应生成单一 *E*-烯烃异构体。使用 HF·Py 试剂脱保护后生成含有伯醇羟基的半缩醛，后者在溶剂乙腈中同时进行两种不同类型的 Ley's 氧化反应，一步法实现氧化伯醇至醛、氧化半缩醛成手性 δ 内酯。然后分子中仲醇硅醚脱保护、磷酸化作用形成磷酸酯，接着分子内与醛进行 Emmons 反应形成大环内酯，脱去 MEM 保护基生成 Rhizoxin D。

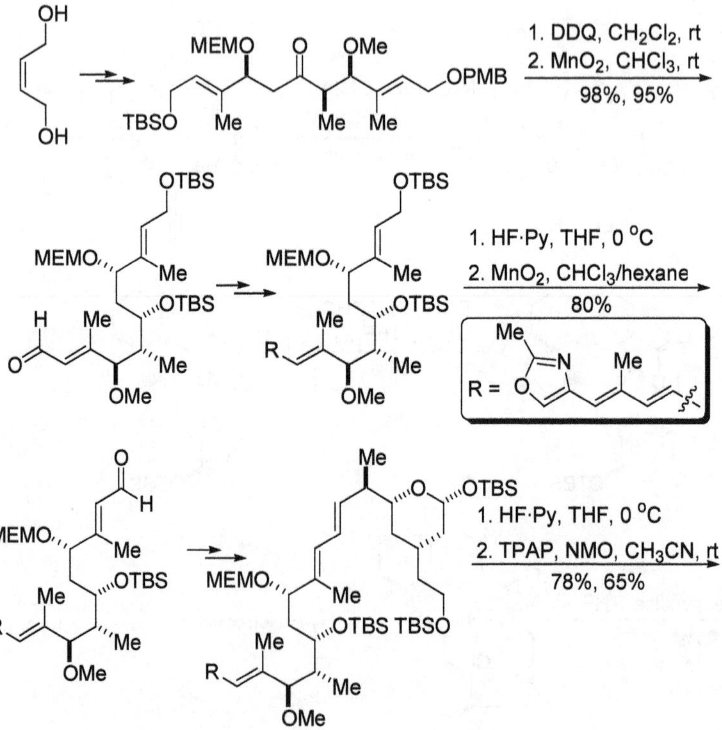

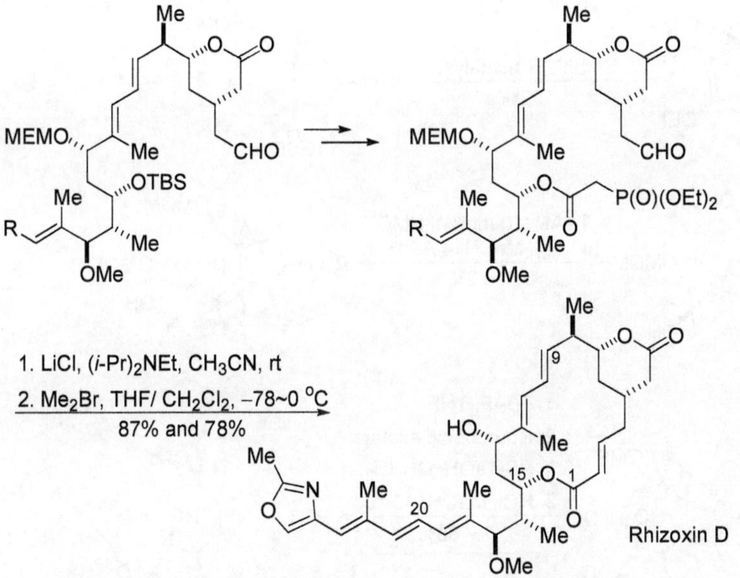

(158)

几个世纪以来，人们一直使用从地中海植物 *Thapsia gargarica* L. 提取物治疗类风湿痛和肺功能紊乱。最近从 *Thapsia gargarica* L.中分离出 *Thapsigargin* 和 15 个结构相关的单体化合物，它们一起被统称为 Thapsigargins。其中单体化合物 Nortrilobolide、Trilobolide 和 Thapsiviliosin 具有 5-7-5 三环结构的愈创内酯化合物，含有四个不同的酯基和七个手性碳原子。

Ley[150] 课题组成功地实现了对 Thapsigargin 类天然愈创内酯化合物 Nortrilobolide、Trilobolide 和 Thapsiviliosin F 的全合成 (式 159)。首先从 (*S*)-香芹酮起始合成醇羟基保护的氯代醇。进行 Favorskii 重排得到环戊基甲酸酯，经过多步反应得到单一非对映异构体伯醇。伯醇羟基经过 Ley's 氧化反应成醛，醛加成反应生成手性仲醇，然后应用 Grubb 试剂进行烯烃复分解反应构造环庚烯。对双键进行多步修饰后得到四羟基化合物。再次使用 Ley's 氧化反应生成 γ-内酯。作者两次使用自己发现的氧化反应分别合成手性醛和 γ-内酯，充分体现出 Ley's 氧化反应的优势。环戊烷环经过多步转换成 (*Z*)-2-甲基丁烯酸环戊烯醇酯，然后七员环上仲醇酯化后生成天然产物 Nortrilobolide、Trilobolide 和 Thapsiviliosin F。

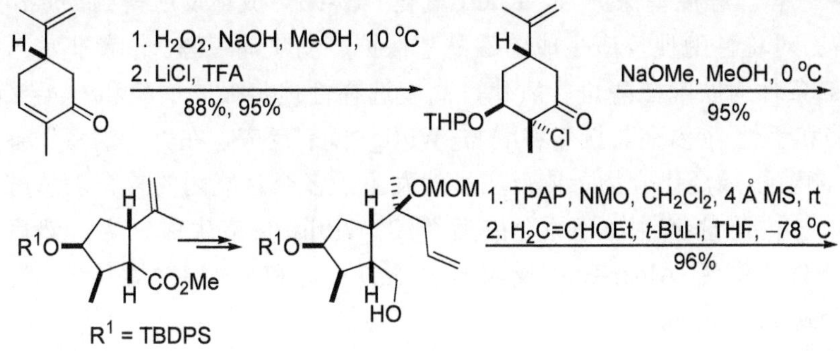

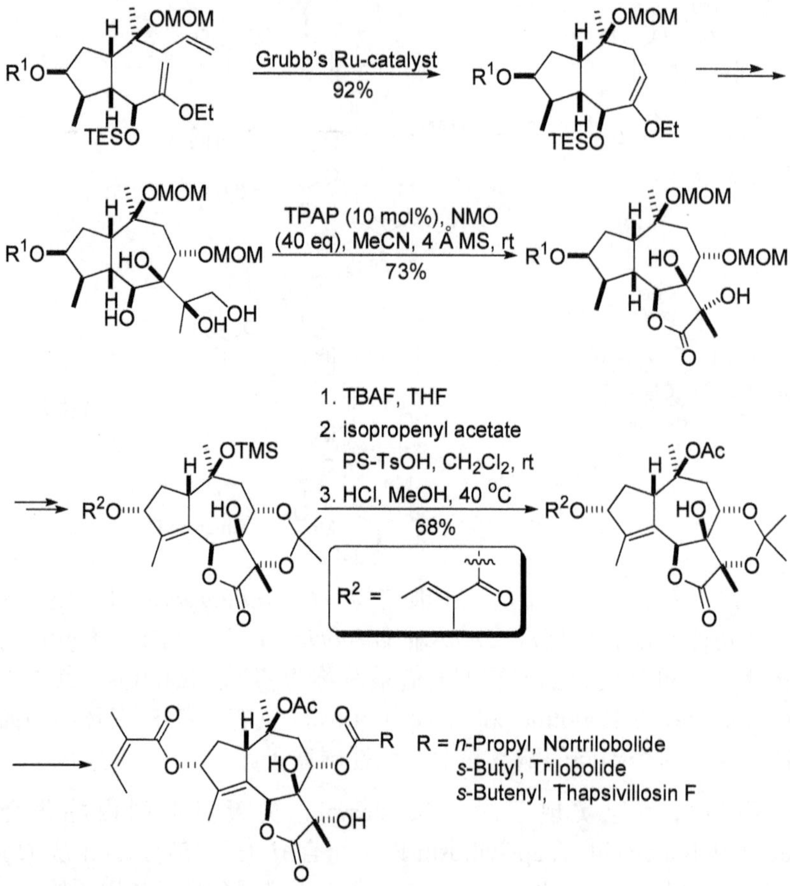

(159)

从热带植物 *Annonaceac* 提取出来的 400 多个 Annonaceous acetogenius 类天然产物表现出抗肿瘤、抗疟疾、杀虫和免疫抑制活性。这类化合物具有长脂肪链、四氢呋喃环和端位 γ-内酯结构。*cis*-Solamin 是其中的一个化合物。

C. B. W. Stark 课题组[151]报道了天然产物 *cis*-Solamin 的全合成 (式 160)。从 (*E,E,E*)-1,5,9-环十二烷三烯起始，经过烯键双羟化、二醇氧化断裂和羰基还原反应得到烯二醇。醇羟基保护后，RuO$_4$ 氧化 1,5-二烯成环反应得到 *meso*-呋喃二醇，接着去对称性酶促反应生成单乙酰基保护产物呋喃三醇。作者非常巧妙地使用 Ley's 条件对呋喃三醇进行氧化，高度选择性地将孤立伯醇和 1,4-二醇分别氧化成醛和手性 γ-内酯。接着将醛与 Wittig 试剂反应，在"一锅煮"条件下直接得到 γ-内酯-烯烃化合物。该反应虽然发生了多个官能团的转变，总产率仍达到 45%。γ-内酯选择性经还原至醛后继续 Wittig 反应生成三烯，然后在 Ru(III) 催化下发生端烯 Alder-Ene 反应形成 α,β-不饱和 γ-内酯，最后选择性还原烯烃双键生成 *cis*-Solamin。

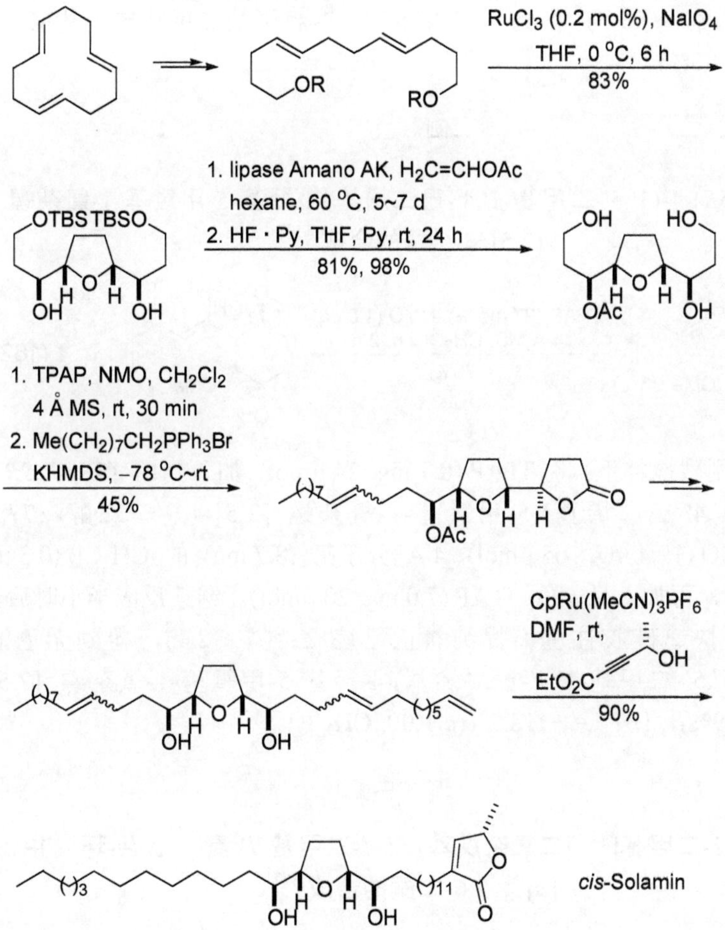

RuCl₃ (0.2 mol%), NaIO₄
THF, 0 °C, 6 h
83%

1. lipase Amano AK, H₂C=CHOAc
   hexane, 60 °C, 5~7 d
2. HF·Py, THF, Py, rt, 24 h
   81%, 98%

1. TPAP, NMO, CH₂Cl₂
   4 Å MS, rt, 30 min
2. Me(CH₂)₇CH₂PPh₃Br
   KHMDS, −78 °C~rt
   45%

CpRu(MeCN)₃PF₆
DMF, rt,
EtO₂C ——OH
90%

cis-Solamin (160)

6　Ley's 氧化反应实例

例 一

(2*R*,3*S*)-3,5-二(叔丁基二甲基硅氧基)-2-甲基-1-戊醛的合成[152]

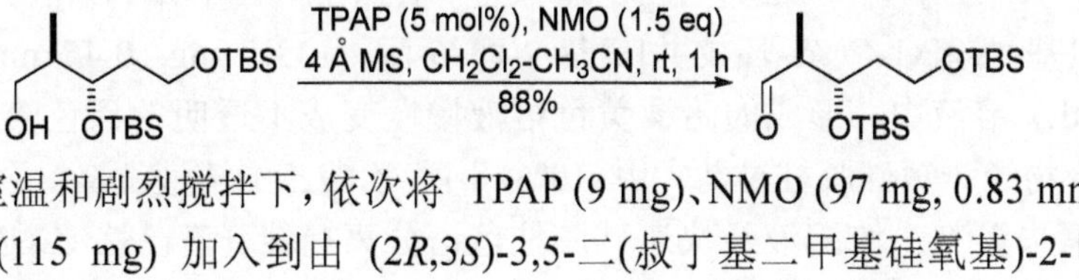

TPAP (5 mol%), NMO (1.5 eq)
4 Å MS, CH₂Cl₂-CH₃CN, rt, 1 h
88%

(161)

在室温和剧烈搅拌下，依次将 TPAP (9 mg)、NMO (97 mg, 0.83 mmol) 和 4 Å 分子筛 (115 mg) 加入到由 (2*R*,3*S*)-3,5-二(叔丁基二甲基硅氧基)-2-甲基-1-戊醇 (200 mg, 0.552 mmol) 与 CH₂Cl₂ (4.0 mL) 和 MeCN (0.4 mL) 生成的混合物中。1 h 后，反应混合物经过硅藻土层过滤。蒸去溶剂的浓缩物经硅胶柱色谱提纯

(正己烷:乙酸乙酯 ＝ 95:5)，得到 (2*R*,3*S*)-3,5-二(叔丁基二甲基硅氧基)-2-甲基-1-戊醛 (175 mg, 88%)。

例 二

(3*S*,4*R*,5*R*)-4-(1′,5′-二甲基-1′,4′-己二烯基)-4-羟基-5-甲氧基-1-氧杂螺[2.5]辛-6-酮的合成[153]

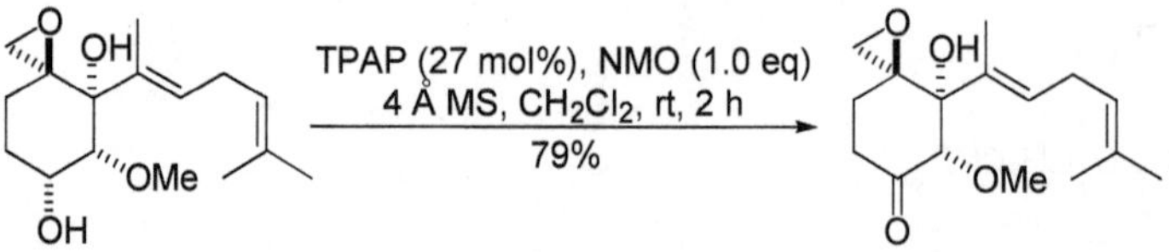

(162)

在室温和剧烈搅拌下，将 TPAP (8.7 mg, 24 μmol) 加入到由 (3*S*,4*R*,5*R*,6*R*)-4-(1′,5′-二甲基-1′,4′-己二烯基)-5-甲氧基-1-氧杂螺 [2.5]-4,6-辛二醇 (77.6 mg, 165 μmol)、NMO (19.4 mg, 165 μmol)、4 Å 分子筛 (8.7 mg) 的 CH₂Cl₂ (0.3 mL) 溶液中。1.5 h 后，再加入另一份 TPAP (7.0 mg, 20 μmol)。继续反应半小时后，反应混合物直接用快速硅胶柱色谱提纯 (正己烷:乙醚 = 2:1)，得到无色油状的 (3*S*,4*R*,5*R*)-4-(1′,5′-二甲基-1′,4′-己二烯基)-4-羟基-5-甲氧基-1-氧杂螺 [2.5]辛-6-酮 (36.5 mg, 79%)，$[\alpha]^{27} = -118.2°$ (*c* 1.00, CHCl₃)。

例 三

7,8-(2,2-二甲基[1,3]二氧杂戊基)-3a,4-二甲基-八氢-1-氧杂-环戊并[*d*]萘-2,6-二酮的合成[107]

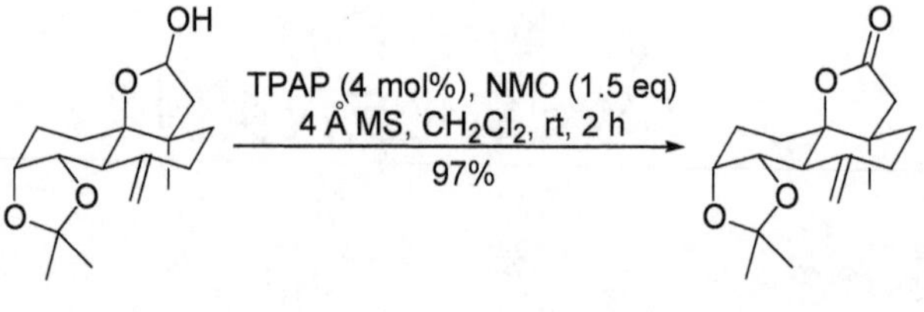

(163)

在室温和剧烈搅拌下，依次将 TPAP (6.5 g, 18 μmol)、NMO (75.2 mg, 0.642 mmol) 和 4 Å 分子筛 (213.9 mg) 加入到 7,8-(2,2-二甲基[1,3]二氧杂戊基)-3a,4-二甲基-八氢-1-氧杂-环戊并[*d*]萘-2-醇-6-酮 (133.5 mg, 0.45 mmol) 的 CH₂Cl₂ (25 mL) 溶液中。形成的暗橘黄色溶液慢慢变成不透明的黑色溶液。2 h 后，反应混合物经一短硅胶柱过滤，用 10% 甲醇-乙酸乙酯溶液洗涤。合并的母液在减压下蒸去溶剂，浓缩液经快速硅胶柱色谱分离提纯 (正己烷:乙酸乙酯 = 2:3) 得到白色固体 7,8-(2,2-二甲基[1,3]二氧杂戊基)-3a,4-二甲基-八氢-1-氧杂-环戊并[*d*]萘-2,6-二酮 (128 mg, 97%)，mp 169~170 °C。

例 四

5-[3,5-二(叔丁基二甲基硅氧基)苯甲基]二氢呋喃-2-酮的合成[154]

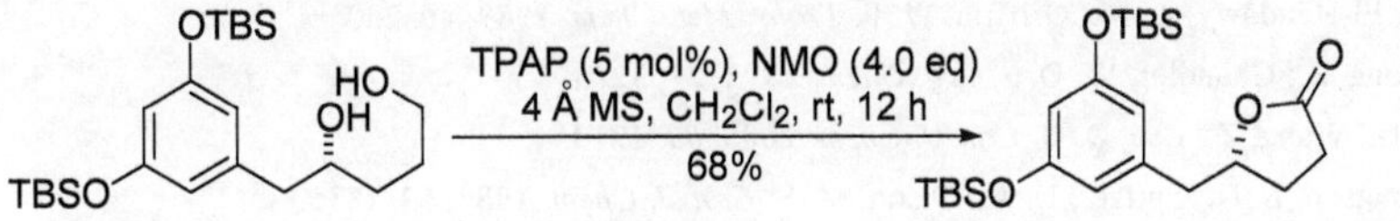

$$(164)$$

在室温和剧烈搅拌下，依次将 TPAP (30 mg, 0.0842 mmol)、NMO (790 mg, 6.74 mmol) 和 4 Å 分子筛 (500 mg) 加入到 5-[3,5-二(叔丁基二甲基硅氧基)苯基]-1,4-戊二醇 (740 mg, 1.68 mmol) 的 CH$_2$Cl$_2$ (8 mL) 溶液中。12 h 后，反应混合物经一短硅胶柱过滤，并用乙醚洗涤。合并的滤液经浓缩后得到的粗产物经快速硅胶柱色谱分离提纯 (正己烷:乙酸乙酯 = 95:5)，得到黄色油状物 5-[3,5-二(叔丁基二甲基硅氧基)苯甲基]二氢呋喃-2-酮 (500 mg, 68%)。

例 五

3-苯基-2-烯丙醛的合成[17]

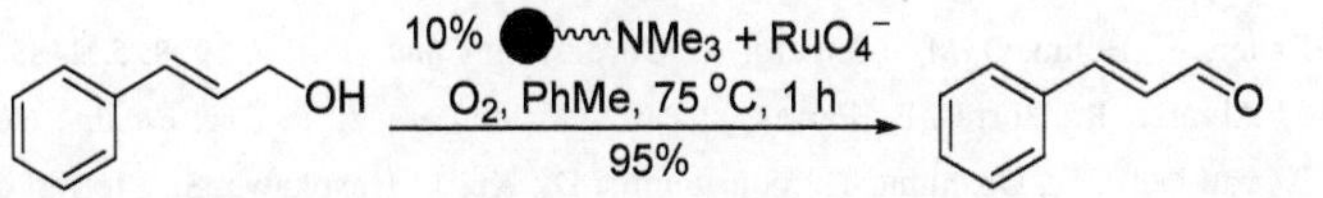

$$(165)$$

将 Amberlyst A-26 树脂 (20 g) 先后用水 (500 mL)、二氯甲烷 (500 mL)、丙酮 (500 mL) 和甲苯 (200 mL) 充分洗涤和真空干燥后，紧密地装填到色谱柱内。然后，将过钌酸钾 (570 mg, 2.79 mmol) 的水溶液 (500 mL) 在室温和搅拌下超声处理 10 min 后 (15 min 内) 快速通过填有 Amberlyst A-26 树脂的色谱柱。得到的负载过钌酸钾的 Amberlyst A-26 树脂再用水 (500 mL) 和丙酮 (500 mL) 洗涤，然后真空干燥。

将上述负载过钌酸钾的 Amberlyst A-26 树脂 (200 mg, 0.02 mmol) 加入到 3-苯基-2-丙烯-1-醇 (0.2 mmol) 的甲苯溶液 (2 mL)，生成的混合物在 75 ℃ 和氧气氛中搅拌反应 1 h。反应液经脱脂棉过滤，滤液浓缩后得到的粗产物 3-苯基-2-烯丙醛可直接用于 ^{1}H NMR 谱检测，产率为 95%。

7 参考文献

[1] Griffith, W. P.; Ley, S. V. *Aldrichimica Acta* **1990**, *23*, 13.

[2] Griffith, W. P. *Chem. Soc. Rev.* **1992**, 179.

[3]   Ley, S. V.; Norman, J.; Griffith, W. P.; Marsden, S. P. *Synthesis* **1994**, 639.

[4]   Green, G.; Griffith, W. P.; Hollinshead, D. M.; Ley, S. V.; Schroder, M. *J. Chem. Soc., Perkin Trans. 1* **1984**, 681.

[5]   Dengel, A. C.; Hudson, R. A.; Griffith, W. P. *Trans. Met. Chem.* **1985**, *10*, 98.

[6]   Dengel, A. C.; El-Hendawy, A. M.; Griffith, W. P. *Trans. Met. Chem.* **1989**, *40*, 230.

[7]   Lee, D. G.; Wang, Z.; Chandler, W. D. *J. Org. Chem.* **1992**, *57*, 3276.

[8]   Chandler, W. D.; Wang, Z.; Lee, D. G. *Can. J. Chem.* **2005**, *83*, 1212.

[9]   Lee, D. G.; Congson, L. N.; Spitzer, U. A.; Olson, M. E. *Can. J. Chem.* **1984**, *62*, 1835

[10]   Lee, D. G.; Cong, L. N. *Can. J. Chem.* **1990**, *68*, 1774.

[11]   Griffith, W. P.; Ley, S. V.; Whitcombe, G. P.; White, A. D. *J. Chem. Soc., Chem. Commun.* **1987**, 1625.

[12]   Lenz, R.; Ley, S. V. *J. Chem. Soc., Perkin Trans. 1* **1997**, 3291.

[13]   Marko, I. E.; Giles, P. R.; Tsukazaki, M.; Chelle-Regnaut, I.; Urch, C. J.; Brown, S. M. *J. Am. Chem. Soc.* **1997**, *119*, 12661.

[14]   Gonsalvi, L.; Arends, I. W. C. E.; Sheldon, R. A. *Org. Lett.* **2002**, 4, 1659.

[15]   Gonsalvi, L.; Arends, I. W. C. E.; Moilanen, P.; Sheldon, R. A. *Adv. Synth. Catal.* **2003**, *345*, 1321.

[16]   Hinzen, B.; Ley, S. V. *J. Chem. Soc., Perkin Trans. 1* **1997**, 1907.

[17]   Hinzen, B.; Lenz, R.; Ley, S. V. *Synthesis* **1998**, 977.

[18]   Bleloch, A.; Johnson, B. F. G.; Ley, S. V.; Price, A. J.; Shephard, D. S.; Thomas, A. W. *J. Chem. Soc., Chem. Commun.* **1999**, 1907.

[19]   Ciriminna, R.; Campestrini, S.; Pagliaro, M. *Org. Biomol. Chem.* **2006**, *4*, 2637.

[20]   Ciriminna, R.; Campestrini, S.; Pagliaro, M. *Adv. Synth. Catal.* **2004**, *346*, 231.

[21]   Schinzer, D.; Bauer, A.; Bohm, O. M.; Limberg, A.; Cordes, M. *Chem. Eur. J.* **1999**, *5*, 2483

[22]   Dominguez, M.; Alvarez, R.; Borras, E.; Farres, J.; Pares, X.; de Lera, A. R. *Org. Biomol. Chem.* **2006**, *4*, 155.

[23]   Nicolaou, K. C.; van Delft, F.; Ohshima, T.; Vourloumis, D.; Xu, J.; Hosokawa, S.; Pfefferkorn, J.; Kim, S.; Li, T. *Angew. Chem. Int. Ed.* **1997**, *36*, 2520.

[24]   Hanessian, S.; Cantin, L.; Andreotti, D. *J. Org. Chem.* **1999**, *64*, 4893.

[25]   Ong, Q; Handa, S.; Mete, A.; Hill, A. M.; Jones, K.; *ARKIVOC* **2002**, 176.

[26]   Hu, Y.; Ziffer, H. *J. Labelled Compd. Radiopharm.* **1991**, *14*, 1293.

[27]   Denmark, S. E.; Gomez, L. *J. Org. Chem.* **2003**, *68*, 8015.

[28]   Labrecque, D.; Charron, S.; Rej, R.; Blais, C.; Lamothe, S. *Tetrahedron Lett.* **2001**, *42*, 2645.

[29]   Baillie, L. C.; Bearder, J. R.; Li, W.; Sherringham, J. A.; Whiting, D. A. *J. Chem. Soc., Perkin Trans. 1*, **1998**, 4047.

[30]   Hart, D. J.; Li, J.; Wu, W. *J. Org. Chem.* **1997**, *62*, 5023.

[31]   Zhang, G.; Catalano, V. J.; Zhang, L. *J. Am. Chem. Soc.* **2007**, *129*, 11358.

[32]   Takeda, K.; Kawanishi, E.; Nakamura, H.; Yoshii, E. *Tetrahedron Lett.* **1991**, *32*, 4925.

[33]   Jung, J.; Kache, R.; Vines, K. K.; Zheng, Y.; Bijoy, P.; Valluri, M.; Avery, M. A. *J. Org. Chem.* **2004**, *69*, 9269.

[34]   Xing, X.; Demuth, M. *Eur. J. Org. Chem.* **2001**, 537.

[35]   Paquette, L. A.; Barriault, L.; Pissarnitski, D. *J. Am. Chem. Soc.* **1999**, *121*, 4542.

[36]   Korner, S.; Bryant-Friedrich, A.; Giese, B. *J. Org. Chem.* **1999**, *64*, 1559.

[37]   Mapp, A. K.; Heathcock, C. H. *J. Org. Chem.* **1999**, *64*, 23.

[38]   Nicolaou, K. C.; Kim, D. W.; Baati, R.; O'Brate, A.; Giannakakou, P. *Chem. Eur. J.* **2003**, *9*, 6177.

[39]   Tuck, S. F.; Robinson, C. H.; Silverton, J. V. *J. Org. Chem.* **1991**, *56*, 1260.

[40]   Ley, S. V.; Anthony, N. J.; Armsyrong, A.; Brasca, M. G.; Clarke, T.; Culshaw, D.; Greck, C.; Grice, P.; Jones, A. B.; Lygo, B.; Madin, A.; Sheppard, R. N.; Slawin, A. M. Z.; Williams, D. J. *Tetrahedron* **1989**, *45*, 7161.

[41] Robl, J. A.; Duncan, L. A.; Pluscec, J.; Karanewsky, D. S.; Gordon, E. M.; Ciosek, C. P.; Rich, L. C.; Dehmel, V. C.; Slusarchyk, D. A.; Harrity, T. W.; Obrien, K. A.; *J. Med. Chem.* **1991**, *34*, 2804.

[42] Sarma, P. V. S.; Cook, J. M. *Org. Lett.* **2006**, *8*, 1017.

[43] White, J. D.; Hansen, J. D. *J. Am. Chem. Soc.* **2002**, *124*, 4950.

[44] Cases, M.; de Turiso, F. G.; Hadjisoteriou, M. S.; Pattenden, G. *Org. Biomol. Chem.* **2005**, *3*, 2786.

[45] Dounay, A. B.; Urbanek, R. A.; Sabes, S. F.; Forsyth, C. J. *Angew. Chem. Int. Ed.* **1999**, *38*, 2258.

[46] Bode, J. W.; Carreira, E. M. *J. Am. Chem. Soc.* **2001**, *123*, 3611.

[47] Sun, Y.; Moeller, K. D. *Tetrahedron Lett.* **2002**, *43*, 7159.

[48] Basabe, P.; Diego, A.; Diez, D.; Marcos, I. S.; Mollinedo, F.; Urones, J. G. *Synthesis* **2002**, 1523.

[49] Matsuo, G.; Kawamura, K.; Hori, N.; Matsukura, H.; Nakata, T. *J. Am. Chem. Soc.* **2004**, *126*, 14374.

[50] Bode, J. W.; Carreira, E. M. *J. Org. Chem.* **2001**, *66*, 6410.

[51] McDonald, W. S.; Verbicky, C. A.; Zercher, C. K. *J. Org. Chem.* **1997**, *62*, 1215.

[52] Peng, Z.; Woerpel, K. A. *Org. Lett.* **2002**, *4*, 2945.

[53] Jasper, C.; Wittenberg, R.; Quitschaue, M.; Jakupovic, J.; Kirschning, A. *Org. Lett.* **2005**, *7*, 479.

[54] Manaviazar, S.; Frigerio, M.; Bhatia, G. S.; Hummersone, M. G.; Aliev, A. E.; Hale, K. J. *Org. Lett.* **2006**, *8*, 4477.

[55] Fuwa, H.; Kainuma, N.; Tachibana, K.; Tsukano, C.; Satake, M.; Sasaki, M. *Chem. Eur. J.* **2004**, *10*, 4894.

[56] Keck, G. E.; Wager, T. T. *J. Org. Chem.* **1996**, *61*, 8366.

[57] Trauner, D.; Schwarz, J. B.; Danishefsky, S. J. *Angew. Chem. Int. Ed.* **1999**, *38*, 3542.

[58] White, J. D.; Carter, R. G.; Sundermann, K. F. *J. Am. Chem. Soc.* **2001**, *123*, 5407.

[59] Guanti, G.; Banf, L.; Narisano, E.; Thea, S. *Synlett* **1992**, 311.

[60] Hull, H. M.; Jones, R. G.; Knight, D. W. *J. Chem. Soc. Perkin Trans. 1* **1998**, 1779.

[61] Guanti, G.; Banf, L.; Narisano, E.; Riva, R. *Tetrahedron Lett.* **1992**, *33*, 2221.

[62] Brittain, D. E. A.; Griffiths-Jones, C. M.; Linder, M. R.; Smith, M. D.; McCusker, C.; Barlow, J. S.; Akiyama, R.; Yasuda, K,; Ley, S. V. *Angew. Chem. Int. Ed.* **2005**, *44*, 272.

[63] Nicolaou, K. C.; Murphy, F.; Barluenga, S.; Ohshima, T.; Wei, H.; Xu, J.; Gray, D. L. F.; Baudoin, O. *J. Am. Chem. Soc.* **2000**, *122*, 3830.

[64] Hu, T.; Panek, J. S. *J. Org. Chem.* **1999**, *64*, 3000.

[65] Naito, S.; Escobar, M.; Kym, P. R.; Liras, S.; Martin, S. F. *J. Org. Chem.* **2002**, *67*, 4200.

[66] Ermolenko, L.; Sasaki, N. A.; Potier, P. *J. Chem. Soc., Perkin Trans. 1*, **2000**, 2465.

[67] Zhang, W.; Carter, R. G.; Yokochi, A. F. T. *J. Org. Chem.* **2004**, *69*, 2569.

[68] Bode, J. W.; Carreira, E. M. *J. Org. Chem.* **2001**, *66*, 6410.

[69] William, D. R.; Jr. Heidebrecht, R. W. *J. Am. Chem. Soc.* **2003**, *125*, 1343.

[70] Gool, M. V.; Zhao, X.; Sabbe, K.; Vandewalle, M. *Eur. J. Org. Chem.* **1999**, 2241.

[71] Mukaiyama, T.; Shiima, I.; Iwadare, H.; Saitoh, M.; Nishimura, T.; Ohkawa, N.; Sakoh, H.; Nishimura, K.; Tani, Y.; Hasegawa, M.; Yamada, K.; Saitoh, K. *Chem. Eur. J.* **1999**, *5*, 121.

[72] Paquette, L.A.; Edmondson, S. D.; Monck, N.; Rogers, R. D. *J. Org. Chem.* **1999**, *64*, 3255.

[73] Chen, X.; Bhattacharya, S. K.; Zhou, B.; Gutteridge, C. E.; Pettus, T. R. R.; Danishefsky, S. J. *J. Am. Chem. Soc.* **1999**, *121*, 6563.

[74] Nicolaou, K. C.; Shi, G.; Gunzner, J. L.; Gartner, P.; Wallace, P. A.; Ouellette, M. A.; Shi, S.; Bunnage, M. E.; Agrios, K. A.; Veale, C. A.; Hwang, C.; Hutchinson, J.; Prasad, C. V. C.; Ogilvie, W. W.; Yang, Z. *Chem. Eur. J.* **1999**, *5*, 628.

[75] Tsukano, C.; Ebine, M.; Sasaki, M. *J. Am. Chem. Soc.* **2005**, *127*, 4326.

[76] Nicolaou, K. C.; Yang, Z.; Ouellette, M.; Shi, G.; Gartner, P.; Gunzner, J. L.; Agrios, K. A. *J. Am. Chem. Soc.* **1997**, *119*, 8105.

[77] Ducray, R.; Ciufolini, M. A. *Angew. Chem. Int. Ed.* **2002**, *41*, 4688.

[78] Ley, S. V.; Armstrong, A.; Diez-Martin, D.; Ford, M. J.; Grice, P.; Knight, J. G.; Kolb, H. C.; Madin, A.; Marby, C. A.; Mukherjee, S.; Shaw, A. N.; Slawin, A. M. Z.; Viles, S.; White, A. D.; Williams, D. J.; Woods, M. *J. Chem. Soc., Perkin Trans. 1* **1991**, 667.

[79] Nakamura, R.; Tanino, K.; Miyashita, M. *Org. Lett.* **2003**, *5*, 3583.

[80] Hu, T.; Takenaka, N.; Panek, J. S. *J. Am. Chem. Soc.* **2002**, *124*, 12806.

[81] Lambert, W. T.; Hanson, G. H.; Benayoud, F.; Burke, S. D. *J. Org. Chem.* **2005**, *70*, 9382.

[82] Paterson, I.; Davies, R. D. M. Marquez, R. *Angew. Chem. Int. Ed.* **2001**, *40*, 603.

[83] Fenster, M. D. B.; Dake, G. R. *Chem. Eur. J.* **2005**, *11*, 639.

[84] Brands, K. M. J.; Kende, A. S. *Tetrahedron, Lett.* **1992**, *33*, 5887.

[85] Tsujimoto, T.; Nishikawa, T.; Urabe, D.; Isobe,M. *Synlett* **2005**, 433.

[86] Schroer, J.; Sanner, M.; Reyond, J.; Lerner, R. A. *J. Org. Chem.* **1997**, *62*, 3220.

[87] Pillips, D.; Chamberlin, A. R. *J. Org. Chem.* **2002**, *67*, 3194.

[88] Lemaire, P.; Balme, G.; Desbordes, P.; Vors, J. *Org. Biomol. Chem.* **2003**, *1*, 4209.

[89] Crimmins, M. T.; Al-awar, R. S.; Vallin, I. M.; Hollis, W. G.; Jr. Hollis, W. G.; O'Mahony, R.; Lever, J. G.; Bankaitis-Davis, D. M. *J. Am. Chem. Soc.* **1996**, *118*, 7513.

[90] Marshall, J. A.; Yanik, M. M. *J. Org. Chem.* **2001**, *66*, 1373.

[91] Furstner, A.; Domostoj, M. M.; Scheiper, B. *J. Am. Chem. Soc.* **2005**, *127*, 11620.

[92] Nicolaou, K. C.; Nantermet, P. G.; Ueno, H.; Guy, R. K. *J. Chem. Soc. Chem. Commun.* **1994**, 295.

[93] Fettes, A.; Carreira, E. M. *J. Org. Chem.* **2003**, *68*, 9274.

[94] Hitchcock, S. A.; Pattenden, G. *Tetrahedron Lett.* **1992**, *33*, 4843.

[95] Ninan, A.; Sainsbury, M. *Tetrahedron* **1992**, *48*, 6709.

[96] Takeda, K.; Kawanishi, E.; Nakamura, H.; Yoshii, E. *Tetrahedron Lett.* **1991**, *32*, 4925.

[97] Pattenden, G.; Gonzalez, M. A.; Little, P. B.; Millan, D. S.; Plowright, A. T.; Tornos, J. A.; Ye, T. *Org. Biomol. Chem.* **2003**, *1*, 4173.

[98] Beignet, J.; Tiernan, J.; Woo, C. H.; Kariuki, B. M.; Cox, L. R. *J. Org. Chem.* **2004**, *69*, 6341.

[99] Christmann, M.; Bhatt, U.; Quitschalle, M.; Claus, E.; Kalesse, M. *Angew. Chem. Int. Ed.* **2000**, *39*, 4364.

[100] Misske, A. M.; Hoffmann, N. M. R. *Chem. Eur. J.* **2000**, *6*, 3313.

[101] Dauban, P.; Chiaroni, A.; Riche, C.; Dodd, R. H. *J. Org. Chem.* **1996**, *61*, 2488.

[102] Maddess, M. L.; Tackett, M. N.; Watanabe, H.; Brennan, P. E.; Spilling, C. D.; Scott, J. S.; Osborn, D. P.; Ley, S. V. *Angew. Chem. Int. Ed.* **2007**, *46*, 591.

[103] White, J. D.; Blakemore, P.R.; Green, N. J.; Hauser, E. B.; Holoboski, M. A.; Keown, L. E.; Kolz, C. S. N.; Phillips, B. W. *J. Org. Chem.* **2002**, *67*, 7750.

[104] Sekhar, C.; Kim, J.; Corey, E. J. *J. Am. Chem. Soc.* **2006**, *128*, 14050.

[105] Luzung, M. R.; Toste, F. D. *J. Am. Chem. Soc.* **2003**, *125*, 15760.

[106] Overman, L. E.; Wolfe, J. P. *J. Org. Chem.* **2002**, *67*, 6421.

[107] Arns, S.; Barriault, L. *J. Org. Chem.* **2006**, *71*, 1809.

[108] Meng, D.; Tan, Q.; Danishefsky, S. J. *Angew. Chem. Int. Ed.* **1999**, *38*, 3197.

[109] Garcia, A. L. L.; Carpes, M. J. S.; de Oca, A. C. B. M.; dos Santos, M. A. G.; Santana, C. C.; Correia, C. R. D. *J. Org. Chem.* **2005**, *70*, 1050.

[110] Takahashi, K.; Matsumura, T.; Corbin, G. R. M.; Ishihara, J.; Hatakeyama, S. *J. Org. Chem.* **2006**, *71*, 4227.

[111] Kim, Y.; Wang, P.; Navarro-Villalobos, M.; Rohde, B. D.; Derryberry, J.; Gin, D. Y. *J. Am. Chem. Soc.* **2006**, *128*, 11906.

[112] Morency, L.; Barriault, L. *J. Org. Chem.* **2005**, *70*, 8841.

[113] Arnott, G.; Heaney, H.; Hunter, R.; Page, P. C. B. *Eur. J. Org. Chem.* **2004**, 5126.

[114] Denmark, S. E.; Yang, S. *J. Am. Chem. Soc.* **2004**, *126*, 12432.

[115] Dias, L. C.; Diaz, G.; Ferreira, A. A.; Meira, P. R. R.; Ferreira, E. *Synthesis* **2003**, 603.

[116] van Bebber, J.; Ahrens, H.; Frohlich, R.; Hoppe, D. *Chem. Eur. J.* **1999**, *5*, 1905.

[117] Larrosa, I.; Da Silva, M. I.; Gomez, P. M.; Hannen, P.; Ko, E.; Lenger, S. R.; Linke, S. R.; White, A. J. P.; Wilton, D.; Barrett, A. G. M. *J. Am. Chem. Soc.* **2006**, *128*, 14042.

[118] Andrews, S. P.; Ball, M.; Wierschem, F.; Cleator, E.; Oliver, S.; Hogenauer, K.; Simic, O.; Antonello, A.; Hunger, U.; Smith, M. D.; Ley, S. V. *Chem. Eur. J.* **2007**, *13*, 5688.

[119] Crimmins, M. T.; McDougall, P. J.; Ellis, J. M. *Org. Lett.* **2006**, *8*, 4079.

[120] Barriault, L.; Deon, D. H. *Org. Lett.* **2001**, *3*, 1925.

[121] Hanaki, N.; Link, J. T.; MacMillan, D. W. C.; Overman, L. E.; Trankle, W. G.; Wurster, J. A. *Org. Lett.* **2000**, *2*, 223.

[122] Yang, Y.; Choi, J.; Tae, J. *J. Org. Chem.* **2005**, *70*, 6995.

[123] Kamlage, S.; Sefkow, M.; Pool-Zobel, B. L.; Peter, M. G. *J. Chem. Soc., Chem. Commun.* **2001**, 331.

[124] Mandville, G.; Ahmar, M.; Bloch, R. *J. Org. Chem.* **1996**, *61*, 1122.

[125] Suzuki, K.; Inomata, K.; Endo, Y. *Org. Lett.* **2004**, *6*, 409.

[126] Yu, J.; Wearing, X.; Cook, J. M. *J. Am. Chem. Soc.* **2004**, *126*, 1358.

[127] Yu, J.; Wearing, X.; Cook, J. M. *J. Org. Chem.* **2005**, *70*, 3963.

[128] Queneau, Y.; Krol, W. J.; Bornmann, W. G.; Danishefsky, S. J. *J. Org. Chem.* **1992**, *57*, 4043.

[129] Lee, A.; Ley, S. V. *Org. Biomol. Chem.* **2003**, *1*, 3957.

[130] Wiberg, K. B.; Snoonian, J. R. *J. Org. Chem.* **1998**, *63*, 1402.

[131] Acosta, C. K.; Rao, P. N.; Kim, H. K. *Steroids* **1993**, *58*, 205.

[132] Emmons, C. H. H.; Kuster, B. F. M.; Vekemans, J. A. J. M.; Sheldon, R. A. *Tetrahedron Asymm.* **1991**, *2*, 359.

[133] Itoh, T.; Yamazaki, N.; Kibayashi, C. *Org. Lett.* **2002**, *4*, 2469.

[134] Schultz, A. G.; Pettus, L. *J. Org. Chem.* **1997**, *62*, 6855.

[135] Wee, A. G. H.; Yu, Q. *J. Org. Chem.* **2001**, *66*, 8935.

[136] Le, V.; Wong, C. *J. Org. Chem.* **2000**, *65*, 2399.

[137] Fairbanks, A.; Fleet, G. W. J. *Tetrahedron* **1995**, *51*, 3881.

[138] Tokunaga, Y.; Ihara, M.; Fukumoto, K. *J. Chem. Soc., Perkin Trans. 1* **1997**, 207.

[139] Tokunaga, Y.; Yagihashi, M.; Ihara, M.; Fukumoto, K. *J. Chem. Soc., Chem. Commun.* **1995**, 955.

[140] Kamal, A.; Howard, P. W.; Reddy, B. S. N.; Reddy, B. S. P.; Thurston, D. E. *Tetrahedron* **1997**, *53*, 3223.

[141] Kamal A.; Devaiah, V.; Reddy, K. L.; Shankaraiah, N. *Adv. Synth. Catal.* **2006**, *348*, 249.

[142] Hinzen B.; Ley, S. V. *J. Chem. Soc., Perkin Trans 1* **1998**, 1.

[143] Ellis, G. L.; O'Neil, I. A.; Ramos, V. E.; Kalindjian, S. B.; Chorlton, A. P.; Tapolczay, D. J. *Tetrahedron Lett.* **2007**, *48*, 1687.

[144] Guertin, K. R.; Kende, A. S. *Tetrahedron Lett.* **1993**, *34*, 5369.

[145] Trost, B. M.; Corte, J. R. *Angew. Chem. Int. Ed.* **1999**, *38*, 3664.

[146] White, G. J.; Garst, M. E. *J. Org. Chem.* **1991**, *56*, 3177.

[147] Yates, M. H. *Tetrahedron Lett.* **1997**, *38*, 2813.

[148] Fujishima, H.; Takeshita, H.; Suzuki, S.; Toyota, M.; Ihara, M. *J. Chem. Soc., Perkin Trans. 1* **1999**, 2609.

[149] Keck, G. E.; Wager, C. A.; Wager, T. T.; Savin, K. A.; Covel, J. A.; Mclaws, M. D.; Krishnamurthy, D.; Cee, V. J. *Angew. Chem. Int. Ed.* **2001**, *40*, 231.

[150] Ley, S. V.; Antonello, A.; Balskus, E. P.; Booth, D. T.; Christensen, S. B.; Cleator, E.; Gold, H.; Hogenauer, K.; Hunger, U.; Myers, R. M.; Oliver, S. F.; Simic, O.; Smith, M. D.; Sohoel, H.; Woolford, A. J. A. *PNAS*, **2004**, *101*, 12073.

[151]   Goksel, H.; Stark, C. B. W. *Org. Lett.* **2006**, *8*, 3433.

[152]   Eggen, M.; Mossman, C. J.; Buck, S. B.; Nair, S. K.; Bhat, L.; Ali, S. M.; Reiff, E. A.; Boge, T. C.; Georg, G. I. *J. Org. Chem.* **2000**, *65*, 7792.

[153]   Takahashi, S.; Hishinuma, N.; Koshino, H.; Nakata, T. *J. Org. Chem.* **2005**, *70*, 10162.

[154]   Solorio, D. M.; Jennings, M. P. *J. Org. Chem.* **2007**, *72*, 6621.

鲁博特姆氧化反应
(Rubottom Oxidation)

张鲁岩

1 历史背景简述

1974 年，Rubottom 报道了在己烷溶液中三甲硅基烯醇醚与间氯过氧苯甲酸 (m-CPBA) 之间的氧化反应。如式 1 所示，产生的中间体不经分离或提纯，直接被酸或碱处理后就可以高产率地生成 α-羟基酮产物[1]。文章还报道了几个具有代表性的例子，证明该反应具有一定的普遍性。

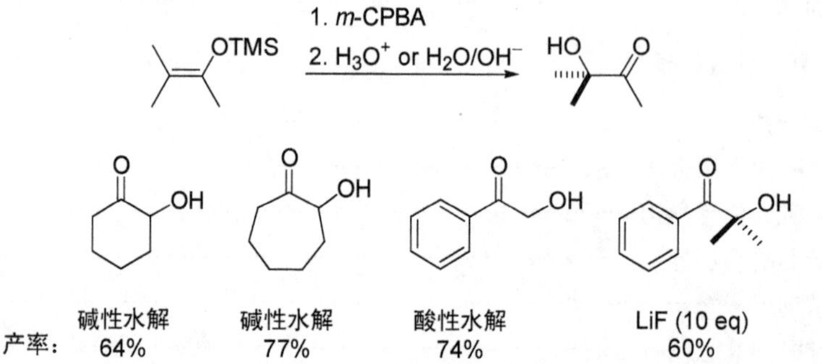

碱性水解	碱性水解	酸性水解	LiF (10 eq)
产率: 64%	77%	74%	60%

事实上，在同一年稍早时候，Brook 等已经报道他们观察到烯醇硅醚与 m-CPBA 反应所产生的环氧化合物可以发生硅基重排，得到了 α-硅氧基酮产物 (式 2)。如果将生成的 α-硅氧基酮中间体在酸性条件下水解，则生成 α-羟基酮产物[2]。

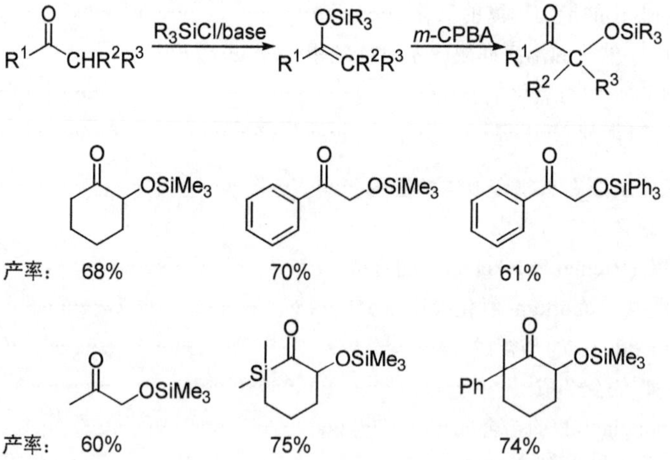

产率: 68%	70%	61%
产率: 60%	75%	74%

1975 年，Hassner 基于相同的反应机理，发展了一种高效合成 α-乙酰氧基醛的方法 (式 3)[3]。

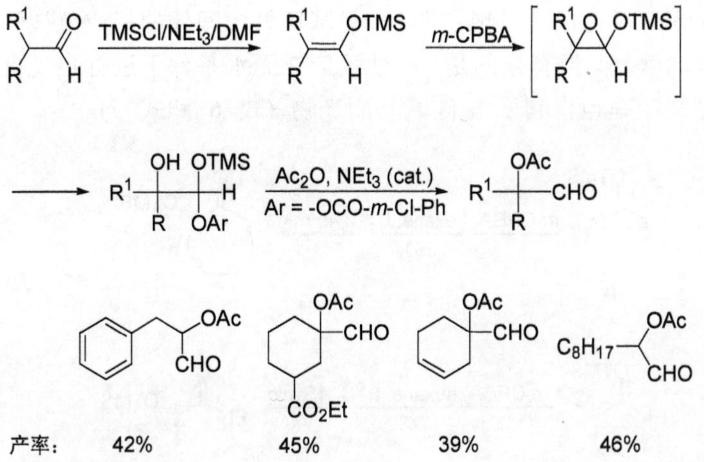

$$(3)$$

产率:　　　　42%　　　　　45%　　　　　39%　　　　　46%

该文中详述了酮的烯醇硅醚与 *m*-CPBA 之间的反应，生成 *α*-三甲硅氧基酮产物 (式 4)。

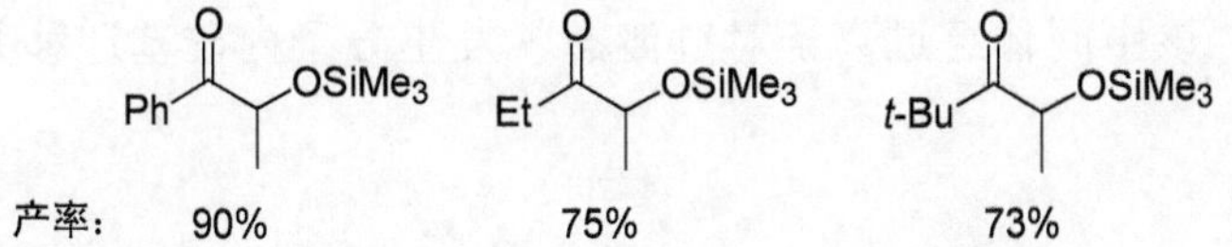

$$(4)$$

产率:　　　　90%　　　　　75%　　　　　73%

现在，人们习惯上把这一类反应统称为 Rubottom 氧化反应。从那时起至今三十多年的时间里，Rubottom 氧化反应得到了广泛的发展和应用。最近，Wolfe 和 Kürti 等人分别对 Rubottom 氧化反应进行了简单的综述[4,5]。

2　Rubottom 氧化反应机理

在经典的 Rubottom 氧化反应中，烯醇硅醚首先与 *m*-CPBA 反应生成一个硅氧基环氧中间体。然后，环氧中间体在酸性条件下开环形成一个稳定的带氧碳正离子 (Oxocarbenium ion)，并发生 1,4-硅基迁移 (Brook 重排) 生成 *α*-硅氧基酮。最后，*α*-硅氧基酮经水解生成 *α*-羟基酮 (式 5)。

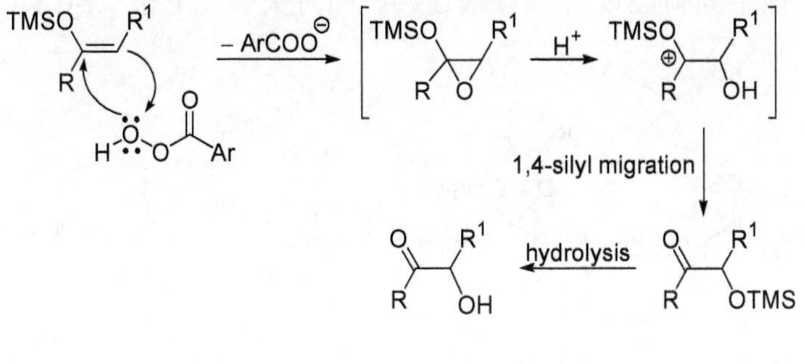

$$(5)$$

在 Rubottom 氧化反应发现初期，硅氧基环氧中间体的形成就被认为是对反应机理最合理的解释。但有趣的是：即使反应在无水条件下进行也没有分离到该中间体，而是高产率地得到了 α-硅氧基酮产物 (式 6 和式 7)。

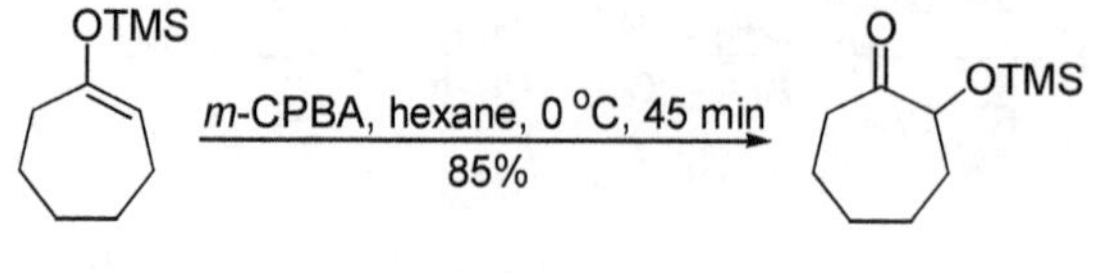

$$\text{OTMS环庚烯} \xrightarrow[85\%]{m\text{-CPBA, hexane, 0 °C, 45 min}} \text{环庚酮-OTMS} \qquad (6)$$

$$\text{Ph-C(OTMS)=C(CH}_3)_2 \xrightarrow[74\%]{m\text{-CPBA, hexane, 0 °C, 45 min}} \text{Ph-CO-C(CH}_3)_2\text{-OTMS} \qquad (7)$$

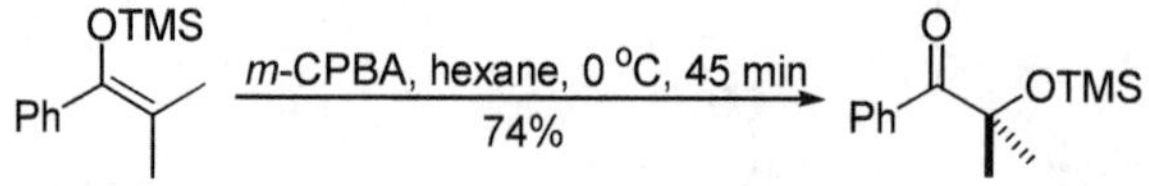

在同一时期，Clark 和 Heathcock 报道了烯醇硅醚 **1** 被 O_3 氧化生成 α-硅氧基酮的反应 (式 8)[6]。他们也认为：反应首先生成了不稳定的硅氧基环氧中间体 **2**。然后，该中间体经过离子对过渡态，发生分子内硅基迁移并最后生成 α-硅氧基酮 **3**。

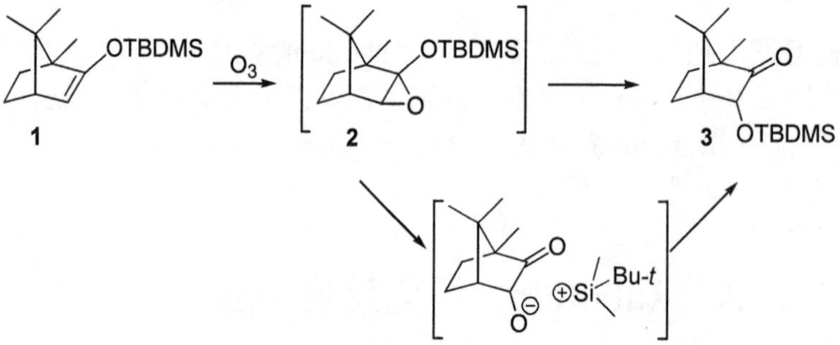

$$\text{1} \xrightarrow{O_3} [\text{2}] \longrightarrow \text{3 OTBDMS} \qquad (8)$$

在 Rubottom 报道其初步研究成果不久，他们又提出了另外一种烯醇硅醚环氧化合物重排机理 (式 9)[7]，这种机理极有可能发生在环状反应体系中。进一步的研究表明：烯醇硅醚环氧化合物的碳氧键首先被 m-CPBA 断键。然后，产生的碳正离子又被间氯苯甲酸 (m-CBA) 俘获形成不稳定的间氯苯甲酸酯中间体。最后，该中间体经过 1,4-硅基迁移，同时失去一分子 m-CBA 生成最终产物。

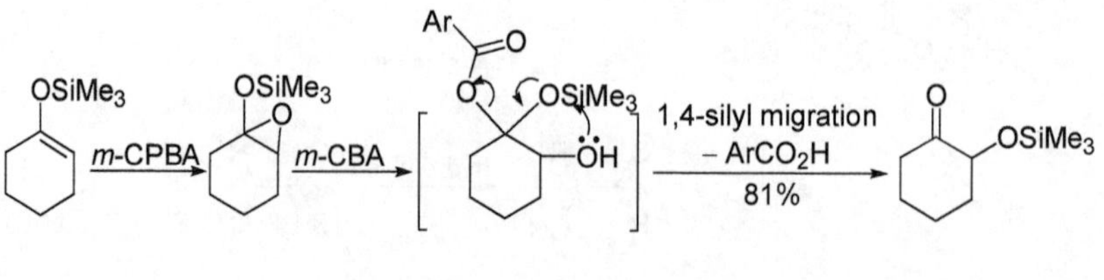

$$\text{OSiMe}_3 \xrightarrow{m\text{-CPBA}} \xrightarrow{m\text{-CBA}} [\quad] \xrightarrow[\substack{-\text{ArCO}_2\text{H} \\ 81\%}]{1,4\text{-silyl migration}} \text{OSiMe}_3 \qquad (9)$$

3 烯醇硅醚的合成

3.1 烯醇硅醚的常用合成方法

有很多文献综述了烯醇硅醚的制备方法[8~10]。对于结构对称或只能在一个方向 (位置) 能够发生烯醇化的酮或醛底物来说，一般只生成一种产物。所以，反应条件也相对比较简单。如式 10 和式 11 所示：在三乙胺或 DABCO 的存在下，酮或醛与过量的三甲基氯硅烷在 DMF 溶液中直接发生反应即可。在大多数情况下，烯醇硅醚可以通过分馏进行提纯。在不接触水和酸的前提下，烯醇硅醚可以保存相当一段时间不会发生分解或水解。

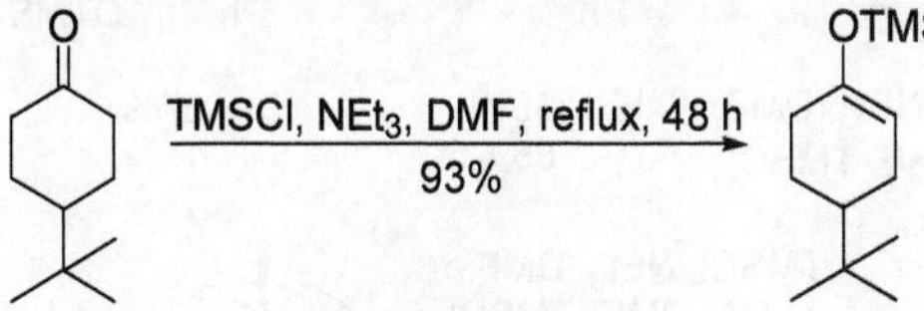

$$\text{TMSCl, NEt}_3\text{, DMF, reflux, 48 h} \atop 93\%$$ (10)

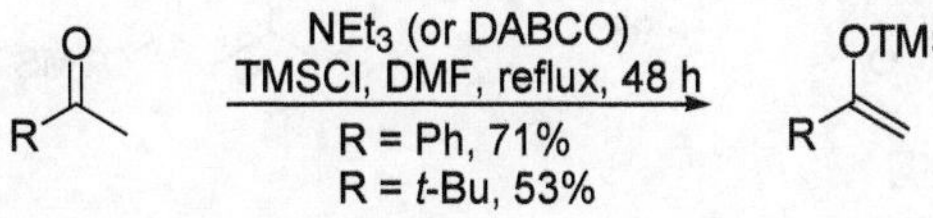

$$\begin{array}{c}\text{NEt}_3\text{ (or DABCO)}\\\text{TMSCl, DMF, reflux, 48 h}\\R = \text{Ph, 71\%}\\R = t\text{-Bu, 53\%}\end{array}$$ (11)

3.2 烯醇硅醚的位置异构

对于不对称的底物酮而言，在一般的反应条件下往往会得到位置异构的烯醇硅醚的混合物[8]。实验现象显示：在强碱 (例如：LDA) 作用下，底物酮失去一个质子后与三甲基氯硅烷反应往往得到动力学控制的较少双键取代的烯醇硅醚。如式 12 所示：在 TMSCl/NEt₃ 反应条件下，2-甲基环己酮生成 1-三甲硅氧基-6-甲基环己烯 (**4**) 与 1-三甲硅氧基-2-甲基环己烯 (**5**) 的比例为 22:78。而在 LDA/TMSCl 反应条件下，产物 **4** 的比例高达 99%。如式 13 和式 14 所示：2-庚酮和化合物 **6** 的烯醇化研究也得到类似的结果。

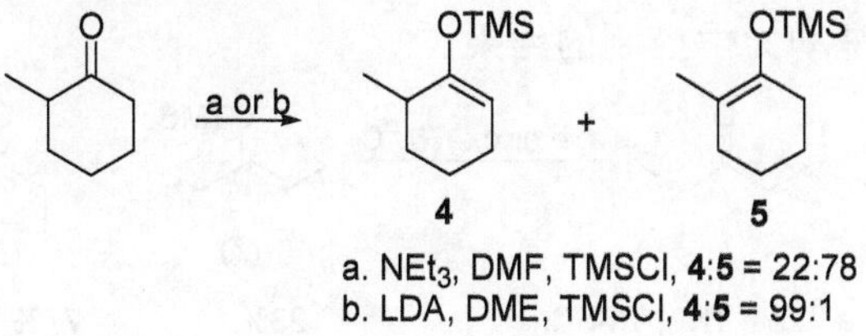

(12)

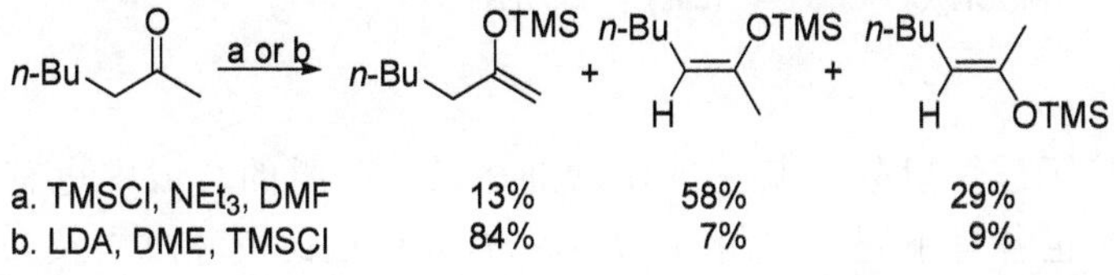

a. NEt₃, DMF, TMSCl, 4:5 = 22:78
b. LDA, DME, TMSCl, 4:5 = 99:1

(13)

a. TMSCl, NEt₃, DMF	13%	58%	29%
b. LDA, DME, TMSCl	84%	7%	9%

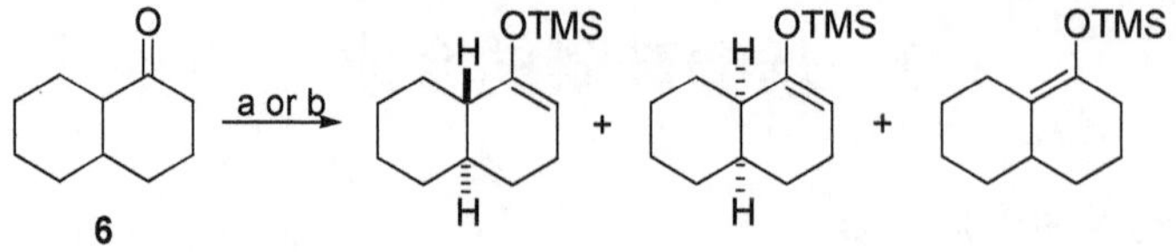

$$ (14) $$

a. TMSCl, NEt₃, DMF, 30 h   17%   5%   78%
b. LDA, DME, TMSCl   71%   27%   2%

在一般制备烯醇硅醚的条件下，假若分子中存在双键或芳香基团，烯醇硅醚的双键一般产生在与已有的双键或芳香基团发生共轭的位置上 (式 15 和式 16)。

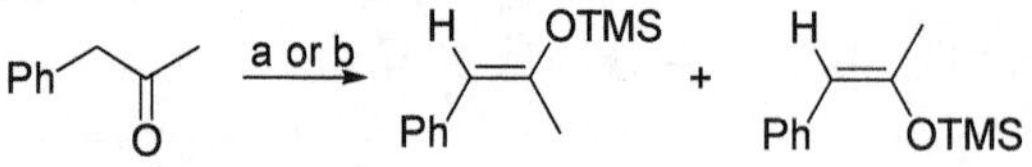

$$ (15) $$

a. TMSCl, NEt₃, DMF, 30 h   33%   67%
b. LDA, DME, TMSCl   86%   14%

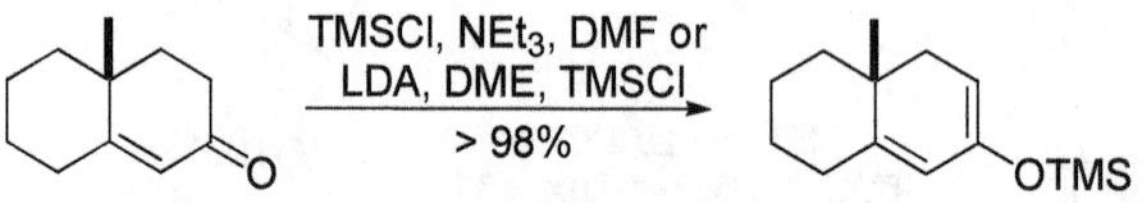

$$ (16) $$

TMSCl, NEt₃, DMF or
LDA, DME, TMSCl
> 98%

3.3 烯醇硅醚的顺反异构

1978 年，Kuwajima 报道了对烯醇硅醚合成中顺反异构体的研究[11]。实验结果发现：在一般反应条件下反式异构体为主要产物。例如：在 −78 °C 和 LDA 的存在下，2-戊酮在 THF 溶液中与 TMSCl 反应得到的烯醇硅醚的顺反异构体比例为 23:77。如果使用体积较大的碱 LiTMP (lithium 2,2,6,6-tetramethylpiperidine)，烯醇硅醚的顺反异构体比例则为 16:84。这一结果说明：碱的体积因素对产物中顺反异构体的比例并没有显著的影响。但是，当 2-戊酮在 −78 °C 与三甲硅基乙酸乙酯 (ETSA) 反应时却得到了高达 99.5% 的顺式异构体 (式 17)。但当此顺式异构体在 20 °C 下与催化量 (3 mol%) 的 TBAF/THF 反应 24 h 后，顺反异构体的比例却降低到 87:13。这一结果说明：使用三甲硅基乙酸乙酯得到高选择性的顺式异构体是动力学控制的结果。

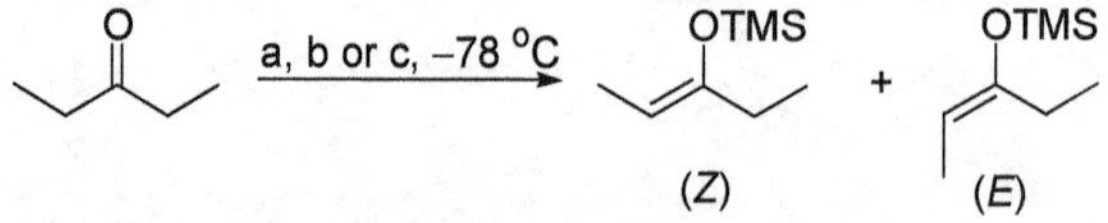

$$ (17) $$

a. LDA, THF, TMSCl   23%   77%
b. LiTMP, THF, TMSCl   16%   84%
c. TMSCH₂CO₂Et, TBAF (cat.)   99.5%   ----

3.4 硅化试剂

除了三甲基氯硅烷以外，其它硅化试剂在烯醇硅醚的合成中也有广泛的用途，它们的活性也各有不同。如图 1 所示：有人通过比较环戊酮及二异丙基酮与不同硅化试剂的反应结果 (三乙胺，-20~70 °C，1,2-二氯乙烷)[12]，列出了不同硅化试剂 TMSX 的反应活性顺序。

$$X = Cl \ll OSO_2CH_3 < OSO_2\text{-}p\text{-}MePh < OSO_2OTMS$$

$$\ll OSO_2CH_2CF_3 < Br \ll OSO_2CF_3 < I$$

图 1　硅化试剂反应活性的顺序

3.5　烯醇硅醚的其它制备方法

α,β-不饱和酮可以通过两种途径转变成为烯醇硅醚：一种途径是经锂/氨还原得到烯醇锂盐后再与硅化试剂反应得到烯醇硅醚[13,14] (式 18a)，另一种是直接使用硅化试剂对 α,β-不饱和酮进行 1,4-加成得到烯醇硅醚 (式 18b)。

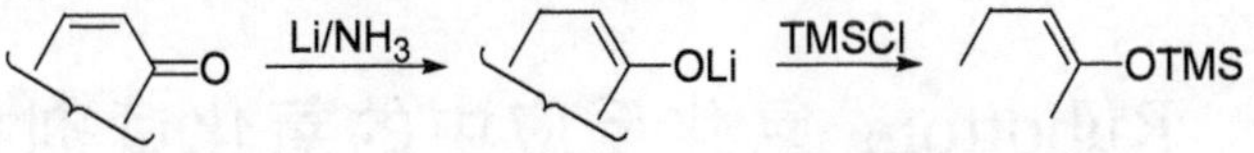

$$\text{(18a)}$$

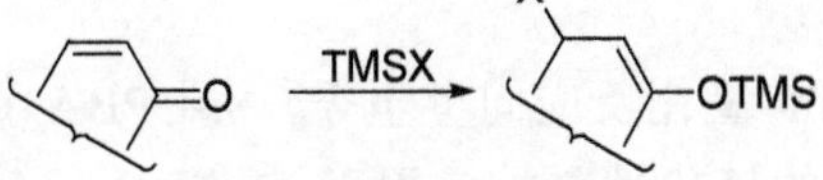

$$\text{(18b)}$$

二烯醇的硅醚是一种结构特殊的烯醇硅醚 (silyl dienol ethers)，也称之为硅氧基-1,3-二烯烃 (siloxybutadienes)。通常，它们是由不饱和羰基化合物在碱的作用下烯醇化后与硅基化试剂反应得到的。如式 19 所示：在强碱的作用下，α,β-不饱和羰基化合物的烯醇化一般为动力学控制，与硅基化试剂反应主要生成 2-硅氧基-1,3-二烯烃 7[15]。如式 20 所示：当 α,β-不饱和酮 8 的另一个 α-位被完全取代时，γ-位的甲基在碱性条件下失去一个质子。接着，在羰基化合物烯醇化的同时双键发生迁移。最后，烯醇盐与三甲基氯硅烷发生反应得到化合物 9[16]。

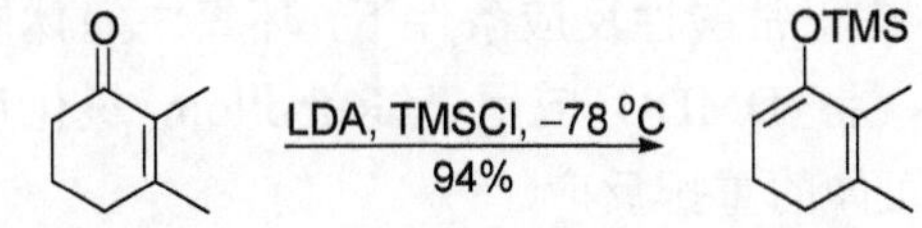

$$\text{(19)}$$

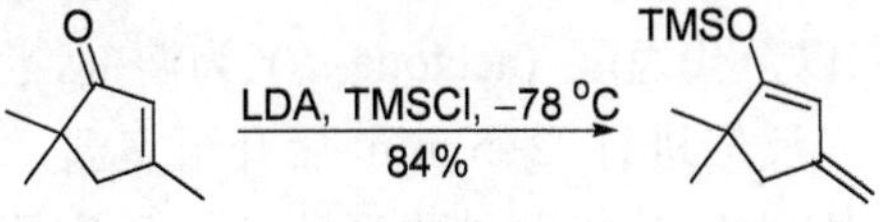

$$\text{(20)}$$

在上述同样的烯醇化条件下，化合物 10 主要生成产物 11 (式 21)。但是，在 TMSCl/NEt₃/DMF 作用下，化合物 12 生成双键位移到另外一个环中的热力学稳定的产物 13 (式 22)[17]。

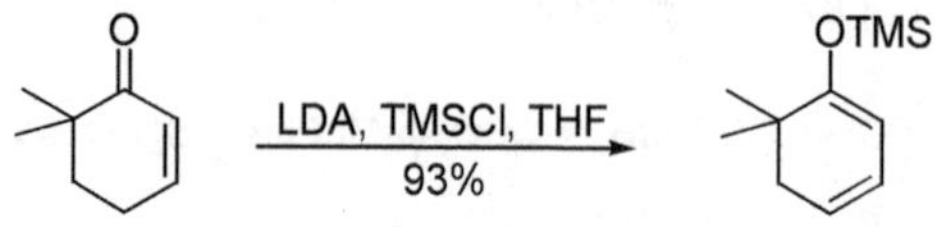

$$(21)$$

$$(22)$$

4　Rubottom 氧化反应中的氧化试剂

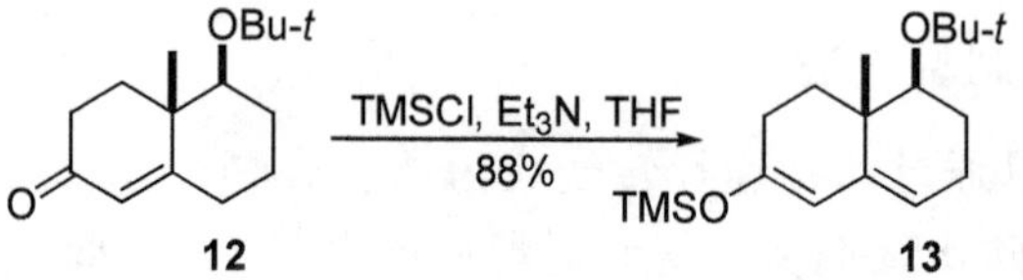

　　从 Rubottom 氧化反应问世至今，m-CPBA 就一直是最广泛使用的氧化剂。同时，越来越多的氧化试剂被应用于 Rubottom 氧化反应，旨在提高反应的不对称选择性和满足绿色化学的要求。

4.1　二甲基二氧杂环丙烷作为氧化剂

　　二甲基二氧杂环丙烷 (DMDO, dimethyldioxirane) 是除了 m-CPBA 之外在 Rubottom 氧化反应中应用比较广泛的氧化剂。DMDO 是一个高效的温和氧化剂，在低温下仍具有很高的反应活性。1987 年，Adam 报道了关于 DMDO 的合成、含量测定和反应性的研究[18]。

　　一般认为：烯醇硅醚在过氧酸 (例如：m-CPBA) 的氧化反应中首先生成 2-硅氧基环氧乙烷中间体。在正常酸性反应条件下，环氧中间体倾向于重排生成相应的 α-硅氧基酮。但是，将 DMDO 应用于 Rubottom 氧化反应不会引起酸性催化的 2-硅氧基环氧中间体的重排反应。

　　1989 年，Danishefsky 报道了关于 DMDO 参与的 Rubottom 氧化反应的研究[19]。如式 23 所示：他们以氘代丙酮 (acetone-d_6) 为溶剂，将烯醇硅醚在 −78 °C 用 DMDO-d_6 进行氧化。当反应进行 2~5 min 后升至室温，直接进行 ^{1}H NMR、MS 和 IR 检测。其中，^{1}H NMR 检测结果证实：该反应几乎定量地生成了 2-硅氧基环氧中间体。^{1}H NMR 的跟踪实验同时发现：在室温条件下的含水氘代丙酮中，所有的 2-硅氧基环氧中间体在一定的时间里都发生重排生成 α-硅氧基 (或羟基)酮，其转化的半衰期从 < 3 h 到 55 h 不等。

$$R \xrightarrow{O}_{R^1}^{R^2} \longrightarrow R \xrightarrow{OTBS}_{R^1}^{R^2} \xrightarrow[\text{$-78\,^{\circ}$C, 2~5 min}]{\text{DMDO, acetone-}d_6} R \xrightarrow{OTBS}_{R^1}^{R^2} \quad (23)$$

R = t-Bu, R^1 = H, R^2 = H
R = Et, R^1 = H, R^2 = Me
R = H, R^1 + R^2 = -(CH$_2$)$_4$-
R + R^1 = -(CH$_2$)$_4$-, R^2 = H
R + R^1 = -(CH$_2$)$_4$-, R^2 = Me
R = Ph, R^1 = Me, R^2 = Me

DMDO = O-O / C(CH$_3$)$_2$

4.2 氧氮杂环丙烷磺酰胺作为氧化剂

1987 年，Davis 以氧氮杂环丙烷磺酰胺 (2-sulfonyloxaziridine) 化合物 **14** 作为氧化剂实现了 Rubottom 氧化反应 (表 1)[20]。如式 24 所示：化合物 **14** 属于一种非质子中性氧化剂。

$$\underset{Ph}{\overset{TMSO}{\diagdown}}\!\!\!\!\!=\!\!\!\!\!\underset{R}{\overset{R^1}{\diagup}} \xrightarrow{\textbf{14}, \text{CHCl}_3, \text{rt}} \underset{OTMS}{\overset{O}{Ph}}\!\!\!\!\!\underset{}{\overset{R\ R^1}{}} \xrightarrow{\text{hydrolysis}} \underset{OH}{\overset{O}{Ph}}\!\!\!\!\!\underset{}{\overset{R\ R^1}{}} \quad (24)$$

R, R^1 = H, Me, Ph

14

表 1　烯醇硅醚在氯仿溶液中被化合物 **14** 氧化合成 α-羟基酮

烯醇硅醚	反应条件 (温度，时间)	水解方法	产率/%
OTMS (cyclohexene)	60 °C, 3 h	5% HCl/THF	85
OTMS Ph	60 °C, 3 h	5% HCl/THF	65
		HF/MeCN	55
OTMS Ph	25 °C, 17 h	5% HCl/THF	80
	60 °C, 1 h	5% HCl/THF	81
	60 °C, 1 h	Bu$_4$NF/THF	41
OTMS Ph **15**	25 °C, 4.5 h	Bu$_4$NF/THF	79
	60 °C, 1 h		75
OTMS Ph Ph	60 °C, 1 h	Bu$_4$NF/THF	98
	60 °C, 7.5 h	HF/MeCN	over-oxidation

该论文特别报道，在无酸的 CDCl$_3$ 溶剂中使用 ^{1}H NMR 跟踪底物 **15** 的氧化反应时观测到反应几乎定量生成一个中间体。如式 25 所示：该中间体分子中两个甲基的化学位移分别为 δ 1.0 (s) 和 δ 1.50 (s)。这些数据与环氧化合物 2,2-二甲基-3-苯基环氧乙烷中两个甲基的化学位移几乎完全吻合 [δ 1.08 (s) 和 δ 1.49 (s)]。因此，他们间接地证明了氧化过程中 α-硅氧基环氧中间体 **15'** 的形成。

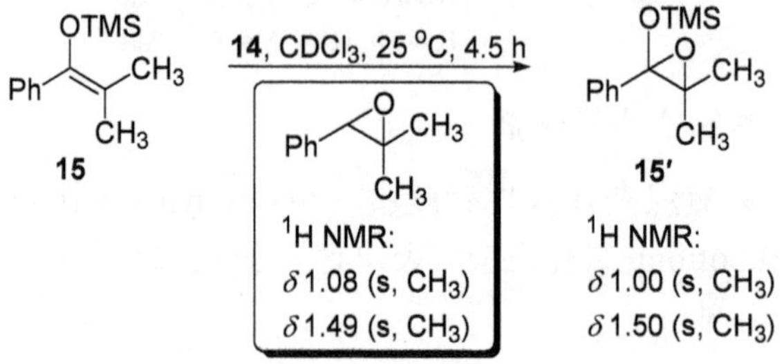

$$(25)$$

如式 26 所示：在室温下的无水四氢呋喃溶液中，烯醇硅醚 **15** 被化合物 **14** 氧化高产率地生成 2-硅氧基环氧中间体 **15'**。

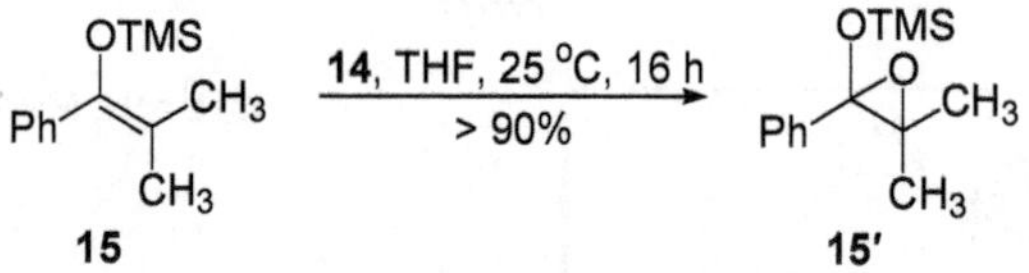

$$(26)$$

他们还观察到：微量的对甲基苯磺酸 (p-TSA) 会迅速地催化 2-硅氧基环氧化合物 **15'** 定量地重排生成 α-硅氧基酮。在 60 °C 时即使没有任何酸的存在，化合物 **15'** 也会发生重排反应迅速转化为 α-硅氧基酮。

4.3 甲基三氧化铼催化的过氧化氢氧化反应

1998 年，Espenson 等人报道：在催化量的甲基三氧化铼 (methyltrioxorhenium, MTO) 的存在下，烯醇硅醚与过氧化氢 (H$_2$O$_2$) 反应可以得到 α-羟基酮和 α-硅氧基酮[21]。如式 27 所示：该反应混合物经氟化钾处理后可以高产率地得到 α-羟基酮。

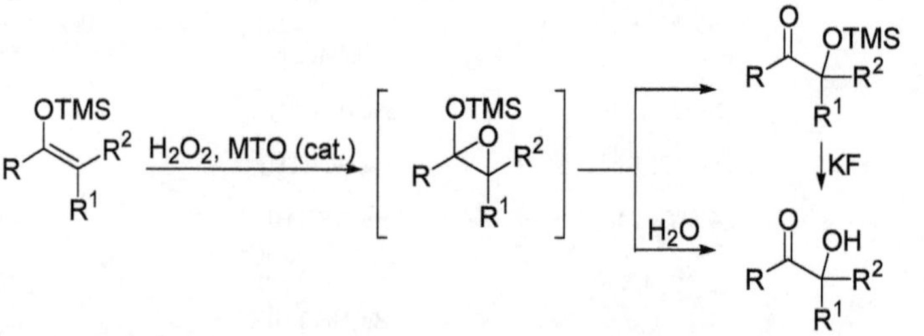

$$(27)$$

在过氧化氢参与的氧化反应中 (例如：烯烃的环氧化)，甲基三氧化铼是最常用的催化剂。在这些反应过程中，甲基三氧化铼可以被转化成为单过氧 (monoperoxo, **A**) 和双过氧 (diperoxo, **B**) 的配合物，而且它们之间存在一种可逆的平衡过程 (式 27)。

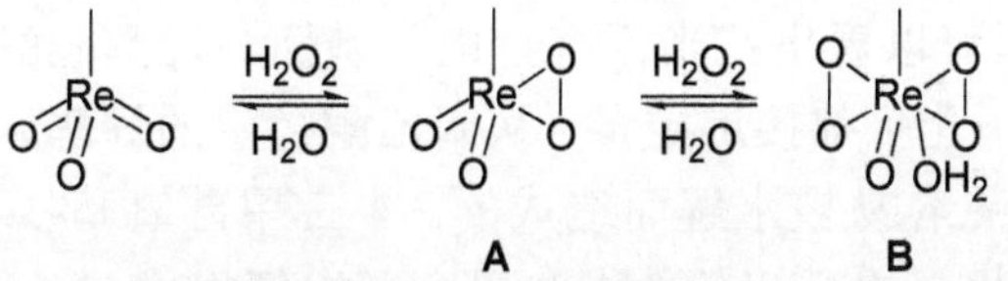

$$\text{(28)}$$

研究结果发现：在这类反应中，最好的溶剂是含有吡啶和醋酸的乙腈溶液。烯醇硅醚对水敏感，尤其是在酸或碱存在条件下。甲基三氧化铼及其有效氧化配合物 **A** 和 **B** 均为路易斯酸，其酸性足以催化烯醇硅醚的水解。若该类氧化反应没有吡啶和醋酸参与，烯醇硅醚会全部水解生成酮。研究表明：吡啶可以抑制甲基三氧化铼及其过氧化物 **A** 和 **B** 的路易斯酸性引起的环氧化合物的水解，同时吡啶也能加速过氧化物 **A** 和 **B** 的生成。但是，单独使用吡啶会导致甲基三氧化铼转化成为过铼酸化合物 (perrehenate) 而失去活性。反应中为了稳定催化剂，同时维持体系中较高浓度的烯醇硅醚和低浓度的催化剂，吡啶和醋酸是作为混合溶剂的一部分一起加入的。醋酸的比例为 5% 时，0.2 mol% 的甲基三氧化铼足够使反应平稳进行，不会或很少发生烯醇硅醚的水解。整个反应组成了一个缓冲体系，每一个组分都有独特的作用。通常，醋酸和吡啶的比例为 9:1 比较理想，表 2 总结了在此反应条件下不同的底物的反应结果。

表 2 甲基三氧化铼催化的烯醇硅醚的氧化

烯醇硅醚	产物	产率/%
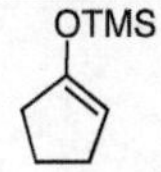	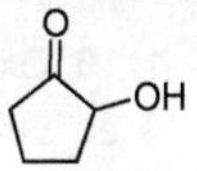	96
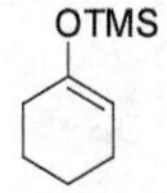	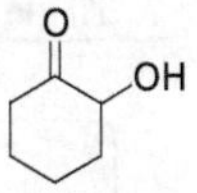	97
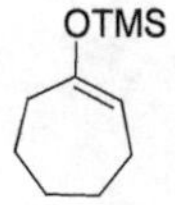	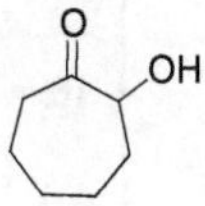	99
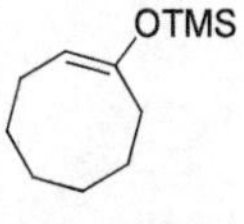	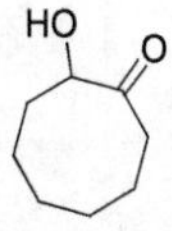	99
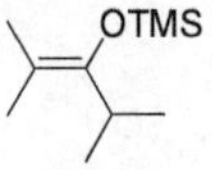	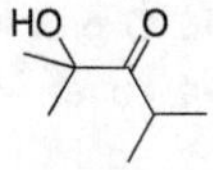	95
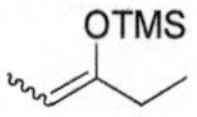	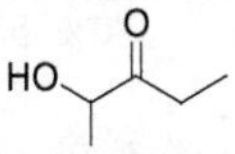	99
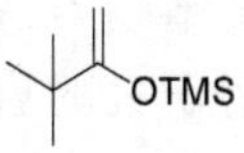	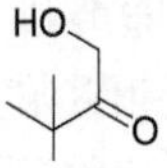	100
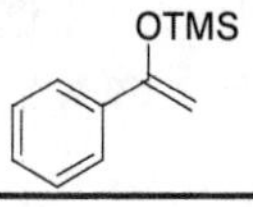	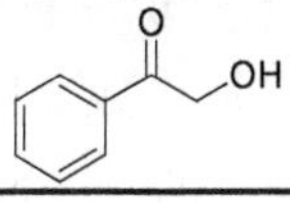	60

从表 2 中的数据可以看出：当没有拉电子基团与烯醇硅醚分子中的双键共轭时，这些反应的产率几乎都接近定量。从苯乙酮衍生的烯醇硅醚的反应收率较低，这主要是由于它更容易被水解而造成的。4-三甲硅氧基-3-烯-2-戊酮是一个非常特殊的底物，在相同的反应条件下几乎全部水解生成 2,4-戊二酮 (式 29)。

$$\text{TMSO} \quad \xrightarrow[\text{Py, HOAc, ACN}]{\text{H}_2\text{O}_2, \text{MTO (cat.)}} \qquad (29)$$

4.4 Shi 试剂催化的烯醇硅醚的氧化

烯醇衍生物的不对称环氧化提供了一个有效的合成手性氧取代环氧化合物 (oxy-substituted epoxides) 以及手性羟基酮的手段。Shi 等人以果糖 (fructose) 制备的手性酮 **16** 为催化剂 (Shi 试剂) 和 oxone 为氧化剂，对反式烯烃和三取代烯烃的对映选择性环氧化反应进行了详细的研究[22~27]。1998 年，Shi 将此方法用于烯醇硅醚衍生物的氧化，反应取得了高度的对映体选择性 (式 30 和式 31)[28]。

$$\text{Ph} \underset{\text{OTBS}}{\overset{}{\diagup}} \quad \xrightarrow[\begin{array}{c}\text{2. 5\% aq. HCl, MeOH}\\ \text{80\%, 90\% ee}\end{array}]{\begin{array}{c}\text{1. 16, Oxone, K}_2\text{CO}_3, \text{MeCN}\\ \text{aq. buffer, 0 °C, 2 h}\end{array}} \quad \text{Ph} \underset{\text{OH}}{\overset{O}{\diagdown}} \qquad (30)$$

16 =

Shi's reagent

$$\xrightarrow[\begin{array}{c}\text{2. 5\% aq. HCl, MeOH}\\ \text{70\%, 83\% ee}\end{array}]{\begin{array}{c}\text{1. 16, Oxone, K}_2\text{CO}_3, \text{MeCN}\\ \text{aq. buffer, -5 °C, 1 h}\end{array}} \qquad (31)$$

但在相同反应条件下，其它烯醇硅醚氧化后产生的 α-羟基酮容易发生消旋化或者形成二聚体，环状的烯醇硅醚尤其如此。于是，他们将研究的重点从烯醇硅醚转移到对烯醇酯衍生物的不对称环氧化反应。如表 3 所示：在选定的反应条件下，烯醇酯底物可以高产率地生成相对稳定的环氧化合物，多数情况下能够给出非常满意的对映体选择性。

表 3 烯醇酯衍生物的不对称环氧化反应

底物	产物	产率/% ee/%	底物	产物	产率/% ee/%
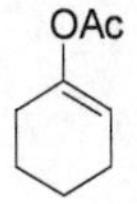 (OAc 环己烯)	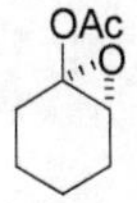 (OAc 环氧)	59 74	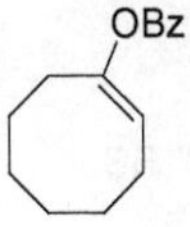 (OBz 环辛烯)	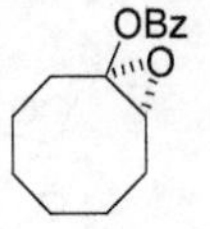 (OBz 环氧)	82 95
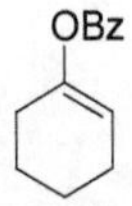 (OBz 环己烯)	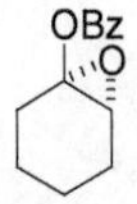 (OBz 环氧)	82 93	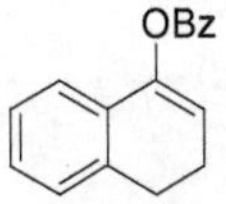 (OBz 萘衍生物)	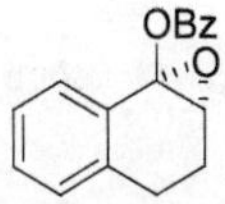 (OBz 环氧)	92 88
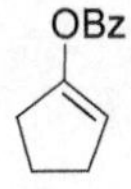 (OBz 环戊烯)	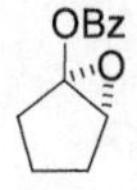 (OBz 环氧)	79 80	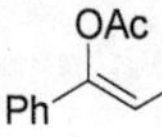 (OAc Ph 丙烯)	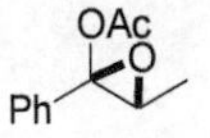 (OAc Ph 环氧)	66 91
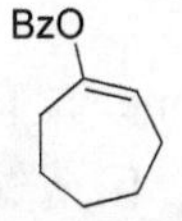 (BzO 环庚烯)	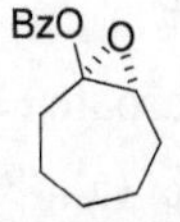 (BzO 环氧)	87 91	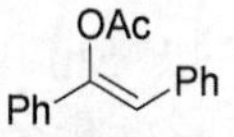 (OAc Ph...Ph)	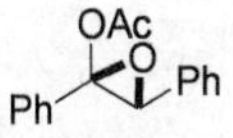 (OAc Ph Ph 环氧)	46 91

如式 32 所示：烯醇酯衍生物的不对称环氧化反应提供了一个有效的合成手性 α-羟基酮及其对映体的方法。

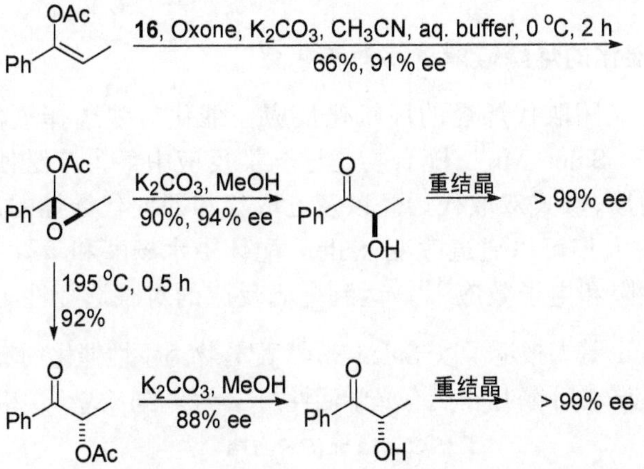

(反应式)

OAc / Ph —— **16**, Oxone, K₂CO₃, CH₃CN, aq. buffer, 0 °C, 2 h / 66%, 91% ee ——>

OAc 环氧 / Ph —— K₂CO₃, MeOH / 90%, 94% ee —— Ph（O）CH(OH)CH₃ —— 重结晶 —— > 99% ee

↓ 195 °C, 0.5 h / 92%

Ph（O）CH(OAc)CH₃ 88% ee —— K₂CO₃, MeOH / 88% ee —— Ph（O）CH(OH)CH₃ —— 重结晶 —— > 99% ee (32)

在 Shi 试剂催化的烯醇硅醚或烯醇酯衍生物的氧化反应中，立体化学选择性主要是通过烯醇的双键与 dioxirane 形成类似螺烷 (spiro mode) 的过渡态来控制的。在这种优势过渡态下，dioxirane 中一个氧原子的孤对电子与双键的 π*-轨道相互作用而达到某种程度的稳定性。而另外一种非优势过渡态表现为烯醇的双键与 dioxirane 形成平面接触。如图 2 所示：1-苯基-1-丙酮的烯醇硅醚与手性 dioxirane 形成稳定过渡态，主要得到 (R)-构型的环氧化合物。

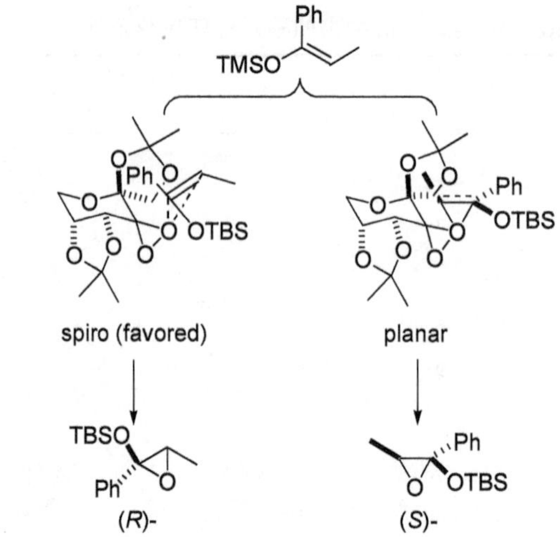

图 2 Shi 试剂催化的烯醇硅醚的不对称氧化

1998 年，Adam 等人报道了以 Shi 试剂为催化剂和 caroate (与 oxone 含有相同的有效成分) 为氧化剂对烯醇硅醚的不对称环氧化研究 (式 33)[29]。但遗憾的是对映体选择性并不理想，最高只能达到 82% ee。

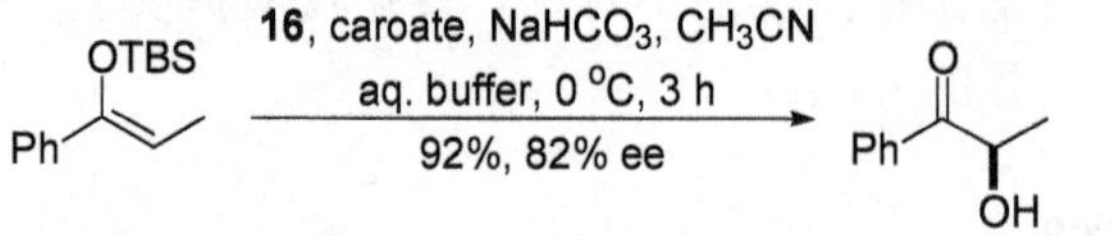

(33)

4.5 Salen-Mn^{III} 催化的烯醇硅醚的不对称氧化

潜手性和无官能团取代烯烃的环氧化反应在催化对映选择氧化反应中占据着重要的地位[30~34]。Salen-Mn^{III} 配合物是这一类反应中最为广泛使用的催化剂，可用于芳香共轭烯烃、顺式双取代烯烃以及三取代和四取代烯烃的高效对映选择环氧化反应[35~37]。人们可以通过改变 Salen 配体中水杨醛和手性胺上的取代基来调节催化剂的位阻和电子效应[38]，达到提高反应的对映选择性。

1998 年，Adam 等人报道了以 Salen-Mn^{III} 配合物为手性催化剂实现了烯醇硅醚的不对称氧化，反应产物水解后得到有光学活性的 α-羟基酮 (式 34 和表 4)[39]。

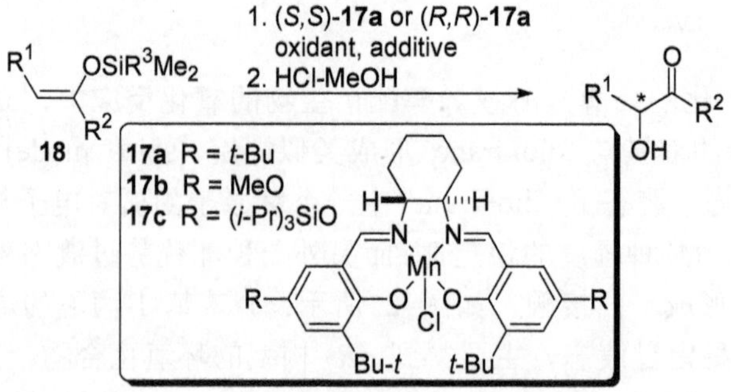

(34)

表 4　烯醇硅醚和烯酮硅缩醛的催化氧化反应 [(S,S)-17a 催化对映有择 NaOCl 氧化][①]

底物	结构式	转化率[②]/%	ee[②]/%	绝对构型
18a	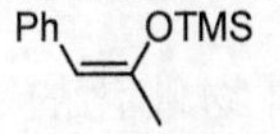 Ph⎯OTMS	91(81)	79(56)	S-(+)
18a′	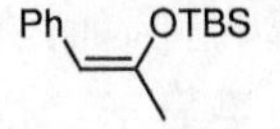 Ph⎯OTBS	59	86	S-(+)
18b	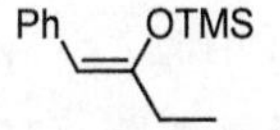 Ph⎯OTMS	82(88)	87(60)	S-(+)
18c	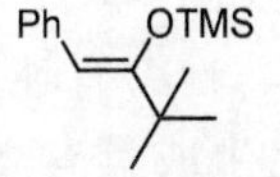 Ph⎯OTMS	96	35	S-(+)
18d	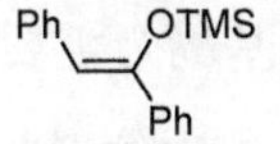 Ph⎯OTMS, Ph	88	12	R-(-)
18e	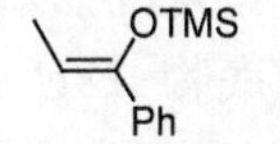 OTMS, Ph	95	42	R-(+)
18e′	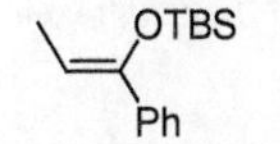 OTBS, Ph	95	81	R-(+)
18f	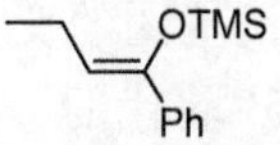 OTMS, Ph	84	60	R-(+)
18g	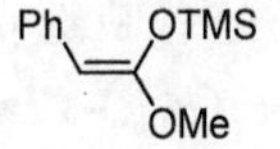 Ph⎯OTMS, OMe	64	22	S-(+)
18g′	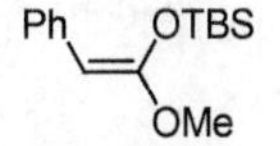 Ph⎯OTBS, OMe	70	57	S-(+)
18h	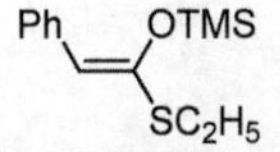 Ph⎯OTMS, SC₂H₅	—(35)	—(18)	S-(+)

① 反应条件：0 ℃下烯醇硅醚在磷酸缓冲液 (pH 11.3) 与次氯酸钠 (NaOCl，7.5 eq) 反应，30 mol% 4-苯基吡啶-N-氧化物 (PPNO) 为添加剂，7 mol% (S,S)-(salen)Mn[III] 配合物 17a 为催化剂。反应产物经酸化或甲醇水解得到光活的 α-羟基酮。

② 扩号内为无水条件下，PhIO 为氧化剂时对映有择反应的产率和 ee 值。

　　从表 4 中数据可以看出：烯醇硅醚 18a 与次氯酸钠反应，1 h 内的转化率为 88%。当反应延长至 24 h，转化率并没有显著的提高 (91%)。这主要是由于在水参与的反应体系里，烯醇硅醚底物会发生部分水解生成无羟基化的酮或酯 (烯醇化前的反应物)。对比实验证实：在此反应条件下，α-羟基产物没有消旋化的迹象。

　　在无水条件下使用氧化剂 PhIO 与烯醇硅醚反应，期望可以避免烯醇硅醚部分水解。然而，实验结果却显示反应的转化率和立体选择性均呈现下降趋势。这可能是由于 PhIO 与 Salen-Mn[III] 配合物反应的过程中，在生成了活性反应中间体 Mn^V (oxo Mn^V) 的同时也产生了低价的 Mn^{IV} (oxo Mn^{IV})。有报道指出：后者能够导致顺式-β-甲基苯乙烯 (cis-β-methylstyrene) 在进行不对称环氧化反应时的立体选择性降低[40]。

在顺式三甲硅基烯醇硅醚与 Salen-Mn^{III} 配合物催化的不对称环氧化反应中，硅氧基 α-位的取代对立体选择性具有较大的影响。例如：在底物分子 **18a** 和 **18b** 中，α-位分别有一个甲基和乙基取代。实验结果显示：位阻稍大的 **18b** 的环氧化对映选择性 (87% ee) 略高于 **18a** (79% ee)。但是，当 α-位为叔丁基 (**18c**) 取代时却得到了相反的结果，其氧化对映选择性明显下降 (35% ee)。而当 α-位为苯基取代 (**18d**) 时，对映选择性最低 (12% ee)。一个有趣的实验现象是：在同样催化剂 (S,S)-**17a** 的作用下，**18a**~**18c** 被氧化生成具有 S-(+)-构型的 α-羟基酮产物，而 **18d** 的氧化却得到 R-(−)-构型 α-羟基酮为主要产物。

硅氧基团的体积因素也对反应的对映选择性有一定的影响。例如：在相同条件下，-OTMS 取代的底物 **18e** 和 -OTBS 取代的底物 **18e′** 的氧化反应转化率基本上没有区别。但是，它们的对映选择性却有显著的差别，前者只有 42% ee 而后者可以达到 81% ee。

如表 5 所示：作者同时探讨了催化剂 5,5′-取代基团的变化对不对称氧化选择性的影响。对于大多数底物而言，三种不同 5,5′-取代的 Salen-Mn^{III} 配合物催化剂对不对称氧化反应的转化率区别不明显，但对映选择性的区别却很显著。在底物 **18a** 的催化氧化反应中，使用催化剂 (R,R)-**17a** 时的对映选择性为 79% ee。但是，使用 (R,R)-**17b** 时可以使对映选择性提高到 89% ee，而使用 (R,R)-**17c** 则可使可以使对映选择性提高到 87% ee。特别是对于底物 **18e** 而言，使用催化剂 **17b** 或者 **17c** 代替 **17a** 后的立体选择性由原来的 42% ee 提高至 74% ee。

表 5 (R,R)-(Salen)Mn^{III} 配合物的 5,5′-取代基团对烯醇硅醚和
烯酮硅缩醛不对称氧化选择性的影响

底物①	(R,R)-17a		(R,R)-17b		(R,R)-17c		构型
	转化率/%	ee/%	转化率/%	ee/%	转化率/%	ee/%	
18a	91	79	99	89	98	87	R-(−)
18b	82	86	72	87	92	83	R-(−)
18c	95	34	49	37	95	51	R-(−)
18d	98	11	98	28	99	18	S-(+)
18e	95	42	88	74	85	74	S-(−)
18e	95	81	99	84	99	81	S-(−)
18f	83	60	88	75	91	77	S-(−)
18g′	70	53	85	68	70	53	R-(−)

① 底物 **18a**~**18g′** 的结构式见表 4。

催化剂 **17b** 由于体积效应较小以及甲氧基的富电子效应，在大多数反应中能够给出较高的对映选择性。催化剂 **17c** 由于三异丙硅氧基团的供电子特性和较大的立体效应，其催化效果和 **17b** 类似或介于 **17a/17b** 之间。但是，底物 **18c** 是一个例外，其氧化反应在 **17c** 参与下对映选择性 (51% ee) 比使用 **17a/17b** 要高。

图 3 示意了底物 **18a~18h** 与催化剂 (*S,S*)-**17a** 反应的过渡态。由于底物取代基团的不同，烯醇硅醚或硅基烯缩醛的双键与催化剂的氧化态 (金属-氧配体) 作用时形成不同绝对构型的过渡态，因此，不对称催化氧化的对映选择性的程度以及主要产物的绝对构型是由底物的取代情况以及 Salen-Mn^{III} 配合物催化剂的芳基取代情况控制的。

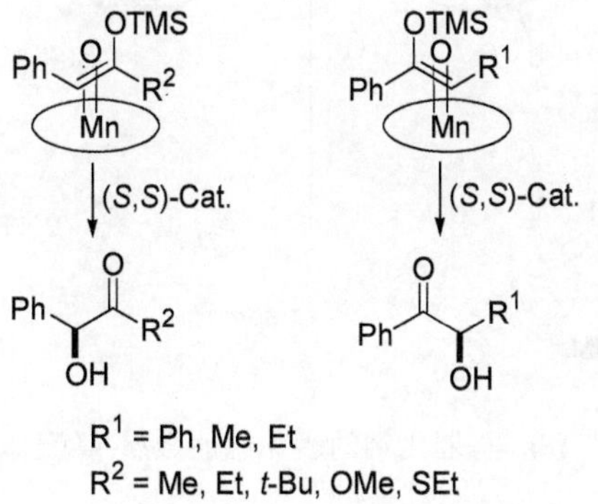
OTMS
Ph
O
R2
Mn
(S,S)-Cat.
O
Ph
R2
OH
OTMS
O
R1
Ph
Mn
(S,S)-Cat.
O
R1
Ph
OH
R1 = Ph, Me, Et
R2 = Me, Et, t-Bu, OMe, SEt

图 3 (*S,S*)-**17a** 催化烯醇硅醚和烯酮硅缩醛氧化过渡态的绝对构型

图 4 示意了底物 **18a** 与催化剂的氧化态 (金属-氧配体) 的相互作用，烯醇硅醚沿着图中所示轨迹向催化剂的氧化态靠近。为了避免位阻效应和底物与配体之间的 π-π 相互作用，底物的苯基应尽可能远离配体的水杨基片段。因此，导致最后生成 *S*-构型的 *α*-羟基酮的过渡态成为反应的优势构象。

按照该观点可以认为：底物 **18c** 中硅氧基的 *α*-位为叔丁基，较大的位阻妨碍了优势构象的形成并导致对映选择性显著下降。底物 **18e** 和 **18f** 中硅氧基的 *α*-位为苯基，为了避免位阻效应和底物与配体之间的 π-π 相互作用，底物的苯基应尽可能远离配体的水杨基片段，导致 *S*-构型为主要的对映异构体。同理，底物 **18d** 中硅氧基的 *α*-位和 *β*-位均为苯基取代，由于不可避免的位阻效应以及底物与配体之间的 π-π 相互作用，在相同反应条件下对映选择性显著下降 (12% ee)。

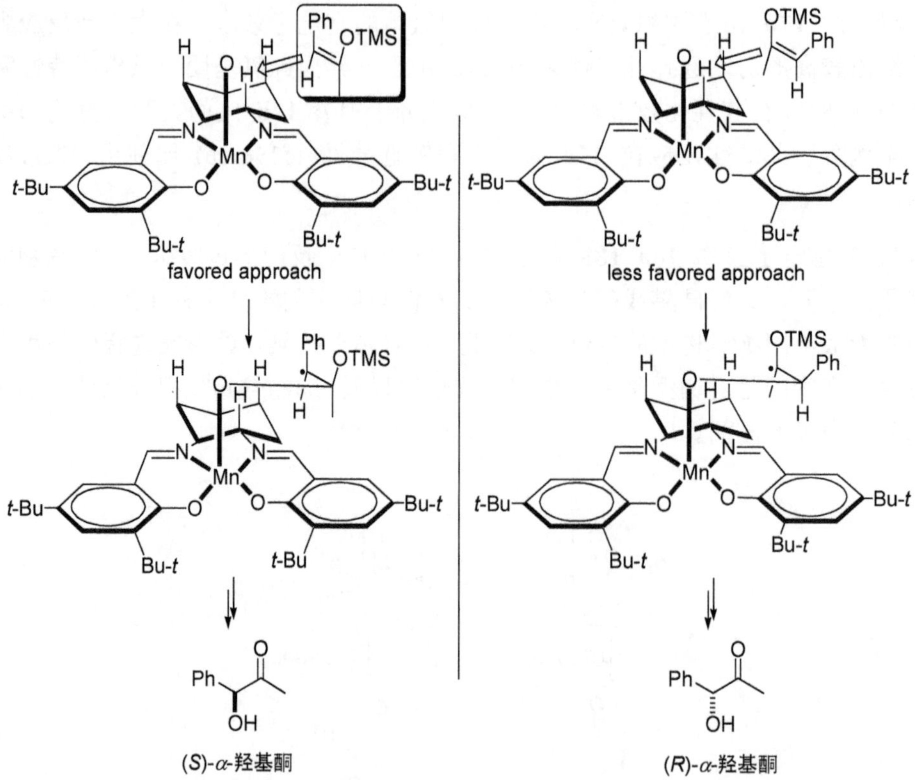

图 4　化合物 **18a** 与催化剂的氧化态的金属-氧配体反应过渡态

4.6　HOF·CH₃CN 作为氧化剂

1999 年，Rozen 等人报道了使用复合物 HOF·CH₃CN 作为氧化剂进行的 Rubottom 氧化反应，在酮、醛和酸的 α-位引入羟基[41]。复合物 HOF·CH₃CN 非常容易制备，反应时将氮气稀释的氟气通入水合乙腈中即可生成。该试剂不需要分离和提纯即可使用，被证明是非常有效的氧化剂。许多弱亲核试剂不能够与 dimethyldioxirane (DMDO) 或过氧酸反应，却可以与 HOF·CH₃CN 在温和条件下反应。如式 35 所示：从四氢萘酮制备的烯醇硅醚在室温下与 HOF·CH₃CN 反应 5 min，就可以高产率地生成 α-羟基四氢萘酮。

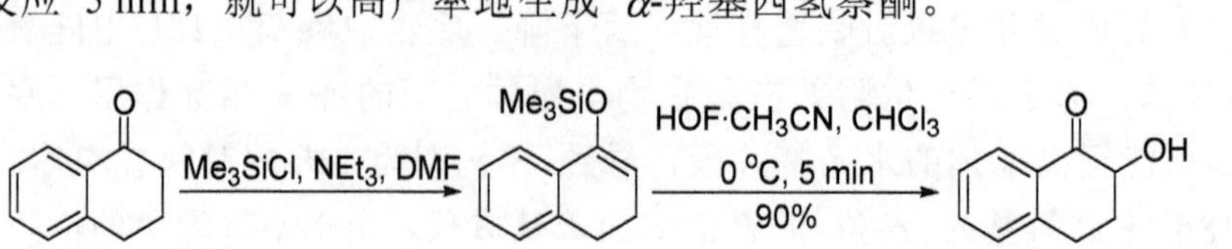

(35)

如式 36 所示：其它从甲基酮衍生的烯醇硅醚经 HOF·CH₃CN 氧化也可以高产率地在 α-位引入羟基。

$$\underset{R}{\overset{O}{\parallel}}\text{---CH}_3 \xrightarrow{\text{TMSCl, NEt}_3,\ \text{DMF}} \underset{R}{\overset{OTMS}{\diagup}} \xrightarrow[\substack{0\ ^\circ C,\ 5\sim10\ \text{min} \\ R = Ph,\ 95\% \\ R = t\text{-Bu},\ 95\% \\ R = t\text{-BuCH}_2\text{-},\ 90\%}]{\text{HOF·CH}_3\text{CN, CHCl}_3} \underset{R}{\overset{O}{\parallel}}\text{---OH} \qquad (36)$$

2-茚酮的烯醇硅醚对该试剂表现出高度的反应性，在 0 °C 下 1 min 内就可以被 HOF·CH$_3$CN 氧化生成相应的 1-羟基-2-茚酮 (式 37)。

$$\text{(indene-OTMS)} \xrightarrow[85\%]{\text{HOF·CH}_3\text{CN, CHCl}_3,\ 0\ ^\circ C,\ 1\ \text{min}} \text{(1-hydroxy-2-indanone)} \qquad (37)$$

4.7 空气作为氧化剂

2005 年，Li 等人首次报道了烯醇硅醚被空气氧化生成 α-羟基酮的反应[42]。如式 38 所示：若只使用单一的有机溶剂 (乙醇、丙酮、四氢呋喃或者苯)，1-苯基-1-三甲硅氧基丙烯不会发生 Rubottom 氧化反应。但是，当逐渐提高有机溶剂 (乙醇) 中水的比例时，产物中 α-羟基酮的比例有所增加，而水解副产物比例也随之降低。有趣的是，完全使用水作为溶剂时，α-羟基酮的产率达到最高。研究还发现：路易斯酸 Ga(OTf)$_3$ 可以加速 Rubottom 氧化反应的速度和提高 α-羟基酮的产率 (81%)。但是，另外两种路易斯酸 Cu(OTf)$_2$ 和 Yb(OTf)$_3$ 却会导致烯醇硅醚水解副产物酮的比例大幅上升。

$$\underset{Ph}{\overset{OTMS}{\diagup}}\diagdown \xrightarrow{\text{air}} \underset{Ph}{\overset{O}{\parallel}}\underset{OH}{\diagup} + \underset{Ph}{\overset{O}{\parallel}}\diagdown \qquad (38)$$

19a   **19b**

no reaction in EtOH, THF, C$_6$H$_6$, acetone, solvent-free for 4 d

EtOH:H$_2$O (1:1), 4 d	**19a:19b**=25:35
EtOH:H$_2$O (1:9), 4 d	**19a:19b**=74:16
H$_2$O, 4 d	**19a:19b**=86:9
H$_2$O, Ga(OTf)$_3$, 2 d	**19a:19b**=28:18
H$_2$O, Cu(OTf)$_2$, 2 d	**19a:19b**=53:40
H$_2$O, Yb(OTf)$_3$, 2 d	**19a:19b**=62:35

在以上研究成果的基础上，作者研究了不同烯醇硅醚在水相中的空气氧化反应 (式 39, 表 6)。

$$\underset{Ar}{\overset{OTMS}{\diagup}}\diagdown R \xrightarrow{\text{air, H}_2\text{O, 4 d}} \underset{Ar}{\overset{O}{\parallel}}\underset{OH}{\diagup}R \qquad (39)$$

表 6　烯醇硅醚在水相中的空气氧化反应[①]

烯醇硅醚	产率/%	烯醇硅醚	产率/%
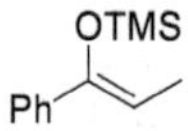 Ph—C(OTMS)=CH—CH₃	86	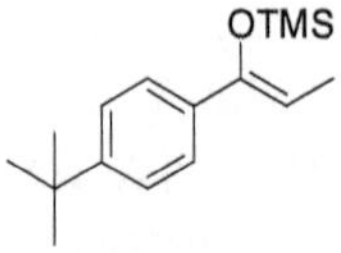 4-tBu-C₆H₄—C(OTMS)=CH—CH₃	75
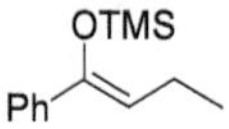 Ph—C(OTMS)=CH—CH₂CH₃	74	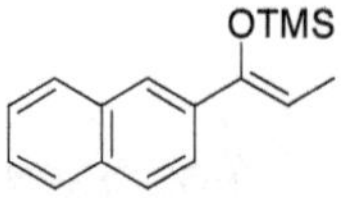 2-萘基—C(OTMS)=CH—CH₃	73
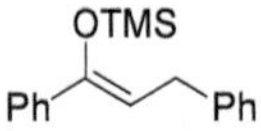 Ph—C(OTMS)=CH—CH₂—Ph	69	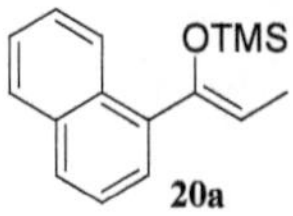 **20a** 1-萘基—C(OTMS)=CH—CH₃	痕量
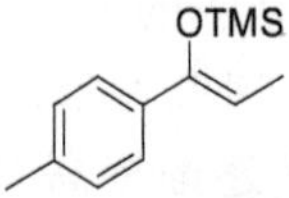 4-CH₃-C₆H₄—C(OTMS)=CH—CH₃	80	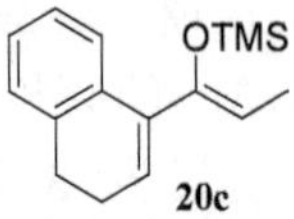 **20c**	72
4-Cl-C₆H₄—C(OTMS)=CH—CH₃	82	**20b** 环己烯基—C(OTMS)=CH—CH₃	90[②]

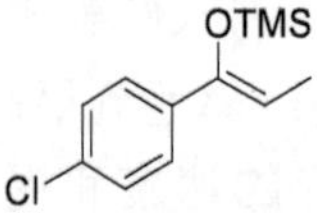

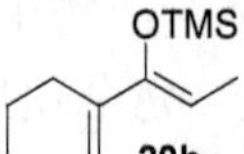

　① 如式 39 所示的反应。产率如果没有特殊说明则指的是 α-羟基酮的产率。
　② 指水解副产物酮的产率。

　　在式 39 所示的水相 Rubottom 氧化反应中,底物分子的体积效应对反应有很大的影响。将 R 基团从甲基变为苄基,产率从 86% 降至 69%。对芳香基取代的烯醇硅醚底物来说,在芳环上引入体积较大的基团也会降低反应的产率。例如:由于很大的位阻效应,烯醇硅醚 **20a** 的氧化反应只得到很少的 α-羟基酮。另一方面,烯醇硅醚分子中的芳环取代基的电子效应却对反应影响甚微。当 Ar 基团为酯基所取代时,如烯醇硅醚 **20b** 不会发生水相中的空气氧化反应,只是回收水解产生的酮。而烯醇硅醚 **20c** 却能在相应的条件下得到相应的 α-羟基酮。

　　作者认为:在水相进行的空气氧化反应过程中,芳香基取代的烯醇硅醚与氧气首先形成六员环过渡态。然后,硅基发生迁移生成过氧化合物 (淀粉-碘化钾试验证实了过氧化合物的存在),并在水中消除硅氧基得到 α-羟基酮 (式 40)。

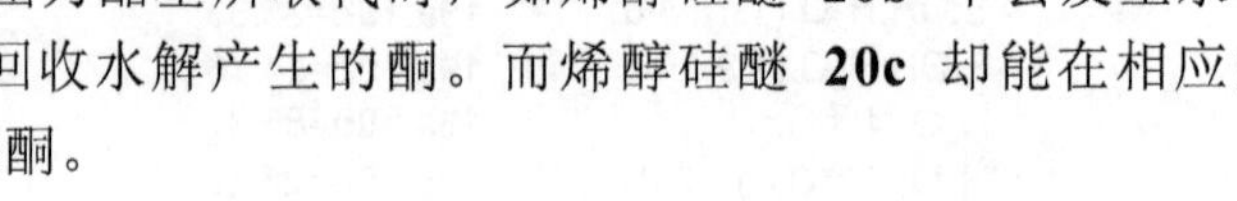

$$\text{Ar—C(—O—SiMe}_3\text{)=C(R)—O—O} \xrightarrow{H_2O} \left[\text{Ar—CO—CH(R)—O—O—SiMe}_3 \right] \xrightarrow{H_2O} \text{Ar—CO—CH(R)—OH} \tag{40}$$

5 Rubottom 氧化反应在有机合成中的应用

5.1 Zaragozic 酸母核的合成

1992 年，Merck[43,44] 和 Glaxo[45~47] 制药公司筛选出了一类天然有机化合物 Zaragozic 酸。生物学实验显示：它们是哺乳动物和真菌类的角鲨烯合成酶的高效和选择性的抑制剂[48]。

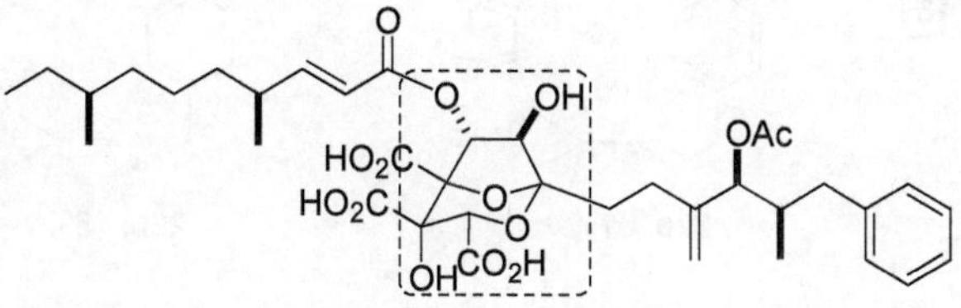

(41a)

Zaragozic Acid A

所有的 Zaragozic 酸都含有一个结构相同的母核：2,8-二氧杂 [3.2.1] 辛环骨架，有数篇论文报道和综述了 Zaragozic 酸的全合成[49~54]。1997 年，Johnson 成功地合成了 Zaragozic 酸的母核[55]。他们从环庚三烯开始到完成母核的合成共经历了 12 步反应，总收率约为 6%。如式 41b 所示：Rubottom 氧化反应被二次用作该路线中的关键步骤，在羰基 α-位立体选择性地引入羟基官能团。

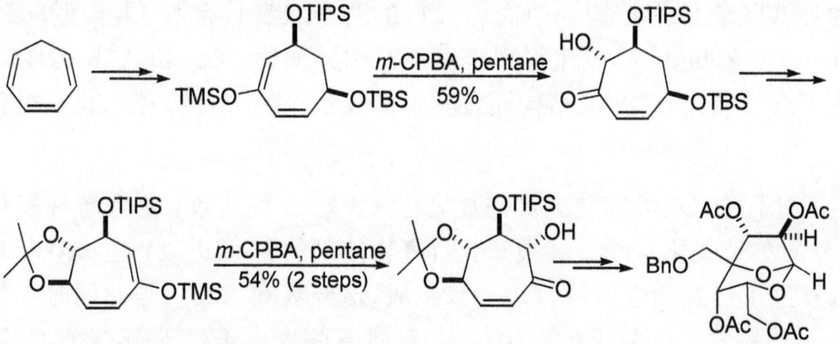

(41b)

5.2 骈联多酮 (Vicinal Polyketone) 的合成

1992 年，Gleiter 等人首先报道了具有稳定结构的环状骈联四酮化合物的合成，并用 X 射线衍射实验证实了其结构[56]。在合成过程中，他们运用双 Rubottom 氧化反应在相邻的两个羰基的 α-位同时引入两个羟基。然后，再经 Swern 氧化生成骈联四酮化合物。

如式 42 所示：底物双烯醇硅醚的合成是分步实现的。作者曾尝试一次性完成两个烯醇硅醚的引入，但使用不同的碱 [例如：LDA 或者 NaN(TMS)$_2$] 和烯醇化试剂 (TMSOTf) 后仍然不能得到满意的产率。实验证明，这种结果是由于相邻位阻比较大的原因所致。

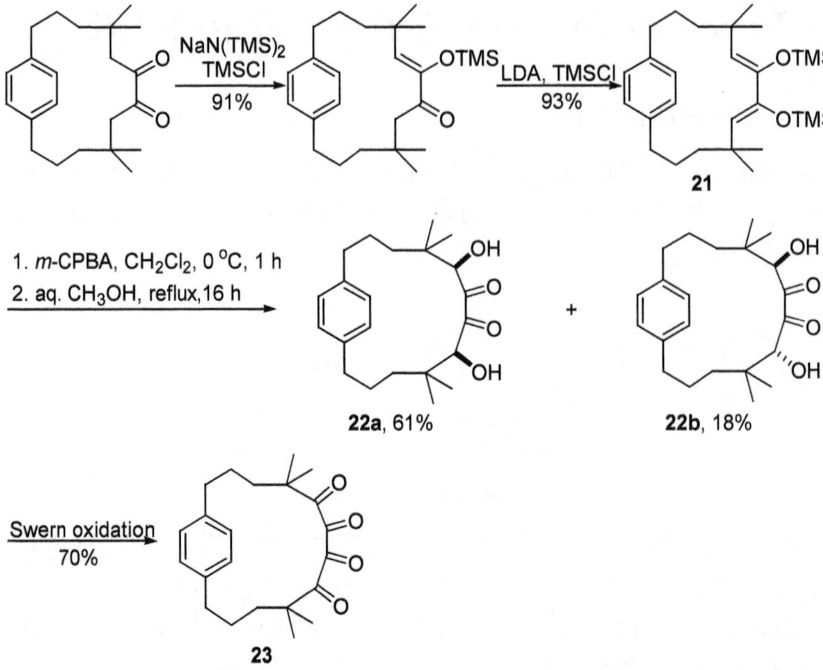

(42)

在合成过程中，作者获得了三个重要中间体 **21, 22b** 和 **23** 的单晶，并用 X 射线衍射实验证实了它们的结构。中间体 **21** 的两个双键具有顺,顺-构型 (Z,Z configuration)，经 Rubottom 氧化得到一对不对称异构体 **22a** 和 **22b** (3:1)。作者分离得到了双环氧化合物，其结构通过其水解反应产物 α-羟基酮 **22b** 得到了证实。

在实际反应过程中，双烯醇硅醚首先被氧化 (假定 si-面进攻) 形成单环氧化合物。一小部分的单环氧化合物继续被氧化 (底物控制的 si-面进攻) 生成双环氧化合物，后者发生重排及酸性水解，进一步生成 α-羟基酮 **22b**。与此同时大部分单环氧化合物首先发生硅基重排，生成 α-硅氧基酮。由于位于中心 C-C 键的旋转，使两个体积比较大的 -OTMS 基团尽量远离。此时，m-CPBA 的二次进攻倾向于 re-面进攻生成第二个环氧化合物中间体。然后，经硅基重排和酸性水解得到 α-羟基酮 **22a** (式 43)。

1995 年，Gleiter 继续报道了类似化合物的合成[57]，并在反应过程中观察到类似的反应现象。当双烯醇硅醚 **24** 与 m-CPBA 在二氯甲烷反应时，反应溶液为橘黄色。随后在甲醇中水解，得到顺式化合物 **26** (橘红色) 和反式异构体 **27** (黄色) (89:11)。而当双烯醇硅醚与 m-CPBA 在乙醚中反应时，反应溶液为无色，随后分离提纯得到双环氧化合物 **25**。双环氧化合物 **25** 经水解得到顺式化合物 **26** (橘红色) 和反式异构体 **27** (黄色) (14:86) (式 44)。

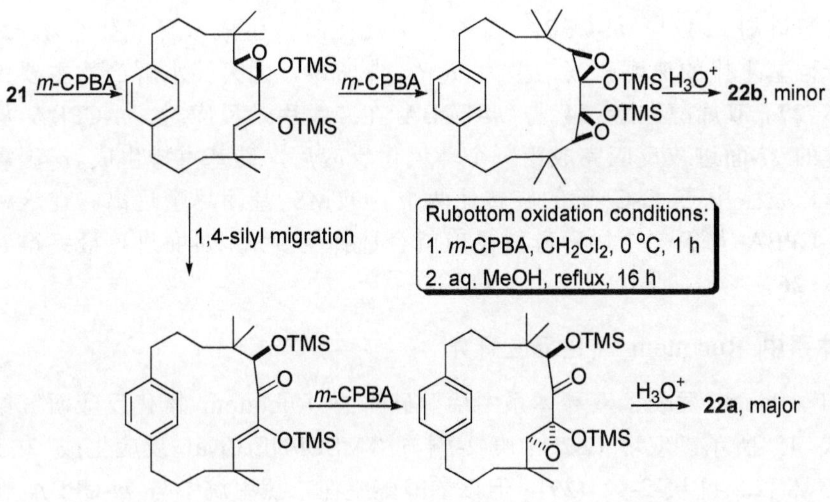
21
m-CPBA
OTMS
O
OTMS
m-CPBA
OTMS
OTMS
H3O+
22b, minor
1,4-silyl migration
Rubottom oxidation conditions:
1. m-CPBA, CH2Cl2, 0 °C, 1 h
2. aq. MeOH, reflux, 16 h
m-CPBA
H3O+
22a, major

(43)

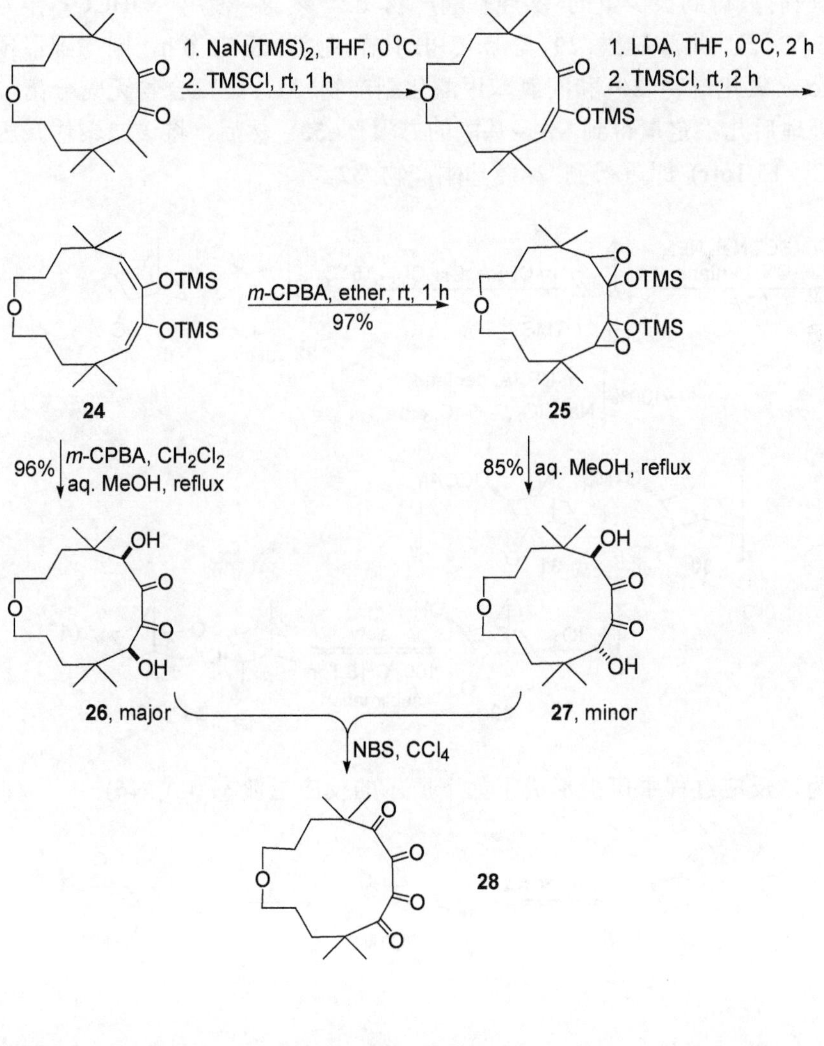
1. NaN(TMS)2, THF, 0 °C
2. TMSCl, rt, 1 h
1. LDA, THF, 0 °C, 2 h
2. TMSCl, rt, 2 h
OTMS
OTMS
m-CPBA, ether, rt, 1 h
97%
24
25
96%
m-CPBA, CH2Cl2
aq. MeOH, reflux
85%
aq. MeOH, reflux
OH
OH
26, major
27, minor
NBS, CCl4
28

(44)

当双烯醇硅醚 **24** 与 *m*-CPBA 在乙醚中反应时，生成双环氧化合物 **25** 的速度快于硅基重排的速度。其构型为 *R,R*- 或 *S,S*-，因为其水解产物主要为反式异构体 **27**。双烯醇硅醚 **24** 与 *m*-CPBA 在二氯甲烷反应时，*m*-CPBA 从第一个双键的 *si*-面进攻反应完成第一个环氧化反应后，硅基重排生成 α-硅氧基酮。随后，发生中心 C-C 键的旋转使两个 -OTMS 基团尽量远离。在这种情况下，*m*-CPBA 与第二个烯醇硅醚反应就会选择主要从 *re*-面进攻最终得到顺式异构体 **26**。

5.3 双环体系中 Rubottom 氧化反应研究

1994 年，Jauch 发表了双环体系中烯醇硅醚的 Rubottom 氧化反应研究结果[58]。如式 45 所示：双环 [2.2.1] 庚-2-酮与 TMSCl/NEt₃/NaI 反应生成 2-三甲硅氧基-双环 [2.2.1] 庚-2-烯 (**29**)，但该烯醇硅醚在二氯甲烷中与 *m*-CPBA 在 -15 ℃ 下反应时只得到很少量的 α-羟基酮产物 **32**。然而，使用 NaHCO₃ 作为缓冲剂，-25 ℃ 下，烯醇硅醚 **29** 与 *m*-CPBA 在戊烷中反应 6 h，则得到了预期的 Rubottom 氧化产物 **30** 和间氯苯甲酰化副产物 **31**。此混合物无需分离，经 K₂CO₃ 处理后几乎定量得到 α-羟基酮的二聚体 **33**。然后，将该二聚体减压升华 (100 ℃，15 Torr) 即可得到 α-羟基酮产物 **32**。

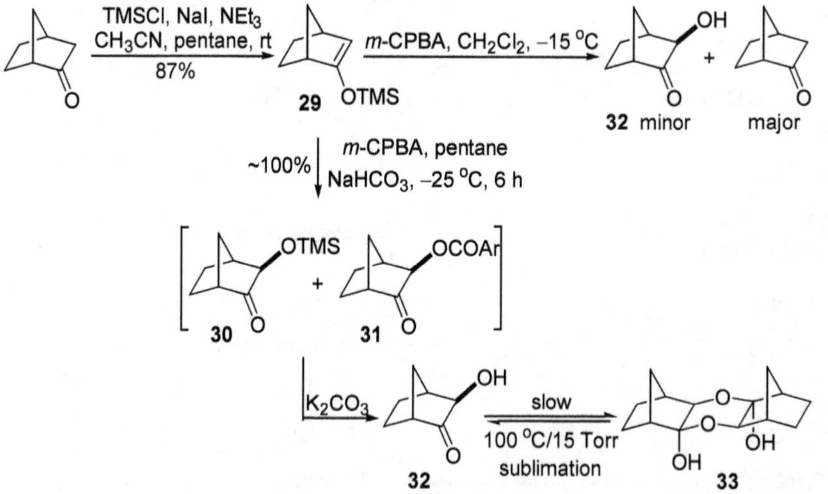

作者认为，反应过程中可能形成了如下所示的反应过渡态 (式 46)。

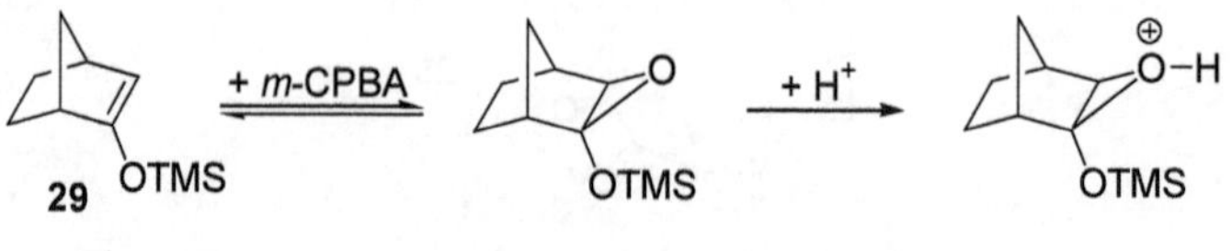

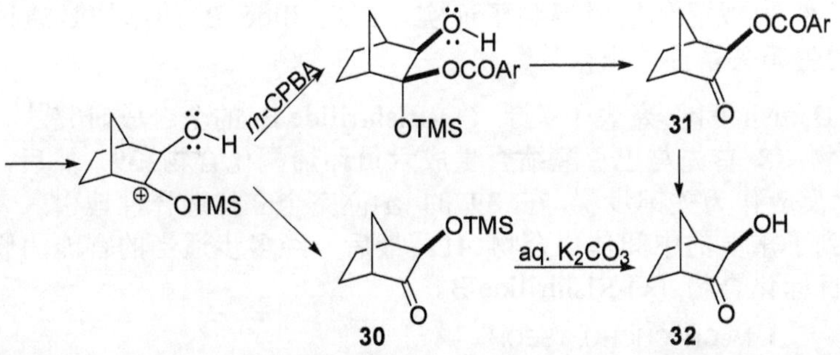

$$(46)$$

运用相同的方法，又相继合成了其它的双环 α-羟基酮 (式 47a 和式 47b)。需要指出的是，在烯醇硅醚 (**34** 和 **36**) 进行 Rubottom 氧化后，粗产品在饱和碳酸钾作用下的水解反应控制在 0 °C，这主要是为了防止 α-羟基酮 **35** 和 **37** 在碱性条件下发生重排。

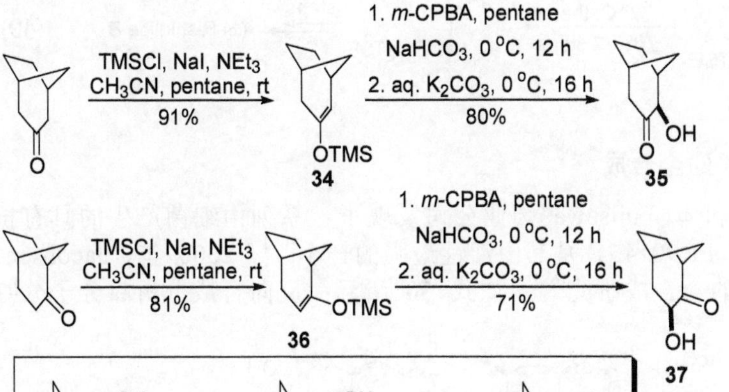

$$(47a)$$

$$(47b)$$

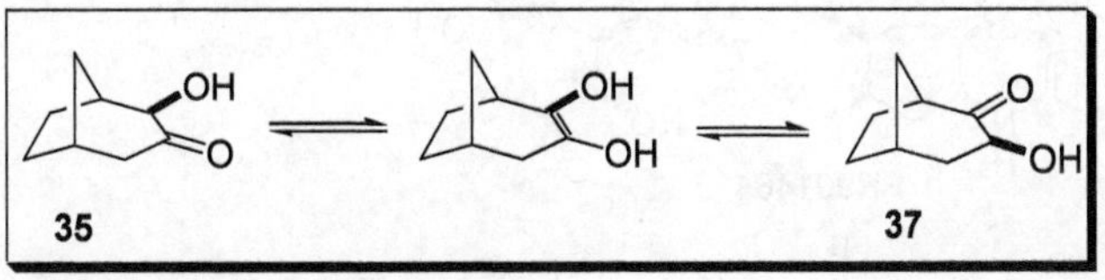

5.4 (±)-Rishirilide B 的全合成

1984 年[59]，Nakayama 等人从链霉菌 (*Streptomyces rishiriensis*) OFR-1056 提取到天然产物 Rishirilide B 和 A (式 48)。生物学实验显示：它们通过有选择的抑制 α₂-巨球蛋白 (macroglobulin) 达到抗血栓 (antithrombotic) 的作用。实验同时发现：Rishirilide B 比 Rishirilide A 具有更高的生物活性。Rishirilide A 的

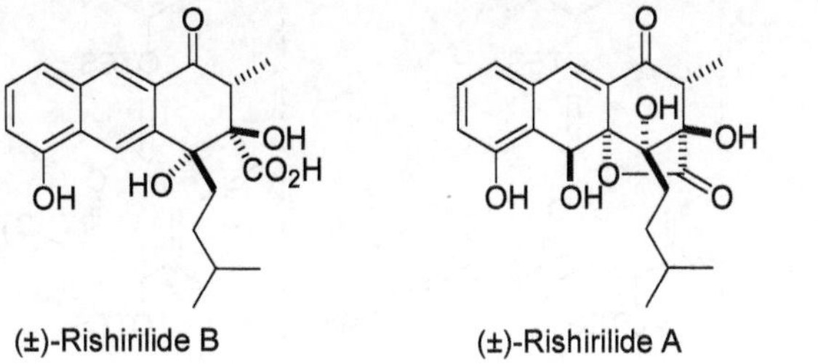

$$(48)$$

(±)-Rishirilide B   (±)-Rishirilide A

相对构型通过 X 射线晶体衍射得到了证实，Rishirilide B 的结构是通过它与 Rishirilide A 的生源关系推测出来的。

2001 年，Danishefsky 发表了关于 (±)-Rishirilide B 的全合成研究[60]。如式 49 所示：化合物 38 首先与巴豆醛缩合生成六员环烯酮化合物 39。然后，应用 Rubottom 氧化反应作为关键步骤，在 39 的 α-位完全立体选择性地引入一个叔丁醇羟基，得到了重要的中间体化合物 41。最后，经多步适当的官能团修饰和反应，得到了目标化合物 (±)-Rishirilide B。

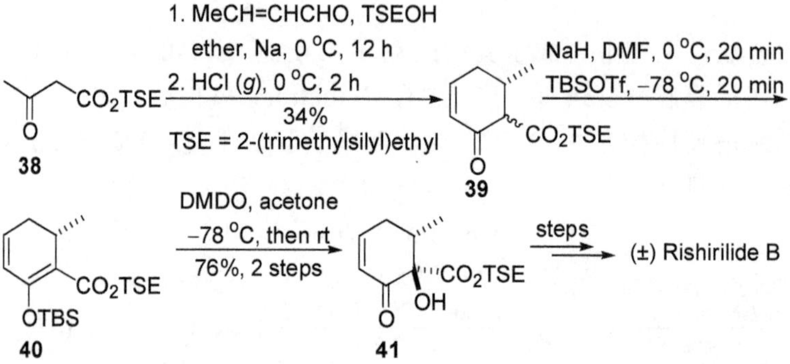

5.5 FR901464 的全合成

1996 年，日本 Fujisawa 药业公司发现了一系列由细菌产生的具有抗肿瘤活性的抗生素，FR901464 是其中活性最强的一个[61]。2000 年，Jacobsen 报道了 FR901464 的全合成研究[62]。如式 50 所示：反向合成分析将分子分割成为

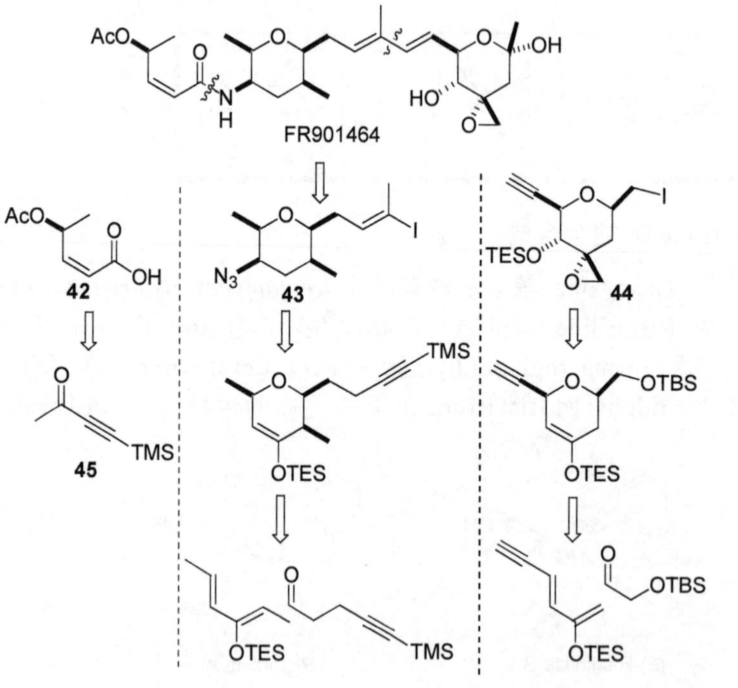

三个部分，每一部分都具有独特的手性特征。

片段 **42** 的合成是以 4-三甲硅基-3-丁炔-2-酮（**45**）为原料，首先经 Noyori 的钌 (Ru) 催化不对称氢化[63]生成手性醇 **46**。然后，经去保护/羧基化/乙酰化得到羧酸 **47**，后者经 Lindlar 催化氢化得到片段 **42** (式 51)。

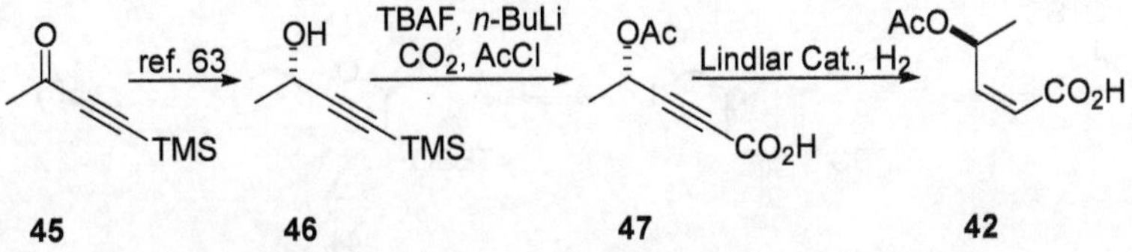

片段 **43** 的合成是从双烯体 **48**[64]和醛 **49**[65] 进行不对称催化的杂-Diels-Alder 反应开始。反应中使用了手性催化剂 **50**，其结果是一次性建立了符合目标分子的三个手性中心的环合产物 **51**。在 Rubottom 氧化反应的条件下，手性环合产物 **51** 以 70% 的产率被转化成 α-羟基酮 **52**。接着，化合物 **52** 经过适当的官能团修饰和反应得到片段 **43** (式 52)。

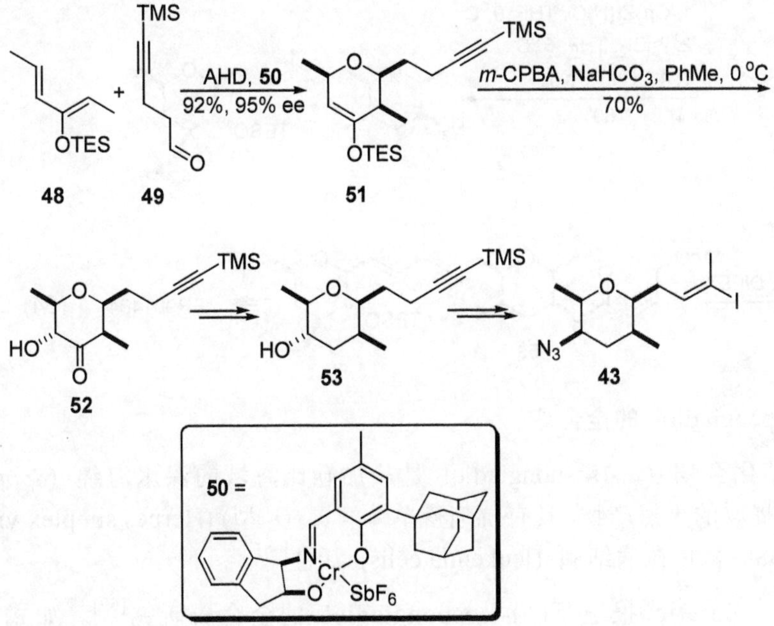

片段 **44** 的合成是从催化剂 **50** 催化的炔双烯 **54** 与醛 **55** 的杂 Diels-Alder 的环合开始。得到的烯醇硅醚 **56** 经 Rubottom 氧化在羰基的 α-位引入一个手性羟基得到化合物 **57**，然后经多步反应得到片段 **44** (式 53)。

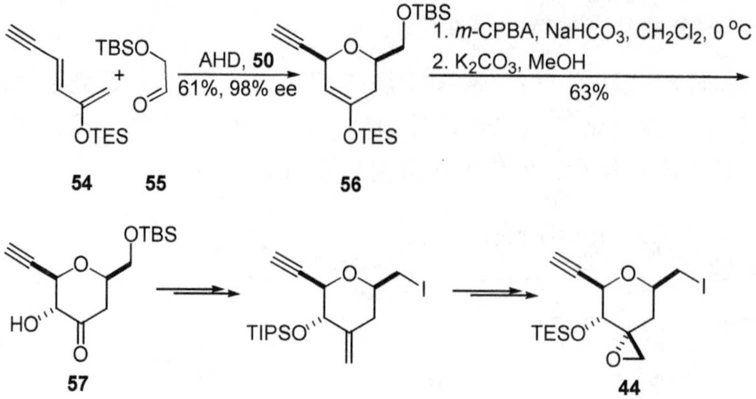

$$(53)$$

片段 **44** 的末端炔基首先与 Schwartz 试剂进行锆氢化反应，产生的烯基锆配合物和氯化锌发生金属交换后与片段 **43** 进行 Negishi 缩合得到化合物 **58**[66]。然后，三甲基膦将化合物 **58** 环上的叠氮基还原所得到的氨基[67]与片段 **42** 缩合生成酰胺 **59**。最后，**59** 经多步适当的官能团修饰和反应，得到目标化合物 FR901464 (式 54)。

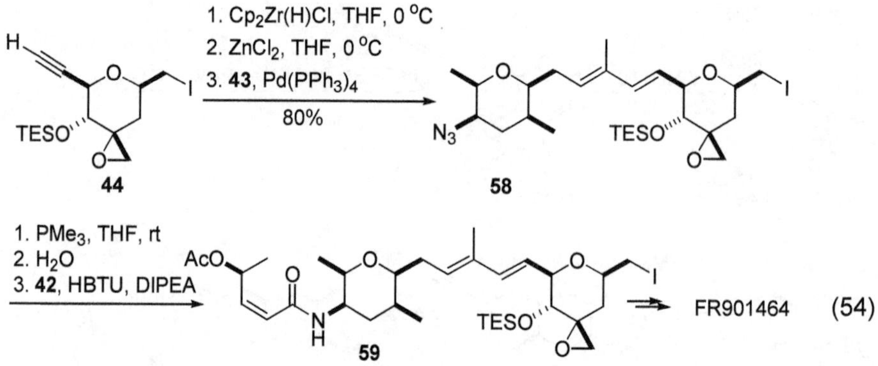

$$(54)$$

5.6 (±)-Isospongiadiol 的全合成

呋喃二萜化合物 (±)-Isospongiadiol 是从加勒比海域的深水海绵 (*Spongia Linnaeus*) 中提取的天然产物，具有抗疱疹单体病毒 (I 型) (Herpes simplex virus, type I) 和 P388 鼠白血病细胞 (leukemia cells) 活性[68]。

1996 年，Zoretic 报道了(±)-Isospongiadiol 的全合成研究[69]。如式 55 所示，反应从相对容易制备的醇化合物 **60** 开始，经多步转化为呋喃二萜化合物 **62**。化合物 **62** 与 LDA/TMSCl 反应得到烯醇硅醚 **63**。后者进行 Rubottom 氧化反应顺利地得到 α-羟基酮 **64** 及 TMS 保护的 α-三甲硅氧基酮的混合物。此混合物经四丁基氟化铵 (TBAF) 处理得到目标产物 (±)-Isospongiadiol。

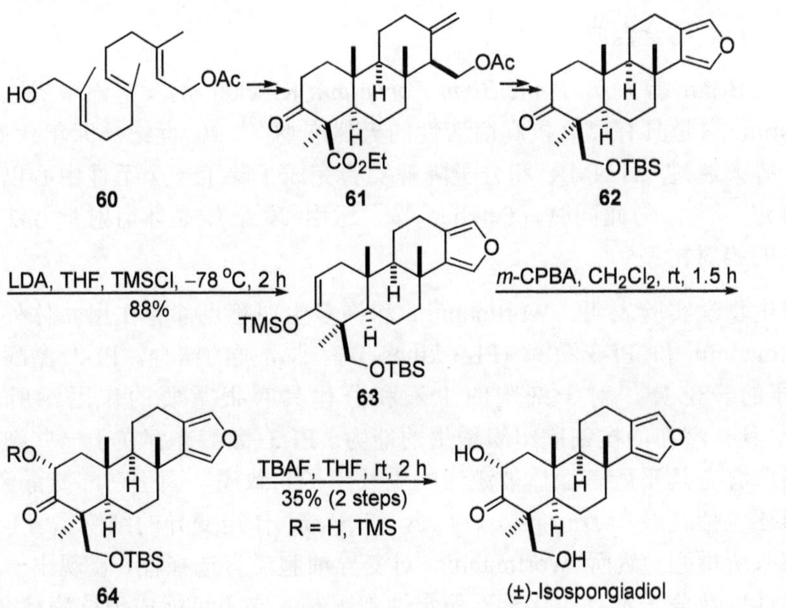

(55)

5.7 Hispidospermidin 的全合成

磷脂酶 C（Phospholipase C, PLC）调控的转导途径 (transduction pathway) 对细胞的分裂繁殖是至关重要的。1994 年，Nippon Roche 药业建立了 PLC 抑制剂的筛选体系[70]。Hispidospermidin 是通过微生物体 *Chaetospaeromena hispidulum* 发酵产生一种天然产物，具有明显的 PLC 抑制活性 (IC_{50} = 16 μmol/L)。

通过一系列核磁试验数据以及 Mosher 酰胺衍生物结构的研究，Hispidospermidin 的绝对立体构型得到确认。2000 年，Danishefsky 报道了该天然产物的立体选择全合成[71]，C10 位羟基的引入是通过 Rubottom 氧化反应来实现的。如式 56 所示，在实际的反应过程中，三环酮 **65** 首先转化为烯醇硅醚 **66**。然后，**66** 依次与 *m*-CPBA 和四丁基氟化铵 (TBAF) 反应，以 79% 的产率得到 α-羟基酮 **67**。最后，**67** 经多步适当的官能团修饰和反应，得到了目标化合物 Hispidospermidin。

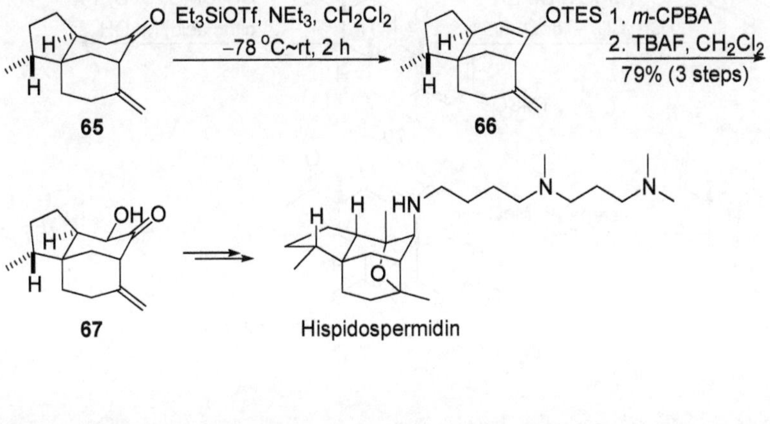

(56)

5.8 Wortmannin 的全合成

1957 年，Brian 等人从 *Penicillium Wortmanni* Klocker 的发酵液中提取得到了 Wortmannin，它是具有显著抗真菌活性的天然产物[72]。20 世纪 60 年代后期，MacMillan 等人通过 ^{1}H NMR 和分子降解实验完成了除了一个手性中心以外的分子结构鉴定[73~76]。与此同时，Petcher 等人运用 X 射线晶体衍射学方法确立了该化合物的绝对构型[77]。

一系列生物学实验表明：Wortmannin 和许多生理靶点都有作用。体外实验发现，Wortmannin 和 PI-3 激酶 (PI-3 kinase) 有非常强的结合。PI-3 激酶是细胞信号传导的一部分，对于细胞的生长和分化具有很重要的作用，所以，Wortmannin 具有潜在的抗细胞组织增生的能力。PI-3 激酶亦存在于一些细胞体里，这些细胞含有几乎所有配体被激活的生长因子和致癌基因蛋白酪氨酸激酶。类似的情形还包括在经 *v-src*、*v-ros*、*v-yes* 和 *v-abl* 作用变异的细胞里 PI-3 激酶的活动都有所增强。然而 Wortmannin 对变异细胞没有选择性，显现出一定程度的细胞毒性以及分子本身的化学不稳定性都限制了它不可能成为抗癌症药物。

1996 年，Shibasaki 等人报道了 Wortmannin 的全合成 (式 57)[78]。他们以氢化可的松 (Hydrocortisone) 为原料，经过还原反应、氧化反应和消去反应首先得到化合物 **68**。接着，C 环上的烯键被 *m*-CPBA 选择性氧化得到化合物 **69**。然后，**69** 与二异丙基乙基胺 (Hünig 碱) 和 TMSOTf 反应得到烯醇硅醚 **70**。烯醇硅醚再经 *m*-CPBA 反应发生 Rubottom 氧化后，在柠檬酸 (citric acid) 作用下开环得到 *α*-羟基化合物 **71**。最后，**71** 经多步适当的官能团修饰和反应，

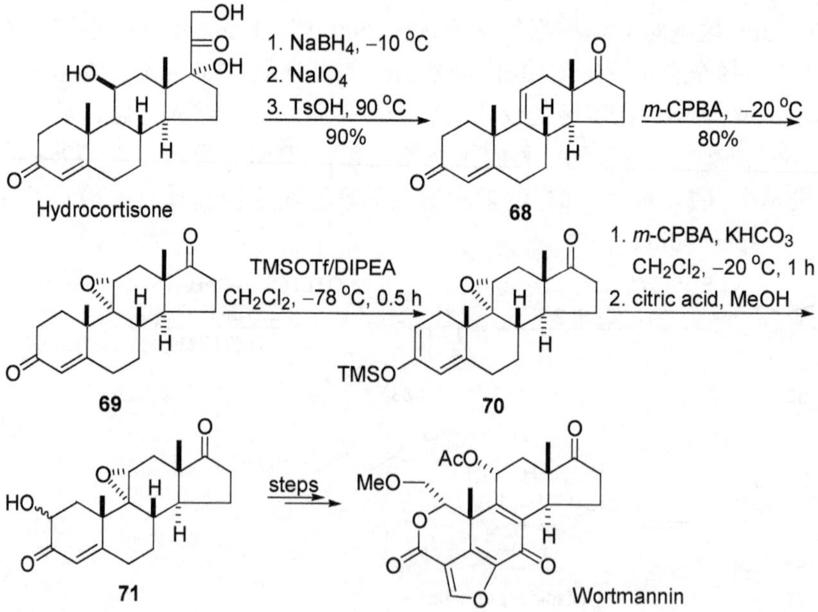

(57)

得到了目标化合物。整个全合成 35 步，总产率为 0.02%。

5.9 Tetrodecamycin 片段的合成

1994 年，Takeuchi 等人从 *Streptomyces nashvillensis* 的组织中提取出一种新型抗生素 Tetrodecamycin[79~82]，此化合物对包括 *staphylococcus aureus* (MRSA) 和 *Bacillus anthracis* 在内的革兰阳性细菌具有显著的抑制作用。Tetradecamycin 的独特化学结构和生理活性吸引了人们的广泛关注，Tchabanenko 等人在 2006 年报道了对该化合物关键片段的合成[83]。

如式 58 所示：该全合成以环庚烯为原料，经七步反应以 37% 的总收率首先得到了三烯化合物 **72**。在樟脑磺酸 (CSA) 的催化下，**72** 发生分子内 Diels-Alder (IMDA) 环合反应得到主要产物烯醇硅醚 **73**。在 Rubottom 氧化条件下，化合物 **73** 与 *m*-CPBA 反应在桥碳引入手性羟基得到化合物 **74**。最后，**74** 经羰基还原和羟基消除合成了 Tetrodecamycin 的关键片段 **75**。

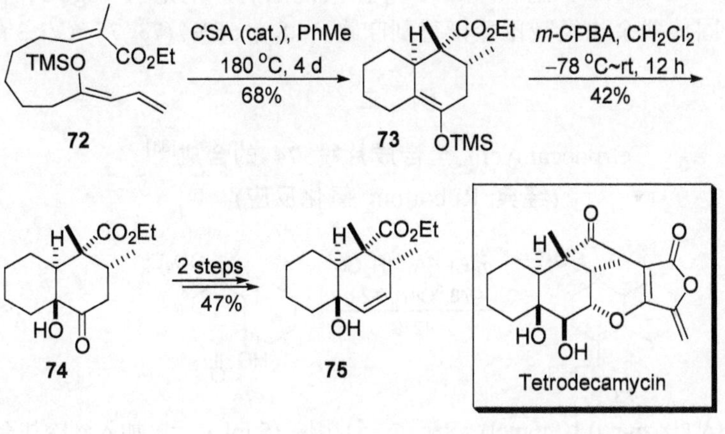

$$(58)$$

6 Rubottom 氧化反应实例

例 一

6-羟基-3,5,5-三甲基-2-环己烯-1-酮的合成[84]
(经典 Rubottom 氧化反应)

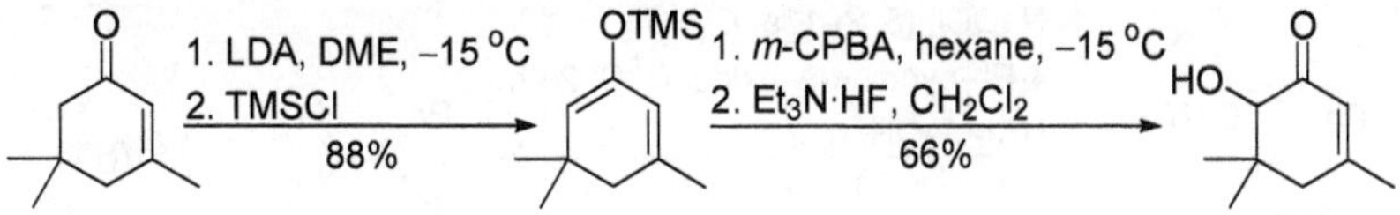

$$(59)$$

（1）4,6,6-三甲基-2-三甲硅氧基-1,3-环己二烯的合成　在 -15 °C、N$_2$ 保护和搅拌下，5 min 内将丁基锂己烷溶液（1.6 mol/L，49.8 mL，79.6 mmol）滴加到由干燥乙二醇二甲醚（150 mL）和新蒸二异丙基胺（11.25 mL，80.4 mmol）生成的溶液中。继续搅拌 15 min 后，10 min 内滴入新蒸异佛乐酮（isophorone）（10.0 g，72.4 mmol）。形成的亮黄色溶液再继续搅拌反应 10 min 后，快速加入新蒸三甲基氯硅烷（17.5 mL，137.6 mmol）。生成的反应混合物室在温搅拌 2 h 后，减压蒸除溶剂。残余物加入戊烷（100 mL）后过滤，滤液浓缩后减压蒸馏，收集产物（13.5 g，88%）（54~57 °C/1.5 mmHg）。

（2）6-羟基-3,5,5-三甲基-2-环己烯-1-酮的合成　在 N$_2$ 保护和搅拌下，将 m-CPBA（10.6 g，52.3 mmol）的己烷（50 mL）悬浮液滴加到 -15 °C 的 4,6,6-三甲基-2-三甲硅氧基-1,3-环己二烯（10 g）的己烷（300 mL）溶液中。在 -15 °C 继续反应 20 min 后，在 30 °C 继续反应 2 h。然后，将反应混合物过滤，滤液浓缩后的残余物用干燥二氯甲烷（150 mL）稀释。接着，加入三乙基氟化铵（Et$_3$NHF，11.5 g，95.0 mmol）并室温下搅拌 2 h。反应液依次经饱和 NaHCO$_3$ 溶液、盐酸溶液（1.5 mol/L、饱和 NaHCO$_3$ 溶液洗涤后，用无水 MgSO$_4$ 干燥。减压蒸去溶剂，固体残余物经减压蒸馏得到产物（4.8 g，66%）（73~75 °C/1.3 mmHg）。

例　二

Tetrodecamycin 全合成片段 74 的合成[83]

（经典 Rubottom 氧化反应）

$$(60)$$

将 m-CPBA（18 mg，0.10 mmol）溶解在二氯甲烷（5 mL）后，加入到冷却至 -78 °C 的烯醇硅醚 73（29 mg，0.09 mmol）的二氯甲烷（5 mL）溶液中。反应自然升至室温反应 12 h 后，加入饱和 NaHCO$_3$ 溶液（4 mL）。然后，用二氯甲烷萃取。蒸去溶剂，粗产品经柱色谱（乙醚:石油醚 = 1:25）提纯得到无色油状物产品（11.5 mg，42%）。

例　三

(S)-1-羟基-1-苯基丙酮的合成[39]

（Salen-Mn^{III} 配合物催化不对称 Rubottom 氧化反应）

$$(61)$$

在 0 ℃，将次氯酸钠 (NaClO) 的缓冲液 (7.5 mmol, pH = 11.3) 加入到由化合物 **18a** (1 mmol)、催化剂 **17a** (0.07 mmol) 和对苯基吡啶-*N*-氧化物 (0.3 mmol) 生成的二氯甲烷 (5 mL) 溶液中。生成的混合物在 0 ℃ 反应 24 h 后，升至室温。分出的有机层用水洗 (2 × 5 mL)，合并的水相再用二氯甲烷萃取 (3 × 5 mL)。合并的有机相用无水 MgSO$_4$ 干燥后，减压蒸除溶剂。残余物加入到含有 HCl (约 5%) 的甲醇 (5 mL) 中，在室温下搅拌 2 h。然后蒸除溶剂，粗产品经柱色谱 (乙醚:石油醚 = 1:2) 分离提纯得到产物 (91%, 79% ee)。

例 四

exo-2-羟基-双环[3.2.1]辛烷-3-酮的合成[58]
(双环体系中 Rubottom 氧化反应)

$$\text{1. } m\text{-CPBA, pentane, 0 }^{\circ}\text{C, 12 h} \qquad \text{2. aq. K}_2\text{CO}_3, 0\ ^{\circ}\text{C, 16 h} \qquad 80\% \tag{62}$$

在 0 ℃ 和搅拌下，将 3-三甲硅氧基-双环 [3.2.1]辛-2-烯 (9.8 g, 50 mmol) 的戊烷 (50 mL) 溶液加入到由 *m*-CPBA (11.3 g, 55 mmol, 85%) 和 NaHCO$_3$ (0.22 mol) 生成的戊烷 (300 mL) 溶液中。生成的混合物在 0 ℃ 继续反应 12 h 后过滤，固体用冷乙醚洗涤。滤液经减压蒸除溶剂，残余物中加入半饱和 K$_2$CO$_3$ 溶液 (500 mL) 并在 0 ℃ 下剧烈搅拌 16 h。然后，反应混合物用二氯甲烷 (10 × 100 mL) 萃取。合并的萃取液用无水 MgSO$_4$ 干燥后，减压蒸除溶剂。粗产品经柱色谱 (乙醚:戊烷 = 1:1) 分离提纯，得到 *exo*-2-羟基-双环 [3.2.1] 辛烷-3-酮 (5.6 g, 80%)，mp 177~179 ℃。

例 五

(±)-Rishirilide B 全合成片段 **41** 的合成[60]
(DMDO 参与的 Rubottom 氧化反应)

$$\text{1. NaH, DMF, TBSOTf} \qquad \text{2. DMDO} \qquad 76\% \tag{63}$$

在 0 ℃，将烯酮 **39** (2.30 g, 9.06 mmol) 的 DMF (10 mL) 溶液加入到 NaH (0.43 g, 60%, 10.9 mmol) 的 DMF (20 mL) 悬浮液中。搅拌 20 min 后，反应液冷却至 −78 ℃。再加入 TBSOTf (2.50 mL, 10.9 mmol)。生成的混合物继续搅拌 20 min 后倒入戊烷中，依次用水和饱和 NaCl 溶液洗涤。经无水 MgSO$_4$ 干燥后，减压蒸除溶剂。将生成的粗品溶于丙酮 (25 mL) 并冷至 −78 ℃ 后，在 20 min

内滴加 DMDO 的丙酮溶液 (148 mL, 0.61 mol/L, 90 mmol)。在 −78 ℃ 反应 4 h 后，将反应升至室温。减压蒸除丙酮，残余物溶于乙醚并用饱和 NaCl 溶液洗涤。经无水 MgSO₄ 干燥后，减压蒸除溶剂。得到的粗品经柱色谱 (己烷:乙酸乙酯 = 9:1 ~ 4:1) 分离提纯，得到无色油状化合物 **41** (1.86 g, 76%)。

7　参考文献

[1]　Rubottom, G. M.; Vazquez, M. A.; Pelegrina, D. R. *Tetrahedron Lett.* **1974**, 4319.

[2]　Brook, A. G.; Macrae, D. M. *J. Organomet. Chem.* **1974**, 77, C19-C21.

[3]　Hassner, A.; Reuss, R. H.; Pinnick, H. W. *J. Org. Chem.* **1975**, 40, 3427.

[4]　Wolfe, J. P. '*Rubottom oxidations*' in '*Name Reactions for Functional Group Transformations*', Li, J. J. Ed.; John Wiley and Sons: Hoboken, NJ; **2007**, 282-290.

[5]　Kürti, L.; Czakó, B. '*Rubottom oxidations*' in 'Strategic Applications of Named Reactions in Organic Synthesis', Elsevier Academic Press. **2005**, 388-389, 667.

[6]　Clark, R. D.; Heathcock, C. H. *Tetrahedron Lett.* **1974**, 2027.

[7]　Rubottom, G. M.; Gruber, J. M.;Boeckman,R. K. Jr.; Ramaiah, M.; Medwid, J. B. *Tetrahedron Lett.* **1978**, 4603.

[8]　House, H. O.; Czuba, L. J.; Gall, M.; Olmstead, H. D. *J. Org. Chem.* **1969**, 34, 2324.

[9]　Brownbridge, P. *Synthesis* **1983**, 1-28.

[10]　Brownbridge, P. *Synthesis* **1983**, 85-104.

[11]　Nakamura, E.; Hashimoto, K.; Kuwajima, I. *Tetrahedron Lett.* **1978**, 2079.

[12]　Hergott, H. H.; Simchen, G. *Justus Liebigs Ann. Chem.* **1980**, 1718.

[13]　Stork, G.; Singh, J. *J. Am. Chem. Soc.* **1974**, 96, 6181.

[14]　Stork, G.; D'Angelo, J. *J. Am. Chem. Soc.* **1974**, 96, 7114.

[15]　Jung, M. E.; McCombs, C. A.; Takeda, Y.; Pan, Y.-G. *J. Am. Chem. Soc.* **1981**, 103, 6677.

[16]　Hayashi, Y.; Nishizawa, M.; Sakan, T. *Chem. Lett.* **1975**, 387.

[17]　Fleming, I; Goldhill, J.; Paterson, I. *Tetrahedron Lett.* **1979,** 3205.

[18]　Adam, W; Chan, Y.-Y.; Cremer, D.; Gauss, J.; Scheutzow, D.; Schindler, M. *J. Org. Chem.* **1987,** 52, 2800.

[19]　Chenault, H. K.; Danishefsky, S. J. *J. Org. Chem.* **1989**, 54, 4249.

[20]　Davis, F. A.; Sheppard, A. C. *J. Org. Chem.* **1987**, 52, 954.

[21]　Stanković, S.; Espenson, J. H. *J. Org. Chem.* **1998**, 63, 4129.

[22]　Tu, Y.; Wang, Z.-X.; Shi, Y. *J. Am. Chem. Soc.* **1996**, 118, 9806.

[23]　Wang, Z.-X.; Tu, Y.; Frohn, M.; Sift, Y. *J. Org. Chem.* **1997**, 62, 2328.

[24]　Wang, Z.-X.; Tu, Y.; Frohn, M.; Zhang, J.-R.; Shi, Y. *J. Am. Chem. Soc.* **1997**, 119, 11224.

[25]　Frohn, M.; Dalkiewicz, M.; Tu, Y.; Wang, Z,-X.; Shi, Y. *J. Org. Chem.* **1998**, 63, 2948.

[26]　Wang, Z.-X.; Shi, Y. *J. Org. Chem.* **1998**, 63, 3099.

[27]　Cao, G.-A.; Wang, Z.-X.; Tu, Y.; Shi, Y. *Tetrahedron Lett.* **1998**, 39, 4425.

[28]　Zhu, Y.-M.; Tu, Y.; Yu, H.-W.; Shi, Y. *Tetrahedron Lett.* **1998**, 39, 7819.

[29]　Adam, W.; Fell, R, T.; Saha-Möller, C. R.; Zhao, C. G. *Tetrahedron: Asymmetry* **1998**, 9, 397.

[30]　Jacobsen, E. N. In *Catalytic Asymmetric Synthesis*; Ojima, I., Ed.; VCH: New York, **1993**; Chapter 4.2.

[31]　Jacobsen, E. N. In *Comprehensive Organometallic Chemistry II*; Abel, E. W., Stone, F. G. A., Wilkinson, G., Hegedus, L. S., Eds.; Pregamon: New York, 1995; Vol. 12; Chapter 11.1.

[32]　Katsuki, T. *J. Mol. Catal. A, Chem.* **1996**, 113, 87.

[33]　Katsuki, T. *Coord. Chem. Rev.* **1995**, 140, 189.

[34]　Linker, T. *Angew. Chem., Int. Ed. Engl.* **1997**, 36, 2060.

[35]　Brandes, B. D.; Jacobsen, E. N. *J. Org. Chem.* **1994**, 59, 4378.

[36]　Fukuda, T.; Irie, R.; Katsuki, T. *Synlett* **1995**, 197.

[37]   Brandes, B. D; Jacobsen, E. N. *Tetrahedron Lett.* **1995**, *36*, 5123.

[38]   Jacobsen, E. N.; Zhang, W.; Güler, M. L. *J. Am. Chem. Soc.* **1991**, *113*, 6703.

[39]   Adam, W.; Fell, R, T.; Stegmann, V, R.; Saha-Möller, C. R. *J. Am. Chem. Soc.* **1998**, *120*, 708.

[40]   Arasasingham, R. D.; He, G.-X.; Bruice, T. C. *J. Am. Chem. Soc.* **1993**, *115*, 7985.

[41]   Dayan, S.; Bareket, Y.; Rozen, S. *Tetrahedron* **1999**, *55*, 3657.

[42]   Li, H.-J.; Zhao, J.-L.; Chen, Y.-J.; Liu, L.; Wang, D.; Li, C.-J. *Green. Chem.* **2005**, *7*, 61.

[43]   Dufresne, C.; Wilson, K. E.; Zink, D. L.; Smith, J.; Bergstrom, J. D.; Kurtz, M. M.; Rew, D.; Nallin, M.; Jenkins, R.; Bartizal, K.; Trainor, C.; Bills, G.; Meinz, M.; Huang, L.; Onishi, J.; Milligan, J. A.; Mojena, M.; Pelaez, F. *Tetrahedron* **1992**, *47*, 10221.

[44]   Santini, C.; Ball, R. G.; Berger, G. D. *J. Org. Chem.* **1994**, *59*, 2261.

[45]   Dawson, H.; Farthing, J. E.; Marshall, P. S.; Middleton, R. F.; O'Neill, M. J.; Shuttleworth, A.; Stylli, C.; Tait, R. M.; Taylor, P. M.; Wildman, H. G.; Buss, A. D.; Langley, D.; Hayes, M. V. *J. Antibiot.* **1992**, *45*, 639.

[46]   Sidebottom, P. J.; Highcock, R. M.; Lane, S. J.; Procopiou, P. A.; Watson, N. S. *J. Antibiot.* **1992**, *45*, 648.

[47]   Blows, W. M.; Foster, G.; Lane, S. J.; Noble, D.; Piercy, J. E.; Sidebottom, P. J.; Webb, G. *J. Antibiot.* **1994**, *47*, 740.

[48]   Nadin; A.; Nicolaou, K. C. *Angew. Chem. Int. Ed. Engl.* **1996**, *35*, 1622.

[49]   Koert; U. *Angew. Chem. Intl. Ed. Engl.* **1995**, *34*, 773.

[50]   (a) Carreira, E. M.; Du Bois, J. **J. Am. Chem. Soc. 1994**, 116, 10825; (b) Carreira, E. M.; Du Bois, J. *J. Am. Chem. Soc.* **1995**, *117*, 8106.

[51]   Nicolaou, K. C.; Nadin, A.; Leresche, J. E.; Yue, E. W.; La Greca, S. *Angew. Chem. Int. Ed Engl.* **1994**, *33*, 2190.

[52]   Nicolaou, K. C.; Yue, E. W.; La Greca, S.; Nadin, A.; Yang Z.; Leresche, J. E.; Tsuri, T.; Naniwa, Y.; Riccardis, F. D. *Chem. Eur. J.* **1995**, *1*, 467.

[53]   Evans, D. A.; Barrow, J. C.; Leighton, J. L.; Robichaud, A. J.; Sefkow, M. J. *J. Am. Chem. Soc.* **1994**, *116*, 12111.

[54]   Heathcock, C. H.; Caron, S.; Stoermer, D. *209th National Meeting of the American Chemical Society:* Anaheim, CA, 1995, ORGN 170.

[55]   Xu, Y.-P.; Johnson, C. R. *Tetrahedron Lett.* **1997**, *38*, 1117.

[56]   Gleiter, R.; Krämer, R.; Irngartinger, H.; Bissinger, C. *J. Org. Chem.* **1992**, *57*, 252.

[57]   Gleiter, R.; Staib, M.; Ackermann, U. *Liebigs Ann.* **1995**, 1655.

[58]   Jauch, J. *Tetrahedron* **1994**, *50*, 12903.

[59]   Iwaki, H.; Nakayama, Y.; Takahashi, M.; Uetsuki, S.; Kido, M.; Fukuyama, Y. *J. Antibiot.* **1984**, *37*, 1091.

[60]   Allen, J. G.; Danishefsky, S. J. *J. Am. Chem. Soc.* **2001**, *123*, 351.

[61]   Nakajima, H.; Sato, B.; Fujita, T.; Takase, S.; Terano, H.; Okuhara, M. *J. Antibiot.* **1996**, *49*, 1196.

[62]   Thompson, C. F.; Jamison, T. F.; Jacobsen, E. N. *J. Am. Chem. Soc.* **2000**, *122*, 10482.

[63]   Matsumura, K.; Hashiguchi, S.; Ikariya, T.; Noyori, R. *J. Am. Chem. Soc.* **1997**, *119*, 8378.

[64]   Dossetter, A. G.; Jamison, T. F.; Jacobsen, E. N. *Angew. Chem., Int. Ed.* **1999**, *38*, 2398.

[65]   Cruciani, P.; Stammler, R.; Aubert, C.; Malacria, M. *J. Org. Chem.* **1996**, *61*, 2699.

[66]   Panek, J. S.; Hu, T. *J. Org. Chem.* **1997**, *62*, 4912.

[67]   Knapp, S.; Jaramillo, C.; Freeman, B. *J. Org. Chem.* **1994**, *59*, 4800.

[68]   Kohmoto, S.; McConnell, O. J.; Wright, A.; Cross, S. *Chem. Lett.* **1987**, 1687.

[69]   Zoretic, P. A.; Wang, M.; Zhang, Y.-Z.; Shen, Z.-Q. *J. Org. Chem.* **1996**, *61*, 1806.

[70]   Yanagisawa, M.; Sakai, A.; Adachi, K.; Sano, T.; Watanabe, K.; Tanaka, Y.; Okuda, T. *J. Antibody.* **1994**, 47, 1.

[71]   Frontier, A. J.; Raghavan, S.; Danishefsky, S. J. *J. Am. Chem. Soc.* **2000**, *122*, 6151.

[72]   Brian, P. W.; Curtis, P. J.; Hemming, H. G.; Norris, G. L. F. *Trans. Brit. Mycol. Soc.* **1957**, *40*, 365.

[73]   MacMillan, J.; Vanstone, A. E.; Yeboah, S. K. *J. Chem. Soc. Chem. Commun.* **1968**, 613.

[74]   MacMillan, J.; Simpson, T. J.; Yeboah, S. K. *J. Chem. Soc. Chem. Commun.* **1972**, 1063.

[75]   MacMillan, J.; Vanstone, A. E.; Yeboah, S. K. *J. Chem. Soc., Perkin Trans.* I, **1972**, 2898.

[76]   MacMillan, J.; Simpson, T. J.; Vanstone, A. E.; Yeboah, S. K. *J. Chem. Soc., Perkin Trans. I*, **1972**, 2892.

[77]   Petcher, T. J.; Weber, H.-P.; Kis, Z. *J. Chem. Soc. Chem. Commun.* **1972**, 1061.

[78]   Sato, S.; Nakada, M.; Shibasaki, M. *Tetrahedron Lett.* **1996**, 6141.

[79] Takeuchi, T.; Tsuchida, T.; Iinuma, H.; Nakamura, T.; Nakamura, H.; Sawa, T.; Hamada, *M. J. Antibiot.* **1995**, *48*, 1330.

[80] Tsuchida, T.; Iinuma, H.; Sawa, R.; Takahashi, Y.;Nakamura, H.; Nakamura, K. T.; Sawa, T.; Nagawana, H.; Takeuchi, T. *J. Antibiot.* **1995**, *48*, 1110.

[81] Tsuchida, T.; Iinuma, H.; Nishida, C.; Kiroshita, N.; Sawa, T.; Hamada, M.; Takeuchi, T. *J. Antibiot.* **1995**, *48*, 1104.

[82] Tsuchida, T.; Sawa, R.; Iinuma, H.; Nishida, C.; Kinoshita, N.; Takahashi, Y.; Naganawa, H.; Sawa, T.; Hamada, M.; Takeuchi, T. *J. Antibiot.* **1994**, *47,* 386.

[83] He, J.; Tchabanenko, K.; Adlington, R. M.; Cowley, A. R.; Baldwin, J. E. *Eur. J. Org. Chem.* **2006**, 4003.

[84] Rubottom, G. M.; Gruber, J. M.; Juve, H. D. Jr; Charleson, D. A. *Organic. Syntheses. Coll. 7,* **1990**, 282.

夏普莱斯不对称双羟基化反应
(Sharpless Asymmetric Dihydroxylation)

田仕凯

1 历史背景简述

Sharpless 不对称双羟基化反应 (Sharpless Asymmetric Dihydroxylation, 通常简称为 Sharpless AD) 是以美国著名化学家、诺贝尔奖获得者 K. Barry Sharpless 命名的有机人名反应, 是指利用金鸡纳生物碱衍生物和四氧化锇催化烯烃氧化并产生手性邻二醇的反应, 是有机合成中最具选择性、可靠性和广泛应用价值的高效化学转化之一[1~10]。

Sharpless 教授 1941 年出生在美国费城, 1963 年在 Dartmouth 学院获得学士学位, 1968 年在斯坦福大学获得博士学位, 然后依次在斯坦福大学和哈佛大学做博士后研究。他 1970 年到 MIT 任教, 1977 年转入斯坦福大学, 1980 年又回到 MIT, 1990 年转入 Scripps 研究所。Sharpless 教授长期研究催化的不对称氧化反应, 成功地发展了具有高度立体选择性的不对称环氧化反应和不对称双羟基化反应。2001 年, Sharpless (夏普莱斯) 教授、美国化学家 William S. Knowles (诺尔斯) 和日本化学家 Ryoji Noyori (野依良治) 分享了诺贝尔化学奖。

四氧化锇氧化烯烃的反应可以产生顺式邻二醇, 因而被称为双羟基化反应 (式 1)[11]。Hofmann 在 1912 年报道, 廉价的共氧化剂 (co-oxidant) 氯酸钾 (或者氯酸钠) 可使双羟基化反应在催化量四氧化锇的存在下进行 (式 1)[12]。由于四氧化锇是非常昂贵的剧毒化合物, 而且具有高挥发性, 因此这一发现推动了双羟基化反应的实用化。后续研究发现, 双氧水、氧气、高碘酸钠、次氯酸钠等也能用作共氧化剂[11]。1976 年, Sharpless 小组和 Upjohn 过程化学研究组分别报道了两种效果更好的有机共氧化剂, 即过氧叔丁醇[13]和 N-甲基吗啉-N-氧化物 (NMO)[14]。双羟基化反应的早期研究还有另外一个重要发现, 即配体加速反应现象。Criegee 在 1942 年报道, 可与四氧化锇配位的吡啶能够大幅提高双羟基化反应的速率[15]。三十年后一些研究组又报道了与四氧化锇配位效果更好的奎宁环、1,4-二氮杂二环[2.2.2]辛烷 (DABCO) 等叔胺[16,17]。这些研究工作为发展 Sharpless AD 反应奠定了基础[1,2]。

$$\text{共氧化剂} \quad (1)$$

Sharpless 小组从 20 世纪 70 年代开始研究双羟基化反应, 并在 1980 年报道了首例不对称双羟基化反应，其中手性配体和四氧化锇的用量都是化学计量的[18]。图 1 所示的几个手性配体中，*l*-2-(2-薄荷基)吡啶 (**1**) 催化反应的对映选择性只有 3%~18% ee，而金鸡纳生物碱衍生物二氢奎宁乙酸酯 (DHQ-Ac, DHQ = dihydroquinine) 和二氢奎尼定乙酸酯 (DHQD-Ac, DHQD = dihydroquinidine) 催化反应的对映选择性可以达到 83% ee (后被校正为 94% ee[19])。这种现象可以解释为后者与四氧化锇的配位能力比前者高很多。手性配体 DHQ-Ac 和 DHQD-Ac 是一对假对映体 (pseudo-enantiomer)，在反应中诱导手性的方向相反，但所得对映体产物的 ee 绝对值并不相等，只是在很多情况下比较接近。

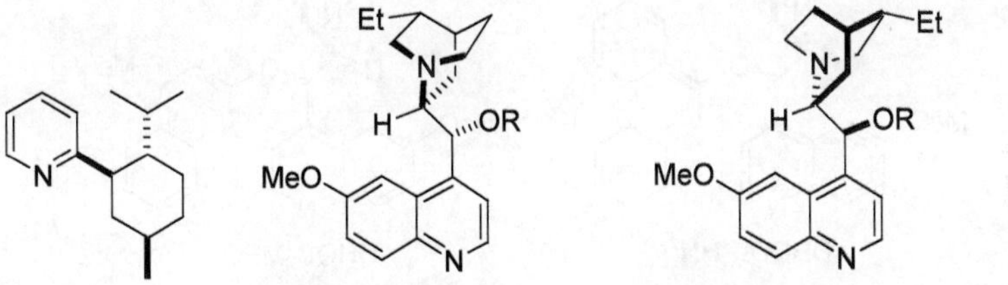

DHQ, R = H
DHQ-Ac, R = Ac
DHQ-CLB, R = 4-ClC₆H₄CO

DHQD, R = H
DHQD-Ac, R = Ac
DHQD-CLB, R = 4-ClC₆H₄CO

图 1　几种手性配体结构示例

当时 Sharpless 小组将研究重点放在几乎同时发现的不对称环氧化反应[20]，但八年后他们又报道了研究不对称双羟基化反应的一个重要突破：向以丙酮 - 水为反应介质的体系中加入共氧化剂 NMO 后，可以使用催化量的手性配体 DHQ-CLB (或者 DHQD-CLB) 和四氧化锇氧化一些芳基烯烃 (图 1)，并获得了良好的对映选择性[19]。由于手性配体和四氧化锇都很昂贵，因此在不对称双羟基化反应中减少两者的用量具有非常重要的实用意义。

Yamamoto 小组在 1990 年报道，共氧化剂铁氰化钾 [K₃Fe(CN)₆] 在叔丁醇-水反应介质中可以有效地促进双羟基化反应[21]。Sharpless 小组将手性配体 DHQD-CLB 加入到这种反应体系，发现对映选择性得到了显著的提高，而且可用不挥发的锇酸钾 [K₂OsO₂(OH)₄] 代替高挥发的四氧化锇[22]。紧接着他们又发现甲磺酰胺可以大幅加速 1,2-多取代烯烃的双羟基化反应[1,23,24]，使得一些在 0 °C 下进行得很慢的不对称双羟基化反应就没有必要升至室温或者更高温度，从而避免了立体选择性的降低。

在发展不对称双羟基化反应的过程中，Sharpless 小组测试的金鸡纳生物碱衍生物超过了 350 种[1]，其中手性诱导效果最好的一类配体是二氢奎尼定 (或者二氢奎宁) 的芳基醚。他们在 1991 年报道的手性配体 DHQD-PHN 和 DHQD-MEQ (图 2) [25]，不仅提高了芳基烯烃在不对称双羟基化反应中的对映选择性，而且将底物范围有效地扩展至烷基烯烃。更令人兴奋的发现是，金鸡纳生物碱二聚体衍生物: (DHQD)₂PHAL[23]、 (DHQD)₂PYR[26]、 (DHQD)₂AQN[27]及其相应的假对映体 DHQ 衍生物 (图 3),使不对称双羟基化反应的立体选择性和底物范围得到前所未有的提高和扩展,从而将 Sharpless AD 反应发展成为一个高效、实用的不对称有机合成反应[1~10]。这些手性诱导效果优秀的金鸡纳生物碱衍生物很快得到商品化,其中 (DHQD)₂PHAL [或者 (DHQ)₂PHAL] 还同锇酸钾、铁氰化钾和碳酸钾被按一定比例混合,配成不对称双羟基化试剂[1]。

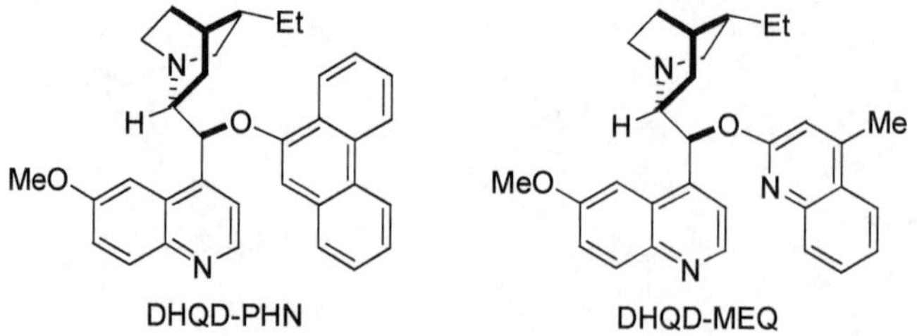

DHQD-PHN   DHQD-MEQ

图 2 手性配体 DHQD-PHN 和 DHQD-MEQ 的结构

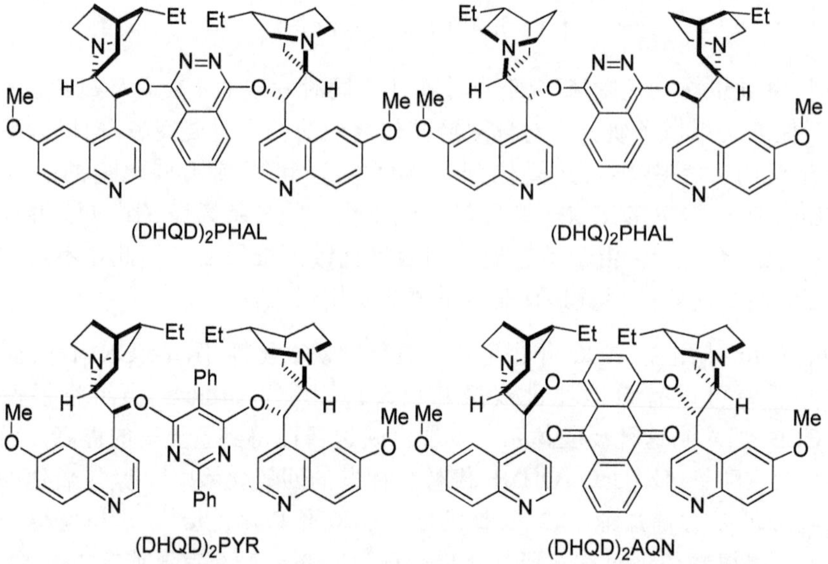

(DHQD)₂PHAL   (DHQ)₂PHAL

(DHQD)₂PYR   (DHQD)₂AQN

图 3 金鸡纳生物碱二聚体类型手性配体

在 Sharpless 小组发展金鸡纳生物碱衍生物类型手性配体的同一时期,另外一些研究组在双羟基化反应中测试了多种手性二胺配体[28~40]。图 4 所示一些 C_2-对称的手性二胺不但可以给出很高的立体选择性,而且底物范围很广。但令人遗憾的是,这些手性二胺配体与四氧化锇结合得很牢固,阻止了催化周转 (catalytic turnover),因此在反应中就不得不使用化学计量的手性配体和四氧化锇[1,2]。

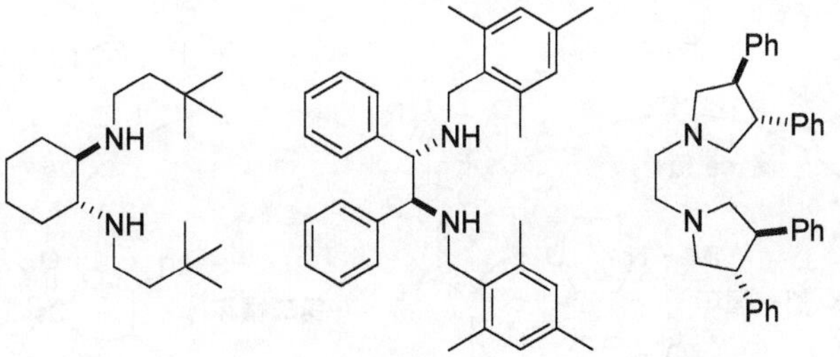

图 4   具有 C_2-对称的手性二胺结构示例

2   Sharpless 不对称双羟基化反应的定义和机理

Sharpless 不对称双羟基化反应 (Sharpless AD) 是指利用金鸡纳生物碱衍生物和四氧化锇催化烯烃氧化并产生手性邻二醇的反应 (式 2，R_L、R_M、R_S 分别代表大、中、小基团)。通常情况下，Sharpless AD 反应只需要催化量的金鸡纳生物碱衍生物和锇酸钾 (反应中原位生成四氧化锇)，以廉价的铁氰化钾 (或者 NMO) 为共氧化剂，在叔丁醇－水 (或者丙酮－水) 混合溶剂中进行[1~10]。

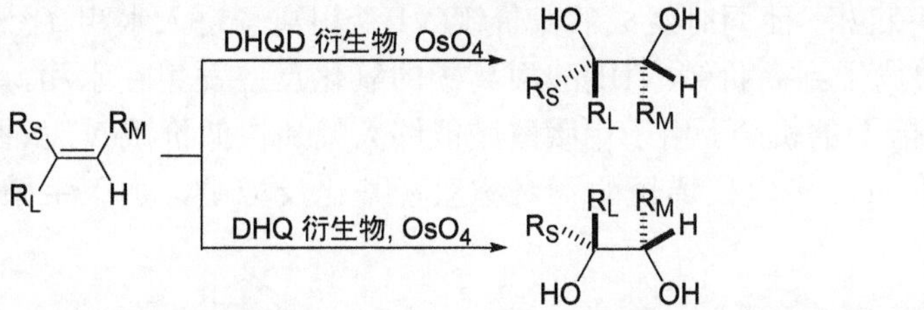

(2)

Sharpless AD 反应的催化循环机理得到了较为详细的研究，并且有效地指导了反应条件的改进[1,2]。在以丙酮－水为反应介质的不对称双羟基化反应中，虽然加入共氧化剂 NMO 可以将手性配体 (金鸡纳生物碱衍生物) 和四氧化锇的用量降至催化量，但是给出的对映选择性要低于相应的化学计量反应[19]。Sharpless 等人提出了一种双催化循环机理 (图 5)，对这一现象做了合理的解释[41,1]。四氧化锇在手性配体 (L) 的存在下，氧化烯烃并生成手性配体配位的低价锇(VI)酸酯 **2**，然后被共氧化剂 NMO 氧化成高价锇(VIII)酸酯 **3**，同时释放手性配体 (L)。高价锇(VIII)酸酯 **3** 经过水解反应就可以生成手性邻二醇和四氧化锇，后者可以参加下一轮催化循环。如果高价锇(VIII)酸酯 **3** 的水解反应进行得不够快，它就会继续氧化烯烃并以较低的立体选择性生成双甘醇酯 **4**，再经过水解反应便给出光学纯度较低的手性邻二醇。向反应体系中缓慢地加入烯烃有利于避开第二个催化循环；而加入醋酸四烷基铵能够促进高价锇(VIII)酸酯 **3** 的水解反应，因此这两条措施都可以提高对映选择性。

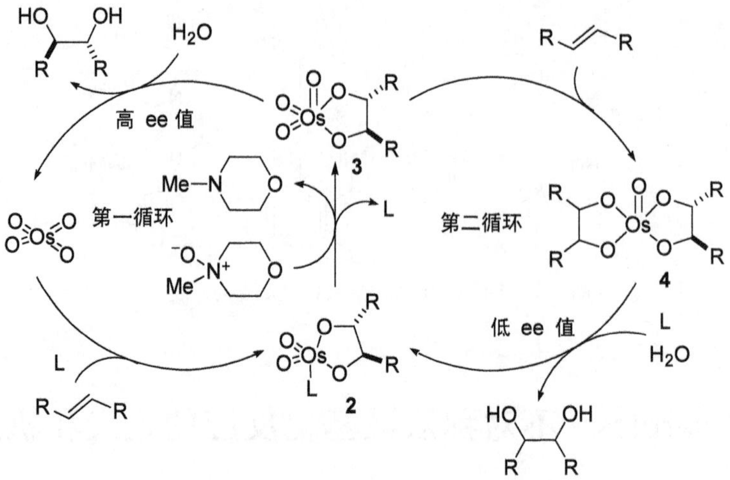

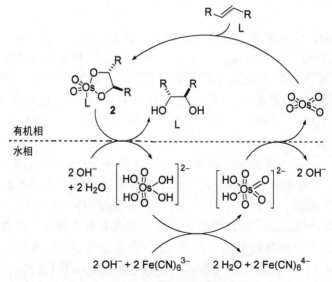

图 5　NMO 体系的双催化循环机理

　　采用 Yamamoto 小组报道的反应介质（叔丁醇 - 水）和共氧化剂（铁氰化钾）[21]，Sharpless 小组发现同一手性配体催化的不对称双羟基化反应可以给出更高的对映选择性，而且可用不挥发的锇酸钾代替高挥发的四氧化锇[22]。他们给出的解释是：低价锇(VI)酸酯 **2** 直接进行水解反应，生成的手性邻二醇和手性配体进入有机相，而同时生成的低价锇(VI)酸根离子进入水相（图 6)[22]。从低价锇(VI)酸根离子到高价锇(VIII)酸根离子的氧化反应发生在水相，因而避免了生成双甘醇酯 **4** 的机会。由于甲磺酰胺能够大幅加快低价锇(VI)酸酯 **2** 的水解反应，因此在 1,2-多取代烯烃的不对称双羟基化反应中，加入甲磺酰胺就可以显

图 6　铁氰化钾体系的催化循环机理

著地缩短反应时间[1,23,24]。但如果底物是末端烯烃 (包括单取代烯烃和 1,1-二取代烯烃)，甲磺酰胺反而会略微降低反应速率。

多年来，对有机胺配体、四氧化锇和烯烃如何生成低价锇(VI)酸酯的具体反应途径存在争议，有两种主要的观点 (式 3)。其一是 Böseken、Criegee 等人提出的 [3+2] 环加成途径，即一步协同反应直接生成低价锇(VI)酸酯[15,42~45]；其二是 Sharpless 提出的分步反应途径，即先经过 [2+2] 环加成反应并产生锇氧杂四员环，然后进行扩环重排就生成低价锇(VI)酸酯[46]。动力学同位素效应[47,48]和理论计算[49~58]倾向支持 [3+2] 环加成途径，但对映体过量与温度之间的非线性 Eyring 关系[24]以及有机胺加速烯烃锇化反应的电子效应[59]更加符合 [2+2] 环加成途径。

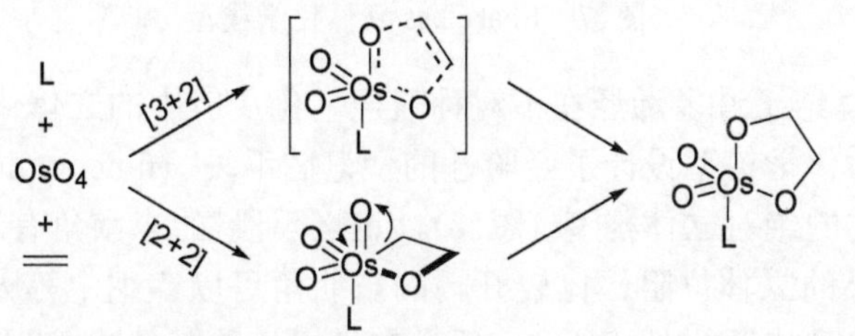

(3)

基于低价锇(VI)酸酯的不同形成途径，Corey 和 Sharpless 分别提出了一种立体化学模型，以解释 Sharpless AD 反应的立体选择性。根据 Corey 模型，与四氧化锇配位的手性配体 [以 (DHQD)₂PYDZ 为例] 形成手性 U 形结合袋 (binding pocket)，其中两个甲氧基喹啉结构单元充当"墙"，而芳香杂环连接体充当"地板"[2,60,61]。为了获得有利的范德华作用，反应底物 (以苯乙烯为例) 优先按式 4 所示方向进入手性 U 形结合袋，并与四氧化锇发生 [3+2] 环加成反

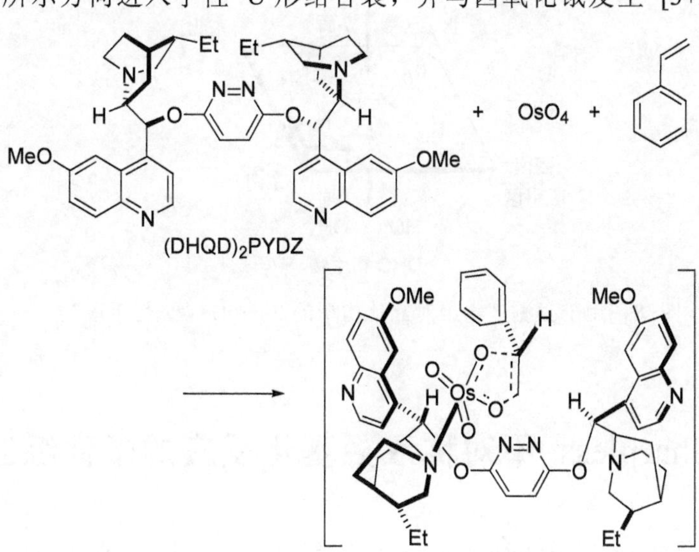

(DHQD)₂PYDZ

(4)

应。而根据 Sharpless 模型，在形成锇氧杂四员环的过程中，原烯烃取代基与手性配体 (金鸡纳生物碱衍生物) 的芳香杂环连接体 R 和甲氧基喹啉结构单元 Ar 之间的范德华作用决定了烯烃氧化的面选择性 (图 7)[1,51]。

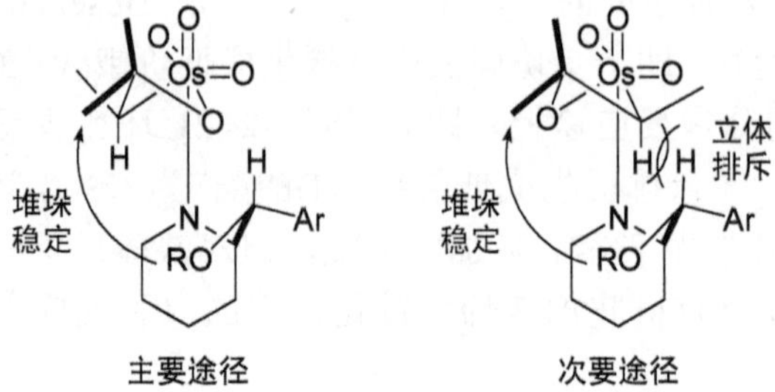

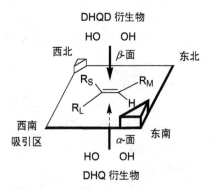

图 7　Sharpless 立体化学模型

Sharpless 总结了许多烯烃在不对称双羟基化反应中的立体化学规律，并根据自己提出的立体化学模型设计了经验性的 "记忆手段" (mnemonic device)[1,62]，用于初步预测产物的绝对立体构型 (图 8)。"记忆手段"的东南角有最大的立体位阻，而西北角有较小的立体位阻；比较开阔的东北角可以容纳中等大小的基团 R_M，而开阔的西南角是特殊的"吸引区"，适合容纳平坦的芳基或者"大"烷基 R_L。按图 8 所示方向，将烯烃置于 Sharpless "记忆手段"中 (R_S 代表较小的基团)，就可以预测产物的绝对立体构型：DHQ 衍生物催化的反应氧化烯烃的 α-面，而 DHQD 衍生物催化的反应氧化烯烃的 β-面。

图 8　用于预测产物绝对立体构型的 Sharpless"记忆手段"

3　Sharpless 不对称双羟基化反应的条件综述

手性配体是影响 Sharpless AD 反应选择性的关键因素。对于六种可能的烯烃类型，Sharpless 等人总结的一套经验规律可以用于指导手性配体的初步选择[1]。如表 1 所示，除顺式烯烃之外的五种烯烃都可以首先选择 PHAL 类手性配体，而 PYR 类手性配体可以作为单取代烷基烯烃和四取代烯烃的首选配体。虽然 IND 类手性配体被认为是顺式烯烃的首选配体，但给出的立体选择性仍然比较低。如果初步选择的手性配体所给出的立体选择性比较低，那么选用别的手性配体也许可以收到比较好的效果。

表 1　Sharpless 等人总结的可用于六种烯烃类型的手性配体

烯烃类型	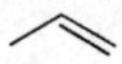	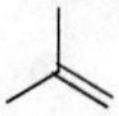	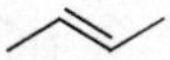	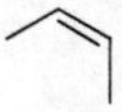	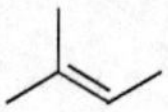	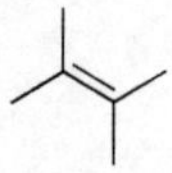
首选配体	PYR PHAL	PHAL	PHAL	IND	PHAL	PYR PHAL
ee 范围/%	30~97	70~97	90~99.8	20~80	90~99	20~97

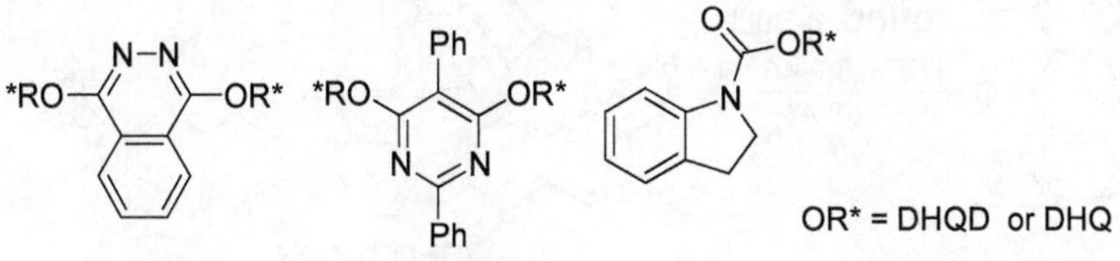

PHAL 类　　　　PYR 类　　　　IND 类

OR* = DHQD or DHQ

Sharpless AD 反应常用的手性配体已经商品化，只是价格比较高。然而利用相对便宜的原料，经过简洁的合成路线就能够制备这些手性配体[1,2]。最常用的手性配体 (DHQD)₂PHAL 是由 DHQD 和 1,4-二氯-2,3-二氮杂萘在碱性条件下缩合而得，产率达到 88% (式 5)[1,23]。

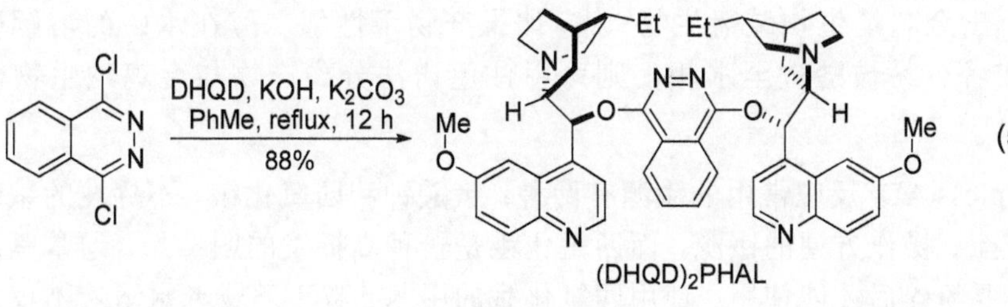

$$DHQD, KOH, K_2CO_3 \quad PhMe, reflux, 12\ h \quad 88\%$$

(DHQD)₂PHAL

(5)

手性配体 (DHQD)₂PYR 的制备方法如下：苯基丙二酸二乙酯与苯甲脒在碱性条件下生成嘧啶中间体，经过 POCl₃ (或者 PCl₅) 处理，然后与 DHQD 在碱性条件下反应，就可以给出手性配体 (DHQD)₂PYR (式 6)[1,26]。由于这三步反应的产率都很高，而且都不需要柱色谱纯化，因此这条合成路线适合于大量制备手性配体 (DHQD)₂PYR。

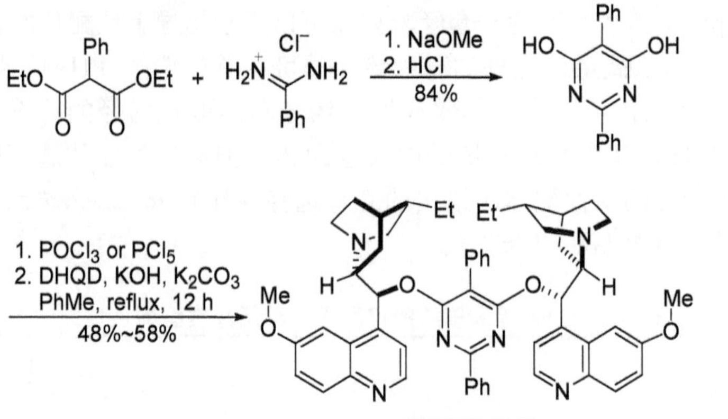

$$(6)$$

(DHQD)₂PYR

手性配体 (DHQD)₂AQN 是由 DHQD 与二氟蒽醌在强碱条件下缩合而得, 产率达到 88% (式 7)[27]。

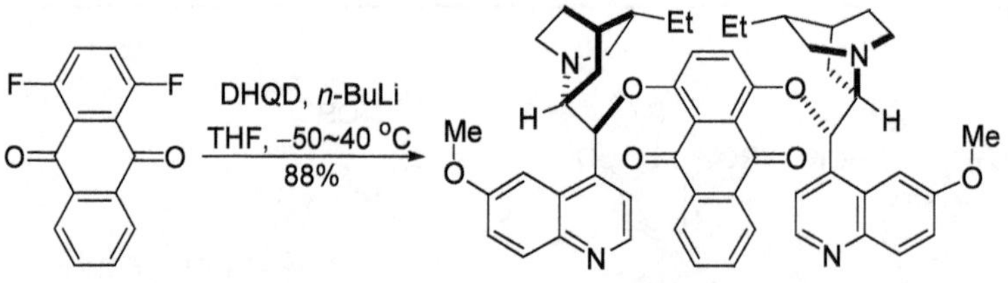

$$(7)$$

(DHQD)₂AQN

采用类似的合成路线可以制备相应的二氢奎宁衍生物 (DHQ)₂PHAL、(DHQ)₂PYR 和 (DHQ)₂AQN。关于其它手性配体的制备方法, 参见文献综述 [1,2] 及其所引相关文献。

手性配体金鸡纳生物碱衍生物呈弱碱性, 容易被回收和再利用。用有机溶剂萃取 Sharpless AD 反应混合物, 所得有机相用酸洗, 然后用碱处理酸性水相, 就析出金鸡纳生物碱衍生物[1,2]。如果产物手性邻二醇在水中的溶解度比较大, 或者容易被酸洗至水相, 则可用柱色谱法分离产物与金鸡纳生物碱衍生物。

Sharpless AD 反应常用的锇源有两种: 锇酸钾和四氧化锇。不挥发的锇酸钾是比较安全、操作方便的锇源, 而四氧化锇是一种高挥发的剧毒品, 通常呈晶状固体, 需要粉碎后才能使用。使用四氧化锇的甲苯、叔丁醇或者水溶液不仅能够大幅减少它的挥发, 而且给实验操作带来不少方便[2]。

Sharpless AD 反应常用的共氧化剂有两种: NMO 和铁氰化钾。NMO 在反应中所产生的副产物是 N-甲基吗啉 (NMM), 容易被去除和回收。NMO 体系的反应物浓度比较高, 适合于大量制备手性邻二醇。相对于 NMO 体系而言, 铁氰化钾体系能够给出更好的立体选择性。向铁氰化钾体系中加入碳酸钾, 能够使反应混合物保持碱性，从而实现催化周转。如果产物在这种碱性条件下发生分解反应，则要加入碳酸氢钠来降低碱性，从而减少甚至消除副反应，但不影响立体选择性；然而单独使用碳酸氢钠就观察不到催化周转[1,2]。铁氰化钾体系需要加入大量的盐，其反应物浓度 (通常为 0.1 mol/L) 比较低，因此给大量制备手性邻二醇带来不便。

通常情况下，Sharpless AD 反应所需手性配体、锇源和共氧化剂的用量分别是 1 mol%、0.2 mol% 和 300 mol%。为了使用方便，Sharpless 小组将手性配体、锇酸钾和铁氰化钾按上述比例混合，并加入 300 mol% 的碳酸钾，配成不对称双羟基化试剂 AD-mix-α 和 AD-mix-β，分别用于烯烃 α-面和 β-面的氧化反应。1.4 g 试剂 AD-mix-α 可由 980 mg K$_3$Fe(CN)$_6$ (3 mmol)、410 mg K$_2$CO$_3$ (3 mmol)、7.8 mg (DHQ)$_2$PHAL (0.01 mmol) 和 0.74 mg K$_2$OsO$_2$(OH)$_4$ (0.002 mmol) 机械混合而得，可用于 1.0 mmol 烯烃的不对称双羟基化反应[1,23]。将这个配方中的 (DHQ)$_2$PHAL 用 (DHQD)$_2$PHAL 替换，就能得到试剂 AD-mix-β。利用试剂 AD-mix 氧化非末端烯烃的反应还需要加入化学计量的甲磺酰胺。如果 Sharpless AD 反应进行得很慢，就要适当地增加手性配体、锇酸钾和甲磺酰胺的用量，从而在不影响立体选择性的前提下缩短反应时间[1,2]。

Sharpless AD 反应常用的溶剂有两种：丙酮-水和叔丁醇-水，分别适用于 NMO 体系和铁氰化钾体系[1,2]。在一些情况下，选用其它有机溶剂与水组成的混合溶剂能够提高产率和立体选择性。Sharpless AD 反应通常在 0 °C 进行；如果反应进行得很慢，则需要将反应温度升至室温或者更高温度，从而缩短反应时间，但立体选择性往往会有所降低。

4　Sharpless 不对称双羟基化反应的类型综述

Sharpless AD 反应在温和条件下能够氧化多种类型的烯烃，并给出很高的化学、区域和立体选择性，已被广泛地应用于构筑手性砌块和复杂手性有机化合物[1~10]。Sharpless 设计的"记忆手段"可以帮助我们初步推测产物手性邻二醇的绝对立体构型。

4.1　单取代烯烃

单取代烯烃在 Sharpless AD 反应中的对映选择性与取代基的性质有很大的内在关系。单取代芳基烯烃在 PHAL 类手性配体催化的反应中常常给出优秀的对映选择性 (式 8~式 10)[23,63,64]。这是因为芳基与手性催化剂结合袋之间存在 π-堆垛作用和疏水作用[1,2]。在类似的反应条件下，含稠环芳基或者杂芳基的单取代烯烃也可以给出优秀的对映选择性 (式 11~式 13)[65~67]。

$$
\text{苯乙烯} \xrightarrow[\substack{\text{K}_2\text{CO}_3,\ t\text{-BuOH-H}_2\text{O (1:1), 0 °C, 6~24 h} \\ 80\%~98\%,\ 97\% \text{ ee}}]{(\text{DHQD})_2\text{PHAL, K}_2\text{OsO}_2(\text{OH})_4,\ \text{K}_3\text{Fe(CN)}_6} \text{产物}
$$
(8)

$$
\xrightarrow[\substack{(1:1), 0\ ^{\circ}\text{C, 18 h} \\ 96\%,\ 97\% \text{ ee}}]{\text{AD-mix-}\alpha,\ t\text{-BuOH-H}_2\text{O}}
$$
(9)

$$
\xrightarrow[\substack{\text{K}_2\text{CO}_3,\ t\text{-BuOH-H}_2\text{O (1:1), 0 °C, 8 h} \\ 90\%,\ >98\% \text{ ee}}]{(\text{DHQ})_2\text{PHAL, OsO}_4,\ \text{K}_3\text{Fe(CN)}_6}
$$
(10)

$$
\xrightarrow[\substack{\text{K}_3\text{Fe(CN)}_6,\ \text{K}_2\text{CO}_3,\ t\text{-BuOH-H}_2\text{O (1:1), 0 °C} \\ 98\%,\ 99\% \text{ ee}}]{(\text{DHQD})_2\text{PHAL, K}_2\text{OsO}_2(\text{OH})_4}
$$
(11)

$$
\xrightarrow[\substack{(1:1), 0\ ^{\circ}\text{C, 24 h} \\ 66\%,\ 99\% \text{ ee}}]{\text{AD-mix-}\alpha,\ t\text{-BuOH-H}_2\text{O}}
$$
(12)

$$
\xrightarrow[\substack{\text{K}_2\text{CO}_3,\ t\text{-BuOH-H}_2\text{O (1:1), 3 °C, 4 h} \\ 95\%,\ 99\% \text{ ee}}]{(\text{DHQ})_2\text{PHAL, K}_2\text{OsO}_2(\text{OH})_4,\ \text{K}_3\text{Fe(CN)}_6}
$$
(13)

单取代烷基烯烃在手性配体 (DHQD)$_2$PHAL 催化的 Sharpless AD 反应中，给出的对映选择性远低于单取代芳基烯烃 (式 14)[1,2]。如果在这些反应中使用手性配体 (DHQD)$_2$PYR，对映选择性就会得到显著的提高，可以达到优秀[26]。

$$
\text{R}\!\!=\!\! \xrightarrow[\substack{\text{K}_2\text{CO}_3,\ t\text{-BuOH-H}_2\text{O (1:1), 0 °C} }]{\text{ligand, K}_2\text{OsO}_2(\text{OH})_4,\ \text{K}_3\text{Fe(CN)}_6}
$$
(14)

序号	R	配体	ee/%
1	n-C$_8$H$_{17}$	(DHQD)$_2$PHAL	84
2	n-C$_8$H$_{17}$	(DHQD)$_2$PYR	89
3	t-Bu	(DHQD)$_2$PHAL	64
4	t-Bu	(DHQD)$_2$PYR	92
5	c-C$_6$H$_{11}$	(DHQD)$_2$PHAL	88
6	c-C$_6$H$_{11}$	(DHQD)$_2$PYR	96

烯丙醇衍生物的 Sharpless AD 反应可用于制备具有重要合成应用价值的手性甘油衍生物。向底物引入芳基是获得优秀对映选择性的一种有效策略。对于烯丙基芳基醚,芳环上取代基的性质和位置都会显著地影响对映选择性。在手性配体 (DHQD)$_2$PHAL 催化的 Sharpless AD 反应中,取代基在芳环对位的烯丙基芳基醚给出的对映选择性远高于取代基在芳环邻位的,达到 90% ee (式 15)[1,68]。

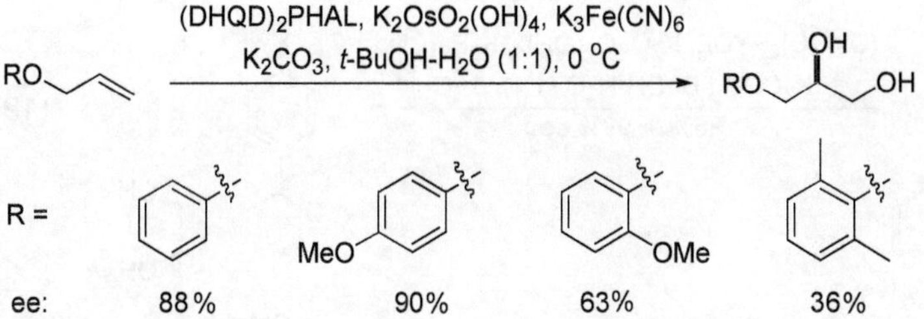

调整烯丙醇的保护基,能够进一步提高它在 Sharpless AD 反应中的对映选择性。式 16 所示的芳香羧酸烯丙酯在手性配体 (DHQD)$_2$PYDZ 催化的反应中,给出非常优秀的产率和对映选择性[69]。采用对甲氧基苯甲酰基来保护烯丙醇,不仅可以增强底物与手性催化剂结合袋之间的相互作用,而且能够防止羧酸烯丙酯及其氧化产物在碱性条件下的水解反应和酯交换反应。

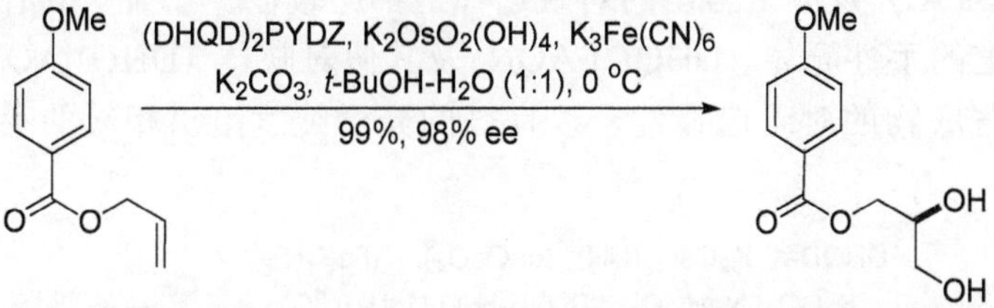

在碱性条件下比羧酸烯丙酯稳定的 N-苯基氨基甲酸烯丙酯,在手性配体 (DHQ)$_2$PHAL 催化的 Sharpless AD 反应中,也可以给出非常优秀的产率和对映选择性 (式 17)[70]。

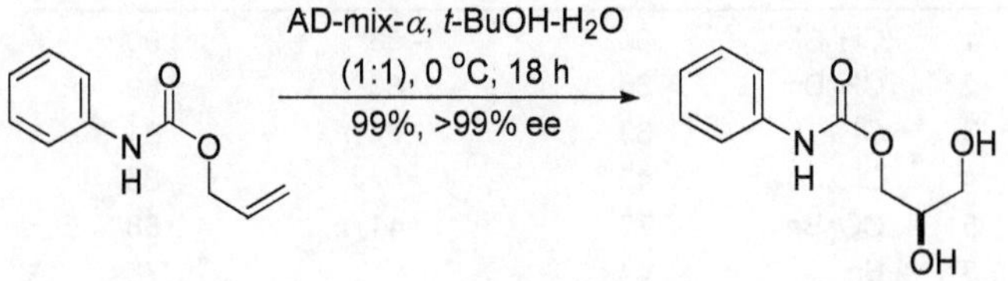

在结构上分别与烯丙基芳基醚、芳香羧酸烯丙酯类似的高烯丙基芳基醚 (式 18) 和高烯丙基芳基酮 (式 19),在手性配体 (DHQD)$_2$PYDZ 催化的反应中都给出了优秀的产率和对映选择性[69]。但是,芳香羧酸高烯丙酯在相同的反应条件下,给出的对映选择性只有 40% ee (式 20)。这可能是由于芳基与反应部位之间的较大距离,削弱了底物与手性催化剂结合袋之间的相互作用,从而导致了对映

选择性的急剧降低。

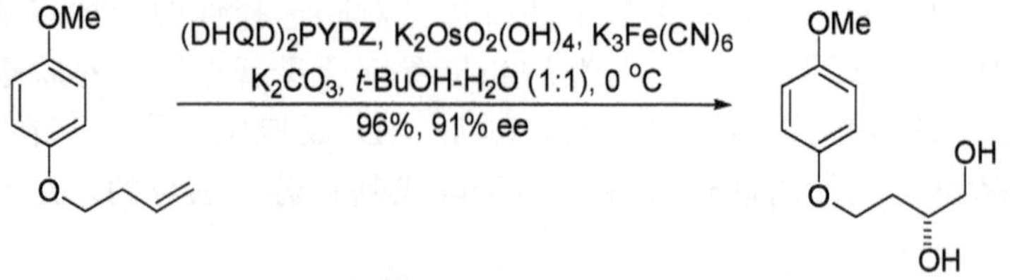

(DHQD)₂PYDZ, K₂OsO₂(OH)₄, K₃Fe(CN)₆
K₂CO₃, *t*-BuOH-H₂O (1:1), 0 °C
96%, 91% ee

$$(18)$$

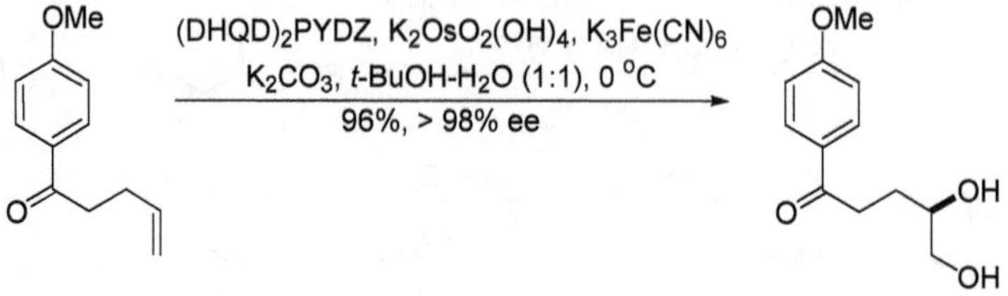

(DHQD)₂PYDZ, K₂OsO₂(OH)₄, K₃Fe(CN)₆
K₂CO₃, *t*-BuOH-H₂O (1:1), 0 °C
96%, > 98% ee

$$(19)$$

(DHQD)₂PYDZ, K₂OsO₂(OH)₄, K₃Fe(CN)₆
K₂CO₃, *t*-BuOH-H₂O (1:1), 0 °C
> 99%, 40% ee

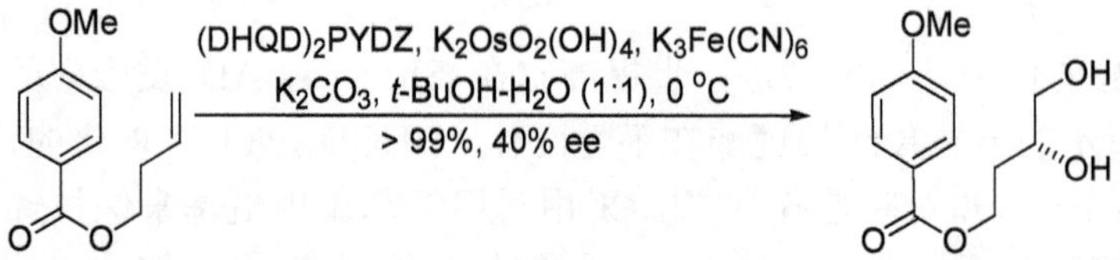

$$(20)$$

烯丙基卤代物、丙烯酸酯等单取代烯烃，在 PHAL 或者 PYR 类手性配体催化的 Sharpless AD 反应中给出的对映选择性都比较低[1,2]，而 Sharpless 小组在 1996 年报道的手性配体 (DHQD)₂AQN 及其假对映体 (DHQ)₂AQN，能够显著地提高这些底物的对映选择性，以良好的光学纯度给出相应的手性邻二醇 (式 21)[27]。

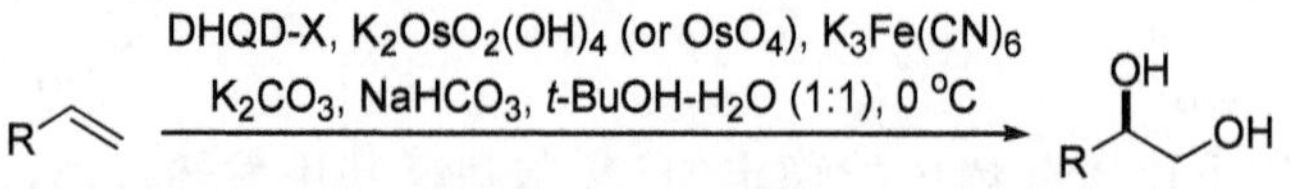

DHQD-X, K₂OsO₂(OH)₄ (or OsO₄), K₃Fe(CN)₆
K₂CO₃, NaHCO₃, *t*-BuOH-H₂O (1:1), 0 °C

$$(21)$$

序号	R	ee/%		
		(DHQD)₂PHAL	(DHQD)₂PYR	(DHQD)₂AQN
1	CH₂Cl	63	53	90
2	CH₂Br	66	60	89
3	CF₃	63	64	81
4	CH₂OTs	40		83
5	CO₂Bn	77	41	88
6	Bn	44		78

4.2 1,1-二取代烯烃

1,1-二取代烯烃在 Sharpless AD 反应中是比单取代烯烃具有更大挑战性的底物。但如果两个取代基的电子性质、立体位阻差别比较大，1,1-二取代烯烃的 Sharpless AD 反应就有可能给出比较高的对映选择性 (式 22，式 23)[1,23,65,71~74]。

$$\underset{R^1}{\overset{R^2}{\diagdown}}\diagup \quad\xrightarrow[\text{K}_3\text{Fe(CN)}_6,\ \text{K}_2\text{CO}_3,\ t\text{-BuOH-H}_2\text{O (1:1), 0 }^{\circ}\text{C}]{\text{(DHQD)}_2\text{PHAL, K}_2\text{OsO}_2\text{(OH)}_4}\quad \underset{R^1}{\overset{R^2\ \ \text{OH}}{\diagdown}}\diagup\diagdown\text{OH}\qquad(22)$$

序号	R^1	R^2	ee/%
1	Ph	Me	94
2	Ph	CH_2OMe	97
3	Ph	CH_2OBn	78
4	Ph	CH_2Cl	88
5	Ph	$n\text{-}C_6H_{13}$	37
6	$n\text{-}C_5H_{11}$	Me	78
7	$c\text{-}C_6H_{11}$	Me	69

$$\xrightarrow[\text{K}_2\text{CO}_3,\ t\text{-BuOH-H}_2\text{O (1:1), 0 }^{\circ}\text{C}]{\text{(DHQ)}_2\text{PHAL, K}_2\text{OsO}_2\text{(OH)}_4,\ \text{K}_3\text{Fe(CN)}_6}\atop{81\%,\ 98\%\ \text{ee}}\qquad(23)$$

α-三氟甲基苯乙烯在手性配体 (DHQD)$_2$PHAL 催化的 Sharpless AD 反应中给出的对映选择性是 83% ee; 而使用结构更为复杂的手性配体 (DHQD)$_2$DPP 催化反应，可以将对映选择性提高到 91% ee (式 24)[75]。

(DHQD)$_2$PHAL

$$\underset{\text{Ph}}{\overset{\text{CF}_3}{\diagdown}}\diagup\quad\xrightarrow[\substack{t\text{-BuOH-H}_2\text{O (1:1), 0 }^{\circ}\text{C}\\ \text{(DHQD)}_2\text{PHAL: 83\% ee}\\ \text{(DHQD)}_2\text{DPP: 91\% ee}}]{\text{ligand, OsO}_4,\ \text{K}_3\text{Fe(CN)}_6,\ \text{K}_2\text{CO}_3}\quad \underset{\text{Ph}}{\overset{\text{F}_3\text{C}\ \ \text{OH}}{\diagdown}}\diagup\diagdown\text{OH}\qquad(24)$$

(DHQD)$_2$DPP

2-二茂铁基丙烯在手性配体 (DHQD)$_2$PYR (10 mol%) 催化的、以乙腈 - 水为反应介质的 Sharpless AD 反应中，可以给出优秀的对映选择性 (式 34)[76]，但是 α-二茂铁基苯乙烯在相同的反应条件下给出的对映选择性只有 39% ee。这种现象可以解释为，后者的苯基与二茂铁基争夺手性催化剂结合袋的能力比较接近。

$$\text{(25)}$$

(DHQD)$_2$PYR, K$_2$OsO$_2$(OH)$_4$
K$_3$Fe(CN)$_6$, K$_2$CO$_3$, MeCN-H$_2$O (1:1), rt
R = Me, 83%, 92% ee
R = Ph, 73%, 39% ee

2-甲基丙烯酰胺的反应活性比较低，因而它的 Sharpless AD 反应需要甲磺酰胺来加速，但可以给出优秀的对映选择性 (式 26)[77,78]。

$$\text{(26)}$$

AD-mix-β, MeSO$_2$NH$_2$
t-BuOH-H$_2$O (1:1), 0 °C, 12 h
81%, 93% ee

(2-甲基)烯丙基芳基醚在 Sharpless AD 反应中给出的对映选择性显著地受到芳环上取代基位置的影响；对位取代的能够给出最高的对映选择性，达到 90% ee (式 27)[79]。在相同的反应条件下，(3-甲基)高烯丙基芳基醚也受到芳环上取代基位置的影响，但给出的对映选择性都高于相应的 (2-甲基)烯丙基芳基醚。

$$\text{(27)}$$

(DHQ)$_2$PHAL, K$_2$OsO$_2$(OH)$_4$, K$_3$Fe(CN)$_6$
K$_2$CO$_3$, t-BuOH-H$_2$O (1:1), 4 °C, 24 h

序号	n	R	产率/%	ee/%
1	1	4-MeOC$_6$H$_4$	95	90
2	1	3-MeOC$_6$H$_4$	91	85
3	1	2-MeOC$_6$H$_4$	91	24
4	2	4-MeOC$_6$H$_4$	93	96
5	2	3-MeOC$_6$H$_4$	94	86
6	2	2-MeOC$_6$H$_4$	93	80

芳香羧酸(2-甲基)烯丙酯在手性配体 (DHQD)$_2$PYDZ 催化的反应中可以给出优秀的对映选择性 (式 28)[69]。它的甲基被 CH$_2$OTIPS 基团代替后，在相同的反应条件下仍然可以给出优秀的对映选择性。这种现象可以解释为芳环优先与手性催化剂结合袋发生相互作用。

$$\text{(28)}$$

(DHQD)$_2$PYDZ, K$_2$OsO$_2$(OH)$_4$, K$_3$Fe(CN)$_6$
K$_2$CO$_3$, t-BuOH-H$_2$O (1:1), 0 °C
R = Me, 98%, 97% ee
R = CH$_2$OTIPS, 99%, > 97% ee

在手性配体 (DHQD)$_2$PHAL 催化的 Sharpless AD 反应中，式 29 所示的一些 1,1-二取代环外烯烃可以给出优秀的对映选择性[71]。但这些烯烃在手性配体 (DHQD)$_2$PYR 催化的反应中给出的对映选择性要低很多，而且含"大"烷基的底物在反应中的对映选择性方向还发生了逆转 (第 6 栏，式 29)。这可能是 PYR 类手性配体的结合袋优先与"大"烷基发生相互作用的结果。

$$\text{(29)}$$

序号	n	R	配体	构型	ee/%
1	1	H	(DHQD)$_2$PHAL	R	92
2	1	H	(DHQD)$_2$PYR	R	78
3	2	H	(DHQD)$_2$PHAL	R	95
4	2	H	(DHQD)$_2$PYR	R	60
5	2	Me	(DHQD)$_2$PHAL	R	82
6	2	Me	(DHQD)$_2$PYR	S	59

4.3 E-1,2-二取代烯烃

E-1,2-二取代烯烃是 Sharpless AD 反应的最佳底物类型，常常可以给出优秀的对映选择性[1,2]。PHAL 连接的金鸡纳生物碱衍生物是 E-1,2-二取代烯烃在 Sharpless AD 反应中的首选配体[1]。在手性配体 (DHQD)$_2$PHAL 催化的反应中，芳基和"大"烷基取代的 E-1,2-二取代烯烃都可以给出优秀的对映选择性，而甲基等较小的取代基会降低对映选择性 (式 30)[1,23,80]。

$$\text{(30)}$$

序号	R^1	R^2	ee/%
1	Me	Me	72
2	t-Bu	Me	95
3	n-Bu	n-Bu	97
4	Ph	Ph	> 99
5	Ph	NCOPh	> 95

Sharpless AD 反应条件可以兼容碳-碳三键，只氧化共轭烯炔的双键。由于碳-碳三键的立体位阻比较小，因此共轭烯炔在 Sharpless AD 反应中的对映选择性要低于相应的烷基烯烃 (式 31)[81]。

$$\text{(31)}$$

序号	R^1	R^2	产率/%	ee/%
1	Ph—	Et	94	90
2	Ph—	Ph	67	97
3	TMS—	Ph	66	94

贫电子的 E-1,2-二取代烯烃在 Sharpless AD 反应中的反应活性比较低，需要适量增加手性配体和锇源的用量，但常常可以给出很高的对映选择性。反式

α,β-不饱和酮在手性配体 (DHQD)$_2$PHAL 催化的反应中可以给出优秀的对映选择性 (式 32)[82]。向反应体系中加入 3 eq 碳酸氢钠的目的是，降低反应混合物的碱性，从而防止手性产物的外消旋化。

$$R\diagdown\diagup\underset{O}{\overset{\|}{C}}Me \xrightarrow[\substack{\text{NaHCO}_3,\ \text{MeSO}_2\text{NH}_2,\ t\text{-BuOH-H}_2\text{O (1:1), 0 }^{\circ}\text{C}\\ R = Ph, 69\%, 92\% ee\\ R = n\text{-C}_5\text{H}_{11}, 87\%, 98\% ee}]{\text{(DHQD)}_2\text{PHAL},\ \text{K}_2\text{OsO}_2(\text{OH})_4,\ \text{K}_3\text{Fe(CN)}_6,\ \text{K}_2\text{CO}_3}} \quad (32)$$

反式 α,β-不饱和羧酸酯和反式 α,β-不饱和酰胺在 PHAL 类手性配体催化的 Sharpless AD 反应中，可以分别给出光学纯度很高的 α,β-二羟基羧酸酯和 α,β-二羟基酰胺 (式 33~式 35)[23,83,78]。

$$ \text{(式 33)} \qquad (33)$$

(DHQD)$_2$PHAL, K$_2$OsO$_2$(OH)$_4$, K$_3$Fe(CN)$_6$
K$_2$CO$_3$, MeSO$_2$NH$_2$
t-BuOH-H$_2$O (1:1), 0 $^{\circ}$C~rt
R = Ph, 80%~98%, 97% ee
R = n-C$_5$H$_{11}$, 80%~98%, 99% ee

$$ \text{(式 34)} \qquad (34)$$

(DHQ)$_2$PHAL, OsO$_4$, K$_3$Fe(CN)$_6$, K$_2$CO$_3$
MeSO$_2$NH$_2$, t-BuOH-H$_2$O (1:1), 0 $^{\circ}$C
R = H, 96 h, 48%, 95% ee
R = Bn, 18 h, 88%, 96% ee

$$ \text{(式 35)} \qquad (35)$$

(DHQD)$_2$PHAL, K$_2$OsO$_2$(OH)$_4$, K$_3$Fe(CN)$_6$
K$_2$CO$_3$, MeSO$_2$NH$_2$, t-BuOH-H$_2$O (1:1), rt
R = Bn, 95%, 98% ee
R = OMe, 92%, 96% ee

与反式 α,β-不饱和羧酸酯结构类似的 E-烯基磷酸酯，在手性配体 (DHQ)$_2$PHAL 催化的 Sharpless AD 反应中也可以给出优秀的对映选择性 (式 36)[84]。

$$ \text{(式 36)} \qquad (36)$$

AD-mix-α, MeSO$_2$NH$_2$
t-BuOH-H$_2$O (1:1), 0 $^{\circ}$C, 2 d
85%, 96% ee

肉桂醛缩邻苯二甲醇在 Sharpless AD 反应中可以给出优秀的对映选择性，而巴豆醛缩邻苯二甲醇在相同的反应条件下只能给出良好的对映选择性 (式 37)[85]。

$$ \text{(式 37)} \qquad (37)$$

AD-mix-β, MeSO$_2$NH$_2$
t-BuOH-H$_2$O (1:1), rt, 2 d
R = Me, 96%, 82% ee
R = Ph, 91%, > 95% ee

羟基能够以氢键给体的方式与四氧化锇发生氢键作用，会对链状烯丙型醇在 Sharpless AD 反应中的对映选择性产生不利影响 (式 38)[86]。如果将羟基保护成苯甲酸酯，就能够大幅提高对映选择性。

$$
\underset{R\ =\ n\text{-}C_8H_{17}}{R\diagup\diagdown\diagup^X}\quad\xrightarrow[\substack{\text{(DHQD)}_2\text{PHAL, K}_2\text{OsO}_2\text{(OH)}_4,\ \text{K}_3\text{Fe(CN)}_6 \\ \text{K}_2\text{CO}_3,\ \text{MeSO}_2\text{NH}_2,\ t\text{-BuOH-H}_2\text{O (1:1), 0 }^{\circ}\text{C} \\ X = \text{OH, 93\% ee} \\ X = \text{OCOPh, 99\% ee}]{}\quad R\diagdown\diagup^X \qquad (38)
$$

烯丙型氯代物在常用的 Sharpless AD 反应条件下生成的部分氧化产物会被转化为相应的环氧。加入碳酸氢钠能够降低反应混合物的碱性，从而避免环氧的生成，但不影响对映选择性 (式 39)[87~89]；然而单独使用碳酸氢钠就没有催化周转。

$$
R\diagup\diagdown\diagup^{Cl}\quad\xrightarrow[\substack{\text{AD-mix-}\beta,\ \text{NaHCO}_3,\ \text{MeSO}_2\text{NH}_2 \\ t\text{-BuOH-H}_2\text{O (1:1), 0 }^{\circ}\text{C} \\ 75\%\sim90\% \\ R = \text{Me, 95\% ee} \\ R = n\text{-Bu, 94\% ee} \\ R = \text{Ph, 98\% ee} \\ R = \text{CH}_2\text{Cl, 94\% ee}]{}\quad R\diagdown\diagup^{Cl} \qquad (39)
$$

虽然四氧化锇-NMO 体系能够氧化硫醚[90]，但是烯丙型硫醚、高烯丙型硫醚、烯基二噻烷等含硫烯烃，在 Sharpless AD 反应中都具有很高的化学选择性和对映选择性，只给出相应的手性邻二醇，不产生亚砜、砜等副产物 (式 40)[91,1]。

$$
R^1\diagup\diagdown\diagup^{R^2}\quad\xrightarrow[\substack{\text{(DHQD)}_2\text{PHAL, K}_2\text{OsO}_2\text{(OH)}_4,\ \text{K}_3\text{Fe(CN)}_6 \\ \text{K}_2\text{CO}_3,\ \text{MeSO}_2\text{NH}_2,\ t\text{-BuOH-H}_2\text{O (1:1), 0 }^{\circ}\text{C}]{}\quad R^1\diagdown\diagup^{R^2} \qquad (40)
$$

序号	R^1	R^2	产率/%	ee/%
1	Ph	CH_2SPh	75	98
2	Ph	CH_2SBn	72	98
3	$n\text{-}C_3H_7$	CH_2SPh	68	84
4	Et	CH_2CH_2SPh	74	96
5	Ph	$-\xi\text{-}\overset{S}{\underset{S}{\diagup}}$	78	98

烯丙型硅烷在手性配体 DHQD-PHN 催化的 Sharpless AD 反应中生成的手性邻二醇，经过 Peterson 反应就可以给出光学纯度很高的手性烯丙型醇 (式 41)[92]。

$$
\underset{}{R\diagup\diagdown\diagup^{TMS}}\quad\xrightarrow[\substack{1.\ \text{DHQD-PHN, K}_2\text{OsO}_2\text{(OH)}_4,\ \text{K}_3\text{Fe(CN)}_6 \\ \text{K}_2\text{CO}_3,\ \text{MeSO}_2\text{NH}_2,\ t\text{-BuOH-H}_2\text{O (1:1), rt} \\ 2.\ \text{KH, THF, }-78\ ^{\circ}\text{C}\sim\text{rt} \\ R = n\text{-}C_5H_{11},\ 91\% \text{ ee} \\ R = c\text{-}C_6H_{11},\ 95\% \text{ ee} \\ R = \text{Ph, 94\% ee}]{}\quad R\overset{OH}{\diagdown}\diagup\diagdown \qquad (41)
$$

Sharpless AD 反应的碱性条件可用于构筑含羟基的手性 γ 内酯。虽然反式 β,γ 不饱和羧酸酯在 Sharpless AD 反应中要生成两个羟基，但只有其中的 γ 羟基能够有效地与酯基发生分子内酯交换反应而产生含环上羟基的手性 γ 内酯 (式 42)[93]。在相同的反应条件下，γ,δ 不饱和羧酸酯可用于构筑含侧链羟基的手

性 γ-内酯 (式 43)[93]。

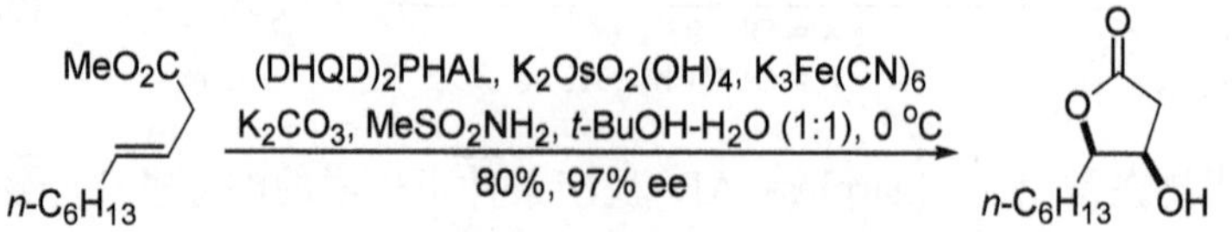

$$(42)$$

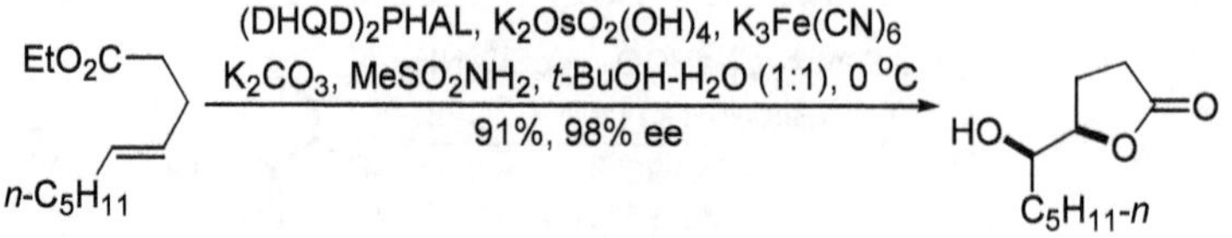

$$(43)$$

在类似的 Sharpless AD 反应条件下，双 Boc 保护的烯丙型胺和高烯丙型胺都可以转化为相应的手性环状氨基甲酸酯 (式 44，式 45)[94]。

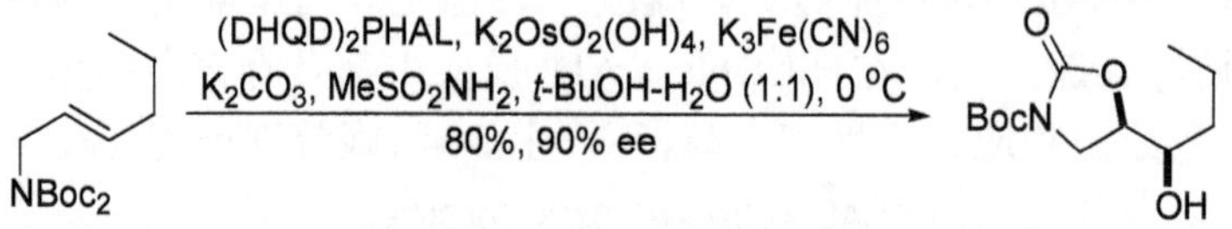

$$(44)$$

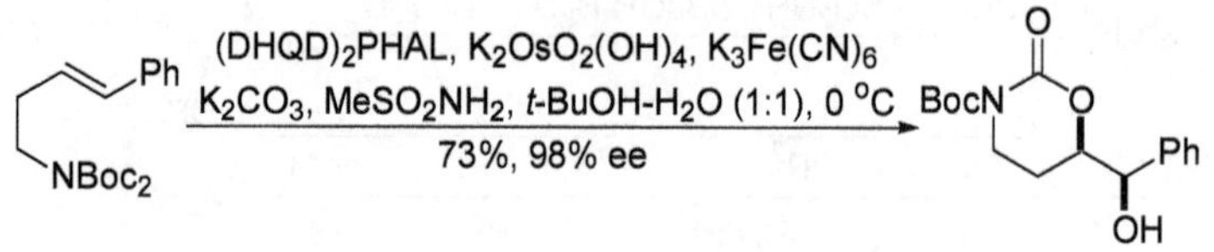

$$(45)$$

4.4 Z-1,2-二取代烯烃

与 E-1,2-二取代烯烃截然不同的是，Z-1,2-二取代烯烃的 Sharpless AD 反应常常给出很低的对映选择性。Sharpless 小组筛选了大量的金鸡纳生物碱衍生物，发现 Z-1,2-二取代烯烃在 DHQD-IND 催化的反应中给出的对映选择性最高，可以达到 80% ee (式 46)[95]。

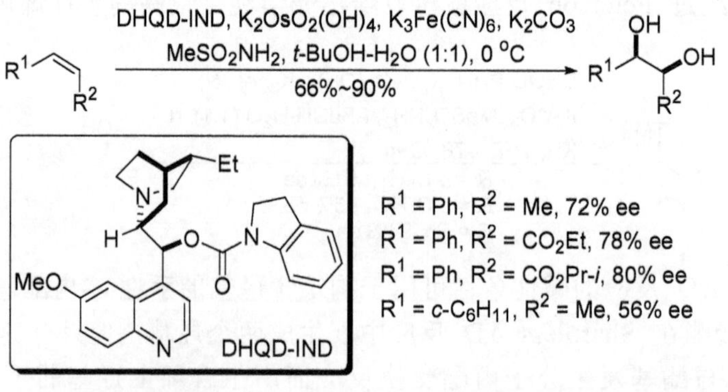

$$(46)$$

R^1 = Ph, R^2 = Me, 72% ee
R^1 = Ph, R^2 = CO$_2$Et, 78% ee
R^1 = Ph, R^2 = CO$_2$Pr-i, 80% ee
R^1 = c-C$_6$H$_{11}$, R^2 = Me, 56% ee

含 Z-1,2-二取代双键的烯丙型醇和高烯丙型醇可与手性催化剂发生氢键作用，对它们在 Sharpless AD 反应中的对映选择性会产生有利的影响。如果将羟基保护成甲醚，对映选择性就要大幅降低 (式 47)[96]。

$$
\begin{array}{c}
\text{(DHQD)}_2\text{PHAL, K}_2\text{OsO}_2\text{(OH)}_4\text{, K}_3\text{Fe(CN)}_6 \\
\text{K}_2\text{CO}_3\text{, MeSO}_2\text{NH}_2\text{, } t\text{-BuOH-H}_2\text{O (1:1), 0 }^\circ\text{C}
\end{array}
$$

$R^1 = CH_2OBn, R^2 = OH, 64\% \ ee$
$R^1 = CH_2OBn, R^2 = OMe, 23\% \ ee$
$R^1 = Ph, R^2 = OH, 71\% \ ee$
$R^1 = Ph, R^2 = OMe, 13\% \ ee$
$R^1 = Et, R^2 = CH_2OH, 54\% \ ee$
$R^1 = Et, R^2 = CH_2OMe, 0\% \ ee$

(47)

个别 Z-1,2-二取代环内烯烃在手性配体 (DHQ)$_2$PYR 催化的 Sharpless AD 反应中可以给出良好的对映选择性 (式 48)[97]。

$$
\begin{array}{c}
\text{(DHQ)}_2\text{PYR, K}_2\text{OsO}_2\text{(OH)}_4 \\
\text{K}_3\text{Fe(CN)}_6\text{, K}_2\text{CO}_3\text{, MeSO}_2\text{NH}_2 \\
\hline
t\text{-BuOH-H}_2\text{O (1:1), 0 }^\circ\text{C} \\
70\%\sim90\%, 84\% \ ee
\end{array}
$$

(48)

直接使用试剂 AD-mix-β 氧化 β,γ-不饱和 δ-内酯，得到的产率和对映选择性都很低。而利用磷酸二氢钾缓冲溶液将反应混合物的 pH 控制在 10.1，β,γ-不饱和 δ-内酯在 (DHQD)$_2$PHAL 催化的反应中就能够给出 80% 的产率和 95% ee (式 49)[98]。反应中没有使用甲磺酰胺，因为它会导致产物的降解。

$$
\begin{array}{c}
\text{(DHQD)}_2\text{PHAL, K}_2\text{OsO}_2\text{(OH)}_4\text{, K}_3\text{Fe(CN)}_6 \\
\hline
t\text{-BuOH-KH}_2\text{PO}_4 \text{ (1:1), rt} \\
80\%, 95\% \ ee
\end{array}
$$

(49)

4.5 三取代烯烃

三取代烯烃在 Sharpless AD 反应中给出的对映选择性要比 Z-1,2-二取代烯烃高很多。如果同一双键碳上连接的两个取代基中有一个比较小 (比如甲基)，三取代烯烃在 PHAL 类手性配体催化的 Sharpless AD 反应中就有可能给出优秀的对映选择性 (式 50~式 52)[23,99,100]。

$$
\begin{array}{c}
n\text{-C}_4\text{H}_9 \quad \text{(DHQD)}_2\text{PHAL, K}_2\text{OsO}_2\text{(OH)}_4\text{, K}_3\text{Fe(CN)}_6\text{, K}_2\text{CO}_3 \\
\hline
\text{MeSO}_2\text{NH}_2\text{, } t\text{-BuOH-H}_2\text{O (1:1), 0 }^\circ\text{C, 6}\sim\text{24 h} \\
80\%\sim98\%, 98\% \ ee
\end{array}
$$

(50)

$$
\begin{array}{c}
\text{Br} \quad \text{AD-mix-}\alpha\text{, MeSO}_2\text{NH}_2 \\
\hline
t\text{-BuOH -H}_2\text{O (1:1), 0 }^\circ\text{C, 24 h} \\
55\%, > 95\% \ ee
\end{array}
$$

(51)

$$
\begin{array}{c}
\text{AD-mix-}\alpha, \text{MeSO}_2\text{NH}_2 \\
\hline
t\text{-BuOH-H}_2\text{O (1:1), 0 }^\circ\text{C} \\
\text{R = Ph, 99\%, > 99\% ee} \\
\text{R = }n\text{-C}_5\text{H}_{11}, 97\%, 97\% \text{ ee}
\end{array}
\tag{52}
$$

Sharpless AD 反应能够顺利氧化贫电子的三取代烯烃，并给出优秀的对映选择性 (式 53，式 54)[101,102]。

$$
\begin{array}{c}
\text{AD-mix-}\beta, \text{MeSO}_2\text{NH}_2 \\
\hline
t\text{-BuOH-H}_2\text{O (1:1), 0 }^\circ\text{C} \\
86\%, 98\% \text{ ee}
\end{array}
\tag{53}
$$

$$
\begin{array}{c}
\text{AD-mix-}\alpha, \text{MeSO}_2\text{NH}_2 \\
\hline
t\text{-BuOH-H}_2\text{O (1:1), 4 }^\circ\text{C, 2 d} \\
91\%, > 98\% \text{ ee}
\end{array}
\tag{54}
$$

如果三取代烯烃的一个取代基是烷氧基或者硅氧基，它在 Sharpless AD 反应中的氧化产物就会自发水解，给出手性 α-羟基酮 (式 55)[103]。这些烯醇醚和烯醇硅醚在 (DHQD)$_2$PHAL 催化的反应中可以给出良好到优秀的对映选择性，其中 Z-构型底物给出的对映选择性要高于 E-构型底物。

$$
\begin{array}{c}
\text{AD-mix-}\beta, \text{MeSO}_2\text{NH}_2 \\
\hline
t\text{-BuOH-H}_2\text{O (1:1), 0 }^\circ\text{C} \\
68\%\sim95\%
\end{array}
\tag{55}
$$

序号	R^1	R^2	R^3	E:Z	ee/%
1	Ph	Ph	Me	1:99	99
2	Ph	Ph	Me	99:1	90
3	Ph	Me	Me	33:67	85
4	Ph	Me	TBS	1:99	97
5	n-C$_5$H$_{11}$	n-C$_4$H$_9$	Me	4:96	95
6	n-C$_5$H$_{11}$	n-C$_4$H$_9$	TBS	25:75	89
7	CH$_2$CHMe$_2$	CHMe$_2$	Me	6:94	91
8	CH$_2$CHMe$_2$	CHMe$_2$	TBS	12:88	79

原位制备的烯酮缩醛在 (DHQD)$_2$PHAL 催化的 Sharpless AD 反应中的氧化产物也会自发水解，给出光学纯度很高的手性 α-羟基羧酸酯 (式 56)[104]。

$$
\begin{array}{c}
\text{AD-mix-}\beta, \text{MeSO}_2\text{NH}_2 \\
\hline
t\text{-BuOH-H}_2\text{O (1:1), 0 }^\circ\text{C, 6 h} \\
\text{R = Ph, 90\%, 96\% ee} \\
\text{R = }n\text{-C}_9\text{H}_{19}, 70\%, 98\% \text{ ee}
\end{array}
\tag{56}
$$

一些含芳基的三取代环外烯烃在 (DHQD)$_2$PHAL 催化的 Sharpless AD 反应中，可以给出良好的对映选择性 (式 57)[105]。

$$
\begin{array}{c}
\xrightarrow[\substack{t\text{-BuOH-H}_2O\ (1:1),\ 0\ ^\circ C \\ 91\%,\ 89\%\ ee}]{\text{AD-mix-}\beta,\ \text{MeSO}_2\text{NH}_2}
\end{array}
\qquad (57)
$$

　　式 58 所示三取代环外烯烃在 (DHQD)$_2$PHAL 催化的 Sharpless AD 反应中给出的对映选择性, 严重地受到双键几何构型的影响: Z-构型底物给出的对映选择性高达 99% ee, 而 E-构型底物给出了方向相反、只有 50% ee 的对映选择性[106]。这种现象可以解释为, E-构型底物的芳基由于受到顺式甲基的严重干扰而不能有效地与手性催化剂结合袋发生相互作用。

$$
\begin{array}{c}
\text{Z-isomer} \xrightarrow[\substack{t\text{-BuOH-H}_2O\ (1:1),\ 0\ ^\circ C \\ 68\%,\ 99\%\ ee}]{\text{AD-mix-}\beta,\ \text{MeSO}_2\text{NH}_2} \\[2em]
\text{E-isomer} \xrightarrow[\substack{t\text{-BuOH-H}_2O\ (1:1),\ 0\ ^\circ C \\ 78\%,\ 50\%\ ee}]{\text{AD-mix-}\beta,\ \text{MeSO}_2\text{NH}_2}
\end{array}
\qquad (58)
$$

　　在 Sharpless AD 反应条件下, 三取代环内烯烃给出的对映选择性与环的大小直接相关, 其中普通环可以给出优秀的对映选择性 (式 59)[1,23,107]。另一方面, 三取代环内烯烃的对映选择性受到环外取代基的影响。含芳基的三取代环内烯烃给出的对映选择性远高于含烷基的, 但芳基的增大又会导致对映选择性的降低[1]。

$$
\xrightarrow[\substack{t\text{-BuOH-H}_2O\ (1:1),\ 0\ ^\circ C}]{\text{AD-mix-}\beta,\ \text{MeSO}_2\text{NH}_2}
\qquad (59)
$$

序号	R	n	ee/%
1	Ph	1	97
2	Ph	2	99
3	Ph	3	95
4	Ph	4	83
5	Me	2	52
6	1-naphthyl	2	86
7	9-phenanthryl	2	74

　　环外羰基共轭的三取代环内烯烃在手性配体 (DHQD)$_2$PHAL 催化的 Sharpless AD 反应中, 可以给出优秀的对映选择性 (式 60)[82]。但在相同的反应条件下, 环内羰基共轭的三取代环内烯烃给出的对映选择性要低很多 (式 61)[82]。

$$
\xrightarrow[\substack{\text{NaHCO}_3,\ \text{MeSO}_2\text{NH}_2,\ t\text{-BuOH-H}_2O\ (1:1),\ 0\ ^\circ C,\ 24\ h \\ 73\%,\ 98\%\ ee}]{(\text{DHQD})_2\text{PHAL},\ \text{K}_2\text{OsO}_2(\text{OH})_4,\ \text{K}_3\text{Fe(CN)}_6,\ \text{K}_2\text{CO}_3}
\qquad (60)
$$

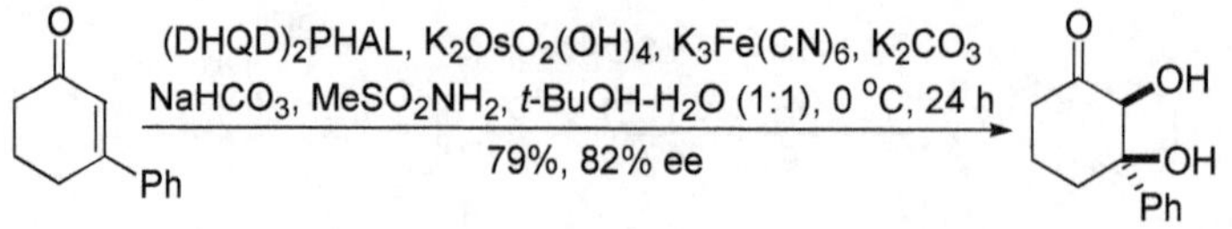

$$(61)$$

环外酯基共轭的三取代环内烯烃在手性配体 (DHQ)₂PHAL 催化的 Sharpless AD 反应中，也可以给出优秀的对映选择性 (式 62，式 63)[108,109]。式 63 中加入甲苯是为了增加底物的溶解度。

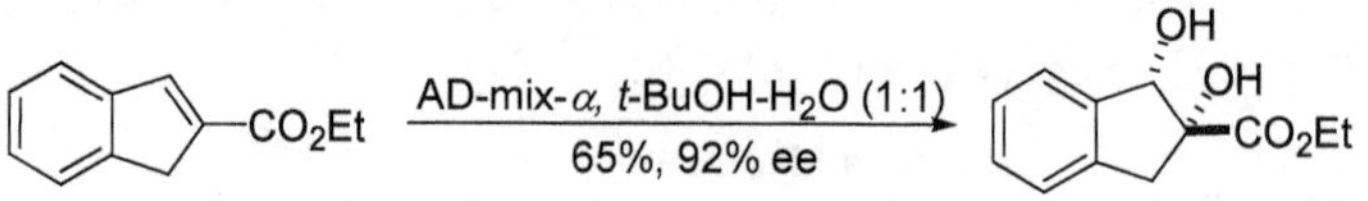

$$(62)$$

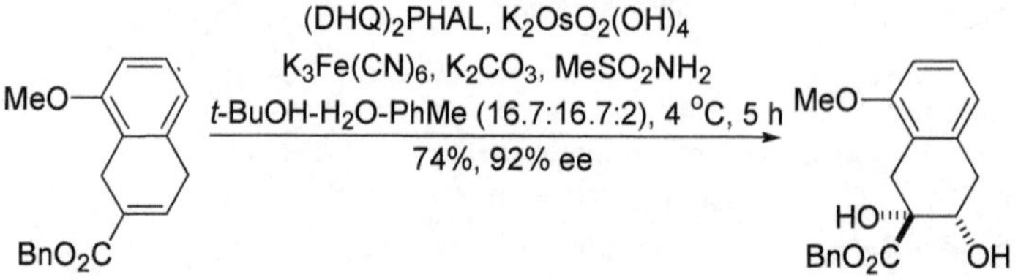

$$(63)$$

由于芳基能够优先与手性催化剂结合袋发生相互作用，因此采用酯键、醚键等连接方式向三取代环内烯烃引入芳基，就可以获得优秀的对映选择性 (式 64)[69]。

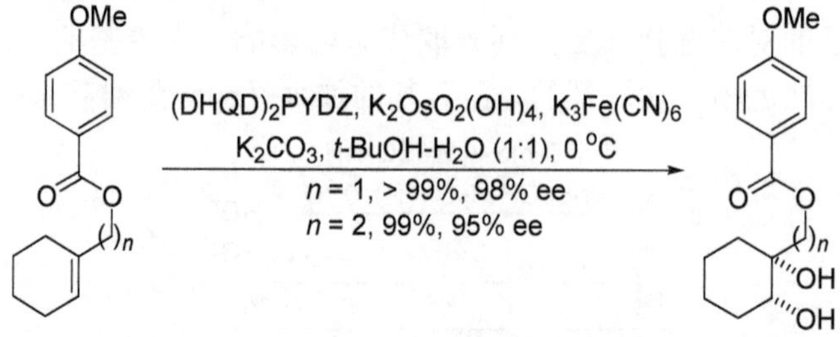

$$(64)$$

环内烯醇醚在手性配体 (DHQD)₂PYR 催化的 Sharpless AD 反应中所生成的内半缩醛，经过碘处理，可以给出光学纯度很高的手性 α-叔羟基内酯 (式 65)[106]。

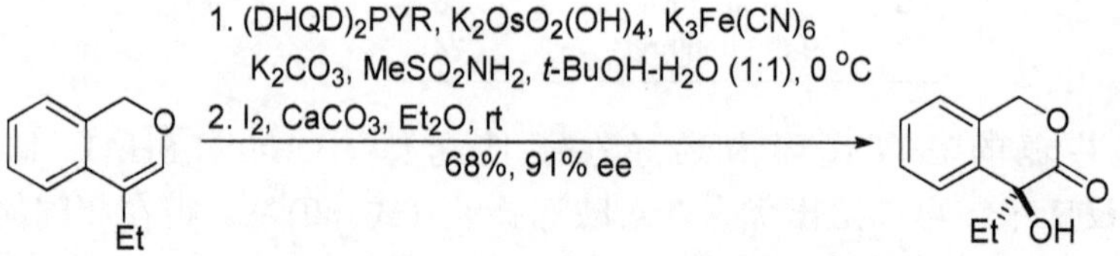

$$(65)$$

原位制备的环内烯酮缩醛在手性配体 (DHQD)₂PHAL 催化的 Sharpless AD 反应中所生成的产物，可以自发水解而给出光学纯度很高的手性 α-羟基内酯 (式 66)[110]。

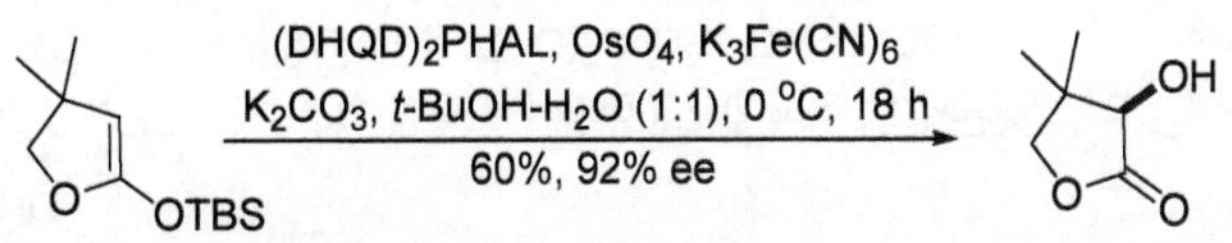

$$\text{(66)}$$

4.6 四取代烯烃

四取代烯烃在 Sharpless AD 反应中的反应活性比较低，因此通常将手性配体、锇源和甲磺酰胺的用量分别提高到 5 mol%、1 mol% 和 3 eq，并将反应温度从 0 °C 升到室温。芳香杂环 PYR 或者 PHAL 连接的金鸡纳生物碱衍生物是氧化四取代烯烃的首选配体，但给出的对映选择性比较低。通常，四取代环内烯烃给出的对映选择性要比四取代链状烯烃高一些，可以达到良好 (式 67)[111]。

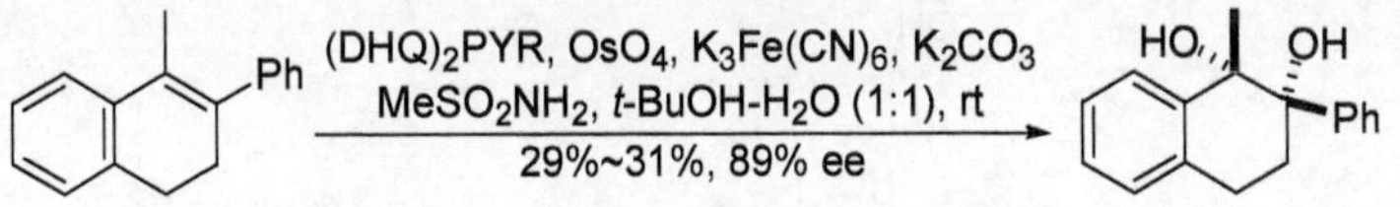

$$\text{(67)}$$

如果四取代环内烯烃的一个取代基是烷氧基或者硅氧基，它的反应活性就要高一些。这些烯醇醚或者烯醇硅醚的 Sharpless AD 反应可以在 0 °C 进行，而且甲磺酰胺的用量可以减至 1 eq。个别环内烯醇硅醚在 Sharpless AD 反应中可以给出优秀的对映选择性 (式 68)[111]。

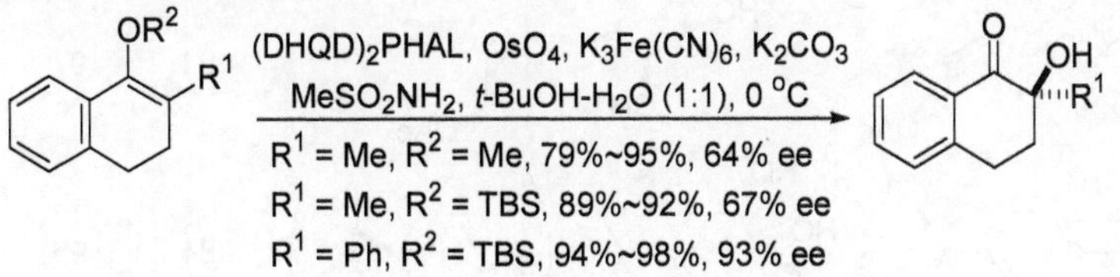

$$\text{(68)}$$

环内烯酮缩醛在手性配体 (DHQD)₂PHAL 催化的 Sharpless AD 反应中，可以给出光学纯度较高的手性 α-叔羟基内酯 (式 69)[106]。

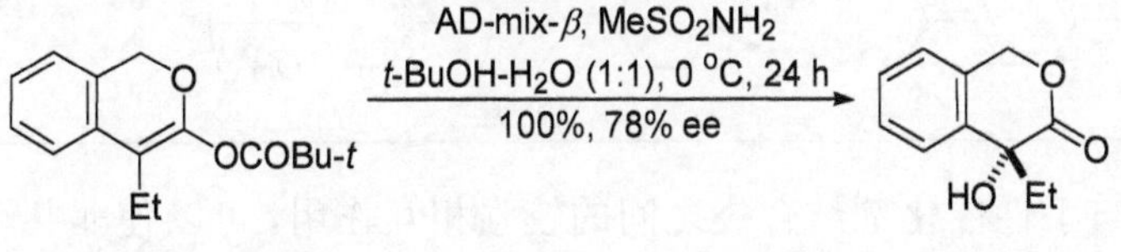

$$\text{(69)}$$

4.7 多烯

从前面的介绍可知，单烯在 Sharpless AD 反应中的反应速率和立体选择性都与双键取代基的数量和性质密切相关，表明 Sharpless AD 反应能够识别具有立体位阻、电子因素差别的不同双键，因而可用于多烯的区域选择性氧化。多种非共轭二烯在手性配体 (DHQD)₂PHAL 催化的反应中，能够以很高的区域选择性发生单烯双羟基化反应，给出的对映选择性与具有相同骨架的单烯差不多 (式 70)[112~114]。在这些非共轭二烯中，电子比较富集的、立体位阻比较小的双键优先被氧化。

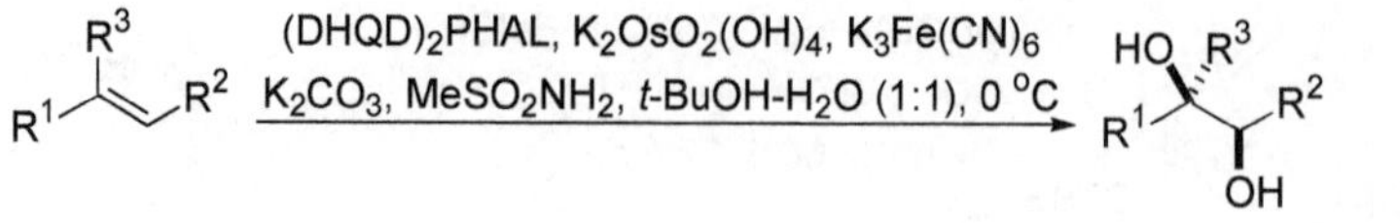

$$\text{(70)}$$

序号	烯烃	产物	产率/%	ee/%
1	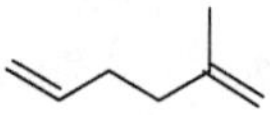	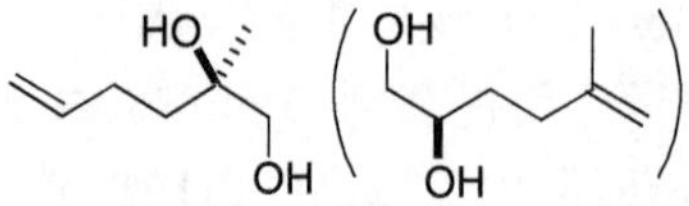	42	74
2	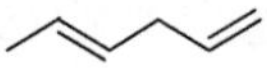	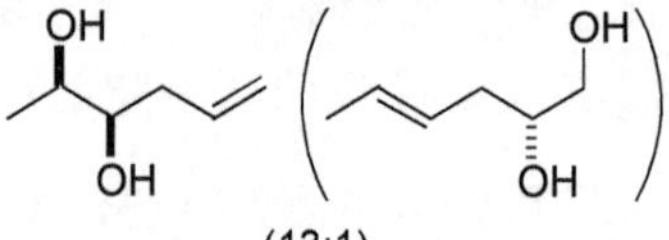	56	94
3	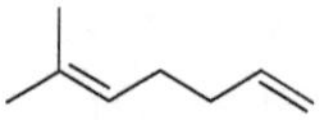	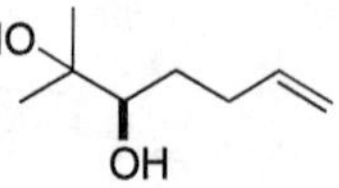	73	98
4	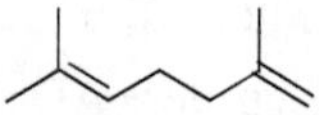	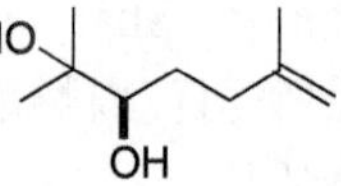	70	98
5	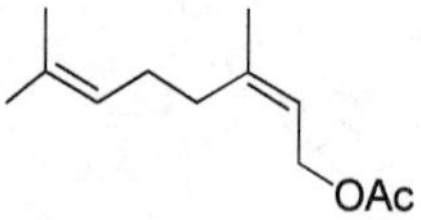	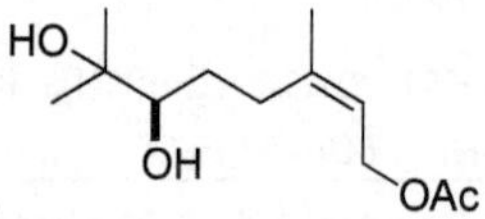	94	97
6	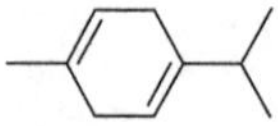	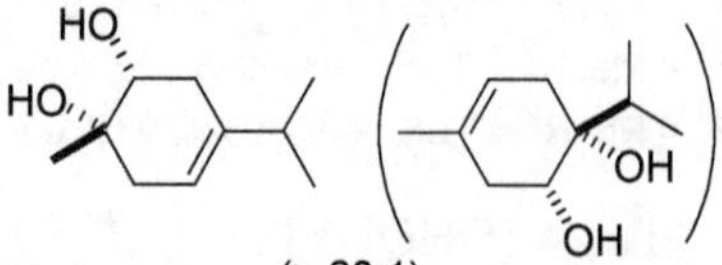	84	96
7	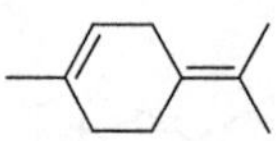	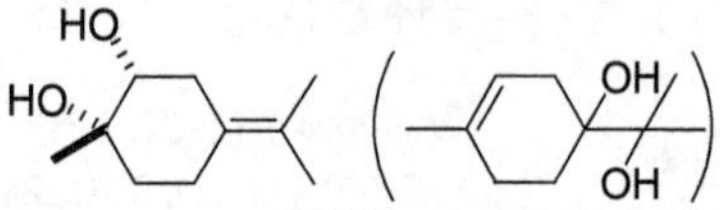	80	92

利用芳基与手性催化剂结合袋之间的较强相互作用, 可以使非共轭二烯中比较贫电子的、但离芳基更近的双键在手性配体 (DHQD)$_2$PYDZ 催化的反应中优先被氧化, 得到很高的区域选择性和对映选择性 (式 71)[115]。

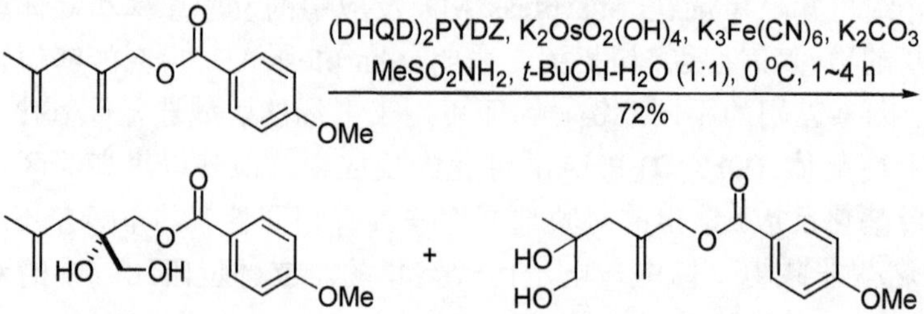

$$\text{(71)}$$

含反式双键的中、大环多烯在手性配体 (DHQD)₂PYR 催化的 Sharpless AD 反应中可以发生单烯氧化，给出很高的对映选择性 (式 72)[114]。由于反式双键比顺式双键容易氧化，因此只含一个反式双键的中、大环多烯还可以给出很高的单烯氧化产率。对于含多个反式双键的中、大环多烯，采用低浓度法可以提高单烯氧化产率，但仍然不具有合成应用价值。

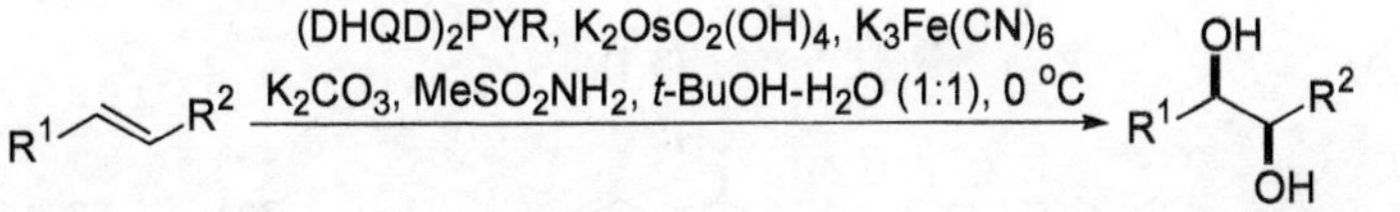

$$R^1 \diagup R^2 \xrightarrow[\text{K}_2\text{CO}_3, \text{MeSO}_2\text{NH}_2, t\text{-BuOH-H}_2\text{O (1:1), 0 }^\circ\text{C}]{\text{(DHQD)}_2\text{PYR, K}_2\text{OsO}_2(\text{OH})_4, \text{K}_3\text{Fe(CN)}_6} R^1 \diagdown \overset{\text{OH}}{\underset{\text{OH}}{\diagup}} R^2 \qquad (72)$$

序号	烯烃	产物	产率/%	ee/%
1	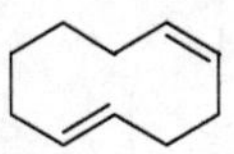	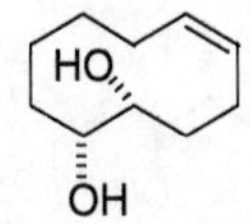	75~95	94
2	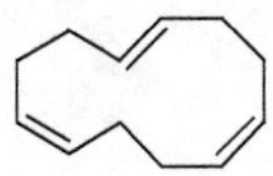	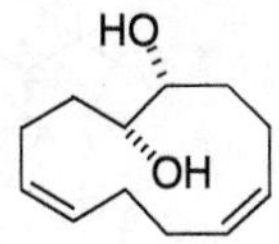	91	89
3	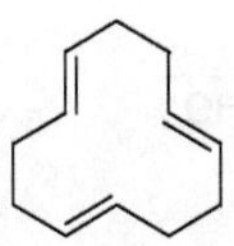	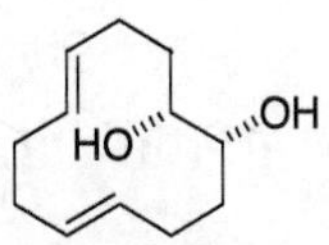	10	95

共轭多烯在 Sharpless AD 反应中也能够以很高的区域选择性发生单烯氧化。如式 73 所示，多种共轭二烯、三烯在手性配体 (DHQD)₂PHAL 催化的反应中可以发生单烯氧化，给出优秀的对映选择性[112~114]。在这些共轭多烯中，电子比较富集的、立体位阻比较小的双键优先被氧化，反式双键比顺式双键容易氧化。单烯氧化产物的双键由于受到烯丙位羟基的拉电子作用而具有较低的反应活性，因此共轭多烯可以给出比较高的单烯氧化产率。

含三个或三个以上双键的共轭多烯在 Sharpless AD 反应中倾向于最大程度地保留原有的共轭结构。式 74 所示三烯在手性配体 (DHQD)₂PHAL 催化的反应中优先被氧化的部位是末端双键，而不是中间的 E-1,2-二取代双键[114]。

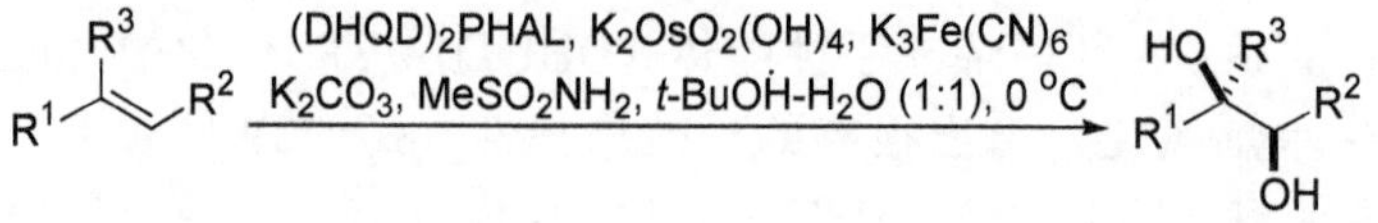

$$\text{(73)}$$

序号	烯烃	产物	产率/%	ee/%
1		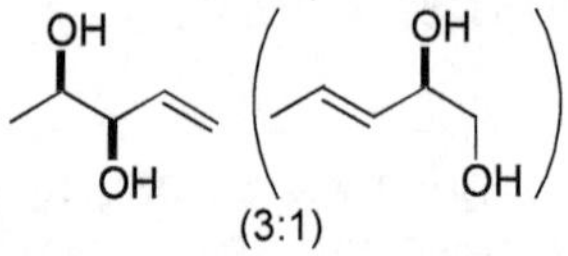 (3:1)	48	90
2	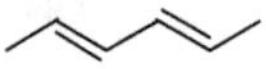	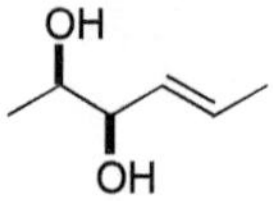	78	93
3	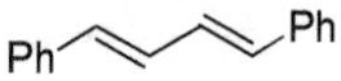 Ph⌒⌒Ph	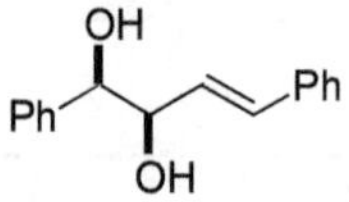 Ph⌒⌒Ph	84	>99
4	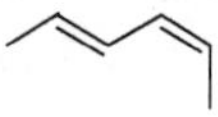	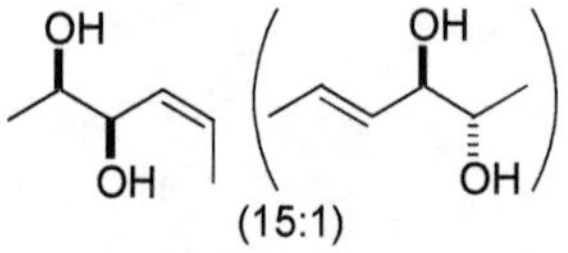 (15:1)	88	98
5	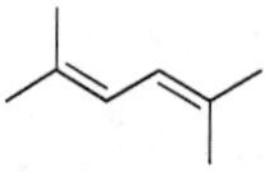	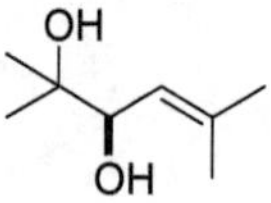	94	93
6	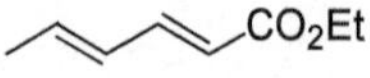 CO_2Et	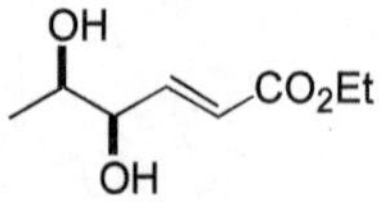 CO_2Et	78	92
7	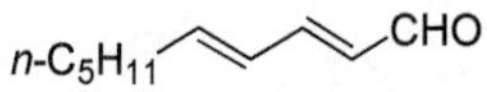 $n\text{-}C_5H_{11}$⌒⌒CHO	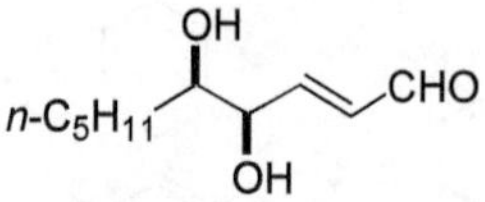 $n\text{-}C_5H_{11}$⌒⌒CHO	50	94
8	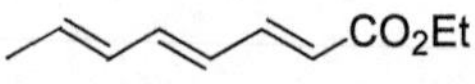 CO_2Et	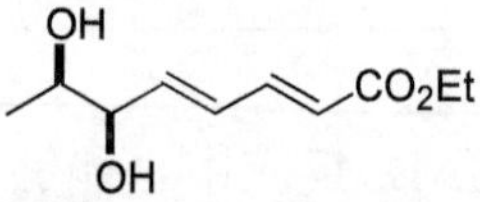 CO_2Et	93	95

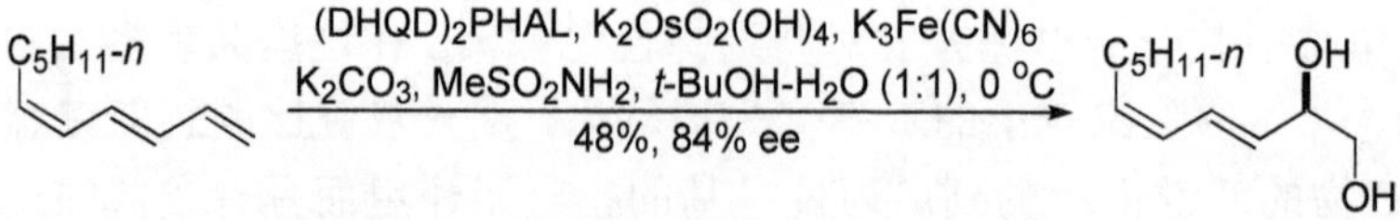

$$\text{(74)}$$

在手性配体 (DHQD)$_2$PHAL 催化的 Sharpless AD 反应中，苯基共轭二烯中离苯环较远的双键优先被氧化，从而最小程度地破坏原有的共轭结构 (式 75)[114]。但在相同的反应条件下，萘基共轭二烯中与萘环共轭的双键优先被氧化 (式 76)[114]。可能原因是萘环与 PHAL 类手性配体结合袋之间有更强的 π-堆垛作用，产生的"结合能"高于失去的共轭能。

(DHQD)$_2$PHAL, K$_2$OsO$_2$(OH)$_4$, K$_3$Fe(CN)$_6$
K$_2$CO$_3$, MeSO$_2$NH$_2$, t-BuOH-H$_2$O (1:1), 0 °C
68%

OH + OH (75)

92% ee   4   :   1

(DHQD)$_2$PHAL, K$_2$OsO$_2$(OH)$_4$, K$_3$Fe(CN)$_6$
K$_2$CO$_3$, MeSO$_2$NH$_2$, t-BuOH-H$_2$O (1:1), 0 °C
87%

OH + OH (76)

1   :   4   98% ee

虽然顺式双键在 Sharpless AD 反应中的反应活性和对映选择性都比较低，但是 1-苯基环戊二烯和 1-苯基-1,3-环己二烯中离苯环较远的顺式双键在手性配体 (DHQD)$_2$PHAL 催化的反应中优先被氧化，给出优秀的对映选择性 (式 77)[97]。

(DHQD)$_2$PHAL, K$_2$OsO$_2$(OH)$_4$, K$_3$Fe(CN)$_6$
K$_2$CO$_3$, MeSO$_2$NH$_2$, t-BuOH-H$_2$O (1:1), 0 °C
n = 1, 50%, 99% ee
n = 2, 42%, 91% ee

OH (77)

利用 Sharpless AD 反应氧化对称二烯的两个双键，能够以很高的对映选择性合成 C_2-对称的手性化合物。对称的 1,6-庚二烯在手性配体 (DHQ)$_2$PHAL 催化的反应中发生单烯氧化所给出的对映选择性是 83% ee；而发生双烯氧化所生成的手性四醇经过三步化学转化，主要给出 C_2-对称的哌啶衍生物，光学纯度达到 93% ee (式 78)[116]。这种手性富集现象起源于底物的对称性。1,6-庚二烯经过单烯氧化所生成的次要对映体，在第二个双键被氧化时主要生成内消旋四醇，

AD-mix-α, t-BuOH-H$_2$O (1:1), 0 °C
83% ee

OH / OH

AD-mix-α, t-BuOH-H$_2$O (1:1)
0 °C, 24 h

OH OH / OH OH

1. TBSCl, imidazole, DMF
2. TsCl, NEt$_3$, CH$_2$Cl$_2$
90% for 3 steps

OTs OTs / OTBS OTBS

BnNH$_2$, 70 °C

TBSO—N(Bn)—OTBS + TBSO—N(Bn)—OTBS (78)

44%, 93% ee   26%

继而被转化为内消旋哌啶衍生物，就可与 C_2-对称的哌啶衍生物在非手性色谱柱上分离而被除去。

4.8 双重非对映选择性

手性烯烃在 Sharpless AD 反应中的非对映选择性会受到底物和手性配体的双重影响。具有刚性结构的环状烯烃、含烯丙位杂原子的烯烃等底物具有较高的固有非对映选择性，而一般链状烯烃的固有非对映选择性比较小[1]。含烯丙位手性中心的链状烯烃 **5** 在奎宁环催化的双羟基化反应中，以 2.6:1 dr 给出主要异构体 **6a**。使用匹配的手性配体 (DHQD)$_2$PHAL 催化反应，可以增强底物的固有非对映选择性，将非对映选择性提高到 39:1 dr；而使用不匹配的手性配体 DHQ-CLB 催化反应，就可以翻转底物的固有非对映选择性，以 10:1 dr 得到主要异构体 **6b** (式 79)[117]。

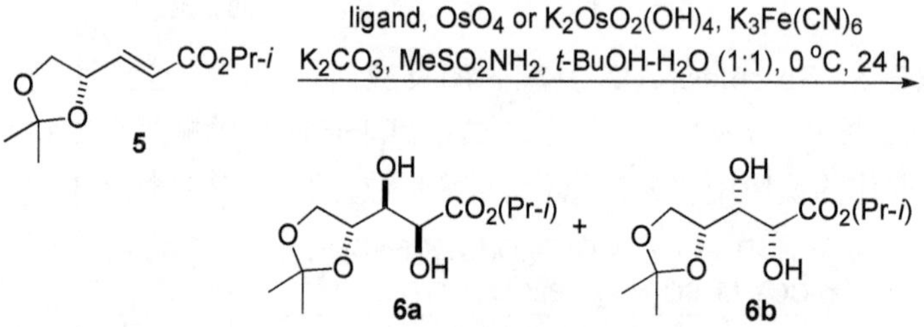

$$\text{(79)}$$

序号	配体 (mol%)	产率/%	6a:6b
1	quinuclidine (10)	85	2.6:1
2	DHQD-CLB (10)	87	10:1
3	DHQ-CLB (10)	85	1:10
4	(DHQD)$_2$PHAL (1)	84	39:1
5	(DHQ)$_2$PHAL (1)	52	1:1.3
6	(DHQD)$_2$PYR (5)	90	6.9:1
7	(DHQ)$_2$PYR (5)	86	1:4.1

手性环氧基取代的链状 E-烯烃 **7** 在 Sharpless AD 反应中，不对称双羟基化试剂可以主导两个新手性中心的产生。使用试剂 AD-mix-α 和 AD-mix-β 氧化烯烃 **7**，分别以较高的非对映选择性得到主要异构体 **8a** 和 **8b** (式 80)[118]。

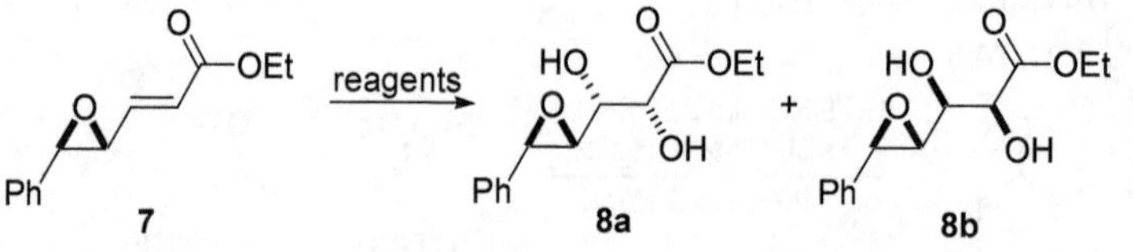

$$\text{(80)}$$

序号	试剂	产率/%	8a:8b
1	OsO$_4$, NMO	78	13:7
2	AD-mix-α	78	20:1
3	AD-mix-β	75	1:10

双键的几何构型会严重影响手性链状烯烃在 Sharpless AD 反应中的非对映选择性。E-烯烃 **9a** 在 Sharpless AD 反应中的非对映选择性几乎完全由手性试剂决定。使用手性配体 (DHQD)$_2$PHAL 和 (DHQ)$_2$PHAL 催化反应，分别得到主要异构体 **10a** 和 **10b**，光学纯度都高达 98% de (式 81)[119]。然而几何异构体 Z-烯烃 **9b** 的 Sharpless AD 反应不但进行得很慢，而且给出的非对映选择性要低很多 (式 82)。

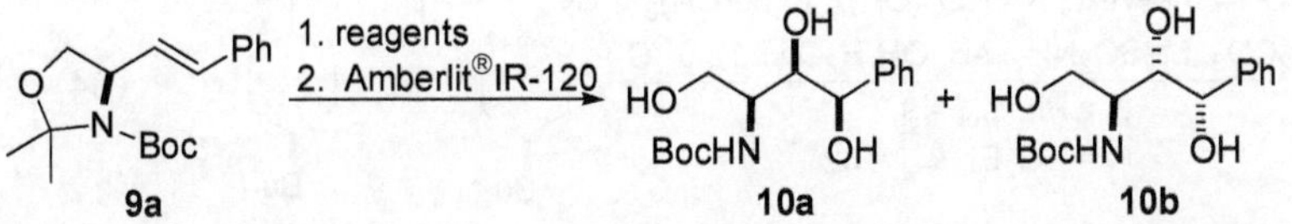

(81)

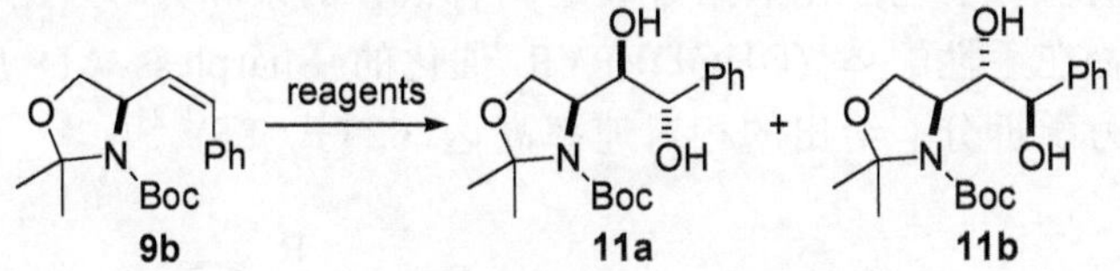

(82)

序号	试剂	产率 (10a:10b)	产率 (11a:11b)
1	OsO$_4$, NMO	71% (45:55)	54% (52:48)
2	AD-mix-α	70% (1:99)	13% (85:15)
3	AD-mix-β	60% (99:1)	4% (50:50)

具有轴手性的三取代环外烯烃 **12** 在奎宁环催化的双羟基化反应中，以 6:1 dr 给出主要异构体 **13b**。但它在 Sharpless AD 反应中的非对映选择性还是被手性试剂控制。使用手性配体 (DHQD)$_2$PHAL 和 (DHQ)$_2$PHAL 催化反应，分别以不低于 93% de 得到主要异构体 **13a** 和 **13b** (式 83)[120]。

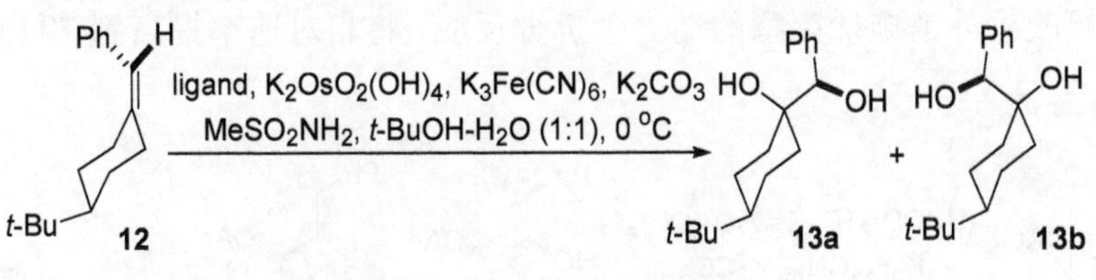

(83)

序号	配体	产率/%	13a:13b
1	quinuclidine	—	1:6
2	(DHQ)$_2$PHAL	78	1:29
3	(DHQD)$_2$PHAL	67	31:1

4.9 动力学拆分

动力学拆分外消旋烯烃不仅可用于合成手性邻二醇，而且回收剩下的原料就能得到手性烯烃。虽然很多类型的烯烃在 Sharpless AD 反应中能够给出很高的立体选择性，但是动力学拆分外消旋烯烃的成功例子并不多[1,2]。一个早期的例子是 Sharpless 小组在 1993 年报道的动力学拆分外消旋三取代环外烯烃[120]。在手性配体 (DHQD)$_2$PHAL 催化的 Sharpless AD 反应中，氧化反应主要从底物六员环的直立键方向进行，给出的相对速率 ($k_{rel} = k_{快}/k_{慢}$) 达到 32 (式 84)。

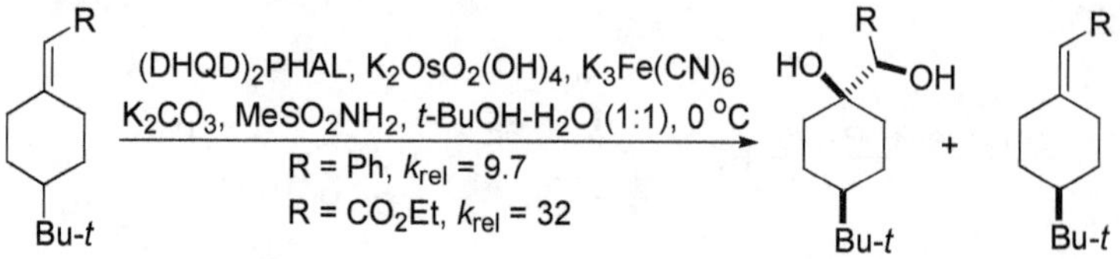

$$(DHQD)_2PHAL, K_2OsO_2(OH)_4, K_3Fe(CN)_6$$
$$K_2CO_3, MeSO_2NH_2, t\text{-}BuOH\text{-}H_2O \ (1:1), 0\ ^oC$$
R = Ph, k_{rel} = 9.7
R = CO$_2$Et, k_{rel} = 32

(84)

由于二茂铁基与手性催化剂结合袋之间有很强的亲和力，因此，外消旋乙烯基二茂铁衍生物在手性配体 (DHQD)$_2$PYR 催化的 Sharpless AD 反应中，能够进行高效的动力学拆分，给出的相对速率高达 62 (式 85)[121]。

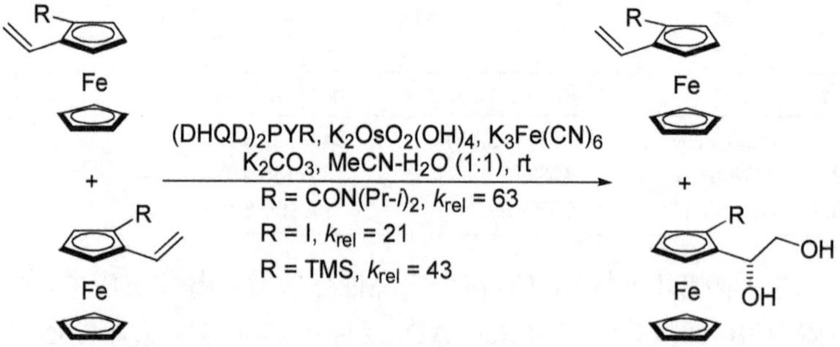

$$(DHQD)_2PYR, K_2OsO_2(OH)_4, K_3Fe(CN)_6$$
$$K_2CO_3, MeCN\text{-}H_2O \ (1:1), rt$$
R = CON(Pr-i)$_2$, k_{rel} = 63
R = I, k_{rel} = 21
R = TMS, k_{rel} = 43

(85)

外消旋烯丙酯在手性配体 (DHQD)$_2$TP 催化的 Sharpless AD 反应中进行动力学拆分，给出的相对速率可达 25 (式 86)[122,123]。进一步优化手性配体和底物的结构能够大幅改进外消旋烯丙酯的动力学拆分反应，将相对速率提高到 79 (式 87)[124]。

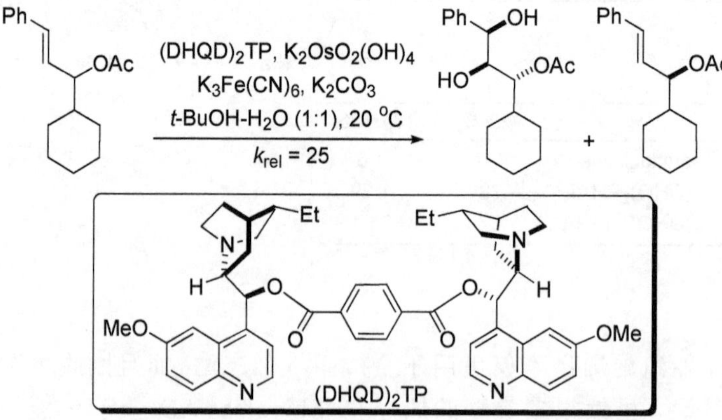

$$(DHQD)_2TP, K_2OsO_2(OH)_4$$
$$K_3Fe(CN)_6, K_2CO_3$$
$$t\text{-}BuOH\text{-}H_2O \ (1:1), 20\ ^oC$$
k_{rel} = 25

(86)

(DHQD)$_2$TP

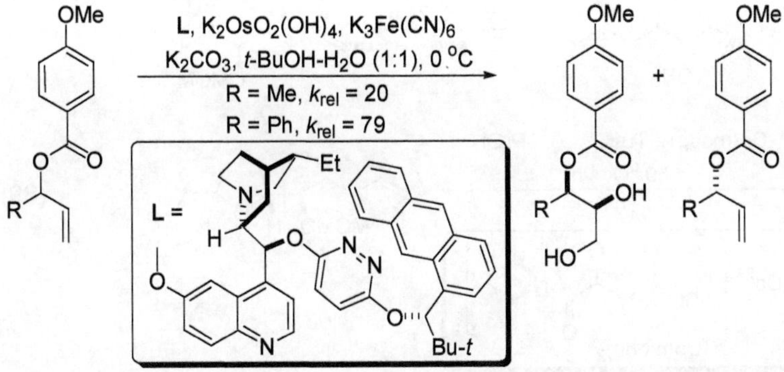

$$(87)$$

5　手性邻二醇的化学转化

　　Sharpless AD 反应在有机合成中已得到广泛的应用，因为它不仅具有高度的选择性和可靠性，而且产生的手性邻二醇具有多种有效的化学转化途径，能够向那些并不存在邻二醇结构单元的手性目标分子中引入手性。有机化学发展早期就已开展的糖化学研究建立了将单糖转化为多种手性砌块的化学方法，为手性邻二醇的合成应用提供了丰富的借鉴经验。相对于利用单糖化学转化提供手性砌块的途径，Sharpless AD 反应还具有一些显著的优点：可以等效产生两个对映体，受底物结构的制约比较小，在多步有机合成中双键可作为手性邻二醇的潜在官能团等[1]。

　　如何有效地识别手性邻二醇的两个羟基是对它们进行不同化学转化的关键。如果分子内适当的部位含有能够与羟基反应的官能团，就可以利用分子内成环反应的难易程度来识别手性邻二醇的两个羟基。式 88 所示 $\alpha,\beta,\gamma,\delta$-不饱和羧酸酯在 Sharpless AD 反应中生成两个羟基，但只有其中的 γ-羟基能够有效地与酯基发生分子内酯交换反应，产生含侧链羟基的不饱和 γ-内酯，从而为这两个新手性中心的不同化学转化创造了条件[125]。

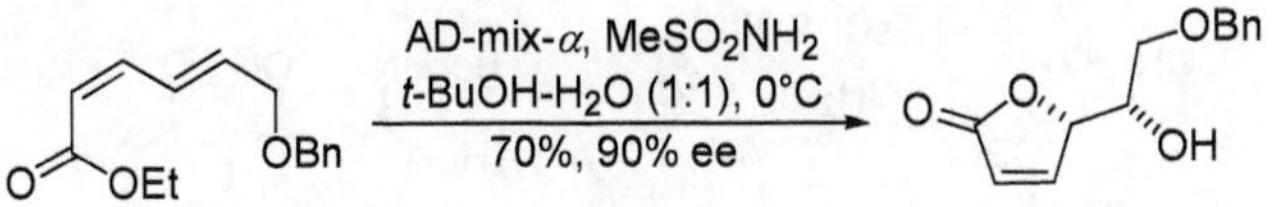

$$(88)$$

　　式 89 所示手性邻二醇具有 C_2-对称性，因而它的任何一个羟基被保护后都会生成同样的单醇。利用分子内成环反应的难易程度，被单保护的手性邻二醇在氧化条件下以优秀的立体选择性生成手性反式四氢呋喃[126]。

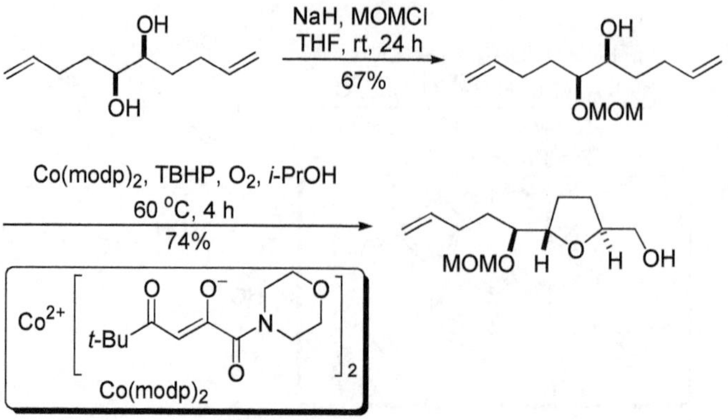

$$(89)$$

根据手性邻二醇中两个羟基的不同立体位阻和电子性质，可以优先转化其中的一个羟基。式 90 所示手性邻二醇含有一个伯羟基和一个仲羟基，立体位阻比较小的伯羟基优先生成对甲苯磺酸酯，然后在碱性条件下就可以转化为手性环氧。这两步反应完全保留了底物的手性，给出的总产率达到 85%[127]。

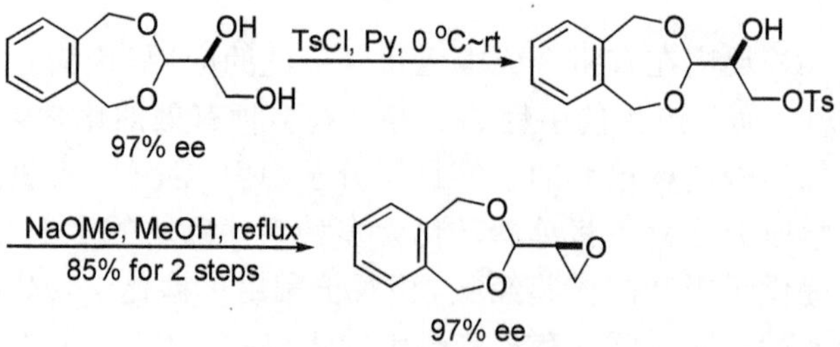

$$(90)$$

烯丙型醇在 Sharpless AD 反应中所生成的手性三醇，经过氢化钠和对甲苯磺酰咪唑的一锅处理，能够以很高的区域选择性生成末端环氧（式 91）[128]。

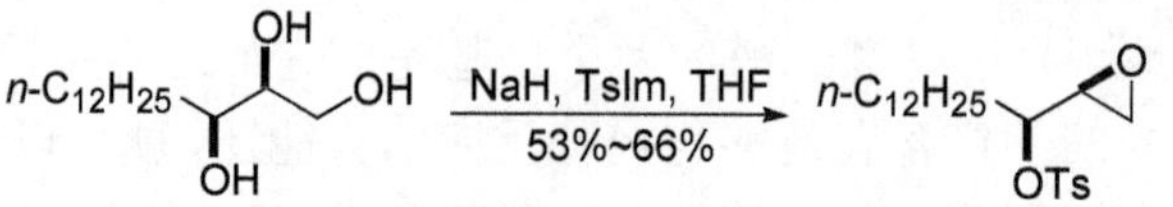

$$(91)$$

如果手性邻二醇中两个羟基的酸性有一些差别，那么就有可能优先转化其中酸性较强的一个羟基。α,β-二羟基羧酸酯的 α-羟基具有较强的酸性，因而在碱性条件下它优先生成对甲苯磺酸酯，然后可以进行分子间或者分子内亲核取代反应（式 92，式 93）[129,130]。

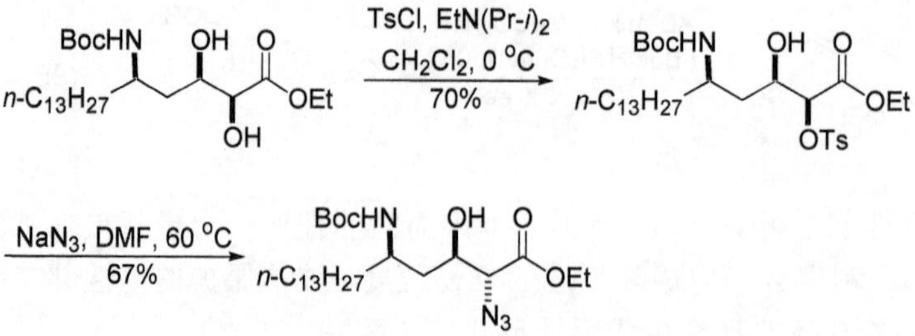

$$(92)$$

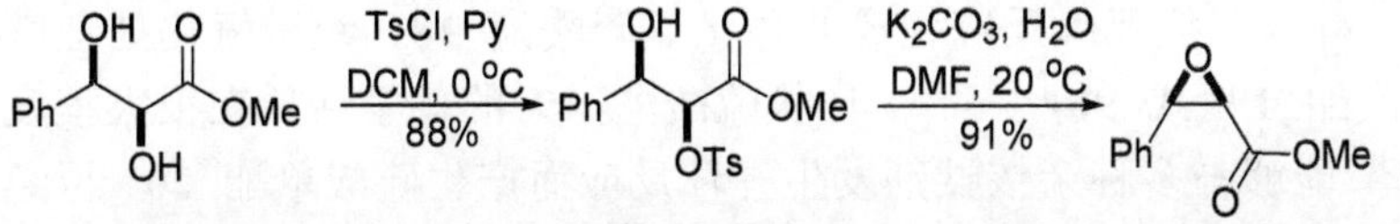

$$(93)$$

另一方面，如果手性邻二醇中两个羟基的亲核性有一些差别，那么就有可能优先转化其中亲核性较强的一个羟基。α,β-二羟基羧酸酯的 β-羟基具有较强的亲核性，因而它在 Mitsunobu 反应中可以优先被羧酸、叠氮酸、对甲苯磺酸等亲核试剂所取代，给出的区域选择性高达 100% (式 94)[131]。

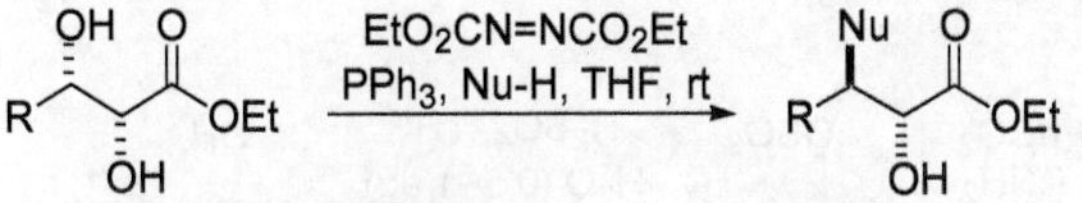

$$(94)$$

序号	R	Nu-H	产率/%
1	Me	PhCO$_2$H	57
2	Me	HN$_3$	78
3	Me	TsOH·Py	55
4	Ph	HN$_3$	82

手性邻二醇中一个羟基被活化后，可以在碱性条件下发生环氧化反应，被活化羟基所连接的手性中心发生了一次构型翻转。如果羟基活化反应的区域选择性不能达到 100%，活化中间体也不能得到有效纯化，那么所得环氧的光学纯度就会低于手性邻二醇。避免手性损失的一个有效途径是将羟基所连手性中心的构型进行两次翻转，合成构型保持的环氧。式 95 展示了这样一种有效的一锅法反应序列[132]。手性邻二醇和原乙酸三甲酯在弱酸催化下生成环状原酸酯 14，经过乙酰氯 (乙酰溴或者三甲基氯硅烷) 处理，途经酰氧正离子 15，给出异构体 16a 和 16b。这两种异构体经过碱处理，都可以转化为手性环氧 17。在整个反应序列中涉及构型翻转的手性中心都进行了两次翻转，从而避免了手性的损失。

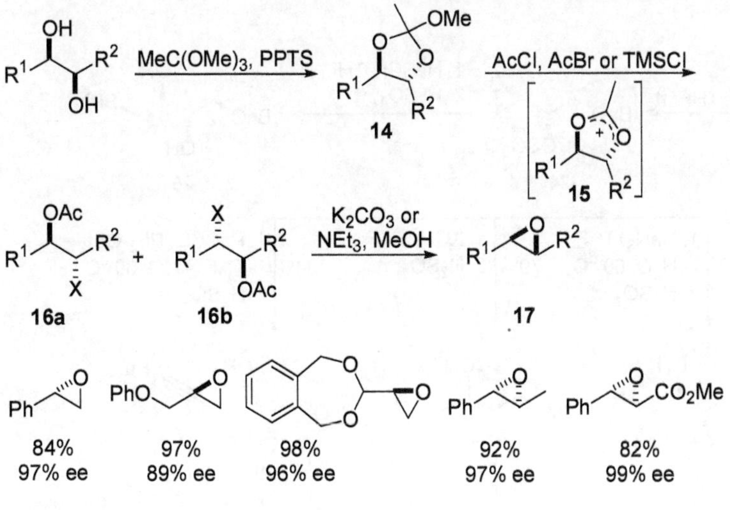

$$(95)$$

84%	97%	98%	92%	82%
97% ee	89% ee	96% ee	97% ee	99% ee

手性邻二醇与二氯亚砜反应生成的环状亚硫酸酯 **18**，经过氧化处理就可以给出环状硫酸酯 **19** (式 96)[133~135]。环状硫酸酯 **19** 的化学性质在很大程度上与环氧类似[136]，能够与多种亲核试剂发生开环反应而产生硫酸单酯 **20**，再经过水解反应就可以转化为手性醇 **21** (式 97)[133,137~139]。

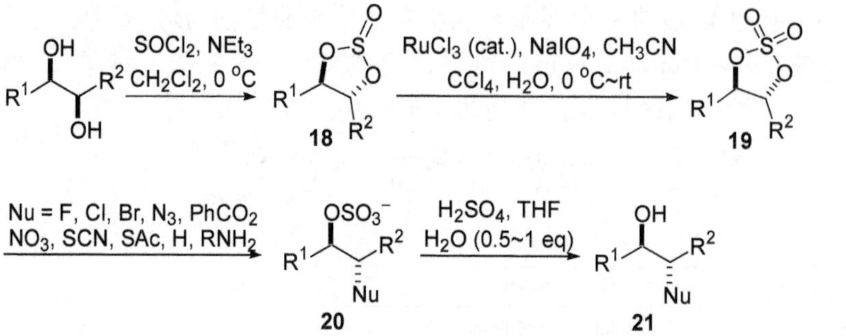

$$(96)$$

利用分子内成环反应的难易程度能够以很高的区域选择性打开环状硫酸酯。由手性邻二醇 **22** 制备的环状硫酸酯 **23** 在温和条件下去除硅基，所得中间体的伯羟基就自发进攻分子内环状硫酸酯，以很高的区域选择性生成环氧 **24**。多种亲核试剂可以打开环氧 **24** 并给出手性反式邻二醇 **25~28** (式 97)[140]。由于利用 Sharpless AD 反应制备反式邻二醇的对映选择性并不高，因此这些合成路线为不对称双羟基化反应提供了一个重要的补充。

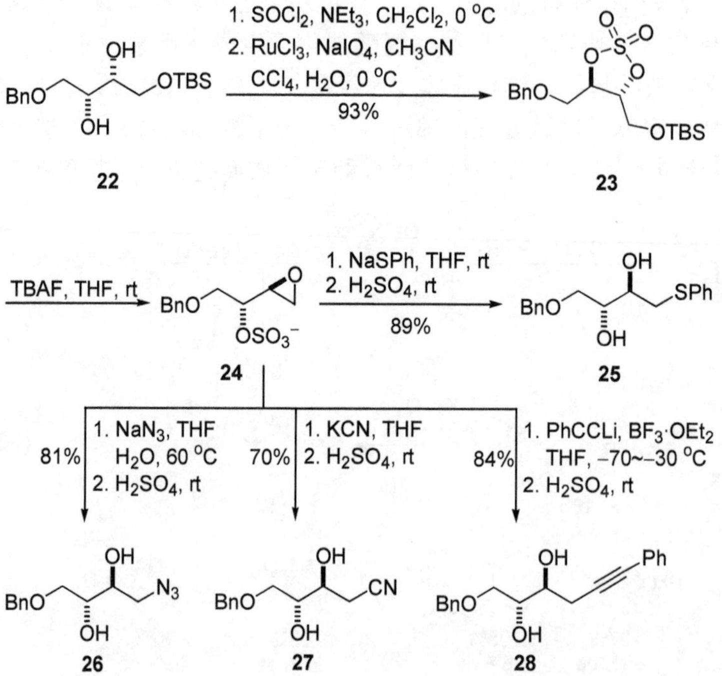

$$(97)$$

如果环状硫酸酯中两碳上取代基的电子性质有较大差别，就有可能以很高的区域选择性打开环状硫酸酯。由 α,β-二羟基羧酸酯 **29** 制备的环状硫酸酯 **30** 经过硼氢化钠处理，它的 α-位优先被还原，然后经过水解反应就给出手性 β-羟基羧酸 **31** (式 98)[141]。

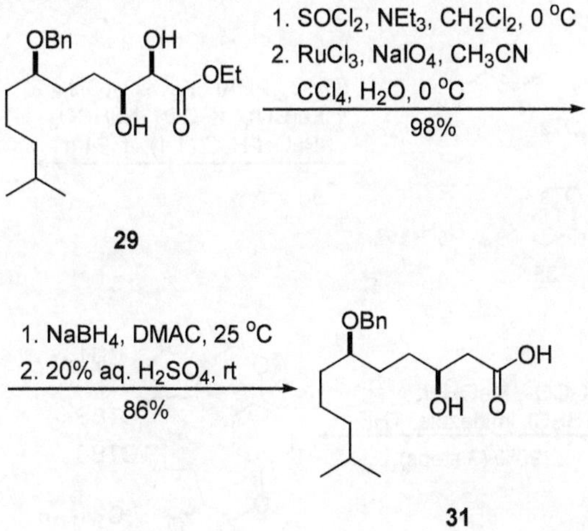

$$(98)$$

6 Sharpless 不对称双羟基化反应在天然产物合成中的应用

Sharpless AD 反应可以氧化多种类型的烯烃并给出具有多种有效化学转化途径的手性邻二醇，不但具有很高的化学选择性、区域选择性和立体选择性，而且反应条件温和，不需要无水无氧操作。它常用的手性配体及其它试剂已经商品化，而且在实验室比较容易制备。Sharpless AD 反应的这些优点使得它成为有机合成中最具选择性、可靠性和广泛应用价值的高效化学转化之一，能够在复杂底物中高效地构筑一个或者多个手性仲醇、叔醇结构单元，从而在天然产物合成中得到了广泛的应用[1~10]。

6.1 (6S,7S,9R,10R)-6,9-环氧十九碳-18-烯-7,10-二醇的全合成

(6S,7S,9R,10R)-6,9-环氧十九碳-18-烯-7,10-二醇是从褐藻寄生虫 *Notheia anomala* 分离到的一种海洋天然产物，具有手性 2,3,5-三取代四氢呋喃结构单元。Wang 小组两次利用 Sharpless AD 反应，巧妙地构建了目标分子的三个手性中心，并采用双向策略完成了 (6S,7S,9R,10R)-6,9-环氧十九碳-18-烯-7,10-二醇的全合成 (式 99)[142]。

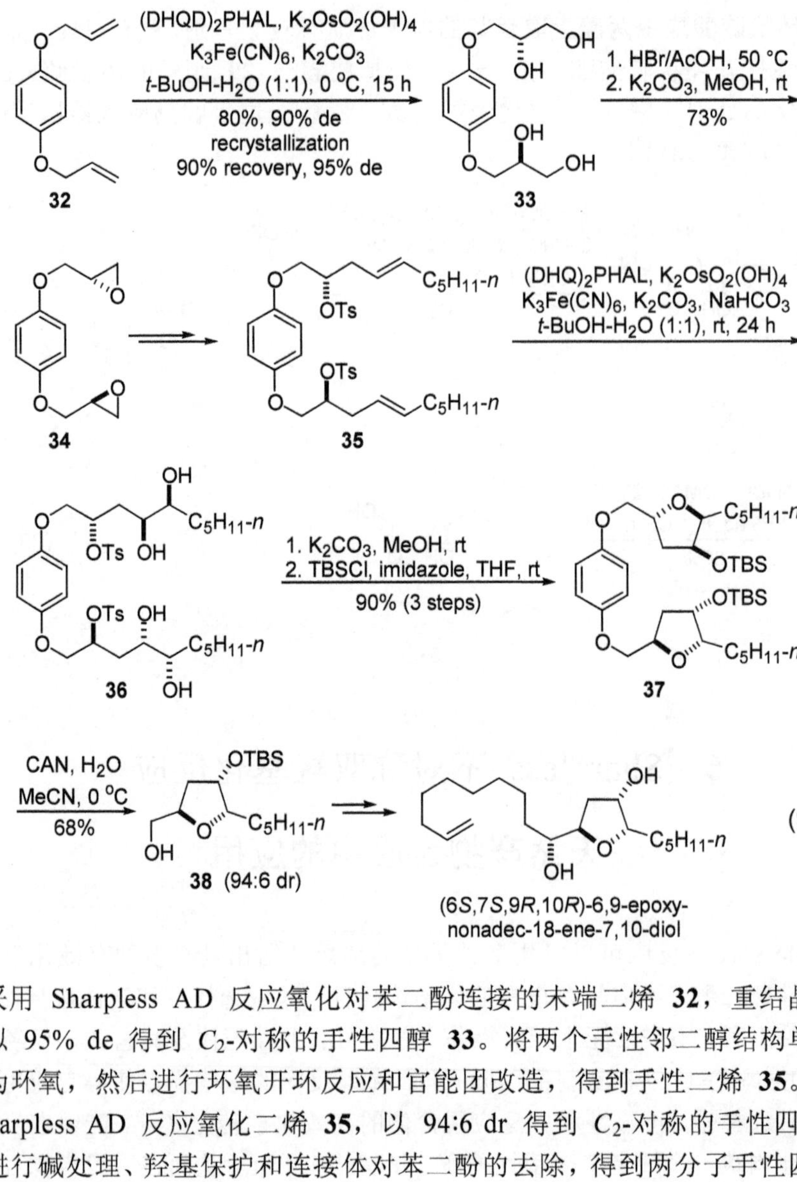

采用 Sharpless AD 反应氧化对苯二酚连接的末端二烯 **32**，重结晶纯化产物，以 95% de 得到 C_2-对称的手性四醇 **33**。将两个手性邻二醇结构单元同时转化为环氧，然后进行环氧开环反应和官能团改造，得到手性二烯 **35**。再次采用 Sharpless AD 反应氧化二烯 **35**，以 94:6 dr 得到 C_2-对称的手性四醇 **36**。依次进行碱处理、羟基保护和连接体对苯二酚的去除，得到两分子手性四氢呋喃 **38**。然后进行官能团改造和碳链延长，便合成了天然产物 (6*S*,7*S*,9*R*,10*R*)-6,9-环氧十九碳-18-烯-7,10-二醇。

6.2 Solamin 的全合成

番荔枝内酯是一类含有手性四氢呋喃结构单元的天然长链脂肪酸衍生物，具有抗肿瘤、抑制免疫、杀虫、抗癌等多种显著的生物活性。Sharpless AD 反应被广泛地用于构建番荔枝内酯的 2,5-二取代四氢呋喃结构单元。一个代表性的例子是 Keinan 小组报道的天然产物 Solamin 的全合成 (式 100)[143]。

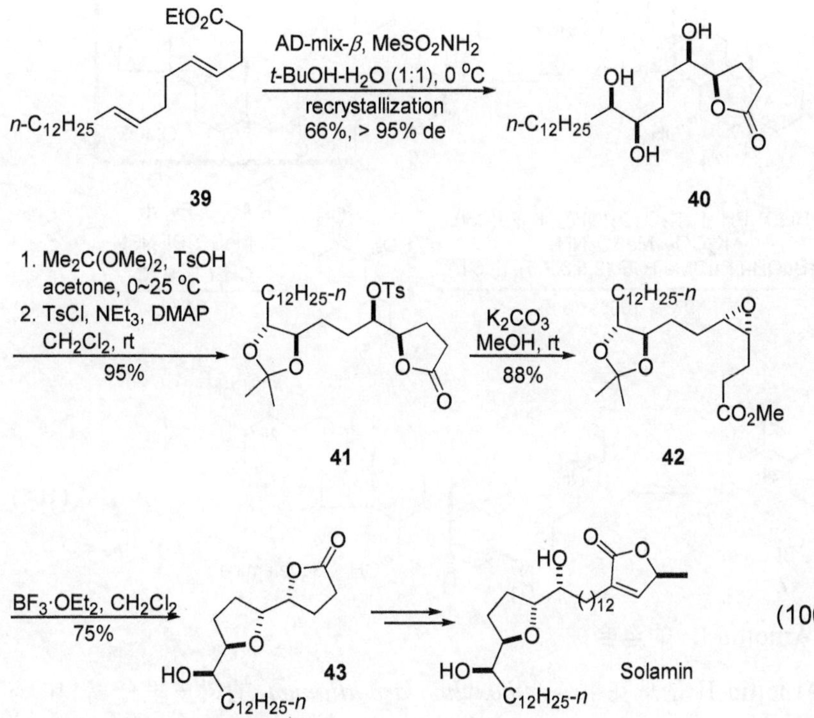

采用 Sharpless AD 反应氧化含两个 *E*-1,2-二取代双键的二烯 **39**,重结晶纯化产物,以大于 95% de 得到 C_2-对称的手性三醇内酯 **40**。优先保护邻二醇结构单元,再以磺酸酯的形式活化剩下的一个羟基,得到内酯 **41**。依次用碱和路易斯酸处理内酯 **41**,得到含 2, 5-二取代四氢呋喃结构单元的合成片段 **43**。然后进行官能团改造、碳链延长和末端不饱和内酯的引入,便完成了天然产物 Solamin 的全合成。

6.3 Squalamine 的立体选择性合成

Squalamine 是从狗鲨 *Squalus acanthias* 的胃里分离到的一种氨基甾醇,具有杀菌、抗癌、抗疟等生物活性。Zhou 小组通过改进 Sharpless AD 反应条件,以 100% de 在甾醇骨架 C-24 上引入羟基,并进一步完成了 Squalamine 的立体选择性合成 (式 101)[144]。

鹅胆酸甲酯 (**44**) 经过多步化学改造,给出三取代烯烃 **45**。向 Sharpless AD 反应常用的叔丁醇-水两相反应介质中加入一定比例的叔丁基甲基醚来提高烯烃 **45** 的溶解度,可以显著地缩短反应时间,并以高达 100% de 得到手性二醇 **46**。去除其三级羟基,再经过一些反应步骤,便完成了天然产物 Squalamine 的立体选择性合成。

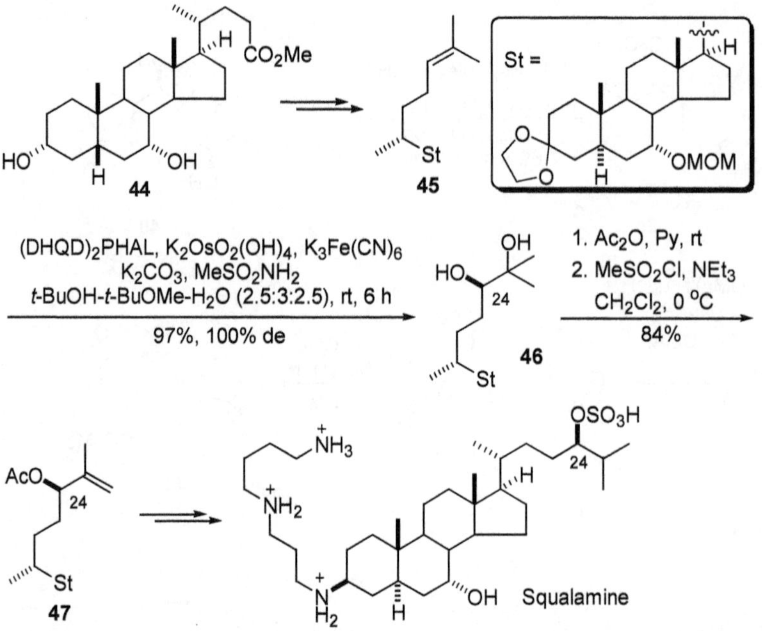

$$(101)$$

6.4 (−)-Arnottin II 的全合成

(−)-Arnottin II 是从花椒 *Xanthoxylum arnottianum* 的树皮里分离到的一种非生物碱次要成分，含有手性螺环内酯结构。Ishikawa 小组通过改进 Sharpless AD 反应条件，向目标分子中引入了手性季碳中心 (式 102)[145]。

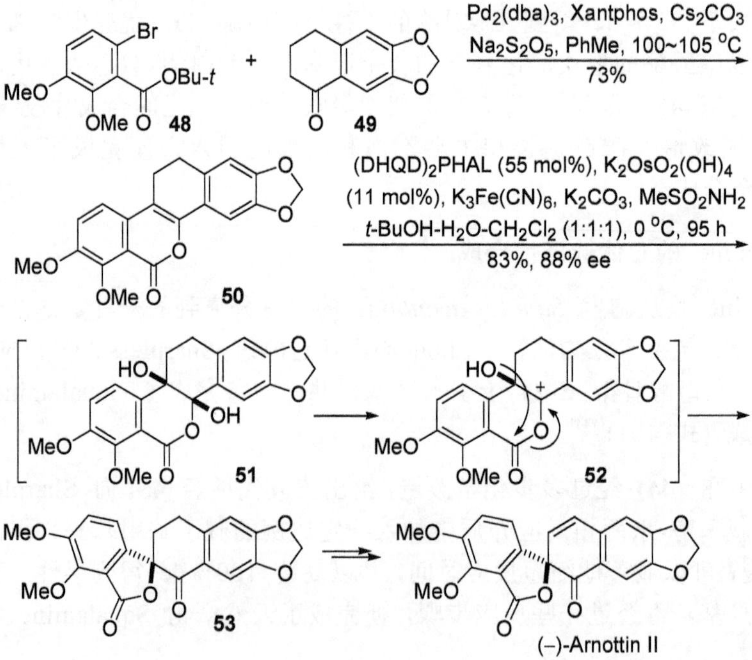

$$(102)$$

邻溴苯甲酸酯 **48** 和酮 **49** 在钯催化下可以构建 (−)-Arnottin II 的骨架，得到烯醇内酯 **50**。虽然通常的 Sharpless AD 反应条件不能氧化烯醇内酯 **50**，但是将手性配体和锇酸钾的用量分别提高到 55 mol% 和 11 mol%，并加入二氯甲烷来提高底物的溶解度，烯醇内酯 **50** 就可以在 0 ℃ 被顺利氧化。然而氧化产物 **51** 并不稳定，会脱去一个活泼羟基并发生重排反应，生成螺环内酯 **53**，光学纯度达到 88% ee。去氢化处理螺环内酯 **53**，得到天然产物 (−)-Arnottin II。

7　Sharpless 不对称双羟基化反应实例

例　一

末端烯烃的 Sharpless AD 反应[146]

$$\text{(DHQD)}_2\text{PHAL, K}_2\text{OsO}_2\text{(OH)}_4, \text{K}_3\text{Fe(CN)}_6$$
$$\underrightarrow{\text{K}_2\text{CO}_3, t\text{-BuOH-H}_2\text{O (1:1), 0 }^\circ\text{C, 10 h}}$$
$$94\%, 92\% \text{ ee}$$

$$(103)$$

向 2 L 圆底烧瓶中加入叔丁醇 (0.8 L)、水 (0.8 L)、$K_3Fe(CN)_6$ (157.5 g, 0.48 mol)、K_2CO_3 (66.1 g, 0.48 mol) 和 (DHQD)$_2$PHAL (248 mg, 0.2 mol%)。生成的混合物冷至 0 ℃ 后，加入 2-乙烯基呋喃 (15.0 g, 0.16 mol) 和 $K_2OsO_2(OH)_4$ (117 mg, 0.2 mol%)。生成的混合物被剧烈搅拌 4 h 后，加入 Na_2SO_3 (60.6 g, 0.48 mol)，并继续搅拌 1 h。分离出有机层，水层用乙酸乙酯 (3 × 250 mL) 萃取。合并后的有机层用无水硫酸钠干燥，然后在减压下浓缩。所得粗产物经过快速柱色谱纯化 [硅胶，淋洗剂为石油醚-乙酸乙酯 (2:1)]，得到液体 (S)-1-(α-呋喃基)-1,2-乙二醇 (19.2 g, 产率 94%, 92% ee)。

例　二

反-1,2-二苯基乙烯的 Sharpless AD 反应[147]

$$\text{(DHQD)}_2\text{PHAL, K}_2\text{OsO}_2\text{(OH)}_4$$
$$\underrightarrow{\text{NMO, }t\text{-BuOH, H}_2\text{O, 20 }^\circ\text{C, 14 h}}$$
$$87\%, 99\% \text{ ee}$$

$$(104)$$

向装有大磁搅拌子的 5 L 圆底烧瓶中加入 (DHQD)$_2$PHAL (10.89 g, 0.25 mol%)、反-1,2-二苯基乙烯 (1 kg, 5.6 mol)、N-甲基吗啉-N-氧化物 (NMO) 水溶液 (60%, 1.4 L) 和叔丁醇 (2.24 L)。将圆底烧瓶置于水浴中 (起始温度为 20 ℃，反应开始后无须控制温度)，在搅拌下加入 $K_2OsO_2(OH)_4$ (4.12 g, 0.2 mol%) (值得

注意的是，如果在反应中使用 OsO₄，反应体系将会大量放热而升至 50 ℃，导致产率和产物光学纯度的降低)。当反-1,2-二苯乙烯完全消失后 (约 14 h，TLC 检测)，加入 4,5-二羟基-1,3-苯二磺酸二钠盐一水合物 (10 g)，继续搅拌 3 h。然后将反应混合物倒入水 (3 L) 中，继续搅拌 3 h。过滤得到的固体粗产物用水洗至无色，真空下干燥，得到白色粉末 (R,R)-1,2-二苯基-1,2-乙二醇 (910 g，产率 76%，99% ee)。为了回收配体，向滤液中加入乙酸乙酯 (2 L)，并在搅拌 1 h 后，将分离出的有机层用硫酸 (0.5 mol/L，2 × 250 mL) 洗涤。向所得酸性水层中加入二氯甲烷 (500 mL)，然后在搅拌下慢慢加入碳酸钠固体，直至水相的 pH 升至 10~11。分离出的二氯甲烷层用水洗涤和无水硫酸镁干燥，浓缩后得到 (DHQD)₂PHAL (10 g，回收率 95%)。乙酸乙酯层去除溶剂后，得到 (R,R)-1,2-二苯基-1,2-乙二醇 (130 g，产率 11%，99% ee)。总产量为 1.04 kg，总产率为 87%。

例 三

烯丙型氯代物的 Sharpless AD 反应[148]

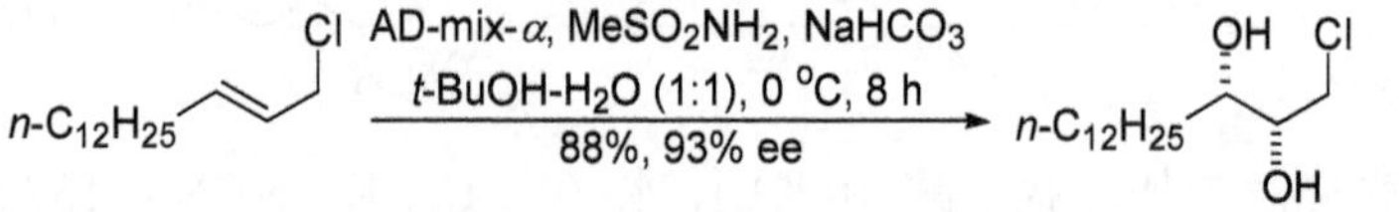

$$(105)$$

在室温下向叔丁醇-水 (1:1，200 mL) 混合溶剂中加入 AD-mix-α (14.0 g)，剧烈搅拌 30 min 后，加入 NaHCO₃ (2.52 g，30.0 mmol)。继续搅拌 15 min 后，加入 MeSO₂NH₂ (950 mg，10.0 mmol)，并继续搅拌 10 min。生成的混合物冷至 0 ℃，加入 E-1-氯-2-十五烯 (2.47 g，10.0 mmol)，并剧烈搅拌 8 h。加入亚硫酸钠 (15.0 g，14.6 mmol)，继续搅拌 30 min。乙酸乙酯 (3 × 80 mL) 萃取，有机层用无水硫酸钠干燥后浓缩。所得粗产物经过柱色谱纯化 [淋洗剂为正己烷-乙酸乙酯 (2:1)]，得到白色固体产物 (2.45 g，产率 88%，93% ee)。

例 四

三取代烯烃的 Sharpless AD 反应[149]

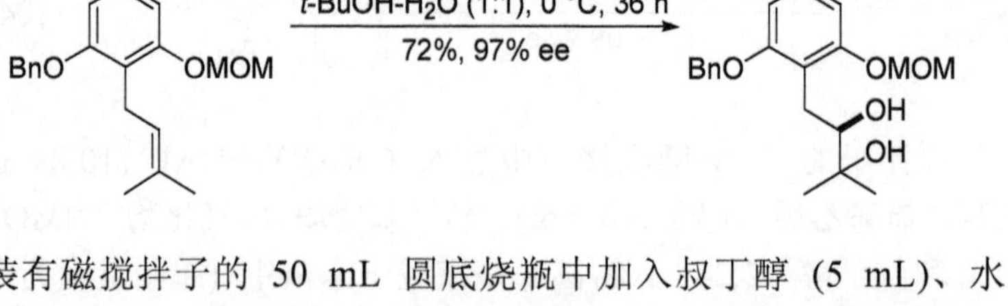

$$(106)$$

向装有磁搅拌子的 50 mL 圆底烧瓶中加入叔丁醇 (5 mL)、水 (5 mL) 和 AD-mix-β (1.4 g)，室温下搅拌后体系分为两层。加入 MeSO₂NH₂ (104 mg，1.1

mmol)，冷至 0 ℃ 后析出部分盐。接着加入三取代烯烃 (456 mg, 1 mmol)，剧烈搅拌 36 h。然后向反应液中加入亚硫酸钠固体 (1.5 g)，升至室温后继续搅拌 30 min。向反应体系中加入乙酸乙酯 (10 mL)，分离后的水层用乙酸乙酯 (3 × 15 mL) 萃取。合并后的有机层用氢氧化钾水溶液 (2 mol/L, 5 mL) 洗涤和无水硫酸镁干燥后，浓缩所得粗产物经过快速柱色谱纯化 [淋洗剂为石油醚-乙酸乙酯 (2:1)]，得到无色液体产物 (353 mg，产率 72%，97% ee)。

例　五

外消旋烯烃的动力学拆分[121]

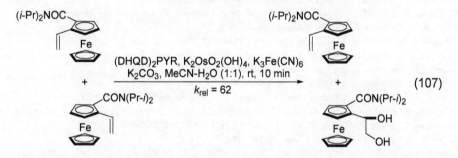

$$(107)$$

在室温下向乙腈-水 (1:1) 混合溶剂 (24 mL) 中加入 $K_3Fe(CN)_6$ (0.24 g, 0.72 mmol)、K_2CO_3 (0.10 g, 0.72 mmol)、(DHQD)$_2$PYR (22 mg, 0.024 mmol)和 $K_2OsO_2(OH)_4$(6.9 mg, 0.019 mmol)。搅拌至全部溶解后，依次滴加 (±)-2-乙烯基-N,N-二异丙基二茂铁酰胺 (164 mg, 0.48 mmol) 的乙腈溶液 (3 mL) 和水 (3 mL)。室温搅拌 10 min 后，向反应混合物中加入 Na_2SO_3(0.90 g, 7.0 mmol)。继续搅拌 20 min 后，反应混合物用乙酸乙酯 (5 × 7 mL) 萃取。合并的萃取液用盐水 (10 mL) 洗涤和无水硫酸镁干燥，减压浓缩后得到的粗产物经过硅胶柱色谱纯化 (淋洗剂为正己烷-乙酸乙酯)，依次得到 (+)-2-乙烯基-N,N-二异丙基二茂铁酰胺 (26 mg，产率 16%，96:4 er) 和 (+)-2-(1,2-二羟基乙基)-N,N-二异丙基二茂铁酰胺 (80 mg，产率 44%，95:5 er)。

8　参考文献

[1]　Kolb, H. C.; VanNieuwenhze, M. S.; Sharpless, K. B. *Chem. Rev.* **1994**, *94*, 2483.

[2]　Noe, M. C.; Letavic, M. A.; Snow, S. L. *Org. React.* **2005**, *66*, 109.

[3]　Sharpless, K. B. *Angew. Chem. Int. Ed.* **2002**, *41*, 2024.

[4]　林国强，李月明，陈耀全，陈新滋. 手性合成一不对称反应及其应用. 第二版. 2005: 248.

[5]　Kolb, H. C.; Sharpless, K. B. In *Transition Metals for Organic Chemistry: Building Blocks and Fine Chemicals*; 2nd ed.; Beller, M., Bolm C., Eds.; Wiley-VCH, Weinheim, Germany, 2004, Vol. 2, p. 275.

[6]　Becker, H.; Sharpless, K. B. In *Asymmetric Oxidation Reactions: A Practical Approach*; Katsuki, T., Ed.;

Oxford University Press: Oxford, UK, 2001, p. 81.

[7] Johnson, R. A.; Sharpless, K. B. In *Catalytic Asymmetric Synthesis*; 2nd ed.; Ojima, I., Ed.; Wiley-VCH: New York, NY, 2000, p. 357.

[8] Bolm, C.; Hildebrand, J. P.; Muñiz, K. In *Catalytic Asymmetric Synthesis*; 2nd ed.; Ojima, I., Ed.; Wiley-VCH: New York, NY, 2000, p. 399.

[9] Markó, I. E.; Svendsen, J. S. In *Comprehensive Asymmetric Catalysis*; Jacobsen, E. N., Pfaltz, A., Yamamoto, H., Eds.; Springer-Verlag: Berlin, Germany, 1999, Vol. 2, p. 713.

[10] Beller, M.; Sharpless K. B. In *Applied Homogeneous Catalysis*; Cornils, B., Herrmann W. A., Eds.; VCH: Weinheim, Germany, 1996, Vol. 2, p. 1009.

[11] Schröder, M. *Chem. Rev.* **1980**, *80*, 187.

[12] Hofmann, K. A. *Chem. Ber.* **1912**, *45*, 3329.

[13] Sharpless, K. B.; Akashi, K. *J. Am. Chem. Soc.* **1976**, *98*, 1986.

[14] VanRheenen, V.; Kelly, R. C.; Cha, D. Y. *Tetrahedron Lett.* **1976**, *17*, 1973.

[15] Criegee, R.; Marchand, B.; Wannowius, H. *Liebigs Ann. Chem.* **1942**, *550*, 99.

[16] Cleare, M. J.; Hydes, P. C.; Griffith. W. P.; Wright, M. J. *J. Chem. Soc., Dalton Trans.* **1977**, 941.

[17] Clark, R. L.; Behrman, E. J. *Inorg. Chem.* **1975**, *14*, 1425.

[18] Hentges, S. G.; Sharpless, K. B. *J. Am. Chem. Soc.* **1980**, *102*, 4263.

[19] Jacobsen, E. N.; Markó, I.; Mungall, W. S.; Schröder, G.; Sharpless, K. B. *J. Am. Chem. Soc.* **1988**, *110*, 1968.

[20] Katsuki, T.; Sharpless, K. B. *J. Am. Chem. Soc.* **1980**, *102*, 5974.

[21] Minato, M.; Yamamoto, K.; Tsuji, J. *J. Org. Chem.* **1990**, *55*, 766.

[22] Kwong, H.-L.; Sorato, C.; Ogino, Y.; Hou, C.; Sharpless, K. B. *Tetrahedron Lett.* **1990**, *31*, 2999.

[23] Sharpless, K. B.; Amberg, W.; Bennani, Y. L.; Crispino, G. A.; Hartung, J.; Jeong, K.-S.; Kwong, H.-L.; Morikawa, K.; Wang, Z.-M.; Xu, D.; Zhang, X.-L. *J. Org. Chem.* **1992**, *57*, 2768.

[24] Göbel, T.; Sharpless, K. B. *Angew. Chem. Int. Ed.* **1993**, *32*, 1329.

[25] Sharpless, K. B.; Amberg, W.; Beller, M.; Chen, H.; Hartung, J.; Kawanami, Y.; Lübben, D.; Manoury, E.; Ogino, Y.; Shibata, T.; Ukita, T. *J. Org. Chem.* **1991**, *56*, 4585.

[26] Crispino, G. A.; Jeong, K.-S.; Kolb, H. C.; Wang, Z.-M.; Xu, D.; Sharpless, K. B. *J. Org. Chem.* **1993**, *58*, 3785.

[27] Becker, H.; Sharpless, K. B. *Angew. Chem., Int. Ed. Engl.* **1996**, *35*, 448.

[28] Hanessian, S.; Meffre, P.; Girard, M.; Beaudoin, S.; Sancéau, J.-Y.; Bennani, Y. L. *J. Org. Chem.* **1993**, *58*, 1991.

[29] Corey, E. J.; Jardine, P. D.; Virgil, S.; Yuen, P.-W.; Connell, R. D. *J. Am. Chem. Soc.* **1989**, *111*, 9243.

[30] Tomioka, K.; Nakajima, M.; Koga, K. *J. Am. Chem. Soc.* **1987**, *109*, 6213.

[31] Tomioka, K.; Nakajima, M.; Iitaka, Y.; Koga, K. *Tetrahedron Lett.* **1988**, *29*, 573.

[32] Tomioka, K.; Nakajima, M.; Koga, K. *Tetrahedron Lett.* **1990**, *31*, 1741.

[33] Nakajima, M.; Tomioka, K.; Iitaka, Y.; Koga, K. *Tetrahedron* **1993**, *49*, 10793.

[34] Fuji, K.; Tanaka, K.; Miyamoto, H. *Tetrahedron Lett.* **1992**, *33*, 4021.

[35] Oishi, T.; Hirama, M. *Tetrahedron Lett.* **1992**, *33*, 639.

[36] Hirama, M.; Oishi, T.; Itô, S. *J. Chem. Soc., Chem. Commun.* **1989**, 665.

[37] Oishi, T.; Hirama, M. *J. Org. Chem.* **1989**, *54*, 5834.

[38] Yamada, T.; Narasaka, K. *Chem. Lett.* **1986**, 131.

[39] Tokles, M.; Snyder, J. K. *Tetrahedron Lett.* **1986**, *27*, 3951.

[40] Imada, Y.; Saito, T.; Kawakami, T.; Murahashi, S.-I. *Tetrahedron Lett.* **1992**, *33*, 5081.

[41] Wai, J. S. M.; Markó, I.; Svendsen, J. S.; Finn, M. G.; Jacobsen, E. N.; Sharpless, K. B. *J. Am. Chem. Soc.* **1989**, *111*, 1123.

[42] Böseken, J. *Recl. Trav. Chim.* **1922**, *41*, 199.

[43] Criegee, R. *Justus Liebigs Ann. Chem.* **1936**, *522*, 75.

[44] Criegee, R. *Angew. Chem.* **1937**, *50*, 153.

[45] Criegee, R. *Angew. Chem.* **1938**, *51*, 519.

[46] Sharpless, K. B.; Teranishi, A. Y.; Bäckvall, J.-E. *J. Am. Chem. Soc.* **1977**, *99*, 3120.

[47] Corey, E. J.; Noe, M. C.; Grogan, M. J. *Tetrahedron Lett.* **1996**, *37*, 4899.

[48] DelMonte, A. J.; Haller, J.; Houk, K. N.; Sharpless, K. B.; Singleton, D. A.; Strassner, T.; Thomas, A. A. *J. Am. Chem. Soc.* **1997**, *119*, 9907.

[49] Jøgensen, K. A.; Hoffmann, R. *J. Am. Chem. Soc.* **1986**, *108*, 1867.

[50] Veldkamp, A.; Frenking, G. *J. Am. Chem. Soc.* **1994**, *116*, 4937.

[51] Norrby, P.-O.; Kolb, H. C.; Sharpless, K. B. *J. Am. Chem. Soc.* **1994**, *116*, 8470.

[52] Wu, Y.-D.; Wang, Y.; Houk, K. N. *J. Org. Chem.* **1992**, *57*, 1362.

[53] Dapprich, S.; Ujaque, G.; Maseras, F.; Lledos, A.; Musaev, D. G.; Morokuma, K. *J. Am. Chem. Soc.* **1996**, *118*, 11660.

[54] Torrent, M.; Deng, L. Q.; Duran, M.; Sola, M.; Ziegler, T. *Organometallics* **1997**, *16*, 13.

[55] Torrent, M.; Deng, L. Q.; Ziegler, T. *Inorg. Chem.* **1998**, *37*, 1307.

[56] Pidun, U.; Boehme, C.; Frenking, G. *Angew. Chem. Int. Ed. Engl.* **1997**, *35*, 2817.

[57] Ujaque, G.; Maseras, F.; Lledos, A. *J. Org. Chem.* **1997**, *62*, 7892.

[58] Ujaque, G.; Maseras, F.; Lledos, A. *J. Am. Chem. Soc.* **1999**, *121*, 1317.

[59] Nelson, D. W.; Gypser, A.; Ho, P. T.; Kolb, H. C.; Kondo, T.; Kwong H.-L.; McGrath, D. V.; Rubin, A. E.; Norrby, P.-O., Gable, K. P.; Sharpless, K. B. *J. Am. Chem. Soc.* **1997**, *119*, 1840.

[60] Corey, E. J.; Noe, M. C. *J. Am. Chem. Soc.* **1993**, *115*, 12579.

[61] Corey, E. J.; Noe, M. C.; Sarshar, S. *Tetrahedron Lett.* **1994**, *35,* 2861.

[62] Kolb, H. C.; Andersson, P. G.; Sharpless, K. B. *J. Am. Chem. Soc.* **1994**, *116*, 1278.

[63] Ramacciotti, A.; Fiaschi, R.; Napolitanoa, E. *Tetrahedron: Asymmetry* **1996**, *7*, 1101.

[64] Rao, A. V. R.; Gurjar, M. K.; Lakshmipathi, P.; Reddy, M. M.; Nagarajan, M.; Pal, S.; Sarma, B.; Tripathy, N. K. *Tetrahedron Lett.* **1997**, *38*, 7433.

[65] Becker, H.; King, S. B.; Taniguchi, M.; Vanhessche, K. P. M.; Sharpless, K. B. *J. Org. Chem.* **1995**, *60*, 3940.

[66] Kanekiyo, N.; Kuwada, T.; Choshi, T.; Nobuhiro, J.; Hibino, S. *J. Org. Chem.* **2001**, *66,* 8793.

[67] Philippo, C. M. G.; Mougenot, P.; Braun, A.; Defosse, G.; Auboussier, S.; Bovy, P. R. *Synthesis* **2000**, 127.

[68] Wang, Z.-M.; Zhang, X.-L.; Sharpless, K. B. *Tetrahedron Lett.* **1993**, *34*, 2267.

[69] Corey, E. J.; Guzman-Perez, A.; Noe, M. C. *J. Am. Chem. Soc.* **1995**, *117*, 10805.

[70] Kawashima, E.; Naito, Y.; Ishido, Y. *Tetrahedron Lett.* **2000**, *41*, 3903.

[71] Vanhessche, K. P. M.; Sharpless, K. B. *J. Org. Chem.* **1996**, *61*, 7978.

[72] Wang, Z.-M.; Sharpless, K. B. *Synlett* **1993**, 603.

[73] Griesbach, R. C.; Hamon, D. P. G.; Kennedy, R. J. *Tetrahedron: Asymmetry* **1997**, *8*, 507.

[74] Ishibashi, K.; Maeki, M.; Yagi, J.; Ohba, M.; Kanai, T. *Tetrahedron* **1999**, *55*, 6075.

[75] Bennani, Y. L.; Vanhessche, K. P. M.; Sharpless, K. B. *Tetrahedron: Asymmetry* **1994**, *5*, 1473.

[76] Moreno, R. M.; Bueno, A.; Moyano, A. *J. Org. Chem.* **2006**, *71*, 2528.

[77] Avenoza, A.; Busto, J. H.; Corzana, F.; Jiménez-Osés, G.; París, M.; Peregrina, J. M.; Sucunza, D.; Zurbano, M. M. *Tetrahedron: Asymmetry* **2004**, *15*, 131.

[78] Bennani, Y. L.; Sharpless, K. B. *Tetrahedron Lett.* **1993**, *34*, 2079.

[79] Tietze, L. F.; Gorlitzer, J. *Synthesis* **1998**, 873.

[80] Lygo, B.; Crosby, J.; Lowdon, T.; Wainwright, P. G. *Tetrahedron* **1999**, *55*, 2795.

[81] Jeong, K.-S.; Sjö, P.; Sharpless, K. B. *Tetrahedron Lett.* **1992**, *33*, 3833.

[82] Walsh. P. J.: Sharpless. K. B. *Synlett* **1993**, 605.

[83] Song, C. E.; Lee, S. W.; Roh, E. J.; Lee, S. G.; Lee, W. K. *Tetrahedron: Asymmetry* **1998**, *9*, 983.

[84] Kobayashi, Y.; William, A. D.; Tokoro, Y. *J. Org. Chem.* **2001**, *66*, 7903.

[85] Henderson, I.; Sharpless, K. B.; Wong, C.-H. *J. Am. Chem. Soc.* **1994**, *116*, 558.

[86] Xu, D.; Park, C. Y.; Sharpless, K. B. *Tetrahedron Lett.* **1994**, *35*, 2495.

[87] Vanhessche, K. P. M.; Wang, Z.-M.; Sharpless, K. B. *Tetrahedron Lett.* **1994**, *35*, 3469.

[88] Kolb, H. C.; Bennani, Y. L.; Sharpless, K. B. *Tetrahedron: Asymmetry* **1993**, *4*, 133.

[89] Arrington, M. P.; Bennani, Y. L.; Göbel, T.; Walsh, P. J.; Zhao, S.-H.; Sharpless, K. B. *Tetrahedron Lett.* **1993**, *34*, 7375.

[90] Kaldor, S. W.; Hammond, M. *Tetrahedron Lett.* **1991**, *32*, 5043.

[91] Walsh, P. J.; Ho, P. T.; King, S. B.; Sharpless, K. B. *Tetrahedron Lett.* **1994**, *35*, 5129.

[92] Okamoto, S.; Tani, K.; Sato, F.; Sharpless, K. B.; Zargarian, D. *Tetrahedron Lett.* **1993**, *34*, 2509

[93] Wang, Z.-M.; Zhang, X.-L.; Sharpless, K. B.; Sinha, S. C.; Sinha-Bagchi, A.; Keinan, E. *Tetrahedron Lett.* **1992**, *33*, 6407.

[94] Walsh, P. J.; Bennani, Y. L.; Sharpless, K. B. *Tetrahedron Lett.* **1993**, *34*, 5545.

[95] Wang, L.; Sharpless, K. B. *J. Am. Chem. Soc.* **1992**, *114*, 7568.

[96] VanNieuwenhze, M. S.; Sharpless, K. B. *Tetrahedron Lett.* **1994**, *35*, 843.

[97] Wang, Z.-M.; Kakiuchi, K.; Sharpless, K. B. *J. Org. Chem.* **1994**, *59*, 6895.

[98] Andreana, P. R.; McLellan, J. S.; Chen, Y.; Wang, P. G. *Org. Lett.* **2002**, *4*, 3875.

[99] Vidari, G.; Lanfranchi, G.; Sartori, P.; Serra, S. *Tetrahedron: Asymmetry* **1995**, *6*, 2977.

[100] Matsushita, M.; Maeda, H.; Kodama, M. *Tetrahedron Lett.* **1998**, *39*, 3749.

[101] Shao, H.; Goodman, M. *J. Org. Chem.* **1996**, *61*, 2582.
[102] Shao, H.; Rueter, J. K.; Goodman, M. *J. Org. Chem.* **1998**, *63*, 5240.
[103] Hashiyama, T.; Morikawa, K.; Sharpless, K. B. *J. Org. Chem.* **1992**, *57*, 5067.
[104] Monenschein, H.; Dräger, G.; Jung, A.; Kirschning, A. *Chem. Eur. J.* **1999**, *5*, 2270.
[105] Diffendal, J. M.; Filan, J.; Spoors, P. G. *Tetrahedron Lett.* **1999**, *40*, 6137.
[106] Curran, D. P.; Ko, S.-B. *J. Org. Chem.* **1994**, *59*, 6139.
[107] Becker, H.; Ho, P. T.; Kolb, H. C.; Loren, S.; Norrby, P.-O.; Sharpless, K. B. *Tetrahedron Lett.* **1994**, *35*, 7315.
[108] Barboni, L.; Lambertucci, C.; Ballini, R.; Appendino, G.; Bombardelli, E. *Tetrahedron Lett.* **1998**, *39*, 7177.
[109] Mander, L. N.; Morris, J. C. *J. Org. Chem.* **1997**, *62*, 7497.
[110] Upadhya, T. T.; Gurunath, S.; Sudalai, A. *Tetrahedron: Asymmetry* **1999**, *10*, 2899.
[111] Morikawa, K.; Park, J.; Andersson, P. G.; Hashiyama, T.; Sharpless, K. B. *J. Am. Chem. Soc.* **1993**, *115*, 8463.
[112] Xu, D.; Crispino, G. A.; Sharpless, K. B. *J. Am. Chem. Soc.* **1992**, *114*, 7570.
[113] Vidari, G.; Dapiaggi, A.; Zanoni, G.; Garlaschelli, L. *Tetrahedron Lett.* **1993**, *34*, 6485.
[114] Becker, H. J.; Soler, M. A.; Sharpless, K. B. *Tetrahedron* **1995**, *51*, 1345.
[115] Noe, M. C.; Corey, E. J. *Tetrahedron Lett.* **1996**, *37*, 1739.
[116] Takahata, H.; Takahashi, S.; Kouno, S.; Momose, T. *J. Org. Chem.* **1998**, *63*, 2224.
[117] Morikawa, K.; Sharpless, K. B. *Tetrahedron Lett.* **1993**, *34*, 5575.
[118] Yadav, J. S.; Raju, A. K.; Rao, P. P.; Rajaiah, G. *Tetrahedron: Asymmetry* **2005**, *16*, 3283.
[119] Imashiro, R.; Sakurai, O.; Yamashita, T.; Horikawa, H. *Tetrahedron* **1998**, *54*, 10657.
[120] VanNieuwenhze, M. S.; Sharpless, K. B. *J. Am. Chem. Soc.* **1993**, *115*, 7864.
[121] Bueno, A.; Rosol, M.; García, J.; Moyanoa, A. *Adv. Synth. Catal.* **2006**, *348*, 2590.
[122] Lohray, B. B.; Bhushan, V. *Tetrahedron Lett.* **1993**, *34*, 3911.
[123] Crispino, G. A.; Makita, A.; Wang, Z.-M.; Sharpless, K. B. *Tetrahedron Lett.* **1994**, *35*, 543.
[124] Corey, E. J.; Noe, M. C.; Guzman-Perez, A. *J. Am. Chem. Soc.* **1995**, *117*, 10817.
[125] Ahmed, M. M.; O'Doherty, G. A. *J. Org. Chem.* **2005**, *70*, 10576.
[126] Tian, S.-K.; Wang, Z.-M.; Jiang, J.-K.; Shi, M. *Tetrahedron: Asymmetry* **1999**, *10*, 2551.
[127] Oi, R.; Sharpless, K. B. *Tetrahedron Lett.* **1992**, *33*, 2095.
[128] Zhang, Z.-B.; Wang, Z.-M.; Wang, Y.-X.; Liu, H.-Q.; Lei, G.-X.; S., M. *Tetrahedron: Asymmetry* **1999**, *10*, 837.
[129] Chandrasekhar, S.; Sultana, A. S.; Kiranmai, N.; Narsihmulu, C. *Tetrahedron Lett.* **2007**, *48*, 2373.
[130] Denis, J.-N.; Correa, A.; Greene, A. E. *J. Org. Chem.* **1990**, *55*, 1957.
[131] Ko, S. Y. *J. Org. Chem.* **2002**, *67*, 2689.
[132] Kolb, H. C.; Sharpless, K. B. *Tetrahedron* **1992**, *48*, 10515.
[133] Gao, Y.; Sharpless, K. B. *J. Am. Chem. Soc.* **1988**, *110*, 7538.
[134] Kim, B. M.; Sharpless, K. B. *Tetrahedron Lett.* **1989**, *30*, 655.
[135] Oi, R.; Sharpless, K. B. *Tetrahedron Lett.* **1991**, *32*, 999.
[136] Lohray, B. B. *Synthesis* **1992**, 1035.
[137] Gao, Y.; Zepp, C. M. *Tetrahedron Lett.* **1991**, *32*, 3155.
[138] Lohray, B. B.; Gao, Y.; Sharpless, K. B. *Tetrahedron Lett.* **1989**, *30*, 2623.
[139] Pilkington, M.; Wallis, J. D. *J. Chem. Soc., Chem. Commun.* **1993**, 1857.
[140] Ko, S. Y.; Malik, M.; Dickinson, A. F. *J. Org. Chem.* **1994**, *59*, 2570.
[141] Pandey, S. K.; Kumar, P. *Eur. J. Org. Chem.* **2007**, 369.
[142] Wang, Z.-M.; Shen, M. *J. Org. Chem.* **1998**, *63*, 1414.
[143] Sinha, S. C.; Keinan, E. *J. Am. Chem. Soc.* **1993**, *115*, 4891.
[144] Zhou, X.-D.; Cai, F.; Zhou, W.-S. *Tetrahedron* **2002**, *58*, 10293.
[145] Konno, F.; Ishikawa, T.; Kawahata, M.; Yamaguchi, K. *J. Org. Chem.* **2006**, *71*, 9818.
[146] Liao, L.-X.; Wang, Z.-M.; Zhang, H.-X.; Zhou, W.-S. *Tetrahedron: Asymmetry* **1999**, *10*, 3649.
[147] Wang, Z.-M.; Sharpless, K. B. *J. Org. Chem.* **1994**, *59*, 8302.
[148] Chun, J.; Byun, H.-S.; Bittman, R. *J. Org. Chem.* **2003**, *68*, 348.
[149] Li, Y.; Hu, Y.; Xie, Z.; Chen, X. *Tetrahedron: Asymmetry* **2003**, *14*, 2355.

夏普莱斯不对称环氧化反应

(Sharpless Asymmetric Epoxidation)

王歆燕

1　历史背景简述

Sharpless 不对称环氧化反应是烯烃不对称氧化反应中最为成功的反应之一，根据英文名称 Sharpless Asymmetric Epoxidation 的缩写也称之为 Sharpless AE 反应。该反应取名于 2001 年度诺贝尔化学奖获得者美国化学家 K. Barry Sharpless。

Sharpless 生于 1941 年，1963 年从 Dartmouth College 获得学士学位。1968 年从 Stanford 大学获得博士学位后，转做博士后研究。1969 年又到 Harvard 大学继续从事博士后研究。1970 年至 1977 年在 MIT 任职，1977 年转入 Stanford 大学任职，1980 年重新回到 MIT，并在此一直工作至 1990 年。1990 年至今任职于 Scripps 研究所。Sharpless 及其合作者曾经发现和发展了许多用途广泛的催化氧化方法，其中最著名的为 Sharpless 不对称环氧化、Sharpless 不对称双羟化和 Sharpless 不对称胺羟化反应。目前他所从事的研究工作包括点击化学，均相 Os、Ru 和 Rh 氧化催化剂以及过渡金属催化的不对称反应。

手性环氧化合物是有机合成中的重要中间体，烯烃的不对称环氧化反应是获得手性环氧化合物的直接而重要的方法。因此，研究和发现高效的不对称环氧化方法具有非常重要的学术意义和应用价值。1965 年，Henbest[1] 首先使用 (+)-樟脑过氧酸对烯烃进行环氧化反应，遗憾的是所得产物的光学产率还不到 8% ee。此后更多的实验证明，直接使用手性过氧酸诱导的环氧化反应产物的光学纯度一般均低于 20% ee。这可能是由于过氧酸分子中的手性中心距离所诱导的环氧化反应中心太远[2]。

许多过渡金属，特别是以最高氧化态 d^0 存在的过渡金属配合物，例如：Ti(IV)、V(V)、Mo(VI) 和 W(VI) 等，都能催化烯烃的环氧化反应。二氧化钼-*N*-乙基麻黄碱配合物[3]和过氧化钼配合物[4]是最早被用于金属催化的不对称环氧化反应的配合物。随后，多种异羟肟酸配体取代的钒配合物[5]也被尝试用于催化不对称环氧化反应，但均没有得到令人满意的光学纯度。

在经历了许多探索后，Sharpless[6]等人在 1980 年报道了一个突破性的发现。他们使用四异丙氧基钛-酒石酸酯配合物催化的叔丁基过氧化氢 (TBHP) 对烯丙醇底物进行的环氧化反应，以 70%~90% 的化学产率和大于 90% ee 的光学产率得到了相应的手性环氧丙醇产物[7]。在 2001 年度诺贝尔化学奖的颁奖仪式上，Sharpless 做了题为 "Searching for new reactivity" 的演讲[8]，详细介绍了这一著名的不对称环氧化反应的发现和发展过程。

2　Sharpless 不对称环氧化反应的特点和机理

2.1　Sharpless 不对称环氧化反应及其特点

使用四异丙氧基钛-酒石酸酯配合物催化的叔丁基过氧化氢 (TBHP) 对烯丙醇底物的环氧化反应，高度立体选择性地生成相应的手性环氧丙醇产物，被称之为 Sharpless 不对称环氧化反应 (式 1)。

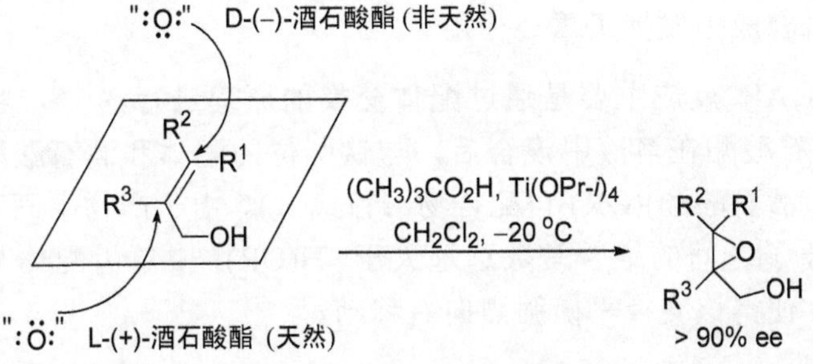

$$\text{(1)} \qquad > 90\% \text{ ee}$$

Sharpless AE 反应自 1980 年被发现以来，经过不断地改进和完善，到目前已经发展成为一种通用的标准合成方法，其化学产率和光学产率都可与酶催化过程相媲美。该反应具有以下特点：

(1) 手性催化剂简便易得。反应中所需的活性手性催化剂一般可以原位产生，因此免去了额外的制备过程。

(2) 具有高度的化学选择性和区域选择性。在多种官能团的存在下，甚至在多种双键的存在下，该反应选择性地发生在烯丙醇的双键上。

(3) 具有高度的立体选择性。对于非手性的烯丙醇底物而言，该反应产物的绝对构型是可以预测的。如式 1 所示：当使用 D-酒石酸酯时，氧原子的传递是从烯丙醇底物所在平面的上方进行的；而当使用 L-酒石酸酯时，氧原子的传递是从烯丙醇底物所在平面的下方进行的。到目前为止，式 1 所示的立体选择性规则还未出现例外。在 C1、C2 或 C3 上带有手性取代基的烯丙醇底物的 Sharpless AE 反应并不总是遵循此规则，底物和催化剂的手性之间还存在匹配和不匹配的关系，对其产物绝对构型的判断需要谨慎[9]。

(4) 利用外消旋底物中两个对映体反应速率的差异，可实现对外消旋底物的动力学拆分。

(5) 各种不同结构的烯丙醇底物均可顺利地发生该反应，而生成的手性环氧丙醇化合物又可经亲核取代 (或开环) 反应转化成新的对映体纯的目标分子。因此，该反应非常容易实现产物结构的多样性。

2.2 Sharpless 不对称环氧化反应的机理

烯丙醇底物分子中的羟基是保证 Sharpless AE 反应成功进行的重要原因。一方面，羟基可以提高底物分子进行反应的速率。因此即使在其它烯键存在下，过氧化物也可以选择性地氧化烯丙醇位置的烯键。另一方面，在不对称诱导过程中，可以通过羟基与钛金属中心的配位将烯丙醇底物"锁定"到金属中心上。但是，Sharpless AE 反应对底物分子中烯丙醇结构的需求严重地限制了该反应的应用范围。所幸的是，在有机分子中引入烯丙醇官能团相对比较容易，因此该反应在有机合成中发挥了重要作用。

Sharpless AE 反应主要是通过配体交换的原理进行的[10]。将等摩尔量的 $Ti(OR)_4$ 与酒石酸酯在溶液中混合后，与钛配位的配体和酒石酸酯迅速发生交换，生成 [Ti(酒石酸酯)$(OR)_2$] (配合物 1) (式 2)。由于产物中酒石酸酯作为双齿配体与钛原子之间的络合常数远远大于 $Ti(OR)_4$ 中单齿配体与钛原子的络合常数，因此使得该交换平衡强烈向右移动。

$$Ti(OR)_4 \; + \; 酒石酸酯 \; \rightleftharpoons \; [Ti(酒石酸酯)(OR)_2] \; + \; 2\,ROH \qquad (2)$$
$$1$$

将过氧化物和烯丙醇底物加入到反应体系后，配体交换继续快速进行。很快达到一个新的平衡，生成 [Ti(酒石酸酯)(烯丙醇)(TBHP)] 配合物 2。接下来进入到整个反应过程的速率控制步骤：过氧化物中的氧原子转移到烯键上，生成 [Ti(酒石酸酯)(环氧丙醇)(叔丁氧基)] 配合物 3。然后，该配合物中的环氧丙醇和叔丁氧基被更多的烯丙醇和 TBHP 取代，使中间体 2 得以再生 (图 1)，进而完成整个催化循环过程。

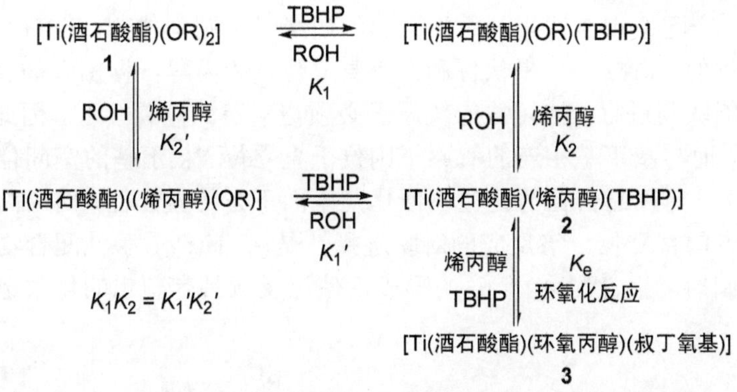

图 1 Sharpless 不对称环氧化反应机理

动力学实验表明，该反应对于 [Ti(酒石酸酯)(OR)$_2$]、TBHP 和烯丙醇是一级反应，对于 ROH 为负二级反应，其反应速率可以用式 3 表示：

$$\text{反应速率} = k \frac{[\text{Ti(酒石酸酯)(OR)}_2][\text{TBHP}][\text{烯丙基醇}]}{[\text{ROH}]^2} \tag{3}$$

$$k = K_1 K_2 K_e$$

当 Ti(OR)$_4$ 与酒石酸酯以等摩尔量混合时，体系的催化活性最高，速率比单独使用 Ti(OR)$_4$ 的反应要快得多，表明酒石酸酯对该反应有配体加速的作用[11]。

在反应体系中存在多种形式的钛-酒石酸酯配合物，但是根据相对分子质量测定、IR 谱、^{1}H、^{13}C 和 ^{17}O NMR 谱分析证明，在溶液中占主导地位的是双核 Ti-酒石酸酯配合物 **4** (式 4)[12]。该分子具有 C_2-对称轴，两个钛原子通过氧桥相互连接，形成双金属催化剂[13]。但是，环氧化反应是由 **4** 中的单个金属中心催化的。从核磁谱图中可以看出，配合物 **4** 中所有烷氧基都是等价的。因此认为在溶液中该配合物存在 **4** 和 **5** 两种互变异构体，两者可以快速转化。

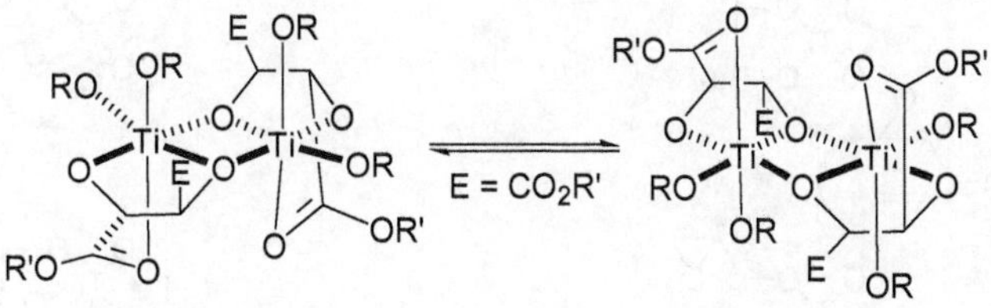

配合物 **4** 与 TBHP 和烯丙醇底物进行配体交换，将 TBHP 和烯丙醇底物"锁定"到金属中心上。这一过程对于整个反应来说是至关重要的，所形成的中间体结构经 X 射线单晶衍射测定为 **6**。配合物 **4** 通过配体交换 (去掉 2 个烷氧基) 和断开与金属中心配位的酒石酸酯基团，可以获得 3 个配位点。其中 2 个是直立的，一个是平伏的。这一过程对催化剂的结构扰动很小，因此原有结构

得以保持。3 个配位点在催化剂所处平面的边缘呈半圆形排列，TBHP 与金属中心是二齿配位的，占据一个平伏位和一个直立位，烯丙醇占据剩余的直立位。为了使氧转移能顺利进行，被转移的氧原子必须与双键的位置接近。因此，它是位于平伏位的，而与叔丁基相连的氧原子则位于直立位。叔丁基的空间位阻相对烯丙醇来说更大，所以它占据的是位于催化剂平面下方的直立位，而烯丙醇占据催化剂平面上方的直立位。该反应的对映选择性是由 Ti(IV) 手性配合物中烯丙醇的构象来控制的。手性配合物 **6** 的形成，使该反应具有理想的化学选择性和立体选择性。

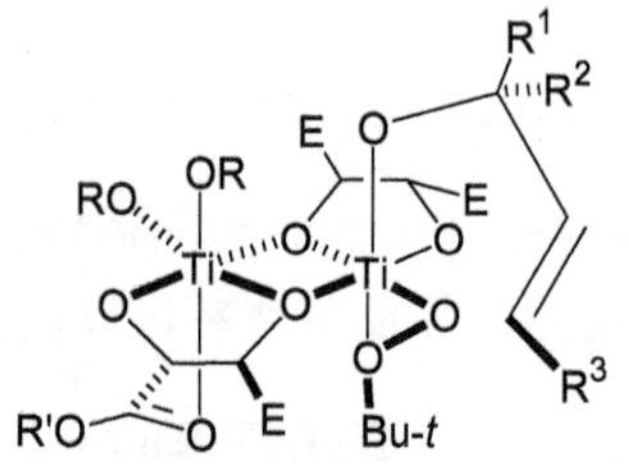

6

图 2 总结了催化反应的途径以及手性诱导的过程。在整个反应的循环体系中，消耗的仅是 TBHP 和烯丙醇底物。Ti(OR)$_4$ 与酒石酸酯可以在反应后再生，因此可以实现使用催化量的 Ti(OR)$_4$ 与酒石酸酯的反应。

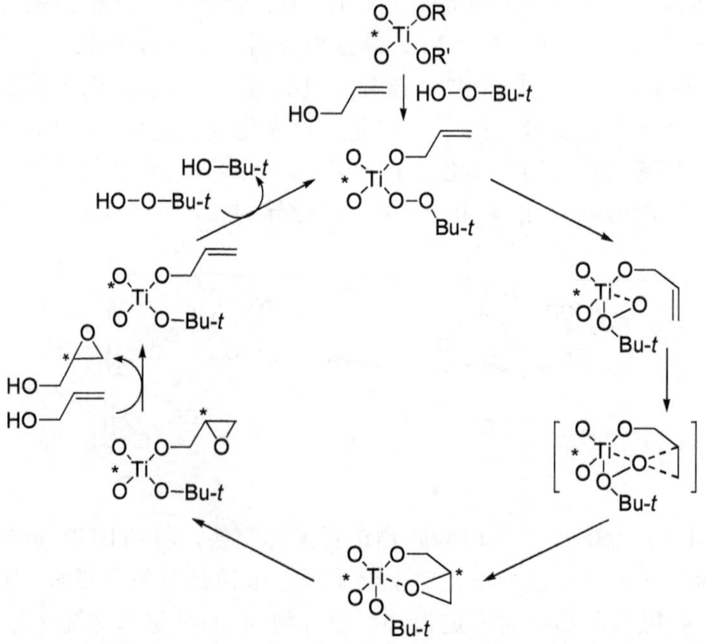

图 2　催化 Sharpless AE 反应的途径及手性诱导过程

3 Sharpless 不对称环氧化反应的性质综述

3.1 底物的反应活性

在 Sharpless AE 反应中，烯丙醇底物的反应活性主要受到烯烃上取代基的影响[10a,14]。与一般的过氧酸和金属催化的环氧化反应一样，底物的反应活性随着双键上电子云密度的增大而提高。但是，过高的底物活性也可能导致生成的产物易于分解，从而无法得到相应的环氧化产物。

(Z)-取代烯丙醇比 (E)-构型底物的反应活性低很多，特别是当在 C-4 位带有大取代基时[15]。例如：(E)-正辛基烯丙醇在催化量的 Ti(OPr-i)₄ 和 (+)-酒石酸二乙酯 (DET) 作用下反应 1.5 h，以 78% 的化学产率和 94% ee 得到相应的环氧化产物 (式 5)。而 (Z)-正辛基烯丙醇在相同条件下反应 42 h，得到的产物只有 63% 的化学产率和大于 83% ee (式 6)。无论是反应时间还是化学产率和光学产率与反式底物相比都有较大的差距。

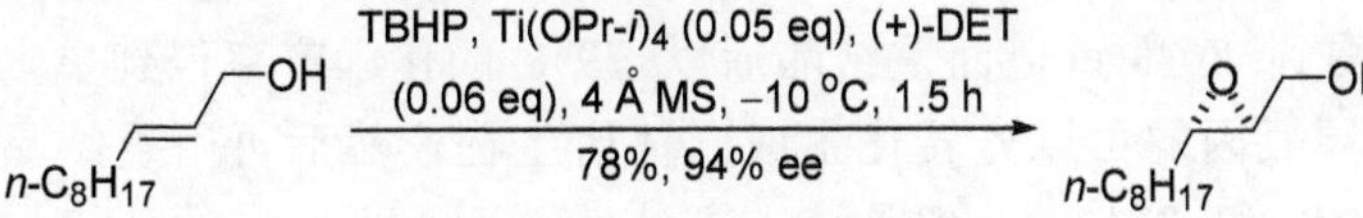

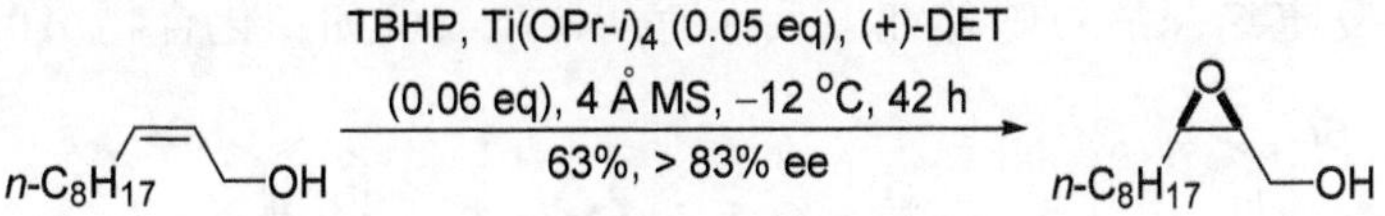

三级烯丙醇的 Sharpless AE 反应通常进行得很慢 (式 7)[16]；而当烯丙醇底物中羟基的邻位带有可与之配位的官能团时，反应基本不能发生 (式 8)[17]。

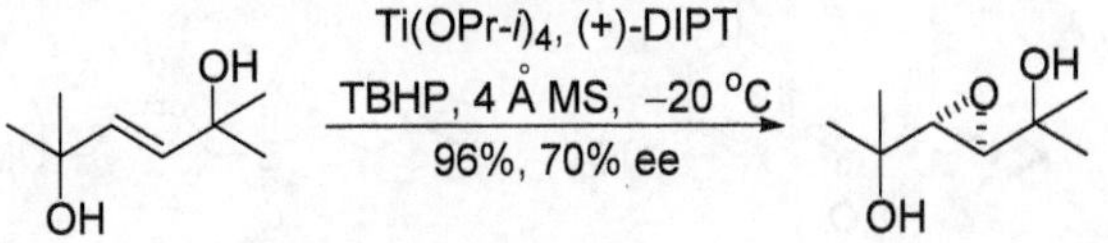

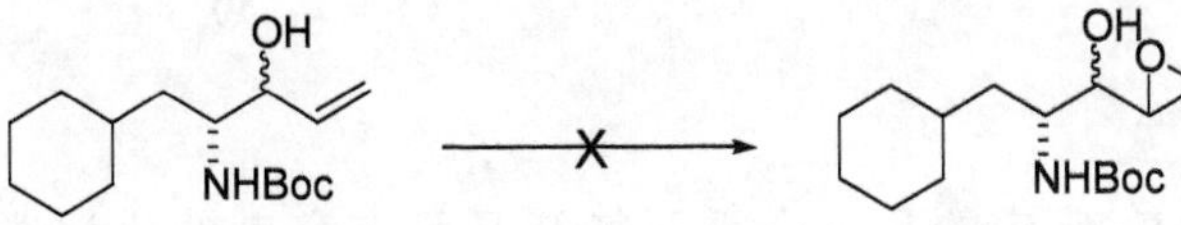

3.2 立体选择性

除少数几个在烯烃上带有大体积手性取代基的底物外，非手性烯丙醇的 Sharpless AE 反应的立体化学可以用式 1 的经验规则来预测，迄今为止还未出现意外的结果。对于带有不同取代基类型的烯丙醇底物的立体选择性在后续部分将详细说明。

带有酚羟基的烯丙醇化合物，由于酚羟基与 Ti(IV) 的配位能力过强，影响了烯丙醇的羟基与 Ti(IV) 的配位，通常表现出较低的立体选择性[66,67](式 9)；将酚羟基保护后再进行反应，则可得到高的立体选择性 (式 10)[68]。

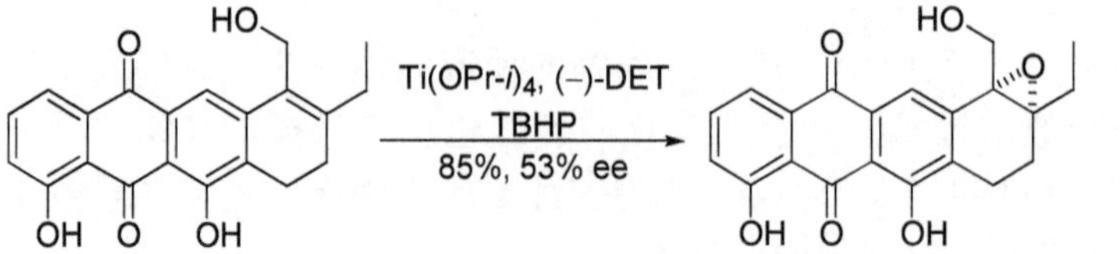

(9)

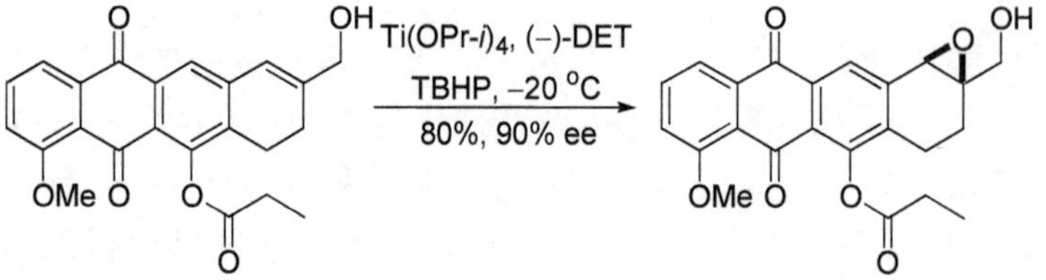

(10)

虽然部分底物在反应中存在有对映选择性不高的问题，但当产物为晶体时，可通过重结晶的方法获得光学纯的环氧丙醇。例如：环氧化合物 **7**，在标准反应条件下仅得到 86% ee，而重结晶后以 79% 的化学产率得到单一对映体化合物[18]。液体环氧丙醇可以先转化生成固体衍生物，然后再用重结晶的方法得到光学纯产物 (**8** 和 **9**)[15,19]。但是这一方法并不适用于所有的环氧化物，某些环氧化物在反复重结晶后对映体纯度反而有所降低 (例如：化合物 **10**)[20]。

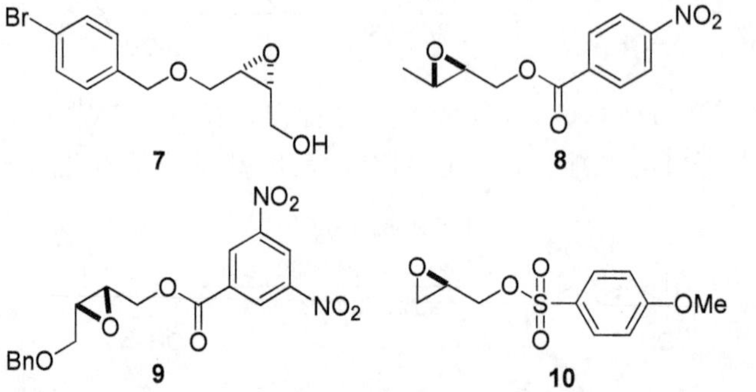

7

8

9

10

3.3 化学选择性

Sharpless AE 反应的另一个重要特征是具有高度的化学选择性。带有如下官能团的烯丙醇在该反应中均不会受到明显影响：醚基[9a,21]、环氧基[22~25]、乙缩醛基 (例如：1,3-二氧杂环己烷基[26]、乙氧基乙酯基[27]等)、硅氧基[24,25,28~35]、羰基[36]、酯基[37]、α,β-不饱和酯基[38]、碳酸酯基[39]、氨基甲酸酯基[40~42]、甲磺酰胺基[43]、炔基[44~49]、4,5-二苯唑基[50]、氰基[51~53]、非功能化烯烃基[54,55]、乙烯基硅基[56]、三烷基硅基乙炔基[57]、烯丙基硅基[38]、烯丙基叔醇[58]、呋喃基 (除糠基外)[59]、内酰亚胺醚基[60]等 (部分化合物例子见图 3)。

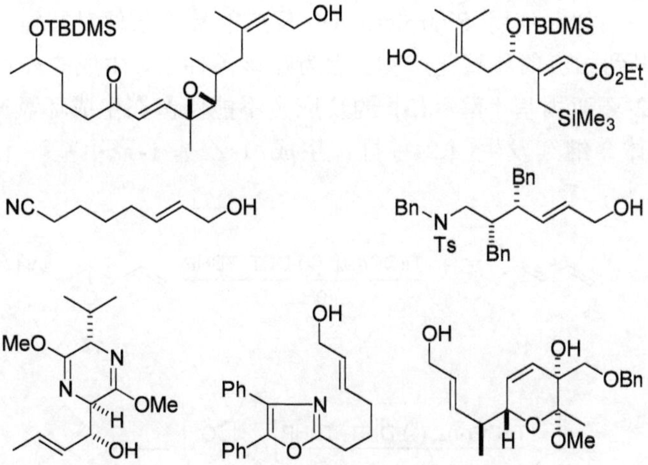

图 3　部分代表性官能团化的烯丙醇化合物

但是，当羰基[61]、4,5-二苯唑基或者羟基[62~64]处于能与环氧产物发生分子内反应的位置上时，通常会继续发生环氧化物的开环反应，得到另外的环状产物(式 11)[65]，或者是得到难以鉴定的混合物。

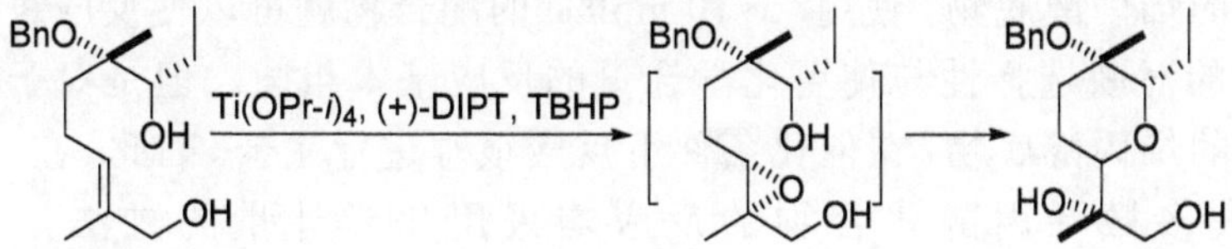

$$\text{(11)}$$

3.4　区域选择性

在金属催化的 Sharpless AE 反应中，当底物分子中含有多个双键且它们的取代情况相同时，烯丙醇结构中双键的反应活性要高于高烯醇的双键[69]。虽然对用于 Sharpless AE 反应中的钛(IV)-酒石酸酯环催化体系没有进行过这方面的详细研究，但该体系仍然遵循上述规律。然而，对于那些高度取代的高烯醇而言，其双键也有优先发生环氧化反应的可能性 (式 12)[70]。非官能团化的孤立双键在钛(IV) 参与的 Sharpless AE 反应条件下不能发生反应。

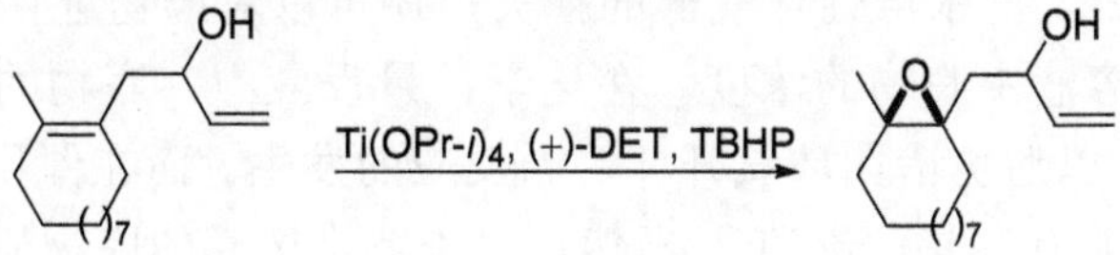

$$\text{(12)}$$

3.5　产物的稳定性

Sharpless AE 反应生成的环氧丙醇产物在反应体系中一般能稳定存在。但是，当在反应中使用化学计量的 Ti(OR)$_4$ 时，有时会导致产物分解或进一步发生其它副反应。例如：使用 Sharpless AE 反应的标准条件对共轭二烯醇 **11** 进行反应，不能得到相应的环氧化产物。因为在该条件下，生成的产物 **12** 不稳定 (式 13)[47,71]。2-环亚丙基丁醇 (**13**) 的反应也不能停留在生成环氧产物的阶段。环氧丙醇中间体会继续发生 1,2-重排，生成 1-乙基-1-羟甲基环丁酮 (**14**) (式 14)[72,73]。

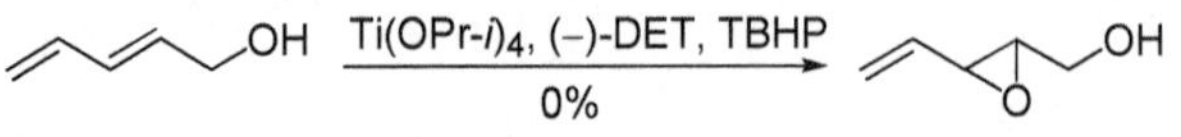

$$\text{式 (13)}$$

$$\text{式 (14)}$$

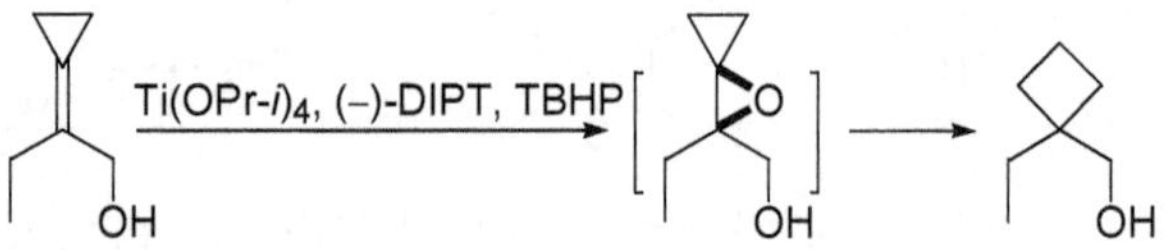

3.6 催化不对称环氧化反应

在 Sharpless AE 反应中常使用两种方法，即化学计量反应与催化反应。对于非常活泼的烯丙醇底物，使用 5~10 mol% 的配合物就可以使反应进行完全，而且反应的对映选择性与使用化学计量的反应基本相同。但是对于许多反应速率较慢的烯丙醇底物，在催化条件下反应很难进行完全。因此，在 1986 年以前，对大多数烯丙醇化合物的反应均采用化学计量的方法，直到 Sharpless[15,74]于同年发现活化的分子筛对 Sharpless AE 反应具有极大的促进作用。在分子筛的存在下，使用 5~10 mol% 的配合物，几乎可以使所有的环氧化反应进行完全。而且催化反应和化学计量反应在立体选择性、化学选择性和区域选择性上基本不存在明显的差异。自此，催化 Sharpless AE 反应才真正得到广泛的应用。

与化学计量反应相比，催化反应在实际应用中具有以下优点：(1) 更为经济；(2) 产物更容易分离；(3) 使用催化量的钛催化剂，不仅可以避免因为 Ti(OR)₄ 的 Lewis 酸性导致的产物不稳定，而且可以避免在后处理过程中加入大量水分解催化剂而造成一些水溶性环氧醇的损失，还可以对产物进行原位衍生化；(4) 可以增加反应溶液中底物的浓度。在化学计量反应中，底物的浓度必须保持在 0.1~0.3 mol/L，以避免诸如环氧开环等副反应的发生。而在催化反应中，底物的浓度可以增加到 0.5~1.0 mol/L。当然，对于非常敏感的底物如苯丙烯醇，还是应该将浓度控制在 0.1 mol/L。

在催化 Sharpless AE 反应中，通常使用 5 mol% 的 Ti(OPr-*i*)₄ 和 6 mol% 的酒石酸酯。Ti(OPr-*i*)₄ 的用量低于 5 mol% 将导致反应的对映选择性显著降低。

酒石酸酯的用量需要很好的控制,使用超过 2 倍的酒石酸酯将减慢反应的速度,而低于 1.1 倍时则会降低反应的对映选择性。

对于一些结构特殊的底物,必须使用催化的方法。例如:化合物 **11** 在催化 Sharpless AE 反应条件下转化成相应的环氧产物 **12**,得到 45% 的分离产率和 95% ee (式 15)。如果使用化学计量的方法,则无法得到环氧产物 (见式 13,得到的环氧产物不稳定)[71]。

$$\text{11} \xrightarrow[\text{45\%, 95\% ee}]{\substack{\text{Ti(OPr-}i\text{)}_4 \text{ (0.05 eq), (+)-DET} \\ \text{(0.06 eq), TBHP, 4 Å MS, rt}}} \text{12} \qquad (15)$$

使用催化 Sharpless AE 反应可以将生成的环氧产物原位衍生化成更易分离的对硝基苯甲酸酯或对甲苯磺酸酯,它们都是有机合成中的重要中间体 (式 16)[75~77]。

$$\xrightarrow[\substack{\text{3. 4-NO}_2\text{C}_6\text{H}_4\text{COCl} \\ \text{70\%, > 98\% ee}}]{\substack{\text{1. Ti(OPr-}i\text{)}_4 \text{ (0.05 eq), (−)-DET} \\ \text{(0.06 eq), TBHP, 4 Å MS} \\ \text{2. P(OMe)}_3}} \text{OPNB} \qquad (16)$$

如果将催化 Sharpless AE 反应和钛参与的环氧开环反应串联使用,则可以将水溶性的或者不易分离的环氧丙醇直接衍生化得到相应的二醇 (式 17)[75,76]。

$$\xrightarrow[\text{54\%, 90\% ee for two steps}]{\substack{\text{Ti(OPr-}i\text{)}_4 \text{ (0.05 eq), (+)-DIPT} \\ \text{(0.06 eq), TBHP, 4 Å MS, 0 °C, 5 h} \\ \\ \text{Ti(OPr-}i\text{)}_4, \text{ 1-C}_{10}\text{H}_7\text{ONa, }t\text{-BuOH, 25 °C, 10 h}}} \qquad (17)$$

4 不同取代类型底物的 Sharpless 不对称环氧化反应综述

4.1 烯丙醇

手性环氧丙醇被广泛用作有机合成的原料。过去,人们主要是通过天然产物 (如甘露醇) 的降解来获得光学纯环氧丙醇。自 Sharpless AE 反应被发现后,手性环氧丙醇可以由烯丙醇经过简单的一步反应来制备[6]。然而,环氧丙醇不仅是一个水溶性分子,而且很容易发生开环反应。所以,使用化学计量的 Sharpless AE

反应在产物的分离过程遇到很大困难，几乎得不到所需产物。但是，在分子筛存在下进行的催化反应，却以 50%~60% 的化学产率和 88%~92% ee 得到光学活性的环氧丙醇[15]。

分离环氧丙醇的另一种方法是将反应生成的粗产物经原位衍生化，使之能从水溶液中被提取；或者生成固体衍生物，然后通过重结晶的方法将光学纯度提高到 >99% ee[78]。

4.2 2-取代烯丙醇

由 2-取代烯丙醇生成的环氧化物对于在 C-3 位的亲核进攻特别敏感，而钛(IV) 配合物对这一反应有促进作用[79]。因此，在化学计量的 Sharpless AE 反应中，产物在被分离之前就有相当多的一部分因为发生开环反应而损失。由于在该反应中最主要的亲核进攻基团是 Ti(OPr-i)$_4$ 中的异丙氧基，因此使用 Ti(OBu-t)$_4$ 作为替代试剂便可以明显地减小因开环造成的产物损失。如果使用 5~10 mol% 的钛(IV)-酒石酸酯配合物来催化反应，更可以有效地减少环氧化物的开环。例如：光学活性的 2-甲基环氧丙醇很难通过化学计量的 Sharpless AE 反应获得。所幸的是，使用催化 Sharpless AE 反应可以大量获得该化合物[15]，使其成为了一种商品化的原料。原位衍生化的方法也常用于该类底物的反应中，例如：将易发生开环的环氧丙醇化合物转化成为稳定的衍生物。许多时候，衍生物的光学纯度可以达到 92%~95% ee，其中生成的对硝基苯甲酸酯衍生物经进一步重结晶后可达 98% ee。

大部分 C2 位上带有取代基的烯丙醇化合物的 Sharpless AE 反应均能获得较好的结果，产物的 ee 值一般都在 95%~96%，使用催化量的反应可以提高该类底物反应的化学产率 (式 18 和式 19)[80,81]。

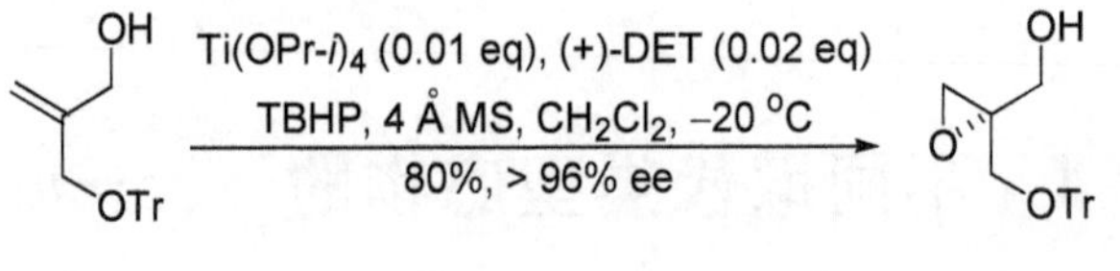

(18)

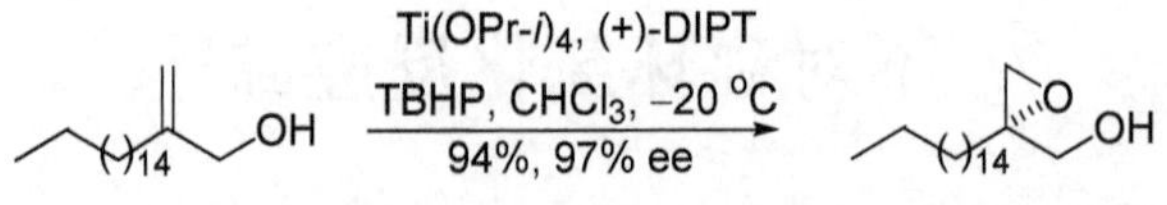

(19)

C2 位上带有大体积的取代基将影响反应的立体选择性 (式 20)[82]。C2 位上带有的手性仲取代基甚至会显著地影响底物与手性催化剂之间的匹配性[83]。式 21 中手性烯丙醇 15 在钛(IV)-(+)-酒石酸酯催化的反应中，所得产物 16 和 17 的比例为 96:4，底物和手性催化剂之间为匹配体系；但是，使用钛(IV)-(-)-酒石酸酯作为催化剂时，所得产物 16 和 17 的比例为 1:3，底物和手性催化剂之间为不匹配体系。

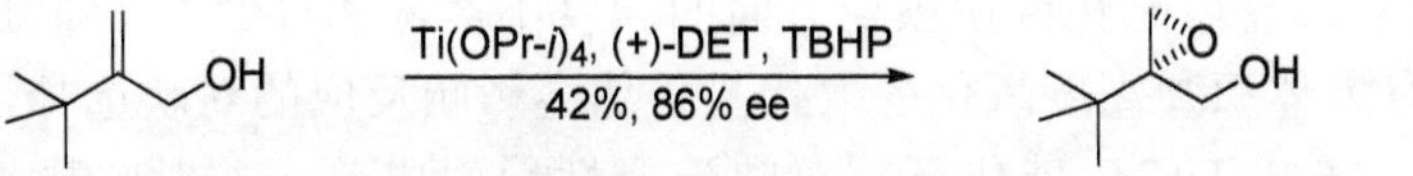
OH
Ti(OPr-i)4, (+)-DET, TBHP
42%, 86% ee
O
OH

(20)

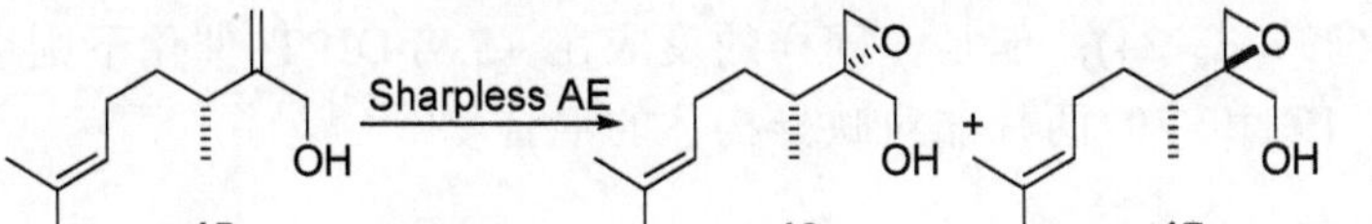
OH
Sharpless AE
O
OH
+
O
OH

(21)

15 16 17

(*R*,*R*)-(+)-DIPT	81%, 92% de for **17**	96:4
(*S*,*S*)-(–)-DIPT	69%, 50% de for **17**	1:3

4.3 (3*E*)-取代烯丙醇

(3*E*)-取代的烯丙醇是 Sharpless AE 反应最合适的反应底物，这类烯丙醇化合物具有以下特点：(1) 大部分化合物都较易制备；(2) 生成的手性环氧丙醇的化学产率一般都很高，并且光学纯度一般大于 95% ee；(3) (3*E*)-位所带的许多官能团在 Sharpless AE 反应的标准条件下均不受影响，图 4 列举了部分结果。

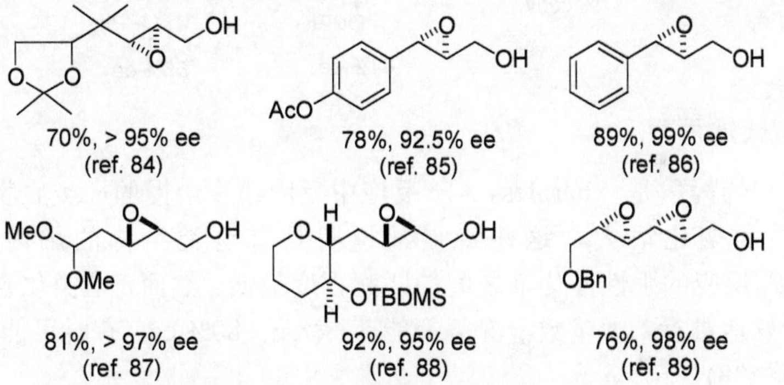
OH
O
O
O
70%, > 95% ee
(ref. 84)
O
OH
AcO
78%, 92.5% ee
(ref. 85)
O
OH
89%, 99% ee
(ref. 86)
MeO
O
OH
OMe
81%, > 97% ee
(ref. 87)
H
O
O
OH
OTBDMS
H
92%, 95% ee
(ref. 88)
O
O
OH
OBn
76%, 98% ee
(ref. 89)

图 4 部分 (3*E*)-取代烯丙醇的环氧化产物与结果

更重要的是，即使是手性的 (3*E*)-取代基也不会影响 Sharpless AE 反应的立体选择性。因此无论使用手性的还是非手性的 (3*E*)-取代烯丙醇，都能获得高度的立体选择性 (式 22 和式 23)[90,91]。

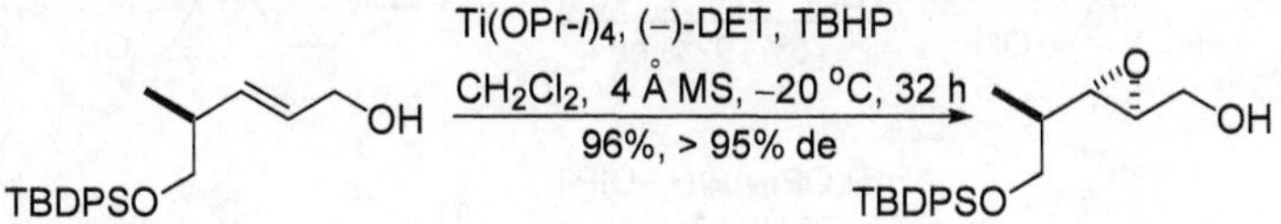
Ti(OPr-i)4, (–)-DET, TBHP
CH2Cl2, 4 Å MS, –20 °C, 32 h
96%, > 95% de
OH
TBDPSO
O
OH
TBDPSO

(22)

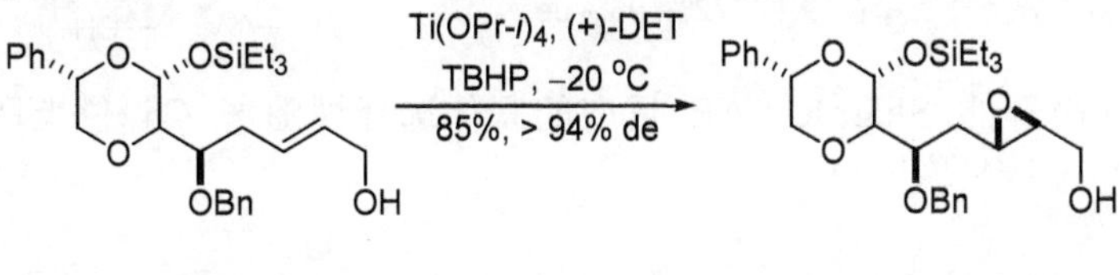
Ph
O
OSiEt3
O
OBn
OH
Ti(OPr-i)4, (+)-DET
TBHP, –20 °C
85%, > 94% de
Ph
O
OSiEt3
O
O
OBn
OH

(23)

手性 (3*E*)-取代烯丙醇底物在 Sharpless AE 反应中基本上不存在与催化剂手性不匹配的问题，一般均能获得在预期方向的高度不对称诱导[92~95]。但是，如果在 (3*E*)-位带有大体积和高度氧化的取代基仍然会影响反应的对映选择性。例如：底物 **18** 在 (*R*,*R*)-DIPT 催化下，对映选择性地生成单一非对映异构体 **19**，化学产率为 66% (式 24)；但是，同样的反应在 (*S*,*S*)-DIPT 催化下则进行得非常缓慢，得到 **19** 和 **20** 两种非对映异构体的混合物[96,97]。

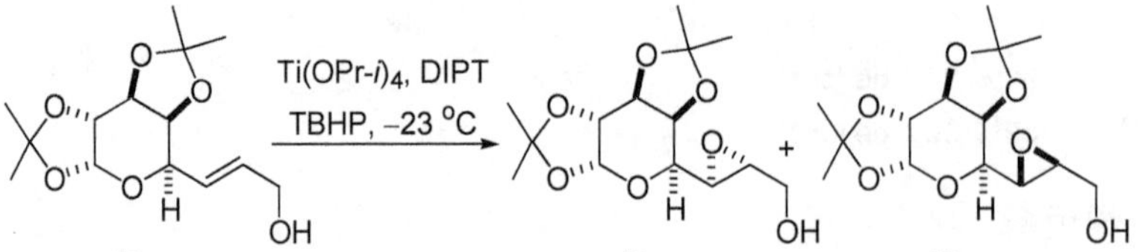
Ti(OPr-i)4, DIPT
TBHP, –23 °C
H
OH
+

18 **19** **20**

(24)

当 (3*E*)-位带有大体积和极性的取代基时，还可以观察到动力学拆分的现象 (式 25)[98]。

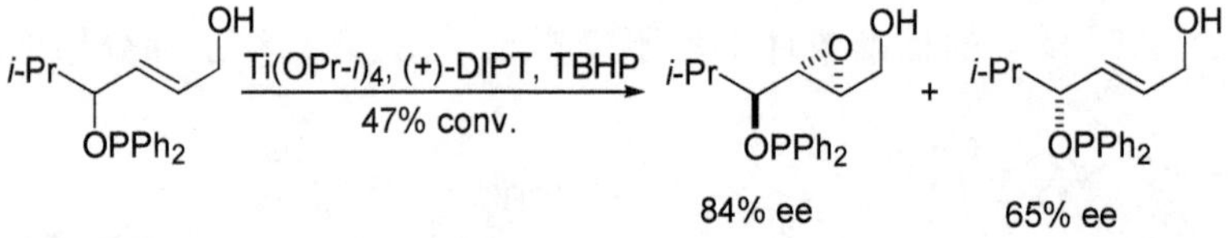
i-Pr
OH
OPPh2
Ti(OPr-i)4, (+)-DIPT, TBHP
47% conv.
+
84% ee
65% ee

(25)

4.4 (3*Z*)-取代烯丙醇

(3*Z*)-取代烯丙醇是 Sharpless AE 反应中反应速度最慢的一类底物，而且其对映选择性的变化很大。这些特点都说明具有这类结构的烯丙醇底物与 Sharpless AE 反应的手性催化剂之间的匹配程度最低。然而，这类化合物的反应仍然可以较好地进行，大多数情况下都能获得大于 80% ee，有时可能高达 95% ee (式 26~式 28)[99~101]。

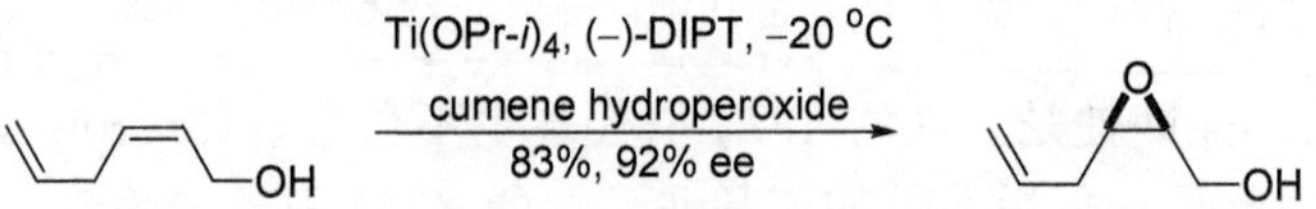
OH
Ti(OPr-i)4, (–)-DIPT, –20 °C
cumene hydroperoxide
83%, 92% ee
O

(26)

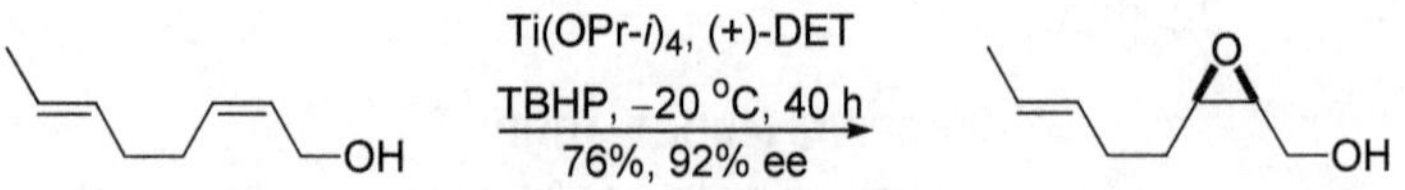
OH
Ti(OPr-i)4, (+)-DET
TBHP, –20 °C, 40 h
76%, 92% ee
O

(27)

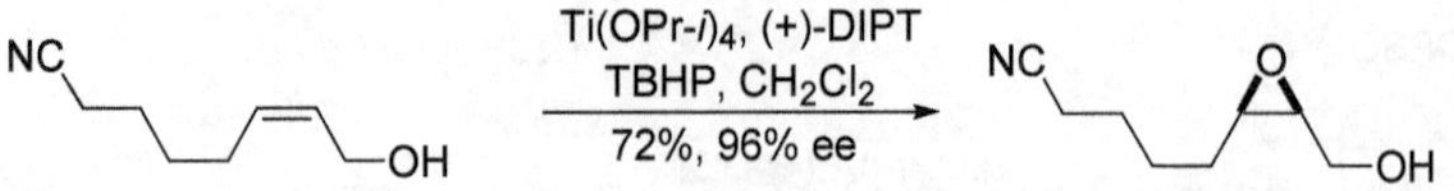
NC
OH
Ti(OPr-i)4, (+)-DIPT
TBHP, CH2Cl2
72%, 96% ee
O

(28)

(3*Z*)-取代烯丙醇的 Sharpless AE 反应的立体选择性随着 C4 位上取代基的增大而减小 (图 5)[82a,102~105]。

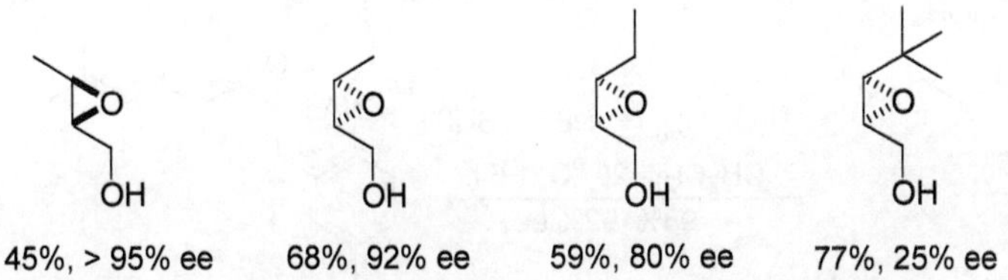
OH
OH
OH
OH
45%, > 95% ee
68%, 92% ee
59%, 80% ee
77%, 25% ee

图 5 C4 位上不同取代基对反应立体选择性的影响

当 (3*Z*)-位带有手性取代基时，其反应的立体选择性主要由底物的绝对构型决定。如果使用一种手性催化剂可以得到中等的化学产率和较好的光学产率，那么，使用该催化剂的对映体则只能得到很差的光学产率。例如，使用 (+)-DET 对化合物 **21** 和 **22** 进行 Sharpless AE 反应，所得产物分别为 93% de 和 66% de，而使用 (−)-DET 在相同条件下所得产物分别只有 20% de 和 0% de [9,106]。

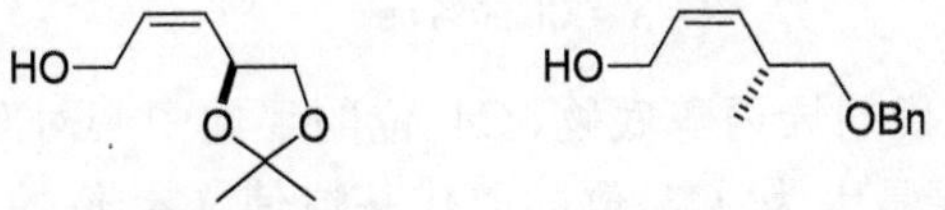
HO
O
O
HO
OBn

21 **22**

4.5 1,1-二取代烯丙醇

1,1-二取代烯丙醇很难在钛-酒石酸酯配合物催化下发生 Sharpless AE 反应。使用化学计量的钛-酒石酸酯配合物对 1,1-二甲基烯丙醇进行环氧化反应进行得很慢，最终未能分离得到相应的环氧丙醇。很明显，这一底物的环氧化反应速率低于所生成的环氧化产物发生后续的反应速率。

4.6 (2,3*E*)-二取代烯丙醇

(2,3*E*)-二取代烯丙醇的 Sharpless AE 反应在合成中具有非常广泛的应用。对于非手性底物来说，反应的立体选择性非常高，一般都大于 90% ee (式 29~式 32)[107~110]。

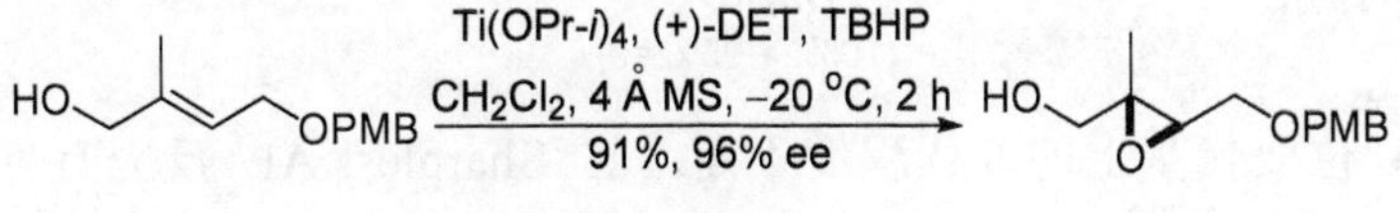
Ti(OPr-*i*)$_4$, (+)-DET, TBHP
HO
OPMB
CH$_2$Cl$_2$, 4 Å MS, –20 °C, 2 h
91%, 96% ee
HO
O
OPMB

(29)

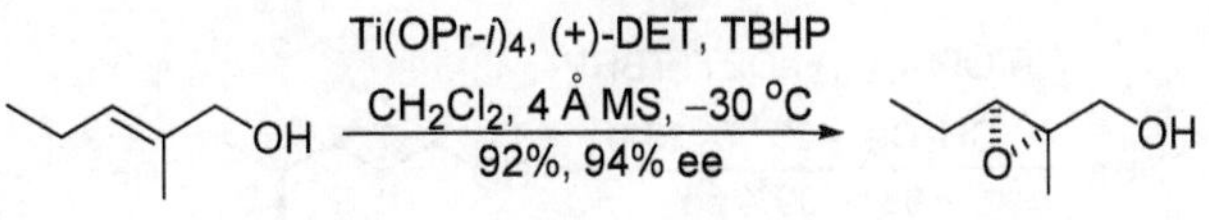
Ti(OPr-*i*)$_4$, (+)-DET, TBHP
OH
CH$_2$Cl$_2$, 4 Å MS, –30 °C
92%, 94% ee
O
OH

(30)

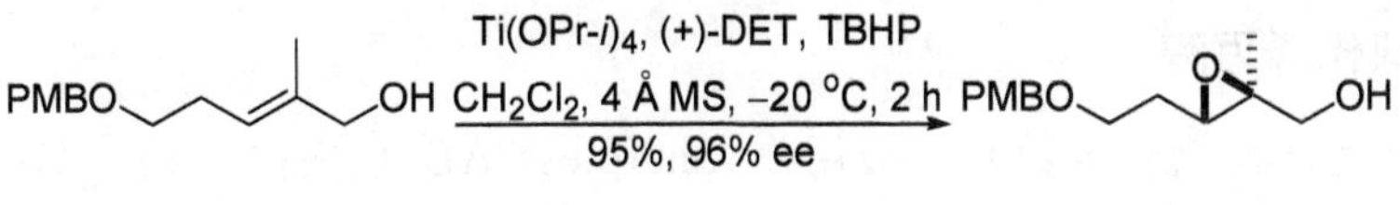
Ti(OPr-*i*)$_4$, (+)-DET, TBHP
PMBO
OH
CH$_2$Cl$_2$, 4 Å MS, –20 °C, 2 h
95%, 96% ee
PMBO
O
OH

(31)

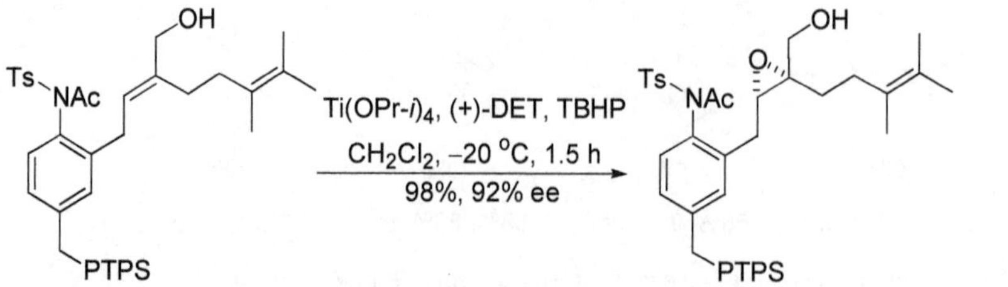

$$(32)$$

不过也有个别特殊的例子：对于在 C2 位和 C3 位都带有取代苯乙烯的烯丙醇底物来说，当苯环的邻位被 Cl 原子取代时，反应的对映选择性有所降低 (式 33)[111]。

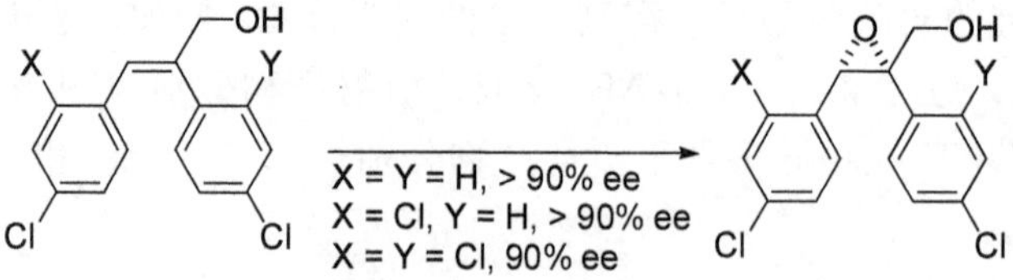

X = Y = H, > 90% ee
X = Cl, Y = H, > 90% ee
X = Y = Cl, 90% ee

$$(33)$$

对于 (2,3*E*)-二取代的烯丙醇底物，C4 位的手性中心对对映选择性有相当大的影响。这种影响主要是因为 C2 位的取代基迫使 C4 位的 H-原子与之处于同一平面[112~116]。例如：当使用 (*R*,*R*)-(+)-酒石酸二乙酯对消旋的烯丙醇底物 **23** 进行环氧化时，只得到了两种非对映异构体产物 **24** 和 **25**，其构型分别为 (2*S*,3*S*,4*S*) 和 (2*R*,3*R*,4*R*)。该反应没有得到构型为 (2*S*,3*S*,4*R*) 的产物，但回收的原料却是具有 95% ee 光学纯度的 (4*R*)-**23** (式 34)。

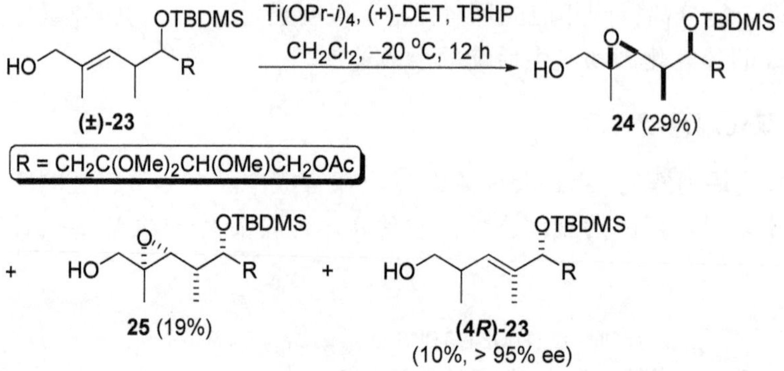

R = CH₂C(OMe)₂CH(OMe)CH₂OAc

$$(34)$$

如果手性 C4 位取代基上的取代程度不高，其 Sharpless AE 反应有可能得到高的选择性 (式 35)[117~119]。

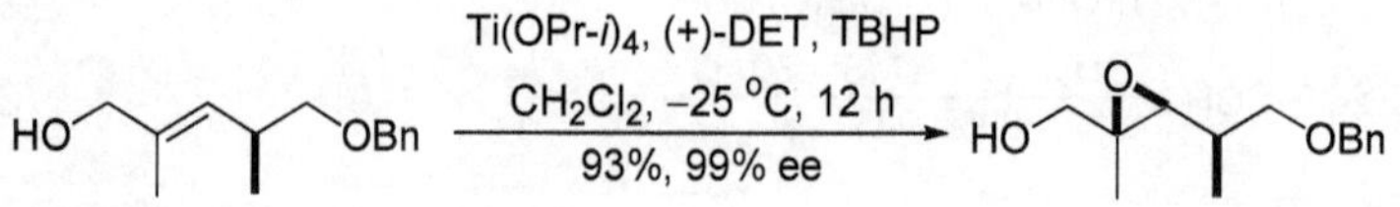

$$(35)$$

4.7 (2,3*Z*)-二取代烯丙醇

该类烯丙醇化合物只有少数几个被用作 Sharpless AE 反应的底物。其中当

C2 上的取代基为甲基时，反应可以很好地进行。而将甲基换为叔丁基时，所得产物具有较低的化学产率和光学产率[82]。环氧化物 **26~30** 是由相应的烯丙醇底物经 Sharpless AE 反应制得的，其中 (Z)-2-甲基-2-庚烯-1-醇的反应以 80% 的化学产率和 89% ee 得到 **26**[6]，(Z)-2-甲基-4-苯基-2-丁烯-1-醇的反应以 90% 的化学产率和 91% ee 得到 **27**[120]，(Z)-1-羟基角鲨烯以 93% 的化学产率和 78% ee 得到 **28**[121]，而环氧化物 **29** 经重结晶后的光学产率大于 95% ee[122]。但是，(Z)-2-叔丁基-2-丁烯-1-醇的反应仅以 43% 的化学产率和 60% ee 得到产物 **30**[82]。

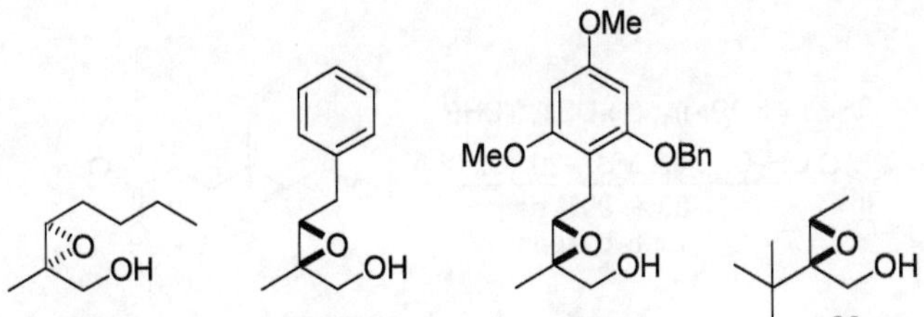

通过上述例子，我们可以预期其它 (2,3Z)-二取代烯丙醇的 Sharpless AE 反应应该得到较高的化学产率，其立体选择性也与 (3Z)-单取代烯丙醇的反应相似，一般为 80%~95% ee。例如：化合物 **31** 的反应以 99% 的化学产率和 92%~94% ee 得到产物 **32** (式 36)[123]。

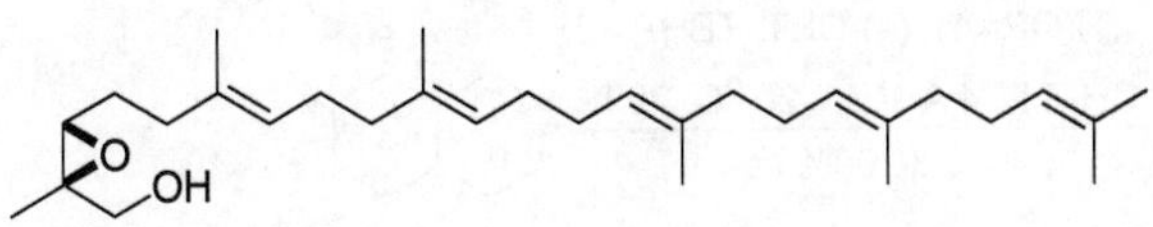

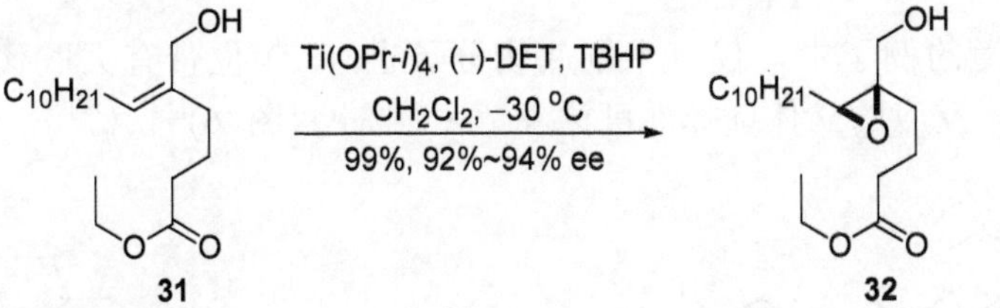

4.8 3,3-二取代烯丙醇

该类化合物分子中同时含有 (3E)- 和 (3Z)-取代基。只带有 (3E)-取代基的烯丙醇底物的 Sharpless AE 反应具有很好的立体选择性，只带有 (3Z)-取代基的烯丙醇底物的反应立体选择性范围在 80%~95% ee。许多已报道的 3,3-二取代烯丙醇分子都在 (3Z)-位带有一个甲基，它们的立体选择性范围在 90%~95% ee。例如：香叶醇的 Sharpless AE 反应在化学计量的条件下得到 77% 的化学产率和 95% ee[6]；改用催化的方法后，产物具有 94% 的化学产率和 91% ee (式

37)[124]。使用 (+)-DIPT 对戊二烯醇 **33** 进行反应，再将环氧产物进行原位衍生化，以 83% 的化学产率和 93% ee 得到衍生化产物 (式 38)；而使用 (−)-DIPT 发生的相同反应，立体选择性也可达到 92% ee[125]。使用 (−)-DET 对化合物 **34** 进行反应，以 53% 的化学产率和 90% ee 得到环氧产物 (式 39)[126]；而使用 (+)-DET 对化合物 **35** 进行的反应，ee 值更是高达 99% (式 40)[127]。

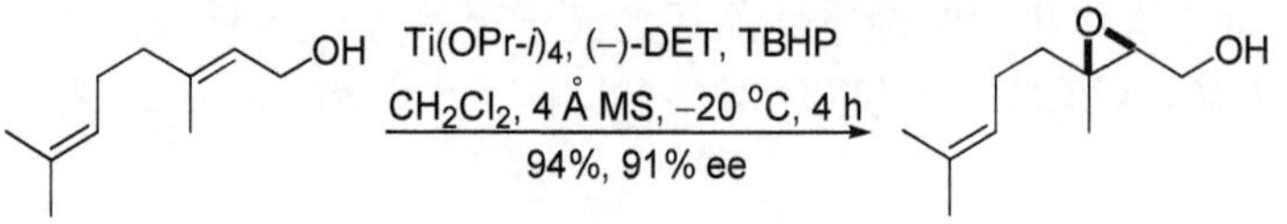

$$
\begin{array}{c}
\xrightarrow[\phantom{CH_2Cl_2, 4 Å MS, -20\ ^{o}C, 4\ h}]{\begin{array}{c} \text{Ti(OPr-}i)_4\text{, (−)-DET, TBHP} \\ \text{CH}_2\text{Cl}_2\text{, 4 Å MS, −20 }^{o}\text{C, 4 h} \\ \text{94\%, 91\% ee} \end{array}}
\end{array}
\quad (37)
$$

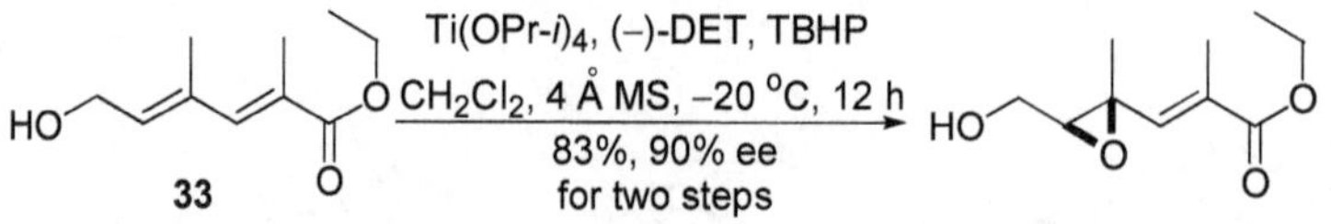

$$
\begin{array}{c}
\xrightarrow[]{\begin{array}{c} \text{Ti(OPr-}i)_4\text{, (−)-DET, TBHP} \\ \text{CH}_2\text{Cl}_2\text{, 4 Å MS, −20 }^{o}\text{C, 12 h} \\ \text{83\%, 90\% ee} \\ \text{for two steps} \end{array}}
\end{array}
\quad (38)
$$

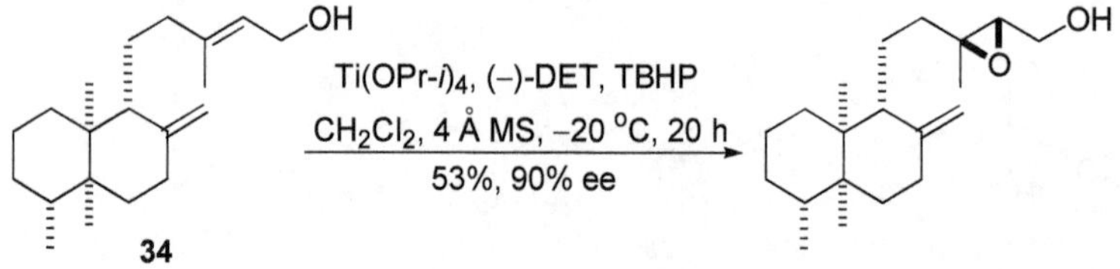

33

$$
\begin{array}{c}
\xrightarrow[]{\begin{array}{c} \text{Ti(OPr-}i)_4\text{, (−)-DET, TBHP} \\ \text{CH}_2\text{Cl}_2\text{, 4 Å MS, −20 }^{o}\text{C, 20 h} \\ \text{53\%, 90\% ee} \end{array}}
\end{array}
\quad (39)
$$

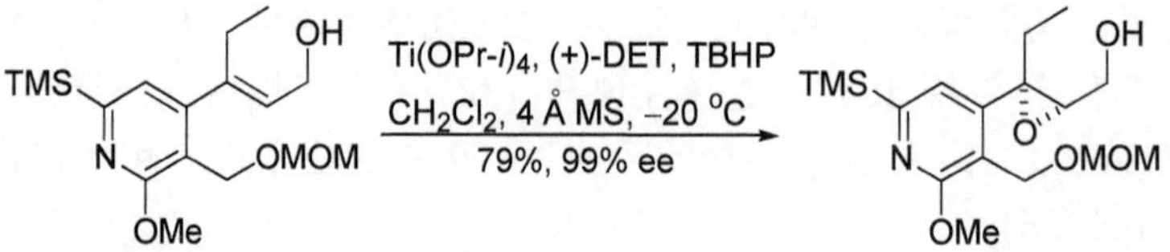

34

$$
\begin{array}{c}
\xrightarrow[]{\begin{array}{c} \text{Ti(OPr-}i)_4\text{, (+)-DET, TBHP} \\ \text{CH}_2\text{Cl}_2\text{, 4 Å MS, −20 }^{o}\text{C} \\ \text{79\%, 99\% ee} \end{array}}
\end{array}
\quad (40)
$$

35

　　在已报道的例子中，仅有个别底物分子在 (3*Z*)-位带有大取代基，它们的 Sharpless AE 反应的立体选择性可达 84%~94% ee (图 6)[128~130]。

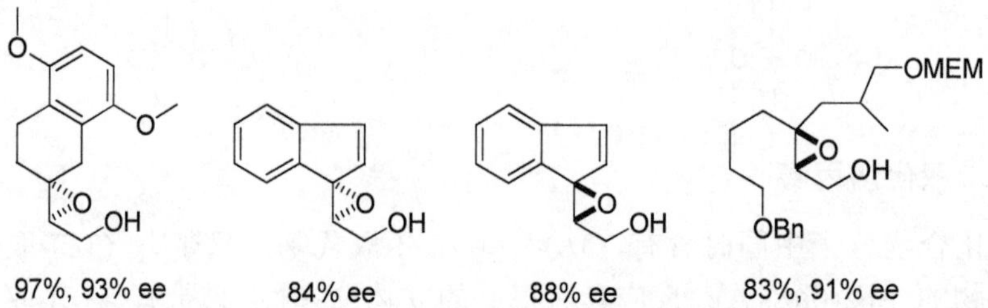

97%, 93% ee　　　　84% ee　　　　88% ee　　　　83%, 91% ee

图 6　(3*Z*)-位带有大取代基的烯丙醇底物进行 Sharpless AE 反应的产物示例

4.9　2,3,3-三取代烯丙醇

　　当 2,3,3-三取代烯丙醇化合物被用作 Sharpless AE 反应的底物时，不仅可以得到较高的化学产率，而且立体选择性一般都在 90% ee 以上。图 7 中列出了一些该类化合物在 Sharpless AE 反应中的结果。其中，生成化合物 **40** 的反应化学产率为 85%，立体选择性仅有 53% ee。原因可能是分子中酚羟基的存在破坏了催化剂的配位结构，或者改变了底物配位到催化剂上的模式[67]。酚羟基与钛(IV) 的结合能力很强，为了获得上述化学产率和立体选择性，在反应中需要使用大大过量的钛-酒石酸配合物 (6 倍摩尔量)。

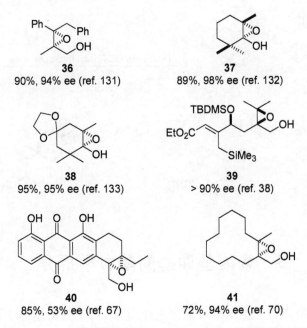

36
90%, 94% ee (ref. 131)

37
89%, 98% ee (ref. 132)

38
95%, 95% ee (ref. 133)

39
> 90% ee (ref. 38)

40
85%, 53% ee (ref. 67)

41
72%, 94% ee (ref. 70)

图 7 2,3,3-三取代烯丙醇的 Sharpless AE 反应结果示例

4.10 高烯醇

Ti(OPr-i)$_4$、酒石酸二烷基酯和 TBHP 的体系应用于高烯醇的 Sharpless AE 反应的效果并不理想[134]。与烯丙醇类化合物相比，高烯醇化合物的反应具有以下特点：(1) 反应的速率更慢；(2) 立体选择性与烯丙醇类化合物相反[135]；(3) 立体选择性通常比烯丙醇类化合物低，所得环氧醇产物的立体选择性一般在 20%~55% ee 范围内。

对于顺式高烯醇底物，Zr(OPr-n)$_4$、酒石酸二环己基酯和 TBHP 的体系显示出稍强的不对称诱导作用，但是仍然只能得到中等的化学产率 (式 41)[136]。

$$\text{R} \diagdown\hspace{-0.3em}/\diagdown\hspace{-0.3em}\text{OH} \quad \xrightarrow[\text{23\%~28\%, 50\%~74\% ee}]{\text{Zr(OPr-}n)_4,\ (+)\text{-DCHT, TBHP}} \quad \text{R}\triangle\text{O}\diagdown\text{OH} \qquad (41)$$

R = Me, Et, n-C$_5$H$_{11}$

对于手性高烯醇底物，底物和催化剂之间也存在手性匹配和不匹配的关系[137]。如式 42 所示：使用 (–)-DET 与 Ti(OPr-i)₄ 和三苯基过氧化氢对手性底物 **42** 进行 Sharpless AE 反应，立体选择性地得到单一产物 **43**，化学产率为 74%。如果使用 TBHP 作为氧化剂，则观察不到立体选择性。而使用 (+)-DET 与 Ti(OPr-i)₄ 和三苯基过氧化氢的反应得到的是两种非对映异构体 **43** 和 **44** 的混合物 (3:4)。

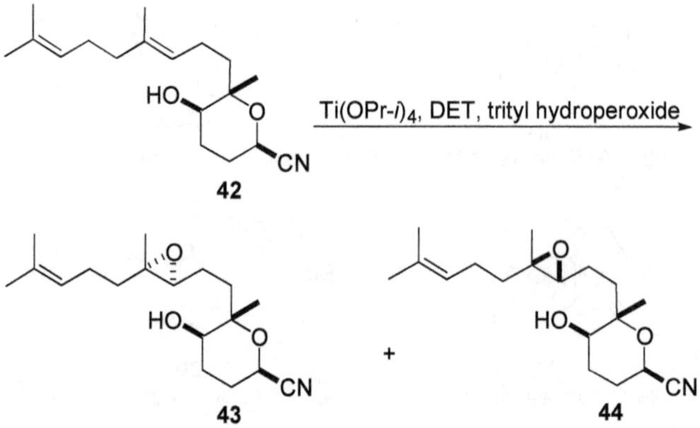

$$(42)$$

5　烯丙基仲醇的动力学拆分

　　动力学拆分是指在手性试剂或催化剂作用下，利用外消旋体中两种对映体与之反应的速度不同而使其分离。通过调节反应的转化率可以控制反应残余底物或产物的对映体过量值。使用不足量的手性试剂与外消旋体反应时，其中一种对映体优先与手性试剂反应生成产物，余下的是富集的另一对映体。

　　早在 1874 年，Lebel 就提出了利用对映异构体反应速度的不同进行动力学拆分的设想。但是直到 1981 年，Sharpless[138]报道了外消旋的烯丙基仲醇在 Sharpless AE 反应条件下进行的动力学拆分实例，其回收底物中对映体过量值达到 90% ee 以上，才使动力学拆分在有机合成中具有了实用的意义。

5.1　动力学拆分的原理

　　将外消旋烯丙基仲醇的两种对映异构体分别进行 Sharpless AE 反应，其中一种对映异构体以正常速率反应，根据式 1 的经验推断，生成赤式的环氧产物。而另一种对映异构体的反应速率则相对较慢，因为 C1 位上的取代基与催化剂之间的相互作用，在很大程度上影响了烯烃和氧化剂之间的接近。两种对映异构体发生反应的速率通常相差很大，所以无论是生成的环氧丙醇还是回收的烯丙醇都具有很高的光学纯度。

对于含有单一手性 C1 取代基的烯丙醇而言，如果使用一种手性的钛-酒石酸酯配合物能使反应具有很高的速率和非对映选择性，那么使用相反手性的配合物则不能获得同样满意的结果 (图 8)。虽然动力学拆分通常应用于烯丙基仲醇，但是这一规则同样适用于在其它位置带有手性取代基的烯丙醇。

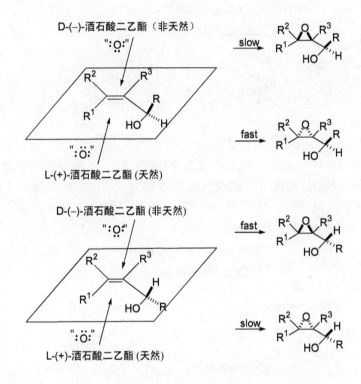

图 8　动力学拆分原理示意图

两种对映异构体进行 Sharpless AE 反应的速率比，k_{fast}/k_{slow}，被称为相对速率 (k_{rel})，它与烯丙醇转化为环氧丙醇的转化率以及剩余烯丙醇的对映体过量值有关。当 k_{rel} 大于或等于 25 时，烯丙基仲醇的动力学拆分可以很好的进行。当 k_{rel} 为 25 时，Sharpless AE 反应的转化率应该低于 60%，才能使未反应的烯丙醇达到 100% ee。将反应的转化率限制在 60% 以下的简单方法就是控制氧化剂的使用量。

5.2　不同取代类型烯丙基仲醇的动力学拆分

外消旋烯丙基仲醇的动力学拆分与烯丙基伯醇类化合物的 Sharpless AE 反应具有几乎相同的取代基效应。

5.2.1 (3*E*)-取代烯丙基仲醇

烯丙基仲醇分子带有 3*E*-大体积取代基时可以提高反应速率快的对映异构体的环氧化速率，同时降低反应速率慢的对映异构体的环氧化速率，因此提高了 k_{rel} 值。所以，无论 3*E*-取代基的性质如何，动力学拆分都能很好地完成。即使是 C2 位上带有很大体积的取代基，也不影响拆分的效果 (式 43)[139]。

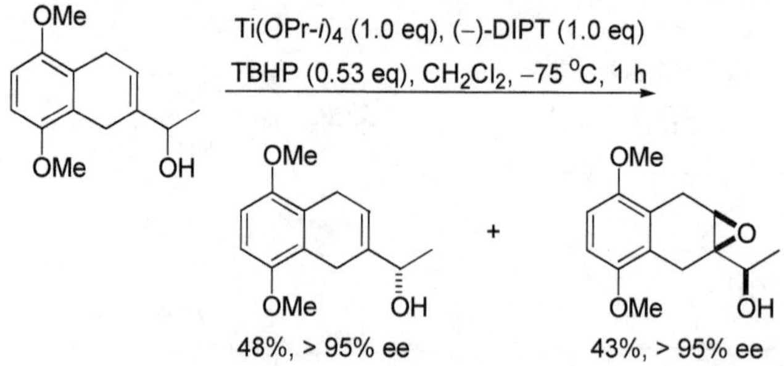

Ti(OPr-*i*)4 (1.0 eq), (–)-DIPT (1.0 eq)
TBHP (0.53 eq), CH2Cl2, –75 °C, 1 h
OMe
OH
48%, > 95% ee
43%, > 95% ee

(43)

其中，当 3*E*-取代基为三甲基硅基或者碘时，动力学拆分的效率最高。当外消旋底物的转化率为 50% 时，回收的烯丙醇和生成的赤式环氧醇的光学纯度都大于 99% ee (式 44 和式 45)。当 3*E*-取代基为三丁基锡基时，与其它碳取代基对动力学拆分的影响相似 (式 46)[140~147]。

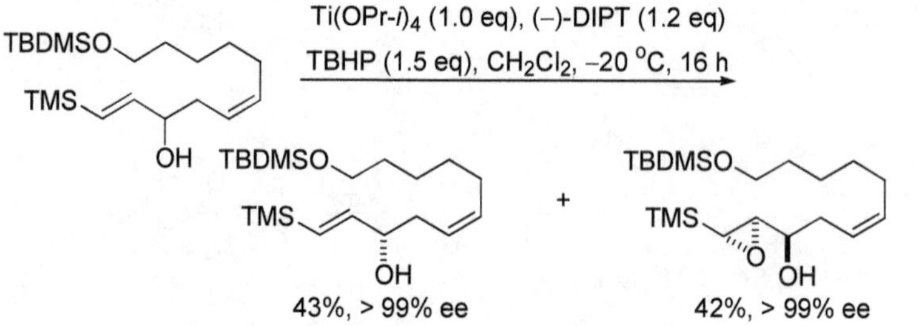

Ti(OPr-*i*)4 (1.0 eq), (–)-DIPT (1.2 eq)
TBHP (1.5 eq), CH2Cl2, –20 °C, 16 h
TBDMSO
TMS
OH
43%, > 99% ee
42%, > 99% ee

(44)

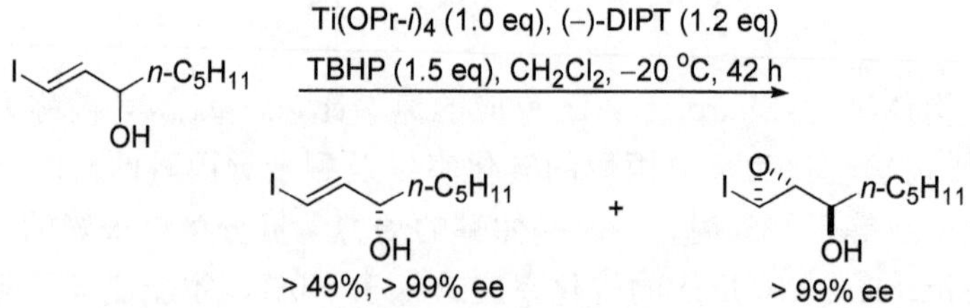

Ti(OPr-*i*)4 (1.0 eq), (–)-DIPT (1.2 eq)
TBHP (1.5 eq), CH2Cl2, –20 °C, 42 h
I
n-C5H11
OH
> 49%, > 99% ee
> 99% ee

(45)

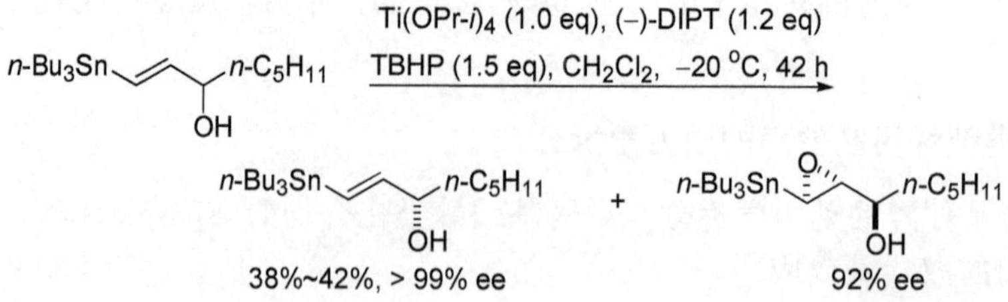

Ti(OPr-*i*)4 (1.0 eq), (–)-DIPT (1.2 eq)
TBHP (1.5 eq), CH2Cl2, –20 °C, 42 h
n-Bu3Sn
n-C5H11
OH
38%~42%, > 99% ee
92% ee

(46)

5.2.2   (3R)-取代烯丙基仲醇

烯丙基仲醇分子带有 3R-大体积取代基时会严重影响动力学拆分的效果，有些化合物甚至不遵循 Sharpless AE 反应的立体化学经验规则。例如：(Z)-环己基乙烯基环己基甲醇不仅动力学拆分的效率很低，并且回收的烯丙醇的立体构型与根据经验规则推测的构型相反 (式 47)；而相应的反式异构体的动力学拆分却具有高的对映选择性，而且得到了预期的 R-构型烯丙醇 (式 48)[138]。

$$\text{Ti(OPr-}i)_4, \text{(+)-DIPT, TBHP}$$
$$\text{(0.6 eq), CH}_2\text{Cl}_2, -20\,^{\circ}\text{C, 15 h}$$
$$38\%, 10\% \text{ ee}$$

(47)

$$\text{Ti(OPr-}i)_4, \text{(+)-DIPT, TBHP}$$
$$\text{(0.6 eq), CH}_2\text{Cl}_2, -20\,^{\circ}\text{C, 15 h}$$
$$32\%, > 96\% \text{ ee}$$

(48)

5.2.3   2-取代烯丙基仲醇

当 C2 位带有直链烷基取代基时，动力学拆分可以平稳地进行。但是当 C2 位带有大体积的取代基时 (例如：叔丁基)，将影响动力学拆分的效果[82a]。在化合物 45 的动力学拆分中，转化率为 60% 时，虽然所得环氧丙醇中两种对映异构体的比例为 40:1，但是回收的烯丙醇仅有 30% ee ($k_{rel} \approx 2$) (式 49，两种产物的绝对构型均未测定)。带有这类取代基的烯丙基仲醇的动力学拆分与相应烯丙基伯醇 (立体选择性为 85% ee) 的 Sharpless AE 反应不完全相同。

$$60\% \text{ conv., } 30\% \text{ ee}$$

(49)

45

5.2.4   C-1 位取代基的影响

一般情况下，底物分子中 C1 取代基为支链取代基时有助于动力学拆分 (式 50)[148]。而 C1 取代基为叔丁基时，拆分的效果不好，可能是因为空间位阻导致活性中间体形成困难以及影响随后的氧转移过程[82a]。

$$\text{Ti(OPr-}i)_4 \text{ (1.0 eq), (+)-DIPT}$$
$$\text{(1.2 eq), TBHP (0.5 eq)}$$
$$\text{CH}_2\text{Cl}_2, -20\,^{\circ}\text{C, 14 h}$$

44%, 98% ee   49%

(50)

5.3 其它因素的影响

降低反应温度可以提高 k_{rel} 值,例如:使用 (*R*,*R*)-DIPT 对环己基烯丙醇的动力学拆分,在 0 °C 时, k_{rel} 为 74;而在 –20 °C 时, k_{rel} 提高到 104。根据底物的反应活性,动力学拆分一般都在 –20 °C 以下进行。为使操作方便,许多动力学拆分是将反应混合物放置于冰箱中进行的。搅拌能提高反应的速率和对映体过量值,因此,如果可能的话,应在控制合适温度的条件下对反应体系进行持续搅拌[15,74]。

使用体积更大的酒石酸酯也能提高 k_{rel} 值。对于使用相同酒石酸酯的反应,催化反应的对映体选择性比化学计量的反应略有降低。因此,在催化反应中,换用位阻更大的酒石酸酯 (例如:酒石酸二环己基酯),能够提高 Sharpless AE 反应的对映选择性。

如果环氧丙醇是动力学拆分的目标产物,应避免对反应时间不必要的延长。因为钛-酒石酸酯配合物具有一定的 Lewis 酸性质,它也是环氧开环反应的催化剂。而环氧开环后生成的二醇与钛的螯合能力很强,使 TBHP 以及烯丙醇不能与金属中心配位,抑制了动力学拆分的进行。虽然这一开环过程在 –20 °C 被减弱,但是它仍有降低 (尤其是对于反应速率慢的底物) 非对映异构体的比例以及对映体纯度的可能。为了避免这些问题的出现,应该对反应进程进行跟踪。

6 Sharpless 不对称环氧化反应的条件综述

6.1 反应的试剂

6.1.1 烷氧基钛

Ti(OPr-*i*)$_4$ 是 Sharpless AE 反应和动力学拆分中最常用的烷氧基金属化合物。它可以通过减压蒸馏纯化 (bp 78~79.5 °C/1.1 mmHg),并且可以在惰性气氛中长期保存 (1 年)。对于大多数 Sharpless AE 反应,可直接使用商品化的试剂。但是,当所得产物的 ee 值很低时 (特别是在催化反应中),需要进行蒸馏纯化。

在烯丙基伯醇的反应中,如果存在环氧化物开环的问题,可以使用 Ti(OBu-*t*)$_4$ 代替 Ti(OPr-*i*)$_4$,因为叔丁基氧化物对环氧化物的开环作用要弱于异丙基氧化物。对于烯丙基仲醇的 Sharpless AE 反应,使用 Ti(OBu-*t*)$_4$ 的相对速率常数远低于使用 Ti(OPr-*i*)$_4$ 的反应,因此不推荐使用[149]。由于目前几乎所有的 Sharpless AE 反应都能在催化条件下进行,所以没有必要使用 Ti(OBu-*t*)$_4$。

6.1.2   酒石酸酯

使用 Ti(OR)₄ 与酒石酸酯的体系比单独使用 Ti(OR)₄ 的反应要快得多，这表明酒石酸酯在反应中不仅作为手性诱导试剂，而且对反应有配体加速的作用。随后的研究表明，除了钛以外，还有多种金属可以催化烯丙醇的环氧化反应 (以 TBHP 为氧化剂) (图 9)。但是，所有这些体系被加入的酒石酸酯强烈地抑制直至失去活性。因此，Sharpless 在他的诺贝尔奖演讲中称酒石酸酯对钛催化环氧化体系的加速作用 "具有非凡的价值"[8]。

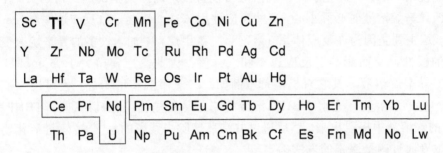

图 9   元素周期表中对烯丙醇的 Sharpless AE 反应具有催化作用的金属

酒石酸二乙酯 (DET) 和酒石酸二异丙酯 (DIPT) 是化学计量和催化量 Sharpless AE 反应中最常用的手性辅助试剂。在需要使用水溶性酒石酸酯的情况下，通常使用酒石酸二甲酯 (DMT)。在一般的反应中，上述三种酒石酸酯具有几乎相同的效果，它们之间仅存在细微的差别：对于反式单取代烯丙醇 [例如：(E)-2-己烯-1-醇] 的反应，将 DIPT 换成 DET 可使对映选择性略有提高 (从 93% ee 提高至 95% ee)；如果将 DET 换成 DIPT，则反应的化学产率有所提高。

在烯丙基仲醇的动力学拆分中，酒石酸酯分子中的烷基越大，拆分的效率越高。一般情况下，烯丙基仲醇的动力学拆分反应的 k_{rel} 值大小顺序为 DMT < DET < DIPT。在催化 Sharpless AE 反应中，通常首选试剂为 DIPT。因为该试剂不仅容易获得，而且在反应中一般给出较好的对映选择性。但是，酒石酸二环己基酯 (DCHT) 和酒石酸二环十二烷基酯 (DCDT) 却表现出高于 DIPT 的对映选择性。

在大多数 Sharpless AE 反应中，可直接使用商品酒石酸酯。如果出现了对映选择性低的问题，则需要在高真空条件下蒸馏纯化酒石酸酯，并且在惰性气氛中贮存 (DMT, mp 48~50 °C, bp 163 °C/23 mmHg; DET, bp 89 °C/0.5 mmHg; DIPT, bp 76 °C/0.1 mmHg)。蒸馏时温度必须低于 100 °C，以避免酒石酸酯的聚合。DCHT (mp 69.5~70.5 °C) 和 DCDT (mp 122~123 °C) 可以使用酒石酸与相应的醇通过 Fisher 酯化反应来制备。

液态的酒石酸酯可以用注射器加入到反应体系中，由于酒石酸酯的黏度很大，因此通常采用的方法是先称出所需用量的酒石酸酯，将其用少量二氯甲烷稀释后再转移到反应体系中。

6.1.3 有机过氧化物

在 Sharpless AE 反应和动力学拆分中最常用的氧化剂是叔丁基过氧化氢 (TBHP)。该试剂一般是以 70% 的水溶液形式存在，必须将其制成无水的有机溶液方能使用。TBHP 的无水异辛烷溶液可以直接从国际大型试剂公司购买。使用 TBHP 异辛烷溶液时必须小心，有些反应使用该试剂后会导致反应速率和 ee 值降低。这主要是因为在反应体系 (溶剂为二氯甲烷) 中加入过多的异辛烷改变了溶剂的极性，从而影响了反应速率和 ee 值。因此，应使用大于 5 mol/L 的 TBHP 异辛烷溶液。其它有机溶剂 (例如：二氯甲烷和甲苯等) 也可用来制备 TBHP 的无水溶液。无水 TBHP 溶液的制备是首先使用有机溶剂将 TBHP 从 70% 的水溶液中提取出来，然后通过共沸蒸馏除去残留的水[150,151]。过氧化物溶液的浓度通过碘量滴定的方法确定。

枯烯基过氧化氢也可用作 Sharpless AE 反应的氧化剂，从 Aldrich 公司购买的含 80% 枯烯基过氧化氢的枯烯溶液不经处理可直接用于反应。另一种常用的氧化剂为三苯甲基过氧化氢，使用该试剂的反应比使用 TBHP 的反应速率更快。不过 TBHP 仍然是最常用的氧化剂，因为当使用这种氧化剂时，反应产物更容易被分离。

6.1.4 反应溶剂

二氯甲烷可以用作所有的 Sharpless AE 反应和动力学拆分的溶剂，因为它对于各种反应物都是惰性的。在二氯甲烷中不能含有甲醇、酯、腈、胺、酮等螯合溶剂，否则会降低反应的速率、产率和对映选择性。

除少数长链烯丙醇外，大部分烯丙醇类化合物在二氯甲烷中的溶解性都很好。烯丙醇底物与钛中心配位后可增加底物的溶解性，因此底物只需在溶剂中具有中等溶解度，当它们与钛-酒石酸酯配位后即可被带入溶液中。

6.1.5 分子筛

在加入活化的分子筛后，所有的 Sharpless AE 反应都可在 5~10 mol% 的钛-酒石酸酯配合物催化下顺利进行。如果不使用分子筛，只有少数反应活性非常高的烯丙醇底物在低于 1 倍摩尔量的催化剂存在下能够反应完全。分子筛的作用是吸收体系中带入的水以及在环氧化过程中发生副反应生成的少量水，以保护催化剂不受影响。

TBHP 溶液不能在分子筛存在下贮存,因为分子筛能催化 TBHP 缓慢分解。通常采取的方法是,在反应前将反应所需量的 TBHP 溶液取出,加入分子筛放置 10~60 min 再使用。同样的,酒石酸酯和 Ti(OPr-*i*)₄ 在存放过程中也不能加入分子筛。在反应前,将酒石酸酯和 Ti(OPr-*i*)₄ 混合后加入分子筛,放置一段时间除去试剂中所含的水。

分子筛的活化需在高真空条件下于 200 °C 加热至少 3 h,然后碾碎使用。3 Å、4 Å 和 5 Å 分子筛都可用于 Sharpless AE 反应中。但是,对于分子量小的底物如烯丙醇,只能使用 3 Å 分子筛。因为底物的分子过小,以至于可以被 4 Å 和 5 Å 分子筛螯合。

6.2 反应的条件

6.2.1 反应中的化学计量

在 Sharpless AE 反应中存在两方面重要的化学计量:一是组成催化剂的烷氧基钛与酒石酸酯的比例,另一个则是催化剂与底物的比例[15]。

为保证产物获得尽可能高的光学纯度,酒石酸酯的用量应比烷氧基钛的用量至少高出 10 mol%,最佳比例为酒石酸酯:烷氧基钛 = 1.2:1。

在 Sharpless AE 反应和动力学拆分中常使用两种方法,即化学计量反应 (使用 50 mol% 或更多的催化剂) 与催化反应 (使用 5~10 mol% 的催化剂)。在分子筛的存在下,几乎所有的 Sharpless AE 反应都能在催化条件下进行。当催化剂用量低于 5 mol% 时,可以观察到产物的 ee 值显著下降。在催化 Sharpless AE 反应中,最佳的催化剂用量范围是从 Ti (5 mol%)-酒石酸酯 (6 mol%) 到 Ti (10 mol%)-酒石酸酯 (12 mol%)。

在 Sharpless AE 反应中,通常使用 2 倍摩尔量的 TBHP,对于反应速率很慢的底物,TBHP 的用量可以提高到 2 倍摩尔量以上。在动力学拆分中,TBHP 的用量为 0.6 倍摩尔量,对于非常不活泼的底物,在跟踪底物转化率的情况下,可以将 TBHP 的用量增加到 2 倍摩尔量。

6.2.2 反应物的浓度

在 Sharpless AE 反应中,反应物浓度的增加将导致副反应的增加,使用催化量钛-酒石酸酯配合物可以很好的解决这一问题。在化学计量的反应中,底物浓度必须保持在 0.1 mol/L 以下;而在催化反应中,底物的浓度最高可以达到 1.0 mol/L。对于非常敏感的底物如苯丙烯醇,还是应该将浓度控制在

0.1 mol/L。

6.2.3　反应的温度

　　根据底物所带取代基的类型，Sharpless AE 反应的温度一般控制在 -40~0 ℃ 之间。如果环氧化反应的速度足够快，则可以选用较低的温度以避免诸如酯交换反应、环氧产物开环等副反应的发生。大多数 Sharpless AE 反应和动力学拆分的反应温度为 -20 ℃。

6.2.4　催化剂的制备与陈化

　　催化剂的正确制备对于 Sharpless AE 反应的速率以及产物的对映选择性是非常重要的。钛-酒石酸酯催化剂不能长期稳定保存，所以必须在反应中原位生成。最佳的操作方法为：在 -20 ℃ 将烷氧基钛和酒石酸酯混合，然后加入 TBHP 或者烯丙醇底物。接着将三者的混合物在该温度下保持 20~30 min。这一陈化过程甚至关系到反应的成功与否，不能被省略。在极少数使用 Ti(OBu-t)$_4$ 的反应中，陈化的时间甚至需要延长到 1 h。最后，再将预先冷却的第四组分加入到反应混合物中。

6.3　产物的分离

　　根据产物的性质选择合适的分离方法是 Sharpless AE 反应和动力学拆分的重要组成部分。在后处理过程中必须包括以下方面：(1) 水解钛配合物；(2) 淬灭过量的氧化剂；(3) 除去酒石酸酯；(4) 纯化产物。需要注意的是，必须考虑到生成的产物有可能溶于水，或者能够与反应体系中的其它试剂发生副反应。

6.3.1　钛配合物的去除

　　(1) 使用酸性水溶液处理

　　处理不溶于水的 Sharpless AE 反应产物和动力学拆分产物最常用的方法是将反应混合物倒入 0 ℃ 的酒石酸水溶液 (10%, w/v) 或者柠檬酸水溶液 (11%, w/v) 中。酸性水溶液的用量为 1 mmol Ti(OPr-i)$_4$/5~20 mL，并激烈搅拌该混合溶液直至得到澄清的有机相 (10~30 min)，此时钛与酒石酸或柠檬酸形成配合物溶于水相。

　　(2) 使用非酸性水溶液处理

　　如果生成的环氧化产物对酸敏感，可直接加入水 [Ti(OPr-i)$_4$ 质量的 20~30 倍] 来分解钛配合物。猛烈搅拌体系，直到体系的温度由反应时所用的低温升至室温 (20~30 min)[65,103]。

如果环氧化产物对酸极其敏感，则可直接在反应体系中加入碱溶液 [10% NaOH (*w/v*) 的饱和 NaCl 水溶液] 和乙醚，将钛配合物和酒石酸酯分解除去。

(3) 无水条件处理

如果产物极易溶于水，则必须在无水条件下处理。在体系中加入一水合柠檬酸的丙酮-乙醚混合溶液 (11% *w/v*，丙酮:乙醚 = 1:9)。柠檬酸的用量与 Ti(OPr-*i*)$_4$ 的摩尔量相等即可。经过一段时间搅拌后，钛与柠檬酸生成的配合物从有机溶剂中沉淀出来，并用硅藻土过滤除去。

如果产物既易溶于水，又对酸敏感，则可用三乙醇胺来中和钛配合物的酸性。三乙醇胺的用量为 Ti(OPr-*i*)$_4$ 摩尔量的 1.5 倍，用二甲基硫醚还原剩余的 TBHP[65]。一般在 0 °C 搅拌 15 min 后，用硅胶迅速过滤 [1 mmol Ti(OPr-*i*)$_4$ 使用 5 g 硅胶]，所得滤液中仅含有产物、酒石酸酯和叔丁醇。

6.3.2 酒石酸酯的去除

对于小量的反应，在除去钛配合物后，可以使用色谱分离剩余的酒石酸配体。在中等或大量的反应中，一般将混合物倒入 0 °C 的氢氧化钠饱和食盐水溶液中 (30% *w/v*，1 mmol 酒石酸酯使用 2 mL) 搅拌约 1 h 后，分出有机相，除去溶剂后得到环氧醇。如果是对动力学拆分反应进行处理，则得到环氧醇与烯丙醇化合物的混合物。

另一种在无水条件下去除酒石酸酯的方法是蒸馏，如果目标产物的挥发性比酒石酸酯要强很多时，该方法是非常有效的。

6.3.3 TBHP 的去除

在小量反应中 (< 10 mmol)，过剩的 TBHP 可以被忽略，在使用色谱分离酒石酸酯时可以一并分离。另一种简便的分离方法是利用其挥发性。在酒石酸酯水解后，过剩的 TBHP 可以在 50~60 °C 通过与甲苯真空共沸蒸馏除去。这一方法只能用于那些低挥发性产物的分离。

在大量反应中，通过蒸馏的方法除去过氧化物存在很大的危险。因此，一般使用还原剂淬灭过剩的 TBHP。硫酸亚铁是常用的还原剂之一，它可以加入到分解钛配合物的酒石酸或柠檬酸水溶液中[152]。这一方法适用于那些不溶于水、且对酸不敏感的环氧化物的分离过程。

对于其它类型的环氧化物，还原过剩的 TBHP 最好在除去钛配合物后进行。常用的还原剂包括 Me$_2$S、P(OMe)$_3$、Na$_2$SO$_3$ 水溶液、NaHSO$_3$ 水溶液和 NaBH$_4$。NaBH$_4$ 在还原 TBHP 的同时，还可与酒石酸酯生成水溶性的硼酸酯，从而将酒石酸酯一并除去。

6.3.4 环氧产物的纯化

环氧产物的纯化可以单独或组合使用色谱分离、蒸馏和重结晶的方法。上述方法适用于大多数环氧产物的纯化，但是对于水溶性很强或者反应活性很高的环氧化物，还没有理想的直接分离的方法。因此对其进行原位衍生化，得到更稳定和更易分离的产物，是分离这类产物的一种有效方法。

原位衍生化法非常适用于催化反应，但却不适用于化学计量反应，因为在化学计量反应体系中存在过多的羟基杂质。在进行原位衍生化前，还必须还原体系中过剩的 TBHP，因为 TBHP 可以与大多数烷基化或酰基化试剂反应，而其代谢物叔丁醇则不会与这些试剂反应。

对硝基苯甲酸酯 (PNB) 或对甲磺酸酯是环氧化物原位衍生化的两种重要产物，它们都是有机合成的重要中间体[77]。其中，对硝基苯甲酸酯是以晶体的形式存在，可以通过重结晶提高产物的光学纯度。

6.4 使用固载催化剂体系进行 Sharpless 不对称环氧化反应

使用高分子固载的手性酒石酸酯进行 Sharpless AE 反应，其主要目的是为了简化反应产物的分离过程。反应完毕后，对于不溶于体系的手性配体只需经过简单的过滤即可回收。而对于溶于体系的手性配体，可在反应体系中加入不溶性溶剂将其沉淀出来。虽然这项改进可以达到催化剂回收和循环使用的目的，但是该方法却使催化剂的催化活性下降，所催化反应的立体选择性也出现降低[153]。

一般情况下，使用高分子固载的手性酒石酸酯进行 Sharpless AE 反应，其产物的 ee 值低于采用非固载的酒石酸酯进行反应的结果[154,155]。但是，当聚合物的交联度合适时，高烯醇也能发生 Sharpless AE 反应，而且反应的化学产率和立体选择性都比采用均相催化剂时要高[156]。

7 Sharpless 不对称环氧化反应
在天然产物合成中的应用

Sharpless AE 反应自 1980 年被发现以来，在天然产物合成中得到了广泛的应用。其原因主要是在该反应中所使用的手性催化剂具有很高的立体诱导能力，可以提高或者克服底物分子中原有的手性影响。因此，Sharpless AE 反应又被称为"试剂控制"的合成[157,158]，以区别于传统的利用底物分子中原有的手性中心诱导出新手性中心的"底物控制"合成。

此外，该反应所生成的手性环氧醇经过适当的官能团转化，可以生成许多天然产物合成中的重要中间体。在环氧醇的分子结构中存在三个反应位点：C1 上的羟基和环氧基团所连接的 C2 和 C3。在这些位置上继续进行的区域选择性和立体选择性反应，是 Sharpless AE 反应及其产物在有机合成中的重要应用。这些反应可以归纳为以下三类：(1) C1 位羟基的直接官能团化和其它转化反应；(2) 2,3-环氧醇重排成为 1,2-环氧醇 (Payne 重排)，接着在 C1 位进行区域选择性取代反应；(3) 在 C2 和 C3 位进行的环氧开环反应。因此，使用 Sharpless AE 反应以及产物手性环氧醇的官能团转化，可以方便地在有机分子中构筑多个手性中心和引入所需的官能团。

正是因为 Sharpless AE 反应的上述特点，才使其成为许多天然产物合成中不可或缺的关键步骤。在本节中，我们通过几个天然产物合成的具体实例来展示该反应的重要性。

7.1   L-Hexoses 的全合成

在发现 Sharpless AE 反应后的两年时间里，Sharpless 与 Masamune 利用该反应成功地完成了 L-己糖的所有八个异构体的全合成[159,160]。该合成工作发表在 1983 年的 Science 杂志上，并促使对 Sharpless AE 反应的研究又出现了一个新的高潮。多年后，Sharpless 在诺贝尔奖演讲中仍将该次与 Masamune 的合作称为"最愉快最专业的合作"。

在 Sharpless 报道的 L-Hexoses 的全合成中，反复使用了增加两个碳原子的循环过程，该循环包括如下四步主要反应：(1) 将醛转化为增加两个碳原子的 (E)-烯丙醇类化合物；(2) 烯丙醇类化合物的 Sharpless AE 反应；(3) 环氧丙醇的区域选择性和立体选择性开环反应；(4) 开环产物进行氧化和 Pummerer 反应。然后再水解生成相应的醛，接着进行下次循环。其中，Sharpless AE 反应是整个循环过程的关键步骤 (式 51~式 53)。

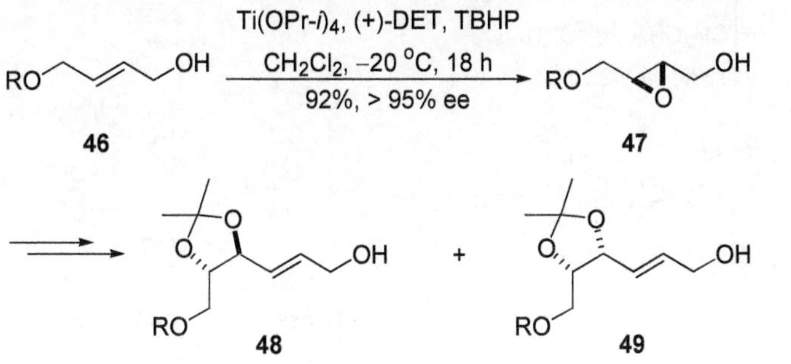

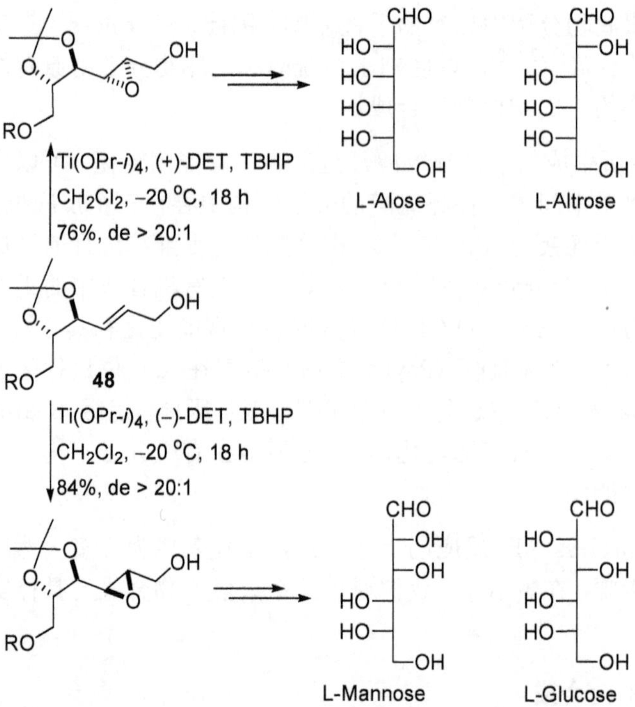

Ti(OPr-*i*)₄, (+)-DET, TBHP
CH₂Cl₂, –20 °C, 18 h
76%, de > 20:1

L-Alose

L-Altrose

48

Ti(OPr-*i*)₄, (–)-DET, TBHP
CH₂Cl₂, –20 °C, 18 h
84%, de > 20:1

L-Mannose

L-Glucose

(52)

Ti(OPr-*i*)₄, (+)-DET, TBHP
CH₂Cl₂, –20 °C, 18 h
71%, de > 20:1

L-Gulose

L-Idose

49

Ti(OPr-*i*)₄, (–)-DET, TBHP
CH₂Cl₂, –20 °C, 18 h
73%, de > 20:1

L-Talose

L-Galactose

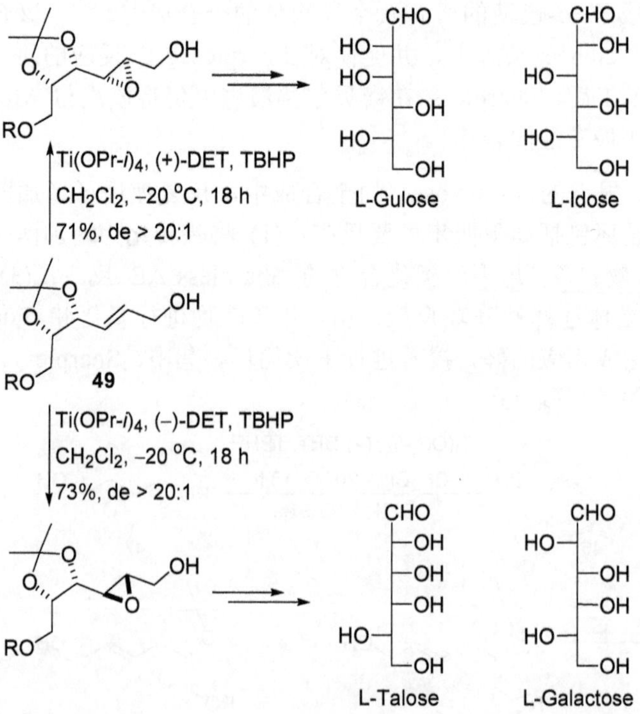

(53)

在第一次循环中，使用 (+)-DIPT 和 Ti(OPr-i)$_4$ 按照 Sharpless AE 反应的标准步骤对 **46** 进行环氧化，以 92% 的化学产率和大于 95% ee 得到环氧醇 **47**。事实上，第二次循环中的 Sharpless AE 反应步骤，对 L-己糖全合成的成功与否更是具有决定性的意义。由于第一次环氧化反应所使用的原料为非手性的，而第二次环氧化反应的原料 **48** 和 **49** 中带有手性，因此所使用的反应的立体选择性必须优秀到足以克服底物分子中手性所带来的影响。事实证明，Sharpless AE 反应在 L-己糖全合成中的应用是非常成功的，在第二次循环中四个环氧化反应的非对映体选择性均大于 20:1。

7.2 Bistramide A 的全合成

Bistramide A 是从海洋生物海鞘中分离出的一种具有生物活性的天然产物，该化合物具有显著的神经毒性和细胞毒性，同时对细胞循环调节也有重要的影响，是治疗非小细胞肺癌的可能候选药物。

Bistramide A 的化学结构上含有非常特殊的手性螺环缩酮结构，另外还包含有手性吡喃结构以及多个其它手性碳原子。在 Crimmins 报道的全合成路线中，Sharpless AE 反应以及相应的手性环氧醇的开环反应在构筑其羧酸中间体片段上发挥了重要作用。如式 54[161] 所示：(E)-烯丙醇底物 **50** 在 4 Å 分子筛存在下，使用 (+)-DET 和 Ti(OPr-i)$_4$ 催化，与 TBHP 发生催化 Sharpless AE 反应，以 95% 的化学产率和 98% ee 得到手性环氧醇 **51**。然后，**51** 在二甲基铜锂的作用下发生开环反应，高度区域选择性和立体选择性地生成 1,3-二醇化合物。最后，再经过适当的官能团修饰，得到羧酸片段 **52**。该片段随后与吡喃片段和螺环缩酮片段对接，完成了 Bistramide A 的全合成。

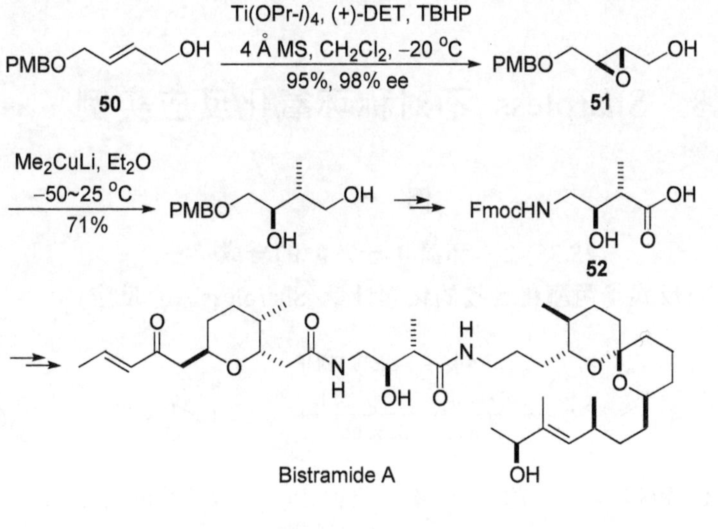

(54)

Bistramide A

7.3 (+)-K01-0509 B 的全合成

(+)-K01-0509 B 是人们在寻找 III 型分泌体系抑制剂时从链霉菌培养液中分离得到的一种天然产物，在其化学结构中含有自然界罕见的手性五员环胍结构。Omura 等人通过对两种非对映异构体进行全合成，确定了该化合物的绝对构型。在报道的全合成路线中，Sharpless AE 反应以及对相应手性环氧醇产物的选择性开环反应是其中的重要步骤。

如式 55[162]所示：(E)-烯丙醇底物 **53** 在 4 Å 分子筛存在下，使用 (-)-DET 和 Ti(OPr-*i*)$_4$ 催化，与枯烯基过氧化氢发生催化 Sharpless AE 反应，以 93% 的化学产率和大于 97% ee 得到环氧醇 **54**。然后，在 Red-Al 的作用下使 **54** 发生环氧开环反应，高度区域选择性和立体选择性地生成手性 1,3-二醇化合物。再经过适当的官能团转化，构筑出手性五员环胍结构。最后，在分子中引入氨基甲酰基和羧基，完成了 K01-0509 B 的全合成。

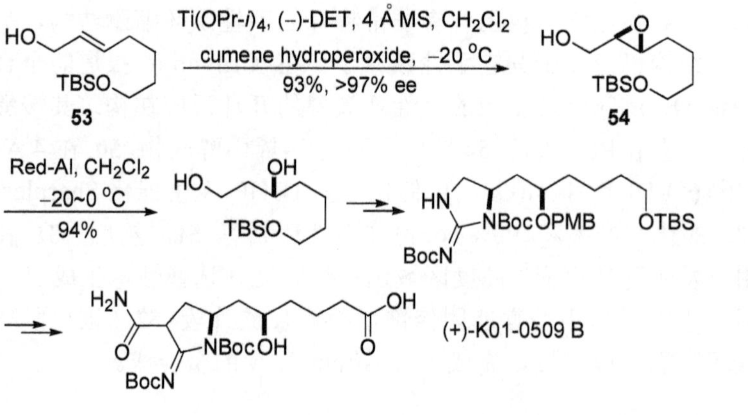

$$(55)$$

8 Sharpless 不对称环氧化反应实例

例 一

(2S,3S)-2,3-环氧-1-十八醇的合成[163]

（反式烯丙醇化合物的化学计量 Sharpless AE 反应）

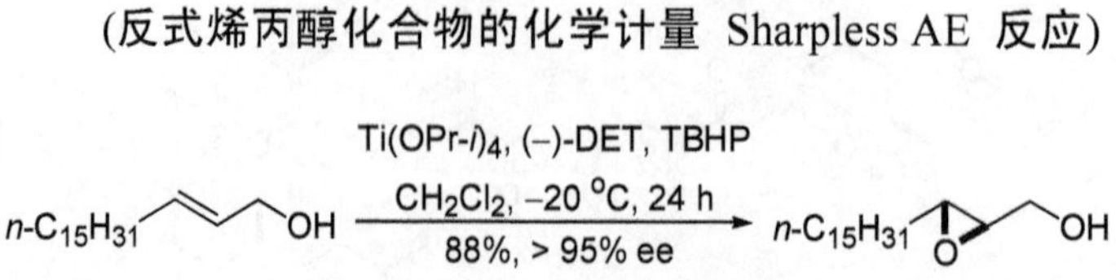

$$(56)$$

在 -20 ℃ 和搅拌下，将新蒸馏的 Ti(OPr-*i*)$_4$ (0.38 mL, 1.27 mmol) 和

(*S,S*)-(−)-DET (0.29 mL, 1.69 mmol) 在 CH$_2$Cl$_2$ (15 mL) 中混合。混合体系被搅拌 15 min 后，加入 (*E*)-2-十八烯-1-醇 (0.28 mL, 1.06 mmol) 的 CH$_2$Cl$_2$ (5 mL) 溶液。再搅拌 10 min 后，加入 TBHP 溶液 (0.87 mL, 0.37 mol/L 的甲苯溶液, 3.17 mmol)。反应混合物在 −20 °C 继续搅拌 24 h 后，加入 Me$_2$S (0.30 mL, 4.10 mmol)。接着搅拌 0.5 h，再加入饱和 Na$_2$SO$_3$ 水溶液 (2 mL)。然后，将所得悬浊液升至室温，用硅藻土过滤。滤液在减压下蒸去溶剂，得到的油状物经硅胶柱色谱分离和纯化 (正己烷:乙醚 = 4:1)，得到晶状固体 (27 mg, 89%)。mp 77~78 °C；$[\alpha]_D^{23}$ = +22.5° (*c* 0.79, CHCl$_3$) (> 95% ee)。

例 二

2-(3-羟甲基-环氧乙基甲基)-5-碘-4-甲基-2,4-戊二烯乙酯的合成[164]

(反式烯丙醇化合物的催化 Sharpless AE 反应)

$$\tag{57}$$

将 Ti(OPr-*i*)$_4$ (0.24 mL, 0.80 mmol) 和 (+)-DET (0.20 mL, 1.15 mmol) 的 CH$_2$Cl$_2$ 溶液 (20 mL) 与活化的 4 Å 分子筛粉末 (0.50 g) 在 −20 °C 混合 20 min 后，加入 TBHP 溶液 (5.0~6.0 mol/L 的癸烷溶液, 4.70 mL, 23.5 mmol)。混合体系在 −20 °C 搅拌 0.5 h 后，滴加烯丙醇底物 **55** (3.94 g, 11.7 mmol)。接着在 −20 °C 继续搅拌 11 h 后，将反应体系升至 0 °C。向体系中滴加饱和的 Na$_2$SO$_4$ 溶液和乙醚，并在室温下继续激烈搅拌过夜。混合物用硅藻土过滤，滤液用无水 Na$_2$SO$_4$ 干燥。蒸去溶剂后的粗产物经硅胶柱色谱分离和纯化 (50% 乙酸乙酯的正己烷溶液)，得到淡黄色油状液体 (3.96 g, 92%)，$[\alpha]_D^{21}$ = −9.18° (*c* 0.98, CH$_2$Cl$_2$)，(> 99% ee)。

例 三

(*R*)-2-甲基环氧丙醇 4-硝基苯甲酸酯的合成[15]

(反式烯丙醇化合物的催化 Sharpless AE 反应以及原位衍生化)

$$\tag{58}$$

将 (+)-DIPT (0.14 g, 0.60 mmol) 和 2-甲基烯丙醇 (580 mg, 10.0 mmol) 的 CH$_2$Cl$_2$ (20 mL) 溶液与活化的 3 Å 分子筛粉末 (500 mg) 在 −20 °C 混合后，再加

入 Ti(OPr-*i*)₄ (14 mg, 0.50 mmol)。混合体系在 –20 ℃ 搅拌 0.5 h 后，在 0.5 h 之内缓慢地将 80% 的枯烯基过氧化氢 (3.60 mL, 20.0 mmol) 滴加到体系中。在 –20 ℃ 搅拌 4.5 h 后，于 1 h 之内小心加入 P(OMe)₃ (110 mg, 0.89 mmol)，保持体系温度不超过 –20 ℃。接着加入 NEt₃ (72.0 mg, 0.71 mmol) 和对硝基苯甲酰氯 (110 mg, 0.60 mmol) 的 CH₂Cl₂ (2 mL) 溶液。生成的混合物在 0 ℃ 搅拌 1 h 后用硅藻土过滤。滤液依次用 10% 的酒石酸水溶液 (2 × 5 mL)，饱和 NaHCO₃ 水溶液 (3 × 5 mL) 和饱和 NaCl 水溶液 (2 × 5 mL) 洗涤。再经无水 Na₂SO₄ 干燥后，用硅胶过滤。滤液依次在 60 ℃/12 mmHg 和 60 ℃/0.2 mmHg 下蒸馏得到油状粗产物。然后，再分别用乙醚和异丙醚重结晶，得到纯净的固体产物 (110 mg, 78%)。mp 85.5~86.5 ℃；$[\alpha]_D^{25} = -5.87°$ (*c* 2.98, CHCl₃) (> 98% ee)。

例 四

3-[(2*R*)-2-乙酰氧基戊基]-(2*R*,3*S*)-环氧乙基甲醇的合成[165]

(手性烯丙醇化合物的催化 Sharpless AE 反应)

$$\xrightarrow[\text{70%, 96% ee}]{\substack{\text{Ti(OPr-}i\text{)}_4, (-)\text{-DET, TBHP} \\ \text{CH}_2\text{Cl}_2, 4\text{ Å MS, }-20\,^{\circ}\text{C, 3 h}}} \tag{59}$$

将 TBHP (31.0 mL, 5.8 mol/L 的 CH₂Cl₂ 溶液, 0.63 mmol) 在搅拌下加入到由 (–)-DET (1.12 g, 5.40 mmol)、Ti(OPr-*i*)₄ (1.30 mL, 80.0 mmol)、活化的 4 Å 分子筛粉末 (10 g) 和 CH₂Cl₂ (100 mL) 组成的混合体系中。0.5 h 后，将 (*E*)-(1*R*)-乙酰氧基-5-羟基-1-丙基-3-戊烯 (17.0 g, 91.0 mmol) 滴加上述混合物中。在 –20 ℃ 继续搅拌 2.5 h 后，将反应体系升至 0 ℃。然后向反应体系中加入水 (100 mL)，并搅拌 0.5 h 后升至室温。接着，再加入 NaOH 溶液 (30% 的饱和 NaCl 水溶液)，并剧烈搅拌 0.5 h。分出有机层，水层用 CH₂Cl₂ 提取。合并的提取液经水洗和无水 Na₂SO₄ 干燥，蒸去溶剂后的粗产物经硅胶柱色谱分离和纯化 (10% 乙酸乙酯的己烷溶液)，得到无色油状液体 (13.0 g, 70%)，$[\alpha]_D^{20} = +16.0°$ (*c* 0.7, CH₂Cl₂) (96% ee)。

例 五

(2*S*,3*S*)-[3-(4-溴苯基)-环氧乙基]甲醇的合成[166]

(敏感烯丙醇底物的催化 Sharpless AE 反应)

$$\xrightarrow[\text{79%, > 98% ee}]{\substack{\text{Ti(OPr-}i\text{)}_4, (+)\text{-DIPT, TBHP} \\ \text{CH}_2\text{Cl}_2, 4\text{ Å MS, }-20\,^{\circ}\text{C, 2.5 h}}} \tag{60}$$

56

将 Ti(OPr-i)$_4$ (0.4 mL, 1.4 mmol) 和 (+)-DIPT (0.36 mL, 0.16 mmol) 的 CH$_2$Cl$_2$ 溶液 (300 mL) 与活化的 4 Å 分子筛粉末 (6.0 g) 在 −20 °C 混合，加入无水 TBHP 溶液 (5.5 mol/L 的正己烷溶液, 6.4 mL, 70 mmol)。混合体系在 −20 °C 搅拌 0.5 h 后，在 15 min 之内滴加烯丙醇底物 **56** (6.0 g, 28.0 mmol, 溶解于 20 mL CH$_2$Cl$_2$ 中)。接着，在 −20 °C 继续搅拌 2.5 h 后，将反应体系升至 0 °C。向体系中加入水，并在室温下继续搅拌 0.5 h。再加入 NaOH 溶液 (30% 的饱和 NaCl 水溶液)，并剧烈搅拌 20 min。分出的有机层经无水 Mg$_2$SO$_4$ 干燥后，用硅藻土过滤。蒸去溶剂后的粗产物经硅胶柱色谱分离和纯化 (乙酸乙酯:石油醚 = 3:2)，得到无色固体产物 (5.1 g, 79%), mp 61~62 °C; $[\alpha]_D^{22}$ = −38.6° (c 1.0, CHCl$_3$), (> 98% ee)。

例 六

(1E,3R)-1-三甲基硅基-1-辛烯-3-醇和 (1S,2S,3S)-1-三甲基硅基-1,2-环氧-3-辛醇的合成[消旋 (E)-1-三甲基硅基-1-辛烯-1-醇的动力学拆分][167]

(烯丙基仲醇化合物的化学计量动力学拆分)

$$\text{(61)}$$

在 −20 °C 和搅拌下，将 (R,R)-(+)-DIPT (0.39 mL, 1.87 mmol) 加入到 Ti(OPr-i)$_4$ (0.46 mL, 1.56 mmol) 的 CH$_2$Cl$_2$ (15 mL) 溶液中。10 min 后，在 10 min 内缓慢加入 (E)-1-三甲基硅基-1-辛烯-1-醇 (0.63 g, 1.56 mmol)。将混合体系继续搅拌 10 min，缓慢加入 TBHP 溶液 (3.5 mol/L 的 CH$_2$Cl$_2$ 溶液, 0.45 mL, 1.56 mmol) 后，继续在 −20 °C 搅拌 7 h，加入 Me$_2$S (0.39 mL, 4.67 mmol)。在 −20 °C 搅拌 0.5 h 后，依次加入酒石酸水溶液 (10%, 30 mL)、乙醚 (30 mL)、NaF (1.09 g) 和硅藻土 (650 mg)。将混合体系升至室温并搅拌 0.5 h 后，用硅藻土过滤。滤液在减压下除去溶剂，粗产物经柱色谱分离和纯化 (三乙胺钝化的硅胶)，得到油状液体 (R)-(E)-1-三甲基硅基-1-辛烯-1-醇 (0.26 g, 42%), $[\alpha]_D^{25}$ = −9.8° (c 1.10, CHCl$_3$) (> 99% ee) 和 (1S,2S,3S)-1-三甲基硅基-1,2-环氧-3-辛醇 (280 mg, 42%), $[\alpha]_D^{25}$ = −7.5° (c 1.04, CHCl$_3$) (> 99% ee)。

9 参考文献

[1] Henbest, H. B. *Chem. Soc., Spec. Publ.* **1965**, *19*, 63.

[2] (a) Ewins, R. C.; Henbest, H. B.; McKervey, M. A. *J. Chem. Soc., Chem. Commun.* **1967**, 1085. (b) Pirkle, W. H.; Rinaldi, P. L. *J. Org. Chem.* **1977**, *42*, 2080.

[3] Yamada, S.; Mashiko, T.; Terashima, S. *J. Am. Chem. Soc.* **1977**, *99*, 1988.

[4] Kagan, H. B.; Mimoun, H.; Mark, C.; Schurig, V. *Angew. Chem., Int. Ed. Engl.* **1979**, *18*, 485.

[5] Michaelson, R. C.; Palermo, R. E.; Sharpless, K. B. *J. Am. Chem. Soc.* **1977**, *99*, 1990.

[6] Katsuki, T.; Sharpless, K. B. *J. Am. Chem. Soc.* **1980**, *102*, 5974.

[7] Sharpless 不对称环氧化反应的综述见：(a) Katsuki, T.; Martin, V. S. Organic Reactions; Wiley: New York, 1996, Vol. 48, p 1. (b) Johnson, R. A.; Sharpless, K. B. Comprehensive Organic Synthesis; Pergamon Press: New York, 1991, Vol. 7, p 389. (c) Rossiter, B. E. Asymmetric Synthesis; Academic Press: Florida, 1985, Vol. 7, p 193. (d) Pfenninger, A. *Synthesis* **1986**, 89.

[8] Sharpless, K. B. *Angew. Chem., Int. Ed. Engl.* **2002**, *41*, 2024. (Nobel Lecture)

[9] (a) Katsuki, T.; Lee, A. W. M.; Ma, P.; Martin, V. S.; Masamune, S.; Sharpless, K. B.; Tuddenham, D.; Walker, F. J. *J. Org. Chem.* **1982**, *47*, 1373. (b) Minami, N.; Ko, S. S.; Kishi, Y. *J. Am. Chem. Soc.* **1982**, *104*, 1109.

[10] (a) Finn, M. G.; Sharpless, K. B. Asymmetric Synthesis; Academic Press: New York, 1985, Vol. 8, p 247. (b) Sharpless, K. B.; Woodard, S. S.; Finn, M. G. *Pure Appl. Chem.* **1983**, *55*, 1823.

[11] Woodard, S. S.; Finn, M. G.; Sharpless, K. B. *J. Am. Chem. Soc.* **1991**, 113, 106.

[12] (a) Finn, M. G.; Sharpless, K. B. *J. Am. Chem. Soc.* **1991**, 113, 117. (b) Potvin, P. G.; Bianchet, S. *J. Org. Chem.* **1992**, 57, 6629.

[13] Williams. I. D.; Pedersen, S. F.; Sharpless, K. B.; Lippard, S. J. *J. Am. Chem. Soc.* **1984**, *106*, 6430.

[14] Burgess, K.; Jennings, L. D. *J. Am. Chem. Soc.* **1990**, *112*, 7434.

[15] Gao, Y.; Hanson, R. M.; Kluder, J. M.; Ko, S. Y.; Masamune, H.; Sharpless, K. B. *J. Am. Chem. Soc.* **1987**, *109*, 5765.

[16] Takano, S.; Iwabuchi, Y.; Ogasawara, K. *Tetrahedron Lett.* **1991**, *32*, 3527.

[17] Luly, J. R.; Hsiao, C.-N.; BaMaung, N.; Plattner, J. J. *J. Org. Chem.* **1988**, *53*, 6109.

[18] Chong, J. M.; Wong, S. *J. Org. Chem.* **1987**, *52*, 2596.

[19] Mori, K.; Seu, Y. –B.; *Tetrahedron* **1988**, *44*, 1035. (c) Mori, K.; Nakazono, Y. *Tetrahedron* **1986**, *42*, 6459.

[20] Hendrickson, H. S.; Hendrickson, E. K. *Chem. & Phys. Lipids,* **1990**, *53*, 115.

[21] Lee, A. W. M.; Martin, V. S.; Masamune, S.; Sharpless, K. B.; Walker, F. J. *J. Am. Chem. Soc.* **1982**, *104*, 3515.

[22] Russell, S. T.; Robinson, J. A.; Williams, D. J. *J. Chem. Soc., Chem. Commun.* **1987**, 351.

[23] Paterson, I.; Boddy, I.; Mason, I. *Tetrahedron Lett.* **1987**, *28*, 5205.

[24] Paterson, I.; Boddy, I. *Tetrahedron Lett.* **1988**, *29*, 5301.

[25] Paterson, I.; Craw. P. A. *Tetrahedron Lett.* **1989**, *30*, 5799.

[26] Oehlschlager, A. C.; Johnston, B. D. *J. Org. Chem.* **1987**, *52*, 940.

[27] Shibuya, H.; Kawashima, K.; Baek, N. I.; Narita, N.; Yoshikawa, M.; Kitagawa, I. *Chem. Pharm. Bull.* **1989**, *37*, 260.

[28] Hashimoto, M.; Kan, T.; Yanagiya, M.; Shirahama, H.; Matsumoto, T.; *Tetrahedron Lett.* **1987**, *28*, 5665.

[29] Hashimoto, M.; Kan, T.; Nozaki, K.; Yanagiya, M.; Shirahama, H.; Matsumoto, T.; *J. Org. Chem.* **1990**, *55*, 5088.

[30] Nicolaou, K. C.; Duggan, M. E.; Hwang, C.-K.; Somers, P. K. *J. Chem. Soc., Chem. Commun.* **1985**, 139.

[31] Nicolaou, K. C.; Uenishi, J. *J. Chem. Soc., Chem. Commun.* **1982**, 1292.

[32] Nicolaou, K. C.; Daines, R. A.; Uenishi, J.; Li, W. S.; Papahatjis, D. P.; Chakraborty, T. K. *J. Am. Chem. Soc.* **1987**, *109*, 2205.

[33] Nicolaou, K. C.; Daines, R. A.; Uenishi, J.; Li, W. S.; Papahatjis, D. P.; Chakraborty, T. K. *J. Am. Chem. Soc.*

1988, *110*, 4672.

[34] Cimmins, M. T.; Lever, J. G. *Tetrahedron Lett.* **1986**, *27*, 291.

[35] Bonadies, F.; Fabio, R. D.; Gubiotti, A.; Mecozzi, S.; Bonini, C. *Tetrahedron Lett.* **1987**, *28*, 703.

[36] Rastetter, W. H.; Adams, J.; Bordner, J. *Tetrahedron Lett.* **1982**, *23*, 1319.

[37] Baker, S. R.; Boot, J. R.; Morgan, S. E.; Osborne, D. J.; Ross, W. J.; Schrubsall, P. R. *Tetrahedron Lett.* **1983**, *24*, 4469.

[38] Petterson, L.; Frejd, T.; Magnusson, G. *Tetrahedron Lett.* **1987**, *28*, 2753.

[39] Wuts, P. G. M.; D'Costa, R.; Butler, W. *J. Org. Chem.* **1984**, *49*, 2582.

[40] Takahata, H.; Banba, Y.; Momose, T. *Tetrahedron: Asymmetry* **1991**, *2*, 445.

[41] Takahata, H.; Banba, Y.; Momose, T. *Tetrahedron* **1991**, *47*, 7635.

[42] Takahata, H.; Banba, Y.; Tajima, M.; Momose, T. *J. Org. Chem.* **1991**, *56*, 240.

[43] Adams, C. E.; Walker, F. J.; Sharpless, K. B. *J. Org. Chem.* **1985**, *50*, 420.

[44] Corey, E. J.; Hopkins, P. B.; Munroe, J. E.; Marfat, A.; Hashimoto, S. *J. Am. Chem. Soc.* **1980**, *102*, 7986.

[45] Corey, E. J.; Pyne, S. G.; Su, W.-G. *Tetrahedron Lett.* **1983**, *24*, 4883.

[46] Oehlschlager, A. C.; Czyzewska, E. *Tetrahedron Lett.* **1983**, *24*, 5587.

[47] Bernet, B.; Vasella, A. *Tetrahedron Lett.* **1983**, *24*, 5491.

[48] Julina, R.; Herzig, T.; Bernet, B.; Vasella, A. *Helv. Chim. Acta.* **1986**, *69*, 368.

[49] Pale, P.; Chuche, J. *Tetrahedron Lett.* **1987**, *28*, 6447.

[50] Pridgen, L. N.; Shilcrat, S. C.; Lantos, I. *Tetrahedron Lett.* **1984**, *25*, 2835.

[51] Yamakawa, I.; Urabe, H.; Kobayashi, Y.; Sato, F. *Tetrahedron Lett.* **1991**, *32*, 2045.

[52] Levine, S. G.; Bonner, M. P. *Tetrahedron Lett.* **1989**, *30*, 4767.

[53] Urabe, H.; Aoyama, Y.; Sato, F. *J. Org. Chem.* **1992**, *57*, 5056.

[54] Mori, K.; Ebata, T. *Tetrahedron Lett.* **1981**, *22*, 4281.

[55] Mori, K.; Ebata, T. *Tetrahedron* **1986**, *42*, 3471.

[56] Overman, L. E.; Thompson, A. S. *J. Am. Chem. Soc.* **1988**, *110*, 2248.

[57] Corey, E. J.; Tramontane, A. *J. Am. Chem. Soc.* **1984**, *106*, 462.

[58] Ireland, R. E.; Smith, M. G. *J. Am. Chem. Soc.* **1988**, *110*, 854.

[59] Takano, S.; Otaki, S.; Ogasawara, K. *J. Chem. Soc., Chem. Commun.* **1983**, 1172.

[60] Schollkopf, U.; Tiller, T.; Bardenhagen, J. *Tetrahedron* **1988**, *44*, 5293.

[61] Johnston, B. D.; Oehlschlager, A. C. *J. Org. Chem.* **1982**, *47*, 5384.

[62] Abed, A.; Agullo, C.; Arno, M.; Cunat, A. C.; Zaragoza, R. J. *J. Org. Chem.* **1992**, *57*, 50.

[63] Doherty, A. M.; Ley, S. V. *Tetrahedron Lett.* **1986**, *27*, 105.

[64] de Laszlo, S. E.; Ford, M. J.; Ley, S. V. Maw, G. N. *Tetrahedron Lett.* **1990**, *31*, 5525.

[65] Evans, D. A.; Bender, S. L.; Morris, J. *J. Am. Chem. Soc.* **1988**, *110*, 2506.

[66] Kende, A. S.; Rizzi, J. P. *J. Am. Chem. Soc.* **1981**, *103*, 4247.

[67] Rizzi, J. P.; Kende, A. S. *Tetrahedron* **1984**, *40*, 4693.

[68] Naruta, Y.; Nishigaichi, Y.; Maruyama, K. *Tetrahedron Lett.* **1989**, *30*, 3319.

[69] Kanemoto, S.; Nonaka, T.; Oshima, K.; Utimoto, K.; Nozaki, H. *Tetrahedron Lett.* **1986**, *27*, 3387.

[70] Marshall, J. A.; Jenson, T. M. *J. Org. Chem.* **1984**, *49*, 1707.

[71] Sharpless, K. B. *Janssen Chim. Acta.* **1988**, *6*, 3; *Chem. Abstr.* **1988**, *109*, 128034a.

[72] Nemoto, H.; Ishibashi, H.; Nagamochi, M.; Fukumoto, K. *J. Org. Chem.* **1992**, *57*, 1707.

[73] Nemoto, H.; Ishibashi, H.; Fukumoto, K. *Heterocycles* **1992**, *33*, 549.

[74] Hanson, R. M.; Sharpless, K. B. *J. Org. Chem.* **1986**, *51*, 1922.

[75] Klunder, J. M.; Ko, S. Y.; Sharpless, K. B. *J. Org. Chem.* **1986**, *51*, 3710.

[76] Ko, S. Y.; Sharpless, K. B. *J. Org. Chem.* **1986**, *51*, 5413.

[77] Ko, S. Y.; Masamune, H.; Sharpless, K. B. *J. Org. Chem.* **1987**, *52*, 667.

[78] Klunder, J. M.; Onami, T.; Sharpless, K. B. *J. Org. Chem.* **1989**, *54*, 1295.

[79] Lu, L. D.-L.; Johnson, R. A.; Finn, M. G.; Sharpless, K. B. *J. Org. Chem.* **1984**, *49*, 728.

[80] Kang, J.-H.; Siddiqui, M. A.; Sigano, D. M.; Krajewski, K.; Lewin, N. E.; Pu, Y.; Blumberg, P. M.; Lee, J.;

Marquez, V. E. *Org. Lett.* **2004**, *6*, 2413.

[81] Mizutani, H.; Watanabe, M.; Honda, T. *Synlett* **2005**, 793.

[82] (a) Schweiter, M. J.; Sharpless, K. B. *Tetrahedron Lett.* **1985**, *26*, 2543. (b) Adam, W.; Griesbeck, A.; Staab, E. *Tetrahedron Lett.* **1986**, *27*, 2839. (c) Adam, W.; Braun, M.; Griesbeck, A.; Lucchini, V.; Staab, E.; Will, B. *J. Am. Chem. Soc.* **1989**, *111*, 203.

[83] (a) White, J. D.; Jayasinghe, L. R.; *Tetrahedron Lett.* **1988**, *29*, 2138. (b) White, J. D.; Amedio, J. C.; Gut, S.; Jayasinghe, L. *J. Org. Chem.* **1989**, *54*, 4268. (c) Masamune, S.; Choy, W.; Peterson, J. S.; Sita, L. R. *Angew. Chem., Int. Ed. Engl.* **1985**, *24*, 1.

[84] Dolle, R. E.; Nicolaou, K. C. *J. Am. Chem. Soc.* **1985**, *107*, 1691.

[85] Paraskar, A. S.; Sudalai, A. *Tetrahedron* **2006**, *62*, 5756.

[86] (a) Cherian, S. K.; Kumar, P. *Tetrahedron: Asymmetry* **2007**, *18*, 982. (b) Brunner, H.; Sicheneder, A. *Angew. Chem., Int. Ed. Engl.* **1988**, *27*, 718. (c) Evans, D. A.; Williams, J. M. *Tetrahedron Lett.* **1988**, *29*, 5065.

[87] Hughes, P.; Clardy, J. *J. Org. Chem.* **1989**, *54*, 3260.

[88] Nicolaou, K. C.; Prasad, C. V. C.; Somers. P. K.; Hwang, C.-K. *J. Am. Chem. Soc.* **1989**, *111*, 5330.

[89] Ma, P.; Martin, V. S.; Masamune, S.; Sharpless, K. B.; Viti, S. M. *J. Org. Chem.* **1982**, *47*, 1378.

[90] Williams, D. R.; Jass, P. A.; Tse, H.-L. A.; Gaston, R. D. *J. Am. Chem. Soc.* **1990**, *112*, 4552.

[91] Reed. III, L. A.; Ito, Y.; Masamune, S.; Sharpless, K. B. *J. Am. Chem. Soc.* **1982**, *104*, 6468.

[92] Klein, L. L.; McWhorter Jr., W. W.; Ko, S. S.; Pfaff, K.-P.; Kishi, Y.; Uemura, D.; Hirata, Y. *J. Am. Chem. Soc.* **1982**, *104*, 7362.

[93] Ko, S. S.; Finan, J. M.; Yonaga, M.; Kishi, Y.; Uemura, D.; Hirata, Y. *J. Am. Chem. Soc.* **1982**, *104*, 7364.

[94] Fujioka, H.; Christ, W. J.; Cha, J. K.; Leder, J.; Kishi, Y.; Uemura, D.; Hirata, Y. *J. Am. Chem. Soc.* **1982**, *104*, 7367.

[95] McWhorter Jr., W. W.; Kang, S. H.; Kishi, Y. *Tetrahedron Lett.* **1983**, *24*, 2243.

[96] Brimacombe, J. S.; Hanna, R.; Kabir, A. K. M. S. *J. Chem. Soc., Perkin Trans. I* **1987**, 2421.

[97] Brimacombe, J. S.; Kabir, A. K. M. S.; Bennett, F. *J. Chem. Soc., Perkin Trans. I* **1986**, 1677.

[98] Clayden, J.; Collington, E. W.; Warren, S. *Tetrahedron Lett.* **1992**, *33*, 7043.

[99] Krishna, P. R.; Lopinti, K. *Synlett* **2007**, 1742.

[100] Aebi, J. D.; Deyo, D. T.; Sun, C. Q.; Guillaume, D.; Dunlap, B.; Rich, D. H. *J. Med. Chem.* **1990**, *33*, 999.

[101] Levine, S. G.; Bonner, M. P. *Tetrahedron Lett.* **1989**, *30*, 4767.

[102] Wood, R. D.; Ganem, B. *Tetrahedron Lett.* **1982**, *23*, 707.

[103] Rossiter, B. E.; Katsuki, T.; Sharpless, K. B. *J. Am. Chem. Soc.* **1981**, *103*, 464.

[104] Baker, R.; Swain, C. J.; Head, J. C. *J. Chem. Soc., Chem. Commun.* **1986**, 874.

[105] Rossiter, B. E.; Verhoeven, T. R.; Sharpless, K. B. *Tetrahedron Lett.* **1979**, *20*, 4377.

[106] Nagaoka, H.; Kishi, Y. *Tetrahedron* **1981**, *37*, 3873.

[107] Ghilagaber, S.; Hunter, W. N.; Marquez, R. *Org. Biomol. Chem.* **2007**, *5*, 97.

[108] Yadav, J. S.; Pratap, T. V.; Rajender, V. *J. Org. Chem.* **2007**, *72*, 5882.

[109] Chakraborty, T. K.; Purkait, S.; Das, S. *Tetrahedron* **2003**, *59*, 9127.

[110] Morimoto, Y.; Shirahama, H. *Tetrahedron* **1996**, *52*, 10631.

[111] Takahashi, K.; Ogata, M. *J. Org. Chem.* **1987**, *52*, 1877.

[112] Isobe, M.; Kitamura, M.; Mio, S.; Goto, T. *Tetrahedron Lett.* **1982**, *23*, 221.

[113] Kitamura, M.; Isobe, M.; Ichikawa, Y.; Goto, T. *J. Org. Chem.* **1984**, *49*, 3517.

[114] Ichikawa, Y.; Isobe, M.; Bai, D.-L.; Goto, T. *Tetrahedron* **1987**, *43*, 4737.

[115] Ichikawa, Y.; Isobe, M.; Goto, T. *Tetrahedron* **1987**, *43*, 4749.

[116] Isobe, M.; Ichikawa, Y.; Goto, T. *Tetrahedron Lett.* **1985**, *26*, 5199.

[117] Meyers, A. I.; Hudspeth, J. P. *Tetrahedron Lett.* **1981**, *22*, 3925.

[118] Meyers, A. I.; Babiak, K. A.; Campbell, A. L.; Comins, D. L.; Fleming, M. P.; Henning, R.; Heuschmann, M.; Hudspeth, J. P.; Kane, J. M.; Reider, P. J.; Roland, D. M.; Shimizu, K.; Tomioka, K.; Walkup, R. D. *J. Am. Chem. Soc.* **1983**, *105*, 5015.

[119] Nakajima, N.; Tanaka, T.; Hamada, T.; Oikawa, Y.; Yonemitsu, O. *Chem. Pharm. Bull.,* **1987**, *35*, 2228.

[120] Sharpless, K. B.; Behrens, C. H.; Katsuki, T.; Lee, A. W. M.; Martin, V. S.; Takatani, M.; Viti, S. M.; Walker, F. J.; Woodard, S. S. *Pure Appl. Chem.* **1983**, *55*, 589.

[121] Medina, J. C.; Kyler, K. S. *J. Am. Chem. Soc.* **1988**, *110*, 4818.

[122] Reddy, K. S.; Ko, O. H.; Ho, D.; Persons, P. E.; Cassidy, J. M. *Tetrahedron Lett.* **1987**, *28*, 3075.

[123] Ohgiya, T.; Nishiyama, S. *Tetrahedron Lett.* **2004**, *45*, 8273.

[124] Kesenheimer, C.; Groth, U. *Org. Lett.* **2006**, *8*, 2507.

[125] Dormann, K. L.; Bruckner, R. *Angew. Chem. Int. Ed.* **2007**, *46*, 1160.

[126] Diaz, S.; Cuesta, J.; Gonzalez, A.; Bonjoch, J. *J. Org. Chem.* **2003**, *68*, 7400.

[127] Gabarda, A. E.; Du, W.; Isarno, T.; Tangirala, R. S.; Curran, D. P. *Tetrahedron* **2002**, *58*, 6329.

[128] Sodeoka, M.; Iimori, T.; Shibasaki, M. *Tetrahedron Lett.* **1985**, *26*, 6497.

[129] Myers, A. G.; Porteau, P. J.; Handel, T. M. *J. Am. Chem. Soc.* **1988**, *110*, 7212.

[130] Williams, D. R.; Brown, D. L.; Benbow, J. W. *J. Am. Chem. Soc.* **1989**, *111*, 1923.

[131] Erickson, T. J. *J. Org. Chem.* **1986**, *51*, 934.

[132] Abad, A.; Agullo, C.; Arno, M.; Cunat, A. C.; Teresa Garcia, M.; Zaragoza, R. J. *J. Org. Chem.* **1996**, *61*, 5916.

[133] Acemoglu, M.; Uebelhart, P.; Rey, M.; Eugster, C. H. *Helv. Chim. Acta* **1988**, *71*, 931.

[134] Rossiter, B. E.; Sharpless, K. B. *J. Org. Chem.* **1984**, *49*, 3707.

[135] Takano, S.; Iwabuchi, Y.; Ogasawara, K. *Synlett* **1991**, 548.

[136] Ikegami, S.; Katsuki, T.; Yamaguchi, M. *Chem. Lett.* **1987**, 83.

[137] Corey, E. J.; Ha, D.-C. *Tetrahedron Lett.* **1988**, *29*, 3171.

[138] Martin, V. S.; Woodard, S. S.; Katsuki, T.; Yamada, Y.; Ikaeda, M.; Sharpless, K. B. *J. Am. Chem. Soc.* **1981**, *103*, 6237.

[139] Holland, H. L.; Viski, P. *J. Org. Chem.* **1991**, *56*, 5226.

[140] Kitano, Y.; Matsumoto, T.; Okamoto, S.; Shimazaki, T.; Kobayashi, Y.; Sato, F. *Chem. Lett.* **1987**, 1523.

[141] Kitano, Y.; Matsumoto, T.; Wakasa, T.; Okamoto, S.; Shimazaki, T.; Kobayashi, Y.; Sato, F. *Tetrahedron Lett.* **1987**, *28*, 6351.

[142] Kitano, Y.; Matsumoto, T.; Sato, F. *J. Chem. Soc., Chem. Commun.* **1986**, 1323.

[143] Kitano, Y.; Matsumoto, T.; Takeda, Y.; Sato, F. *J. Chem. Soc., Chem. Commun.* **1986**, 1732.

[144] Okamoto, S.; Shimazaki, T.; Kobayashi, Y.; Sato, F. *Tetrahedron Lett.* **1987**, *28*, 2033.

[145] Kobayashi, Y.; Shimazaki, T.; Sato, F. *Chem. Lett.* **1987**, 2163.

[146] Shimazaki, T.; Kobayashi, Y.; Sato, F. *Chem. Lett.* **1988**, 1785.

[147] Sato, F.; Kobayashi, Y. *Synlett* **1992**, 849.

[148] George, S.; Narina, S. V.; Sudalai, A. *Tetrahedron* **2006**, *62*, 10202.

[149] McMee, B. H.; Kalantar, T. H.; Sharpless, K. B.; *J. Org. Chem.* **1991**, *56*, 6966.

[150] Sharpless, K. B.; Verhoeven, T. R. *Aldrichim. Acta* **1979**, *12*, 63.

[151] Hill, J. G.; Rossiter, B. E.; Sharpless, K. B. *J. Org. Chem.* **1983**, *48*, 3607.

[152] Hill, J. G.; Sharpless, K. B.; Exon, C. M.; Regenye, R. *Org. Synth.* **1984**, *63*, 66.

[153] Karjalainee, J. K.; Hormi, O. E. O.; Sherrington, D. C. *Tetrahedron: Asymmetric* **1998**, *9*, 1563.

[154] Canali, L.; Karjalainee, J. K.; Sherrington, D. C. *Chem. Commun.* **1997**, 123.

[155] Karjalainee, J. K.; Hormi, O. E. O.; Sherrington, D. C. *Tetrahedron: Asymmetric* **1998**, *9*, 2019.

[156] Karjalainee, J. K.; Hormi, O. E. O.; Sherrington, D. C. *Tetrahedron: Asymmetric* **1998**, *9*, 3895.

[157] Masamune, S.; Choy, W.; Peterson, J.; Sita, L. R. *Angew. Chem.* **1985**, *97*, 1.

[158] Sharpless, K. B. *Chemica Scripta* **1985**, *25*, 71.

[159] Ko, S. Y.; Lee, A. W. M.; Masamune, S.; Reed, III, L. A.; Sharpless, K. B.; Walker, F. J. *Science* **1983**, *220*, 949.

[160] Ko, S. Y.; Lee, A. W. M.; Masamune, S.; Reed, III, L. A.; Sharpless, K. B.; Walker, F. J. *Tetrahedron* **1990**, *46*, 245.

[161] Crimmins, M. T.; Debaillie, A. C. *J. Am. Chem. Soc.* **2006**, *128*, 4936.

[162] Tsuchiya, S.; Sunazuka, T.; Hirose, T.; Mori, R.; Tanaka, T.; Iwatsuki, M.; Omura, S. *Org. Lett.* **2006**, *8*,

5577.

[163]　Roush, W. R.; Adam, M. A. *J. Org. Chem.* **1985**, *50*, 3752.

[164]　Parker, K. A.; Lim, Y.-H. *J. Am. Chem. Soc.* **2004**, *126*, 15968.

[165]　Boruwa, J.; Gogoi, N.; Barua, N. C. *Org. Biomol. Chem.* **2006**, *4*, 3521.

[166]　Jobson, N. K.; Spike, R.; Crawford, A. R.; Dewar, D.; Pimlott, S. L.; Sutherland, A. *Org. Biomol. Chem.* **2008**, *6*, 2369.

[167]　Kitano, Y.; Matsumoto, T.; Sato, F. *Tetrahedron* **1988**, *44*, 4073.

斯文氧化反应

(Swern Oxidation)

刘　飞

1 历史背景简述

斯文氧化反应 (Swern Oxidation) 是现代有机合成中最常用的反应之一。Swern 氧化反应取名于对该反应做出杰出贡献的美国有机化学家 Daniel Swern。Swern (1916-1982) 在美国马里兰大学获博士学位。二战期间，他供职于美国农业部，利用聚氯乙烯热可塑树脂制作出柔软的、更具弹性的塑料。之后，Swern 任教于坦普尔大学化学系，担任教授和高级研究员直至逝世。

早在 1957 年，就出现了 Swern 氧化的雏形。Kornblum 及其合作者发现 α-溴代酮结构中的溴可以在二甲亚砜 (DMSO) 存在条件下转化为羰基 (Kornblum 反应) (式 1)[1]。Kornblum 等对该反应进一步研究后又发现：在 150 ℃ 条件下，DMSO 和碳酸氢钠可以在 3 min 内将磺酸酯转化为醛 (式 2)[2]。

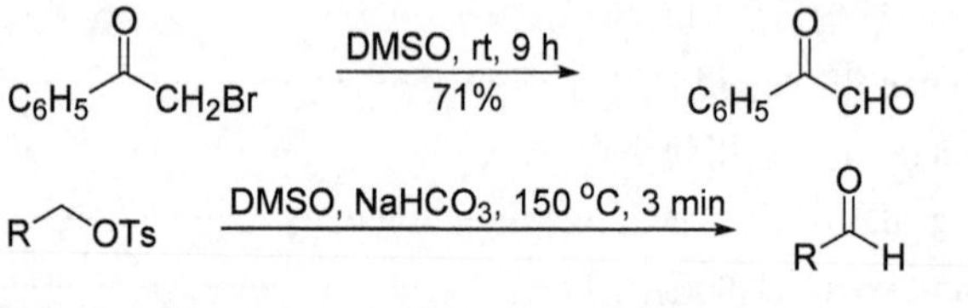

$$C_6H_5 \cdot CH_2Br \xrightarrow[71\%]{DMSO,\ rt,\ 9\ h} C_6H_5 \cdot CHO \qquad (1)$$

$$R \cdot OTs \xrightarrow{DMSO,\ NaHCO_3,\ 150\ ^{\circ}C,\ 3\ min} R \cdot CHO \qquad (2)$$

1963 年，Pfitzner 和 Moffatt 等偶然发现 DMSO 与 N,N'-二环己基碳二亚胺 (DCC) 和磷酸一起，可以在温和条件下将醇羟基氧化为羰基 (式 3) (Pfitzner-Moffatt 氧化)[3]。相对于其它氧化羟基的方法，该氧化具有很多优点，特别适用于那些对反应条件敏感的底物。由于在伯醇的氧化反应中没有过度氧化的副产物酸生成，从而引起了人们的广泛关注。

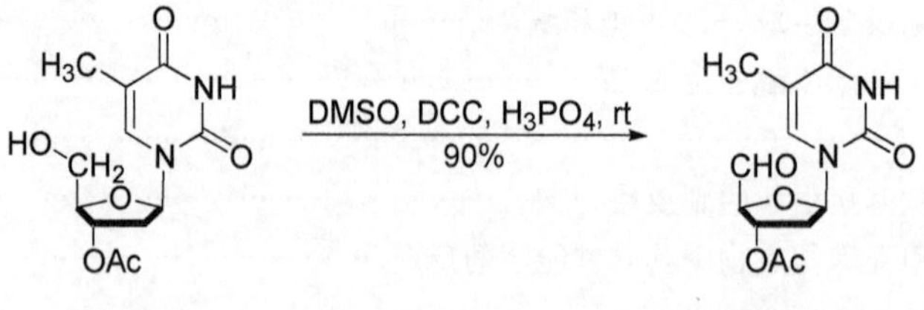

$$\xrightarrow[90\%]{DMSO,\ DCC,\ H_3PO_4,\ rt} \qquad (3)$$

化学家们很快就意识到：除了 DCC 外，其它亲电试剂也可以活化 DMSO 来进行醇羟基的氧化反应。例如：1965 年，Albright 和 Onodera 分别发现了醋酐和五氧化二磷可以用作 DMSO 活化试剂[4,5]；1967 年，Doering 和 Parikh 发现三氧化磷吡啶复合物也是很好的 DMSO 活化试剂[6]。在接下来的几年中，化学家们对各种亲电试剂进行了测试，发现了许多 DMSO 活化试剂及其相关的氧化反应。

在前人研究的基础上，Swern 研究组在 1976 年将三氟乙酸酐开发成为 DMSO 活化试剂[7]。1978 年，他们又发现草酰氯是更为有效的 DMSO 活化试剂 (式 4)[8]。尽管使用草酰氯进行的反应需要在低温下进行，并且产生剧毒一氧化碳气体，但与其它 DMSO 活化试剂相比较，使用草酰氯通常会取得更高的产率。由于后来使用草酰氯为 DMSO 活化试剂介导的醇羟基的氧化反应在有机合成中得到了广泛的应用，所以称之为 Swern 氧化反应。

$$
\underset{R^1}{\overset{OH}{\diagdown}} R^2 \xrightarrow[\text{2. amine base}]{\text{1. DMSO, (COCl)}_2} \underset{R^1}{\overset{O}{\diagup}} R^2 \qquad (4)
$$

除草酰氯外，目前有机合成中最常用的 DMSO 活化试剂依次是：DCC、三氧化硫-吡啶复合物、三氟乙酸酐、乙酸酐和五氧化二磷等。

2　Swern 氧化反应及其二甲亚砜介导的氧化反应机理

1958 年，Smith 和 Winstein 等对 Kornblum 反应的机理进行了研究。他们认为：在反应过程中，DMSO 首先取代卤素或者磺酸酯形成烷氧基锍盐，然后在碱的帮助下发生 1,2-消除反应生成产物 (醛或者酮) (式 5)[9]。

$$
\underset{R^1}{\overset{X}{\diagdown}} R + Me_2SO \xrightarrow{-X^-} \underset{R^1}{\overset{OSMe_2^+}{\diagdown}} R \xrightarrow{\text{base}, -H^+, -Me_2S} \underset{R^1}{\overset{O}{\diagup}} R \qquad (5)
$$

1965 年，在 Pfitzner-Moffatt 氧化反应发现两年后，Moffatt 和 Albright 两个研究组几乎同时发表了对这一反应机理的研究结果 (式 6~式 8)[10,11]。他们认为：质子化的 DCC 与 DMSO 反应首先生成了活化的 DMSO 中间体 1。在该中间体中，锍离子上连接一个很好的离去基团。当醇与中间体 1 反应时，取代离去基团生成了烷氧基锍盐 3。然后，烷氧基锍盐在碱性条件下失去一个质子生成中间体 4。最后，4 脱去一分子二甲硫醚得到氧化产物。

$$
RN=C=NR + H^+ \rightleftharpoons RHN-\overset{+}{C}=NR \xrightarrow{(CH_3)_2SO} \underset{RHN}{\overset{Me}{\underset{Me}{\overset{+}{S}}}}\overset{O}{\diagdown} NR \qquad (6)
$$

$$1 + \underset{R^1}{\overset{OH}{\underset{|}{C}}} R^2 \xrightarrow{-H^+} \underset{\mathbf{2}}{\overset{RHN}{\underset{RN}{\overset{|}{C}}}\overset{Me}{\underset{Me}{\overset{|}{S}}}O\overset{R^1}{\underset{R^2}{\overset{|}{C}}}} \longrightarrow \underset{RHN}{\overset{O}{\overset{||}{C}}}NHR + \underset{Me}{\overset{R^1}{\underset{Me}{\overset{|}{S}}}}\overset{O}{\overset{|}{C}}\overset{R^1}{R^2} \quad (7)$$

$$\underset{\mathbf{}}{\overset{R^1}{\underset{Me}{\overset{|}{C}}R^2}}\underset{O}{\overset{|}{\underset{S^+}{\underset{Me}{}}}} \xrightarrow{B:} \underset{\mathbf{4}}{R^1R^2C}\overset{H}{\underset{O}{\overset{}{\overset{Me}{\underset{Me}{S^+}}}}} \longrightarrow \underset{R^1}{\overset{O}{\overset{||}{C}}}R^2 + Me\overset{}{\underset{}{S}}Me \quad (8)$$

　　与 DCC 在 Pfitzner-Moffatt 氧化反应中的作用类似，草酰氯在 Swern 氧化反应中的作用也是作为亲电试剂来活化 DMSO。Swern 氧化的反应历程包括四步：(1) DMSO 与草酰氯反应生成中间体 **5**；(2) 中间体 **5** 脱去一分子二氧化碳和一分子一氧化碳生成活化的二甲基氯锍盐 **6**；(3) 在 −78 °C 条件下，锍盐 **6** 与醇反应生成烷氧基锍盐 **7**；(4) 在碱的作用下，生成中间体 **8** 并脱去一分子二甲硫醚得到氧化产物 **9**(式 9～式 12)。

$$\underset{Me}{\overset{Me}{\overset{}{S}}}=O \longleftrightarrow \underset{Me}{\overset{Me}{\overset{+}{S}}}-O^- \xrightarrow{} \underset{Me}{\overset{Me}{\overset{+}{S}}}-O\underset{O}{\overset{O}{\overset{||}{C}}}\overset{||}{C}Cl \quad (9)$$
$$\mathbf{5}$$

$$Cl^- \underset{Me}{\overset{Me}{\overset{+}{S}}}O\underset{O}{\overset{O}{\overset{||}{C}}}\overset{||}{C}Cl \xrightarrow{} Cl-\underset{Me}{\overset{Me}{\overset{+}{S}}} + CO_2 + CO + Cl^- \quad (10)$$
$$\mathbf{5} \qquad\qquad \mathbf{6}$$

$$Cl-\underset{Me}{\overset{Me}{\overset{+}{S}}} + :\overset{H}{\underset{}{O}}-CH_2 \xrightarrow{} Cl^- \underset{Me}{\overset{Me}{\overset{+}{S}}}O^+\underset{}{\overset{H}{\underset{R}{}}}R \xrightarrow{:NEt_3} \underset{Me}{\overset{Me}{\overset{+}{S}}}O\overset{}{\underset{R}{}}R \quad (11)$$
$$\mathbf{6} \qquad\qquad\qquad\qquad \mathbf{7}$$

$$\underset{Me}{\overset{H}{\overset{|}{\underset{+}{S}}}}O-R \xrightarrow{:NEt_3} \underset{Me}{\overset{H_2\overset{-}{C}}{\overset{}{\underset{+}{S}}}}O\overset{H}{\underset{R}{}} \xrightarrow{} \underset{H}{\overset{O}{\overset{||}{C}}}-R + Me\overset{}{\underset{}{S}}Me \quad (12)$$
$$\mathbf{7} \qquad\qquad \mathbf{8} \qquad\qquad \mathbf{9}$$

　　基于以上的反应机理，Swern 氧化具有一定的化学选择性。在对醇的混合物进行氧化时，如果 DMSO 的用量小于醇的摩尔用量，那么 R 基为供电子基团或者空间位阻小的醇首先发生氧化反应。这是因为当 R 基为供电子基团或者空间位阻较小时，生成的烷氧基锍盐 **7** 更为稳定。如果将不同的醇分次加入，最早加入的醇优先被氧化。但是，由于烷氧基锍盐 **7** 中的 RCH$_2$- 基团可以在不同的醇之间进行交换，且 Et$_3$N 与 **7** 的反应速度远远快于这一交换的速度。所以，若在加入 Et$_3$N 前将该溶液放置一段时间，则仍然是富电子醇或者空间位阻小的醇优先被氧化[12]。

其它 DMSO 活化试剂介导的醇羟基的氧化反应的机理与 DCC 和草酰氯的类似，也都要经过生成活化 DMSO 和烷氧基锍盐两个关键中间体步骤，最终在碱性条件下进行分子内反应得到氧化产物。

由于活化试剂在活化 DMSO 能力上的差异，不同 DMSO 活化试剂介导的氧化反应所需要的反应条件也不同。与草酰氯相比，其它几种氧化反应一般需要较高的反应温度和较长的反应时间。例如：醋酸酐介导的氧化反应需要在室温条件下反应数小时；吡啶/三氧化硫介导的氧化反应需要在室温条件下反应 30~35 min；五氧化二磷介导的氧化反应需要在 65 °C 反应 2 h 或者室温反应 15 h。在 Swern 氧化中，中间体氯锍离子 6 和烷氧基锍盐 7 以及最终产物羰基化合物 9 的形成，都可以在 –78 °C 条件下快速完成。

对比实验显示：使用不同的 DMSO 活化试剂可以产生不同量的硫甲基醚副产物。例如：在醋酐作为 DMSO 活化试剂时，发生的氧化反应会普遍产生烷氧基甲基硫甲醚 10。但是，使用吡啶/三氧化硫作为活化试剂时，则很少产生该副产物。

从反应机理上可以看出，生成副产物 10 有两种可能的途径：(1) 烷氧锍叶立德 8 通过分子内重排反应直接生成 (式 13)；(2) 锍叶立德 $XS^+(CH_3)CH_2^-$ (X 可以来自于醇或者活化试剂) 分解首先得到中间体 $CH_3SCH_2^+$，然后 $CH_3SCH_2^+$ 通过再与醇反应而生成 (式 14)。如果反应是按照第一种途径进行，那么使用不同的 DMSO 活化试剂对相同的醇进行氧化时，应该产生完全相同的副产物 10，而这与实验事实不相符合。因此，目前一般认为副产物 10 的产生主要是通过后一种反应途径生成的。

$$
\begin{array}{ccc}
RO-\overset{+}{\underset{CH_2^-}{S}}-Me & \longrightarrow & \underset{10}{ROH_2C-\underset{Me}{S}} & (13)
\end{array}
$$

$$
\begin{array}{ccccc}
X-\overset{+}{\underset{CH_2^-}{S}}-Me & \xrightarrow{-X^-} & H_2C\overset{+}{\underset{Me}{S}} & \xrightarrow{ROH} & \underset{10}{ROH_2C-\underset{Me}{S}} & (14)
\end{array}
$$

在醋酐作为 DMSO 活化试剂时，首先生成活化中间体 11。在室温条件下，中间体 11 可以经过醇的取代生成烷氧基锍盐 7。由于 11 在室温条件下也容易生成烷氧基锍盐 12，所以也同时生成 12 的分解产物 $CH_3SCH_2^+$。最后，$CH_3SCH_2^+$ 与醇反应生成副产物 10 (式 15)。

$$\begin{array}{c} \text{Me} \\ \text{S=O} \\ \text{Me} \end{array} + (\text{MeCO})_2\text{O} \longrightarrow \begin{array}{c} \text{Me} \\ \text{S}^+\text{—OCMe} \\ \text{Me} \\ \textbf{11} \end{array} \xrightarrow{\text{ROH}} \begin{array}{c} \text{Me} \\ \text{S}^+\text{—OR} \\ \text{Me} \\ \textbf{7} \end{array}$$

$$\begin{array}{c} \text{Me} \quad \text{O} \\ \text{S}^+\text{—OCMe} \\ ^-\text{H}_2\text{C} \\ \textbf{12} \end{array}$$

$$\begin{array}{c} \text{ROH}_2\text{C} \\ \text{S} \\ \text{Me} \\ \textbf{10} \end{array} \xleftarrow{\text{ROH}} \begin{array}{c} \text{Me}\overset{+}{\text{S}}\text{—Me} \end{array} \qquad (15)$$

与醋酐的活化条件相比，乙酰溴可以在 –60 ℃ 快速将 DMSO 活化。乙酰氯虽然要慢很多，但是也可以在该温度下进行[13]。在这些条件下，生成的中间体 **11** 可以在 –60 ℃ 保存较长时间且可以与醇快速反应。由于这些反应可以在低温下进行，因此大大降低了副产物 **10** 的生成机会。进一步的机理研究表明：除了活化的中间体 **11** 是主要的反应中间体外，$(\text{CH}_3)_2\text{SCl}^+$ 和 $(\text{CH}_3)_2\text{SBr}^+$ 也是重要的反应中间体[14,15]。

产生 $\text{CH}_3\text{SCH}_2^+$ 的锍叶立德 $\text{XS}^+(\text{CH}_3)\text{CH}_2^-$ 中的 X，既可以来自于 DMSO 活化试剂，也可以来自于反应底物。Swern 等发现：使用较大位阻的底物或者在反应体系中加入较大位阻的碱，都会降低氧化反应中副产物 **10** 的生成。因此，Swern 等认为：烷氧基锍盐产生 $\text{CH}_3\text{SCH}_2^+$ 的过程可能是一个亲核取代过程（式 16）[13]。

$$\begin{array}{c} \text{Me} \\ \overset{+}{\text{S}}\text{—O—CH}_2\text{R} \\ \text{Me} \\ \textbf{7} \end{array} \xrightarrow{\text{Et}_3\text{N}} \begin{array}{c} \text{Et}_3\text{N}^{\delta-} \\ \text{RO}\overset{+}{\underset{|}{\text{S}}}{}^{\delta+}\text{—Me} \\ \text{H—CH}_2 \end{array} \longrightarrow \text{Me}\text{—}\overset{+}{\text{S}}\text{=CH}_2 \qquad (16)$$

在 –50 ℃ 条件下，向烷氧基锍离子中加入 $\text{BF}_3 \cdot \text{Et}_2\text{O}$ 后再加入 Et_3N 会生成较高产率的副产物 **10**。这可能是因为三氟化硼与烷氧基锍盐形成配合物，促进了烷氧基锍盐的分解（式 17）[13]。

$$\begin{array}{c} \text{Me} \\ \text{F}_3\text{B}^-\text{—O}\text{—}\overset{+}{\underset{|}{\text{S}}}\text{—Me} \\ \text{R} \end{array} \xrightarrow{\text{Et}_3\text{N}} \text{ROBF}_3 + \text{Me}\text{—}\overset{+}{\text{S}}\text{=CH}_2 \longrightarrow \begin{array}{c} \text{ROH}_2\text{C} \\ \text{S} \\ \text{Me} \\ \textbf{10} \end{array} \qquad (17)$$

除了亲电试剂可以得到活化的 DMSO 外，Corey 和 Kim 等人还利用二甲硫醚与氯气或者 N-氯代丁二酰亚胺反应，同样可以进行醇羟基的氧化反应。Corey 和 Kim 等对这两个反应的机理进行研究认为：氯气与二甲基硫醚反应实际上是生成了活化 DMSO 中间体 **6**，这与 Swern 氧化反应过程中所产生的活

化 DMSO 结构相同 (式 18)[16]。而 *N*-氯代丁二酰亚胺与二甲硫醚反应则首先
生成活化 DMSO 中间体 **13**,再与醇反应生成烷氧基锍盐,最后在碱性条件下
发生分子内反应得到氧化产物 (式 19 和式 20)[8]。

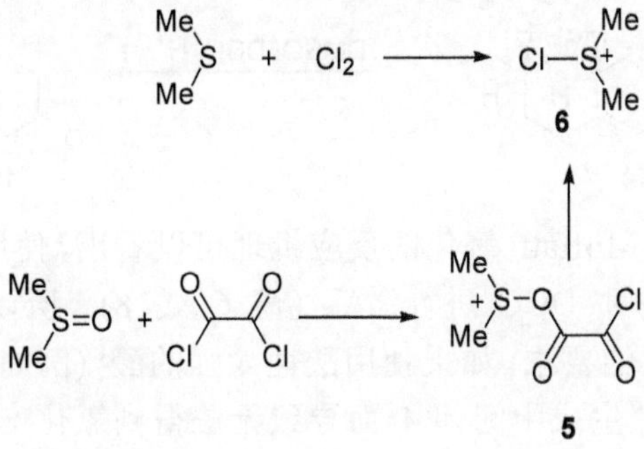

$$Me_2S + Cl_2 \longrightarrow Cl-S^+(Me)_2 \quad \mathbf{6}$$

$$Me_2S{=}O + \underset{Cl}{\overset{O\ \ O}{\bigvee}}Cl \longrightarrow Me_2\overset{+}{S}-O-\underset{O}{\overset{O}{\bigvee}}Cl \quad (18)$$

5

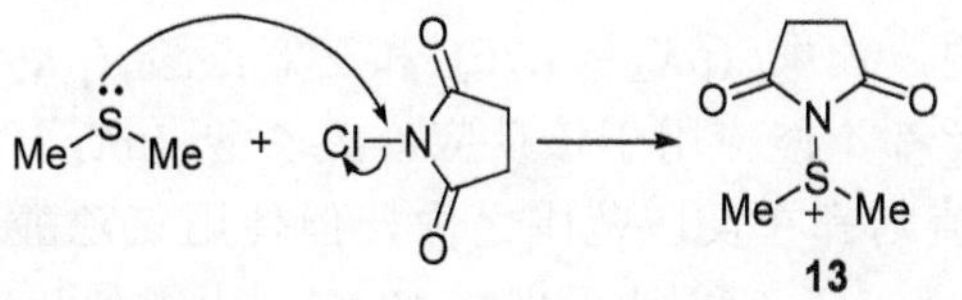

$$ (19) $$

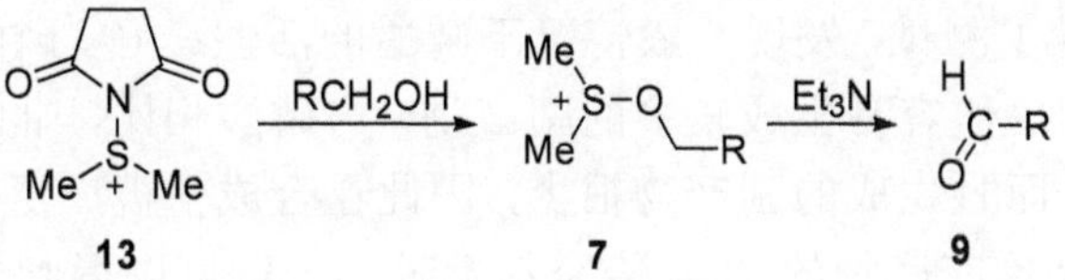

13

$$ (20) $$

13 **7** **9**

3 活化二甲亚砜介导的氧化反应的类型和条件综述

    根据使用 DMSO 活化试剂的不同,通常将 DMSO 介导的醇羟基的氧化反
应分为以下几类:Pfitzner-Moffatt 氧化 (DCC 或者其它碳二酰亚胺类化合物作
为活化试剂);Albright-Goldman 氧化 (醋酸酐作为活化试剂);Parikh-Doering 氧
化 (三氧化硫-吡啶复合物作为活化试剂);Albright-Onodera 氧化 (五氧化二磷
作为活化试剂);Omura-Sharma-Swern 氧化 (三氟乙酸酐作为活化试剂);Swern
氧化 (草酰氯作为活化试剂);Corey-Kim 氧化 (氯气或者 *N*-氯代丁二酰亚胺活
化二甲硫醚)。

3.1 Pfitzner-Moffatt 氧化

    Pfitzner 和 Moffatt 在对核苷进行缩合反应时,使用 DCC 缩合试剂在
DMSO 溶剂进行。但是,他们没有得到预期的缩合产物,而是得到了核苷的氧
化产物[3]。因为与其它氧化剂相比,该反应没有过度氧化成酸的副产物生成,从

而引起 Moffatt 等人的注意。他们利用睾酮 (**14**) 的氧化反应为模型，对反应条件进行了进一步的优化 (式 21)[17,18]。

(21)

从 Pfitzner-Moffatt 氧化的反应机理可以看出，使用 DCC 作为活化试剂时，必须首先利用酸对 DCC 进行激活 (式 6~式 8)。所以，Pfitzner-Moffatt 氧化对酸的强弱有一定的要求。如果使用酸性太强的酸 (例如：HCl、H_2SO_4 或者 $HClO_4$ 等)，会因为无法生成中间体 **4** 而导致无法得到氧化产物[18]。但是，如果酸的酸性太弱，也不能得到氧化产物。在睾酮 **14** 的氧化反应中，酸的 pK_a 值必须在一定的范围之内。乙酸 ($pK_a = 4.76$) 和三氯乙酸 ($pK_a = 0.66$) 的 pK_a 值都在该范围之外，因此都不能应用于该反应。氯乙酸 ($pK_a = 2.86$) 和二氯乙酸 ($pK_a = 1.25$) 的 pK_a 值则都在反应范围之内，但使用氯乙酸时由于反应速度太慢而无法完成反应，使用二氯乙酸则可以在 10 min 内得到几乎定量的氧化产物。Moffatt 等对多种酸进行了测试，发现一般情况下磷酸的活性最好。磷酸可以在较短时间内完成氧化反应，但容易生成较多的副产物。与磷酸相比，吡啶三氟乙酸盐也具有很好的活性，而且生成的副产物很少，因此在合成中被广泛使用。当吡啶三氟乙酸盐的用量是反应底物的 0.5 倍摩尔量时，一般可以得到最佳的结果。降低其用量则会使反应活性下降，而增大用量又会导致产物的收率下降。对位阻较大的醇羟基进行 Pfitzner-Moffatt 氧化时，使用吡啶三氟乙酸盐有时不能得到产物，在这种情况下最好使用磷酸。

DCC 的用量是底物的 3 倍摩尔量为佳，降低 DCC 用量则会降低反应的收率。DMSO 必须过量，一般用量是底物的 6 倍摩尔量以上。继续增加 DMSO 的用量虽不能使反应产率有显著的提高，但仍存在一定的上升趋势。有时，DMSO 用量达到溶剂量的一半时 (例如：DMSO:PhH = 1:1) 可以获得最佳的反应产率。也可以直接使用 DMSO 作为反应溶剂，但产物收产率与使用 1:1 的 PhH-DMSO 混合溶剂相当。

在后来的研究中发现：从睾酮 (**14**) 氧化反应中总结的反应条件几乎适用于各种醇的 Pfitzner-Moffatt 氧化。最佳反应条件包括：一般使用 3 倍摩尔量的 DCC 或者其它碳二酰亚胺化合物，0.5 倍底物摩尔量的吡啶三氟乙酸盐作为酸催化剂，1:1 的苯-DMSO 混合物作为反应溶剂。

近年来，有研究者使用水溶性的 EDC [1-(3-二甲氨基丙基)-3-乙基碳二亚胺] 来代替 DCC，使得反应后处理变得更加方便[19]。也有研究者在反应体系中使用甲苯[20]、二氯甲烷[21]和乙二醇二甲醚[22]等作为反应溶剂或者使用二氯乙酸[23]、磷酸[24]、吡啶甲磺酸盐[25]、吡啶磷酸盐[26]和吡啶盐酸盐[27]等作为酸催化剂，也都得到了预期的产物。值得注意的是，反应溶剂的选择一般都局限于低极性溶剂，使用极性高的溶剂一般会增加副产物 **10** 的生成[16a]。

3.2 Albright-Goldman 氧化

1965 年，Albright 和 Goldman 等发现 DMSO 和醋酸酐混合物可以在室温下将醇羟基氧化为羰基[11]。两年后，他们又以生物碱育亨宾 (**16**) 为底物对该氧化反应的条件进行了优化[4]。在实验中他们发现：育亨宾与 DMSO 及醋酸酐反应除了预期的氧化产物 **17** 外，还产生少量副产物硫醚 **18** (式 22)。通过对反应条件的反复优化，他们发现以 DMSO 作为反应溶剂和醋酸酐用量为底物的 5 倍摩尔量时，所产生的副产物量相对最少。

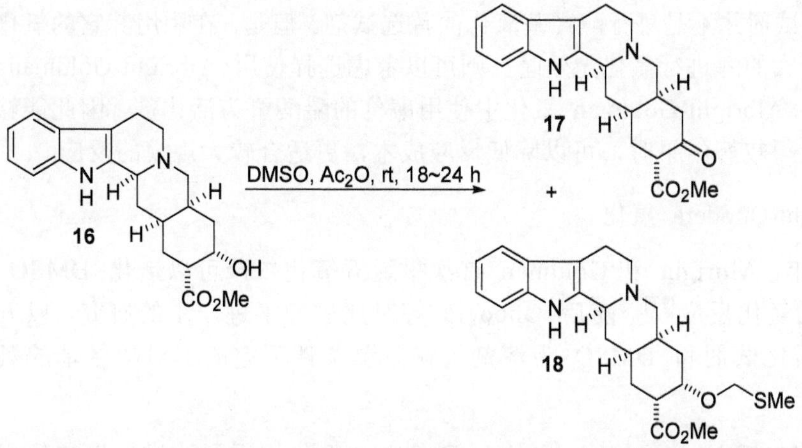

Albright 和 Goldman 在实验中还发现：副产物硫醚的生成与底物结构密切相关，位阻较大的醇在氧化反应中产生的副产物较少[12]。例如：在化合物 **19** (式 23) 和化合物 **21** (式 24) 的氧化反应中，醇羟基位阻较大的 **19** 给出了较高的产率，几乎无副产物产生；而位阻较少的化合物 **21**，则生成较高产率的副产物 **23**。因此，Albright-Goldman 氧化更多应用于那些位阻较大的羟基化合物的氧化反应。而且，一般要使用大大过量的醋酸酐，有时还需要加热才可以使反应顺利进行。

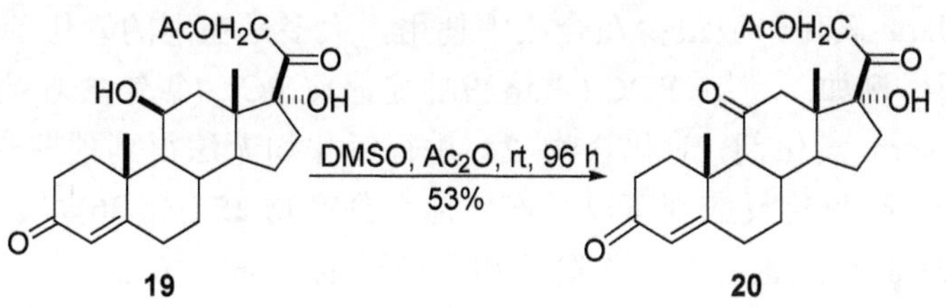

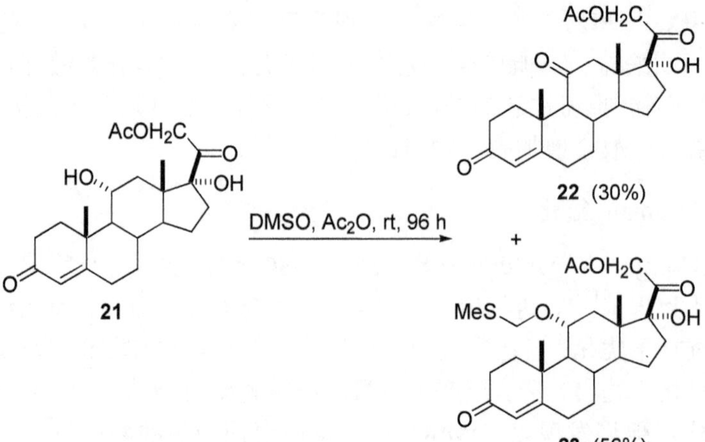

$$\text{21} \xrightarrow{\text{DMSO, Ac}_2\text{O, rt, 96 h}} \text{22 (30\%)} + \text{23 (56\%)} \tag{24}$$

由于一些结构简单的底物在 Albright-Goldman 氧化条件下很容易产生副产物，因此该试剂并不是进行醇羟基氧化的首选试剂。但是，在利用其它的氧化方法对位阻较大的醇进行氧化无效时，则可以考虑选择使用 Albright-Goldman 氧化。由于在 Albright-Goldman 氧化中使用廉价的醋酸酐为活化剂，因此能够利用该反应取得较好结果时，可以降低反应成本，更适合较大规模的反应。

3.3　Albright-Onodera 氧化

1965 年，Albright 和 Goldman 首次报道五氧化二磷可以活化 DMSO 进行醇羟基的氧化反应[11]。随后 Onodera 等对此进行了进一步的研究，以五氧化二磷为活化试剂和 DMSO 为溶剂，在室温条件下完成了对醇羟基的氧化反应[5]。

1987 年，Taber 等人对 Albright-Onodera 氧化进行了改进，以二氯甲烷为反应溶剂。这样，使用 1.8 倍摩尔量的五氧化二磷、2 倍摩尔量的 DMSO 和 3.5 倍摩尔量的 Et_3N，在室温条件下以较高的产率完成了醇羟基的氧化反应（式 25）[28]。

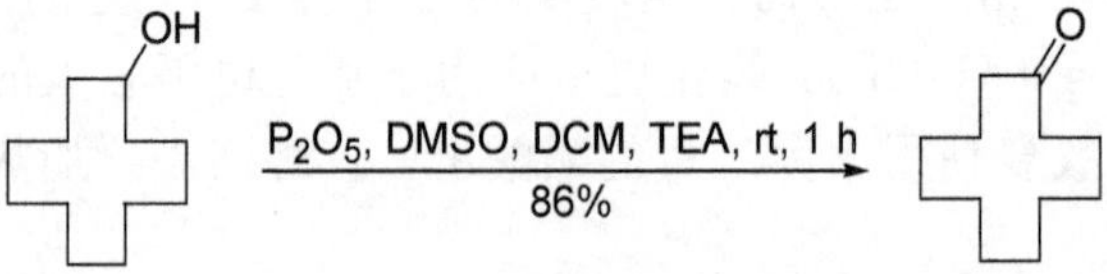

$$\xrightarrow[\text{86\%}]{\text{P}_2\text{O}_5, \text{DMSO, DCM, TEA, rt, 1 h}} \tag{25}$$

Albright-Onodera 氧化一般很少在合成中使用，大多是在别的氧化剂无效的条件下才考虑使用。例如：利用 PDC (重铬酸吡啶盐)、PCC (氯铬酸吡啶盐) 和 DMSO-草酰氯 (Swern 氧化剂) 对化合物 **24** 进行氧化均无法得到预期产物，但使用 Albright-Onodera 氧化反应则可以高产率地得到产物 **25** (式 26)[29]。除此之外，Albright-Onodera 反应也具有操作简便和反应试剂经济的优点。

$$\text{(26)}$$

3.4 Parikh-Doering 氧化

1967 年，Parikh 和 Doering 开发了三氧化硫-吡啶复合物作为 DMSO 活化试剂[6]。他们使用 3~3.3 倍摩尔量的三氧化硫-吡啶复合物和 DMSO 溶剂，在室温下选择性地将化合物 **26a** 中的烯丙基醇氧化成为相应的醛 **26b**。如果在该反应中使用 Albright-Goldman 氧化，除了产物 **26b** 外还可以得到另外 6 个副产物 **26c~h**。使用 Pfitzner-Moffatt 氧化，则根本不能得到产物 **26b**。

a R = OH, R^1 = H, R^2 = CH$_2$OH
b R = OH, R^1 = H, R^2 = CHO
c R = OH, R^1 = H, R^2 = CH$_2$OCH$_2$SCH$_3$
d R = R^1 = O, R^2 = CH$_2$OCH$_2$SCH$_3$
e R = OH, R^1 = H, R^2 = CH$_2$OCO$_2$CH$_3$
f R = R^1 = O, R^2 = CH$_2$OCO$_2$CH$_3$
g R = R^1 = O, R^2 = CHO
h R = OH, R^1 = H, R^2 = CHO

进一步研究表明：Parikh-Doering 氧化在 0~10 °C 条件下的反应效果比在室温条件下更好。例如：在室温条件下，化合物 **27** 生成氧化产物的产率仅有 24%，而且羰基 α-位上的手性碳还发生了外消旋化 (式 27)。如果该反应在 10 °C 进行，不仅产率可以达到 95%，而且避免了 α-位手性碳的外消旋化。为了能让该反应在低于 DMSO 熔点的温度下进行反应，一般使用 DMSO 和甲苯混合溶剂 (5:1)[30]。

$$\text{(27)}$$

除了 PhMe-DMSO 外，CH$_2$CCl$_2$-DMSO 也是 Parikh-Doering 反应中最常使用的混合溶剂。使用该混合溶剂，DMSO 的用量最低可以达到底物的 3 倍摩尔量[31]。另外，还可以使用 THF-DMSO[32]和 CHCl$_3$-DMSO[33]作为反应溶剂。

三氧化硫-吡啶复合物可以与醇[34]、酚[35]、胺[36]和酰胺[37]等亲核试剂发生磺酰化反应。因此在反应操作过程中，一般是让三氧化硫-吡啶复合物和 DMSO 反应一段时间后再加入反应底物。

与其它反应相比，Parikh-Doering 氧化最大的特点就是几乎不会生成副产物烷氧基甲基硫甲醚。

3.5 Omura-Sharma-Swern 氧化

1965 年，Albright 和 Goldman 最早尝试使用三氟醋酸酐活化 DMSO。但是，他们在室温条件下进行反应时发现三氟醋酸酐并不能有效地活化 DMSO[4,11]。1976 年，Swern 等在低温下尝试使用三氟醋酸酐活化 DMSO。他们发现：三氟醋酸酐活化的 DMSO 可以在较低温度下稳定存在，并可以有效地进行醇羟基的氧化反应。接着，Omura、Sharma 和 Swern 一起对该反应进行了进一步的研究和优化[38]。

为了使 Omura-Sharma-Swern 氧化在低温中进行，必须使用 DMSO 的混合溶剂 (一般使用二氯甲烷)。与其它反应相比，该反应比较容易产生副产物烷氧基甲基硫甲醚。使用极性较低的溶剂可以降低副产物的生成，但有些低极性溶剂对三氟醋酸酐活化的 DMSO 溶解性不好。使用二氯甲烷作溶剂既可以较好地溶解三氟醋酸酐活化的 DMSO，又可以降低副产物的生成。除二氯甲烷外，甲苯是另外一个经常用于该反应的溶剂。

在该反应中，最后用于分解烷氧锍盐的胺对反应的产率具有很大的影响。Swern 等认为：在反应中使用位阻较大的胺 (如 Hünig 碱)，可以提高反应的产率。一般使用 Hünig 碱比使用 Et$_3$N 可以使产物的产率提高 5%~25%。除 Hünig 碱和 Et$_3$N 外，DBU 也常常用于该反应[39]。

由于 Omura-Sharma-Swern 氧化比较容易生成三氟乙酰化的副产物，因此一般较少用于合成反应。但是，使用位阻较大的底物可以大大降低副产物的生成，容易得到较高产率。所以，当使用其它方法对位阻较大的羟基进行氧化无效时，使用该反应则往往会得到较高的产率。

3.6 Swern 氧化

1978 年，Swern 等人开发了草酰氯作为 DMSO 的活化试剂[8]。他们对大量的 DMSO 活化试剂进行比较，实验结果证明，草酰氯是活性最高的活化试剂[13]。由于 Swern 氧化的收率一般高于同类型的氧化反应，因此在有机合成中成为该类反应中的首选试剂。

Swern 氧化必须在较低的温度下进行。但为了方便操作，实验中一般尽可能提高反应的温度。由于二甲基氯锍离子 $(CH_3)_2S^+Cl$ 在 $-20\,^{\circ}C$ 以上会发生分解，所以 DMSO 被活化的温度一般控制在 $-20\,^{\circ}C$ 以下。$(CH_3)_2S^+Cl$ 与醇反应生成的烷氧基锍盐 $(CH_3)_2S^+OR$ 的稳定性则依赖醇的结构。当 R 基团为烯丙基或者苄基时，$(CH_3)_2S^+OR$ 较易分解[11]，这时反应温度越低越好。当 R 基团为其它烷基时，$(CH_3)_2S^+Cl$ 与醇反应甚至可以在 $-10\,^{\circ}C$ 进行[40]。例如：将十二醇的 Swern 氧化反应整个过程在 $-60\,^{\circ}C$ 下进行，产物的产率为 99%。如果将

$(CH_3)_2S^+Cl$ 与醇的反应温度提高到 $-10\ ^{\circ}C$，产物的产率几乎没有受到任何影响（式 28）[8]。尽管如此，对于大部分底物而言，Swern 氧化一般在 $-78\sim-50\ ^{\circ}C$ 的温度范围内完成。

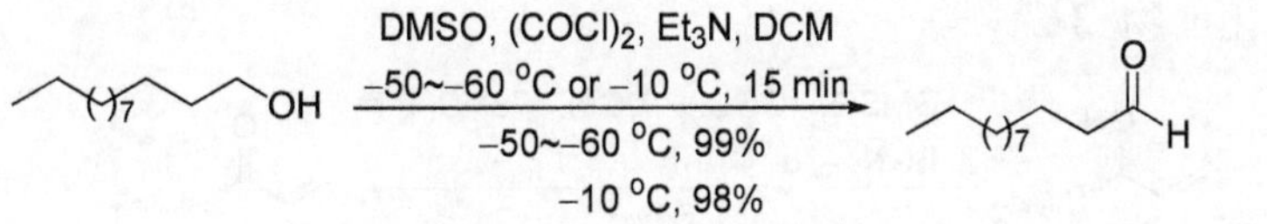

$$\text{（28）}$$

对于一般结构的底物，$(CH_3)_2S^+Cl$ 的生成及其与醇的反应可以在短时间内完成（15 min 内）。延长反应时间会导致副产物的增加，使用烯丙基醇或者苄醇底物时尤其如此。但是，对于空间位阻较大的底物而言，有时则需要相对长的反应时间。例如：化合物 **30** 需要在 $-60\ ^{\circ}C$ 反应 45 min 后，再加入 Et_3N 反应 15 min（式 29）[41]。当底物的位阻特别大时，不仅需要延长反应时间，还需要逐渐升高反应温度。例如：化合物 **32** 的氧化需要反应 1.25 h，在反应过程中温度从 $-78\ ^{\circ}C$ 逐渐升至 $-10\ ^{\circ}C$。然后，加入 Et_3N 在 $-10\ ^{\circ}C$ 下再反应 45 min（式 30）[42]。

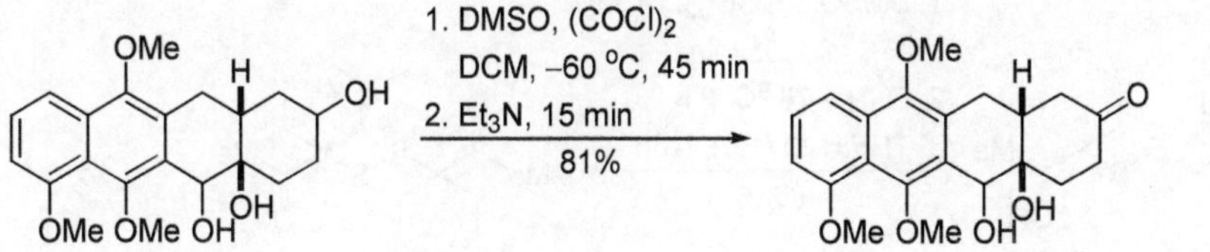

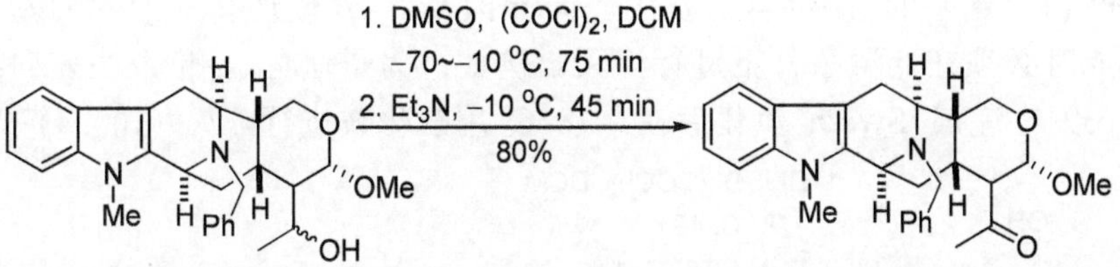

$$\text{（29）}$$

$$\text{（30）}$$

因为 $(CH_3)_2S^+Cl$ 和 $(CH_3)_2S^+R$ 都具有一定的酸性，所以在 Swern 氧化体系加入碱之前，过长的反应时间会导致底物中酸敏感基团的分解。因此，对于一些含有酸敏感基团的底物，$(CH_3)_2S^+Cl$ 与醇反应后必须在短时间内加入碱。例如：化合物 **33** 只有在与 $(CH_3)_2S^+Cl$ 反应后马上加入 Et_3N，才可以顺利得到氧化产物 **34**（式 31）[43]。

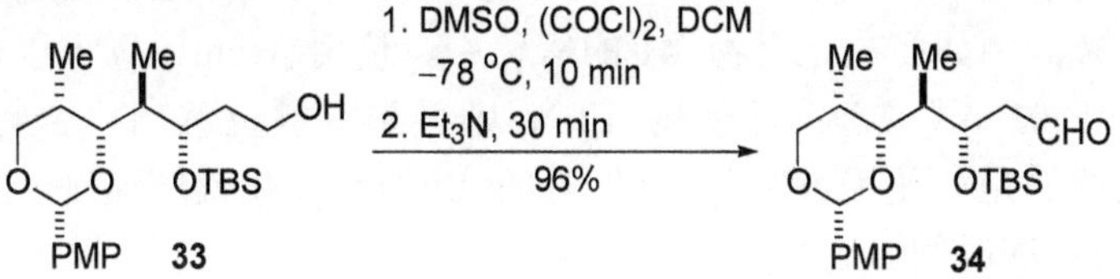

$$\text{（31）}$$

Swern 氧化反应体系中存在的少量盐酸也可以使一些酸敏感底物发生分解，因此需要在反应过程中使用新蒸馏的草酰氯和无水 DMSO。如式 32 所示[44]：必须使用新鲜蒸馏的草酰氯和无水 DMSO，化合物 **35** 才能够在 Swern 氧化中顺利得到氧化产物 **36**。

$$1. \text{DMSO, (COCl)}_2\text{, DCM, } -78\ ^\circ\text{C, 2 h}$$
$$2. \text{Et}_3\text{N, } -78\ ^\circ\text{C, 1 h}$$
$$64\%$$

(32)

在 Swern 氧化反应的具体实验中，通常在向反应体系中加入 Et$_3$N 后继续反应 5 min，并在此过程中逐渐将反应升至室温。但是对于那些碱敏感的底物来讲，加入 Et$_3$N 后仍然需要保持低温。有时需要在低温下对反应进行淬灭处理后，才可以将温度升至室温。例如：按照一般的操作程序对化合物 **37** 进行 Swern 氧化，产物的产率为 60%。但是，加入 Et$_3$N 后的反应仍然在 $-78\ ^\circ$C 进行，最后用四氢呋喃水溶液 (1:1) 在 $-60\ ^\circ$C 淬灭反应，产物的产率则可以达到 96% (式 33)[45]。

$$1. \text{DMSO, (COCl)}_2\text{, DCM}$$
$$-78\ ^\circ\text{C, 155 min}$$
$$2. \text{Et}_3\text{N, } -78\ ^\circ\text{C, 2 h}$$
$$3. \text{THF:H}_2\text{O (1:1), } -60\ ^\circ\text{C}$$
$$96\%$$

(33)

37　　　　**38**

当氧化产物中羰基的 α-位容易发生差向异构或者 β-位连有易消除的基团时，反应完成时必须在低温条件下进行淬灭。例如：为了避免 α-位发生差向异构，化合物 **39** 在完成 Swern 氧化后在 $-78\ ^\circ$C 用氯化铵进行淬灭 (式 34)[46]。

$$1. \text{DMSO, (COCl)}_2\text{, DCM}$$
$$-78\ ^\circ\text{C, 48 min}$$
$$2. \text{Et}_3\text{N, } -78\ ^\circ\text{C, 1 h}$$
$$3. \text{NH}_4\text{Cl, } -78\ ^\circ\text{C}$$
$$83\%$$

(34)

39　　　　**40**

当氧化产物中羰基的 α-位易发生差向异构时，可以在反应中使用位阻较大的碱(如 Hünig 碱) 取代 Et$_3$N。对于一些容易发生烯烃双键迁移的底物，也可以使用 Hünig 碱。例如：在化合物 **41** 的氧化中，使用 Hünig 碱可以得到较高产率的正常产物 **42** (式 35)；而使用 Et$_3$N 则得到双键位移的化合物 **43** (式 36)[47]。需要注意的是，使用 Hünig 碱促进的 Swern 氧化反应速度一般较慢，需要相对较长的反应时间。

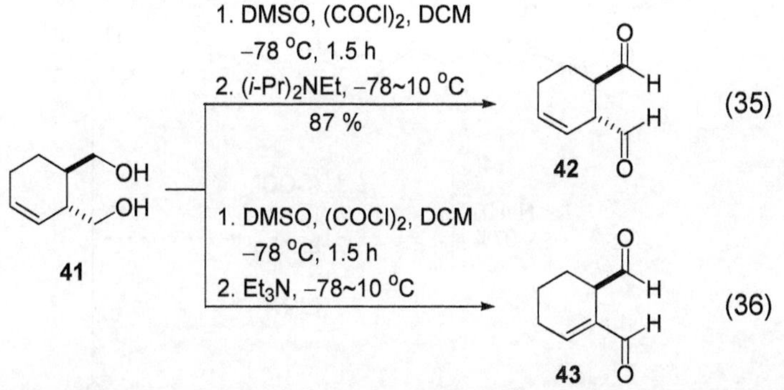

$$
\text{(35)}
$$

$$
\text{(36)}
$$

由于 Et$_3$N 的碱性较强，有时会引起氧化产物发生羰基 β-位的消除反应。在这种情况下，可以使用碱性更弱的碱替代 Et$_3$N。例如：化合物 **44** 的氧化反应在 Et$_3$N 作用下会发生消除反应，生成产物 **45** (式 37)；如果将 Et$_3$N 换为 N-甲基吗啉，则几乎定量地生成产物 **46** (式 38)[48]。除此之外，N-乙基哌嗪或者 DBU 也常用作 Swern 氧化中的碱试剂[49, 50]。

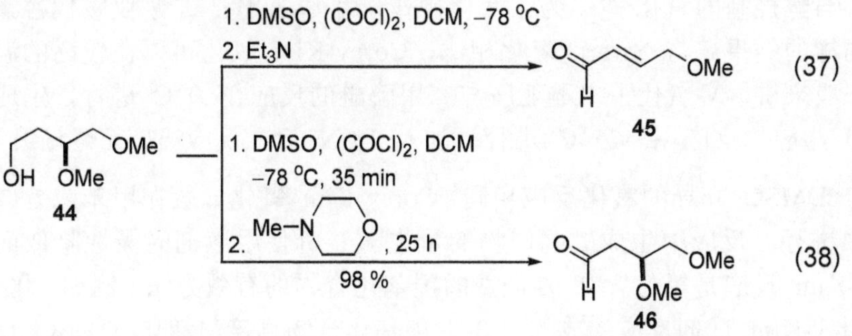

$$
\text{(37)}
$$

$$
\text{(38)}
$$

由于 Swern 氧化反应中生成的二甲硫醚具有不愉快的气味，最近一部分工作致力于对 Swern 试剂的改进。研究者将 DMSO 替换为其它的无味亚砜类化合物 (化合物 **47**[51]、**48**[52] 和 **49**[53])，或者将亚砜类化合物负载在高分子载体上 (化合物 **50**[52] 和 **51**[54])。新型 Swern 试剂的开发避免了二甲硫醚的产生，同时也简化了实验操作。虽然新型 Swern 试剂价格较高，但是在反应完成之后，产生的硫醚化合物一般都可以通过氧化重新生成亚砜类化合物，从而可以循环使用。例如：化合物 **48** 与草酰氯和 Et$_3$N 在完成醇的氧化之后生成硫醚 **52**，**52** 经高碘酸钠氧化又高产率地生成亚砜 **48** (式 39)。

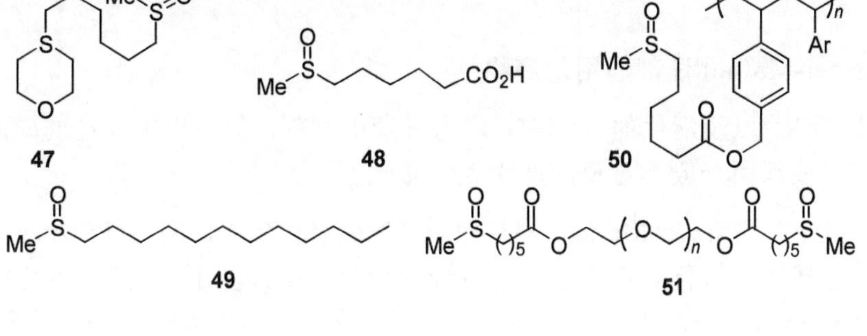

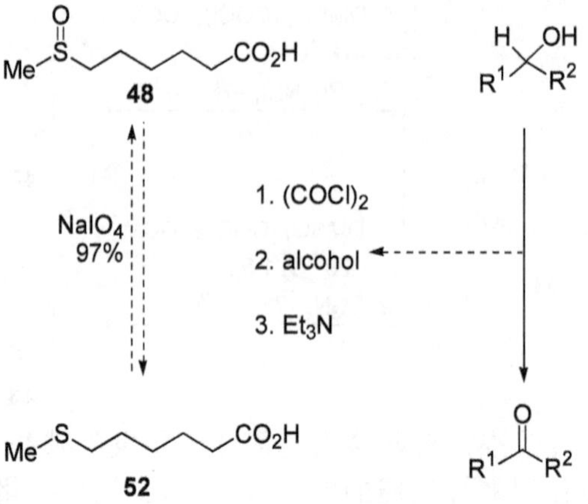

(39)

3.7 Corey-Kim 氧化

1972 年，Corey 和 Kim 等人使用二甲硫醚与氯气反应生成活化 DMSO，然后参与醇羟基的氧化[16a]。为了简化操作，用 *N*-氯代丁二酰亚胺代替氯气可以得到同样的结果。与 Swern 氧化相比，Corey-Kim 氧化可以在较高的温度下进行。一般来讲，*N*-氯代丁二酰亚胺与二甲硫醚的反应在 0 °C 进行，生成的活化 DMSO 与醇的反应在 –25 °C 进行。加入 Et₃N 后，反应温度可逐渐升至室温。

与 DMSO 介导的氧化反应相同，Corey-Kim 氧化一般在甲苯或者二氯甲烷溶剂中进行。反应中生成的副产物的量也随着所使用溶剂的极性降低而降低。Corey-Kim 反应是氧化含有 *β*-羟基的羰基化合物的有效方法。例如：化合物 **53** 与 Corey-Kim 试剂反应生成的 1,3-二羰基化合物直接与活化 DMSO 反应生成中间体 **54**，然后再通过锌-冰乙酸还原得到产物 **55** (式 40)[55]。

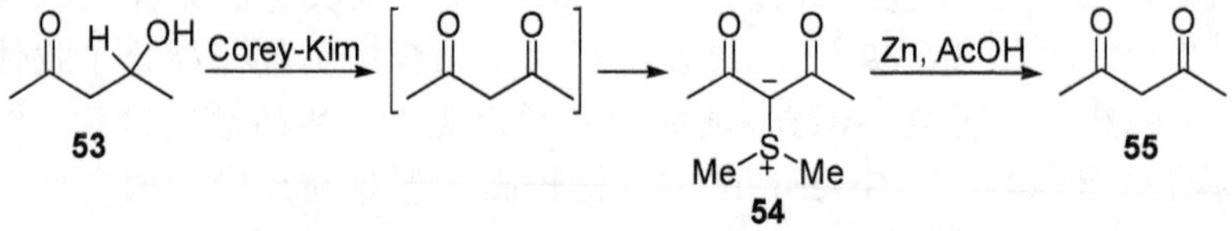

(40)

4 不同的活化二甲亚砜适用底物的综述

4.1 Pfitzner-Moffatt 试剂适用的底物

尽管 DCC 以及活化的 DMSO 均为强亲电试剂，但底物中存在的硫醇、胺和酰胺等亲核基团一般不对反应产生太大影响。

硫醇不能在 Pfitzner-Moffatt 试剂作用下发生氧化反应，利用 Pfitzner-Moffatt 试剂可以选择性地氧化底物分子中的醇羟基而保持硫羟基不变。其它硫化物也对

Pfitzner-Moffatt 试剂保持稳定。

　　氨基可以进攻活化 DMSO 中间体,生成副产物 *S,S*-二甲基硫亚胺。但该产物并不稳定,容易在反应的后处理过程中水解成胺。因此,许多时候并不能从反应中分离出该副产物。例如:在化合物 **56** 的氧化反应中除了生成氧化产物 **57** 外,还可以产生一定量的 *S,S*-二甲基硫亚胺 **58** (式 41)[56]。但处理后仅能分离出极少量副产物 **58**,这是因为 *S,S*-二甲基硫亚胺在处理过程中又水解成为氨基的原因。叔胺和位阻较大的仲胺不能发生这一副反应。

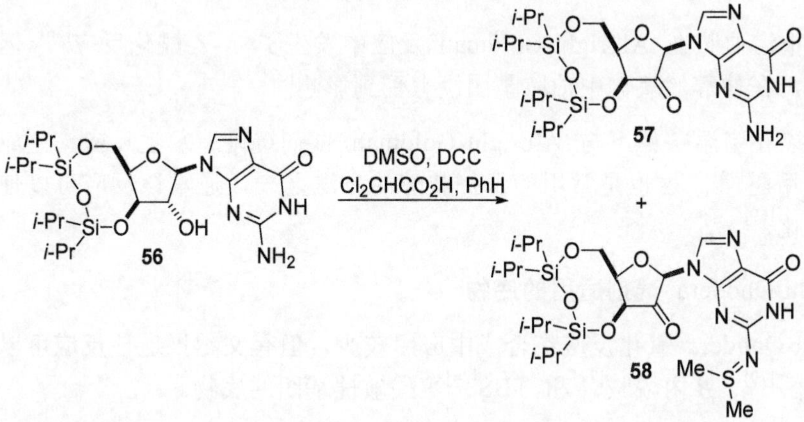

$$(41)$$

　　氨基官能团在 Pfitzner-Moffatt 反应中还有另外一个缺点,它可以作为碱中和反应中的酸催化剂。因此,在氧化含有氨基的底物时,一般需要加入过量的酸。

　　尽管酰胺也可以与 Pfitzner-Moffatt 试剂发生反应[57],但它们的反应速度比醇羟基的氧化慢很多。因此,一般不会对 Pfitzner-Moffatt 氧化产生影响。

　　叔醇一般也不会影响 Pfitzner-Moffatt 氧化。但是,当 Pfitzner-Moffatt 试剂大大过量时,叔醇容易反应生成副产物烷氧基甲基硫甲醚。例如:在化合物 **59** 的氧化反应中使用 10 倍摩尔量的 DCC 时,除了生成预期的氧化产物 **61** 外,还生成较高产率的副产物 **60** (式 42)[58]。伯醇和仲醇在进行 Pfitzner-Moffatt 氧化时也会产生相同的副产物,但是可以通过降低反应温度来降低副产物的生成。

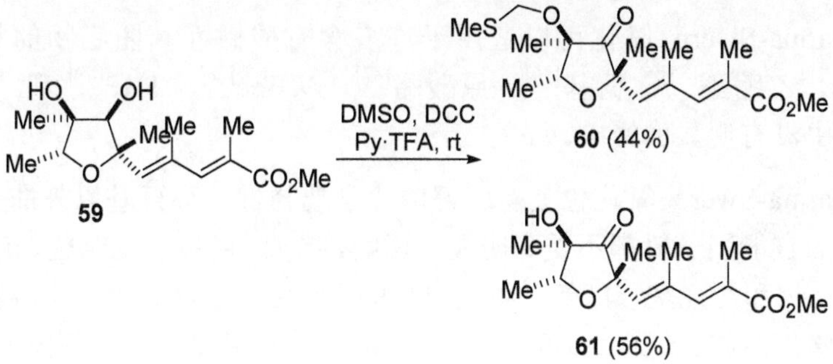

$$(42)$$

因为吡啶三氟乙酸盐的酸性很弱，所以含有酸敏基团 (例如：N-Boc[59]、叔丁酯[60]、糖基[61]和缩醛[62]等) 的底物均可以在 Pfitzner-Moffatt 氧化条件下进行氧化反应。

4.2 Albright-Goldman 试剂适用的底物

尽管在 Albright-Goldman 氧化过程中会产生一定量的乙酸，但产生的量较少。因此， Albright-Goldman 氧化仍然适用于一些酸敏性底物，例如：含有异亚丙基[63]、苯亚甲基乙缩醛[64]和糖基[65]的化合物。

有文献报道伯胺在 Albright-Goldman 反应中发生了 N-乙酰化反应[66]。但也有文献报道，在仲醇的氧化中伯胺基团没有受到影响[67]。

叔醇可以在室温条件下与 Albright-Goldman 试剂缓慢地发生反应，生成烷氧基甲基硫甲醚[68]。这也是常用的保护叔醇的方法之一，通常该反应可以使用乙酸进行催化[69]。

4.3 Albright-Onodera 试剂适用的底物

Albright-Onodera 氧化反应在合成中应用较少，但有文献报道该反应可以应用于含有缩醛[70]、β-内酰胺[71]和 TBS[24]等酸敏性基团的底物。

4.4 Parikh-Doering 试剂适用的底物

含有酸敏性基团 (例如：乙缩醛[72]、糖基[73]、N-Boc[74]、TMS[75]、TBS[74]和 MOM[76]等) 的底物，一般都可以进行 Parikh-Doering 氧化。

Parikh-Doering 氧化具有很好的化学选择性。一些容易氧化的基团 (例如：吲哚[77]、硫化物[78]和硒化物[79]等) 和一些在氧化条件下容易脱除的保护基团 (例如：二硫缩醛[80]、对甲氧基苄醚[81]或者二甲氧基苄醚[82]等) 都不受到明显的影响。除此之外，烷基锡[83]和烯基锡[84]等活泼基团也不与 Parikh-Doering 试剂发生反应。

4.5 Omura-Sharma-Swern 试剂适用的底物

Omura-Sharma-Swern 氧化可以适用于许多含有酸敏性基团底物的氧化反应。一般来讲，乙缩醛[85]、糖基[86]、原酸酯[87]、N-Boc[88]、THP[89] 和 TBS[90]等基团在反应中没有明显的影响。

Omura-Sharma-Swern 氧化也具有较好的化学选择性，醇羟基以外的一些对氧化反应敏感的官能团一般都不受到明显的影响，例如：对甲氧基苄醚、硫化物、含氮杂环、硒化物和对羟基喹酮等。如式 43 所示：化合物 **62** 中非常容易发生氧化的对羟基喹酮结构在 Omura-Sharma-Swern 氧化中并未发生任何反应。

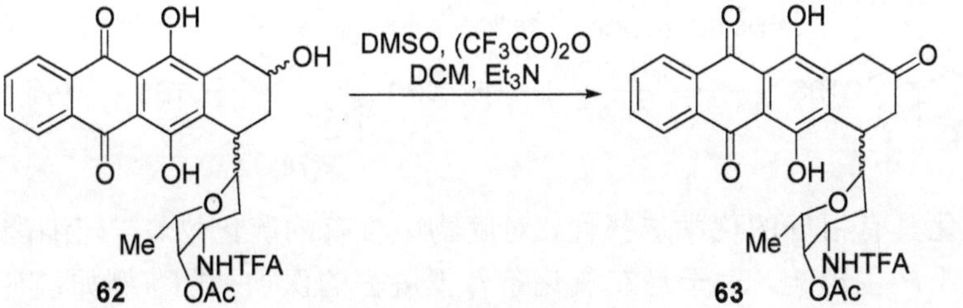

$$(43)$$

底物中的仲胺和叔胺结构并不影响 Omura-Sharma-Swern 氧化的进行,芳胺也对该试剂保持稳定。例如:在抗肿瘤药物 MDL101731 的合成中,底物化合物 **64** 中的芳胺在氧化反应前后保持不变 (式 44),因此成为合成该化合物的最佳氧化剂[91]。

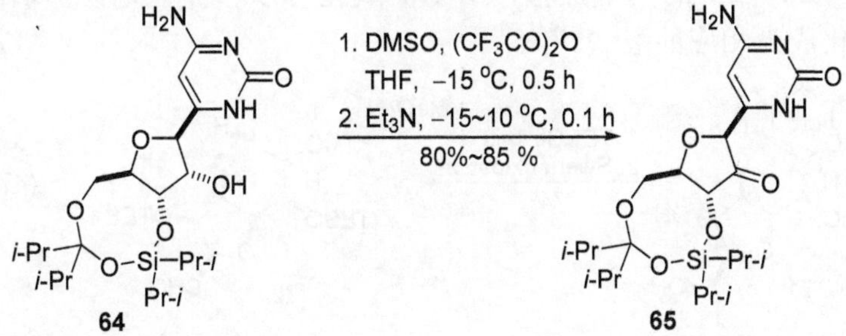

$$(44)$$

4.6 Swern 试剂适用的底物

Swern 氧化条件比较温和,一般对底物中的酸敏性或者碱敏性基团不产生影响。为了避免草酰氯分解后产生的氯化氢对酸敏性基团的影响,一般使用新蒸的草酰氯。除此之外,Swern 氧化反应历程中的活化 DMSO 和烷氧锍盐也具有一定的酸性,可能会对部分酸敏性基团造成影响。因此,在 Swern 氧化的操作中,通常在加入醇后马上加入碱。

环氧化合物可以在甲醇存在的条件下与 Swern 试剂反应,生成 α-氯代醛或者 α-氯酮。例如:化合物 **66** 在少量甲醇存在下发生 Swern 氧化,生成 α-氯代酮 **68**[92]。这一反应的历程可以解释为:甲醇与活化 DMSO 反应生成了氯化氢,然后进攻环氧化合物生成 α-氯代醇 **67**,接着再被 Swern 试剂氧化为 α-氯代酮 **68** (式 45)。如果草酰氯在反应前未经处理而含有少量氯化氢的话,即使不加甲醇也可发生该反应。在使用新蒸草酰氯时,含有环氧结构的醇可以被氧化为相应的醛或者酮而不影响环氧结构。例如:化合物 **69** 可以被 Swern 试剂高产率氧化为化合物 **70**,并不影响环氧结构 (式 46)[93]。

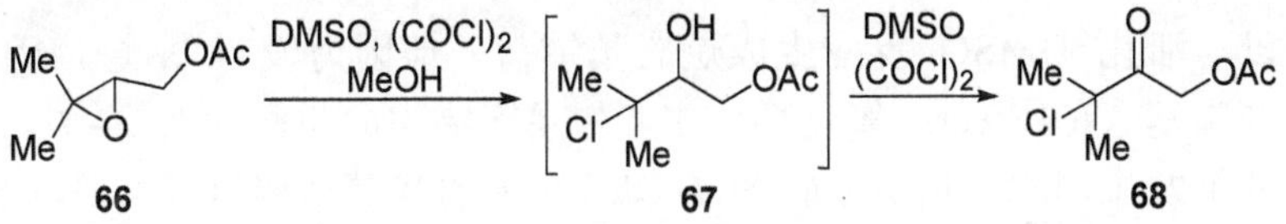

$$(45)$$

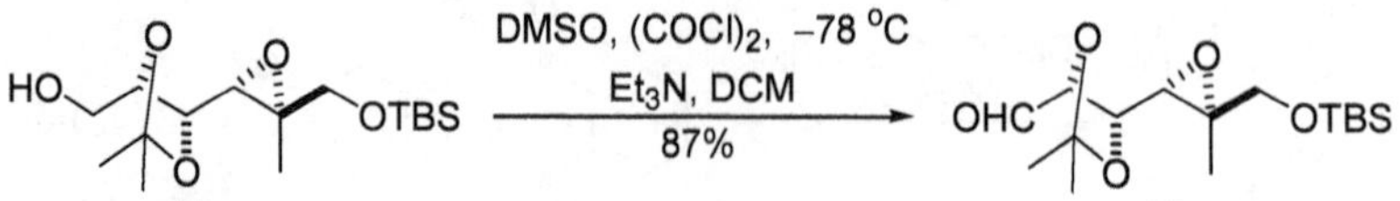

69 70 (46)

Swern 氧化具有很好的化学选择性，对底物中含有的硫化物、二硫缩醛和硒化物等基团均不产生影响。对于易在氧化条件下脱去的保护基团 (例如：对甲氧基醚和二甲氧基醚等) 也都不产生影响。值得注意的是：伯醇的 TMS 或者 TBS 保护基有时可以在 Swern 试剂中被脱除，并被氧化成为相应的醛。但是，仲醇和叔醇的 TMS 或者 TBS 保护基团在 Swern 氧化中并不受影响。利用这一现象，可以化学选择性地氧化同时含有伯醇和仲醇官能团的底物。例如：化合物 **71** 分子中有两个 TES 保护的两个羟基，Swern 氧化可以选择性地去掉伯醇上的 TES 并将其氧化成为相应的醛 **72**[94]。

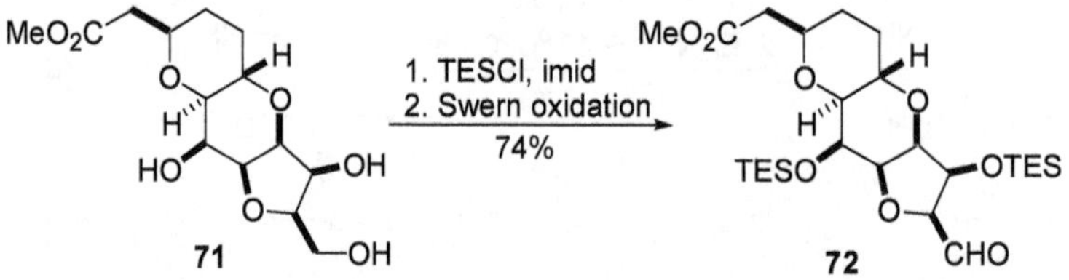

71 72 (47)

底物中含有的羧基本身一般不影响反应的进行。但是，由于羧酸在二氯甲烷中溶解性较差，因此通常将羧基反应生成酯后再进行 Swern 氧化。

伯胺和仲胺可以与 Swern 试剂发生反应生成亚胺、烯胺或者甲基硫甲基胺等[95]。例如：化合物 **73** 可以与 Swern 试剂发生反应生成亚胺 (式 48)。对于位阻较大的仲胺基团，由于生成亚胺的速度要慢于醇羟基的 Swern 氧化，因此可以达到选择性氧化醇羟基的目的[96]。如式 49 所示：化合物 **75** 的 Swern 氧化并不影响其仲胺结构。将氨基质子化后可以避免氨基与 Swern 试剂作用，用此方法也可以达到选择性氧化醇羟基的目的[97]。底物中的叔胺结构并不影响 Swern 氧化。

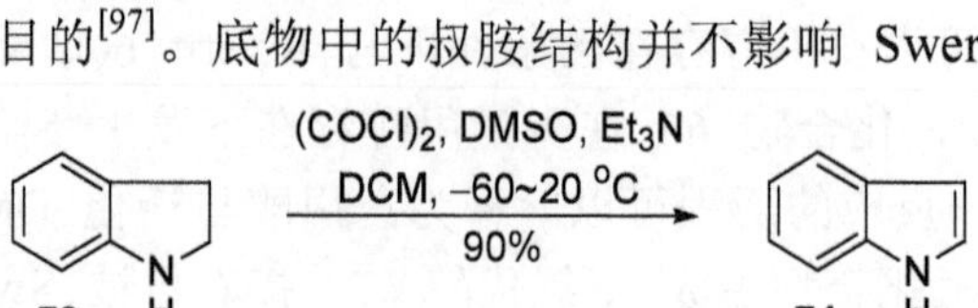

73 74 (48)

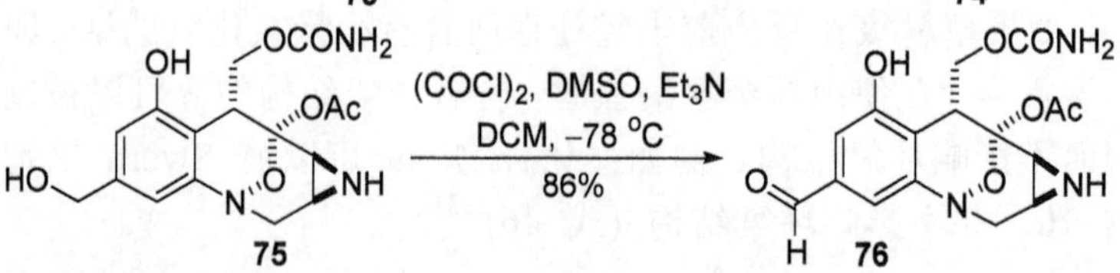

75 76 (49)

叔醇也可以与活化 DMSO 反应生成烷氧基锍盐，但因为没有 α-氢，因此不能生成相应的羰基。在 Swern 氧化反应中，如果底物中的叔醇含有 β-氢，则容易在碱性条件下发生消除反应。例如：化合物 **77** 中的叔醇结构可以与 DMSO

及草酰氯反应生成烷氧基锍盐 **78**，再在碱性条件下消除得到产物 **79**。由于叔醇位阻一般大于伯醇和仲醇，伯醇和仲醇的 Swern 氧化一般要快于叔醇的消除。因此，可以在叔醇的存在下实现选择性氧化伯醇和仲醇的目的。当然，如果使用过量的 Swern 试剂，则可以同时完成伯醇或者仲醇的氧化以及叔醇的消除。

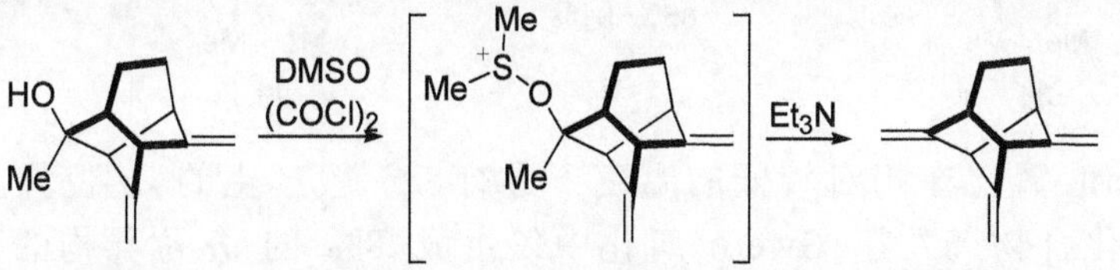

(50)

77   **78**   **79**

4.7 Corey-Kim 试剂适用的底物

由于 Corey-Kim 反应在中性条件下进行且反应温度较低，因此对于有些带有敏性基团的底物也可以适用。

5 活化二甲亚砜介导的氧化反应所引起的副反应的综述

按照副反应的发生机理，活化 DMSO 介导的醇羟基的氧化反应容易引发八类副反应：①羰基烯醇式互变引起的异构；②羟基发生消除反应生成烯烃；③消除反应生成 α,β-不饱和醛酮；④烷氧甲基硫甲醚的生成；⑤取代反应；⑥生成的羰基所引起的副反应；⑦活化二甲亚砜与底物中其它官能团的反应；⑧醛酮的进一步氧化。

5.1 羰基烯醇式互变引起的异构

活化 DMSO 氧化羟基后生成的羰基容易在 Et₃N 条件下进行烯醇式互变，从而导致羰基 α-手性碳发生消旋。例如：化合物 **80** 在 Parikh-Doering 氧化条件下，除了生成产物 **81** 外，还生成 16% 的差向异构体 **82**（式 51）[98]。化合物 **83** 经 Pfitzner-Moffatt 氧化生成的产物 **82** 也只有 82% ee（式 52）[99]。

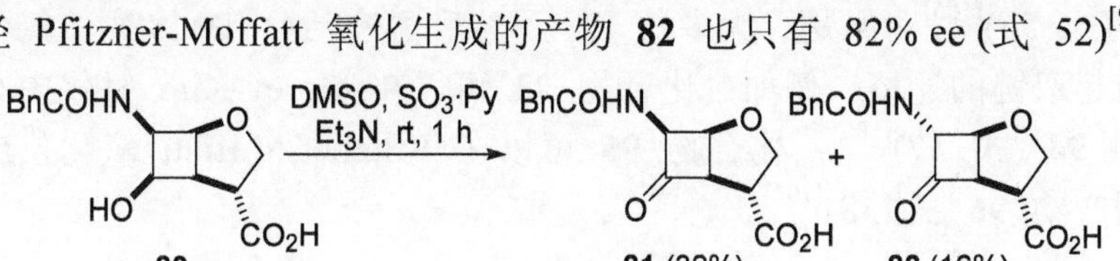

(51)

80   **81 (32%)**   **82 (16%)**

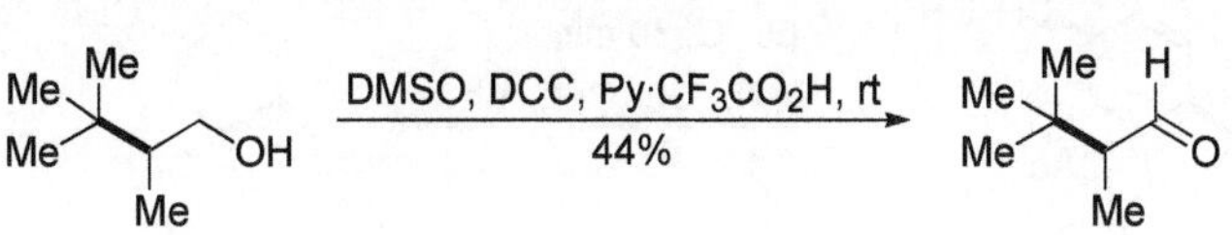

(52)

83   **84**

并不是所有的活化 DMSO 对醇羟基的氧化都会引起羰基 α-手性碳发生消旋。例如：化合物 **85** 在 Parikh-Doering 氧化中，仅生成少于 0.1% 的消旋产物 (式 53)[100]。

$$\text{85} \xrightarrow[\text{85\%~91\%}]{\text{DMSO, SO}_3\cdot\text{Py, Et}_3\text{N, rt, 1 h}} \text{86} \qquad (53)$$

因为 Swern 氧化在相对较低的温度下进行，一般产生的 α-位异构产物较少。例如：化合物 **87** 在 Swern 氧化中仅生成 8% 的 α-位异构的副产物 (式 54)[101]。

$$\text{87} \xrightarrow[\substack{\text{2. Et}_3\text{N, }-50\sim25\text{ }^{\circ}\text{C, 15 min} \\ 83\%}]{\text{1. DMSO, (COCl)}_2\text{, DCM, }-70\text{ }^{\circ}\text{C, 25 min}} \text{88} \qquad (54)$$

在反应过程中使用空间位阻更大的碱，可以降低反应中 α-位异构副产物的生成。例如：使用 Hünig's 碱，化合物 **89** 在 Swern 氧化中不会生成 α-位异构的副产物 (式 55)[102]。

$$\text{89} \xrightarrow[-78\sim10\text{ }^{\circ}\text{C, (}i\text{-Pr)}_2\text{NEt}]{\text{DMSO, (COCl)}_2\text{, DCM}} \text{90} \qquad (55)$$

另外一个降低 α-位异构副产物的方法是在反应结束后，加入硫酸氢钠水溶液去除反应体系中的碱[103]。pH≈7 的磷酸缓冲液也可以起到相同的作用[104]。

羰基的烯醇式互变结构除了会引起羰基 α-位异构外，还可能会引起羰基的 β,γ-双键的迁移，生成 α,β-不饱和醛酮。这种变化一般只出现在取代少的烯烃迁移后生成取代多的烯烃。例如：化合物 **91** 在 Swern 氧化中，双键迁移生成 α,β-不饱和醛 **92** (式 56)[105]。但是，大多数 β,γ-不饱和醇在活化 DMSO 的氧化反应中并不会引起双键的迁移。例如：化合物 **93** 可以在 Corey-Kim 氧化中高产率地得到产物 **94** (式 57)[106]；化合物 **95** 可以在 Pfitzner-Moffatt 氧化反应中高产率地得到产物 **96** (式 58)[107]。

$$\text{91} \xrightarrow[\substack{\text{2. Et}_3\text{N, }-30\text{ }^{\circ}\text{C}\sim\text{rt, 1 h} \\ 91\%}]{\substack{\text{1. DMSO, (COCl)}_2\text{, DCM} \\ -60\text{ }^{\circ}\text{C, 30 min}}} \text{92} \qquad (56)$$

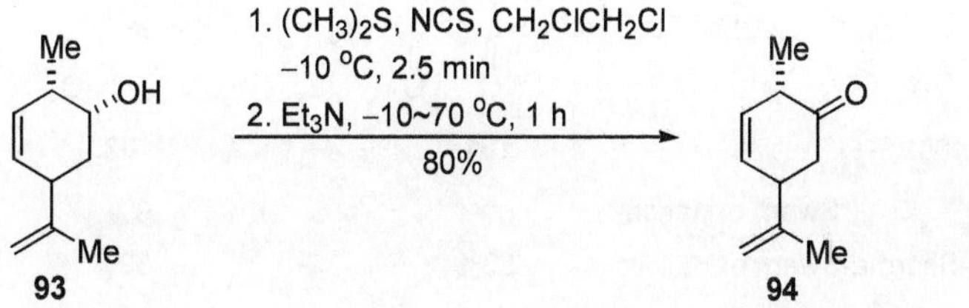

(57)

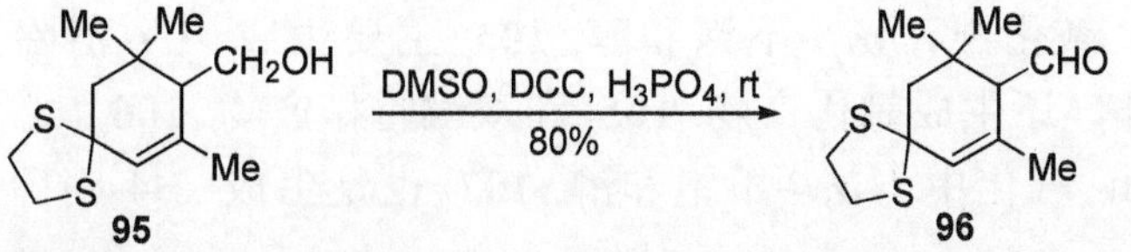

(58)

5.2 羟基发生消除反应生成烯烃

醇羟基在活化 DMSO 介导的氧化反应条件下，有两种可能的途径发生消除反应：(1) 醇与活化 DMSO 反应生成的烷氧基锍盐可以发生 E1-反应生成碳正离子，脱质子生成烯烃 (式 59); (2) 烷氧基锍盐在碱性条件下发生 E2-反应生成烯烃 (式 60)。

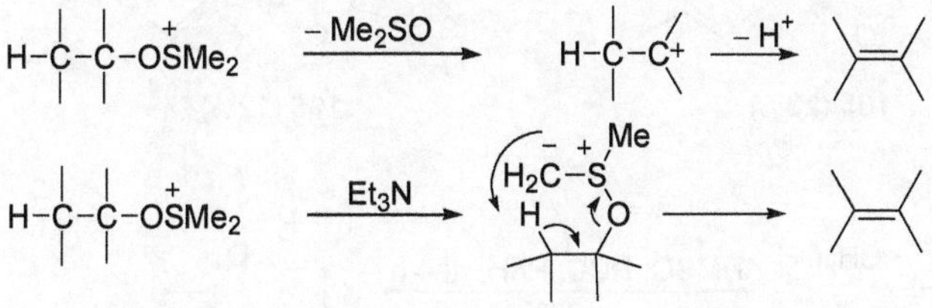

(59)

(60)

化合物 97 在发生 Swern 氧化时，除了生成氧化产物 98 外，还发生了消除反应生成副产物 99。但是值得注意的是：尽管化合物 97 结构中的叔醇消除后可以生成烯酮结构，但实际上却并未发生消除 (式 61)[12]。在 Omura-Sharma-Swern 氧化中，消除反应更容易发生。例如：化合物 100 在 Swern 氧化中并无消除产物生成，而在 Omura-Sharma-Swern 氧化中则有消除副产物生成 (式 62)[108]。

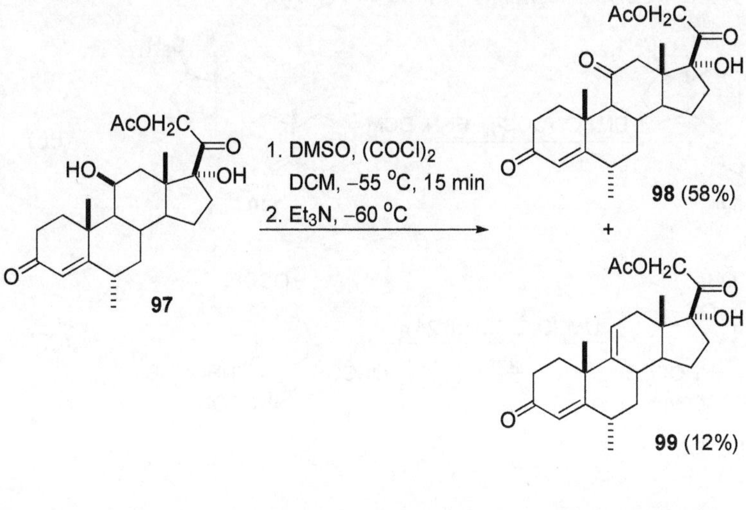

(61)

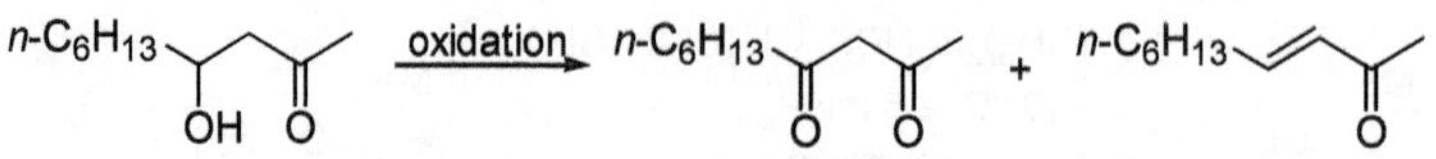

100 101 102 (62)

	101	102
Swern oxidation:	69%	0%
Omura-Sharma-Swern oxidation:	50%	33%

在 Swern 氧化中，*α,β*-不饱和醇 **103** 主要生成 1,4-消除为主的产物 **104**。除此之外，还生成氧化产物 **105** 和双键重排产物 **106** (式 63)[109]。在 Pfitzner-Moffatt 氧化中，*α,β*-不饱和醇 **107** 也是生成 1,4-消除为主的产物 (式 64)[110]。

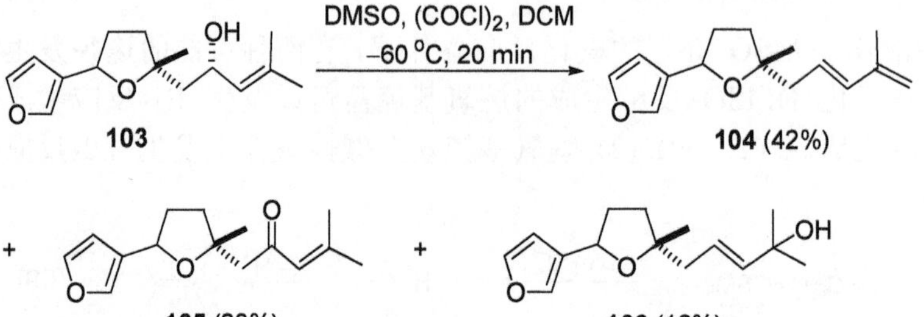

103 **104** (42%) **105** (23%) **106** (12%) (63)

107 **108** (64)

在活化 DMSO 氧化反应中，醇羟基 *α*-位为杂原子的底物 **109** 和 **111** 均生成以消除反应为主的产物 (式 65 和式 66)[111,112]。与之类似，环状半缩醛 **113** 在 Pfitzner-Moffatt 氧化中主要生成消除产物 **114** (式 67)[17]。

109 **110** (65)

111 **112** (66)

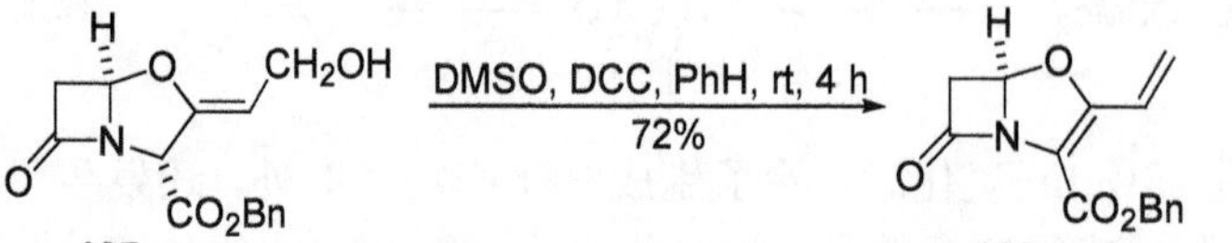

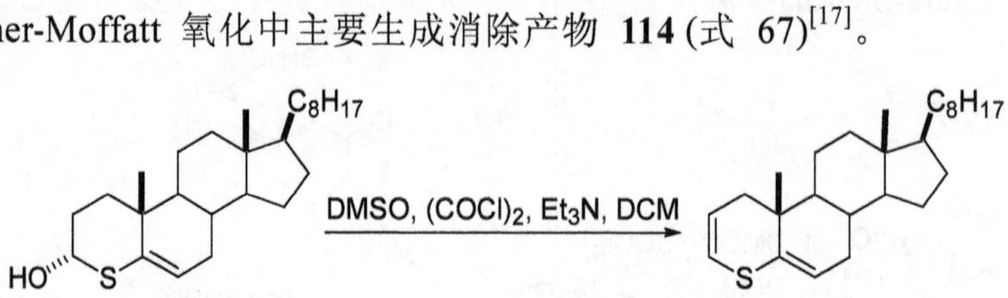

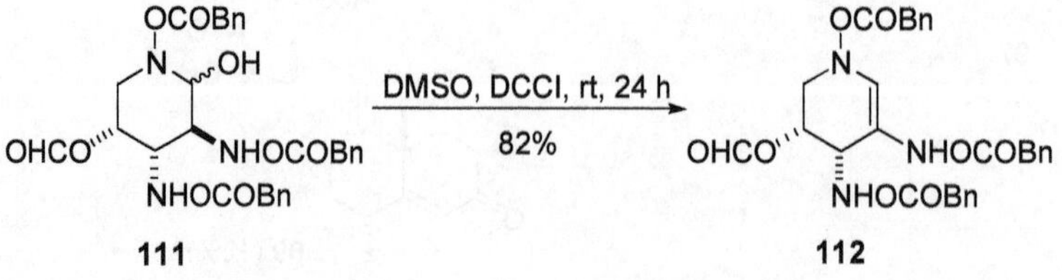

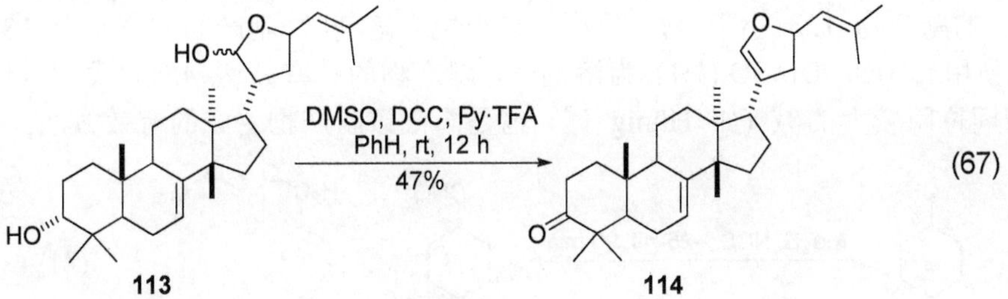

$$(67)$$

5.3 发生消除反应生成 α,β-不饱和醛酮

当被氧化羟基的 β-位有较好的离去基团时，底物容易发生消除反应生成 α,β-不饱和醛酮。比较典型的离去基团包括：乙酯基、苯甲酸酯基、甲磺酸酯基等。例如：化合物 **115** 的 Parikh-Doering 氧化 (式 68)[113]和化合物 **117** 的 Swern 氧化 (式 69)[114]，均发生消除反应生成 α,β-不饱和醛酮。

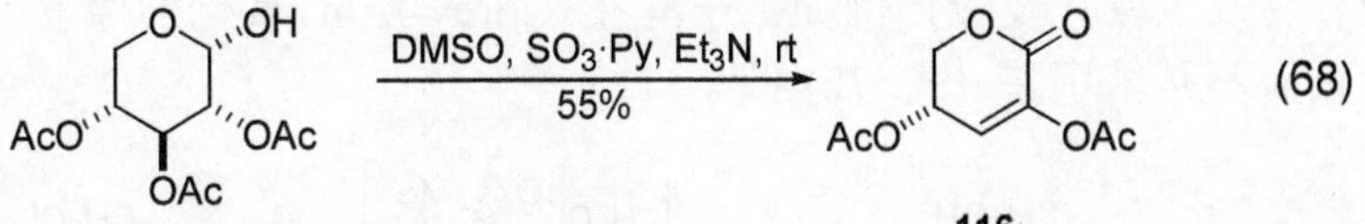

$$(68)$$

$$(69)$$

1,3-二羟基底物也能够发生类似的副反应。例如：在吡啶三氟乙酸盐的弱酸性条件下，化合物 **119** 在 Pfitzner-Moffatt 氧化中发生了氧化和消除反应，生成 α,β-不饱和酮 **120** (式 70)[115]。

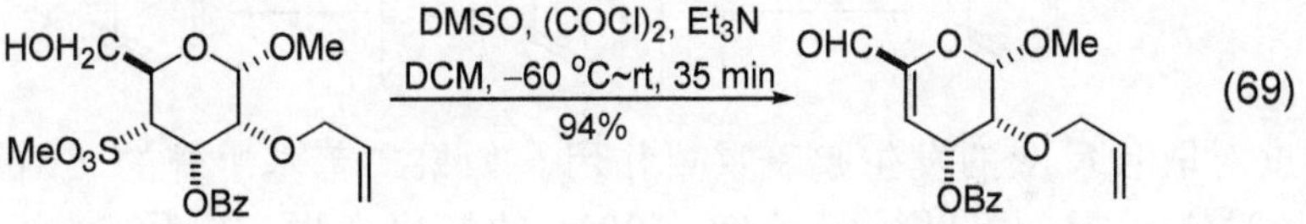

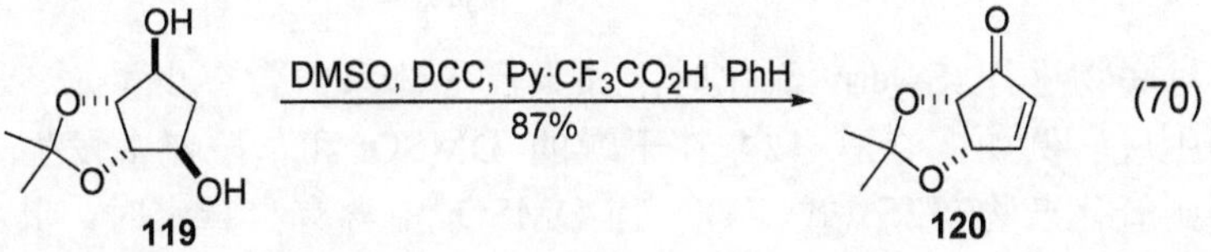

$$(70)$$

5.4 烷氧基甲基硫甲醚的生成

烷氧基甲基硫甲醚是活化 DMSO 氧化反应中产生的最为普遍的副产物。一般来说，该副产物在 Corey-Kim 氧化中较少，在 Parikh-Doering 氧化中最少。Swern 氧化和 Omura-Sharma-Swern 氧化一般都在很低温度下进行，因此在这两个反应中该副产物也不多。Albright-Goldman 氧化则最容易生成该副产物。

反应溶剂对该副产物的生成也具有很大的影响。一般来讲，降低溶剂极性会减少该副产物的生成。例如：化合物 **121** 在甲苯溶剂中发生 Corey-Kim 氧化时，生成的副产物 **123** 小于 1%。使用二氯甲烷作溶剂时，副产物的产率为 18%。但是，使用 CH_2Cl_2-DMSO (1:1) 为溶剂时，副产物的产率高达 45% (式 71)[16a]。使用空间位阻较大的碱 (如 Hünig 碱) 也是降低该副产物生成的有效方法。

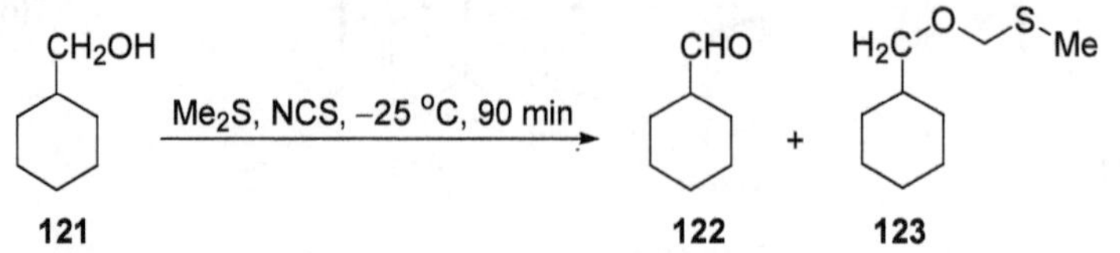

$$(71)$$

5.5 取代反应

因为烷氧基锍盐 $(CH_3)_2S^+OR$ 中的亚砜基团本身就是一个较好的离去基团，因此烷氧基锍盐存在两种反应趋势：氧化反应和取代反应。当反应体系中存在较好的亲核试剂且底物具有较好的反应活性时，则以取代反应为主。苄醇和烯醇结构比较容易发生取代反应，例如：苄醇在 Corey-Kim 氧化条件下可以高产率地得到苄氯而不是苯甲醛 (式 72)[116]。

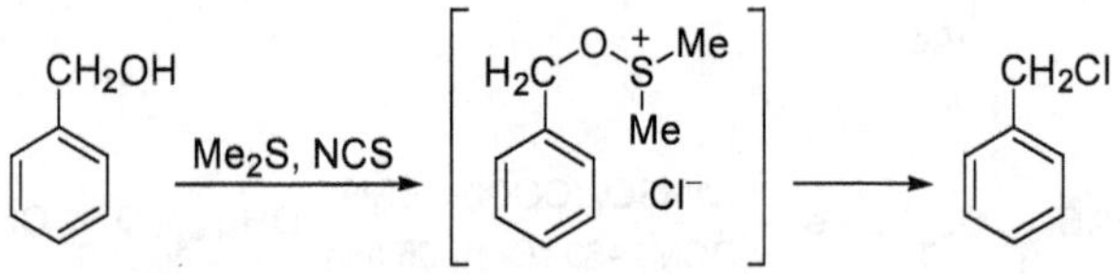

$$(72)$$

温度对取代反应的发生起着重要作用。如果二苯基甲醇的 Swern 氧化反应在 –60 °C 进行，可以得到 98%~100% 的氧化产物。但是，如果该反应在 –20 °C，氧化产物产率仅有 34%，很大一部分生成了氯代产物 (式 73)[117]。

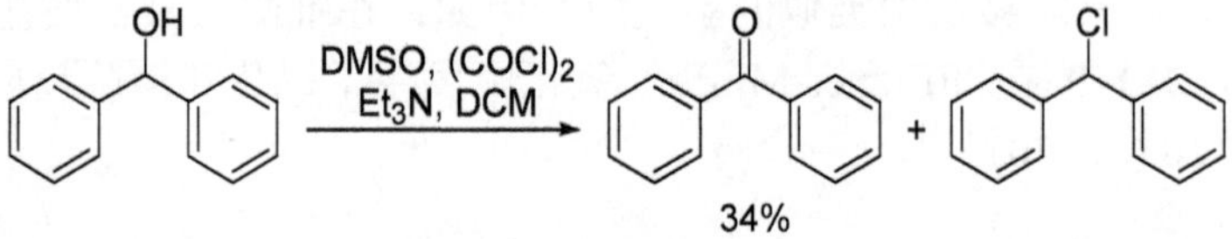

$$(73)$$

在对底物进行 Swern 氧化时，如果反应体系中含有少量水，也会造成氯代产物的生成。例如：二醇 **124** 在干燥的 DMSO 和草酰氯中发生 Swern 氧化，仅能得到氧化产物 **125** (式 74)。当 DMSO 中含有少量水时，其中的烯丙基醇发生了氯代反应，得到 40% 的副产物 **126** (式 75)[118]。

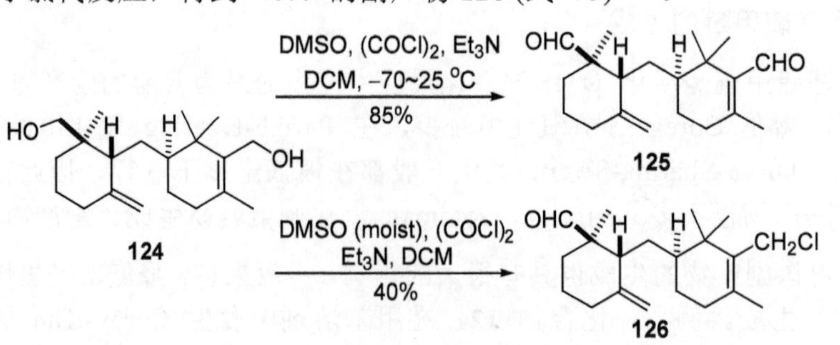

$$(74)$$

$$(75)$$

如果 Swern 氧化的反应体系中不加碱，也可以高产率得到氯代产物。例如：化合物 **127** 在经过 Swern 试剂处理后不加入适当的碱，其烯丙基醇也被高产率地转化成氯代产物 **128** (式 76)[119]。化合物 **129** 经过 Swern 试剂处理后不加入 Et$_3$N，其中的烯丙基醇首先发生氯代反应。然后，生成的氯代物再与另一个羟基发生分子内亲核取代生成产物醚 **130** (式 77)。但是，如果向反应体系中加入 Et$_3$N，则生成二醛产物 **131** (式 78)[120]。

$$\text{127} \xrightarrow[\substack{-60\sim0\ ^{\circ}\text{C, 1.25 h} \\ 95\%}]{\text{DMSO, (COCl)}_2\text{, Et}_3\text{N, DCM}} \text{128} \tag{76}$$

$$\text{129} \xrightarrow[\substack{\text{DCM, }-50\ ^{\circ}\text{C, 1 h} \\ 93\%}]{\text{DMSO, (COCl)}_2} \text{130} \tag{77}$$

$$\text{129} \xrightarrow[\substack{\text{DCM, }-50\ ^{\circ}\text{C, 1 h} \\ 95\%}]{\text{DMSO, (COCl)}_2\text{, Et}_3\text{N}} \text{131} \tag{78}$$

除了使用 Corey-Kim 试剂和 Swern 试剂容易生成氯代产物外，其它的试剂也会引发取代反应。例如：使用 Omura-Sharma-Swern 试剂会发生取代反应生成三氟乙酸酯。又例如：化合物 **132** 经相同试剂处理后在 −60 °C 加入 Et$_3$N，生成 60%~75% 的氧化产物 **133** (式 79)。如果将反应体系升至室温后再加入 Et$_3$N，则可以高产率地生成三氟乙酸酯 **134** (式 80)[38]。与之类似，烷氧基锍盐 **135** 在 −78 °C 经 Et$_3$N 处理后，可以高产率地生成氧化产物 **136** (式 81)。但是，在 0 °C 经 Et$_3$N 处理后则生成分子内取代产物 **137** (式 82)[121]。

$$\text{132} \xrightarrow[\substack{\text{2. Et}_3\text{N, }-60\ ^{\circ}\text{C} \\ 60\%\sim75\%}]{\text{1. DMSO, (CF}_3\text{CO)}_2\text{O, }-60\ ^{\circ}\text{C}} \text{133} \tag{79}$$

$$\text{132} \xrightarrow[\substack{\text{2. Et}_3\text{N, 0}\ ^{\circ}\text{C} \\ 86\%}]{\text{1. DMSO, (CF}_3\text{CO)}_2\text{O, }-60\ ^{\circ}\text{C}} \text{134} \tag{80}$$

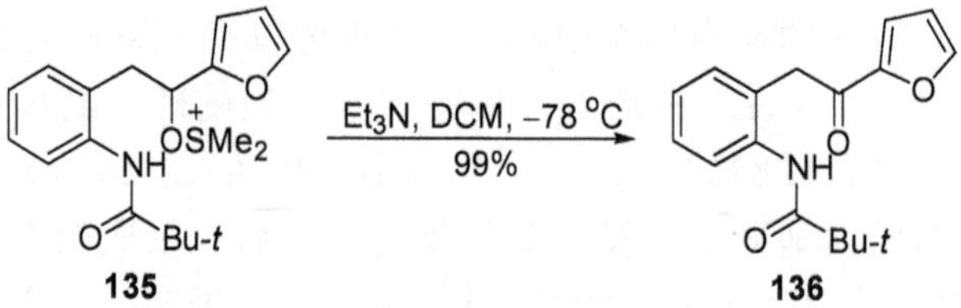

(81)

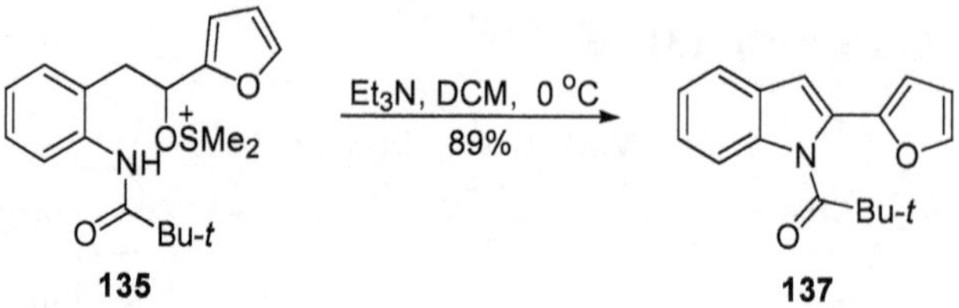

(82)

5.6 生成的羰基所引起的副反应

醇羟基在被活化 DMSO 氧化为羰基后，经常可以与反应底物结构中的其它基团发生脱水反应生成环合产物。例如：化合物 **138** (式 83)[122]和 **140** (式 84)[123]的羟基被氧化为羰基后，可以与分子内其它基团反应生成新的杂环。

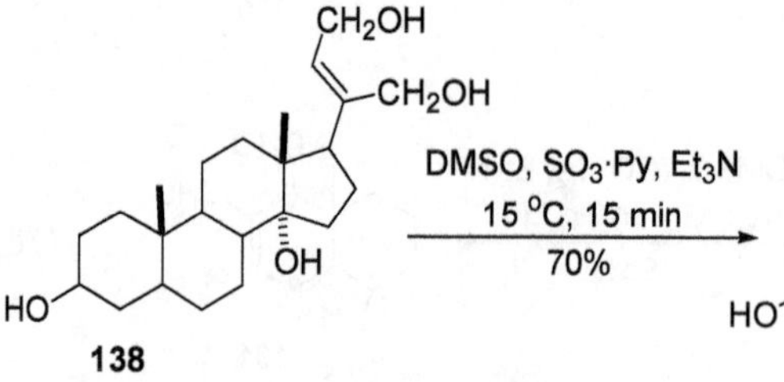

(83)

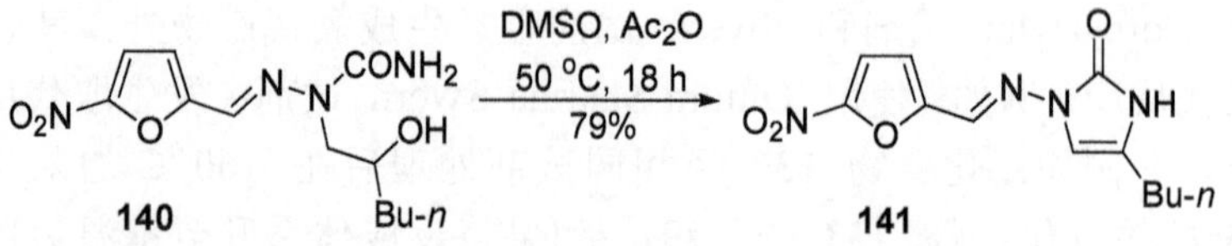

(84)

另外，活化二甲亚砜氧化生成的羰基也会导致底物中其它基团发生副反应。如化合物 **142**，如果使用 MnO_2 进行氧化可以顺利得到产物 **143** (式 85)，而使用 Parikh-Doering 氧化则产物 **143** 会进一步反应生成化合物 **144** (式 86)[124]。

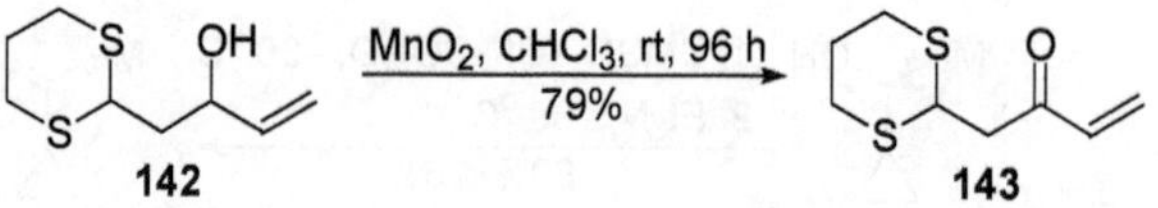

(85)

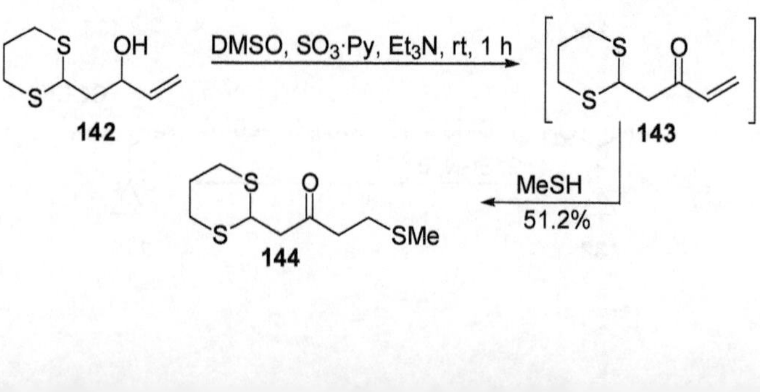

(86)

5.7 活化二甲亚砜与底物中其它官能团的反应

尽管大部分活化 DMSO 适合于多种带有活泼官能团的底物，但有的却可以能够与一些特定的官能团发生反应。

当 Swern 试剂与吲哚衍生物反应时，通常会引入亲电取代反应。例如：化合物 **145** 进行 Swern 氧化时，Swern 试剂可以提供作为亲电试剂的氯离子，生成氯代产物 **146** (式 87)[125]。吲哚衍生物 **147** 与 Swern 试剂反应时，生成亲电取代产物 **148** 和 **149** (式 88)[126]。

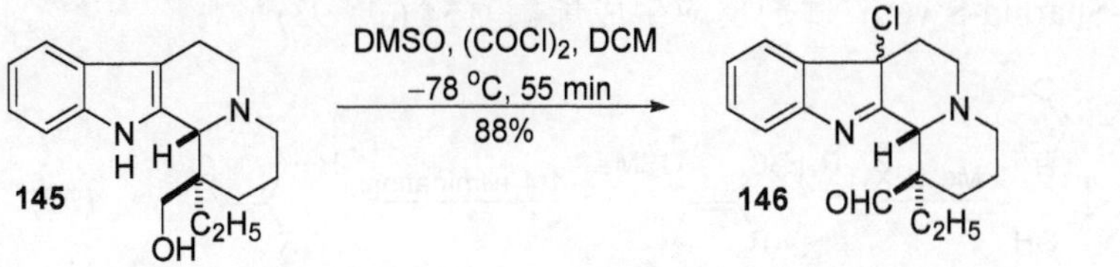

$$(87)$$

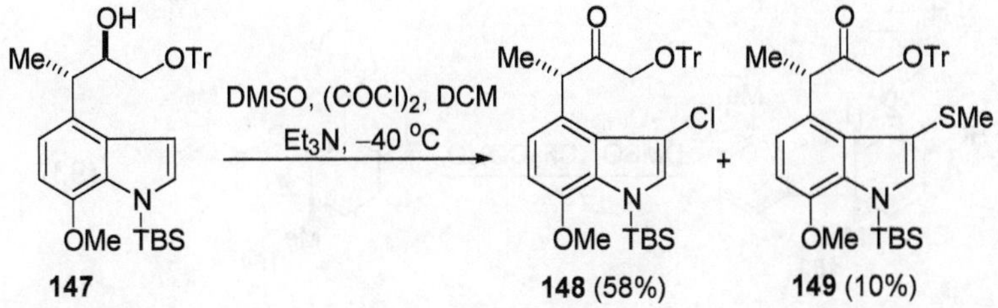

$$(88)$$

吡咯结构可以与 Corey-Kim 试剂和 Omura-Sharma-Swern 试剂发生取代反应[127]。例如：吡咯可以与 Corey-Kim 试剂反应生成化合物 **150** (式 89)。

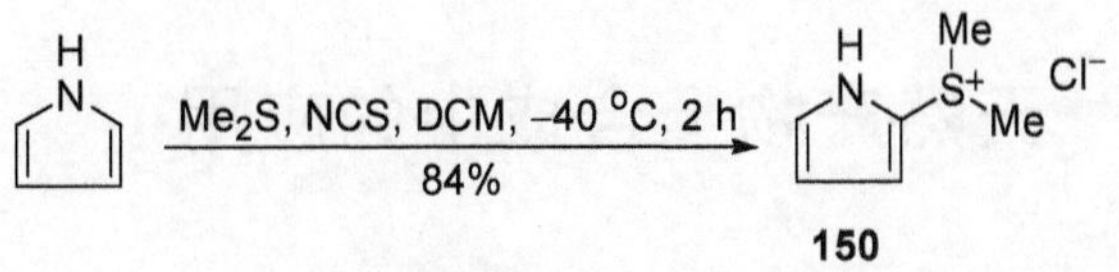

$$(89)$$

苯酚可以与 Pfitzner-Moffatt 试剂反应生成邻位单取代或者双取代产物 **151** 和 **152** (式 90)[128~130]。苯酚、酚醚和苯胺结构与 Corey-Kim 试剂和 Swern 试剂反应，非常容易地生成苯环上被氯代的产物 (式 91)[131]。

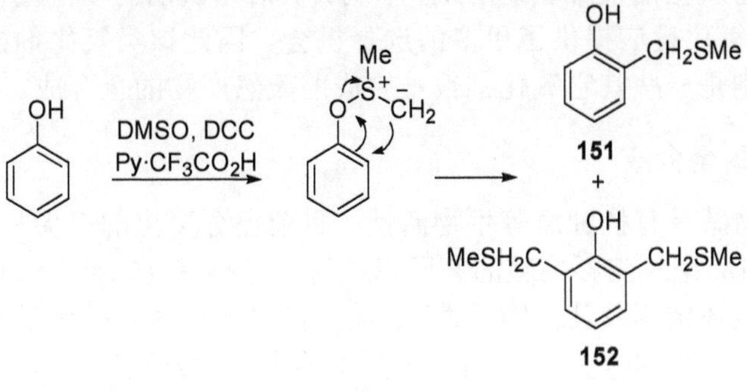

$$(90)$$

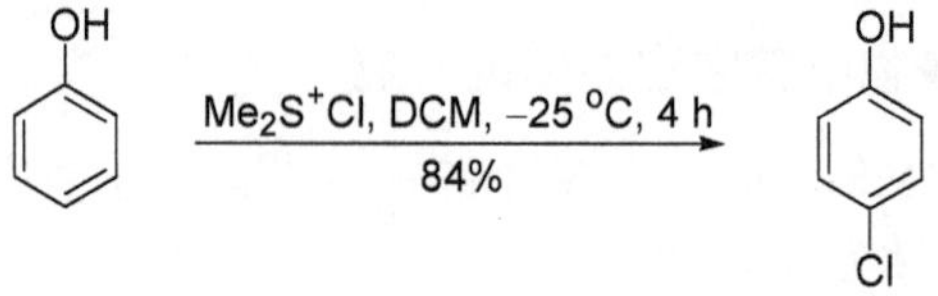

$$(91)$$

5.8 醛酮的进一步氧化

活化的 DMSO 不能将醇羟基氧化为羧基。但当醇羟基被活化 DMSO 氧化为羰基后，羰基经烯醇互变生成的烯醇羟基可以进一步与活化 DMSO 反应生成烷氧锍盐，最后发生 1,4-消除生成 α,β-不饱和醛酮 (式 92)[132]。例如：化合物 **153** 与 Omura-Sharma-Swern 试剂反应生成烯酮 **154** (式 93)[133]。

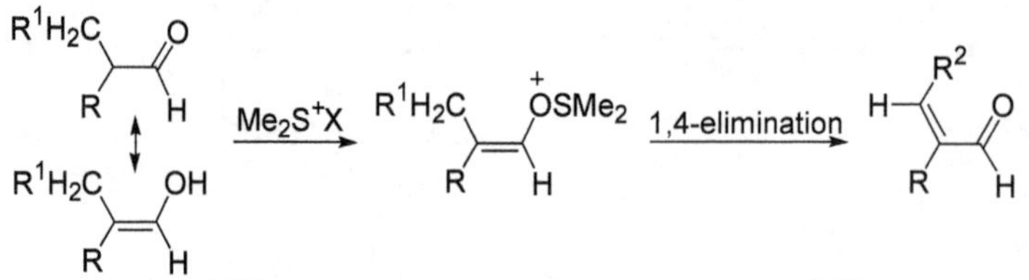

$$(92)$$

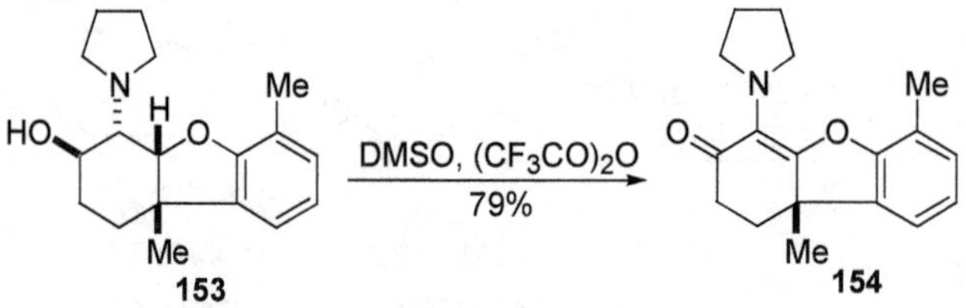

$$(93)$$

6 活化二甲亚砜介导的氧化反应在

天然产物全合成中的应用

活化 DMSO 介导的醇羟基氧化反应具有很多其它氧化剂所不具备的优点。例如：它的反应条件温和，一般在较低温度下进行，可以适用于多种带有酸敏性基团或者碱敏性基团的底物。它的化学选择性好，一般不会产生过度氧化的产物，适用于一些其它氧化剂很难氧化的底物。另外，活化试剂的多样性也为使用活化 DMSO 介导的氧化反应提供了更多的选择机会。因此该类氧化剂被广泛应用于有机合成，特别是一些其它氧化剂很难完成的天然产物的全合成。

6.1 三尖杉碱的全合成

三尖杉生物碱具有抗肿瘤等生物活性。目前已分离出的三尖杉生物碱有 30 多个，其中有 18 个三尖杉酯碱的共同母核为三尖杉碱 (Cephalotaxine)。三尖杉碱独特的五员稠环结构及其生物活性，引起了世界上众多有机化学家浓厚的研究兴趣。自 1972 年 Dolby 首次报道三尖杉碱的全合成方法后[134]，目前文献中已经报道了多条不同的合成路线。

1988 年，Kuehne 等人以化合物 **155** 为起始原料，完成了三尖杉碱的全合成 (式 94)[135]。在该合成路线中，其中的一个关键步骤将醇中间体 **156** 氧化成为相应的酮 **157**。他们尝试使用 PCC、Parikh-Doering 试剂、Swern 试剂和 Omura-Sharma-Swern 试剂等多种氧化条件均未能得到预期的产物，而使用 Corey-Kim 氧化却可以高产率地得到了产物 **157**。化合物 **157** 再经过甲基化和还原，得到了目标产物三尖杉碱。

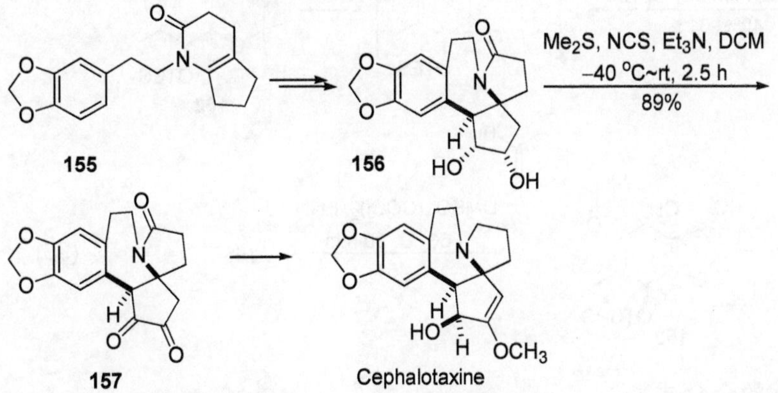

(94)

6.2 阿维菌素合成中间体六氢苯并呋喃环的合成

阿维菌素 (Avermectins) 是一组由链霉菌 *Streptomyces avermitis* 产生的十六员环内酯衍生物，对猪、马、牛、羊、狗等家畜的肠内寄生虫具有高效的驱虫活性，而且还具有作用机制独特、有效剂量低和安全性高等特点。另外，阿维菌素在农业上还被用作杀螨剂和杀虫剂，用作医药的研究也正在进行中。

六氢苯并呋喃化合物 **158** 是合成阿维菌素的重要中间体，Hirama 等人在 1988 年完成了该化合物的合成。如式 95 所示[136]：他们使用 **159** 和 **160** 为原料，首先在 Aldol-缩合反应条件下得到中间体 **161**。接着，他们用 Swern 氧化将中间体 **161** 的伯醇氧化成相应的醛。在最后一步反应中，他们再次用 Swern 氧化将中间体 **163** 中的仲醇氧化成相应的酮。

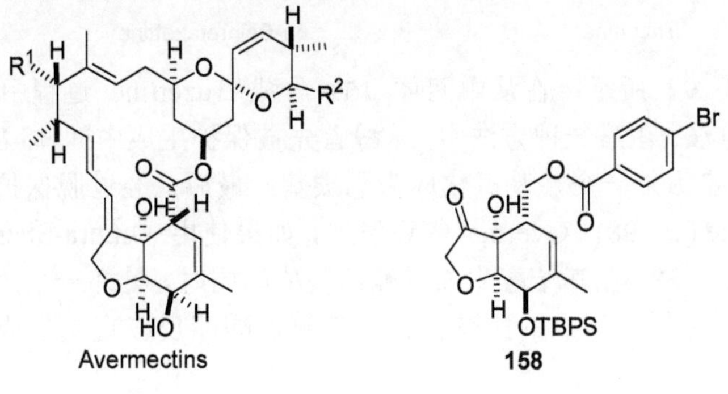

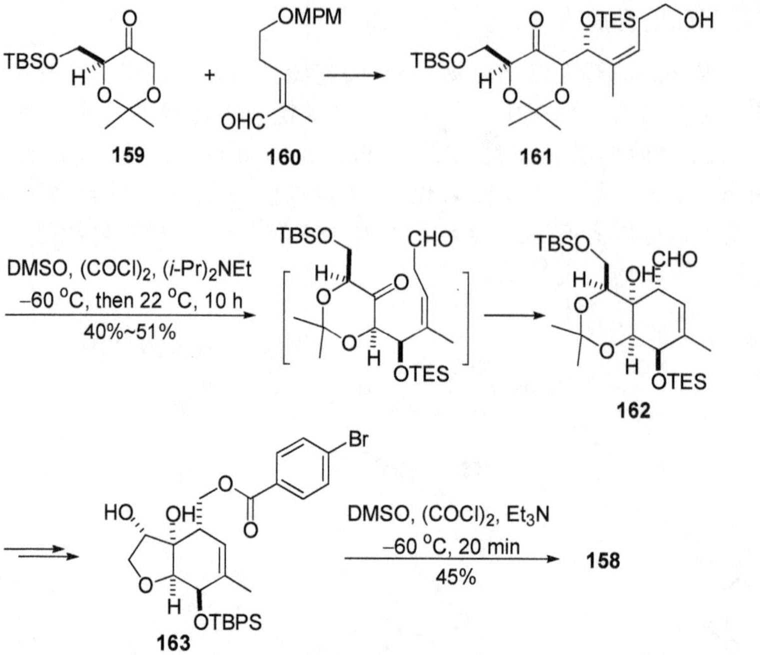

$$DMSO, (COCl)_2, (i\text{-}Pr)_2NEt$$
$$-60\ ^{o}C, \text{ then } 22\ ^{o}C, 10\ h$$
$$40\%{\sim}51\%$$

(95)

6.3 Tazettine 的全合成

[2]苯并吡喃[3,4-c]羟基吲哚衍生物是石蒜科生物碱中一类重要的化合物。由于该类化合物具有抗肿瘤等多种生物活性，因此引起化学家的关注。到目前已有多个研究组完成了该类化合物中一个或者多个异构体的全合成。1990年，Overma 研究组完成了该类天然产物中 Tazettine 和 6a-Epitazettine 的全合成[137]。

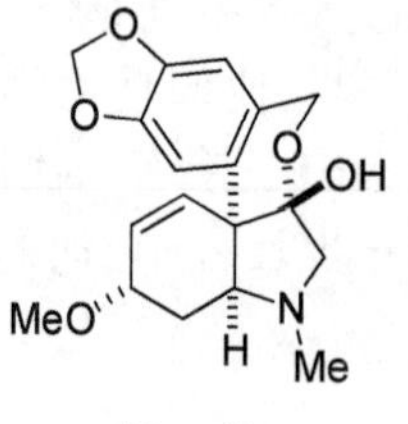

Tazettine 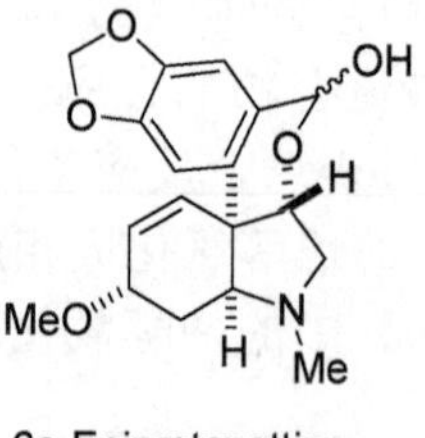　　　　　　6a-Epipretazettine

如式 96 和式 97 所示：在从中间体 **159** 合成 Tazettine 过程中，Overma 等人尝试了两种方法。在第一种方法中，苄醇首先被保护生成中间体 **160**；然后，使用 Swern 试剂将另外一个羟基氧化成为酮羰基；最后，经过脱保护基和环合反应生成 Tazettine (式 98)。Overma 等还发现，如果使用 Omura-Sharma-Swern 试剂来氧化中间体 **159**，在其苄醇生成三氟乙酸酯的同时，另外一个羟基被氧化成相应的酮羰基。然后，生成的酮羰基再与三氟乙酸酯反应直接生成目标产物 (式 97)。

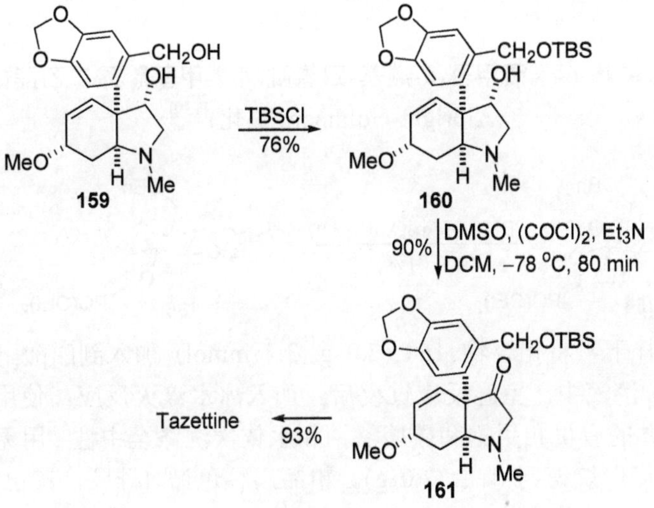

$$(96)$$

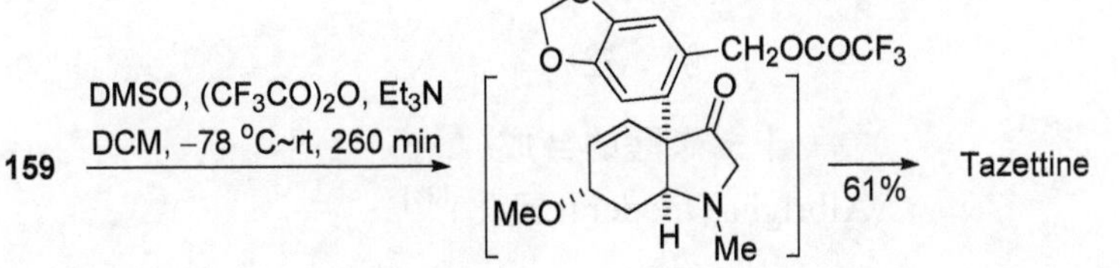

$$(97)$$

7 活化二甲亚砜介导的氧化反应实例

例 一

6-羰基青霉烷酸苄酯的合成

(Pfitzner-Moffatt 氧化)[138]

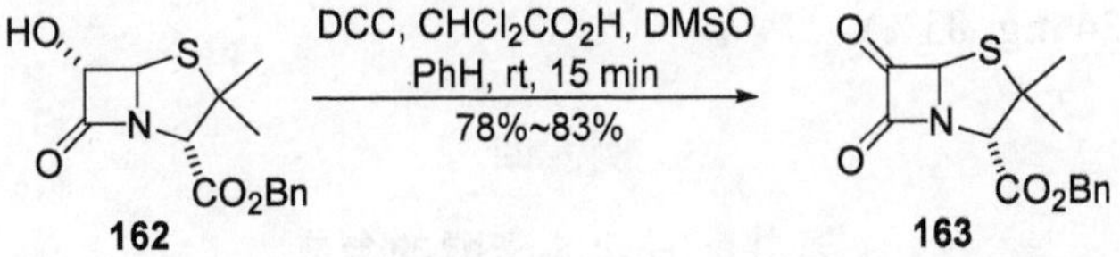

$$(98)$$

在室温下，将化合物 **162** (3.07 g, 10 mmol) 溶于苯 (20 mL) 和 DMSO (20 mL) 的混合溶剂中。加入 DCC (6.18 g, 30 mmol)，反应液在室温下搅拌 5 min，加入二氯乙酸 (0.41 mL, 5 mmol)，室温下继续搅拌反应 10 min，加入乙醚 (100 mL) 和草酸 (2.25 g, 25 mmol) 的甲醇 (10 mL) 溶液。气体放完后，滤除不溶物，滤液用 5% NaHCO₃ 水溶液 (30 mL)、饱和食盐水 (30 mL) 依次洗涤，有机相用无水硫酸镁干燥后蒸干溶剂得油状产物 **163** (2.38~2.53 g, 78%~83%)。

例 二

4,5-二苄氧基-6-苄氧甲基-3-羰基-四氢吡喃-2-甲基膦酸二乙酯的合成
(Albright-Goldman 氧化)[139]

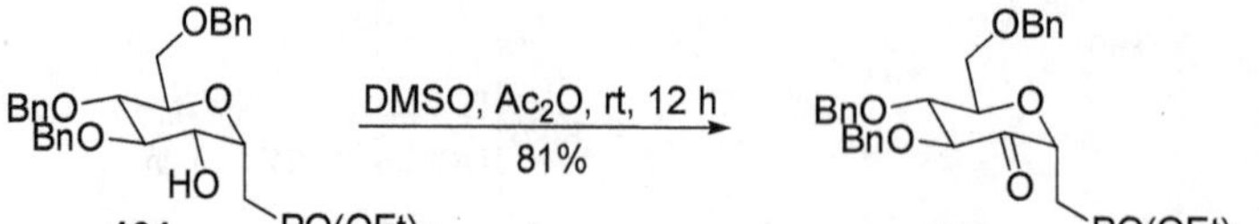

$$\text{(99)}$$

在室温搅拌下，将化合物 **164** (2.0 g, 3.4 mmol) 加入到醋酸酐 (6 mL) 的 DMSO (9 mL) 溶液中。室温反应过夜后，加入冰水淬灭反应。使用二氯甲烷提取水溶液，合并的有机相用饱和碳酸氢钠和水依次洗涤至中性。用无水硫酸钠干燥后，蒸去二氯甲烷得到粗品 (2.0 g)。粗品用柱色谱 [硅胶，正己烷-乙酸乙酯 (2:8)] 纯化后得到油状产物 **165** (1.6 g, 81%)，$[\alpha]_{578} = +32.7°$ (c 1.4, CHCl$_3$)。

例 三

十七碳醛的合成
(Albright-Onodera 氧化)[28]

$$\text{CH}_3(\text{CH}_2)_{16}\text{OH} \xrightarrow[\text{83\%}]{\text{DMSO, P}_2\text{O}_5, \text{DCM, Et}_3\text{N}} \text{CH}_3(\text{CH}_2)_{15}\text{CHO} \qquad \text{(100)}$$

166   **167**

在氮气保护和搅拌下，将 DMSO (643 mg, 8.25 mmol) 和五氧化二磷 (1.17 mg, 8.25 mmol) 依次加入到冰水冷却的化合物 **166** (1.0 g, 4.1 mmol) 的二氯甲烷 (20 mL) 溶液中。然后，逐渐升至室温。TLC 检测反应结束后，在冰水浴冷却下在 1 min 内滴入 Et$_3$N (2.02 mL, 14.4 mmol)。继续反应 30 min 后，用 10% 盐酸溶液淬灭反应。二氯甲烷提取水层，合并的有机相再用饱和食盐水洗涤。有机相用无水硫酸镁干燥后蒸干溶剂，得到的残留物经硅胶柱色谱分离得到白色固体产物 **167** (826 mg, 83%)。

例 四

苯并[a]芘-4,5-苯醌的合成
(Parikh-Doering 氧化)[140]

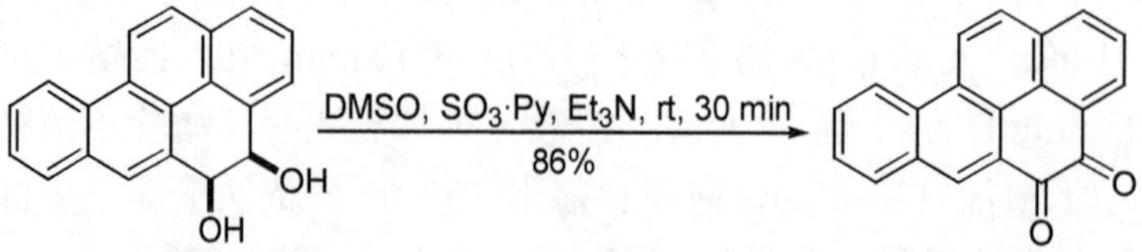

$$\text{(101)}$$

在反应瓶中依次加入化合物 168 (400 mg, 1.40 mmol)、DMSO (4 mL)、Et₃N (4 mL) 和三氧化硫吡啶复合物 (1.8 g, 113 mmol)。反应物在室温下搅拌反应 30 min 后，加水稀释。抽滤得到的滤饼用水洗涤，再经真空干燥后得到粗产物 (340 mg, 86%)，mp 253~256 °C。冰乙酸重结晶得到的纯品产物 **169** 为红色针状晶体，mp 255~256 °C。

例 五

(*E*)-4-三甲基硅基-2-羰基-3-丁烯的合成
(Omura-Sharma-Swern 氧化)[141]

$$
\underset{\textbf{170}}{\text{(Me)}_3\text{Si}\diagup\diagdown\diagup\overset{\text{OH}}{\underset{\text{Me}}{|}}}
\xrightarrow[\substack{\text{Et}_3\text{N, }-78\,^{\circ}\text{C, 2 h} \\ 75\%}]{\text{DMSO, (CF}_3\text{CO)}_2\text{O, DCM}}
\underset{\textbf{171}}{\text{(Me)}_3\text{Si}\diagup\diagdown\diagup\overset{\text{O}}{\underset{\text{Me}}{||}}}
\qquad (102)
$$

在 −78 °C 下，向装有 DMSO (0.35 mL, 4.5 mmol) 和二氯甲烷 (30 mL) 的反应瓶中滴加三氟乙酸酐 (0.48 mL, 3.37 mmol)。生成的反应液继续在 −78 °C 搅拌 10 min 后，加入化合物 **170** (162 mg, 1.16 mmol) 的二氯甲烷 (5 mL) 溶液。在 −78 °C 反应 50 min 后，向反应体系中滴加 Et₃N (1.4 mL, 10.12 mmol)。保持温度继续反应 50 min 后，向反应体系中加入水 (10 mL)。反应混合物用二氯甲烷 (3 × 80 mL) 提取，合并的有机相使用无水硫酸镁干燥后蒸干。所得粗品经柱色谱分离得到产物 **171** (124 mg, 75%)。

例 六

(*Z*)-3-碘-2-甲基丙烯醛的合成
(Swern 氧化)[142]

$$
\underset{\textbf{172}}{\text{I}\diagup\diagup\overset{}{\diagdown}\text{OH}}
\xrightarrow[67\%]{\text{DMSO, (COCl)}_2\text{, DCM, Et}_3\text{N, 1 h}}
\underset{\textbf{173}}{\text{I}\diagup\diagup\overset{}{\diagdown}\text{CHO}}
\qquad (103)
$$

在 −78 °C 和氩气保护下，向草酰氯 (0.10 mL, 1.10 mmol) 的二氯甲烷 (5 mL) 溶液中加入 DMSO (0.2 mL, 2.80 mmol)。生成的混合物搅拌 15 min 后，加入化合物 **172** (50 mg, 0.25 mmol) 的二氯甲烷 (2 mL) 溶液。反应 30 min 后，再加入 Et₃N (0.05 mL, 0.30 mmol)。继续反应 5 min 后，将反应温度由 −78 °C 逐渐升至室温。然后，向反应体系中加入二氯甲烷 (3 mL) 和水 (10 mL)，分液后水层用二氯甲烷提取。合并的有机相依次用 1% 盐酸溶液、水、碳酸钠 (5%) 溶液和水洗涤。有机相使用无水硫酸镁干燥后蒸去溶剂，得到黄色油状产物 **173** (33 mg, 67%)。

例 七

4-叔丁基环己酮的合成
(Corey-Kim 氧化)[143]

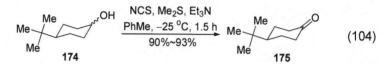

(104)

在 0 °C 和氩气保护下，向 *N*-氯代丁二酰亚胺 (8.0 g, 0.06 mol) 的甲苯 (200 mL) 溶液中加入二甲硫醚 (6.0 mL, 0.10 mol)。使用四氯化碳-干冰将反应液冷却至 –25 °C 后，5 min 内向反应液中滴入化合物 **174** (6.24 g, 0.04 mol) 的甲苯 (40 mL) 溶液。保持温度搅拌反应 2 h 后，在 3 min 内向反应液中滴加 Et$_3$N (6.0 g, 0.59 mol) 的甲苯 (10 mL) 溶液。移除冷却浴 5 min 后，向反应体系中加入乙醚 (400 mL)。反应混合物依次用稀盐酸 (1%, 100 mL) 和水 (2 × 100 mL) 洗涤后，有机相用无水硫酸镁干燥后，蒸去溶剂后的粗品经减压蒸馏 (120 °C/25 mmHg) 得到产物 **175** (5.54~5.72 g, 90%~93%), mp 41~45 °C。

8 参考文献

[1] Kornblum, N.; Powers, J. W.; Anderson, G. J.; Jones, W. J.; Larson, H. O.; Levand, O.; Weaver, W. M. *J. Am. Chem. Soc.* **1957**, *79*, 6562.

[2] Kornblum, N.; Jones, W. J.; Anderson, G. J. *J. Am. Chem. Soc.* **1959**, *81*, 4113.

[3] Pfitzner K. E.; Moffatt, J. G. *J. Am. Chem. Soc.* **1963**, *85*, 3027.

[4] Albright J. D.; Goldman, L. *J. Am. Chem. Soc.* **1967**, *89*, 2416.

[5] Onodera, K.; Hirano, S.; Kashimura, N. *J. Am. Chem. Soc.* **1965**, *87*, 4651.

[6] Parikh J. R.; Doering, W. v. E. *J. Am. Chem. Soc.* **1967**, *89*, 5505.

[7] Sharma, A. K.; Ku, T.; Dawson, A. D.; Swern, D. *J. Org. Chem.* **1975**, *40*, 2758.

[8] Mancuso, A. J.; Huang, S.-L.; Swern, D. *J. Org. Chem.* **1978**, *43*, 2480.

[9] Smith, S. G.; Winstein, S. *Tetrahedron* **1958**, *3*, 317.

[10] Pfitzner, K. E.; Moffatt, J. G. *J. Am. Chem. Soc.* **1965**, *87*, 5661.

[11] Albright, J. D.; Goldman, L. *J. Am. Chem. Soc.* **1965**, *87*, 4214.

[12] Marx, M., Tidwell, T. T. *J. Org. Chem.* **1984**, *49*, 788.

[13] Omura, K.; Swern, D. *Tetrahedron* **1978**, *34*, 1651.

[14] Goetz-Grandmont, G. J.; Leroy, M. J. F. *J. Chem. Res.* **1982**, 160.

[15] Cocivera, M.; Malatesta, V.; Woo, K. W.; Effio, A. *J. Org. Chem.* **1978**, *43*, 1140.

[16] (a) Corey, E. J.; Kim, C. U. *J. Am. Chem. Soc.* **1972**, *94*, 7586. (b) Hendrickson, J. B.; Schwartzman, S. M. *Tetrahedron Lett.* **1975**, *4*, 273. (c) Johnson, C. R.; Phillips, W. G. *J. Am. Chem. Soc.* **1969**, *91*, 682.

[17] Pfitzner, K. E.; Moffatt, J. G. *J. Am. Chem. Soc.* **1965**, *87*, 5670.

[18] Fenselau, A. H.; MoVatt, J. G. *J. Am. Chem. Soc.* **1966**, *88*, 1762.

[19]   (a) Mallams, A. K.; Rossman, R. R. *J. Chem. Soc. Perkin Trans. I.* **1989**, *4*, 775. (b) Edwards, P. D.; Meyer Jr.,
        E. F.; Vijayalakshmi, J.; Tuthill, P. A.; Andisik, D. A.; Gomes, B.; Strimpler, A. *J. Am. Chem. Soc.* **1992**, *114*,
        1854.

[20]   (a) Fearon, K.; Spaltenstein, A.; Hopkins, P. B.; Gelb, M. H. *J. Med. Chem.* **1987**, *30*, 1617. (b) Ramage, R.;
        MacLeod, A. M.; Rose, G. W. *Tetrahedron* **1991**, *47*, 5625.

[21]   Shengxi, C.; Xiandong, X.; Lanxiang, Y. *J. Antibiot.* **2001**, *54*, 506.

[22]   De Gaudenzni, L.; Apparao, S.; Schmidt, R. R. *Tetrahedron* **1990**, *46*, 277.

[23]   Semple, J.E.; Owens, T. D.; Nguyen, K.; Levy, O. E. *Org. Lett.* **2000**, *2*, 2769.

[24]   Luzzio, F. A.; Fitch, R. W. *J. Org. Chem.* **1999**, *64*, 5485.

[25]   Denmark, S. E.; Cramer, C. J.; Dappen, M. S. *J.Org.Chem.* **1987**, *52*, 877.

[26]   Tokoroyama, T.; Kotsuji, Y.; Matsuyama, H.; Shimura, T.; Yokotani, K.; Fukuyama, Y. *J. Chem. Soc. Perkin
        Trans. I.* **1990**, *6*, 1745.

[27]   Lee, H. H.; Hodgson, P. G.; Bernacki, R. J.; Korytnyk, W.; Sharma, M. *Carbohydr. Res.* **1988**, *176*, 59.

[28]   Taber, D. F.; Amedio Jr., J. C.; Jung, K.-Y. *J. Org. Chem.* **1987**, *52*, 5621

[29]   Palomo, C.; Aizpurua, J. M.; Urchegui, R.; Garciía, J. M. *J. Chem. Soc., Chem. Commun.* **1995**, *22*, 2327.

[30]   Seki, M.; Mori, Y.; Hatsuda, M.; Yamada, S. *J. Org. Chem.* **2002**, *67*, 5527.

[31]   Wasicak, J. T.; Craig, R. A.; Henry, R.; Dasgupta, B.; Li, H.; Donaldson, W. A. *Tetrahedron* **1997**, *53*, 4185.

[32]   Conrad, P. C.; Kwiatkowski, P. L.; Fuchs, P. L. *J. Org. Chem.* **1987**, *52*, 586.

[33]   Liu, Z. D.; Piyamongkol, S.; Liu, D. Y.; Khodr, H. H.; Lu, S. L.; Hider, R. C. *Biorg. Med. Chem.* **2001**, *9*, 563.

[34]   Kitov, P. I.; Bundle, D. R. *J. Chem. Soc., Perkin Trans. I.* **2001**, *8*, 838.

[35]   Charpentier, B.; Dor, A.; Roy, P.; England, P.; Pham, H.; Durieux, C.; Roques, B. P. *J. Med. Chem.* **1989**, *32*,
        1184.

[36]   Curran, W. V.; Ross, A. A.; Lee, V. J. *J. Antibiot.* **1988**, *41*, 1418.

[37]   Branch, C. L.; Finch, S. C.; Pearson, M. J. *Tetrahedron Lett.* **1989**, *30*, 3219.

[38]   Omura, K.; Sharma, A. K.; Swern, D.; *J. Org. Chem.* **1976**, *41*, 957.

[39]   Tietze, L. F.; Henke, S.; Bärtels, C. *Tetrahedron* **1988**, *44*, 7145.

[40]   Grieco, P. A.; Nargund, R. P. *Tetrahedron Lett.* **1986**, *27*, 4813.

[41]   Ghera, E.; Ben-David, Y. *J. Org. Chem.* **1988**, *53*, 2972.

[42]   Yu, P.; Wang, T.; Li, J.; Cook, J. M. *J. Org. Chem.* **2000**, *65*, 3173.

[43]   Marshall, J. A.; Lu, Z.-H.; Johns, B. A. *J. Org. Chem.* **1998**, *63*, 817.

[44]   Danheiser, R. L.; Fink, D. M.; Okano, K.; Tsai, Y.-M.; Szczepanski, S. W. *J. Org. Chem.***1985**, *50*, 5393.

[45]   Fang, X.; Bandarage, U. K.; Wang, T.; Schroeder, J. D.; Garvey, D. S. *J. Org. Chem.* **2001**, *66*, 4019.

[46]   Armstrong, A.; Barsanti, P. A.; Jones, L. H.; Ahmed, G. *J. Org. Chem.* **2000**, *65*, 7020.

[47]   Longbottom, D. A.; Morrison, A. J.; Dixon, D. J.; Ley, S. V. *Angew. Chem. Int. Ed.* **2002**, *41*, 2786.

[48]   Willson, T. M.; Kocienski, P.; Jarowicki, K.; Isaac, K.; Hitchcock, P. M.; Faller, A.; Campbell, S. F.
        Tetrahedron **1990**, *46*, 1767.

[49]   Chrisman, W.; Singaram, B. *Tetrahedron Lett.* **1997**, *38*, 2053.

[50]   Smith III, A. B.; Liu, H.; Hirschmann, R. *Org. Lett.* **2000**, *2*, 2037.

[51]   Nishide, K.; Patra, P. K.; Matoba, M.; Shanmugasundaram K.; Node M. *Green Chemistry* **2004**, *6*, 142.

[52]   Liu, Y.; Vederas, J. C. *J. Org. Chem.* **1996**, *61*, 7856.

[53]   Nishide, K.; Ohsugi, S.-ichi; Fudesaka, M.; Kodama, S.; Node, M.; *Tetrahedron Lett.* **2002**, *43*, 5177.

[54]   Harris, J. M.; Liu, Y.; Chai, S.; Andrews, M. D.; Vederas, J. C. *J. Org. Chem.* **1998**, *63*, 2407.

[55]   Yamauchi, M.; Katayama, S.; Todoroki, T.; Watanabe, T. *J. Chem. Soc., Perkin Trans. I.* **1987**, 389.

[56]   Gosselin, G.; Bergogne, M.-C.; De Rudder, J.; De Clercq, E.; Imbach, J.-L. *J. Med. Chem.* **1987**, *30*, 982.

[57]   Lerch, U.; MoVatt, J. G. *J. Org. Chem.* **1971**, *36*, 3391.

[58] Nishiyama, S.; Shizuri, Y.; Shigemori, H.; Yamamura, S. *Tetrahedron Lett.* **1986**, *27*, 723.

[59] Wasserman, H. H.; Pearce, B. C. *Tetrahedron Lett.* **1985**, *26*, 2237.

[60] Yasuhara, T.; Nishimura, K.; Yamashita, M.; Fukuyama, N.; Yamada, K.-ichi; Muraoka, O.; Tomioka, K. *Org. Lett.* **2003**, *5*, 1123.

[61] Creemer, L. C.; Toth, J. E.; Kirst, H. A. *J. Antibiot.* **2002**, *55*, 427.

[62] Pedrosa, R.; Andrés, C.; Iglesias, J. M. *J. Org. Chem.* **2001**, *66*, 243.

[63] Katagiri, N.; Akatsuka, H.; Haneda, T.; Kaneko, C.; Sera, A. *J. Org. Chem.* **1988**, *53*, 5464.

[64] Baer, H. H.; Radatus, B. *Carbohydr. Res.* **1986**, *157*, 65.

[65] Martin, O. R.; Khamis, F. E.; Prahlada Rao, S. *Tetrahedron Lett.* **1989**, *30*, 6143.

[66] Bessodes, M.; Lakaf, R.; Antonakis, K. *Carbohydr. Res.* **1986**, *148*, 148.

[67] Gavagnin, M.; Sodano, G. *Nucleos. & Nucleot.* **1989**, *8*, 1319.

[68] Yamada, K.; Kato, K.; Nagase, H.; Hirata, Y. *Tetrahedron Lett.* **1976**, *1*, 65.

[69] Okada, Y.; Wang, J.; Yamamoto, T.; Mu, Y.; Yokoi, T. *J. Chem. Soc., Perkin Trans. I.* **1996**, *17*, 2139.

[70] Hassarajani, S. A.; Dhotare, B.; Chattopadhyay, A.; Mamdapur, V. R. *Ind. J. Chem.* **1998**, *37B*, 80.

[71] Palomo, C.; Aizpurua, J. M.; Ganboa, I.; Carreaux, F.; Cuevas, C.; Maneiro, E.; Ontoria, J. M. *J. Org. Chem.* **1994**, *59*, 3123.

[72] Patin, A.; Kanazawa, A.; Philouze, C.; Greene, A. E.; Muri, E.; Barreiro, E.; Costa, P. C. C. *J. Org. Chem.* **2003**, *68*, 3831.

[73] Sugimoto, T.; Fujii, T.; Hatanaka, Y.; Yamamura, S.; Ueda, M. *Tetrahedron Lett.* **2002**, *43*, 6529.

[74] Ermolenko, L.; Sasaki, N. A.; Potier, P. *J. Chem. Soc., Perkin Trans. I.* **2000**, *15*, 2465.

[75] Shigeno, K.; Sasai, H.; Shibasaki, M. *Tetrahedron Lett.* **1992**, *33*, 4937.

[76] Suzuki, Y.; Nishimaki, R.; Ishikawa,M.;Murata, T.; Takao, K.;Tadano, K. *J. Org. Chem.* **2000**, *65*, 8595.

[77] Roberson, C. W.; Woerpel, K. A. *J. Am. Chem. Soc.* **2002**, *124*, 11342.

[78] Waizumi, N.; Itoh, T.; Fukuyama, T. *J. Am. Chem. Soc.* **2000**, *122*, 7825.

[79] Bigogno, C.; Danieli, B.; Lesma, G.; Passarella, D. *Heterocycles* **1995**, *41*, 973.

[80] Smith III, A. B.; Friestad,G.K.; Barbosa, J.; Bertounesque, E.; Hull, K. G.; Iwashima,M.; Qiu, Y.; Salvatore, B. A.; Grant Spoors, P.; Duan, J. J.-W. *J. Am. Chem. Soc.* **1999**, *121*, 10468.

[81] Nakamura, S.; Inagaki, J.; Kudo, M.; Sugimoto, T.; Obara, K.; Nakajima, M.; Hashimoto, S. *Tetrahedron* **2002**, *58*, 10353.

[82] De Brabander, J.; Vandewalle, M. *Synthesis* **1994**, *8*, 855.

[83] Inoue, M.; Sasaki, M.; Tachibana, K. *Angew. Chem. Int. Ed.* **1998**, *37*, 965.

[84] Vaz, B.; Álvarez, R.; R. de Lera, A. *J. Org. Chem.* **2002**, *67*, 5040.

[85] Weber, J. F.; Talhouk, J. W.; Nachman, R. J.; You, T.-P.; Halaska, R. C.; Williams, T. M.; Mosher, H. S. *J. Org. Chem.* **1986**, *51*, 2702.

[86] Horii, S.; Fukase, H.; Matsuo, T.; Kameda, Y.; Asano, N.; Matsui, K. *J. Med. Chem.* **1986**, *29*, 1038.

[87] Barett, A. G. M.; Barta, T. E.; Flygare, J. A.; Sabat, M.; Spilling, C. D. *J. Org. Chem.* **1990**, *55*, 2409.

[88] Takahata, H.; Banba, Y.; Tajima, M.; Momose, T. *J. Org. Chem.* **1991**, *56*, 240

[89] Kojima, K.; Amemiya, S.; Koyama, K.; Saito, S.; Oshima, T.; Ito, T. *Chem. Pharm. Bull.* **1987**, *35*, 4000.

[90] Suryawanshi, S. N.; Fuchs, P. L. *J. Org. Chem.* **1986**, *51*, 902.

[91] Appell, R. B.; Duguid, R. J. *Org. Process Res. Dev.* **2000**, *4*, 172.

[92] Raina, S.; Singh, V. K. *Tetrahedron* **1995**, *51*, 2467.

[93] Liu, D-G.; Wang, B.; Lin, G.-Q. *J. Org. Chem.* **2000**, *65*, 9114.

[94] Lambert, W. T.; Burke, S. D.; *Org. Lett.* **2003**, *5*, 515.

[95] Keirs, D.; Overton, K. *J. Chem. Soc., Chem. Commun.* **1987**, *21*, 1660.

[96] Katoh, T.; Itoh, E.; Yoshino, T.; Terashima, S. *Tetrahedron* **1997**, *53*, 10229.

[97]   Simay, A.; Prokai, L.; Bodor, N. *Tetrahedron* **1989**, *45*, 4091.

[98]   Lowe, G.; Swain, S. *J. Chem. Soc., Perkin Trans. 1.* **1985**, 391.

[99]   Marcacci, F.; Giacomelli, G.; Menicagli, R. *Gazz. Chim. Ital.* **1980**, *110*, 195.

[100]   Evans D. A.; Bartroli, J. *Tetrahedron Lett.* **1982**, *23*, 807.

[101]   Takai K.; Heathcock, C. H. *J. Org. Chem.* **1985**, *50*, 3247.

[102]   Evans D. A.; Polniaszek, R. P. *Tetrahedron Lett.* **1986**, *27*, 5683.

[103]   Evans, D. A.; Sjogren, E. B.; Bartroli, J.; Dow, R. L.*Tetrahedron Lett.* **1986**, *27*, 4957.

[104]   Suzuki, K.; Tomooka, K.; Katayama, E.; Matsumoto, T.; Tsuchihashi, G. *J. Am. Chem. Soc.* **1986**, *108*, 5221.

[105]   Takeda, K.; Shibata, Y.; Sagawa, Y.; Urahata, M.; Funaki, K.; Hori, K.; Sasahara, H.; Yoshii, E. *J. Org. Chem.* **1985**, *50*, 4673.

[106]   Shastri, M. H.; Patil, D. G.; Patil, V. D.; Dev, S. *Tetrahedron,* **1985**, *41*, 3083.

[107]   Liu, H.-J.; Hung, H.-K.; Mhehe, G. L.; Weinberg, M. L. D. *Can. J. Chem.* **1978**, *56*, 1368.

[108]   Smith III, A. B.; Levenberg, P. A. *Synthesis* **1981**, 567.

[109]   Dimitriadis, E.; Massy-Westropp, R. A. *Aust. J. Chem.* **1979**, *32*, 2003.

[110]   Brown, A. G.; Corbett, D. F.; Goodacre, J.; Harbridge, J. B.; Howarth, T. T.; Ponsford, R. J.; Stirling, I.; King, T. J. *J. Chem. Soc., Perkin Trans. 1.* **1984**, 635.

[111]   Kasal, A.; *Collect. Czech. Chem. Commun.* **1983**, *48*, 1489.

[112]   Kinoshita, M.; Aburaki, S.; Kawada, Y.; Yamasaki, T.; Suzuki, Y.; Niimura, Y. *Bull. Chem. Soc. Jpn.* **1978**, *51*, 3261.

[113]   Mackie, D. M.; Perlin, A. S. *Carbohydr. Res.* **1972**, *24*, 67.

[114]   Vatele, J.-M. *Tetrahedron* **1986**, *42*, 4443.

[115]   Johnson, C. R.; Penning, T. D. *J. Am. Chem. Soc.* **1986**, *108*, 5655.

[116]   Corey, E. J.; Kim, C. U.; Takeda, M. *Tetrahedron Lett.* **1972**, *13*, 4339.

[117]   Mancuso, A. J.; Brownfain, D. S.; Swern, D. *J. Org. Chem.* **1979**, *44*, 4148.

[118]   Kende, A. S.; Johnson, S.; Sanfilippo, P.; Hodges, J. C.; Jungheim, L. N. *J. Am. Chem. Soc.* **1986**, *108*, 3513.

[119]   Kato, N.; Nakanishi, K.; Takeshita, H. *Bull. Chem. Soc. Jpn.* **1986**, *59*,1109.

[120]   Hollinshead, D. M.; Howell, S. C.; Ley, S. V.; Mahon, M.; Ratcliffe, N. M.; Worthington, P. A. *J. Chem. Soc., Perkin Trans. 1* **1983**, 1579.

[121]   Schwartz, D. A.; Yates, P. *Can. J. Chem.* **1983**, *61*, 1126.

[122]   Ferland, J. M. *Can. J. Chem.* **1974**, *52*, 1652.

[123]   Snyder, H. R.; Freedman, R. *J. Med. Chem.* **1975**, *18*, 524.

[124]   B. M. Trost; R. A. Kunz, *J. Am. Chem. Soc.* **1975**, 97, 7152.

[125]   Feldman, P. L.; Rapoport, H. *J. Org. Chem.* **1986**, *51*, 3882.

[126]   Yang, C.-G.; Wang, J.; Jiang, B. *Tetrahedron Lett.* **2002**, *43*, 1063.

[127]   Hartke, K.; Teuber, D.; Gerber, H. *Tetrahedron* **1988**, *44*, 3261.

[128]   Burdon M. G.; Moffatt, J. G. *J. Am. Chem. Soc.* **1965**, *87*, 4656.

[129]   Pfitzner, K. E.; Marino, J. P.; Olofson, R. A. *J. Am. Chem. Soc.* **1965**, *87*, 4658.

[130]   Marino, J. P.; Pfitzner, K. E.; Olofson, R. A. *Tetrahedron* **1971**, *27*, 4181.

[131]   Olah, G. A.; Ohannesian, L.; Arvanaghi, M. *Synthesis* **1986**, 868.

[132]   Paquette, L. A.; Balogh, D. W.; Ternansky, R. J.; Begley, W. J.; Banwell, M. G. *J. Org. Chem.* **1983**, *48*, 3282.

[133]   Yee, Y. K.; Schultz, A. G. *J. Org. Chem.* **1979**, *44*, 719.

[134]   Dolby, L.J.; Nelson, S. J.; Senkovich, D. *J. Org. Chem.* **1972**, *37*, 3691

[135]   Kuehne, M. E.; Bornmann, W. G.; Parsons, W. H.; Spitzer, T. D.; Blount, J. F.; Zubieta, J.; *J. Org. Chem.* **1988**, *53*, 3439.

[136]   Hirama, M.; Noda, T.; Ito^, S.; Kabuto, C. *J. Org. Chem.* **1988**, *53*, 706.

[137]   Abelman, M. M.; Overman, L. E.; Tran, V. D. *J. Am. Chem. Soc.* **1990**, *112*, 6959.

[138]   Chandrasekaran, S.; Kluge, A. F.; Edwards, J. A. *J. Org. Chem.* **1977**, *42*, 3972.

[139]   Casero, F.; Cipolla, L.; Lay, L.; Nicotra, F.; Panza, L.; Russo, G. *J. Org. Chem.* **1996**, *61*, 3428.

[140]   Harvey, R. G.; Goh, S. H.; Cortez, C. *J. Am. Chem. Soc.* **1975**, *97*, 3468.

[141]   Jung, M. E.; Piizzi, G. *J. Org. Chem.* **2002**, *67*, 3911.

[142]   Hénaff, N.; Whiting, A. *Tetrahedron* **2000**, *56*, 5193.

[143]   Corey, E. J.; Kim, C. U.; Misco, P. F. *Org. Synth. Coll. VI*, 220.

瓦克氧化反应

(Wacker Oxidation)

许鹏飞

1 历史背景简述

Wacker 氧化反应是金属钯催化剂第一次被应用于有机合成工业生产的反应。此反应的确立促进了均相催化有机合成工业的发展，具有非常重要的历史意义。它取名于发现该反应的 Wacker 化学有限责任公司。

Wacker 公司于 1903 年在德国慕尼黑成立，1914 年正式起名为 Wacker 化学有限责任公司。两年后，Wacker 公司首次实现大规模生产乙醛、乙酸和丙酮。为了改进生产，Wacker 公司的化学家于 1959 年发现了 Wacker 氧化反应。

Wacker 氧化反应的发现可以追溯到 1894 年，Philips 发现乙烯在化学计量 $PdCl_2$ 的作用下能够被氧化成乙醛 (式 1)[1,2]。由于钯试剂价格昂贵，此反应在当时并未得到更多的研究和应用。到了 1950 年，Wacker 公司的 Juergen Smidt 等人为了降低乙醛的生产成本，在不断的研究中发现可以将该反应和 Pd(0) 被 $CuCl_2/O_2$ 体系重新氧化成 Pd(II) 的反应联系在一起应用 (式 2 和式 3)。由于 Pd(II) 能够在反应中循环再生，该反应从化学计量反应变成了催化反应，从而确立了 $PdCl_2/CuCl_2$ 催化乙烯氧化制备乙醛的 Wacker 合成法 (式 4)[3~5]。

$$C_2H_4 + PdCl_2 + H_2O \longrightarrow CH_3CHO + Pd(0) + 2\,HCl \qquad (1)$$

$$Pd(0) + 2\,CuCl_2 \longrightarrow 2\,CuCl + PdCl_2 \qquad (2)$$

$$2\,CuCl + 2\,HCl + 1/2\,O_2 \longrightarrow 2\,CuCl_2 + H_2O \qquad (3)$$

$$C_2H_4 + 1/2\,O_2 \longrightarrow CH_3CHO \qquad (4)$$

在 Wacker 氧化反应发现后，有许多学者对其反应机理进行了广泛深入的研究[6~8]。但该反应主要还是用于工业生产，而在有机合成实验室中应用较少。后来 Tsuji 等人在前人的基础上对 Wacker 氧化反应做了大量的总结和研究，并把该反应引进了合成实验室，为有机合成提供了一种从烯烃合成酮的简便而有效的方法[9,10]。因此，有时也将 Wacker 氧化反应称为 Wacker-Tsuji 氧化反应。

2 Wacker 氧化反应的定义和概念

2.1 Wacker 氧化反应的定义

在 20 世纪 50 年代，Wacker 氧化反应被定义为乙烯在富氧的水中用 $PdCl_2/CuCl_2$ 催化氧化生成乙醛的反应 (Wacker-Smidt 工艺，式 5)。这是最初的定义，也是 Wacker 氧化反应的狭义定义。随着研究的深入，Wacker 氧化反应的应用越来越广泛。在 Pd(II) 催化剂存在下，将烯烃氧化成羰基类化合物的反应统称为 Wacker 氧化反应。但实际上，Wacker 氧化反应主要是指将末端烯烃氧化成甲基酮的反应 (式 6)。

经过多年的发展，Wacker 氧化反应又有更为新颖的用法：例如：可以使用不同的钯配合物和共氧化剂来提高反应的产率和选择性。如果在反应中加入不同的亲核试剂，例如：醇、胺和羧酸等，则可能生成亲核取代产物烯醚和环醚、烯胺、环胺以及内酯产物等。这种类型的反应被称之为类 Wacker 氧化反应 (式 7)[11]。

Wacker-Smidt 工艺：$H_2C{=}CH_2 + PdCl_2 + H_2O \xrightarrow[O_2]{CuCl_2,\ HCl} CH_3CHO$ (5)

Wacker 氧化反应： (6)

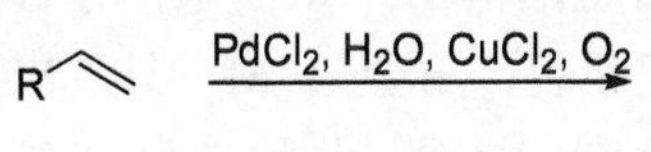

类 Wacker 氧化反应： (7)

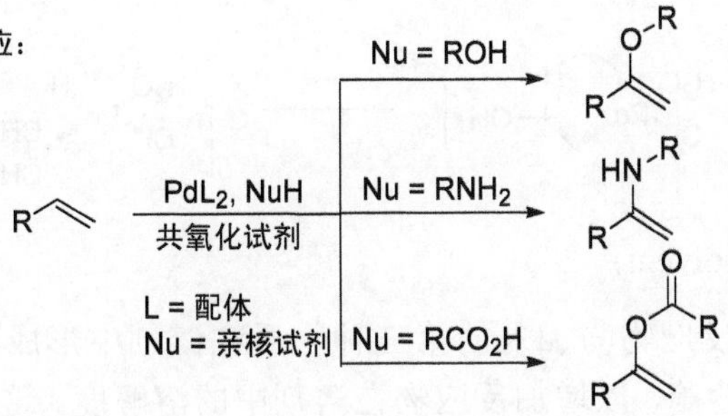

2.2 Wacker 氧化反应的概念
2.2.1 配位催化及配位催化剂

Wacker 氧化反应是一个典型的配位催化反应。配位催化是指催化剂通过配位的方式与底物结合，使底物得到活化并发生反应 (式 8)。它的一个重要特征是：在反应过程中催化活性中心与反应体系始终保持着配位状态，能够通过改变配位的空间效应、电子效应以及其它因素，对其反应过程、速率和产物的分布等起到选择性调节作用。

$$\left[\begin{array}{c} Cl \quad Cl \\ Cl \quad Pd \quad Cl \end{array} \right]^{2-} + \quad C_2H_4 \quad \longrightarrow \quad \left[\begin{array}{c} Cl \quad Cl \\ Cl \quad Pd \quad \| \end{array} \right]^{-} \qquad (8)$$

配位催化剂是指催化剂在反应过程中对反应物发生配位作用，并且使之在配位空间进行催化 (如 $PdCl_4^{2-}$)。催化剂可以是溶解状态，也可以是固态；可以是普通化合物 (例如：$PdCl_4^{2-}$)，也可以是配合物 [例如：$(PhCN)_2PdCl_2$][12]；包括均相配位催化剂和非均相配位催化剂。

2.2.2 插入反应 (insertion reaction)

在配位群空间内，在金属配位键 M-L 之间插入一个基团，结果形成的新配位体仍然保持中心离子原来的配位数与构型 (式 9)。例如：配合物 $[Pd(C_2H_4)Cl_2OH]^{-}$ 中的乙烯插入到 Pd-OH 键中，而 Pd 配合物又与一分子水结合，生成 σ-有机钯中间体 $[Pd(C_2H_4OH)Cl_2H_2O]^{-}$，中心离子钯的配位数不变。

$$\left[\begin{array}{c} HO \quad Cl \\ Cl \quad Pd \quad \| \end{array} \right]^{-} + \quad H_2O \quad \longrightarrow \quad \left[\begin{array}{c} H_2O \quad Cl \\ Cl \quad Pd \quad OH \end{array} \right]^{-} \qquad (9)$$

2.2.3 β-氢消除 (β-hydride elimination)

过渡金属有机配合物中有机配体 (CH_2CH_2-R) 用 σ-键与金属 M 配位，其 β-碳原子上的氢可以发生 C-H 键断裂，与金属 M 形成 M-H 键；然后，有机配体脱离金属配合物，成为烯烃的终端。这个过程称之为 β-氢消除或 β-氢转移 (式 10)。

$$\left[\begin{array}{c} H_2O \quad H \\ Cl \quad Pd \quad OH \end{array} \right]^{-} \quad \longrightarrow \quad \left[\begin{array}{c} H_2O \quad H \\ Cl \quad Pd \quad CHOH \\ CH_2 \end{array} \right]^{-} \qquad (10)$$

2.2.4 共溶剂 (co-solvent)

体系中难溶性反应物与加入的第三种物质在溶剂中形成可溶性分子间的配合物、缔合物或复盐等，以增加反应物在溶剂中的溶解度。这第三种物质通称为共溶剂 (或助溶剂)，共溶剂多为低分子化合物。

在 Wacker 氧化反应中，烯烃的溶解度是氧化反应进行快慢的关键。因此，选择合适的共溶剂能够提高烯烃氧化的速率和产物的选择性[13]。许多常见的溶剂被用于该目的，例如：二甲基甲酰胺[14]、乙醇[15]、醋酸[15]、二甲亚砜[15]、四氯化碳[15]、3-甲基环丁砜[16]、N-甲基吡咯烷酮[16]和乙腈[17]等。

2.2.5 负载型水相催化 (supported aqueous phase, SAP)

20 世纪末，Davis 等人提出了负载型水相催化的概念。它是指能将不与有机产物混溶的负载型水相与反应相结合起来,而水溶性金属配合物催化剂则负载在高比表面的亲水性固体微孔里催化反应[18]。

2.2.6 逆向相转移催化 (inverse phase transfer catalysis)

1986 年,Mathias 提出了逆向相转移催化概念[19],其实它和相转移催化的机理是一样的。但是,相转移催化是将水溶性的底物移到有机相中参加反应,而逆向相转移则是把有机相中的底物运载到水相中参与反应。例如:环糊精 (CD) 就是一种良好的逆向相转移催化剂。在 Wacker 氧化反应过程中,它可以与烯烃 (或烯-钯配合物) 发生包合作用。然后,将包合物转移到水相中,从而使烯烃氧化成酮类物质。

3 Wacker 氧化反应的机理

许多学者对 Wacker 氧化反应中用 PdCl$_2$/CuCl$_2$ 催化乙烯制备乙醛的反应机理做过详细的研究,尤其是 Backwall 和 Stille。他们于 1979 年提出的反应机理尽管在某些细节上还存在一些疑义,但已经为人们所普遍接受 (图 1)[7,20,21]。

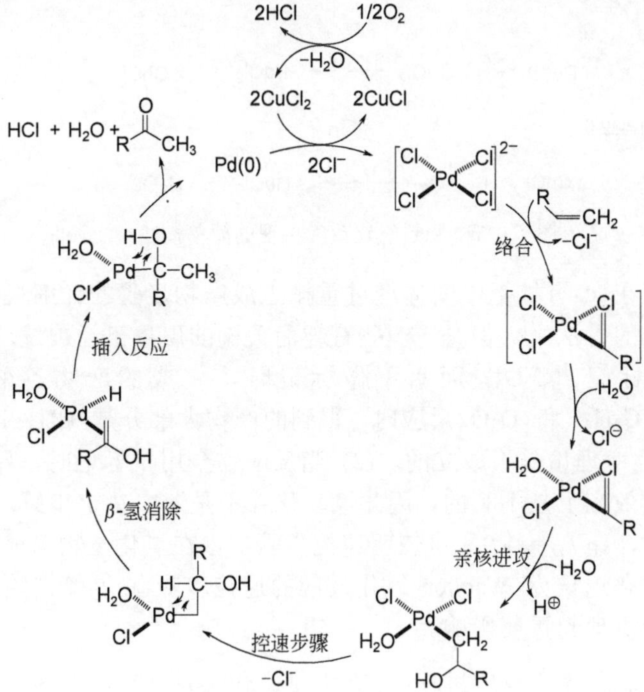

图 1　Wacker 氧化反应机理

乙烯氧化成乙醛的反应，一般是在含有催化剂的盐酸水溶液中和氧气氛下进行。由图 1 可以看出，反应的起始步骤是乙烯与阴离子 $PdCl_4^{2-}$ 形成 π-配合物（$PdCl_2$ 在酸性条件下以 $PdCl_4^{2-}$ 形式存在）。该配合物随即发生水解生成 $[Pd(C_2H_4)Cl_2OH]^-$ 后，乙烯插入到 Pd-OH 键中。而 Pd-配合物又与一分子水结合，生成 σ-有机钯中间体 $[Pd(C_2H_4OH)Cl_2H_2O]^-$。钯中间体十分不稳定，通过 β-氢消除得到乙醛和 Pd(0)。如图 2 所示[9,22]，Wacker 氧化的反应机理也可以用简单的分步反应方式来描述。

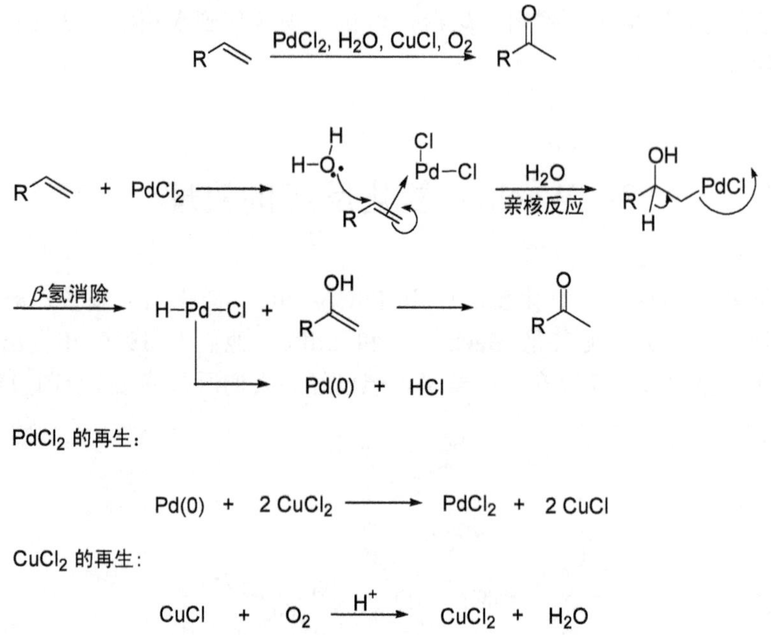

图 2　Wacker 氧化反应机理的简单描述

目前，人们在 σ-有机钯中间体经过重排生成产物步骤的详细机理上，仍然存在许多不一致的看法[23]。但是，一些有趣而关键的现象已经被发现。(1) 当乙烯中的氢用氘标记 (C_2D_4) 而水不做标记时，生成的产物乙醛大部分是 CD_3CDO。而用 C_2H_4 和 D_2O 反应时，得到的产物大部分是 CH_3CHO。因此可以知道酮-烯醇互变理论是不成立的。(2) 当反应物全用氘标记时，$k_H/k_D = 1.07$，这在动态同位素效应上是不利的，因此氢转移并不是速率决定步骤。(3) 当反应物用 $C_2H_2D_2$ 时，$k_H/k_D = 1.9$，这表明速控步骤应该在氧化产物形成之前。由于上述原因，大家普遍认为 Wacker 氧化反应的速控步骤在 β-氢消除之前，而且实验条件对反应机理起重要影响。

在研究 Wacker 氧化反应进程中，有大量工作都是围绕着亲核试剂是从外侧进攻还是从内侧进攻，也就是顺式加成或是反式加成的问题。Still 及其合作者指出：假设实验条件的变化不影响反应机理，Wacker 氧化反应是反式加成。而后又有学者证明：在氯离子浓度较高的情况下反应是按反式加成进行的[21]。因此，当时有些教科书以这些为证据来解释 Wacker 氧化反应的机理。然而，事实情况要比这些复杂很多。Henry 等经过研究发现：在 Wacker 氧化反应过程中同时存在有顺式加成和反式加成的可能，起决定作用的是氯离子的浓度[24,25]。Wacker 氧化反应在氯离子浓度较低时发生顺式加成，而在氯离子浓度较高时发生反式加成。但遗憾的是，到现在仍然不能确定氯离子浓度对这两种加成反应影响的原理。

在 Wacker 氧化反应中，β-氢消除是通过四员环的过渡态把氢从氧原子上转移到氯原子上而形成 C=O 键（式 11）。

$$R\text{--CH(OH)--PdCl} \longrightarrow \left[\begin{array}{c} \text{O---H} \\ R\text{---}\overset{|}{\text{C}}\text{--Pd--Cl} \end{array} \right]^{\ddagger} \longrightarrow R\text{--C(=O)---Pd--Cl} \longrightarrow R\text{--C(=O)} + HCl + Pd(0) \qquad (11)$$

尽管 Wacker 氧化反应目前在有机合成中的开发应用还较少，但它是一种把烯烃类化合物直接氧化成酮的好方法。Wacker 氧化的反应条件较温和，对双键的选择性较好，一般不受底物官能团的影响。因此，在有机合成设计中，可以用烯烃类化合物作为酮类化合物的潜在官能团。所以，Wacker 氧化反应的应用有可能使有些合成设计更为简单化和艺术化。

4 Wacker 氧化反应的条件

在实验室中，Wacker 氧化反应与 Pd/C 催化下烯烃的加氢反应装置一样。不同的只是 Wacker 氧化反应在氧气氛下进行，用 Pd(II) 的氯化物和铜盐作催化剂。因此，Wacker 氧化反应在实验室中比较容易实现，但是它的反应速率和产率在很大程度上决定于烯烃的结构。大部分情况下，Wacker 氧化反应的底物都是末端烯烃化合物。若使用内烯或环烯类化合物作为底物，往往得不到理想的反应结果，有些甚至不能发生反应。因此，选择合适的共溶剂、再氧化剂和钯配合物等反应条件非常关键。

4.1 共溶剂的选择

在 Wacker 氧化反应的工业工艺中，反应在富氧和含有 $PdCl_2/CuCl_2$ 催化剂的盐酸水溶液中进行，产物的产率一般较高。但在相同的条件下，碳数较高的末端烯烃的氧化反应较慢，并且往往伴随一些副反应，例如：形成氯代羰基化合物和双键的迁移等。

用氯化钯和苯醌为催化剂体系在水溶液中反应的研究也有报道,相对于环庚烯来说,它们的准一级速率常数如表 1 所示[26]。

表 1　几种烯烃相对于环庚烯的准一级速率常数

底　物	相对速率常数	底　物	相对速率常数
$H_2C{=}CH_2$	850	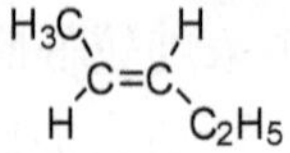 (H₃C, H / C=C / H, C₂H₅)	90
$H_2C{=}CH{-}CH_3$	480	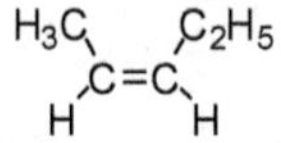 (H₃C, C₂H₅ / C=C / H, H)	80
$H_2C{=}CH{-}C_2H_5$	380	 (环戊烯)	70
$H_2C{=}CH{-}(CH_2)_4{-}CH_3$	220	 (环己烯)	18

注:环庚烯准一级速率常数为 $4.8 \times 10^{-6}\ s^{-1}$。

后来又有人发现,加入与氧化剂等同化学计量的十二烷基磺酸钠,可以提高高碳数烯烃氧化反应的速率[27]。如果在 Wacker 氧化反应体系中加入一种共溶剂使烯烃在含水的均相体系中进行,将大大改善反应的速率。但是,有些结果也不尽然。

用氯化钯和氯化铜 (或是苯醌) 催化剂体系,1-十二烷烯和十一烷酸在 DMF-水溶液中可以高产率地得到甲基酮产物[14]。但是,对于 3,3-二甲基-1-丁烯的氧化 (70~80 ℃、40~99 psi 和 10% $PdCl_2$-$CuCl_2$),用 3-甲基环丁砜或者 N-甲基-2-吡咯酮作溶剂要比 DMF 作溶剂得到的结果好 (表 2)[16]。

表 2　溶剂对 3,3-二甲基-1-丁烯氧化的影响

溶　剂	产率
DMF	33%
N-甲基-2-吡咯酮	79%
3-甲基环丁砜	91%

Wacker 氧化反应的速率在醇类溶剂中也比在 DMF 中高[15],表 3 中列出的是在 50 ℃ 时,环己烯在一组溶剂中的平行实验结果。

表 3　溶剂对环己烯氧化转化率的影响

溶　剂	转化率	溶　剂	转化率
乙醇	30%	DMSO	< 0.5%
1,4-二氧六环	1.2%	AcOH	< 0.5%
DMF	< 0.5%	CCl_4	< 0.5%

如果用醇作溶剂,能直接得到缩醛或缩酮,但与醇的结构有极大的关系。在

乙二醇溶剂中，苯乙烯在氯化钯和氯化铜的作用下生成高达 90% 的缩醛产物，而在乙醇中反应则得到复杂的产物。有趣的是：丙烯腈在乙二醇中发生 Wacker 氧化反应得到缩醛，而在甲醇中反应则得到缩酮 (式 12)[14]。

$$H_2C=CH-CN \quad \xrightarrow{PdCl_2,\ CuCl_2} \qquad \qquad \qquad \qquad (12)$$

1959 年，Lory 等人发现醇溶剂能提高内烯类和环烯类化合物发生 Wacker 氧化反应的速率。后来 Miller 等又发现，在反应体系中加入微量强酸也会对反应有极大的促进作用[17]。Wacker 氧化反应也可以在 γ-丁内酯中进行[28]，或者使用四氯化碳或苯在两相体系中反应[29,30]。

Wacker 氧化反应往往伴随有双键的异构化，两种反应的竞争程度主要取决于溶剂的选择。DMF 有利于氧化，而用乙酸则得到异构化为主的产物；若用醇作溶剂，则两种反应都会发生；乙腈和 DMSO 则会阻止氧化反应的发生。例如：4-甲基-1-戊烯在乙醇中会形成 π-烯丙基化合物而异构化为 2-位或 3-位烯烃，而在 DMF 或 γ-丁内酯中则发生正常的 Wacker 氧化反应。

4.2 再氧化剂的选择

从 Wacker 氧化反应的机理可以看出，反应的关键是催化剂的再生 (即零价钯的再氧化)。氯化铜是一个很好的再氧化剂 (reoxidant)，但是具有两个缺点：(1) 发生副反应生成氯代羰基化合物；(2) 生成的氯化氢会降低反应的速率[31,32]。因此，关于再氧化剂的研究引起了人们的广泛兴趣。

从上述机理可以知道，氯化亚铜可以被氧气氧化生成氯化铜。因此，可以用氧气预处理的氯化亚铜来作为再氧化剂。这样不仅可以避免酮类化合物的氯化，还能极大地提高反应的速率[33,34]。一些不含氯的二价铜试剂也在该反应中得到应用，例如：乙腈铜和乙酸铜都给出不错的结果。Moiseev 等人首次发现，相等化学剂量的苯醌也是该反应中一个很好的再氧化剂[17,35]。

在氧化乙烯的反应中，过氧叔丁醇和过氧化氢亦可以用来再氧化 Pd(0)[36,37]。用 5 eq 的 30% 双氧水和 0.02 eq 醋酸钯作催化剂，1-辛烯在乙酸或叔丁醇中以 90%~95% 的产率被氧化成为 2-辛酮 (式 13)[38]。在 Na_2PdCl_4 和氯化亚铜催化的反应中，使用过氧化氢作为再氧化剂可以有效地提高反应的速率。但是，过氧化氢容易使大多数底物中的双键发生迁移。而且，使用过氧化物对操作和仪器方面也需要有较高的要求。

$$\text{(13)}$$

Pd(OAc)$_2$(1/500 eq), 30% H$_2$O$_2$ (5 eq)

AcOH or t-butrylalcohol, 80 $^\circ$C, 3 h

90%~95%

在用硫酸钯时，杂多酸 (HPA) 也是一种不错的再氧化剂。例如：使用 PdSO$_4$/H$_3$PMo$_6$V$_6$O$_{40}$ 体系作为催化剂时，反应具有很好的选择性。用该体系氧化正丁烯、环戊烯和环己烯，都能得到较好的结果[39]。

1995 年，Hirao 等对端烯氧化的方法有了创新[40]。他们使用聚苯胺衍生物来代替无机杂多酸和铜盐等作为再氧化剂，使 Wacker 氧化反应工艺大为简化 (式 14)。若不使用聚苯胺衍生物或者用 N,N'-二苯基-对苯二胺来代替时，相应的反应均不能发生。这说明聚苯胺衍生物的 π-共轭体系对催化起着关键的作用。

$$\text{Pd(OAc)}_2, \text{聚苯胺衍生物}$$

RCH=CH$_2$ $\xrightarrow{\text{CH}_3\text{CN, H}_2\text{O, O}_2, 70\,^\circ\text{C, 24 h}}$ RCOCH$_3$ （14）

为了提高 Wacker 氧化反应的产率和化学选择性，除了用上面的再氧化剂以外，有人还报道使用 FeCl$_3$[41]、K$_2$Cr$_2$O$_7$[42]、酞菁铁 (FePc)[43]和烷基过氧化氢[44]等。一般情况下，这些再氧化剂均可以给出满意的反应产率和选择性。但是严格来说，上述再氧化剂中只有 FeCl$_3$、HPA 和 FePc 具有类似于 CuCl$_2$ 的作用。它们的用量符合催化剂的特征，其它的氧化剂则需要和底物相等的剂量。因此，有人认为应用这些试剂有可能改变了反应的机理[38,44]。

4.3 钯配合物[45]

钯配合物在催化烯烃氧化反应的过程中，其溶解度对反应速率有直接的影响。为了增大 PdCl$_2$ 在反应中的溶解度，通常将 PdCl$_2$ 换成溶解性能较好的四氯合钯酸盐 (M$_2$PdCl$_4$, M = Li, Na, K 等)[46]或二苯腈二氯化钯 [(PhCN)$_2$PdCl$_2$][12]等，从而到达提高催化活性的目的。为了避免溶液中氯离子对反应器腐蚀、影响反应速率和氯代副产物的生成，也经常使用不含氯的 Pd(OAc)$_2$、PdSO$_4$ 和 Pd(NO$_3$)$_2$ 等钯配合物代替 PdCl$_2$ (式 15)。

$$\xrightarrow{\text{PdSO}_4, \text{H}_3\text{PMo}_5\text{W}_6\text{O}_{40}, \text{DMF, H}_2\text{O, O}_2}$$ （15）

在 Wacker 氧化反应中，许多钯配合物会生成钯簇类化合物或者钯黑，因此降低了反应速率和增加了反应成本。如式 16 所示：将钯配合物中的小配体换成大共轭体系的配体，就可以有效地防止钯簇类化合物和钯黑的生成，极大地提高反应速率。

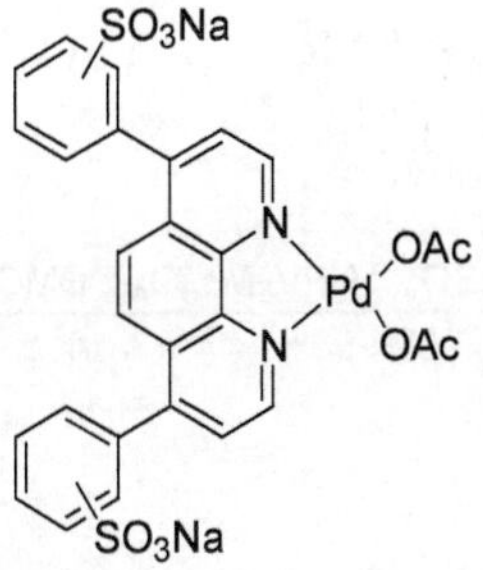

$$(16)$$

4.4　Wacker 类催化剂的固载化[45]

为了改进 Wacker 类催化剂的催化活性,有许多文献报道使用固体负载催化剂。例如:将钯配合物负载到无机盐上[47,48],将钯盐和杂多酸或杂多酸的金属盐负载到 SiO$_2$ 上[49,50],将钯盐和杂多酸负载到活性炭上[51],或者使用高分子负载钯配合物[52,53]等。

乙烯在 Pd(NH$_3$)$_4$$^{2+}$/Cu^{2+}/Y-型沸石催化剂的作用下能够被氧化成乙醛[47,48],该反应的机理和乙烯在 PdCl$_2$/CuCl$_2$/HCl/H$_2$O 中均相催化氧化反应相同,其活性中心为 Pd(NH$_3$)$_2$$^{2+}$。在所试验的 Y-型沸石中,以八面体沸石作载体的催化活性最高,Si/Al 比率对乙烯氧化的效果影响比较大[47]。

使用钯盐和杂多酸化合物在活性炭上形成的固体负载催化剂 [Pd(OAc)$_2$-NPMoV/C] 催化环戊烯的氧化,6 h 可使转化率达到 99%、环戊酮的收率达到 85%[51]。

有关负载型水相催化剂催化的 Wacker 氧化反应报道不多。吸附在 CPG-240 可控孔玻璃上的 PdCl$_2$/CuCl$_2$ 催化剂,在有水存在时就变成了一个 SAP (supported aqueous phase) 催化剂。该催化剂可以将 Pd^{2+}/Cu^{2+} 负载在微孔玻璃上,从而一定程度上避免了对反应器的腐蚀。1-己烯在该催化剂作用下能够被氧化为 2-己酮,转化率为 24%。在该反应中,催化剂的活性与水量、氧气压力及温度有关[54]。

4.5　逆向相转移催化[45]

在 Wacker 氧化反应中,季铵盐[55]和聚乙二醇 (PEG)[56]经常被用作相转移催化剂。它们能够把水溶性的试剂带到有机相中参与反应,选择性和反应性都不错。与相转移催化剂相反的是逆向相转移催化剂,环糊精 (CD) 是一类优良的逆向相转移催化剂,其活性顺序为:β-CD > α-CD > γ-CD[57,58]。

20 世纪末,Monflier 等人的研究发现,经化学修饰的 β-CD 在烯烃氧化的过程中是一个很好的逆向相转移催化剂。在 PdSO$_4$/H$_9$PV$_6$Mo$_6$O$_{40}$/CuSO$_4$/DMCD 催化氧化 1-癸烯生成 2-癸酮的过程中,反应产物的收率在 6 h 内达到 98%;在没有 DMCD 存在时,同样条件下 2-癸酮的选择性为 20%,而收率仅为 5%。

其它长链的 α-烯烃在 $PdSO_4/H_9PV_6Mo_6O_{40}/CuSO_4/DMCD$ 催化作用下,也能被有效地氧化为甲基酮产物 (式 17)[40]。

$$\text{} \quad + \quad 1/2\ O_2 \quad \xrightarrow[\text{90\%\~98\%, } 4 < n < 14]{PdSO_4,\ CuSO_4,\ H_9PV_6Mo_6O_{40},\ DMCD,\ \beta\text{-CD}} \quad \text{} \tag{17}$$

5 Wacker 氧化反应的一些典型催化体系

5.1 $PdCl_2/CuCl_2$ 或 CuCl 体系

在 Wacker 氧化反应中,$PdCl_2/CuCl_2$ 是所有钯盐和配合物催化体系中被研究的最全面和最系统的一种。使用该体系催化乙烯氧化的反应活性、动力学及其机理都已经得到了非常系统的研究。

目前,工业上广泛采用 $PdCl_2/CuCl_2$ 体系来催化乙烯氧化制备乙醛。其工艺流程分为一步法和两步法,这两种方法均为连续操作工艺[45]。采用一步法工艺,乙烯的转化率只有 20%~50%;而采用两步法工艺 (催化剂浓度约为 10 mmol/L Pd^{2+},1 mol/L Cu^{2+} 和 2 mol/L Cl^-),乙烯的转化率可达 95%。使用两种工艺得到的产物的选择性基本上相同,均在 95% 以上。反应的主要副产物为乙酸、草酸、巴豆醛、氯乙醛和氯乙酸等。用 $PdCl_2/CuCl_2$ 体系催化丙烯和丁烯为酮的工艺也很成熟,已经实现了工业化。但是,该方法的缺点在于 Cl^- 对设备有较强的腐蚀性,并易产生氯代副产物。

$PdCl_2/CuCl_2$ 体系在实验室中也因其试剂便宜和操作简单而被广泛使用。在烟草表层成分 18-Oxo-3-virgene 的合成中,利用该催化剂在 DMF-水溶液中催化氧化末端烯烃成为相应的甲基酮 (式 18)[59]。

$$\text{} \quad \xrightarrow[\text{81.4\%}]{PdCl_2,\ CuCl_2,\ O_2,\ DMF,\ H_2O} \quad \text{} \tag{18}$$

有趣的是,亚甲基环丁烷在 $PdCl_2/CuCl_2$ 体系中会发生骨架重排而得到扩环产物 (式 19)[60]。

$$\text{} \quad \xrightarrow[\text{H}_2\text{O, PhH, 0}\ ^{\circ}\text{C}]{PdCl_2,\ CuCl_2,\ O_2} \quad \left[\ \text{}\ \right]^- \quad \longrightarrow \quad \text{} \tag{19}$$

但是,$PdCl_2/CuCl_2$ 催化体系对较高碳数的端烯、内烯和环烯化合物的氧化产率和选择性并不理想[61]。有时用 PdCl$_2$/CuCl 体系来代替，可以解决部分问题。如式 20 和式 21 所示[62,63]：Leighton 等在合成 Dolabelide D 中两次使用 Wacker 氧化反应就是一个很好的例子。

$$
\begin{array}{c}
\text{TESO} \quad \text{TBSO} \\
\end{array}
\xrightarrow[\text{78\% for two steps}]{\begin{array}{l}1.\ \text{PdCl}_2,\ \text{CuCl},\ \text{O}_2 \\ \quad \text{DMF, H}_2\text{O, rt} \\ 2.\ \text{Ac}_2\text{O, Py}\end{array}}
\quad
\text{OAc} \quad \text{TBSO} \quad \text{O}
\tag{20}
$$

$$
\xrightarrow[\text{81\%}]{\text{PdCl}_2,\ \text{CuCl},\ \text{O}_2,\ \text{DMF, H}_2\text{O, rt}}
\tag{21}
$$

5.2   钯配合物/杂多酸体系[Pd(II)/HPA]

杂多酸 (HPA) 是一类组成简单、结构确定的化合物，它既有配合物和金属氧化物的结构特征，又具有酸性和氧化还原性能。通过改变 HPA 阴离子或抗衡离子，对其酸性、氧化还原性能以及它的二级结构等均可进行广泛的修饰。因此，HPA 在催化中被广泛地用作氧化-还原型、酸型或两者兼有的多功能催化剂。基于 HPA 优良的氧化还原性，HPA 与 Pd(II) 能组成一种新型高效的 Wacker 类催化体系。该催化体系以 HPA 代替 CuCl$_2$，可以达到避免生成氯代副产物、减少 Cl$^-$ 对反应器的腐蚀和提高 Pd-催化活性的目的。该类催化体系已经成功地应用于乙烯氧化制备乙醛的工业过程和其它烯烃氧化合成醛酮等方面。

Pd(II)/HPA 催化烯类化合物氧化合成醛酮的反应机理可用式 22 来描述[45]：

$$
\begin{array}{rcl}
\text{S} + \text{Pd(II)} + n/2\ \text{H}_2\text{O} & \longrightarrow & \text{P} + \text{Pd(0)} + n\,\text{H}^+ \\
\text{Pd(0)} + \text{HPA} + n\,\text{H}^+ & \longrightarrow & \text{Pd(II)} + \text{H}_{n+1}\text{PA} \\
\text{H}_{n+1}\text{PA} + n/4\ \text{O}_2 & \longrightarrow & \text{HPA} + n/2\ \text{H}_2\text{O} \\
\hline
\text{S} + n/4\ \text{O}_2 & \longrightarrow & \text{P}
\end{array}
\tag{22}
$$

式中，S 代表反应物，P 代表产物，H$_{n+1}$PA 代表 HPA 的还原态。在该反应过程中，底物的氧化还是钯配合物在起作用。HPA 只是把 Pd(0) 氧化到 Pd(II)，随后的 H$_{n+1}$PA 阴离子又和 O$_2$ 形成配合物，生成 HPA。这里 HPA 和 CuCl$_2$ 的作用基本相同，都可以循环使用。

目前，使用该体系氧化乙烯的工艺已经实现了工业化。若使用不含 Cl$^-$ 的 PdSO$_4$ 和 H$_{3+n}$PMo$_{12-n}$V$_n$O$_{40}$ (n = 1~6) 组成的双组分催化体系，当 Pd 为 20 mmol/L，H$_{3+n}$PMo$_{12-n}$V$_n$O$_{40}$ 为 0.2 mol/L 时，该催化体系的催化活性比 PdCl$_2$/CuCl$_2$ 体系高。调整 HPA 中钒的含量，可以提高该催化剂的活性。当有少量的 Cl$^-$ 存在时，浓度低的钯配合物有非常高的活性。HPA 的引入可使氯代副产物减少 99% 以上[64]。

该体系对其它的 α-烯烃的氧化也表现出较高的活性。例如：当该体系中

[HPA]/[PdSO$_4$] 的比值为 30~40 时，1-辛烯被氧化成 2-辛酮的选择性高达 95%；如果把 PdSO$_4$ 换作 PdCl$_2$，产物则是 2-辛酮、3-辛酮和 4-辛酮的混合物。用 PdSO$_4$/H$_9$PMo$_6$V$_6$O$_{40}$ 作催化剂时，其初始速度是 PdCl$_2$/H$_9$PMo$_6$V$_6$O$_{40}$ 作催化剂时的 3 倍。用 THF/H$_2$O 为混合溶剂，PdSO$_4$/H$_{3+n}$PMo$_{12-n}$V$_n$O$_{40}$ 可以在室温下催化该反应，选择性高达 99%[65]。

PdSO$_4$/H$_9$PMo$_6$V$_6$O$_{40}$ 体系对催化环烯烃氧化成相应的酮类化合物也表现出较高的活性[45]。在 *N*-甲基甲酰胺/H$_2$O 混合溶剂中，环己烯反应 5 h 生成 96.7% 的环己酮。在环己烷/H$_2$O 混合溶剂中，环戊烯氧化反应 6 h 生成 100% 的环戊酮。但是，PdSO$_4$/HPA 催化环烯类化合物 (C$_n$H$_{2n-2}$, n = 5~8) 的活性随着环的增大而降低[66]。

5.3 Pd(OAc)$_2$/吡啶或 PhenS* 体系[67]

使用氧气为氧化剂，Pd(OAc)$_2$/吡啶体系在甲苯和异丙醇混合溶剂中对末端烯烃的氧化有较高的催化活性[68]，而对环烯类化合物则没有活性 (式 23)。

$$R \diagup\!\!\!\diagdown \quad + \quad O_2 \quad \xrightarrow[\substack{70\%\sim80\%,\ R\ =\ n\text{-}C_{10}H_{21},\ n\text{-}C_6H_{13}}]{\text{Pd(OAc)}_2,\ Py,\ PhH,\ i\text{-}PrOH,\ 60\ ^\circ C,\ 6\ h} \quad R\!\!\stackrel{O}{\diagup\!\!\!\diagdown} \qquad (23)$$

1998 年，Sheldon 等首次报道了 Pd(OAc)$_2$/PhenS* 体系在 Wacker 氧化方面的应用[67]。如式 24 所示：PhenS* 配体在水中与 Pd 形成的是二聚体。在传统 Wacker 氧化过程中，$v = k[\text{Pd}^{2+}][$烯烃$]/[\text{Cl}^-]^2[\text{H}^+]$。由于使用 PdCl$_2$ 作为催化剂，反应过程中 PdCl$_4^{2+}$ 中的两个氯离子被烯烃取代而释放出来，大量氯离子的存在限制了反应速率的提高。但在 Pd(OAc)$_2$/PhenS* 体系催化的 Wacker 氧化中，$v = k[\text{Pd}^{2+}]^{1/2}[$烯烃$]$。Pd(II) 对反应物的氧化才是反应的速率决定步骤，反应速率摆脱了配体浓度的限制而得到很大的提高。在反应中加入的 NaOAc 起着很重要的作用，研究发现：在反应中加入的 NaOAc 不仅可以促进氧气对 Pd(0) 的氧化和防止 Pd-簇类化合物及 Pd(0) 的产生，而且还可促进催化剂二聚物的分解，加快烯烃和 Pd(II) 的结合速度。

$$(24)$$

用 Pd(OAc)₂/PhenS* 体系来催化 Wacker 氧化的反应机理可用式 25 来描述。在该体系中，Pd-配合物由于配体的活化，使得 Pd(0) 能被氧气直接氧化成 Pd(II)。

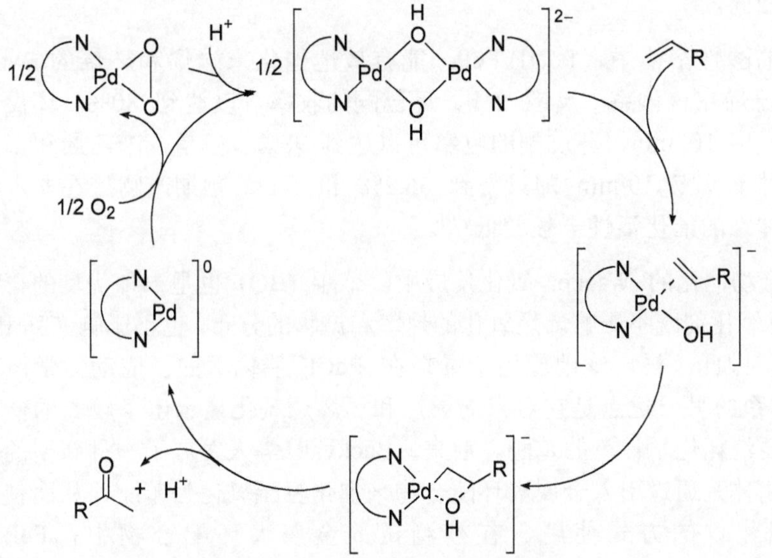

Stahl 等认为：配体吡啶和 PhenS* 等的成功使用，是因为它们可以促进 Pd(0) 和 O₂ 的直接反应，并且反应产物是一个含有 O-O 键的 Pd 的过氧化物 (式 26)。

$$L_nPd^0 + O_2 \longrightarrow L_nPd\underset{O}{\overset{O}{<}} \xrightarrow{2 HX} L_nPd\underset{X}{\overset{X}{<}} + H_2O_2 \qquad (26)$$

(L = Py, PhenS*)

为了证实这一推断，他们制备了以 Bathocuproine (bc) 为配体的 Pd(0) 配合物，让它直接和 O₂ 进行反应，并通过波谱等一系列手段证明了 Pd-过氧化物的存在 (式 27)。在室温下，Pd-过氧化物与 HOAc 反应生成 Pd(II) 的醋酸盐。该研究让我们清晰认识了在 Pd 催化的需氧氧化反应中 Pd(0) 的再氧化过程。

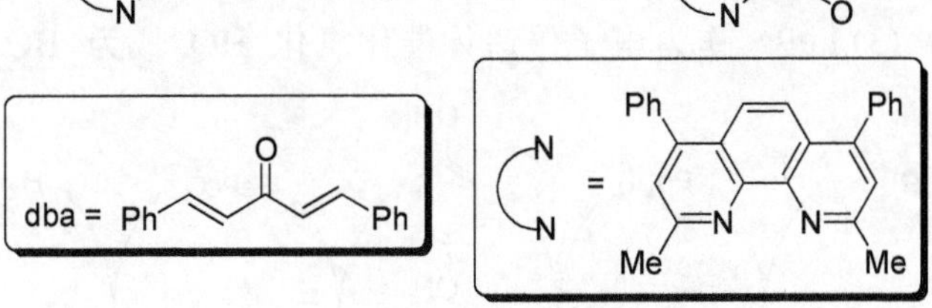

5.4 Pd(II)/BQ 或 FePc 和由它们组成的三组分体系

酞菁铁 (FePc) 对氧分子有明显的活化作用，FePc 可以和 O₂ 结合成为 FePcO₂。而后 FePcO₂ 又被另一分子的 FePc 还原为 FePcO，FePcO 能把 Pd(0)

氧化成为 Pd(II)。所以，FePc 在 Wacker 氧化反应中的作用与 CuCl$_2$ 一样，是一种较好的再氧化剂。Pd(II)/FePc 体系的氧化机理基本上和传统的 Wacker 氧化反应机理相同。

在乙腈的酸性溶液中，Pd(II)/FePc 能有效地催化末端烯和环烯的 Wacker 氧化[69]。环己烯在该体系中反应 2 h，环己酮的收率可以达到 80%。环戊烯在同样条件下反应 10 min，环戊酮的收率可以达到 98%。但是，苯乙烯和正癸烯在同样的条件下反应 10 min 却只得到 66.2% 和 9.1% 预期产物。在非水溶剂中，该催化体系的催化活性一般较低[70]。

在钯配合物催化的 Wacker 氧化反应中，苯醌 (BQ) 也是一种优良的再氧化剂。它作为再氧化剂既不影响烯烃氧化的速率和产物的分布，也不影响 Cl$^-$ 和 H$^+$ 的离子浓度。因此，被广泛地应用于烯烃在 PdCl$_2$ 催化下的反应动力学研究。Pd(II)/BQ 体系的另一优点是它对末端烯烃和环烯烃氧化显示出了较高的催化活性，但是需要消耗化学计量的苯醌。后来，Backvall 等人发展了一种新型的催化体系，该催化体系通过引入金属大环配合物来催化氢醌氧化为苯醌，从而使得苯醌能够以催化量的方式使用。在被测试的金属大环配合物中，FePc 和 Pd(OAc)$_2$/HQ 组成的催化体系对高碳数的烯类化合物具有较高的催化活性[71~73]。

叶等人[45]也对 Pd(OAc)$_2$/HQ/FePc 体系进行了研究，结果表明该体系对环己烯、环戊烯、苯乙烯和正癸烯氧化成相应的酮类有比较好的催化活性。环己烯在该体系下反应半小时即可得到 84% 的环己酮 (式 28)，而其它三个底物反应 10 min 时的收率分别为 98%、85% 和 17.1%。由此可见，该体系的催化活性要比 Pd(OAc)$_2$/FePc 体系的催化活性高。

$$\text{环己烯} \xrightarrow[\substack{\text{MeCN, H}_2\text{O, HClO}_4, \ 30 \ \text{min} \\ 84\%}]{\text{Pd(OAc)}_2, \ \text{HQ, FePc}} \text{环己酮} \tag{28}$$

如式 28 所示：Pd(OAc)$_2$/HQ/FePc 多组分催化体系催化烯烃氧化的作用机理由三个循环构成：(1) Pd(II) 配合物对底物的氧化；(2) Pd(0) 被 BQ 氧化成 Pd(II) 配合物；(3) FePc 作为电子传递体催化氧化 HQ 成为 BQ。

$$\tag{29}$$

5.5 其它氧化体系

除了上述几种以外，还有一些体系被报道：钯配合物/烷基过氧化氢 (TBHP)[45]或 H_2O_2[38]、钯配合物/钴硝基配合物[74,75]和氯化钯/氯化铋[76~78]等。由它们组成的催化体系都有着较高的产率和选择性，不过其催化机理和传统的 Wacker 氧化反应不太一样。

近几年来，不用共氧化剂而直接用钯配合物和氧气的 Wacker 氧化反应体系也有研究[79,80]。例如：Sigman 等人发展的 Pd[(−)-sparteine]Cl_2/O_2 体系[81]和 Kaneda 等人的 PdCl$_2$/O_2 (6 atm) 体系都较为实用[82]。

6 Wacker 氧化反应的类型

6.1 末端烯的氧化

羰基是一个非常有用的官能团，许多方法可以将末端烯烃氧化成甲基酮化合物。但是，Wacker 氧化反应因操作简单、反应选择性好而被认为是最理想的方法之一[9]。

Wacker 氧化反应被广泛利用的另一个重要原因是因为反应底物烯烃双键在酸、碱和亲核试剂作用下都较为稳定。该反应的条件比较温和，也是其它反应不能相比的。在正常的 Wacker 氧化反应条件下，其它官能团都不受影响，例如：醛、羰基酸、酯、醇、醚、氯化物和砜。如式 30 所示：1-(5-己烯基)-3,7-二甲基黄嘌呤可以方便地被氧化生成相应的甲基酮化合物[83]。

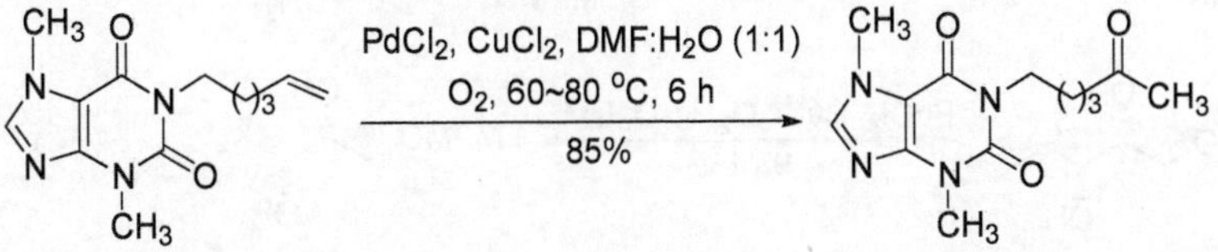

$$\text{(30)}$$

Wacker 氧化反应的体系一般显微酸性，如果提高反应温度和延长反应时间，一些酸敏官能团会受到影响，例如：缩醛 (酮) 会发生水解。在同样的条件下醇羟基也会被氧化成醛或酮，只是它的反应速率远远小于 Wacker 氧化反应，所以一般不会受到大的影响。

Wacker 氧化反应对烯烃双键氧化成酮类化合物的选择性较好，一般来说末端烯的反应速率要比内烯和环烯快很多。因此，若在反应底物中存在有多种烯双键时，可以选择性地氧化末端双键。不过，在研究过程中也发现有少量的例外。如式 31 和式 32 所示，其中的两种底物在 Wacker 氧化反应中得到的主要是醛而不是酮[9,84]。

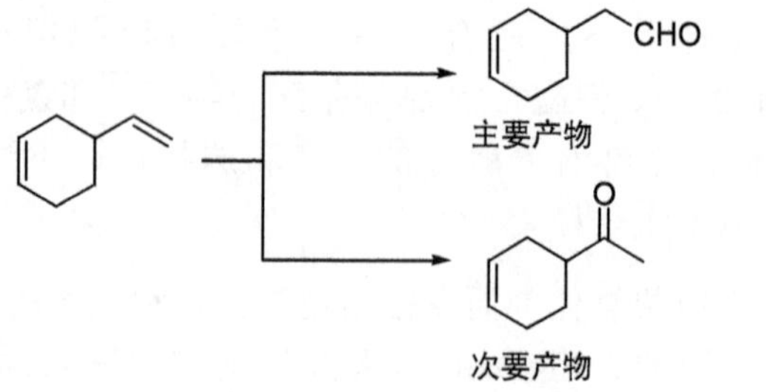

主要产物

次要产物

(31)

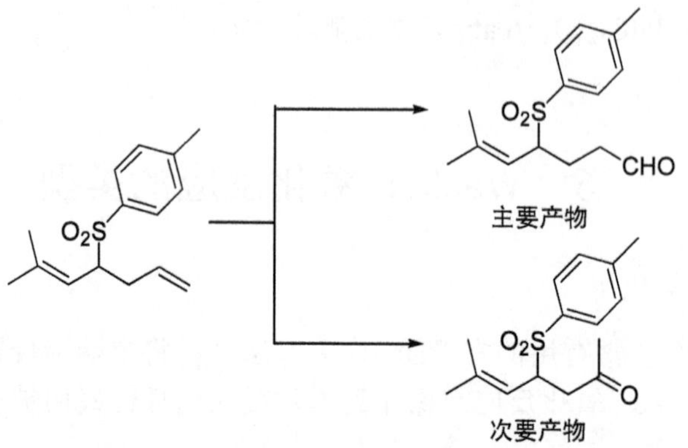

主要产物

次要产物

(32)

在有些个别特殊情况中，邻基参与也会使得底物被氧化成醛。例如：丙烯基二醇的环酯能够被氧化成醛 (式 33)，但未保护的二醇则得到的是正常的氧化产物(式 34)[85]。

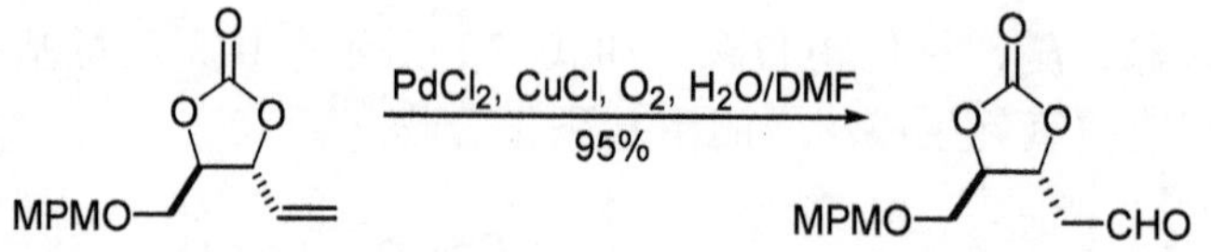

MPMO —— 乙烯基
PdCl₂, CuCl, O₂, H₂O/DMF
95%
MPMO —— CHO
(33)

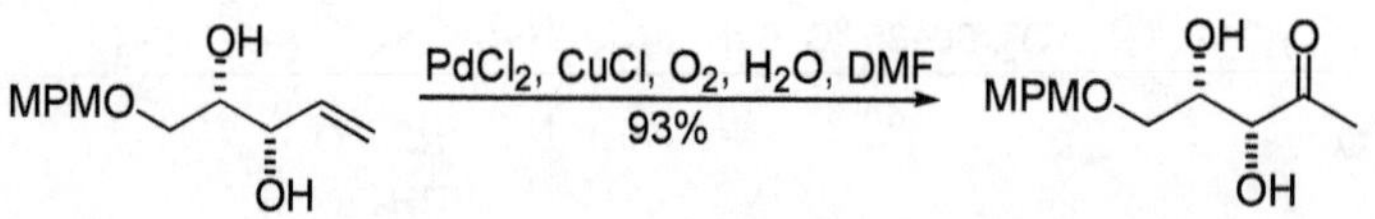

MPMO —— OH, DOH
PdCl₂, CuCl, O₂, H₂O, DMF
93%
MPMO —— OH, O, OH
(34)

影响 Wacker 氧化反应的选择性和速率的另一个主要因素是空间位阻，例如：3-甲氧基-1,7-辛二烯中的 7-位双键在室温下能被氧化成甲基酮，而 1-位双键却因为位阻影响要在 50 ℃ 下才能被氧化，而且产率较低 (式 35)。

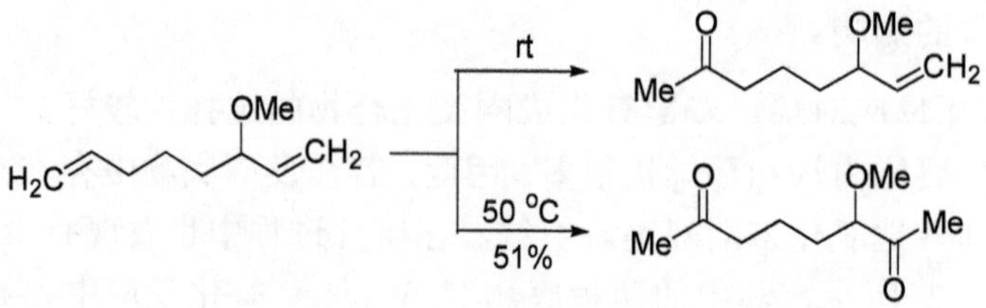

rt
Me —— OMe —— CH₂

50 ℃
51%
Me —— OMe —— Me

(35)

若是换成位阻大的基团，反应甚至不能进行。例如：式 36 中的底物可以在室温下顺利地发生 Wacker 氧化反应。而式 37 中底物因有较大的位阻，即使在 50 °C 时亦不能发生反应[9]。

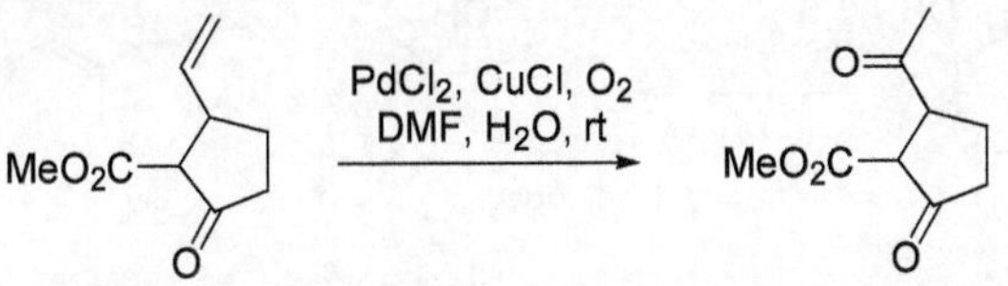

$$\text{(36)}$$

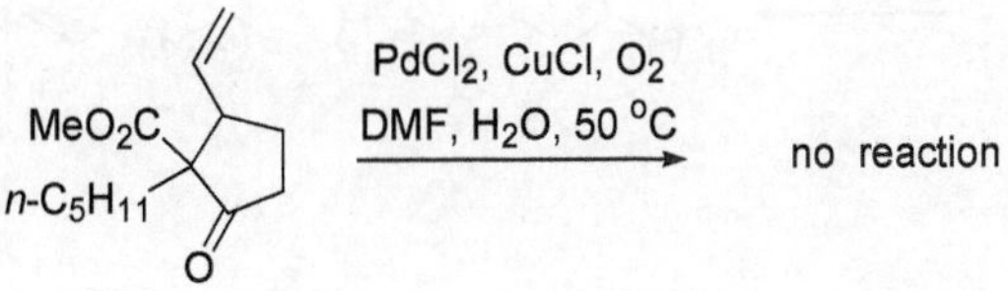

no reaction $\qquad$ (37)

式 38 给出了另一个空间位阻的例子：反应底物中位阻小的末端烯键可以在 3 h 内完成 Wacker 氧化，而位阻大的双键却要反应 36 h。

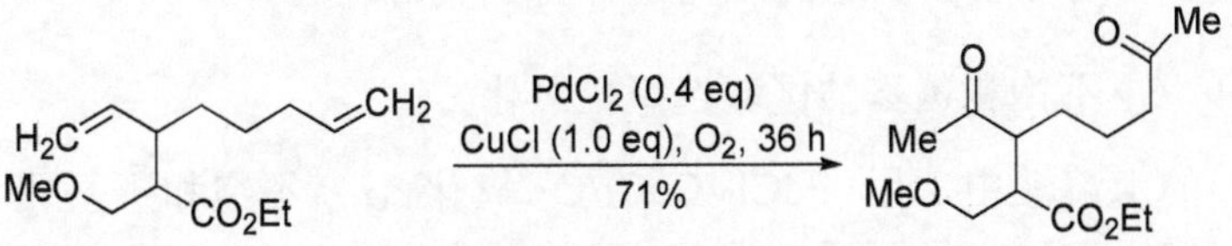

$$\text{(38)}$$

如果将上述底物分子中的酯基取代基替换成环缩醛，即使反应 72 h 也只有 62% 的产率 (式 39)。

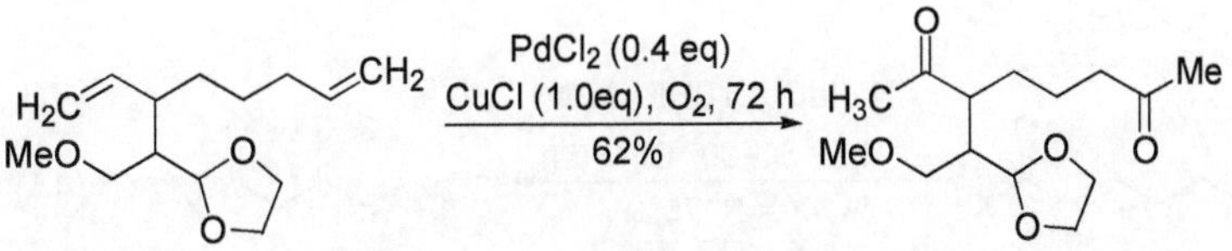

$$\text{(39)}$$

在研究的过程中还发现了一个特殊的现象：即使末端烯没有位阻，其氧化也会受到底物分子中较强的共轭体系的影响[9]。例如，式 40 中的底物分子由于共轭双键与 PdCl$_2$ 的结合能力比末端双键更强，因此末端烯在正常条件下不能发生 Wacker 氧化反应。

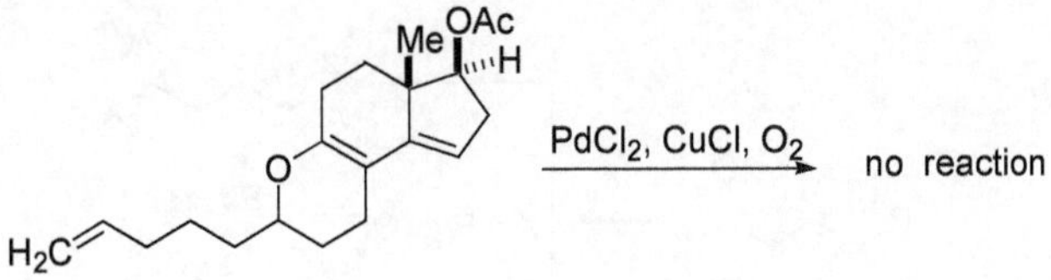

no reaction $\qquad$ (40)

烯丙位有羟基或酯基的末端双键虽然可以得到甲基酮，但产率不是很理想[9]，有时可能会发生重排 (式 41~式 43)。

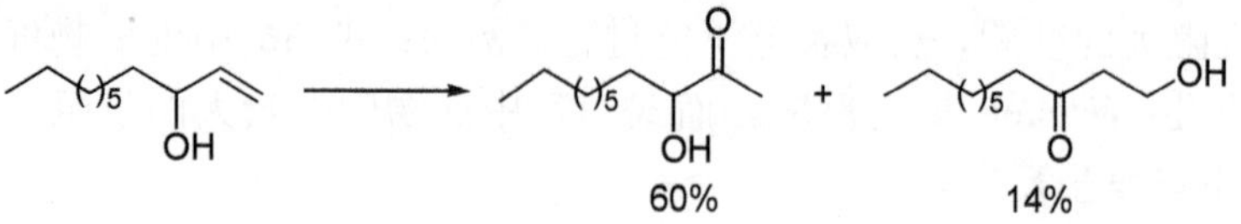

(41)

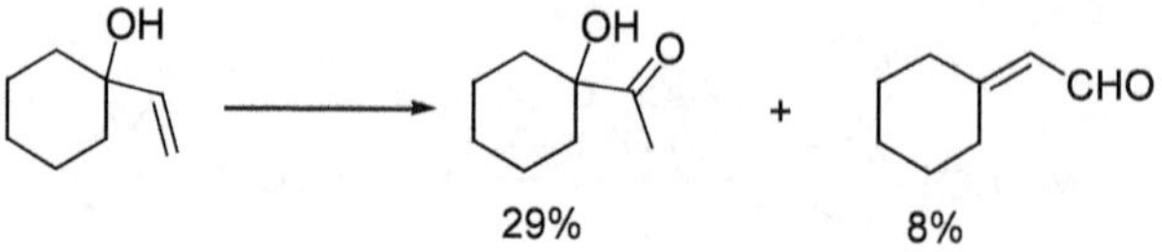

60%   14%

(42)

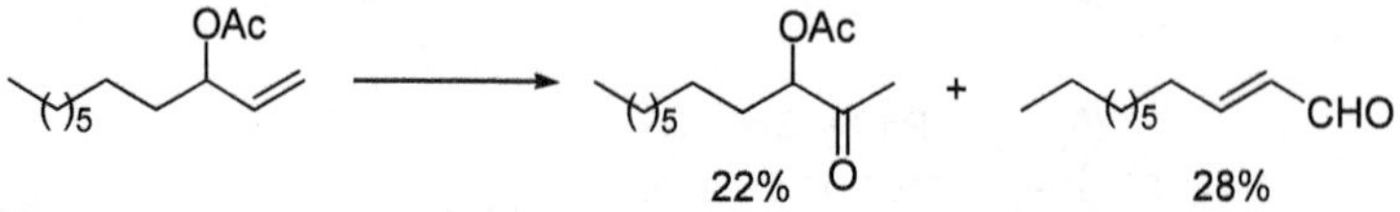

29%   8%

(43)

22%   28%

6.2　内烯的氧化

内烯类化合物在正常的 Wacker 氧化反应条件下，反应速率比末端烯烃慢很多。更重要的是除了环烯类化合物外，其它内烯反应的选择性均不太理想。但是，一些特定位置的双键可以在合适的氧化条件得到较好的选择性。

6.2.1　α,β- 和 β,γ-不饱和羰基的区域选择性氧化

在 DMF 的水溶液中，用 PdCl$_2$/CuCl/O$_2$ 氧化 α,β-不饱和羰基化合物非常慢。如果以 50% 乙酸、异丙醇或是 N-甲基吡咯酮作溶剂，用 NaPdCl$_4$ 代替 PdCl$_2$ 在 50~80 °C 下反应，α,β-不饱和羰基底物被氧化成 β-酮的选择性和产率都会得到相应的提高。除此之外，将再氧化剂换成过氧叔丁醇或是过氧化氢也有利于反应的进行 (式 44)[9]。

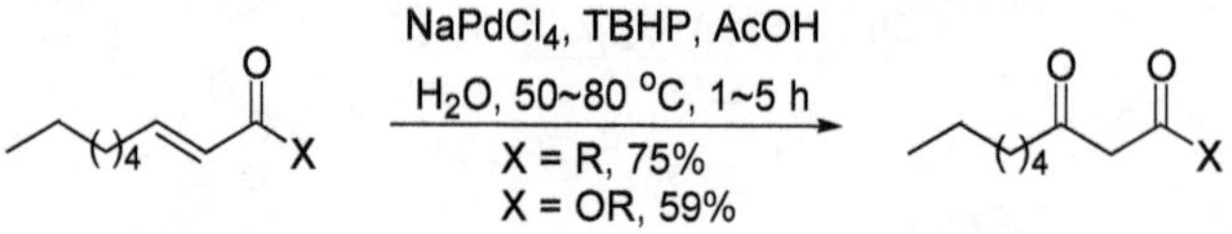

(44)

β,γ-不饱和羰基容易和钯形成 π-配位化合物。例如：在 DMF 水溶液中，PdCl$_2$/CuCl/O$_2$ 催化体系很容易与 β,γ-不饱和羰基作用生成 π-配位化合物。但是，如果使用二氧六环或四氢呋喃作溶剂，则可以得到预期的 1,4-二酮产物 (式 45)[9]。此反应具有很好的区域选择性，反应产物中并没有发现 1,3-二酮化合物。

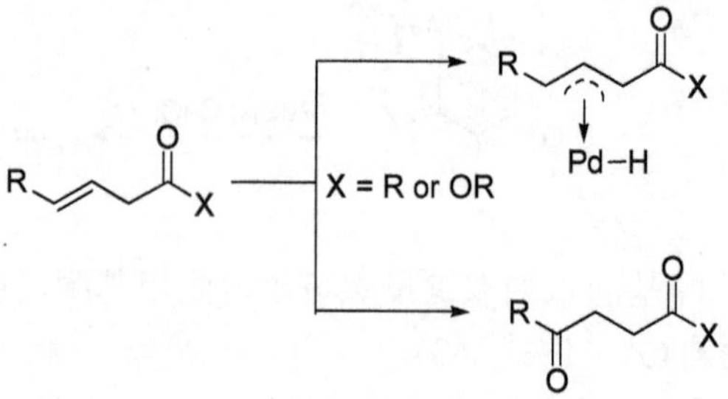

(45)

6.2.2　其它特定内烯的区域选择氧化

　　烯丙基醚或烯丙基酯类型的内烯发生的 Wacker 氧化反应具有比较好的选择性。例如：在 $PdCl_2/CuCl/O_2$ 或 $PdCl_2/BQ$ 催化体系中，它们可以得到单一的 β-烷氧基酮，而不会生成 α-烷氧基酮或是乙酰酮[74] (表 4)[9]。

$$R^1\diagup\!\!\diagdown\!\!\diagup OR^2 \xrightarrow[R^2 = R,\ -COMe]{R^1 = R} R^1\text{—CO—}\diagup\!\!\diagdown\!\!\diagup OR^2 \qquad (46)$$

表 4　烯丙基醚的 Wacker 氧化反应

底物	产物	产率/%
H_3C—CH=CH—O—C_6H_5	H_3C—CO—CH₂—O—C_6H_5	67
H_3C...—CH=CH—OCH_3	H_3C...—CO—CH₂—OCH_3	65
异丁基—CH=CH—O—C_6H_5	异丁基—CO—CH₂—O—C_6H_5	76
H_3C...—CH=CH—OCH_3	H_3C...—CO—CH₂—OCH_3	50~60
H_3CCO...—CH=CH—OCH_3	H_3CCO...—CO—CH₂—OCH_3	64

　　乙酸 γ-烯基酯在同样的条件下可以较高选择性地生成 γ-乙酰氧基酮，同时有少量的 β-乙酰氧基酮生成 (表 5)。

$$R\diagup\!\!\diagdown\!\!\diagup OAc \longrightarrow R\text{—CO—}\diagup\!\!\diagdown OAc \ (A) + R\text{—CO—}\diagdown OAc \ (B) \qquad (47)$$

表 5　乙酸 γ-烯基酯的 Wacker 氧化反应

底物	催化剂/%	时间/h	产率/%	A : B
＝＼＼OAc	10	12	80	91 : 9
＼＼＼＝＼OAc	10	24	73	88 : 12
＼＼＼＝（CH)OAc	12	24	72	90 : 10
＝＼C(Me)₂OAc	20	12	42	100 : 0

6.3 与其它亲核试剂的反应

如果将 Wacker 氧化反应中的水换为其它亲核试剂 (含 *N*- 或 *O*-)，Wacker 氧化反应又有了新的用途。如果反应底物本身含有这些亲核基团和烯烃双键的话，就可以发生成环反应，这亦是合成一些杂环化合物的简便方法。

6.3.1 与醇或酚的反应

当 Wacker 氧化反应在碱性条件下用醇类化合物作亲核试剂时，能得到缩酮或烯基醚。末端烯键氧化的最终产物取决于底物的结构，可形成缩醛、缩酮或烯醚。内烯的氧化产物有不确定性，因为它不仅和底物有关系，而且还原消除的位置对产物也有很大的影响 (式 48 和式 49)[86]。

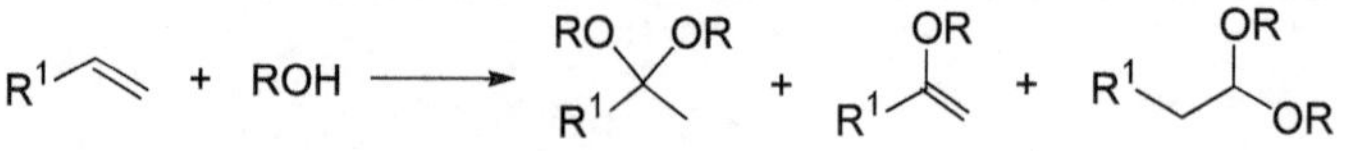

$$R^1 \diagup + ROH \longrightarrow \quad + \quad + \quad \tag{48}$$

$$R^1 \diagdown \xrightarrow{ROH} \tag{49}$$

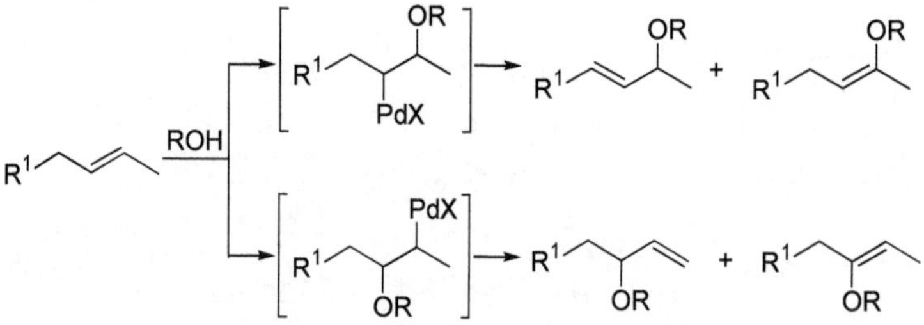

由上式可以看出，和醇发生分子间反应的产物较为复杂。但是如果分子内含有醇羟基，则可以用来合成一些氧杂环化合物。如式 50 和式 51 所示：底物在 DMSO 中用 Pd(OAc)₂ 催化氧化，可以分别得到四氢呋喃类化合物[87]和噁唑类化合物[88]。

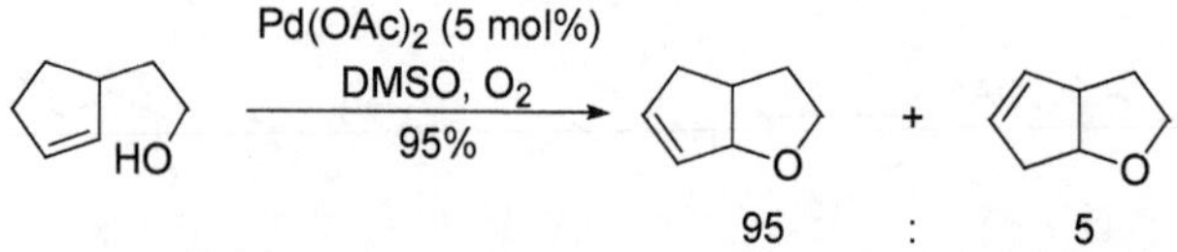

$$\xrightarrow[95\%]{\text{Pd(OAc)}_2 \text{ (5 mol\%)}, \text{ DMSO, O}_2} \quad 95 : 5 \tag{50}$$

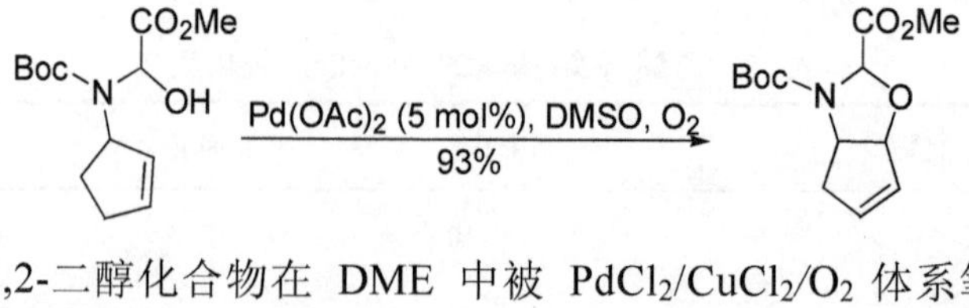

$$\xrightarrow[93\%]{\text{Pd(OAc)}_2 \text{ (5 mol\%), DMSO, O}_2} \tag{51}$$

有趣的是：1,2-二醇化合物在 DME 中被 PdCl₂/CuCl₂/O₂ 体系氧化得到的是内缩酮产物 (式 52)[89~92]。

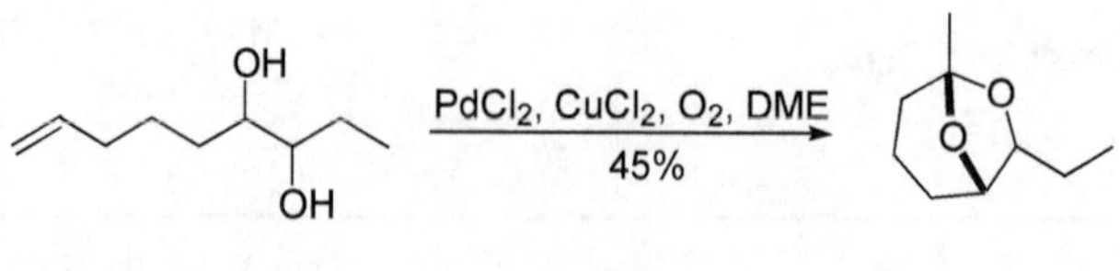

$$\xrightarrow[45\%]{\text{PdCl}_2, \text{ CuCl}_2, \text{ O}_2, \text{ DME}} \tag{52}$$

在含有烯醇的二醇化合物中，通常反应时会发生 β-氧消除并生成 Pd(II) (式 53)[93]。

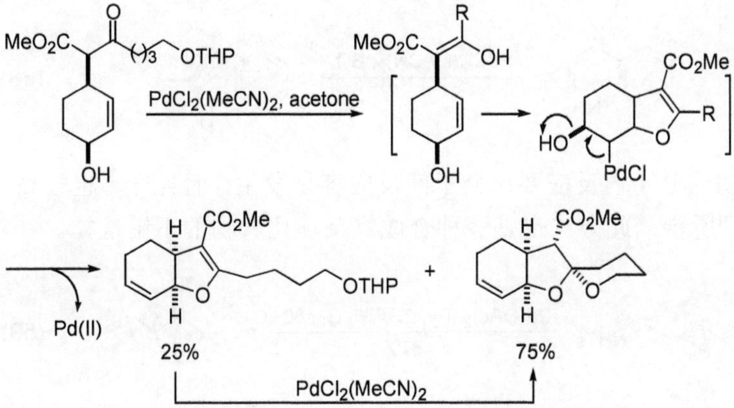

(53)

酚类化合物比较容易发生氧化，使用不同的钯试剂可以选择性地得到不同产物 (式 54)。但是，这类的氧化反应在有机合成中并未得到很好的应用[94]。

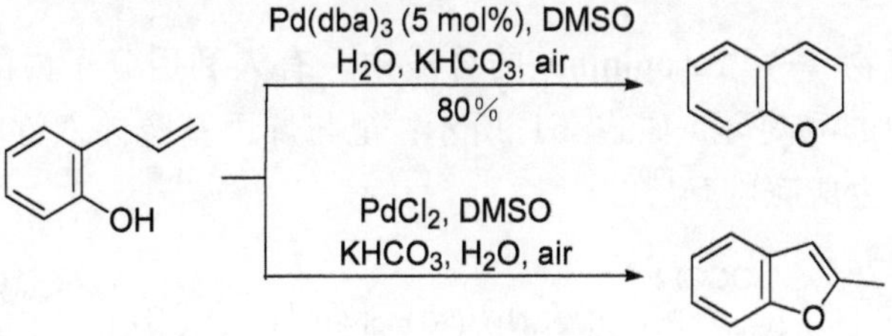

(54)

6.3.2 与羧酸的反应

羧酸也可以参与发生 Wacker 氧化反应。例如：在加入乙酸钠的 DMSO 溶剂中，2-丙烯基苯甲酸可以被 Pd(OAc)$_2$/O$_2$ 氧化直接生成香豆素 (式 55)[95]。用此方法可以很方便地合成含有内酯环的化合物 (式 56)[94]。

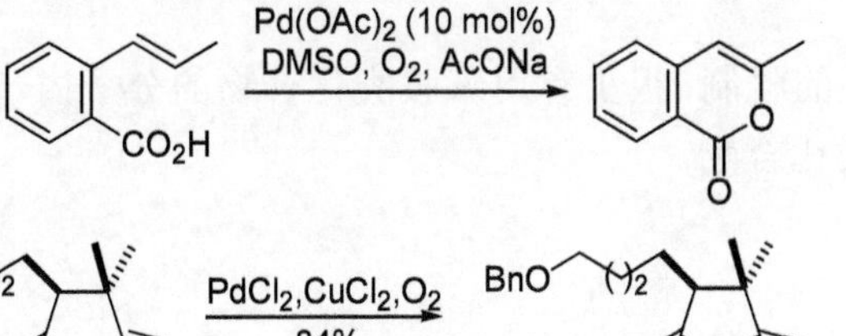

(55)

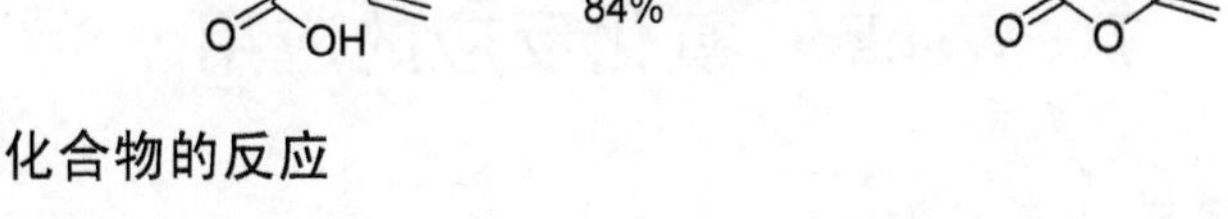

(56)

6.3.3 与胺类化合物的反应

脂肪族氨基具有很强的配位能力，可以阻止 Wacker 氧化反应的发生。所以，只有被保护的胺类化合物才能发生 Wacker 氧化反应，例如：对甲苯磺酰胺、乙酰胺、氨基甲酸酯以及低活性的苯胺类化合物[11,96]等 (式 57 和式 58)。

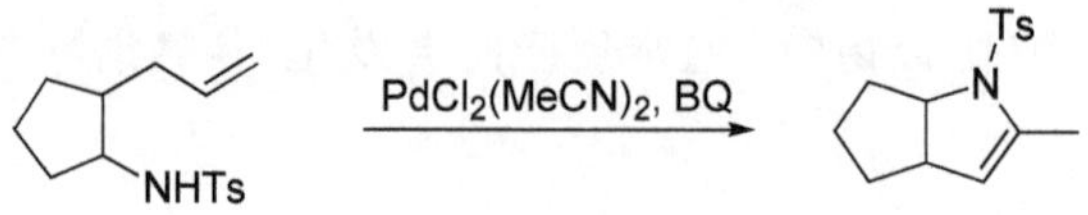

$$\text{(57)}$$

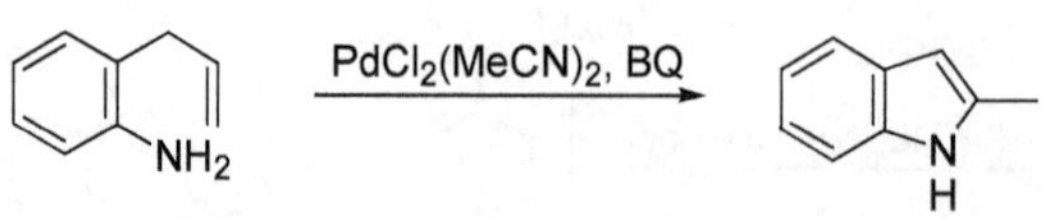

$$\text{(58)}$$

此类化合物的分子内反应要比分子间反应容易发生，而且产率也较高。如式 59[97]和式 60[98]所示，此方法也是一种合成氮杂环化合物的不错选择。

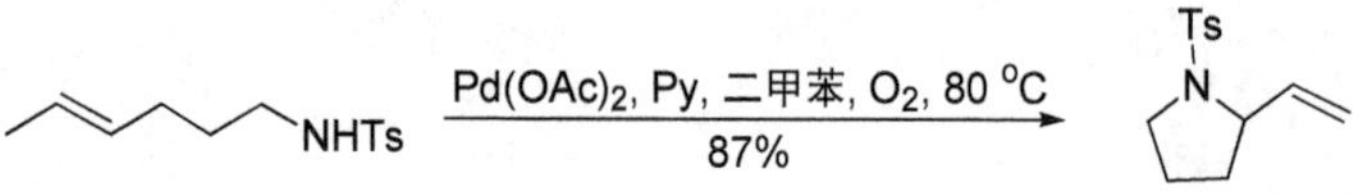

$$\text{(59)}$$

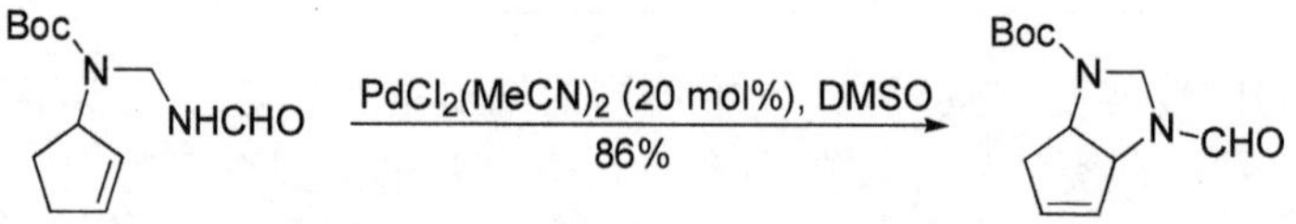

$$\text{(60)}$$

在天然产物 (+)-Prosopinine 的合成中，有人利用分子内的 Wacker 氧化反应来构筑其中的哌啶环。如式 61 所示：钯与烯丙基醇的双键配位后，接着通过 β-氧消除即可生成哌啶环[99]。

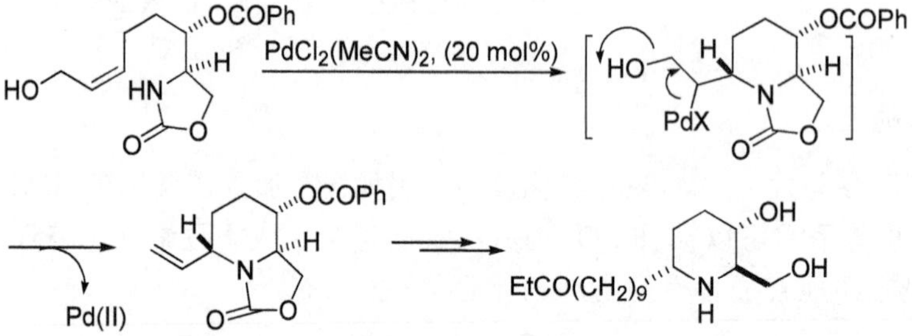

$$\text{(61)}$$

由于实用性的限制，很少有用苯胺类化合物的分子内 Wacker 氧化反应来合成苯并氮杂环类化合物。

7　Wacker 氧化反应的应用

7.1　天然产物的合成

Wacker 氧化反应得到的是酮类 (除乙烯外) 化合物，具有反应条件温和、官能团兼容性好的优点；而且底物中的烯键在很多条件下都稳定，也不用保护。早在 20 世纪 70 年代，Wacker 氧化反应就在天然产物的合成中得到了广泛的应用。式 62 所示的反应就很好地诠释了 Wacker 氧化反应在含有多官能团复杂化合物中的应用[100]。

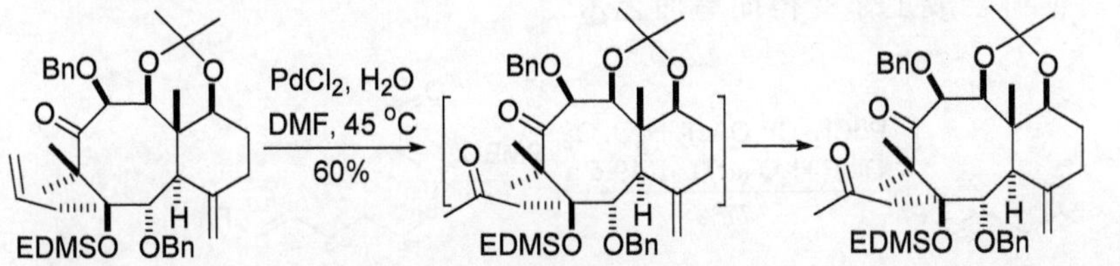

(62)

羰基很容易转化为其它官能团或缩合成环。因此，由末端烯烃化合物构筑甲基酮的 Wacker 氧化反应在天然产物全合成中得到了广泛应用[9]。例如：在前列腺素[101]、玉米烯酮 (一种由粉红镰刀菌产生的霉菌毒素，式 63)[102]、茉莉酮[102]、二氢茉莉酮[9]和麝香酮 (式 64)[103] 等天然产物的全合成中，Wacker 氧化反应都被用作合成的关键步骤。

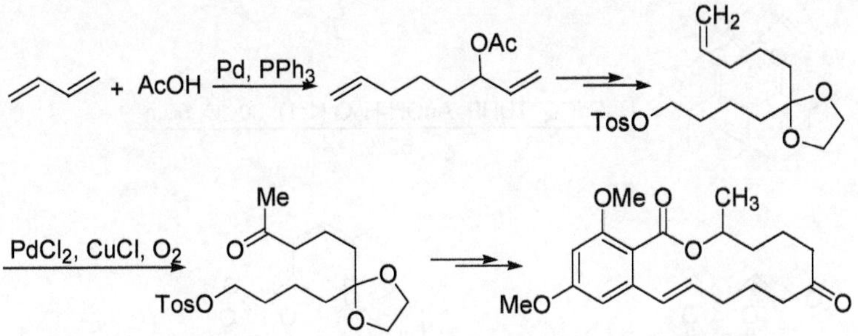

玉米烯酮

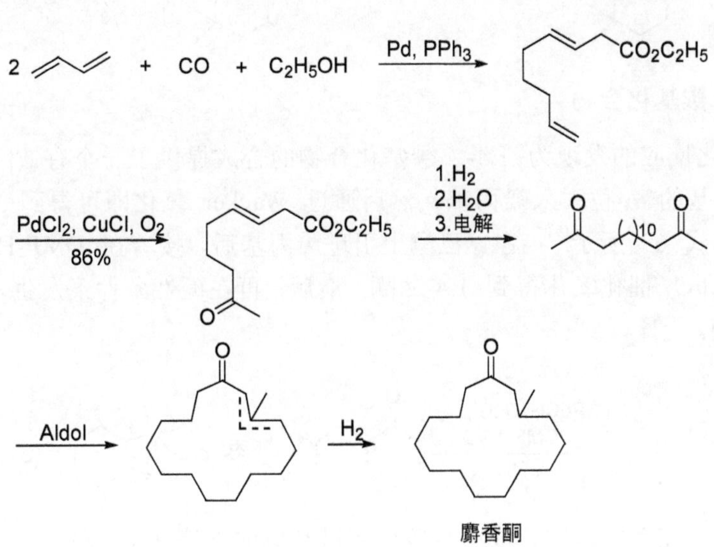

(63)

麝香酮

(64)

在抗滤过性病原体的海洋天然产物 (−)-Hennoxazole A 的合成中，改进的
Wacker 氧化反应被很巧妙地用于完成前体化合物的合成工作 (式 65)[104]。

如式 66 所示：Shibasaki 用类 Wacker 氧化反应来构筑 Garsubellin A 中的
手性呋喃环，使得合成工作变得简单而艺术[105]。

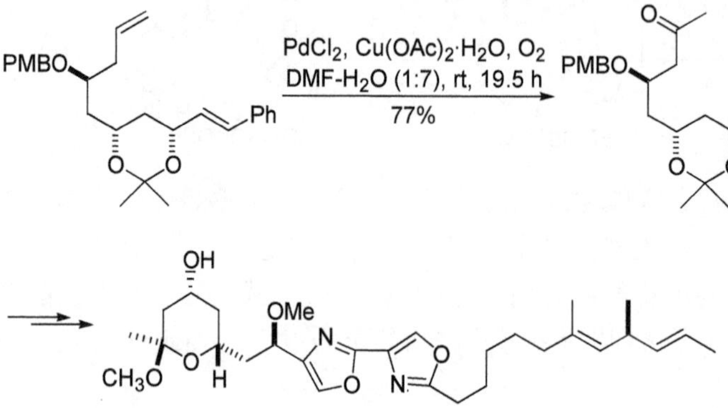

(65)

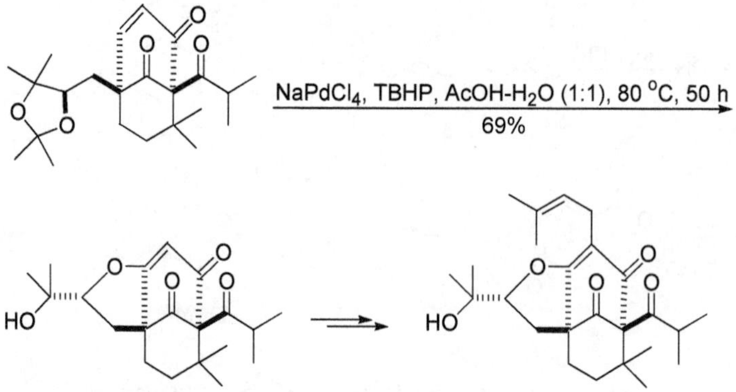

(66)

7.2 合成 1,4-二羰基化合物

Wacker 氧化反应的发现为 1,4-二羰基化合物的合成提供了一个有效的新方
法[9]。首先在羰基的 α-位引入烯丙基，然后通过 Wacker 氧化即可得到 1,4-二
羰基化合物。如式 67 所示[9]：在环己酮上引进烯丙基后，接着在 DMF-H$_2$O 溶
液用 PdCl$_2$/CuCl/O$_2$ 催化氧化得到 1,4-二酮。最后，再在碱性条件下发生 Aldol
缩合得到内烯酮。

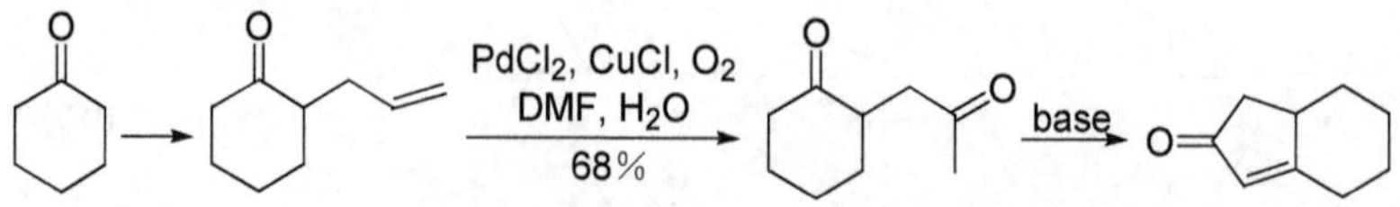

(67)

Tsuji 等人[103]在麝香酮的合成中也曾用到过类似的方法 (式 68)。

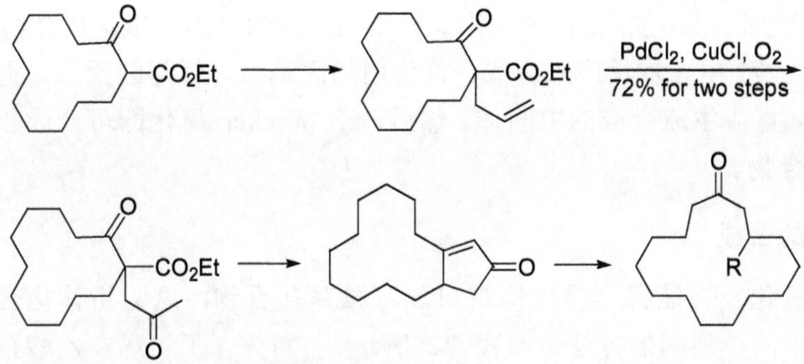

$$\tag{68}$$

7.3 合成 1,5-双羰基化合物

1,5-二羰基化合物的合成和 1,4-二羰基化合物类似。如果在羰基的 α -位引入一个 3-丁烯基，然后再通过 Wacker 氧化反应即可得到 1,5-二羰基化合物。如式 69 所示[106]：通过 Wacker 氧化反应可以方便地得到 1,5-二羰基化合物。然后，1,5-二羰基化合物经 Michael 加成得到稠环产物。

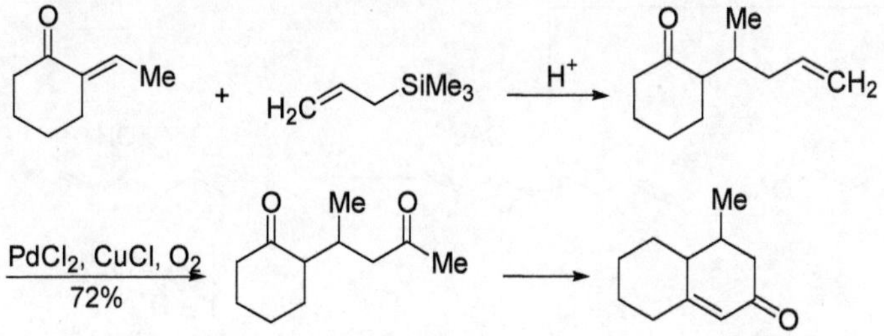

$$\tag{69}$$

用丙酮对 α,β-不饱和羰基化合物的 Michael 加成反应是制备 1,5-二羰基化合物的有效方法，但有时该方法也会受到限制。如式 70 所示：丙酮对 α,β-不

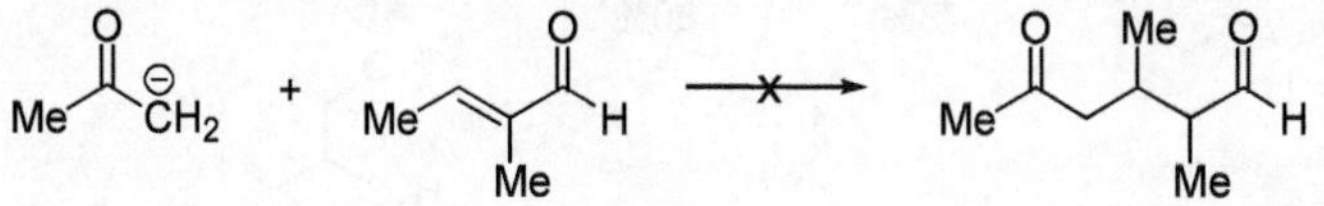

$$\tag{70}$$

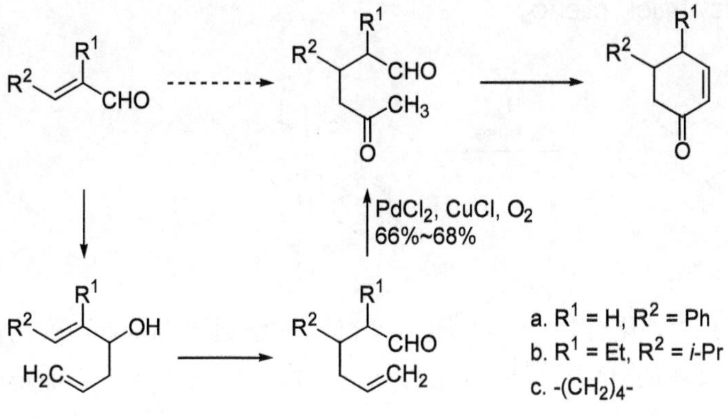

$$\tag{71}$$

a. $R^1 = H$, $R^2 = Ph$
b. $R^1 = Et$, $R^2 = i$-Pr
c. -(CH$_2$)$_4$-

饱和醛的 1,2-加成要比 1,4-加成速度快，因此得不到所需的 1,5-二羰基化合物[9]。但是，可以通过式 71 中三步反应来合成。首先用烯丙基溴化镁与醛反应，得到的产物经 *O*-Cope 重排生成合成的中间体。然后，经 Wacker 氧化即可合成相应的 1,5-二羰基化合物。

7.4 甾体化合物的合成

用 Wacker 氧化反应能很容易地构筑 1,5-二羰基化合物，这为甾体化合物的合成提供了一个简单便利的方法。如式 72 所示[9]：首先，丁二烯在乙酸存在下经 Pd(OAc)₂/PPh₃ 催化发生二聚，生成 1,7-二烯-3-辛醇乙酸酯和 2,7-二烯-1-辛醇乙酸酯。将前者转化成 α,β-不饱和酮后通过 Michael 加成和 Wacker 氧化等一系列反应，即可得到合成甾体的三环中间体。

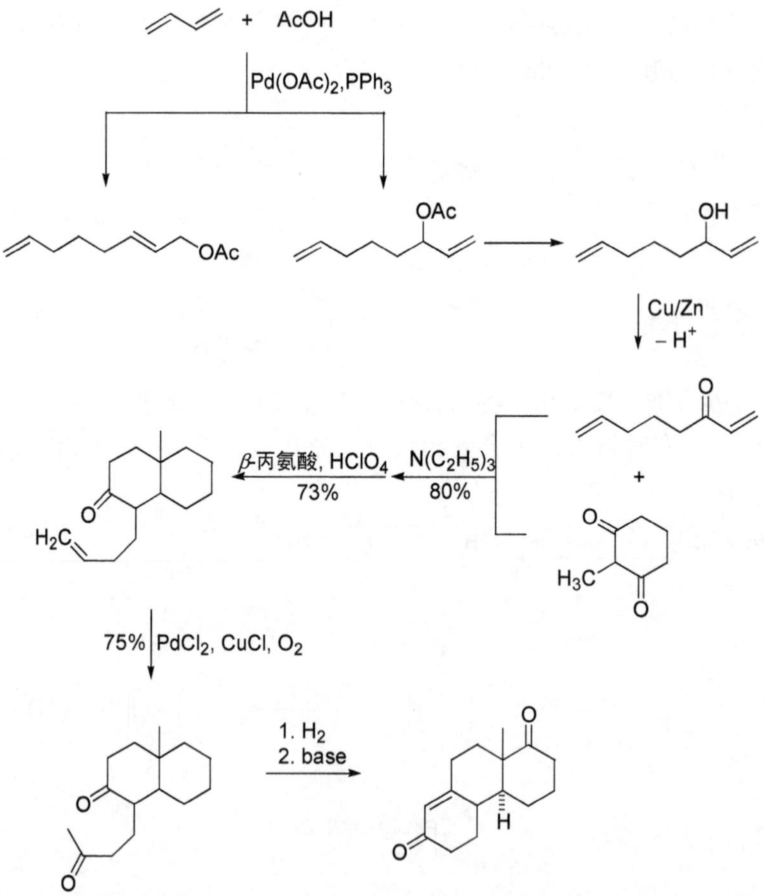

(72)

而在式 73 中，化合物 2,7-二烯-1-辛醇乙酸酯通过 Wacker 氧化反应后，则可以用来合成甾体的 D-环[106]。首先将该化合物转化成相应的乙烯基醚，接着通过克莱森重排得到醛。保护后的醛可以发生 Wacker 氧化生成二酮中间体，最后经 Aldol 缩合得到目标化合物。

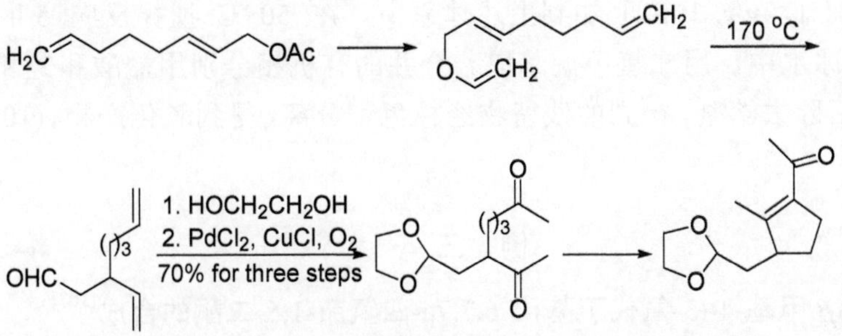

$$(73)$$

8   Wacker 氧化反应实例

例 一

1-(5-氧代己基)-3,7-二甲基黄嘌呤的合成[83]
(PdCl$_2$/CuCl$_2$/O$_2$/DMF 反应体系)

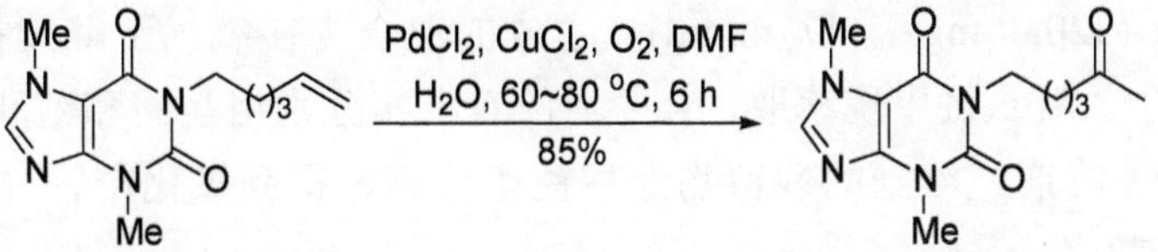

$$(74)$$

将 PdCl$_2$ (34 mg, 0.2 mmol) 和 CuCl$_2$ (330 mg, 2.5 mmol) 依次加入到 DMF (100 mL) 和水 (100 mL) 的混合溶液中。然后，在 60~80 ℃ 和氧气保护下把烯烃底物 (5 g, 20 mmol) 在 DMF (50 mL) 和水 (50 mL) 中生成的溶液慢慢地加到上述体系中。体系继续搅拌 5 h 后旋干溶剂，用氯仿萃取。合并的萃取液蒸去氯仿后，残留物干燥后用苯/己烷重结晶得到产物 (4.5 g, 85%)，mp 103 ℃。

例 二

5-甲基-3-氧代己酸甲酯的合成[9]
(Na$_2$PdCl$_4$/TBHP/AcOH 体系)

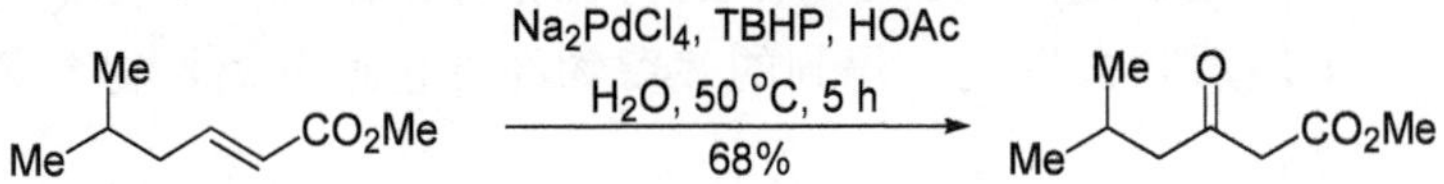

$$(75)$$

　　将 Na₂PdCl₄ (58 mg, 0.2 mmol) 和 70% 的过氧叔丁醇 (193 mg, 1.5 mmol) 溶于 1 mL 乙酸-水溶液 (1:1, v/v) 中, 室温下把烯烃底物 (142 mg, 1 mmol) 的乙酸-水溶液 (1:1, v/v, 1 mL) 加到上述体系中。在 50 °C 搅拌反应 5 h 后, 将混合物倒入冰水中, 用二氯甲烷萃取。合并的有机相分别用盐酸和饱和食盐水洗涤, 干燥后除去溶剂。得到的残留物经柱色谱分离, 得到氧化产物 (107 mg, 68%)。

例　三

(+)-7aβ-甲基-4-(3-氧代丁基)-5,6,7,7a-四氢茚-1,5-二酮的合成[107]

(PdCl₂/CuCl/O₂/DMF 体系)

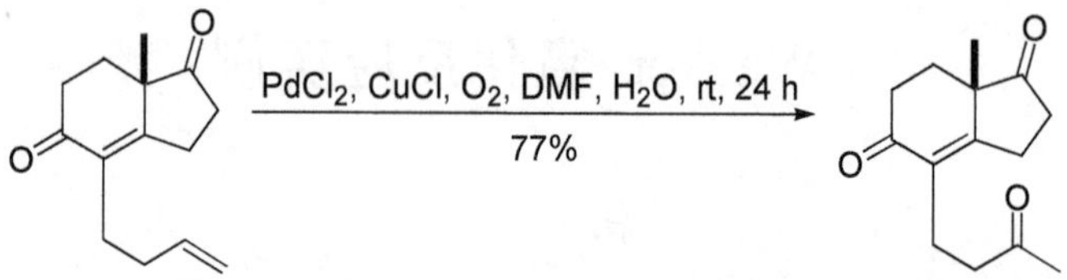

$$\text{(76)}$$

　　将 PdCl₂ (52.5 mg, 0.3 mmol) 和氯化亚铜 (298 mg, 3 mmol) 依次加入到水 (0.5 mL) 和 DMF (5 mL) 的混合溶剂中。生成的混合物在室温下搅拌 2.5 h 后, 加入烯烃底物 (320.4 mg, 1.47 mmol)。生成的混合物在氧气下继续搅拌 24 h 后, 倒入冰水中。用二氯甲烷萃取, 合并后的有机相分别用盐酸和饱和食盐水洗涤, 干燥后除去溶剂。得到的残留物经柱色谱分离, 得到氧化产物 (248.2 mg, 77%), mp 72~73 °C。

例　四

2-癸酮的合成[9]

(PdCl₂/BQ/DMF 体系)

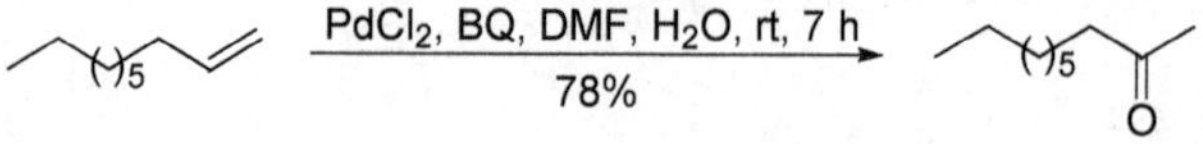

$$\text{(77)}$$

　　将 PdCl₂ (89 mg, 0.5 mmol) 和对苯醌 (5.94 g, 55 mmol) 依次加入到 20 mL DMF-水溶液 (7:1, v/v) 中。然后, 在 10 min 内将 1-癸烯 (7.0 g, 50 mmol) 加到上述溶液中。生成的混合物在室温下搅拌 7 h 后, 将该溶液倒入稀盐酸 (3 mol/L, 100 mL) 中。用乙醚萃取, 合并后的有机相分别用稀氢氧化钠溶液和饱和食盐水洗涤, 干燥后除去溶剂。得到的残留物经柱色谱分离, 得到氧化产物 (6.1 g, 78%)。

例 五

1-环己基乙酮[108]

(Pd(OAc)$_2$/NPMoV/O$_2$)

$$\text{环己基乙烯} \xrightarrow[\substack{\text{MeSO}_3\text{H, EtOH, rt, 5 h} \\ 80\%}]{\text{Pd(OAc)}_2, \text{NPMoV, O}_2, \text{NH}_4\text{Cl}} \text{1-环己基乙酮} \qquad (78)$$

　　将 Pd(OAc)$_2$ (22.5 mg, 0.1 mmol)、NPMoV [(NH$_4$)$_5$H$_6$PMo$_4$V$_{7.8}$O$_{40}$·nH$_2$O](35 mg)、NH$_4$Cl (5.35 mg, 0.1 mmol)和 MeSO$_3$H (19.2 mg, 0.2 mmol) 依次加入到 EtOH-水溶液 (19:1,v/v, 10 mL) 中。然后，在烧瓶口上加上氧气球。接着将 1-环己基乙烯 (240 mg, 2 mmol) 的 EtOH-水 (19:1 v/v, 5 mL) 溶液于 5 h 内滴加到催化体系中。在室温下搅拌 0.5 h 后，减压除去溶剂。得到的残留物经柱色谱分离，得到氧化产物 (217.6 mg, 80%)。

9　参考文献

[1]　Phillips, F. C. *Am. Chem. J.* **1894**, *16*, 255.

[2]　Phillips, F. C. *Z. Anorg. Chem.* **1894**, *6*, 213.

[3]　Smidt, J.; Hafner, W.; Jiro, R.; Sedlmeier, J.; Sieber, R.; Ruttinger, R.; Kojer, H. *Angew. Chem.* **1959**, *71*, 176.

[4]　Hafner, W.; Jiro, R.; Sedlmeier, J.; Smidt, J. *Chem. Ber.*, **1962**, *95*, 1575.

[5]　Smidt, J.; Hafner, W.; Jiro, R.; Sieber, R.; Sedlmeier, J.; Sabel, A. *Angew. Chem., Int. Ed. Engl.* **1962**, *1*, 80.

[6]　James, D. E.; Stille, J. K. *J. Organomet. Chem.* **1976**, *108*, 401.

[7]　Stille, J. K., Divakarumi, R. J. *J. Organomet. Chem.* **1979**, *169*, 239.

[8]　James, D. E.; Hines, L. F.; Stille, J. K., *J. Am. Chem. Soc.* **1976**, *98*, 1806.

[9]　Tsuji, J. *Synthesis* **1984**, 369.

[10]　Tsuji, J.; Nokami, J.; Mandai, T. *J. Synth. Org. Chem. Jpn.* **1989**, *47*, 245.

[11]　Tsuji, J. *Transition Metal Reagents and Catalysts: Innovations in Organic Synthesis*, John Wiley & Sons, **2000**, p. 419.

[12]　Henry, P. M. *Palladium Catalyzed Oxidation of Hydrocarbons*, Dordrecht, Holland: D. Reidel Publishing Co., **1980**.

[13]　Xi, Z. W.; Du, W.; Zhang, M. J. *Advances in Homogeneous Catalysis*, Chemical Industry Press, **1990**, p. 220.

[14]　Clement, W. H.; Selwitz, C. M. *J. Org. Chem.* **1964**, *29*, 241.

[15]　Lloyd, W. G.; Luberoff, B. J. *J. Org. Chem.* **1969**, *34*, 3949.

[16]　Fahey, D. G.; Zuech, E. A. *J. Org. Chem.* **1974**, *39*, 3276.

[17]　Miller, D. J.; Wayner, D. M. *J. Org. Chem.* **1990**, *55*, 2924.

[18]　Arhancet, J. P.; Davis, M. E.; Merola, J. S.; Hanson, B. E. *Nature* **1990**, *339*, 454.

[19]　Mathias, L. J.; Vaidya, R. A. *J. Am. Chem. Soc.* **1986**, *108*, 1093-1094.

[20]　Cornils, B.; Herrmann W. A. *Applied Homogeneous Catalysis with Organometallic Compounds*, VCH, Weinheim,

1996.

[21] Bäckvall, J. E.; Akermark, B.; Ljunggren S. O. *J. Am. Chem. Soc.* **1979**, *101*, 2411.

[22] Tsuji, J. *Comp.Org.Syn.* Trost, B. M.; Fleming, I. Ed.; Pergamon, **1991**, *7*, p. 449.

[23] Henry, P. M. *Handbook of Organopalladium Chemistry for Organic Synthesis*, Negishi, E. Ed. Wiley & Sons: New York, **2002**, p. 2119.

[24] Francis, J. W.; Henry, P. M.; *Organometallics* **1991**, *10*, 3498.

[25] Francis, J. W.; Henry, P. M.; *Organometallics* **1992**, *11*, 2832.

[26] Kolb, M.; Bratz, B.; Dialer, K. *J. Mol. Catal.* **1977**, *2*, 399.

[27] Lapinte, C.; Riviere, H. *Tetrahedron Lett.* **1977**, 3817.

[28] Urbanec, J.; Hrusovsky, M.; Strasak, M. *Petrochemia* **1976**, *16*, 132 (*Chem. Abstr.* **1977**, *84*, 5123).

[29] Lasco, R. H. *German Patent (DOS)* 2515074, Diamond Shamrock Corp. **1975** (*Chem. Abstr.* **1976**, *84*, 4484).

[30] *Japanese Patent* 8207439, Asahi Chem. Ind. **1982** (*Chem. Abstr.* **1982**, *96*, 162158).

[31] Henry, P. M. *J. Org. Chem.* **1967**, *32*, 2575.

[32] Stangl, H.; Jiro, R. *Tetrahedron Lett.* **1970**, *41*, 3589.

[33] Tsuji, J.; Shimizu, I.; Yamamoto, K. *Tetrahedron Lett.* **1976**, *34*, 2975.

[34] Mc Quillin, F. J.; Parker, D. G. *J. Chem. Soc., Perkin Trans.1* **1974**, *7*, 809.

[35] Hrusovsky, M.; Vojtko, J.; Cihova, M.; Hung, J. *Ind. Chem.* **1974**, *2*, 137.

[36] Moiseev, I. I; Vargaftik, M. N.; Syrkin,Y. K. *Dokl. Akad. Nauk SSSR* **1960**, *133*, 377.

[37] Cotterill, C. B.; Dean, F. *British Patent* 941551, ICl Ltd. **1963**.

[38] Roussel, M.; Mimou, H. *J. Org. Chem.* **1980**, *45*, 5387.

[39] Cihova, M. *React. Kinet. Catal. Lett.* **1981**, *16*, 383.

[40] Hirao, T.; Higuchi, M.; Hatano, B.; Ikeda, I. *Tetrahedron Lett.* **1995**, *36*, 5925.

[41] Jira, R.; Freiesleben, W. *Organometal. React.* **1972**, 3, 1-190.

[42] Shitova, N. B.; Kuznetsova, L. I.; Matveev, K. I. *Kinet. Katal.* **1974**, *15*, 72.

[43] Li, H. M.; Ye, X. K.; Wu, Y. *J. Mol. Catal. (China)* **1997**, *11*, 253.

[44] Mimoum, H.; Charpentier, R.; Mitschler, A.; Fischer, J.; Weiss, R. *J. Am. Chem. Soc.* **1980**, *102*, 1047.

[45] Li, H. M.; Shu, H. M.; Ye, X. K.; Wu, Y. *Progress in Chemistry* **2001**, *13*, 461.

[46] Heck, R. F. *J. Am. Chem. Soc.* **1968**, *90*, 5518.

[47] Espeel, P. H.; Tielen, M. C.; Jacobs, P. A. *J. Chem. Soc., Chem. Commun.* **1991**, 669.

[48] Espeel, P. H.; De Peuter, G.; Tielen, M. C.; Jacobs, P. A. *J. Phys. Chem.* **1994**, *98*, 11588.

[49] Stobbe-Kreemers, A. W.; Vander Zon, M.; Makkee, M., Scholten, J. J. F. *J. Mol. Catal. A: Chem.* **1996**, *107*, 247.

[50] Nowinska, K.; Dudko, D.; Golon, R. *Chem. Commun.* 1996, 277.

[51] Kishi, A.; Higashino, T.; Sakaguchi, S.; Ishii, Y. *Tetrahedron Lett.* **2000**, *41*, 99.

[52] Tang, H. G.; Sherrington, D. C. *J. Mol. Catal.* **1994**, *94*, 7.

[53] Ahn, J. H.; Sherrington, D. C. *Macromolecules* **1996**, *29*, 4164.

[54] Arhancet, J. P.; Davis, M. E.; Hanson, B. E. *Catal. Lett.* **1991**, *11*, 129.

[55] Januszkiewicz, K.; Alper, H. *Tetrahedron Lett.* **1983**, *24*, 5159.

[56] Alper, H.; Januszkiewicz, K.; Smith, D. J. H. *Tetrahedron Lett.* **1985**, *26*, 2263.

[57] Monflier, E.; Blouet, E.; Barbaux, Y.; Mortreux, A. *Angew. Chem., Int. Ed. Engl.* **1994**, *33*, 2100.

[58] Monflier, E.; Tilloy, S.; Fremy, G.; Barbaux, Y.; Mortreux, A. *Tetrahedron Lett.* **1995**, *36*, 387.

[59] Paquette, L. A.; Wang, X. D. *J. Org. Chem.* **1994**, *59*, 2052.

[60] Boontanonda, P.; Grigg, R. *J. Chem. Soc., Chem. Commun.* **1977**, 583.

[61] Lyons, J. E. *Oxygen Complexes and Oxygen Activation by Transition Metals*, Martell, A. E.; Sawyer, D. T. Ed; New York and London: Plenum Press, **1988**, 233.

[62] Schimidt, D. R.; Park, P. K.; Leighton, J. L. *Org.Lett.* **2003**, *5*, 3535.

[63] Park, P. K.; O'Malley, S. J.; Schimidt, D. R.; Leighton, J. L. *J. Am. Chem. Soc.* **2006**, *128*, 2796.

[64] Grate, J. H.; Hamm, D. R.; Mahajan, S. *Catalysis of Organic Reactions* Kosak, J. R.; Johnson, T. A. Ed; New York, Marcel Dekker, **1993**, 213.

[65] Ali, B. E.; Bregeault, J. M.; Martin, J. *J. Organometal. Chem.* **1987**, *327*, 9.

[66] Ogawa, H.; Fujinami, H.; Taya, K.; Teratani, S. *Bull. Chem. Soc. Jpn.* **1984**, *57*, 1908.

[67] (a) Brink, G.-J. T.; Arends, I. W. C. E.; Papadogianakis, G.; Sheldon, R. A. *Chem. Commun.* **1998**, 2359-2360.
(b) Brink, G.-J. T.; Arends, I. W. C. E.; Papadogianakis, G.; Sheldon, R. A. *Appl. Catal., A* **2000**, *194-195*, 435.

[68] Nishimura, T.; Kakiuchi, N.; Onoue, T.; Ohe, K.; Uemura, S. *J. Chem. Soc., Perkin Trans. 1* **2000**, 1915.

[69] Li, H. M.; Ye, X. K.; Wu, Y. *J. Mol. Catal. (China)* **1997**, *11*, 263.

[70] Ye, X. K.; Wu, Y.; Erolani, C. *J. Mol. Catal. (China)* **1989**, *3*, 292.

[71] Backvall, J. E.; Awasthi, A. K.; Renko, Z. D. *J. Am. Chem. Soc.* **1987**, *109*, 4750.

[72] Backvall, J. E.; Hopkins, R. B. *Tetrahedron Lett.* **1988**, *29*, 2885.

[73] Backvall, J. E.; Hopkins, R. B.; Grennberg, H.; Mader, M. M.; Awashi, A. K. *J. Am. Chem. Soc.* **1990**, *112*, 5160.

[74] Solar, J. P.; Mares, F.; Diamond, S. E. *Catal. Rev.-Sci. Eng.* **1985**, *27*, 1.

[75] Tovrog, B. S.; Mares, F.; Diamond, S. E. *J. Am. Chem. Soc.* **1980**, *102*, 6616.

[76] Takehira, K.; Orita, H.; Oh, I. H.; Leobardo, C. O.; Martinez, G. C.; Shimidzu, M.; Hayakawa, T.; Ishikawa, T. *J. Mol. Catal.* **1987**, *42*, 247.

[77] Takehira, K.; Hayakawa, T.; Orita, H.; Shimizu, M. *J. Mol. Catal.* **1989**, *53*, 15.

[78] Takehira, K.; Oh, I. H.; Martinez, V. C.; Chavira, R, S.; Hayakawa, T.; Orita, H.; Shimidzu, M.; Ishikawa, T. *J. Mol. Catal.* **1987**, *42*, 237.

[79] Higuchi, M.; Yamaguchi, S.; Hirao, T. *Synlett* **1996**, 1213.

[80] Zeni, G.; Larock, R. C. *Chem. Rev.* **2004**, *104*, 2285.

[81] Cornell, C. N.; Sigman, M. S. *Org. Lett.* **2006**, *8*, 4117.

[82] Mitsudome, T.; Umetani, T.; Nosaka, N.; Mori, K.; Mizugaki, T.; Ebitani, K.; Kaneda, K. *Angew. Chem. Int. Ed.* **2006**, *45*, 481.

[83] Kametani, T.; Kigasawa, K.; Hiiragi, M.; Wagatsuma, N.; Uryu, T.; Inoue, H. *Yakugaku Zasshi* **1980**, *100*, 192.

[84] Heumann, A.; Chauvet, F.; Waegell, B. *Tetrahedron Lett.* **1982**, *23*, 2767.

[85] Kang, S. K.; Jung, K. Y.; Chung, J. U.; Namkoong, E. Y.; Kim, T. H. *J. Org. Chem.* **1995**, *60*, 4678.

[86] Tsuji, J. *Palladium Reagents and Catalysts*, John Wiley & Sons, **2004**, p. 27.

[87] Ronn, M.; Backvall, J. E.; Andersson, P. G. *Tetrahedron Lett.* **1995**, *36*, 7749.

[88] Van Benthem, R. A. T. M.; Hiemstra, H.; Van Leewen, P. W. N.; Geus, J. W.; Speckamp, W. N. *Angew. Chem. Int. Ed. Engl.* **1995**, *34*, 457.

[89] Byrom, N. T.; Grigg, R.; Kongkathip, B. *J. Chem. Soc., Chem. Commun.* 1976, 216; *J. Chem. Soc., Perkin Trans. 1* **1984**, 1643.

[90] Mori, K.; Seu, Y. B. *Tetrahedron* **1985**, *41*, 3429.

[91] Kongkathip, B.; Sookkho, R.; Kongkathip, N. *Chem. Lett.* **1985**, *12*, 1849.

[92] Hosokawa, T.; Makabe, Y.; Makabe, Y.; Shinohara, T.; Murahashi, S. *Chem. Lett.* **1985**, *10*, 1529.

[93] Tanaglia, A.; Kammerer, F. *Synlett*, **1995**, 576.

[94] Jacobi, P. A.; Li, Y. *Org. Lett.* **2003**, *5*,701.

[95] Larock, R. C.; Hightower, T. R. *J. Org. Chem.* **1993**, *58*, 5298.

[96] Hegedus, L. S.; Mc Kearin, M. J. *J. Am. Chem. Soc.* **1982**, *104*, 2444.

[97] Fix, S. R.; Brice, L. J.; Stahl, S. S. *Angew. Chem. Int. Ed.* **2002**, *41*, 164.

[98] Van Benthem, R. A. T. M.; Hiemstra, H.; Longarela, G. *Tetrahedron Lett.* **1994**, *35*, 9281.

[99] Hirai, Y.; Watanabe, J.; Nozaki,T.; Yokoyama, H.; Yamaguchi, S. *J. Org. Chem.* **1997**, *62*, 776.

[100] Iwadare, H.; Satoh, H.; Shiina, I.; Mukaiyama, T. *Chem. Lett.* **1999**, 817.

[101] Subramaniam, C. S.; Thomas, P. J.; Mamdapur, V. R.; Chadha, M. S. *Synthesis* **1978**, 468.

[102] Takahashi, T.; Kasuga, K.; Takahashi, M.; Tsuji, J. *J. Am. Chem. Soc.* **1979**, *101*, 5072.

[103] Tsuji, J.; Yamada, T.; Kaito, M.; Mandai, T. *Tetrahedron Lett.* **1979**, *24*, 2257.

[104] Yokokawa, F.; Asano, T.; Shioiri, T. *Tetrahedron* **2001**, *57*, 6311.

[105] Usuda, H., Kanai, M., Shibasaki, M. *Org. Lett.* **2002**, *4*, 859.

[106] Hosomi, A.; Kobayashi, H.; Sakural, H. *Tetrahedron Lett.* **1980**, *21*, 955.

[107] Shimizu, J.; Naito,Y.; Tsuji, J. *Tetrahedron Lett.* **1980**, *21*, 483.

[108] Yokota, T.; Sakakura, A.; Tani, M.; Sakaguchi, S.; Ishii, Y. *Tetrahedron Lett.* **2002**, *43*, 8887.